基坑工程实例 9

《基坑工程实例》编辑委员会　组织编写
龚晓南　宋二祥　郭红仙　徐　明　岳大昌　康景文　主　编

中国建筑工业出版社

图书在版编目（CIP）数据

基坑工程实例. 9 /《基坑工程实例》编辑委员会组织编写 ；龚晓南等主编. — 北京 ：中国建筑工业出版社，2022.10

ISBN 978-7-112-27952-4

Ⅰ. ①基… Ⅱ. ①基… ②龚… Ⅲ. ①基坑施工—案例 Ⅳ. ①TU46

中国版本图书馆 CIP 数据核字(2022)第 174350 号

本书收集近期完成的50个基坑工程实例，划分为10个专题：膨胀土场地基坑、冻土场地基坑、岩溶场地基坑、斜坡与山区场地基坑、新近填土场地基坑、深厚软土基坑、永临结合基坑、加深或超役加固基坑、郑州“7·20”特大暴雨中的基坑及其他基坑。每个基坑工程实例包括工程简介及特点、地质条件、周边环境、平面及剖面图、简要实测资料和点评等。本书资料翔实，技术先进，图文并茂，适合建筑结构、岩土工程技术人员，尤其是长期从事特殊性岩土、特殊场地条件基坑工程设计和施工的技术人员参考使用，也可供大专院校师生阅读。

* * *

责任编辑：辛海丽
责任校对：张辰双

基坑工程实例 9

《基坑工程实例》编辑委员会　组织编写
龚晓南　宋二祥　郭红仙　徐　明　岳大昌　康景文　主　编

*

中国建筑工业出版社出版、发行（北京海淀三里河路9号）
各地新华书店、建筑书店经销
北京红光制版公司制版
天津安泰印刷有限公司印刷

*

开本：787毫米×1092毫米　1/16　印张：32¼　字数：802千字
2022年11月第一版　2022年11月第一次印刷
定价：**98.00**元

ISBN 978-7-112-27952-4
(39993)

《基坑工程实例9》编辑委员会

前　言

基坑开挖与支护是土木、市政、交通、铁路、水利等各行业工程建设中经常遇到的高度复杂、很有难度的高风险工程。

基坑工程的复杂性首先源于与其设计施工密切相关，经不同地质年代天然生成岩土体的碎散性、多相性、不均匀性、不确定性和难以全面准确测知。同时地下水的赋存形态及其与不同土类的相互作用，以及施工扰动引起的非稳定渗流的影响等，又极大地增加了问题的复杂性。此外，进行基坑支护所施作的支护构件，一般均需与土体共同作用才能保证基坑体系的稳定，土与支护构件的复杂相互作用也增加了基坑工程的复杂性。

由于问题的高度复杂性，相应设计施工的有关理论、方法及技术还远远不够完善。实际上，直到现在岩土工程的某些基本理论、方法尚需进一步发展，具体到基坑工程更是如此。比如土压力的计算，即便对于经典土力学中考虑的刚性挡墙，现有计算方法也是在高度简化基础上才给出近似计算公式，对于变形状态各异的基坑支护挡土构件上的土压力更是难以准确计算。基坑降水设计目前只是依据并不符合实际的稳态渗流假定及叠加原理进行粗略计算。而貌似无所不能的数值计算只是对给定数学力学模型的高效求解，但理论模型难以准确反映高度复杂的工程实际，特别是缺乏较好刻画复杂土体力学特性的本构模型，难以准确确定模型参数。因此，对于包括基坑工程在内的很多岩土工程问题，要求计算人员对计算模型的选取及其参数取值有很深入全面的思考。

工程实践中对于基坑工程的设计施工又往往有很高的要求，比如基坑周边多存在对地层变形敏感的建筑或地下设施，此时除保证基坑稳定之外，还必须严格控制变形，必要时还需对周边建筑及设施予以加固。此外，基坑支护为临时工程，又要力求经济。

问题的高度复杂性，相应理论及技术的不成熟，对设计施工要求又很高，这就使得基坑工程成为土建工程最有难度的分项工程。大量实际工程的完成不能仅依靠理论分析与计算，工程经验有着重要作用。太沙基曾指出：“岩土工程与其说是一门科学，不如说是一门艺术（Geotechnology is an art rather than a science）”，他的这一论断至今对包括基坑工程在内的很多岩土工程问题仍然适用。著名勘察大师顾宝和认为：“土工问题分析中计算条件的模糊性和信息的不完全性，单纯力学计算不能解决实际问题，需要岩土工程师综合判断。不求计算精确，只求判断正确。”岩土工程设计具有概念设计的特性，基坑支护设计的概念设计特性更为明显。在基坑支护设计中，诸如土压力的合理选用、计算模型的选择、计算参数的确定等都需要岩土工程师依据有关理论、计算、经验综合判断。要在深入理解有关理论的基础上进行概念分析，全面综合考虑各个方面的因素，权衡利弊，抓住主要矛盾。理论及概念分析定向，试验、经验定量。要采用信息化施工，边量测边施工，必要时反馈设计。

所以，在基坑工程的设计、施工中，了解以往工程经验十分重要。有鉴于此，中国建筑学会建筑施工分会基坑工程技术部自 2006 年开始，配合每两年一次的基坑工程学术会议编辑出版《基坑工程实例》系列图书。每个工程实例一般包括以下7个方面的内容：工程简介及特点；工程地质条件（含地层物理力学参数表和至少一个代表性地质剖面）；基坑周边环境情况（包括临近建筑及其基础简况、道路及地下管线情况等），根据需要附场地平面图；基坑支护平面图；基坑支护典型剖面图（1～2个）；简要实测资料和点评。该系列丛书至今已出版了8册，得到工程界读者的热烈欢迎。今年结合第十二届全国基坑工程研讨会暨第四届全国可回收锚索技术研讨会（南昌，2022）出版发行《基坑工程实例9》。《基坑工程实例》编辑委员会共收到稿件近60篇，经评阅录用50篇。本次着重以往介绍相对较少但更有难度的特殊土及特殊场地基坑支护实例，包括膨胀土场地基坑6篇、冻土场地基坑3篇、岩溶场地基坑4篇、斜坡与山区场地基坑5篇、新近填土场地基坑8篇、深厚软土基坑6篇、永临结合基坑4篇、加深或超役加固基坑5篇、郑州“7・20”特大暴雨中的基坑4篇、其他基坑5篇。这些工程实例，除一般基坑的复杂难度之外，还增加了特殊土或复杂地形地质场地的额外复杂性及难度。比如，膨胀土吸水膨胀加大挡土结构上的土压力，失水收缩开裂使得其强度变形参数取值、土压力计算的复杂性进一步增加；岩溶场地会有溶洞塌陷问题，在富水情况下还会有地下水突涌问题等；季节性冻土的冻胀融沉会严重影响支护的稳定和变形，需采用诸如保温之类的特殊措施，等等。诸如此类大量的特殊复杂基坑工程问题，在我们从事工程建设的过程中，特别是从事西部大开发、“一带一路”建设中必然会遇到，相信此实例集对业内工程技术人员及科研人员都会有所帮助。

在此实例集的征集出版过程中，得到业内广大同行的热烈响应，秘书处与中建西南勘察设计研究院有限公司组织有关专家对所收到的稿件进行了认真审阅，中国建筑工业出版社对此实例集的出版也给予了大力支持，在此一并表示感谢！

龚晓南　宋二祥

2022年7月

目　录

专题五　新近填土场地基坑

专题六　深厚软土基坑

专题七　永临结合基坑

专题八　加深或超役加固基坑

专题九 郑州“7·20”特大暴雨中的基坑

专题十 其 他 基 坑

专题一　膨胀土场地基坑

成都乐彩城基坑工程

贾欣媛　岳大昌　李　明
（成都四海岩土工程有限公司，成都　610041）

一、工程简介及特点

成都成华区乐彩城住宅项目位于物流大道（龙潭E线）以南，蜀龙路以东。总建筑面积约11万m^2，主要由4栋28～41层高层住宅、3层商业及－2层纯地下室组成。主楼采用剪力墙结构，基础形式为旋挖灌注桩基础；裙楼及纯地下室采用框架结构，基础为柱下独立基础及墙下条形基础。基坑开挖深度8.6～9.0m，开挖线周长527m，基坑安全等级为一级。

本工程地处东郊膨胀土地区，近年来该区域基坑工程事故频发，多种支护结构均出现不同程度失稳现象。鉴于此，成都市建设局规定：处于膨胀土分布区域基坑，场地属Ⅲ级阶地的，不得使用锚索（杆）作为基坑支护体系受力构件，如何有效控制本工程支护结构变形，将基坑开挖对周边环境的影响降至最低为本工程主要技术难题。常规的悬臂式排桩由于受自身刚度影响，开挖后桩顶位移较大，基坑安全风险较高，双排桩造价较高，排桩＋内支撑支护除造价高外还存在占用空间大、工期长等不利因素。因此，选择一种适宜的支护结构体系，对本工程显得尤为重要。

二、工程地质条件

1. 场地工程地质

场地地貌单元属岷江水系Ⅲ级阶地，主要由第四系全新统人工堆填（Q_4^{ml}）杂填土、第四系中更新统冰水堆积（Q_2^{fgl}）的黏土及白垩系上统灌口组（K_{2g}）泥岩等组成。地基土的抗剪强度指标由室内直剪试验得出，物理力学性质指标建议值如表1所示。

地基土物理力学性质指标建议值　　表1

土名＼指标	重度γ（kN/m^3）	承载力特征值f_{ak}（kPa）	压缩模量E_s（MPa）	抗剪强度指标		孔隙比e	天然含水量平均值w（%）
				黏聚力c（kPa）	内摩擦角ϕ（°）		
杂填土	17.5	70	2.0	5	5		
可塑黏土	19.5	160	8.0	30	12	0.830	30.38

续表

指标 土名	重度 γ (kN/m^3)	承载力特征值 f_{ak}（kPa）	压缩模量 E_s（MPa）	抗剪强度指标		孔隙比 e	天然含水量平均值 w（%）
				黏聚力 c（kPa）	内摩擦角 ϕ（°）		
硬塑黏土	20.0	220	12	40	15	0.755	27.96
强风化泥岩	21.0	280	16				3.79
中风化泥岩	23.0	700	45				2.52

2. 典型工程地质剖面

基坑开挖线典型工程地质剖面详见图 1，开挖范围内分布地层为杂填土、黏土及泥岩，其中杂填土主要由黏土组成，含建筑垃圾、生活垃圾及泥岩碎块，厚度 2.8～6.8m；黏土颗粒中含较多铁锰质结核和钙质结核，裂隙较发育，裂隙间充填灰白色高岭土条斑、氧化物红色条斑，厚达 10.7～15.7m。根据室内膨胀试验结果，黏土自由膨胀率在 44.79%～72.64%，平均值为 58.07%，大于 40%，该场地黏土综合评价为弱膨胀土，胀缩等级为Ⅰ级。

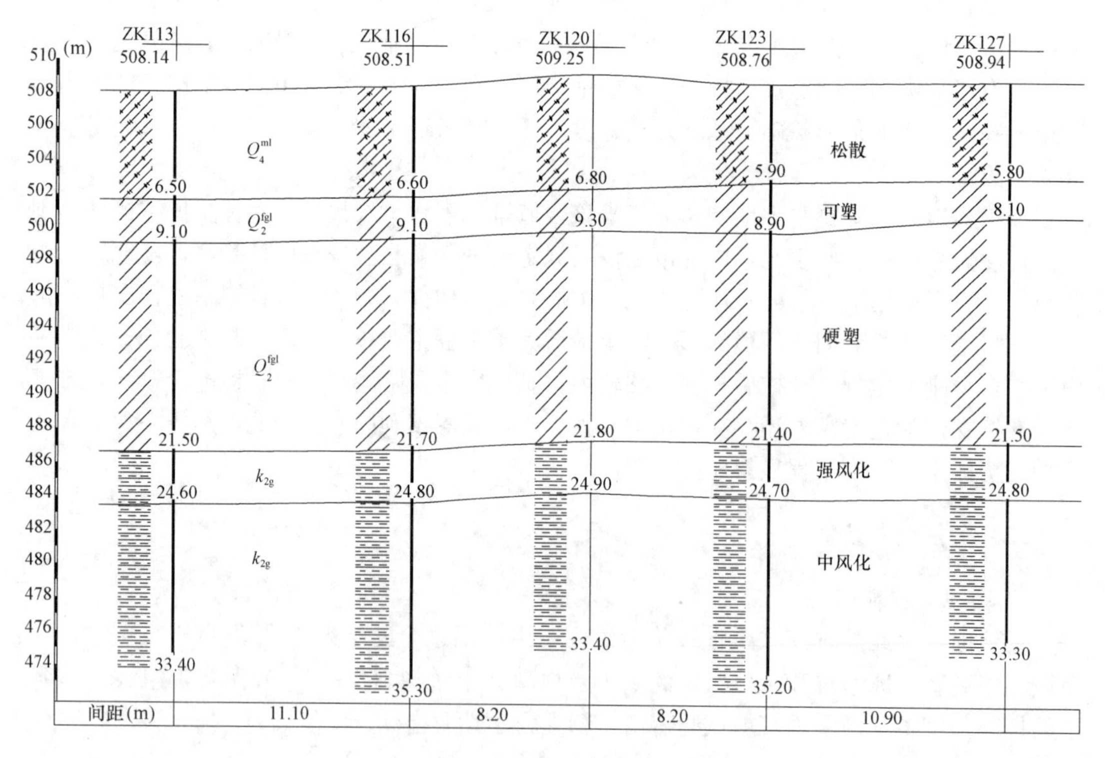

图 1　典型工程地质剖面

场地地下水主要为赋存于低洼地段及原堰塘地段的第四系人工填土及黏土层裂隙中上层滞水，无统一地下水位。

三、基坑周边环境情况

基坑周边环境较为简单：基坑东侧为待建幼儿园及绿地，其外侧为规划道路，距基坑开挖线约 12.2m；基坑南侧为下洞槽（水渠），距基坑开挖线约 17.1m；基坑西侧为规划道路，距基坑开挖线约 12.8m；基坑北侧为空地。

四、基坑围护结构设计

根据场地工程地质条件及周边环境，本工程具有如下特点：

(1) 场地内杂填土厚达 2.8～6.8m，主要由黏土组成，且含建筑垃圾、生活垃圾及泥岩碎块。经调查，本场地原为窑厂，在生产过程中取土形成许多坑洞，积水形成水塘，后成为弃渣场。场地内回填土许多地段经过浸泡，土体较软，分布不均，位置不确定。

(2) 场地主要地层为弱膨胀性黏土，厚达 10.7～15.7m，黏土层裂隙较发育，裂隙分布无规律，裂隙间充填灰白色高岭土条带、红色氧化物条带（详见图 2），在非雨期，膨胀土基坑按照传统设计方法进行施工，一般都能较好地起到支护作用，但雨期时，膨胀土中蒙托石和伊利石矿物成分吸水膨胀，产生对支护结构不利的膨胀力，并且土体自身也逐渐变为可塑～流塑状，水平侧压力显著增大，对支护结构安全极为不利。

图 2　膨胀性黏土性状特征

(3) 基坑深度范围内主要地层杂填土和黏土，基底标高位置均为黏土，支护桩嵌固段地层以黏土和强风化泥岩为主，桩身范围内岩土体的物理力学性质较差。

(4) 场地内主楼均为旋挖桩基础，施工周期较长，施工过程中，基底容易泡水。

针对上述特点，为了有效控制变形，综合考虑安全、工期、成本等因素，最终选择局部双排桩支护作为本工程的支护结构。

所谓局部双排桩，是由前排桩、前排桩桩顶冠梁、局部后排桩、局部后排桩桩顶冠梁、排间连梁（直连梁和斜连梁）共同组成的空间排架结构，其连接点为刚性节点，桩梁之间不能相互转动，具有较大的侧向刚度，可以有效抵抗弯矩。前排桩沿基坑开挖线布设，后排桩与前排桩一对一设置，也可间隔设置，布置形式视拟建场地地质条件、周边环境等因素的差异而调整，重点控制区域需加强。后排桩以组为单位，每组不少于 2 根，双排桩前后排设置一定的间距，宜取 2～5 倍桩径。前、后排桩桩身入土部分的摩阻力形成与侧压力反向的力偶，不但使双排桩桩顶的位移明显减少，而且使桩的最大内力也大幅度下降，并形成交变内力，受力更为合理。该支护体系适用于开挖深度范围在 8.0～12.0m 的基坑工程，可以有效地限制支护结构变形，施工技术成熟，不需要设置支撑挡土结构，又不过多占用建筑场地，施工方便，布置灵活。

本工程基坑支护平面布置如图 3 所示，设计时按以下原则对局部双排桩进行布置：

（1）在满足基坑安全及变形要求的前提下，以单排悬臂桩支护为主要支护措施，支护形式简单，施工工艺成熟，施工质量易于保证。

（2）基坑阴角部位由于受到土体的拱效应和冠梁的支撑作用，该位置附近基坑变形一般都非常小，通常将该点作为基坑相对不动点；基于基坑的角部效应影响，阴角位置不设置后排桩。

（3）在基坑开挖深度较大、支护难度较大段（本工程主要针对 4 栋主楼位置）采用局部后排桩进行加强。前、后排桩与刚性梁（冠梁、直连梁和斜连梁）组成了一个超静定结构，整体刚度较单排桩大幅度提高。

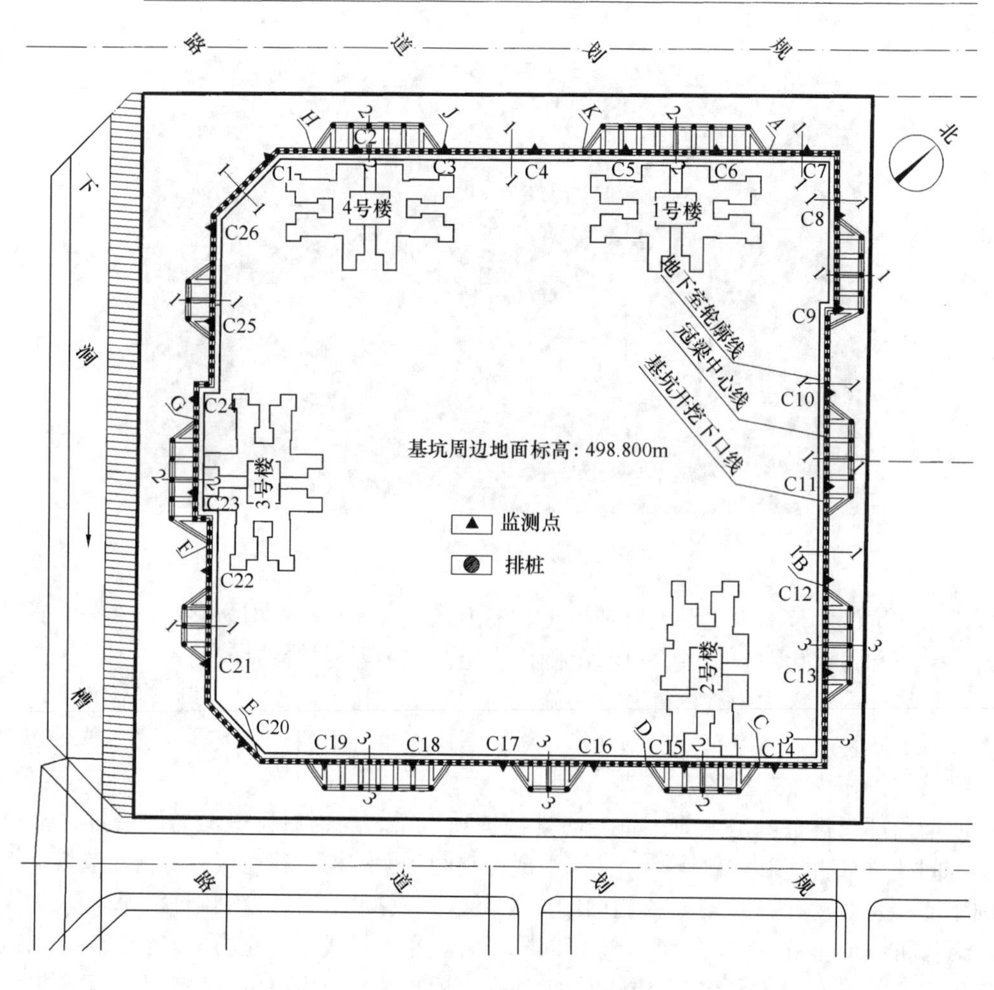

图 3　基坑支护平面布置

本工程共划分了 10 个支护段，支护设计参数详见表 2，典型支护剖面详见图 4。

基坑支护设计主要参数 **表 2**

分段	基坑深度（m）	支护形式	支护参数
1-1 剖面 （AB、EF、GH、JK 段）	8.6	悬臂桩支护+局部双排桩	桩径：1.2m；桩长：17.5m；排距：5.5m； 前排桩桩距：2.0m；后排桩桩距：4.0m
2-2 剖面 （CD、FG、HJ、KA 段）	9.0	悬臂桩支护+局部双排桩 （4 栋主楼位置）	桩径：1.2m；桩长：18.0m；排距：5.5m； 前排桩桩距：2.0m；后排桩桩距：4.0m
3-3 剖面 （BC、DE 段）	8.6	悬臂桩支护+局部双排桩	桩径：1.2m；桩长：17.0m；排距：5.5m； 前排桩桩距：2.0m；后排桩桩距：4.0m

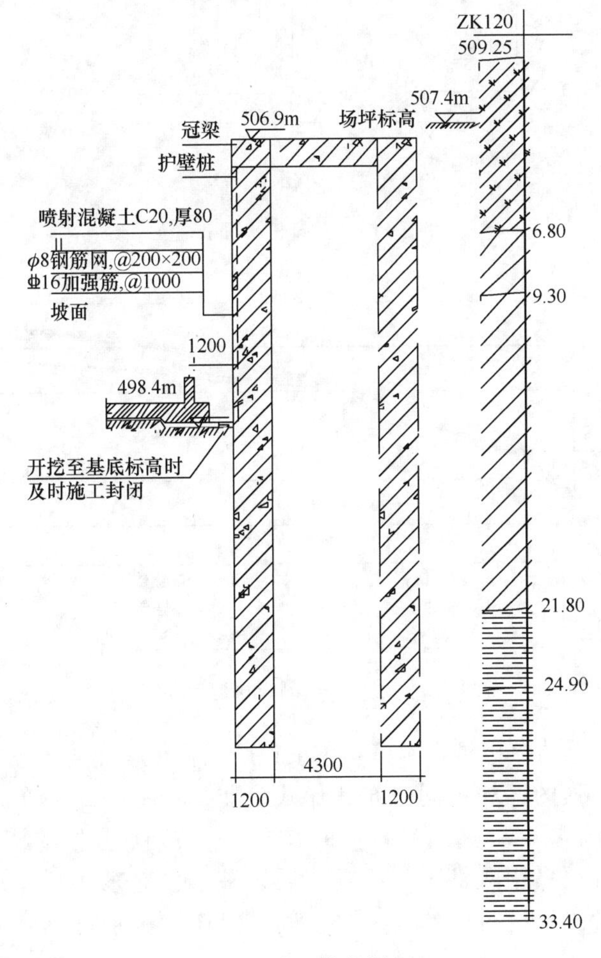

图 4　典型支护剖面

支护桩桩身配筋采用非均匀配筋。根据受力特点，后排桩配筋量少于前排桩；冠梁宽 1.2m，高 0.8m，连梁宽 1.0m，高 0.8m；支护桩及冠梁、连梁混凝土强度等级为 C30。

本基坑工程施工正处于雨期，考虑水对胀缩性黏土的影响，设计方案中着重提出防排水措施：基坑开挖到底后，若不能及时浇垫层，则对坑底沿周边 2m 临时用 C20 混凝土封闭，厚 10cm，硬化时，向坑内倾斜 1%便于排水；桩顶回填至设计标高，并在前端砌筑 500mm 高挡墙挡土，桩顶至红线范围内采用 C20 混凝土进行硬化，厚 10cm。以上措施有效地控制了雨期施工期间地表水对基坑安全的威胁。

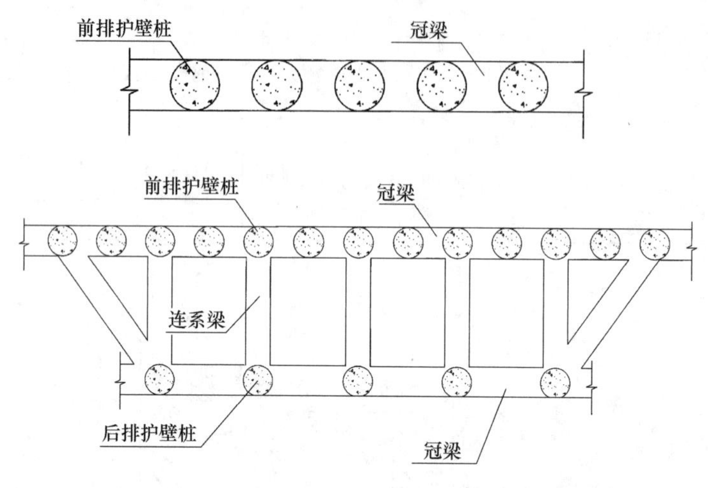

图 5　局部双排桩平面布置

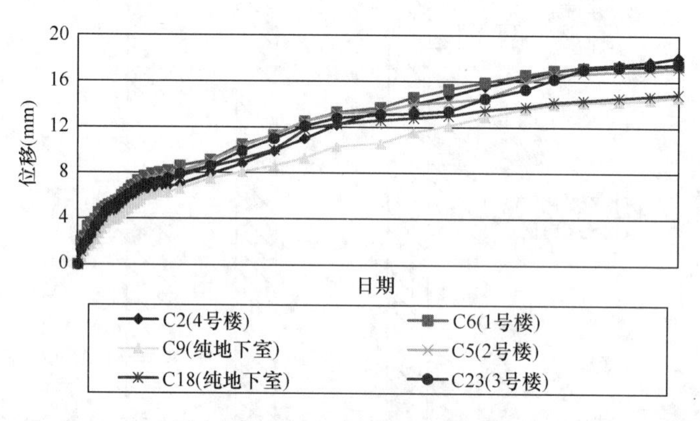

图 6　代表性点监测位移变形曲线

区别于传统意义上的双排桩，本工程中设计的双排桩仅布置于 4 栋主楼段和基坑长边中部等需要特殊加强的区域；同时布置形式也非常规的一对一布置，而是均匀间隔成组布置（详见图 3、图 5），每组后排桩桩数根据需特别加强段的特点而灵活设置。局部双排桩支护段在桩顶采用刚性连梁把前、后排桩连接起来，刚性连梁包括直连梁和斜连梁两种，直连梁位于相对应的前后排桩间，斜连梁位于每组后排桩两侧，连梁与冠梁共同作用。

为充分发挥双排桩的空间效应，本设计前后排桩排间距为 5.5m（大于 $3d$，$d=1.2$m），此时，本支护结构的受力特点是：桩间土对前排桩的作用较小，土压力主要作用在后排桩，前排桩上受到的力主要是通过连梁和桩间土传递过来的，使前排桩受到后排桩的推力，总的作用体系近似于底端固定的门式框架。

五、简要实测资料

本工程沿基坑周边共布设26个位移监测点，监测点间距20m（监测点平面布置详见图3），监测预警值：基坑顶水平位移累计值不超过30mm，变形速率为2mm/d，开挖过程中基坑变形不超过基坑开挖深度的0.2%。本项目代表性点位监测位移曲线如图6所示，由图可知，随着基坑向下开挖，支护桩的水平位移逐渐增大，最后趋于收敛，累计水平位移量在14.6～18.1mm，满足设计及规范要求。

本工程完工后现场情况如图7、图8所示。

图7　基坑前排桩布置

图8　局部双排桩布置

六、点评

本工程在没有锚杆（或内支撑）的情况下，充分发挥了空间组合桩的整体刚度和空间效应，并与桩间土协调工作，最终达到保持坑壁或坡体稳定、控制变形、满足施工和相邻环境安全的目的。

采用的局部双排桩支护体系具有良好的社会经济效益，主要体现在：

(1) 安全性。本项目基坑施工过程中，采用单排桩结合局部双排桩支护形式，支护结构整体处于稳定状态，满足了基础施工要求。本工程支护形式与单一的悬臂桩相比，虽属于悬臂支护形式，但受力机理与单排桩有本质区别。它相当于一个插入土体的空间刚架结构，通过桩顶冠梁与连梁连接为整体，同时，桩土之间作用不容忽略。这种支护结构在发扬传统双排桩优势的基础上进行了有益的改良，更加安全可靠，更利于控制基坑的变形，降低施工风险；基坑经历了雨期，基坑变形未超过规范要求。

(2) 可靠性。由于本支护结构仅涉及桩施工，构造简单，工艺单一，施工难度低，且受场地周边环境影响小，故施工质量更易于保证；同时，基坑内作业空间大，便于快速展开施工，从而使工期得到了有效保证。

(3) 经济性。与传统双排桩相比，这种支护结构布置灵活，仅针对需加强支护段布设了后排桩，同时对后排桩的配筋量进行了相应的优化，既达到了保证基坑安全的目的，又大大降低了工程造价。

(4) 环保性。本方案中采用的支护结构，与拉锚结构相比，减少对周围土体的扰动，降低对周边管线、地下建（构）筑物等的危害，有效地保护周边环境；与内支撑结构相比，不占用基坑内空间，且不会产生支撑拆除后大量固体废弃物排放等问题，符合节能、节材、减排、绿色施工的概念。

（5）社会性。本方案中采用的支护结构，多次在成都东郊膨胀土地区基坑支护工程中成功应用，不仅有效地控制了基坑开挖后的变形，而且大大降低了施工成本，缩短了工期，保护了环境，具有良好的社会推广性。

综上，局部双排桩对于开挖深度范围在 8.0～12.0m 的膨胀土基坑是一种适宜的支护结构，具有较好的可推广性。

成都京东方医院基坑工程

朱志勇　祝明伟　苏　杰　余元辉　康景文
（中国建筑西南勘察设计研究院有限公司，成都 610000）

一、工程简介及特点

项目位于四川省成都市天府新区，剑南大道与凤凰大道交界处。项目一期工程总建筑面积约为 330000m²，主要由 7 栋 8～12 层的建筑、各附属设施及 1～2 层地下室组成。项目 ± 0.00 = 498.50m，基础底面标高为 484.40 ～ 491.10m，场坪标高为 495.90 ～ 497.50m，基坑开挖深度为 4.60～10.80m，根据使用功能，基坑分为能源中心区、医院区、研发中心区三部分（图 1）。

项目北侧为已建凤凰大道，基坑上口线距红线大于 17.0m；西侧为慧云三路，基坑上口线距红线约大于 12m；南侧为生物城中路，基坑上口线距红线大于 10m；东侧为剑南大道，基坑上口线距红线大于 25m。紧邻基坑上口线道路附属排水沟亦砌筑完成，道路外沿零星分布或规划有配电设施、材料堆场及加工场地。

本场地场坪进行过大面积土方填挖，医院区东侧大部分为新回填土，基坑开挖上口线外环形道路已逐步形成；场地西侧广泛分布膨胀土、含条带状灰白色黏土，极易发生变形甚至引起塌滑破坏、坑顶马道平台有较多塔式起重机基础，要求严控基坑变形；基坑支护形成后须历经雨期，新回填土、膨胀土因其水敏性极易出现地表沉降、开裂、镂空、坑壁冲刷流土等现象。

本基坑支护主要采用了 PRC 预应力管桩作为支护结构的主要构件和锤击沉桩工艺，并进行了全过程变形监测，监测结果表明，基坑整体稳定，预制管桩未超过其允许应力和

图 1　基坑鸟瞰图

变形，变形均在设计允许范围之内，各级马道满足正常使用要求。

二、工程地质条件

（一）场地工程地质及水文地质条件

1. 工程地质条件

场地总体上西南侧高，北东侧低，勘察时钻孔孔口标高 490.32～502.86m，相对高差 12.54m。场地地貌单元属岷江水系Ⅲ级阶地。基坑外经过了场地整平。

拟建场地勘探深度范围内地层主要由第四系全新统人工填土（Q_4^{ml}）、第四系中下更新统的冰水沉积层（Q_{1+2}^{fgl}）及中生界白垩系上统灌口组岩石（K_{2g}）组成。各层岩土的构成和特征分述如下。

1）第四系全新统人工填土（Q_4^{ml}）

杂填土①$_1$：松散，以砖块、混凝土块、瓦块等建筑垃圾和生活垃圾为主，约占 60%，其间夹有少量的黏性土，场地内仅个别钻孔有分布；堆填时间小于 3 年；层厚 0.50～2.80m。

素填土①$_2$：松散，稍湿，主要以黏性土为主，含少量植物根须和虫穴，并混少量的卵石及碎石，约占 30%，场地内大部分钻孔内有揭露，仅少数钻孔中缺失，局部地表受水田鱼塘等影响，存在少量的淤泥，回填时间大于 5 年；层厚 0.40～6.20m。

素填土①$_3$：饱和状，主要为黏性土，含腐殖质，有轻微臭味；主要分布于场地内的鱼塘内；钻探揭露层厚 0.50～3.00m。

2）第四系中下更新统的冰水沉积层（Q_{1+2}^{fgl}）

黏土②$_1$：可塑，干强度高，韧性中等，含少量铁锰质结核及氧化物，偶见钙质结核，场区内普遍分布；层厚 0.70～9.10m。

黏土②$_2$：硬塑，干强度高，韧性中等，含条带状灰白色黏土，层厚 0.50～12.20m。

含卵石粉质黏土③：可塑，卵石含量 20%～45%，呈强～中等风化状，主要成分为岩浆岩、变质岩，卵石粒径 2～10cm，个别大于 20cm 漂石，卵石磨圆度较好，多呈圆形、亚圆形；场区内普遍分布；层厚 0.70～5.30m。

细砂④：松散～稍密，稍湿～饱和，主要矿物成分为长石、石英及云母，局部夹个别卵石及黏性土，场区内呈透镜体状分布于卵石层顶板及卵石层内；层厚 0.40～4.50m。

卵石⑤：稍湿～饱和，松散～密实，卵石成分主要为岩浆岩、变质岩，卵石粒径多为 5～12cm，部分卵石粒径可达 15cm 以上，夹有大于 20cm 的漂石；卵石磨圆度较好，多呈圆形、亚圆形，卵石部分呈强风化状；卵石骨架间被黏性土、砂、少量圆砾充填，充填物含量约为 5%～50%；卵石顶板埋深介于 0.80～15.80m，对应标高介于 478.95～495.58m。

各岩土层物理力学指标见表 1。

根据勘察报告，场地地下水的渗透系数 k 采用 10.0m/d。拟建场地分布的黏土②$_2$的自由膨胀率在 40%～51% ，平均值为 45.50% ，属膨胀性土，具有弱膨胀潜势。

岩土体主要物理力学指标　　表 1

名称及层号＼指标	天然重度 γ（kN/m³）	压缩模量 E_0（MPa）	变形模量 E_0（MPa）	黏聚力 c（kPa）（快剪）	内摩擦角 φ（°）（快剪）	基床系数 K（MN/m³）	含水率 w（%）	孔隙比 e
杂填土①$_1$	18.0	—	—	—	15	—	—	—
素填土①$_2$	18.5	2.0	—	10	10	—	23.68	0.72
素填土①$_3$	17.0	1.5	—	7	6	—	39.95	1.08
黏土②$_1$	19.9	6.0	—	25	13	—	27.48	0.79
黏土②$_2$	19.3	7.5	—	30	15	—	24.90	0.72
含卵石粉质黏土③	20.0	8.0	12.0	16	22	—	—	—
细砂④	18.5	5.0	6.5	0	24	—	—	—
松散卵石⑤$_1$	21.0	—	10.0	0	25	20.0	—	—
稍密卵石⑤$_2$	21.5	—	15.0	0	30	35.0	—	—
中密卵石⑤$_3$	22.5	—	25.0	0	35	40.0	—	—
密实卵石⑤$_4$	23.0	—	35.0	0	40	55.0	—	—
强风化泥岩⑥$_1$	21.0	25.0	—	45	22	—	—	—

2. 水文地质条件

场地范围内无大型地表水出露，地下水类型主要为上层滞水、孔隙潜水及基岩裂隙水。

（1）上层滞水主要赋存于场地上部人工填土及黏土中，靠大气降水补给，局部水量较大，埋藏较浅，以蒸发方式排泄，无统一水位，钻孔内测得的水位埋深在 0.70～3.50m 范围内。

（2）孔隙潜水主要赋存于场地砂卵石层，其孔隙潜水主要补给源是地下水的侧向径流及大气降水，以地下径流方式排泄。丰水期钻孔中测得地下水静止水位在 11.60～15.50m，标高为 487.70～482.78m；根据区域水位地质资料，该区域地下水年变化幅度为 2.0～4.0m。据工程经验，该场地含水层的平均渗透系数约为 10m/d。

（3）基岩裂隙水主要赋存于全风化泥岩、强风化泥岩及中等风化泥岩层风化裂隙内，主要受邻区地下水侧向补给，无统一水位。水量主要受裂隙发育程度、连通性及裂隙面充填特征等因素的控制，水量较小。

（二）典型工程地质剖面

典型工程地质剖面见图 2 和图 3。

三、基坑周边环境情况

能源中心区位于场地西侧，基坑东侧临本项目医院区地块，两地块间的净间距约 22m；基坑西侧为已建的慧云三路，基坑上口开挖线距红线约 10m；基坑南侧为景星路，基坑上口线距红线约 42m；基坑北侧为空地；区域场坪标高为 497.50m，基底标高为 488.30m，基坑开挖深度为 9.20m，基坑周长约 255m。

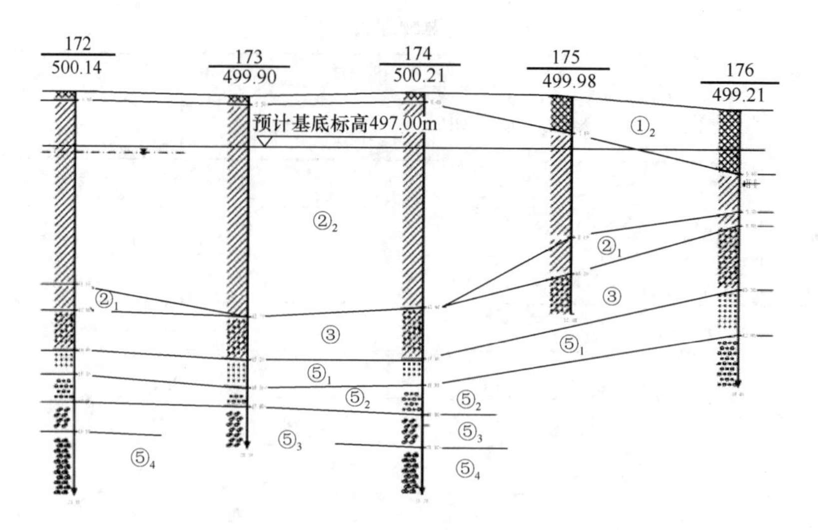

图 2　能源中心区 3-3′工程地质剖面

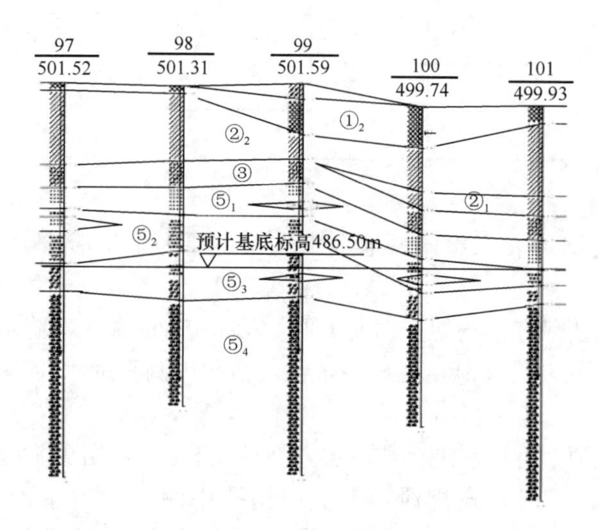

图 3　医院区 34-34′工程地质剖面

医院区位于能源中心区东侧，基坑距能源中心基坑边缘 21m。基坑东侧为已建剑南大道，基坑上口线距离用地红线 32～53m；基坑西侧与能源中心待建项目相邻，两地块间的净间距约 22m。基坑南侧紧邻景星路，基坑上口线距该侧用地红线 14～25m；基坑北侧临凤凰大道，基坑上口开挖线距用地红线 17～70m；区域场坪标高为 496.10～497.50m，基底标高为 486.55～487.20m，基坑开挖深度为 8.90～10.80，基坑周长约 1280m，基坑面积约 5.5 万 m^2。

研发中心区位于场地南侧。基坑东侧为剑南大道及生物城中路，基坑上口线距用地红线 10～17m；基坑西侧为待建空地，布置有施工用临时建筑，基坑上口线距临时建筑约 30m；南侧为生物城中路，基坑上口线距用地红线大于 14.0m；基坑北侧为景星路，基坑上口线距用地红线 5.6m；区域场坪标高为 495.90～496.70m，基底标高为 491.00～491.30m，基坑开挖深度为 4.60～5.70m，基坑周长约 540m。

医院区与研发中心之间设有一条管廊，管廊施工先行开挖部分区段，待两端地下室及主体结构施工完成后再行施工其余部分。管廊沟槽坑壁采用放坡网喷支护。

四、基坑围护平面

“成都京东方医院项目”基坑平面由能源中心区、医院区、研发中心区三部分组成。能源中心区基坑周长约 255m，开挖深度为 9.20m，采用 PRC800 管桩＋放坡网喷支护；医院区基坑周长约 1280m，开挖深度为 8.90～10.80m，采用 PRC800 管桩（局部增设扩大头锚索）＋放坡网喷支护；研发中心区基坑周长约 540m，开挖深度为 4.60～5.70m，采用 PRC600 管桩＋放坡网喷支护。基坑围护平面布置如图 4 所示。

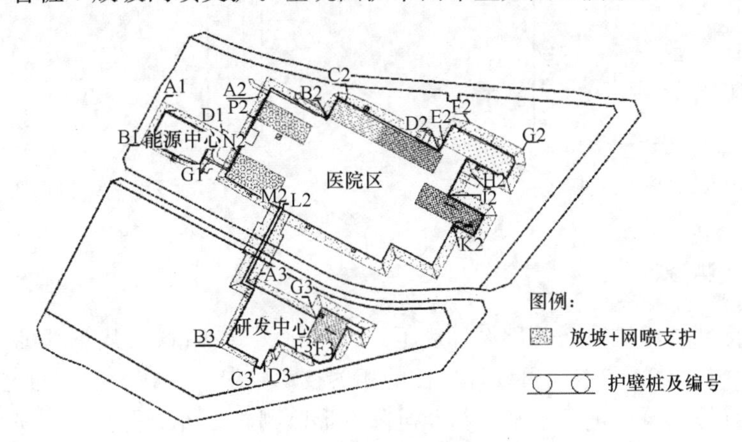

图 4　基坑围护平面布置

五、基坑围护典型剖面

C2～D2 段基坑深度 9.85m，采用放坡＋PRC-I 800B110 预应力管桩支护，设置一根扩大头锚索，桩长 12m，桩间距 1.60m，布置预应力管桩 95 根；冠梁尺寸 0.9m×0.8m；桩顶设 6.50m 宽马道平台，1∶1.5 坡率铺设 $\phi8$@200 双向钢筋网，喷射 C20 混凝土 80mm 厚，如图 5 所示。

B2～C2 段基坑深度 9.85m，采用放坡＋PRC-I 800B110 预应力管桩支护，桩长 13m，桩间距 1.60m，布置预应力管桩 27 根；冠梁尺寸 0.9m×0.8m，冠梁处每隔 3.2m 设置一根扩大头锚索；桩顶 1.20m 范围桩孔内及冠梁采用 C30 混凝土浇筑；桩顶设 1.70m 宽马道平台，1∶1.5 坡率铺设 $\phi8$@200 双向钢筋网，喷射 C20 混凝土 80mm 厚，如图 6 所示。

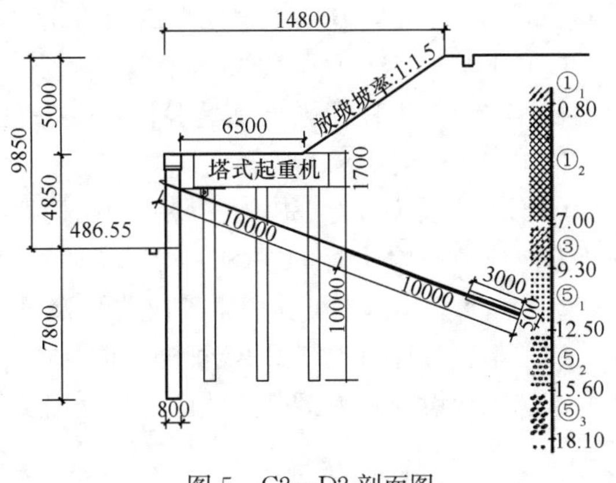

图 5　C2～D2 剖面图

D1A1 段基坑深度 9.20m，采用放坡＋PRC-I 800B110 预应力管桩支护，桩长 12m，桩间距 1.60m，布置支护桩 49 根，冠梁尺寸 0.9m×0.8m，桩顶 1.20m 范围桩孔内及冠梁采用C30混凝土浇筑。桩顶设3.60m宽马道平台，采用1∶1.5放坡，铺设ϕ8@200双向钢筋网，喷射C20混凝土80mm厚，如图7所示。

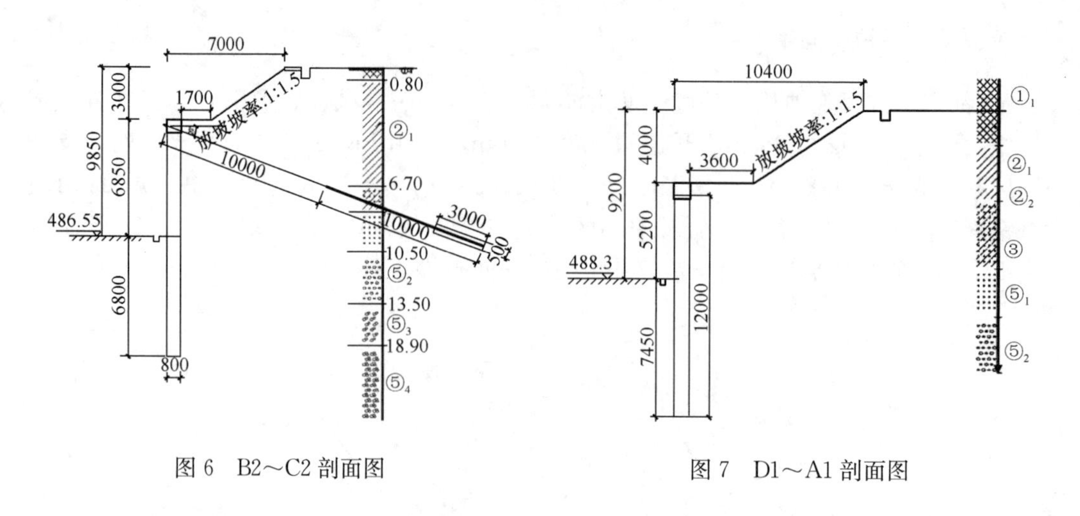

图6　B2～C2剖面图　　图7　D1～A1剖面图

六、简要实测资料

根据国家标准《建筑地基基础设计规范》GB 50007—2011、《建筑基坑工程监测技术规范》GB 50497—2009和本项目设计单位的相关技术要求，在施工期间通过对基坑桩顶、地表及周边建（构）筑物进行水平位移及沉降变形监测，分析工程基坑、地表及周边建筑物变形情况。

于2019年6月19日对京东方医院项目基坑观测点位布设并进行第一次数据采集。边坡部分地段为填方地区。开始受强降雨影响，出现水土流失，导致喷锚下方局部部位出现空鼓。后以注浆的方式处置现场空鼓问题。在注浆完成后持续对已有监测点进行监测，除PD02水平及竖向位移累计变化值较大外（重新注浆后变形趋于稳定），基坑整体变形趋于稳定。基坑变形监测平面图、典型实测变形曲线如图8～图11所示。

七、点评

（1）本基坑工程成功运用PRC预制管桩无需养护的特点，避免了旋挖灌注桩需要较长养护周期的不足，基坑工程抢在雨期前完工，为实现项目节点工期创造了有利条件。

（2）本基坑支护工程PRC预制管桩的设计和应用，为装配式基坑工程在成都地区的应用初探，经本工程膨胀土基坑验证，效果良好，适应了不断增长的环保要求，符合绿色、低碳岩土范畴。

（3）PRC预应力管桩作为主要支挡结构大面积用于膨胀土基坑工程，突破了其小范围用于基坑应急抢险工程的案例，实现了安全性与经济性的统一，为成都地区10m深度（1～2层地下室）基坑工程积累了成功经验。

（4）本项目针对预制PRC管桩支护结构，进行了全周期的变形监测和分析，可为同类型基坑工程设计和施工提供理论、数据和实例方面的参考，有利于新技术的推广。

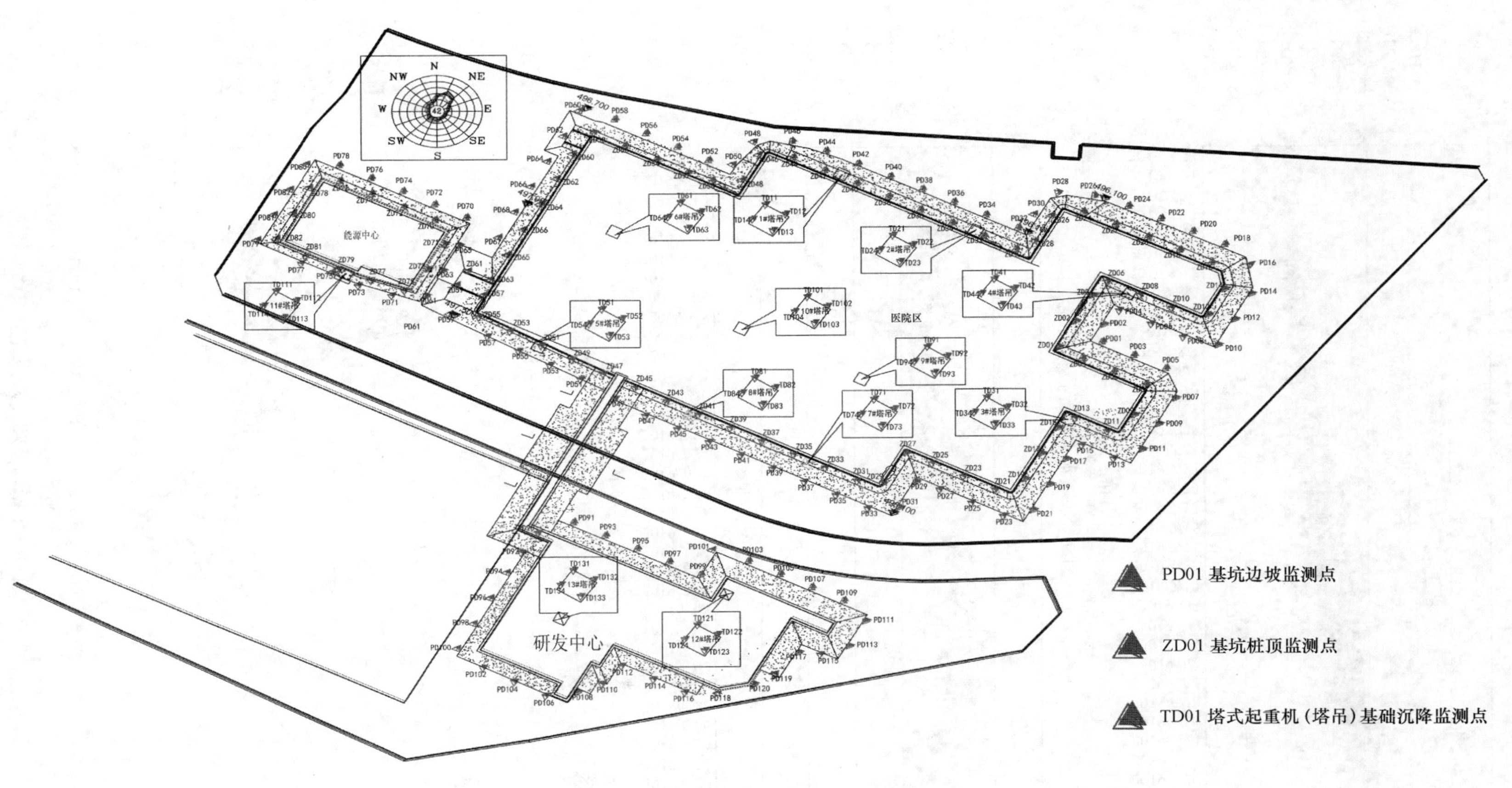

图 8　基坑变形监测平面图示意

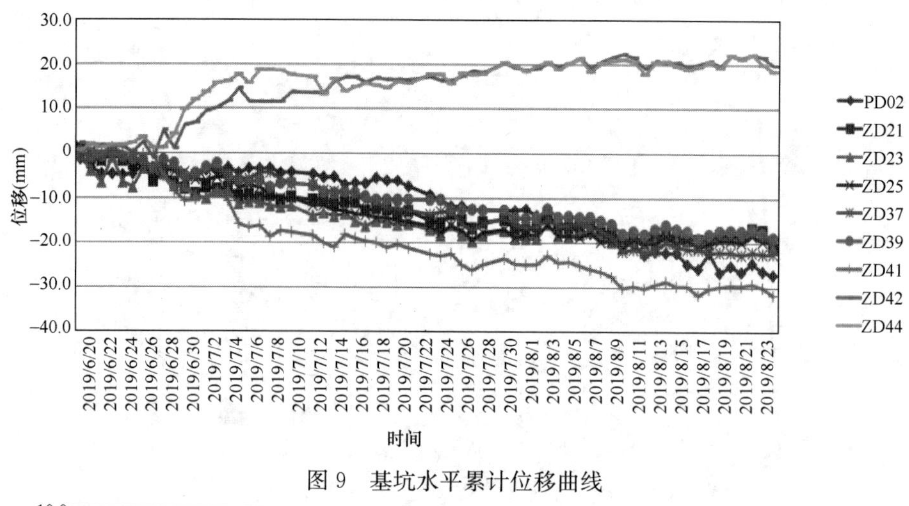

图 9　基坑水平累计位移曲线

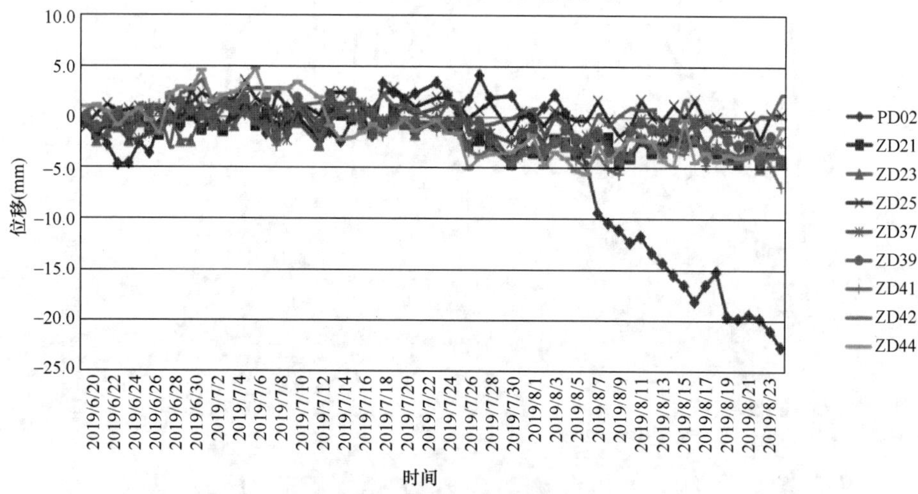

图 10　基坑竖向累计位移曲线

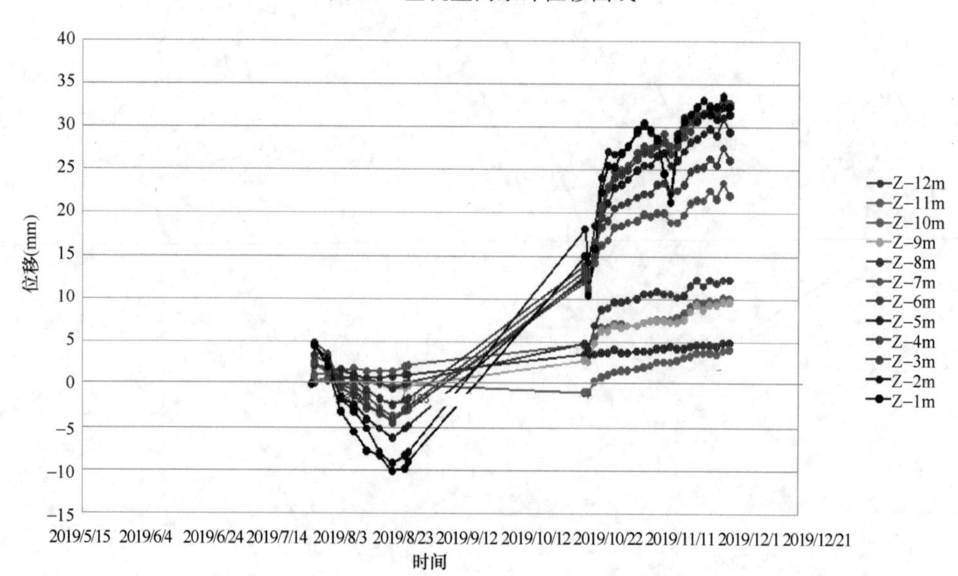

图 11　管桩施工影响及基坑开挖桩顶位移曲线

成都大运会片区生态环境保障设施项目基坑工程

陈亚丽　王亨林　朱志勇　张志豪　郭婷婷　卫　备
（中国建筑西南勘察设计研究院有限公司，成都　610052）

一、工程概况

大运会生态环境保障-水污染防治基础设施项目为2020年四川省重点项目，位于成都市龙泉驿区龙泉街道。本项目为总规模16万m^3/d地埋式污水处理厂，总用地面积76455m^2，为服务2021年世界大学生运动会，未来又将作为成都东部新区公园城市的重要市政设施。项目分为污水处理厂地下箱体、调蓄池箱体两部分。基坑平面尺寸长度420m，宽度180m，最大深度17.70m，土方开挖量78万m^3，安全等级为一级。结合场地不同地段地质条件和开挖深度，本项目主要采用双排桩、排桩＋扩大头锚索等多种支护形式，基坑支护现场见图1。

图1　基坑支护现场

本工程基坑侧壁主要为膨胀性黏土，膨胀土裂隙发育，对于基坑变形控制极不利。通过综合考虑不同深度的黏土裂隙发育情况确定膨胀土基坑支护设计参数，采用高压旋喷扩大头锚索锚固效果较好，基坑变形控制效果显著。

二、工程地质条件

1. 场地工程地质

拟建场地位于成都市龙泉驿区，场地原地形起伏较大，标高为497.97～508.92m，地貌单元属岷江水系Ⅲ级阶地，场区地质构造稳定。地层由上至下主要由第四系全新统人工填土层（Q_4^{ml}）、第四系全新统湖积层（Q_4^{l}）、第四系中下更新统冰水堆积层（Q_{1+2}^{fgl}）及白垩系上统灌口组（K_{2g}）组成。场地各地层分述如下。

（1）第四系全新统填土层（Q_4^{ml}）

素填土①：稍湿，主要为黏性土，含少量植物根茎，硬杂质含量占15%，局部区域含有少量腐殖质，结构松散；场地普遍分布，3～5年内回填，层厚0.2～6.0m。

（2）第四系全新统湖积层（Q_4^{l}）

淤泥②：流塑，韧性差，干强度低，夹有植物根系及腐殖质，有刺激性气味，局部分布在场地内部鱼塘，层厚1.7～2.4m。

（3）第四系中下更新统冰水堆积层（Q_{1+2}^{fgl}）

黏土③：硬塑，无摇振反应、切面有光泽、干强度高、韧性好，夹有大量青灰、灰白色高岭土条带，裂隙发育，失水后龟裂现象明显，含氧化铁、铁锰质及少许钙质结核，局部底部含少许风化卵石；场地普遍分布，层厚1.1～25.1m。

粉质黏土④：可塑为主，局部软塑，主要由黏粒和粉粒组成，含少量铁锰质氧化物，局部胶结，切面稍具光泽，无摇振反应，干强度中等，韧性中等，层中夹薄层状或透镜状粉砂层；场地局部分布，层厚0.5～10.3m。

含卵石粉质黏土⑤：褐黄、灰黄色，主要以可塑粉质黏土为主，变化大，均匀性差；黏性土无摇振反应，稍具光泽，干强度中等，韧性中等。卵石含量25%～35%，个别地段可达50%；卵石成分以花岗岩、石英岩为主，强～中等风化，褐黄色，亚圆～圆状；粒径一般2～5cm，大者达10cm以上，含少量圆砾及中砂。该层局部地段呈薄层状或透镜体分布，层厚0.2～11.3m。

（4）白垩系上统灌口组（K_{2g}）

砂质泥岩⑥：泥质结构，薄层～巨厚层构造，其矿物主要为黏土矿物，遇水易软化，干燥后具有遇水崩解性，局部夹乳白色盐酸盐类矿物细纹。该层分为2个亚层：

强风化砂质泥岩$⑥_{-1}$：紫红色，强风化为主，中～细粒结构，中厚层状构造，风化裂隙较发育，岩芯破碎成块状、片状或饼状，个别短柱状，质地较软弱，用手可强拆断，局部可见清晰斜层理，主要矿物成分为长石、云母及石英等，抗风化能力较差；分布于整个场地，层厚2.4～12.8m。

中等风化砂质泥岩$⑥_2$：紫红色，中等风化为主，细粒结构，巨厚层状构造，节理裂隙不甚发育，岩芯主要呈长柱状，局部岩芯由于机械施工工艺的因素呈碎块状，岩芯长度一般为5～50cm，最长70cm，质地较硬，可见清晰斜层理，主要矿物成分为长石、云母及石英等；局部因裂隙发育夹薄层状强风化层，一般厚度小于50cm；分布于整个场地。

基坑支护物理力学性质参数见表1。

基坑支护物理力学性质参数　　　　表1

岩土名称和层号	天然重度 γ（kN/m^3）	孔隙比 e	含水量 w（%）	黏聚力 c（kPa）（直剪）	内摩擦角 φ（°）（直剪）	压缩模量 E_s（MPa）
素填土①	18.0	—	—	5	12	—
淤泥②	15.0	1.56	57.63	—	—	—

续表

岩土名称和层号	天然重度 γ（kN/m³）	孔隙比 e	含水量 w（%）	黏聚力 c（kPa）（直剪）	内摩擦角 φ（°）（直剪）	压缩模量 E_s（MPa）
黏土③	20.0	0.70	23.29	27	13	10.0
粉质黏土④	19.9	0.73	25.67	15	12	5.0
含卵石粉质黏土⑤	20.0	—	—	17	18	6.0
强风化砂质泥岩$⑥_1$	21.0	—	—	45	30	22.0

2. 水文地质条件

场地内地下水类型为赋存于第四系中的上层滞水、第四系松散堆积层孔隙性潜水以及基岩裂隙水。上层滞水主要赋存于填土层中，无统一自由水面，水量一般；孔隙性潜水主要埋藏在含卵石黏土层中，该层地下水具有承压性，勘察期间测得稳定水位深为 1.0～8.6m，标高在 498.37～498.52m；基岩裂隙水埋藏在砂质泥岩中，水量主要受裂隙发育程度、连通性及隙面充填特征等因素的控制，无统一自由水面。

场地典型工程地质剖面（基坑北侧最深处地层）见图 2。

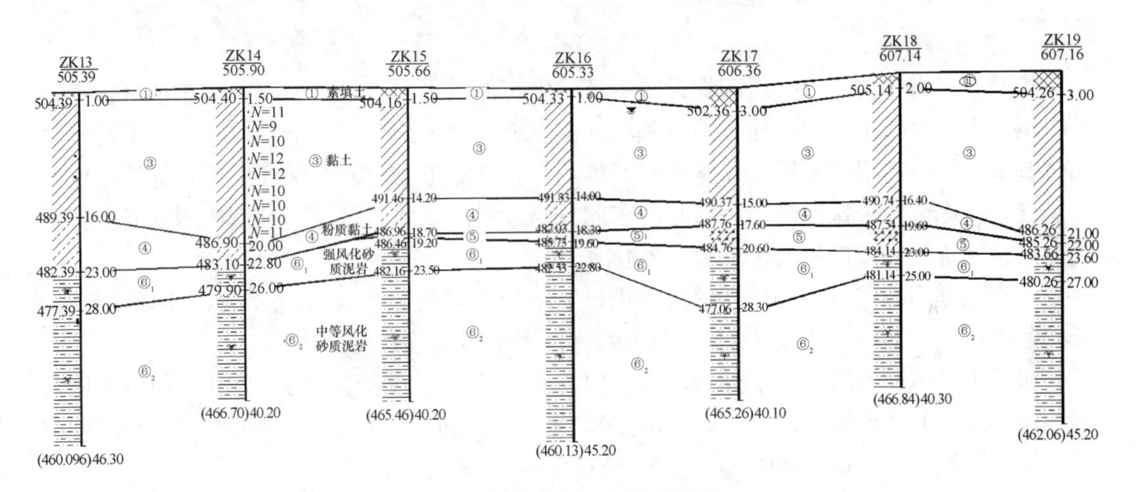

图 2　场地典型工程地质剖面

三、基坑周边环境情况

场地整体地势西低东高，基坑开挖根据地面标高变化，基坑开挖深度见表 2。场地周边环境见表 3。

基坑开挖深度　　表 2

建筑物名称	基础开挖标高（m）	现状地面标高（m）	基坑深度（m）
污水处理厂地下箱体	487.50～497.55	502.00～505.50	4.45～17.70
调蓄池箱体	498.90～500.40	505.50	5.10～15.60

场地周边环境　　表 3

基坑方向	场地周边环境
场地北侧	拟建物地下结构边线距红线约 5.0～13.9m，红线外约 57.5m 宽度范围为规划市政道路（经一路）预留用地，现状为空地，红线外 57.5m 处为成渝高速公路
场地东侧	拟建物地下结构边线距红线约 5.1～29.1m，红线外为空地，距红线约 31.0m 处为东风渠，东风渠宽约 13.0m，现状良好
场地南侧	拟建物地下结构边线距红线约 7.8～43.2m，红线外为空地，距红线约 30.0m 处为东风渠，东风渠宽约 13.0m，现状良好
场地西侧	拟建物地下结构边线距红线约 5.0～19.7m，红线外约 45.0m 宽范围内为空地；西北角段红线外有一小河为西江河（后期将改道），拟建物地下结构边线距河边最近处约 23.5m，靠项目用地侧河堤年久失修已有局部垮塌

四、基坑围护平面

1. 平面布置

按照施工布置要求，场地四周设置一环状施工便道，用于施工期间所需车辆（包括重型车辆）进出。污水处理厂地下箱体基坑北侧空地、污水处理厂地下箱体基坑和调蓄水池箱体基坑南侧空地用作后期主体施工材料堆场和材料加工场地。为保证工期，加快基坑开挖进度，在综合办公楼西侧和调蓄水池东侧分别设置两条施工马道，马道使用期间不得影响地下结构施工，坡度不大于 8°直至基坑底部。

污水处理厂箱体范围基坑开挖边线距地下结构外边线 3.0m，调蓄水池箱体范围基坑开挖边线距地下结构外边线 2.5m，两个箱体范围中间连通开挖。

根据项目拟建物基底开挖标高，结合现场实际场平现状标高，污水处理厂箱体和调蓄水池箱体基坑开挖深度 4.45～17.40m，分段采用“双排桩＋锚索”“排桩”“双排桩”“排桩＋锚索”放坡＋土钉＋网喷和“排桩＋支撑”等支护形式。

基坑开挖后基底面为不透水黏土层，采用坑内明排，坑顶设置砖砌挡墙，坑底沿排水沟设置集水坑。在桩间护壁设置泄水孔，以保证基坑侧壁外侧积水有序排放。基坑顶支护结构外 15.0m 范围内裸露地面采用厚度 10cm 的 C20 素混凝土硬化封闭，基坑支护平面见图 3。

2. 膨胀土参数的确定

成都地区的膨胀土属于裂隙性黏土，在基坑开挖侧向卸荷过程中，侧壁土体发生侧向变形使膨胀土的裂隙陆续张开，为裂隙冲水提供了渗入条件，使裂隙充填物力学强度迅速降低，主动土压力增大，进一步导致基坑变形增大，裂隙增大；继而复始，裂隙逐渐贯通，土压力演变为浅层滑动推力。基坑的力学行为完全受贯通裂隙面倾角和裂隙面充填物性质控制。

根据基坑开挖后现场观测，在整个纵剖面上裂隙的发育表现出了极大的差异性。第一层（0～1.5m）基本为膨胀土的收缩裂隙，收缩裂隙主要在基坑顶部（大气影响深度范围

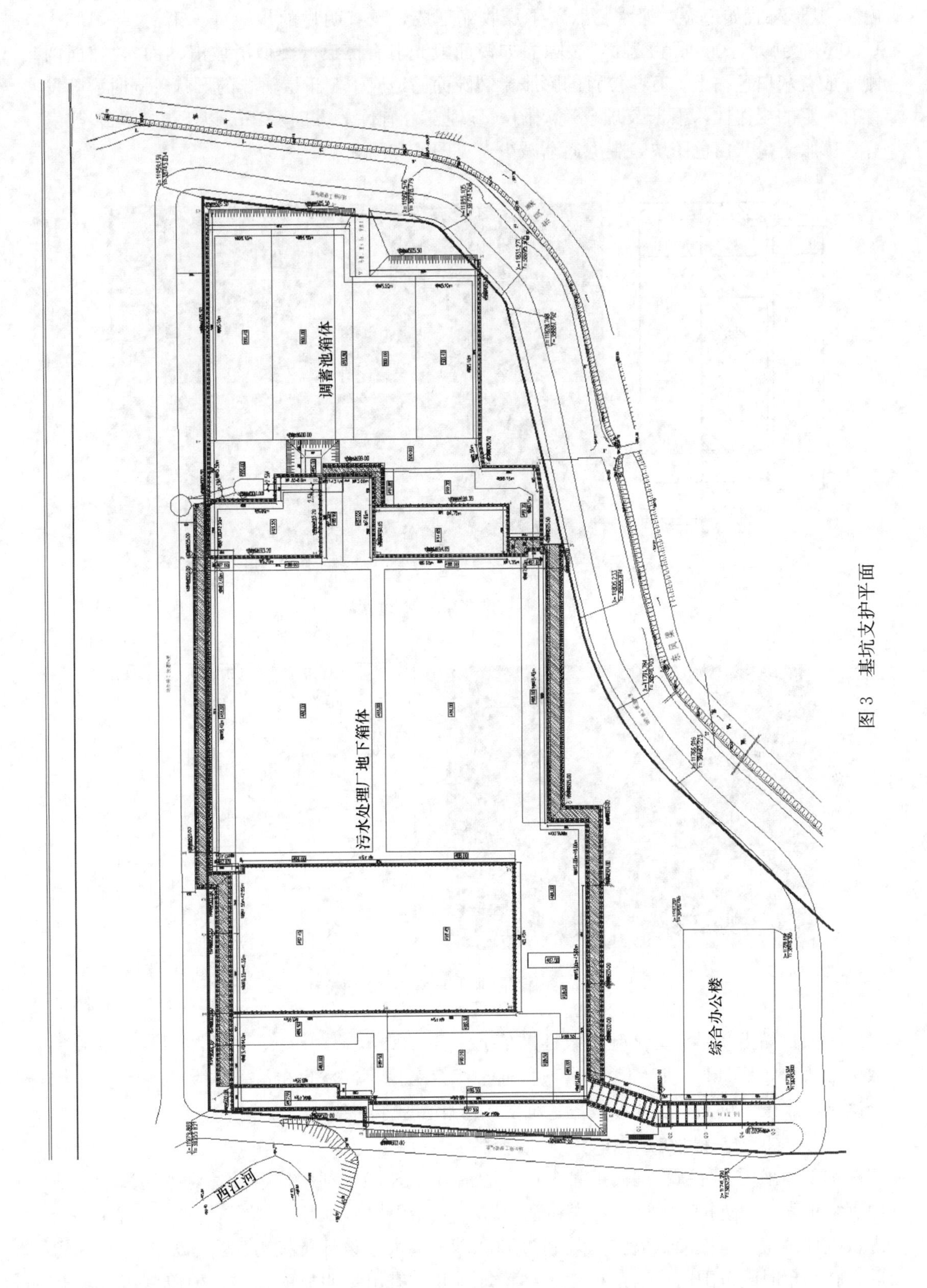

图 3　基坑支护平面

内)，其形态犹如龟裂，遇水膨胀，干燥收缩形成，没有明显的规律性。第二层（1.5～15.0m）为膨胀土的原生裂隙，裂隙面如镜面般光滑有擦痕（类似滑坡滑动面），隙面两侧一般有灰白色黏土，有些位置的膨胀土裂隙面已经成了“千层饼”的形状。同时裂隙发育有一定的规律性，根据节理玫瑰花图，节理发育有优势方向。15m 以下基本无裂隙发育，膨胀土呈灰白色团块，裂隙逐渐减少，见图 4 和图 5。

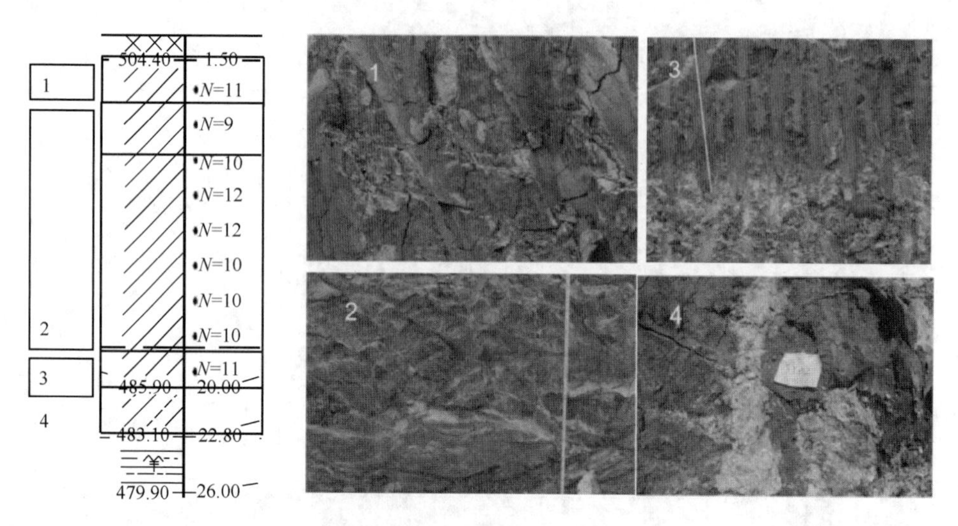

图 4　基坑剖面裂隙发育情况

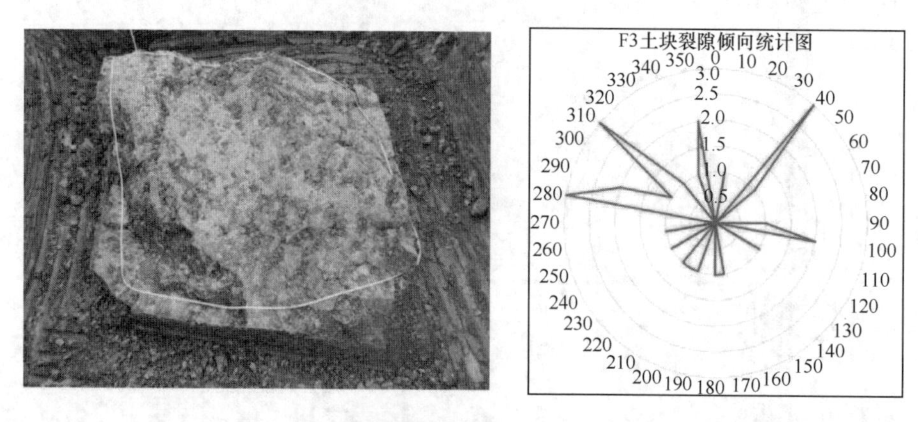

图 5　基坑内部膨胀土开挖及裂隙面统计

本项目黏土②层直剪试验参数标准值 c=92.42kPa，φ=19.69°，裂隙面直剪试验参数标准值为 c=25kPa，φ=10°。本项目通过综合考虑不同深度的黏土裂隙发育情况，综合确定膨胀土基坑支护设计参数，基坑变形与计算基本一致。

3. 旋喷扩大头锚索的应用

本工程采用一种新型旋喷扩大头技术的锚索（图 6），利用拉拔设备对现场试验场地内工程锚索进行抗拉力测试，考虑到试验对象为工程锚索，因此在拉拔力试验过程中并未进行破坏试验，但最大试验拉力均超过 800kN，远大于设计抗拔力。当锚索施加预加力后，在一定时间范围内，锚索拉力大小稳定，并没有出现明显的损失。随着基坑继续开挖，受基坑变形影响，锚索拉力出现了一定的增大，拉力最大增幅约 20kN，但锚索总体拉力均远小于其自身抗拔力。

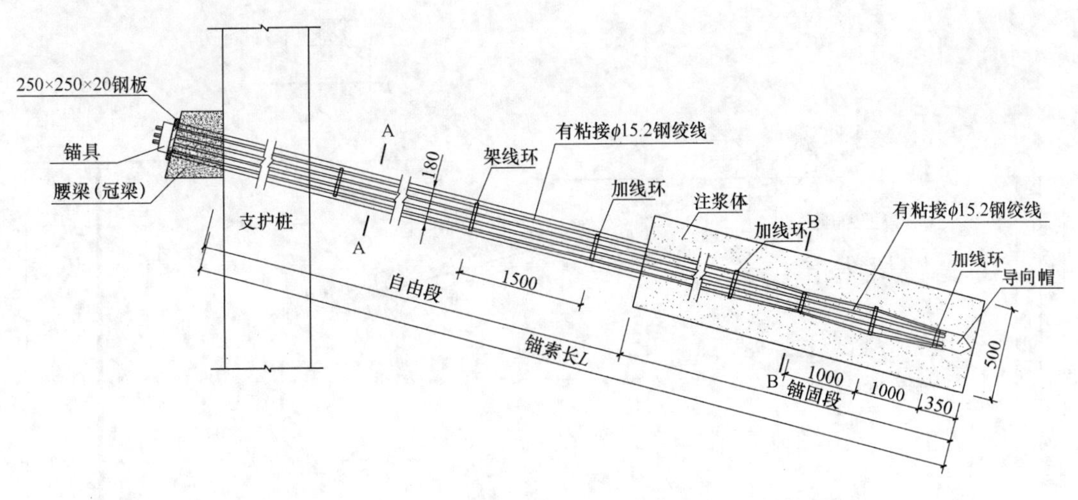

图 6　高压旋喷扩大头锚索结构示意

五、基坑围护典型剖面

由于施工工期要求极为紧张，综合对比内支撑和双排桩＋斜撑后等多种支护方式，基坑北侧和南侧中部基坑大面积开挖深度 16.70m，采用“双排桩＋两排扩大头锚索”的支护形式，前排桩和后排桩均采用灌注桩 ϕ1600@2000，前后排桩间距 5.90m，EF 段剖面见图 7。

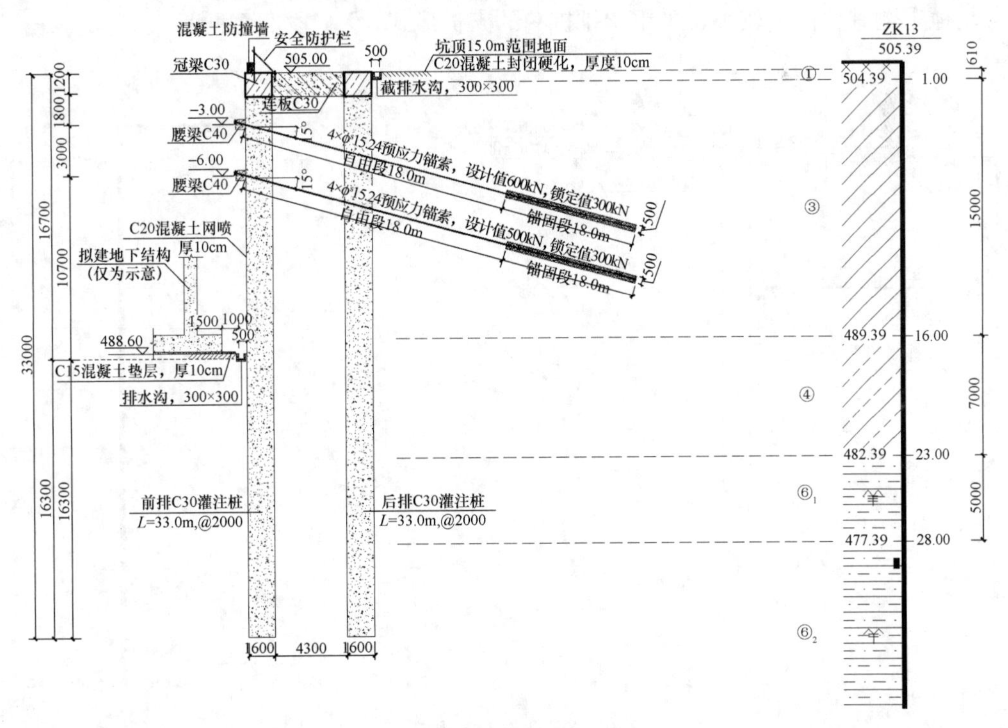

图 7　EF 段基坑支护剖面

场地西侧充分利用场地条件，上部采用放坡方式降低基坑深度，下部支护结构采用“排桩＋扩大头锚索”的支护形式，RS 段剖面见图 8。

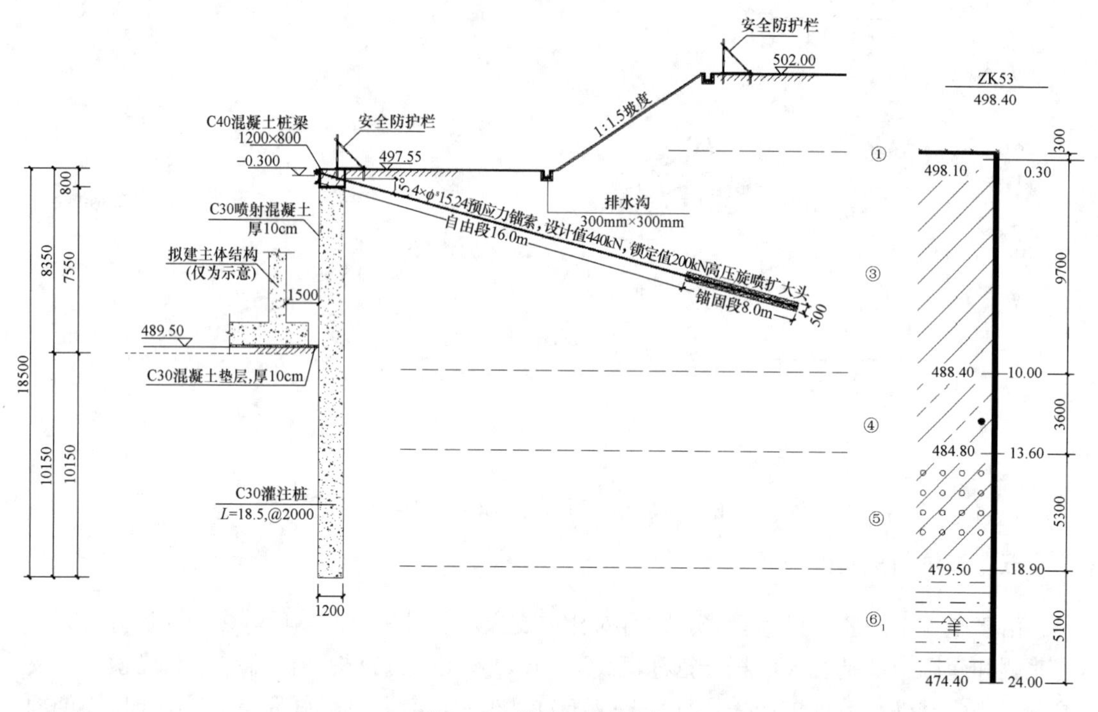

图 8　RS 段基坑支护剖面

场地东侧基坑深度较小，采用“排桩”的支护形式，XY 段剖面见图 9。

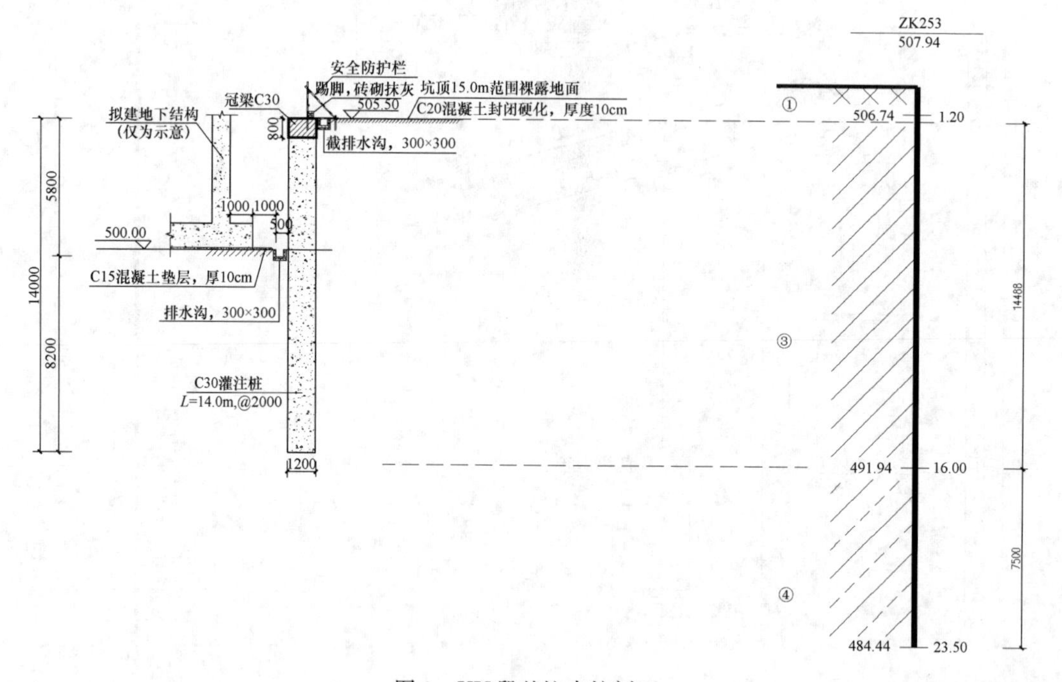

图 9　XY 段基坑支护剖面

六、简要实测资料

在施工过程中，对基坑进行变形观测，其平面位置见图10。根据图11监测数据，基坑开挖后，基坑顶部向内侧发生变形，在对扩大头锚索施加预应力后，有效地控制了基坑顶部变形。2020年6月5日开挖至坑底后，大部分基坑变形保持在20mm以内，基坑南侧中部最大变形为26.32mm。2020年7月27日以后，成都地区进入雨期，基坑受降雨和蒸发的影响，基坑不同位置坑顶水平位移出现了不同的回弹变形，基坑北侧中部最大回弹变形约14mm。在经历雨期后，基坑变形整体安全可控（图12）。

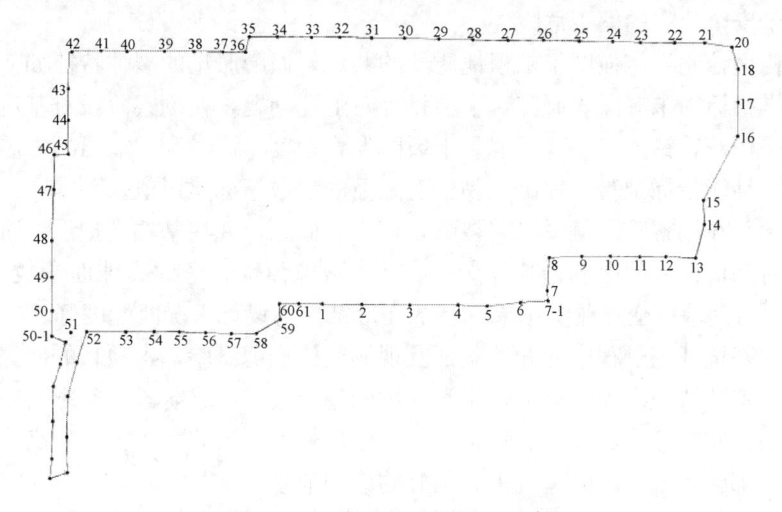

图10　EF段基坑监测平面示意

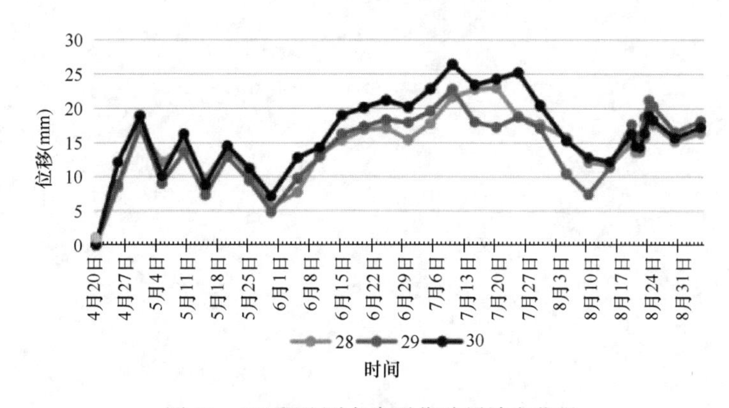

图11　EF段监测点水平位移累计变化量

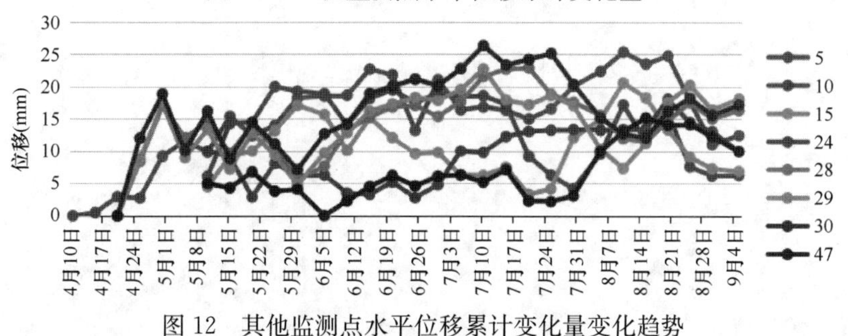

图12　其他监测点水平位移累计变化量变化趋势

七、评述

（1）成都地区膨胀土基坑支护设计基本靠经验进行参数选取，根据近年来膨胀土基坑变形监测结果，基坑变形控制不甚理想，超出设计预警值，甚至达到几十厘米都是常有的事情，使基坑处于危险的状态，如何准确选取参数是一个难题。之前的设计取值主要参考室内直剪试验结果，取值较高，设计的可靠度偏低，是造成事故频发的根本原因。依据工程经验，抗剪强度取值大致为：$c=30\sim35$kPa，$\varphi=14\sim16°$，该指标更接近裂隙面强度，大多数情况下基本符合实际工程经验，可以认为是一个综合性的指标，对不同工程而言，可能有的偏于安全，有的偏于危险。

（2）结构面控制岩体强度是工程地质学的共识，而膨胀土的裂隙特征如何影响膨胀土的特性及力学指标尚未有深入研究，本项目针对上述问题，在勘察阶段对基坑深度范围内的地层钻孔采用双管钻探工艺，了解黏土裂隙发育程度，同时利用取出的岩芯中的黏土裂隙进行了力学性能指标试验，提出了黏土裂隙面的参数指标建议值。

（3）本项目在勘察阶段就提出“裂隙发育”的概念，并在基坑支护设计阶段，综合考虑了裂隙面对基坑设计的影响，基坑支护设计参数取值综合考虑裂隙面参数，$c=27$kPa，$\varphi=13°$，根据后期基坑变形监测结果，基坑变形结果与设计工况匹配度好。

（4）根据基坑开挖过程中的开挖验证及现场实体推剪试验，本项目的研究更新了一些对于膨胀土裂隙的认识。为了保证膨胀土基坑的稳定性，勘察阶段的裂隙研究非常重要。

（5）本项目实践证明，高压旋喷扩大头锚索价格低，工艺简单，工效高，锚固体抗拔效果好，在成都膨胀土地区的基坑中有很好的应用前景。

成都帝一广场项目 B 区基坑工程

易春艳　朱志勇　王　新　付彬桢　丁　军
（中国建筑西南勘察设计研究院有限公司，成都　610081）

一、工程概况

该项目位于成都市龙泉驿区龙都北路以南、建材路以东，建筑面积约 38 万 m^2，包含 5 栋高层住宅、2 栋高层公寓及办公楼或酒店。基坑周长为 352.0m，开挖坑深度 15.3～15.8m。拟建场地地貌上属于岷江水系Ⅲ级阶地，地下水较为丰富，基坑深度范围内地层为土层，主要由人工填土、黏性土、粉土组成。基坑三面邻近已有建筑物（图 1），基坑

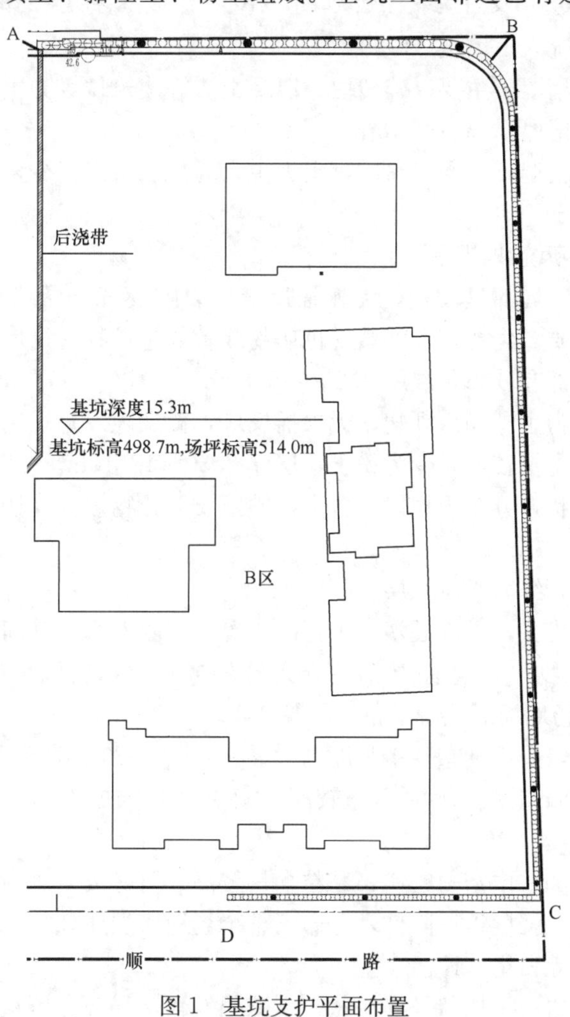

图 1　基坑支护平面布置

安全等级为一级，基坑设计使用年限为1年。

场地地层情况差：从自然地面至基底以下17.5m的位置均为土层。其中膨胀土最大厚度达15.8m，膨胀土是一种高塑性黏土，具有吸水膨胀、失水收缩和反复胀缩变形、浸水承载力衰减、干缩裂隙发育等特性，性质极不稳定；在20.0～25.0m深度范围内，为软弱饱和粉土，支护成孔时易出现垮孔、缩径现象，施工难度大。基坑较深，深度超过15.0m，最大深度达15.8m，属于膨胀土深大基坑。周边环境极其复杂：基坑北侧及东北侧均有多层砖混结构居民楼，浅基础，基础埋深约2.0m，距基坑边线6.0～8.0m，民房结构强度较差，对基坑变形控制要求较高；基坑东侧距开挖线2.0m处为农民灌溉有水渠，水渠漏水严重，长期浸泡削弱了该侧地层参数；南侧距基坑边5.0m为2层活动板房；西侧为一期在建工地，不考虑支护。

二、工程地质及水文地质条件

1. 工程地质条件

场地土主要由第四系全新统人工填土（Q_4^{ml}）、第四系中更新统冲积层（Q_2^{al}），第四系中更新统冰水沉积层（Q_2^{fgl}）及白垩系上统灌口组（K_{2g}）组成。各层土的构成和特征分述如下：

（1）第四系全新统人工填土（Q_4^{ml}）

杂填土：松散，稍湿，主要以碎砖块、混凝土渣等建筑垃圾为主，局部含少量生活垃圾。部分场地分布，层厚0.80～2.10m。

素填土：稍密，稍湿，主要以粉质黏土为主，局部表层发育少量植物根茎。全场地分布，层厚1.20～5.10m。

（2）第四系中更新统冲积层（Q_2^{al}）

黏土：可塑为主，局部呈硬塑，无振摇反应，裂隙发育，局部充填有灰白色黏土矿物，并含有少量铁锰质氧化物，局部黄褐色矿物或青灰色矿物含量增多，具弱膨胀性，干强度高。拟建场地局部有分布，层厚7.20～15.80m。

粉质黏土：可塑为主，局部硬塑，无振摇反应，微裂隙发育，局部相变为青灰色粉质黏土，部分地段砂质含量较高相变为粉土，层厚2.30～12.10m。

粉质黏土：软塑状，分布无规律，含少量铁锰质氧化物。仅在场地局部地段分布，层厚1.20～3.70m；

（3）第四系中更新统冰水沉积层（Q_2^{fgl}）

粉质黏土：可塑为主，局部硬塑，干强度中等，裂隙发育，其间充填大量青灰色、灰白色或橘黄色黏土矿物。并混有10％～20％圆砾或角砾，磨圆度一般，粒径约1.0～2.0cm，该层在拟建场地局部地段分布。层厚2.10～6.90m。

黏土：可塑为主，局部硬塑，干强度高。混有10％～20％圆砾或角砾，磨圆度一般，一般粒径约1.0～2.0cm，底部砂质含量较高，相变为粉土或细砂，广泛分布于整个场地，层厚1.40～7.90m。

粉土：稍湿～饱和，中密～密实，黏粒含量较高，可搓成条，局部砂质含量较高渐变为粉细砂。遇水易散，强度迅速降低，分布于整个场地，层厚3.10～7.70m。

（4）白垩系上统灌口组（K_{2g}）

泥岩：强风化，岩心呈块状及碎块状，裂隙很发育，局部充填灰白色黏土矿物，岩芯采取率约60%，岩块手可刻动，强度较低，场地靠近龙都北路一侧厚度较大，且夹杂有全风化泥岩。全场地分布，层厚2.20～7.10m，勘察区域厚度差异较大。

2. 水文地质条件

拟建建筑场地上层滞水水量较为丰富，勘察期间于钻孔内观察到的上层滞水水位0～3.0m，主要赋存于人工填土孔隙及黏性土裂隙中。另根据地勘报告，场地内粉质黏土层及粉土层存在孔隙性潜水，虽属于弱透水层，但具一定富水性。在对上部黏土及粉质黏土进行套管隔水的条件下，实测场地稳定水位埋深为9.0～11.1m，绝对标高为503.07～505.03m，且该层地下水略具承压性。

土的工程特性指标建议值见表1。

土的工程特性指标建议值 表1

参数 名称	天然重度 γ (kN/m^3)	孔隙比 e_0	含水率 w (%)	压缩模量 E_s (MPa)	变形模量 E_0 (MPa)	黏聚力 c (kPa)	内摩擦角 φ (°)	基床系数 K (MN/m^3)
杂填土	18.5	—		—	—	—	—	—
素填土	18.5	—		2.0	—	—	—	—
黏土②	20.0	0.731	25.96	6.5	8.5	35	13	35
粉质黏土③$_1$	20.0	0.689	24.43	6.0	8.0	30	14	25
粉质黏土③$_2$	19.0	0.838	29.57	3.5	3.5	15	9	20
粉质黏土④$_1$	20.0	0.954	21.3	7.0	9.0	35	15	40
黏土④$_2$	20.0	0.736	25.99	7.0	9.0	40	15	40
粉土④$_3$	20.0	0.694	22.46	6.0	7.0	25	16	30
强风化泥岩	22.0	—	12.05	14.0	15.0	—	—	80
中等风化泥岩	23.0	—	9.02	—	—	—	—	200

注：抗剪强度指标通过直接剪切试验测试。

典型工程地质剖面见图2和图3。

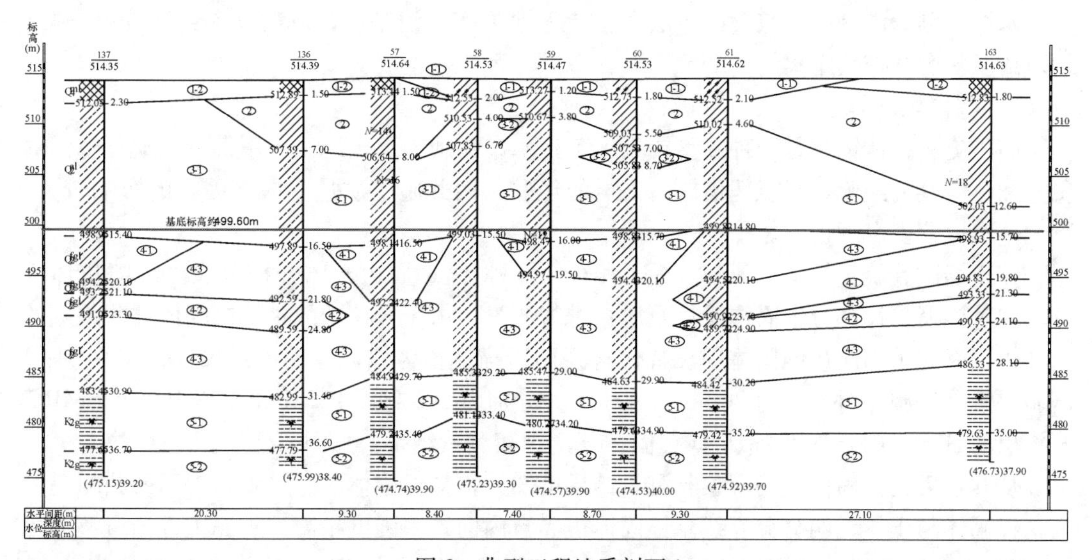

图2　典型工程地质剖面1

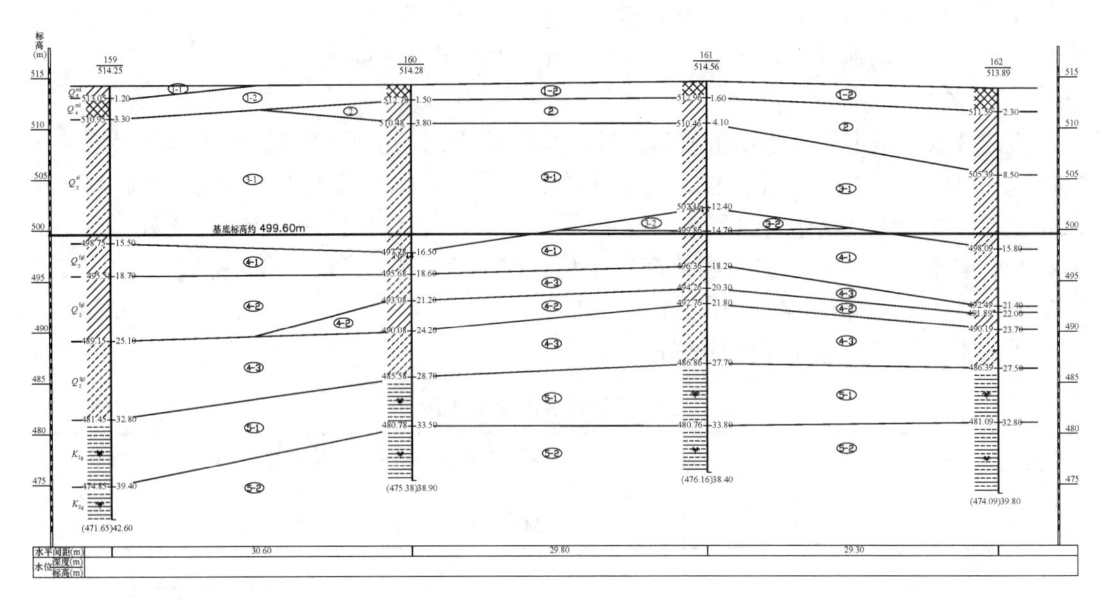

图 3　典型工程地质剖面 2

三、基坑周边环境与锚索试验

1. 周边环境

基坑东侧为已有建筑物，大部分为 1 层，局部为 2 层，无地下室，浅基础，基础埋深约 2.0m。一层建筑物边线至基坑开挖线最近距离为 3.4m，二层建筑物边线至基坑开挖线距离约 6.0m。

基坑西侧为一期在建 A 地块工地。

基坑南侧分别为已有 2 层活动板房、道路。活动板房、道路红线至基坑开挖线距离分别为 5.0m、13.7m。

基坑北侧为已有平安粮食站 6 层宿舍，无地下室，浅基础，基础埋深约 2.0m，建筑物边线至基坑开挖线距离约 8.2m。

2. 扩体锚索试验

高压旋喷扩体锚索是一种新型锚索施工技术，在硬塑黏土地区应用很少，缺乏专门的研究和可借鉴的经验，只能凭借施工人员的经验，因此施工质量受人为因素的影响较大，影响基坑运营安全的情况。

在现场试验旋喷扩体锚索施工完成 14d 后，将锚索周边土体开挖，取出旋喷扩体部分，并对旋喷扩体部分锚固体尺寸及质量进行测量。由于开挖出的扩体锚固体并非规则的圆柱体，因此采用测量锚固体周长替代直径用于描述扩体锚固体的外形尺寸。S1～S4 号试验锚索旋喷施工时间同为 20min，旋喷压力分别为 20MPa、25MPa、30MPa 和 35MPa。开挖出的 S1～S4 号试验锚索扩体锚固体现场观察测量结果，如图 4 所示。

从开挖后的锚固体现场观察与测量结果可知，扩体锚固体质感坚硬，表面凹凸粗糙度高，锚固体与土体无明显分界线，锚固体边界自内向外由强度稍高的水泥土逐渐过渡为黏土。其中 S1 试验锚索实测扩体周长约 87cm，S2 试验锚索实测扩体周长约 94cm，S3 试验

图4　S1～S4锚索扩体锚固体

锚索实测扩体周长约97cm，S4试验锚索实测扩体周长约108cm。根据实测数据绘制出旋喷压力与扩体锚固体周长关系曲线，如图5所示；根据现场测量数据绘制出旋喷时间与扩体锚固体周长关系曲线，如图6所示。

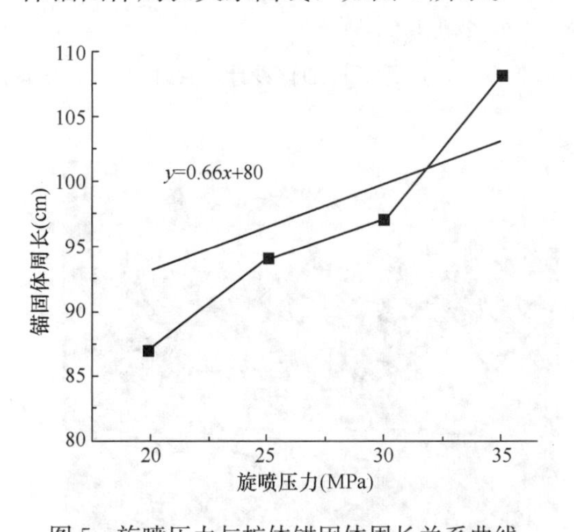

图5　旋喷压力与扩体锚固体周长关系曲线

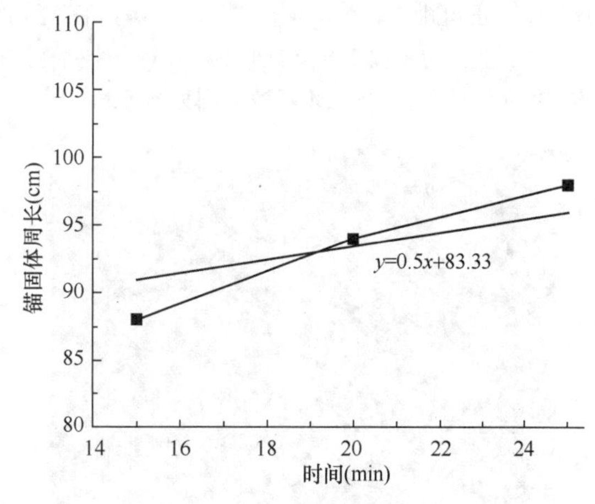

图6　旋喷时间与扩体锚固体周长关系曲线

旋喷压力与锚固体周长关系：

$$L=0.66P+80 \tag{1}$$

式中，L为锚固体周长；P为旋喷压力。

旋喷时间与锚固体周长关系：

$$L=0.66t+83.33 \tag{2}$$

式中，L为锚固体周长；t为旋喷时间。

根据膨胀土地区囊式扩体锚索应用经验，其抗拔力普遍达到800kN以上。因此，试验对所选的9条旋喷扩体锚索随机施加700kN、800kN、850kN、900kN预加拉力（按施加顺序依次增大），并记录对应锚索的抗拔力测量值。由试验测量结果可知，第一排测试锚索拉拔值分别为705kN、675kN、775kN，第二排测试锚索拉拔值分别为875kN、915kN、880kN，第三排测试锚索拉拔值分别为821kN、839kN、827kN。因现场条件限制，未能进行锚索位移测量及拉拔破坏试验，测量锚索未拉拔到承载力极限状态。

四、基坑围护平面

（1）基坑北侧AB段（Z1～Z10）：基坑深度15.3m，采用锚拉桩支护，桩径1.8m，桩间距2.3m，嵌固段18.7m，桩间设置3道锚索；

（2）基坑北侧AB段（Z11～Z25）：基坑深度15.3m，采用锚拉桩支护，桩径1.8m，桩间距2.3m，嵌固段15.2m，桩间设置3道锚索；

（3）基坑北侧AB段（Z26～Z35）：基坑深度15.3m，采用锚拉桩支护，桩径1.8m，桩间距2.3m，嵌固段14.2m，桩间设置3道锚索；

（4）基坑北侧AB段（Z36～Z42）：基坑深度15.3m，采用锚拉桩支护，桩径1.8m，桩间距2.3m，嵌固段14.7m，桩间设置3道锚索；

（5）基坑东侧BC段（Z43～Z131）：基坑深度为15.8m，采用锚拉桩支护，桩径1.2m，桩间距2.0m，嵌固段14.2m，桩间设置3道锚索；

（6）基坑南侧CD段（Z132～Z165）：基坑深度为15.8m，采用锚拉桩支护，桩径1.2m，桩间距2.0m，嵌固段13.7m，在桩间设置3道锚索。

注：北侧为基坑变形控制难点，故对每个钻孔进行验算设计，进行了精细化设计，共计分4段，具体平面布置见图1，施工现场效果图见图7、图8。

图7　基坑北侧、东侧支护平面

图8　基坑东侧、南侧支护平面

五、基坑围护典型剖面

工程采用锚拉桩进行支护，针对膨胀土性质，锚索采用承压型扩体预应力锚索施工工艺。对于邻近已有建筑物侧（北侧），桩径采用1.8m，桩间距2.3m，桩间设置3道锚索；东侧及南侧桩径1.2m，桩间距2.0m，桩间设置3道锚索，具体剖面及基坑施工现场如图9～图13所示。

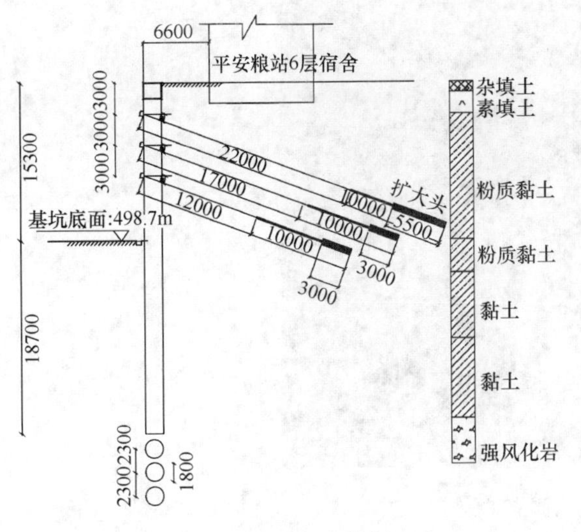

图 9　基坑北侧支护剖面

图 10　基坑北侧支护施工

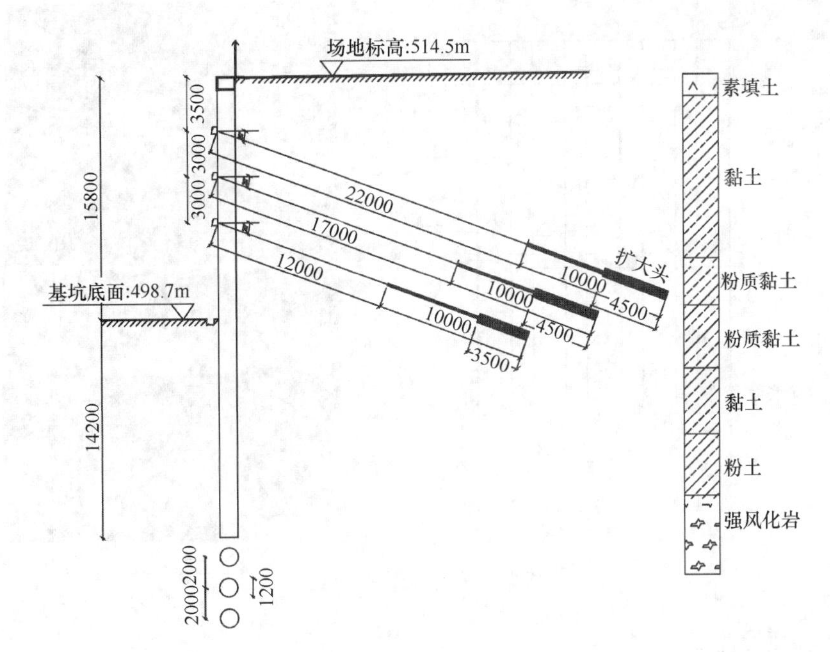

图 11　基坑东侧支护剖面

六、监测结果

（1）锚索轴力监测

选取AB段Z21～Z24桩间9根锚索进行现场长期监测试验，锚索应力计在锚索张拉锁定时进行安装，在锚索张拉前两天现场技术人员需要通知元件安装人员准备安装工作；锚索应力计测试通过无线数据测试仪采集传输，无线采集仪安装在冠梁上方，需要提供220V交流电源工点（图14～图16）。

图 12　基坑北侧支护施工

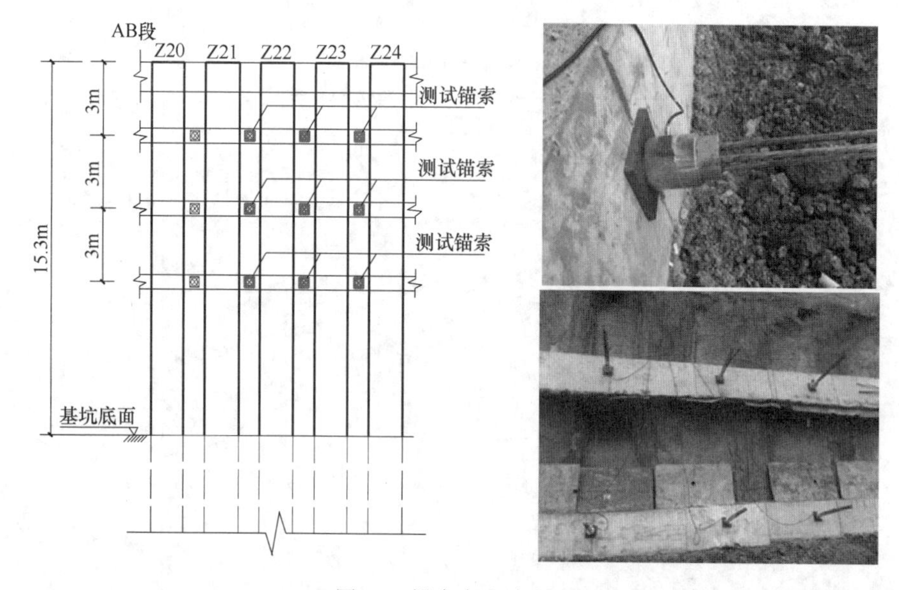

图 13　锚索应力计布置

（2）基坑变形监测

该工程 2017 年 2 月 24 日竣工验收合格，安全移交总包单位。截至 2018 年 11 月 23 日，基坑顶部累计最大位移 14.3mm，基坑周边建筑物的累计最大沉降 2.68mm，均在设计预测及规范允许范围内，基坑监测点平面布置及位移曲线见图 17～图 20。

七、评述

（1）该项目采用高压旋喷工艺形成的扩大锚固体坚硬完整，表面凹凸粗糙度高，可提供较高的摩阻力与钢绞线握裹力，通过现场实测高压旋喷桩扩体锚索在运营阶段，锚索拉力稳定，工程应用效果良好。

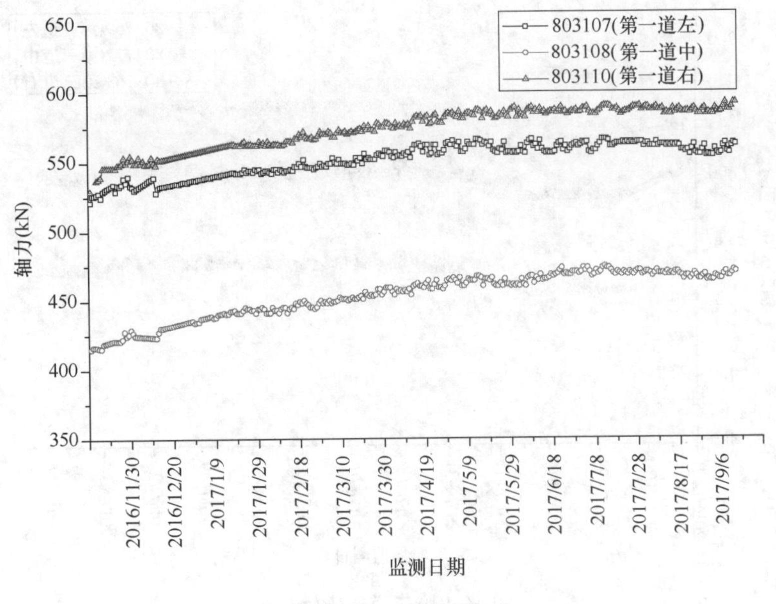

图 14　第一道锚索轴力

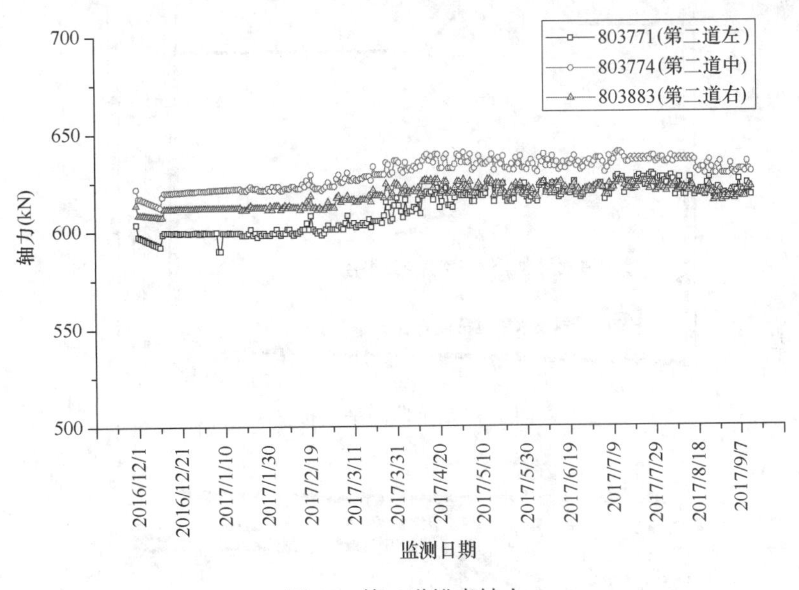

图 15　第二道锚索轴力

(2) 根据该项目施工情况，高压旋喷扩体锚索单价与普通锚索接近，但提供抗拔力却是普通锚索近 5 倍，经济优势明显；通过现场测试，该地层每天每台设备钻进约 150m，施工效率较高，极大地缩短了工期。

(3) 从现场试验与施工过程锚索锚固力监测结果来看，该工艺形成的扩体锚索单根抗拔力极限值可达 200t，不仅解决了传统锚索在膨胀土中使用局限性及抗拔力无法满足要求的问题，也极大提高了锚索抗拔力，为大拉拔力抗拔提供了很好的技术支撑，为后续项目弱化桩的刚性，加大锚索抗拔力提供了坚实的基础。

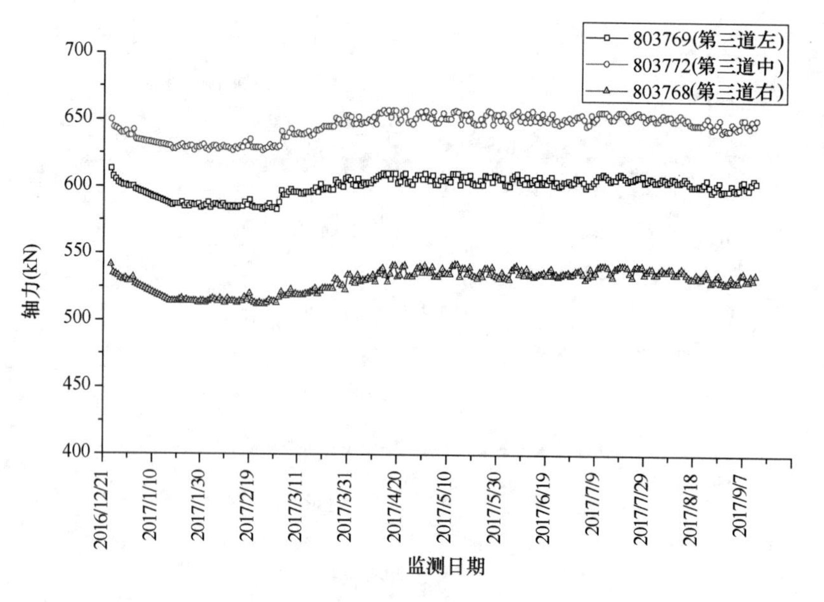

图 16　第三道锚索轴力

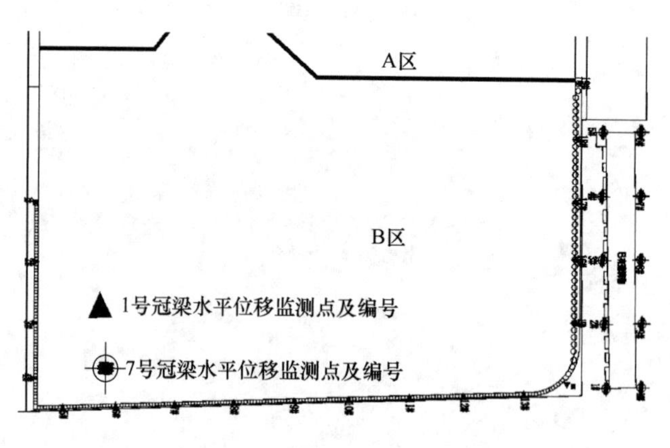

图 17　基坑监测平面布置

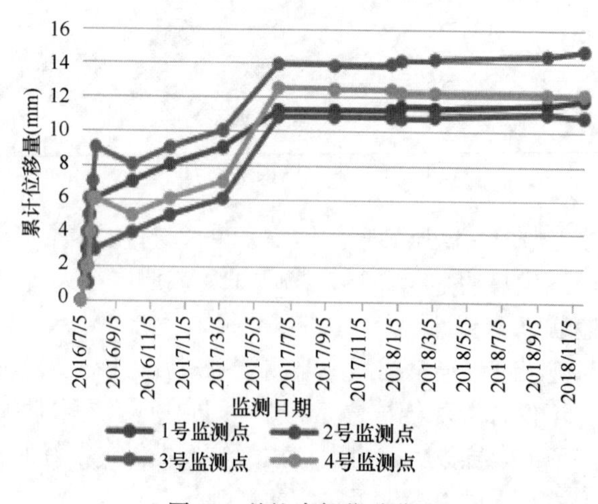

图 18　基坑南侧位移曲线

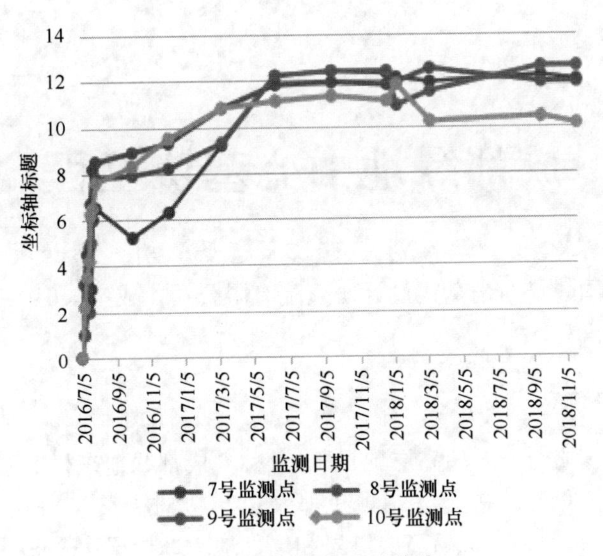

图 19 基坑东侧位移曲线

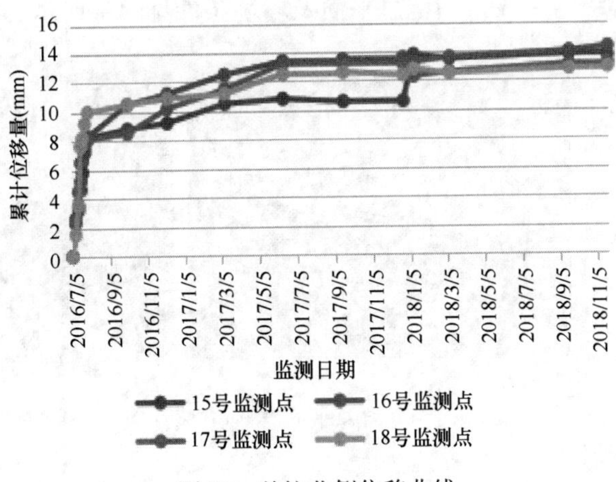

图 20 基坑北侧位移曲线

成都绿地中心基坑工程

陈海东　贾　鹏　刘智超　宋志坚　胡　熠　康景文
（中国建筑西南勘察设计研究院有限公司，成都　610052）

一、工程简介及特点

“成都绿地中心·蜀峰468超高层项目”（又称“成都绿地东村8号地块超高层项目”）位于成都市三环路东段航天立交桥外侧驿都大道与椿树街交叉口东南，距东三环路约1km。项目由T1、T2、T3三栋超高层塔楼和局部地上3层裙房及5层地下室组成，建筑面积19.5万m^2。基坑面积约2.2万m^2，基坑周长约638m，开挖深度－28.15～－31.85m，安全性等级为一级，基坑总平面及环境条件见图1所示。

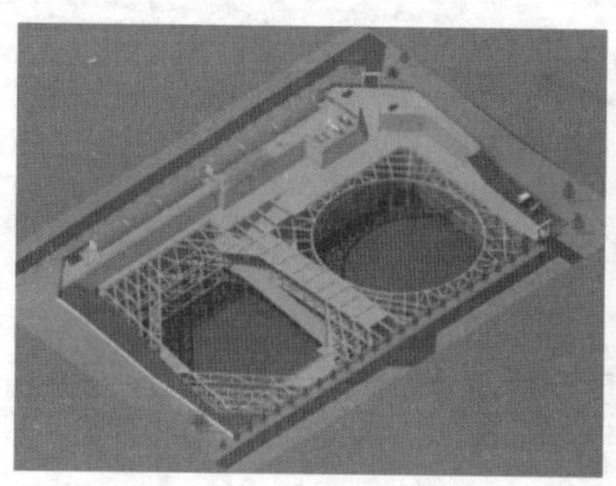

图1　基坑总平面与环境条件

“成都绿地中心·蜀峰468超高层项目”主体建筑高度达到468m。在基坑实施过程中对玄武岩复合筋材、格构＋植草护坡、膨胀土基坑锚索、基坑自动化智能降水系统与变形监测等进行研发与运用，实现了绿色岩土工程。本项目实施中取得了一系列的科研成果，提升了基坑支护体系技术。

二、工程地质条件

1. 场地工程地质及气象与水文地质条件

（1）场地工程地质条件

拟建场地地属平原岷江水系Ⅲ级阶地，为山前台地地貌，场地整体地形地貌呈东高西低状，地形有一定起伏，地面高程519.22～527.90m，最大高差为8.68m。场地地形地貌见图2和图3。

场地主要由第四系全新统人工填土（Q_4^{ml}），其下为第四系中、下更新统冰水沉积层（Q_{2-1}^{fgl}）和白垩系上统灌口组（K_{2g}）泥岩组成，场地典型岩层和三维地质见图4。

图 2　场地南侧现状地形地貌（视向正西）

图 3　场地北侧现状地形地貌（视向正北）

杂填土①$_1$：稍湿，多以砖块、混凝土块、碎石等为主，含黏性土、粉粒混杂，具有均匀性差、多为欠压密土、结构疏松、强度较低、压缩性高、荷重易变形等特点。主要分布于已拆建筑和既有建筑的基础、地坪等范围，层厚 0.30～2.80m。

素填土①$_2$：稍湿～很湿，多以黏性土、粉粒为主，多呈可塑状，有少量砖屑、砾石混杂，该层位于垃圾清运中心内部分，具有腥臭味，场地普遍分布，层厚 0.40～5.50m。

黏土②：硬塑～坚硬，光滑，稍有光泽，干强度高、韧性高，含铁锰质氧化物结核及少量钙质结核，层底多含个别砾石、卵石；局部地段无分布；网状裂隙发育，缓倾裂隙也较发育，层厚 2.00～8.70m。

粉质黏土③：硬塑～可塑，光滑，稍有光泽，干强度高、韧性高，含少量铁、锰质、钙质结核；颗粒较细，网状裂隙较发育，裂隙面充填灰白色黏土，场地内局部分布，层厚 1.30～4.50m。

含卵石粉质黏土④：硬塑～可塑，以黏性土为主，含少量卵石；卵石成分主要为变质岩、岩浆岩，磨圆度较好，呈圆～亚圆形，分选性差，大部分卵石呈全～强风化，用手可捏碎；卵石粒径以 2～5cm 为主，个别粒径最大超过 20cm，卵石含量约 15%～40%，卵石与黏性土胶结面偶见灰白色黏土矿物，局部夹厚度 0.3～1.0m 的全风化状紫红色泥岩孤石，普遍分布，层厚 0.70～12.30m。

卵石⑤：稍湿～饱和，稍密～中密，卵石成分主要为变质岩、岩浆岩，卵石磨圆度较好，多呈圆形、亚圆形；卵石骨架间被黏性土充填，局部可见少量粉粒、细砂，充填物含量约为 25%～40%；具有轻微泥质胶结；卵石粒径多为 2～8cm，少量卵石粒径可达 10cm 以上，个别为大于 20cm 的漂石；该层场地内局部分布，层厚 0.30～8.10m。

泥岩⑥：泥状结构，薄层～巨厚层构造，成分主要为黏土质矿物，遇水易软化，干燥后具有遇水崩解性，局部夹乳白色碳酸盐类矿物细纹，局部夹 0.3～1.0m 厚泥质砂岩透镜体。

全风化泥岩⑥$_1$：干钻钻孔岩芯大多呈细小碎块～土状，用手可捏成土状，岩芯遇水大部分泥化，层厚 0.30～14.60m；

强风化泥岩⑥$_2$：风化裂隙很发育～发育，岩体破碎～较破碎，钻孔岩芯呈碎块状、饼状、短柱状、柱状，少量呈长柱状，易折断或敲碎，用手不易捏碎，RQD 范围 10～50，层厚 0.30～29.00m；

中等风化泥岩⑥$_3$：风化裂隙发育～较发育，结构部分破坏，岩体内局部破碎，钻孔岩芯呈饼状、柱状、长柱状，偶见溶蚀性孔洞，洞径一般 1～5mm，岩芯用手不易折断，局部夹薄层强风化和微风化泥岩，RQD 范围 40～90，层厚 0.30～17.60m；

微风化泥岩⑥$_4$：风化裂隙基本不发育，结构完好基本无破坏，岩体完整，钻孔岩芯多呈柱状、长柱状，岩质较硬，岩芯手不易折断，岩芯多见纤维状或针状透明～半透明～白色石膏矿物条带或晶斑，条带厚度 1～5mm，一般不超过 5cm，石膏条带强度较软，易断裂，可轻易捏碎呈絮状、细小针粒状晶粒，易溶于水，RQD 范围 70～95，局部夹薄层强风化和中等风化泥岩。

强风化泥质砂岩⑦：风化裂隙很发育～发育，岩体破碎，钻孔岩芯呈碎屑、碎块状，易折断或敲碎，用手可捏碎，岩石结构清晰可辨，以透镜体赋存与泥岩中，层厚 0.40～0.90m。

图 4　典型岩层

（2）气象与场地水文地质条件

场地属季风区中亚热带湿润气候亚区，热量丰富，雨量充沛，年平均气温为 16.2℃，极端最高气温为 37.7℃，极限最低气温为－5.9℃；年平均降雨量为 950mm，其中 12 月～次年 2 月降雨量最少，7～9 月降雨量最多，多年蒸发量平均值为 1020.50mm；据区域水文地质资料及场地水文地质勘察，场地的地下水类型主要是第四系松散堆积层孔隙性潜水和白垩系泥岩层风化～构造裂隙和孔隙水，水位埋藏较深；其为上部填土层中的上层滞水。

（3）基坑支护物理力学性质参数（表 1、表 2）

基坑支护物理力学性质参数　　表 1

指标 岩土名称	天然重度 (kN/m³)	天然状态		饱和状态		膨胀力 P_e (kPa)	静止侧压力系数 K_0	土体与锚固体极限摩阻力标准值 q_{sik} (kPa)	水平抗力系数比例系数 M (kN/m⁴)	岩土对挡墙基底摩擦系数 μ
		黏聚力 c (kPa)	内摩擦角 φ (°)	黏聚力 c (kPa)	内摩擦角 φ (°)					
杂填土①$_1$	18.5	5	8.0	4	6.0	—	—	10	—	—
素填土①$_2$	19.0	10	10.0	8	8.0	—	—	18	8	—

续表

指标 岩土名称	天然重度 (kN/m³)	天然状态		饱和状态		膨胀力 P_e (kPa)	静止侧压力系数 K_0	土体与锚固体极限摩阻力标准值 q_{sik} (kPa)	水平抗力系数比例系数 M (kN/m⁴)	岩土对挡墙基底摩擦系数 μ
		黏聚力 c (kPa)	内摩擦角 φ (°)	黏聚力 c (kPa)	内摩擦角 φ (°)					
黏土②	20.0	40	12.0	25	8.5	57.8	0.41	65	55	—
粉质黏土③	19.8	25	15.0	15	9.0	30.0	0.40	55	35	—
含卵石粉质黏土④	20.5	27	16.0	16	10.0	—	—	70	80	—
卵石⑤	22.0	12	36.0	8	32.0	—	—	150	110	—
全风化泥岩⑥$_1$	19.5	50	15.5	21.5	12.0	—	0.41	100	50	—
强风化泥岩⑥$_2$	21.5	80	26.0	60	24.0	17.8	—	160	100	0.50
中等风化泥岩⑥$_3$	23. 5	200	33.0	160	30.0	11.1	—	300	—	0.55
微风化泥岩⑥$_4$	24.5	330	35.0	200	33.0	10.6	—	600	—	0.60
强风化泥质砂岩⑦	21.0	80	28.0	50	25.0	—	—	180	100	0.50

注：临时支护结构可采用天然状态抗剪指标，永久性支护结构建议中等风化～微风化泥岩采用天然状态抗剪指标，其他土层采用饱和状态指标。

岩土渗透系数建议值 **表 2**

含水层	渗透系数 k (m/d)	影响半径 (m)	透水性
含卵石粉质黏土层	2.0×10^{-2}	—	弱透水性
泥岩裂隙孔隙	6.0×10^{-2}	26.6	弱透水性
场地地层综合	5.5×10^{-2}	20.9	弱透水性

2. 典型工程地质剖面（图 5）

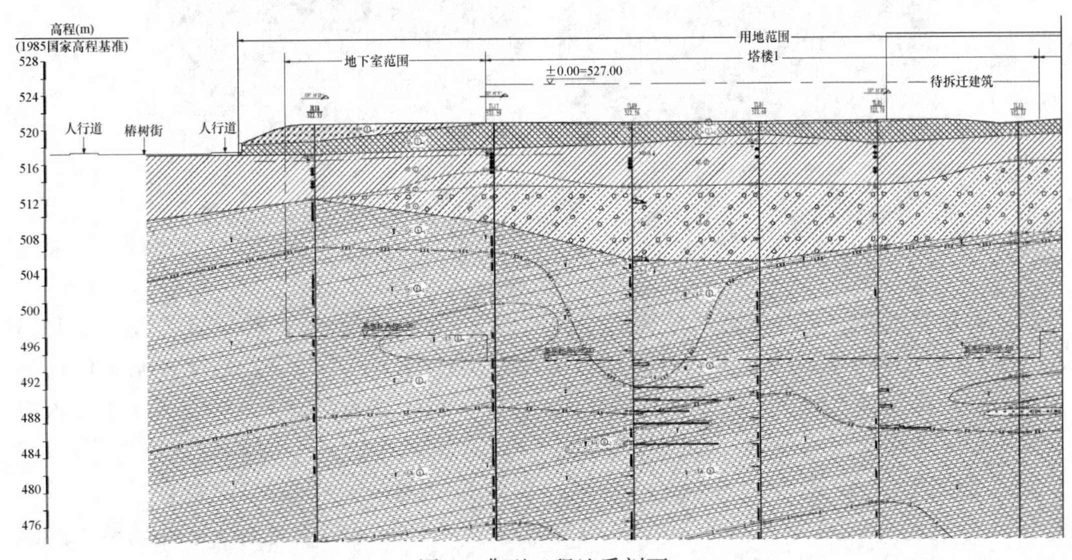

图 5 典型工程地质剖面

三、基坑周边环境情况

（1）基坑东侧：中南半段已建银木街，北半段待建，道路宽约 30m；已建段道路边线与地下室外墙最小距离约为 50m；待建段道路边线与地下室外墙最小距离约为 28m，已建段下管线较多（图 6a）。

（2）基坑西侧：西侧为椿树街，道路宽约 20m；道路边线与地下室外墙最小距离约为 5m，市政管线较多（图 6b）。

（3）基坑南侧：南侧为待建杜鹃街，施工期间尚未实施；规划道路宽约 20m，与地下室外墙最小距离约为 5m（图 6c）。

（4）基坑北侧：基坑北侧为驿都大道和紧邻地铁区间及出入口，道路宽约 50m，双向 8 车道，车流量巨大；道路边线与地下室外墙最小距离约为 22m，大道下管线较多（图 6d）。

(a) (b) (c) (d)

图 6 基坑周边环境条件

（a）东侧；（b）西侧；（c）南侧；（d）北侧

（5）运营地铁车站及其附属结构：北侧地铁 2 号线洪河车站，车站设 2 层和西北角 A1 出入口、北侧中部为 A2 出入口、东北角为地铁通风口的冷却塔。地铁车站本体与地下室外墙距离约为 32m；车站本体底部埋深约 16～20m，跨度约 19m；西北角 A1 出入口与地下室外墙距离仅约为 3m；A1 出入口底部埋深约 4.1～9.4m，结构轮廓约为 7.2m×5.3m；北侧中部 A2 出入口与地下室外墙距离约为 14m；A2 出入口底部埋深约 4.1～9.4m，结构轮廓约为 7.2m×5.3m；东北角地铁通风口的冷却塔与地下室外墙最小距离约为 12m（图 7）。

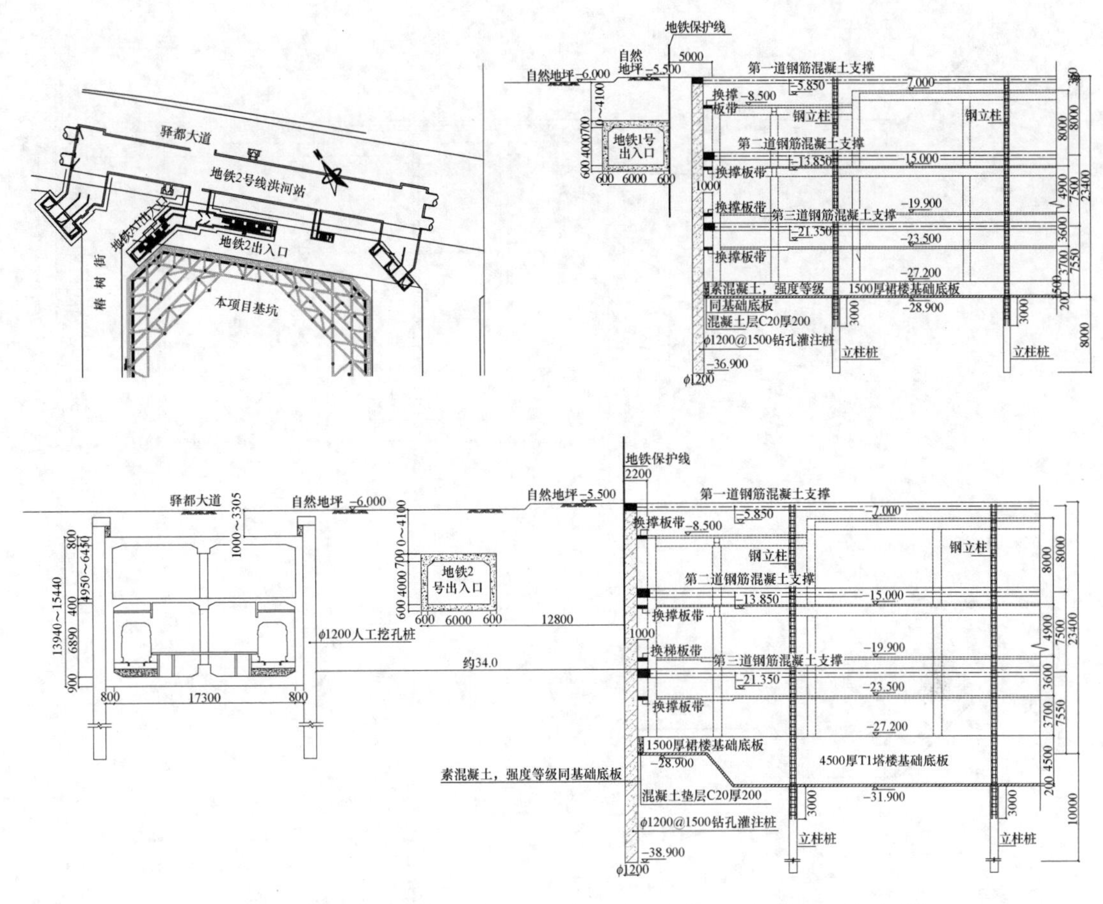

图7　基坑北侧地铁车站平面、A1出入口和A2出入口与地下室关系示意

四、基坑围护平面

基坑周边围护体及支撑平面布置见图8。

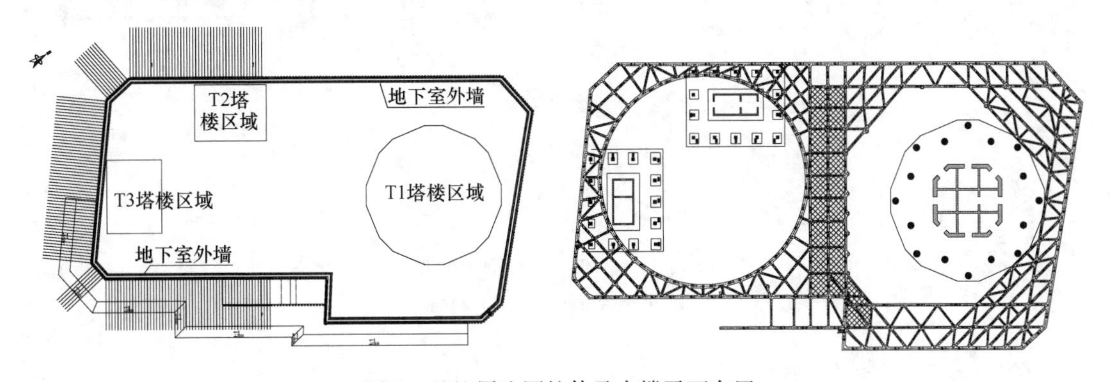

图8　基坑周边围护体及支撑平面布置

五、基坑围护典型剖面

基坑围护典型剖面见图9。

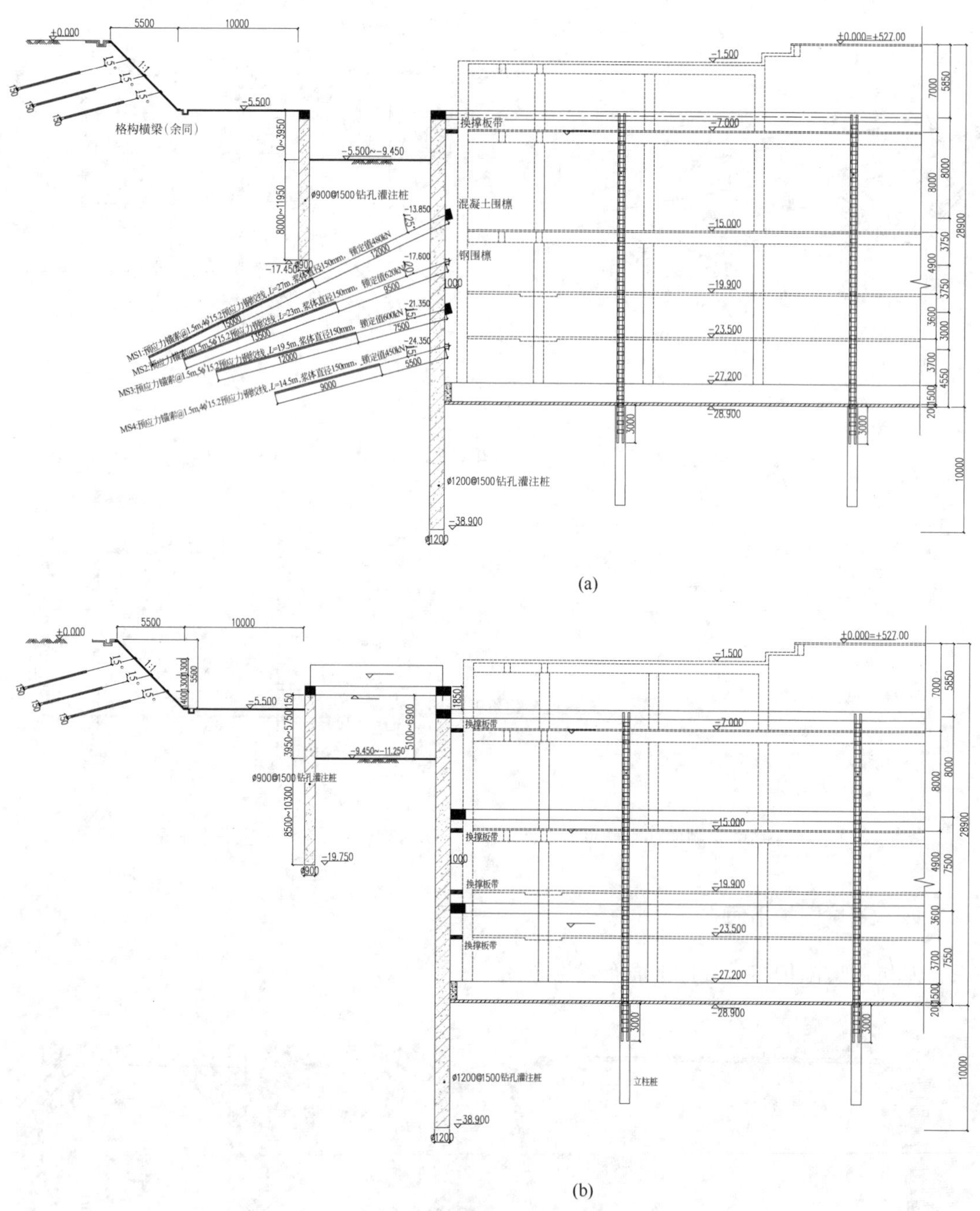

图 9　基坑围护典型剖面

(a) K-K 剖面；(b) L-L 剖面

六、简要实测资料

1. 绿色支护与智慧监控技术

基坑总体围护方案：场地外东面以及南面部分高地势区域（南面靠近东侧约一半边长区域）按绝对标高 527.00m（相对±0.00 标高为+0.50m）进行地坪整平。场地内自高地势区段进行浅层卸土放坡至绝对标高 521.50m（相对标高为−5.00m），采用锚索格构护坡；标高 521.50m 以下周边围护体采用机械成孔灌注排桩，北侧 T1 区域（近地铁侧）竖向设置三道混凝土内支撑，南侧 T2、T3 区域（远地铁侧）顶部设置一道钢筋混凝土圆环内支撑、下部设置四道锚索，T1 区域与 T2、T3 区域之间设置三道钢筋混凝土对撑。

1）岩土性能系列测试技术

为基坑支护设计提供可靠的参数和新材料运用依据，进行了系列现场测试试验，见图 10。

图 10　岩土性状测试试验

（a）强度参数推剪测试；（b）玄武岩复合筋锚喷足尺试验；（c）支护桩状态监测

2）BIM 技术

采用 BIM 技术对整个施工过程进行模拟，为更早地发现施工中薄弱环节，优化改善施工方案，对信息模型进行管理工作，实现全过程的信息数据对接和展示，见图 11。

图 11　BIM 整体与细部展示模型

3）基坑开挖影响预测分析

为确保紧邻地铁正常运营，采用数值分析对影响程度进行预测分析。结果显示，邻近地铁车站 1 号出入口结构围护体最大水平位移 8.6mm，出入口结构的最大水平位移

6.5mm；邻近地铁车站出入口结构的最大竖向位移 2.7mm，地表沉降 5.1mm（图 12）。地铁车站 2 号出入口结构围护体最大水平位移 17.3mm，出入口结构的最大水平位移 1.5mm（图 13）；车站的最大水平位移 1.4mm；地铁车站 2 号出入口结构的最大竖向位移 1.0mm，车站的最大竖向位移 1.0mm，地表沉降 18.4mm。

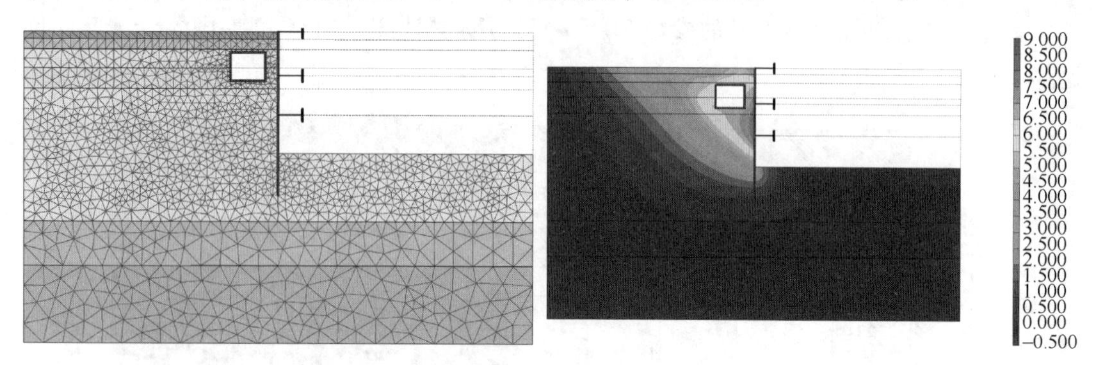

图 12　地铁车站 1 号出入口土体水平位移分析

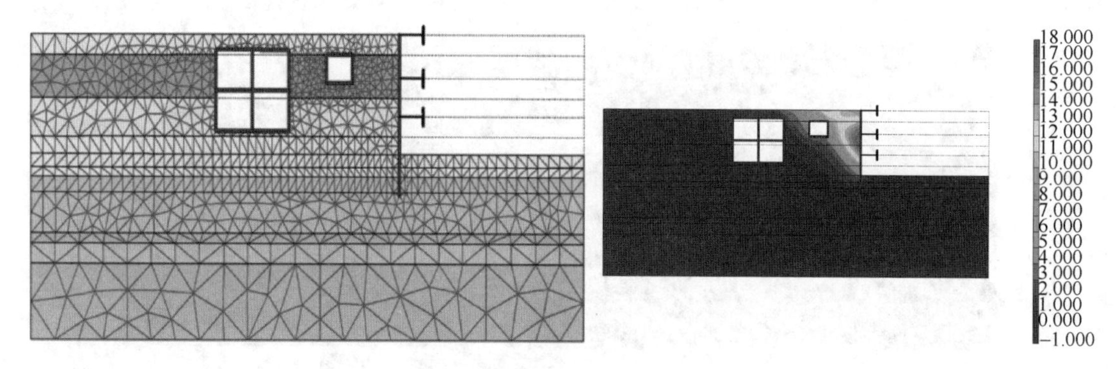

图 13　地铁车站 2 号出入口土体水平位移分析

4）膨胀土水平膨胀力设计方法

膨胀土基坑支护设计方法一直是困扰成都地区基坑设计的重大问题，通过大量的现场测试与监测工作，以膨胀土湿度场理论为依据，结合室内试验及模型试验，提出了一套膨胀土基坑边坡设计理论和设计方法（图 14）。

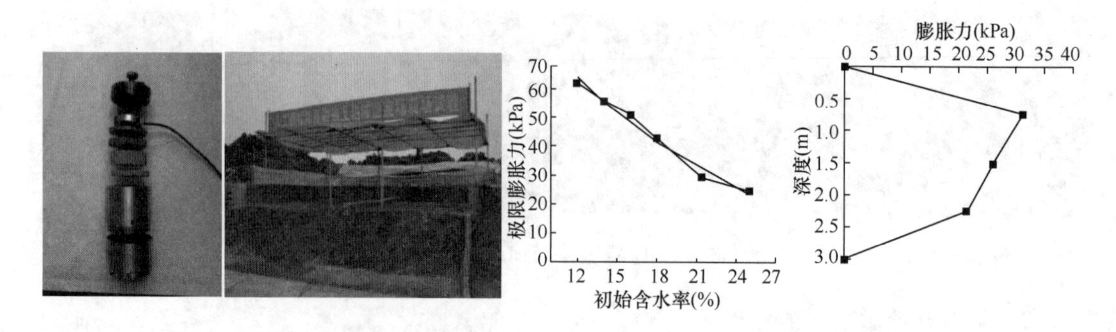

图 14　极限膨胀力随初始含水率变化曲线与实际基坑膨胀力分布模型

5）内支撑与锚索联合支护体系

为满足变形控制要求，在组合围护体系进行基坑支护设计施工缺乏经验的情况下，首次采用控制变形效果好的斜撑、环撑、锚索等组合支护体系与内支撑施工技术，积累了工程经验和提升设计施工水平（图 15）。

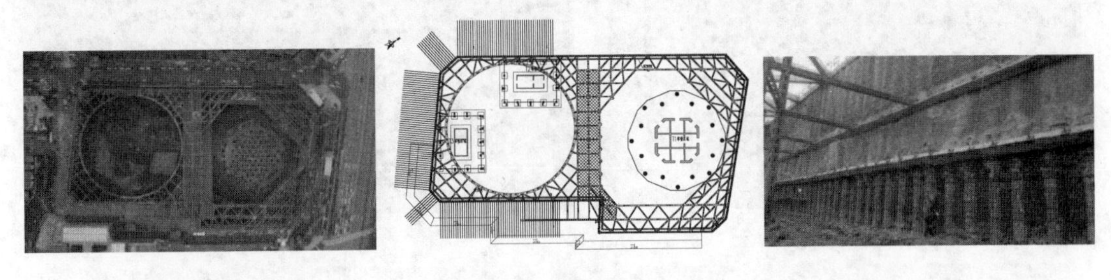

图 15　内撑＋环撑＋锚索联合支护体系

6）玄武岩复合筋支护技术

在室内试验及现场试验掌握玄武岩筋材（BFRP）物理力学特性及锚固特性的基础上，在基坑工程南侧东段高边坡支护中，采用玄武岩纤维复合筋大规模替换现有普通钢筋锚杆和网筋，以及玄武岩纤维复合筋支护桩。现场监测结果表明，采用玄武岩复合筋支护的变形控制效果良好，应用取得了很好的效果（图 16）。

7）自动化智能监控系统

采用自动化智能降水系统，当地下水回升至警戒水位时自动进行抽排水。整个降水过程不需要人工干预，同时有效避免了基坑连续抽排造成的降水过度影响（图 17a）。

在基坑工程运营期间，现场变形监测通常只能对基坑已经发生的变形进行预警，但此时基坑已经产生了变形并可能已经造成了损失。考虑到基坑工程临近运营地铁线路，变形控制要求较高，因此在基坑周边布置了气象站与岩土湿度计所组成的岩土含水率变化监测网，通过监测基坑岩土体含水率变化情况，对可能产生的变形进行预报（图 17b）。

8）综合拆除技术

综合考虑振动、工期、成本等因素，拆除内支撑体系腰梁与灌注桩连接处均采用金刚石链锯切开一条减振槽，以切断大范围支撑爆破时爆破地震波向四周的传导。第 2 道及第 3 道切割完毕，与护臂桩断开后内支撑梁采用爆破方式拆除，第 1 道支撑采取机械破碎方式拆除。下坑坡道梁采用爆破辅助机械方式拆除（图 18）。

2. 应用效果

观测和监测结果显示，锚杆拉力未超过设计值；边坡变形为超过控制值；基坑水平位移最大累计位移量为 34.58mm，约为最大监控报警值 30mm 的 115.26％，基坑水平位移最小累计位移量为 2.00mm，约为最大监控报警值 30mm 的 6.67％，其余各点均在控制范围内。

图 16　玄武岩复合筋基坑支护技术

（a）BFRP 土钉墙支护；（b）BFRP 锚杆挡墙；（c）BFRP 支护桩；（d）、（e）BFRP 锚索

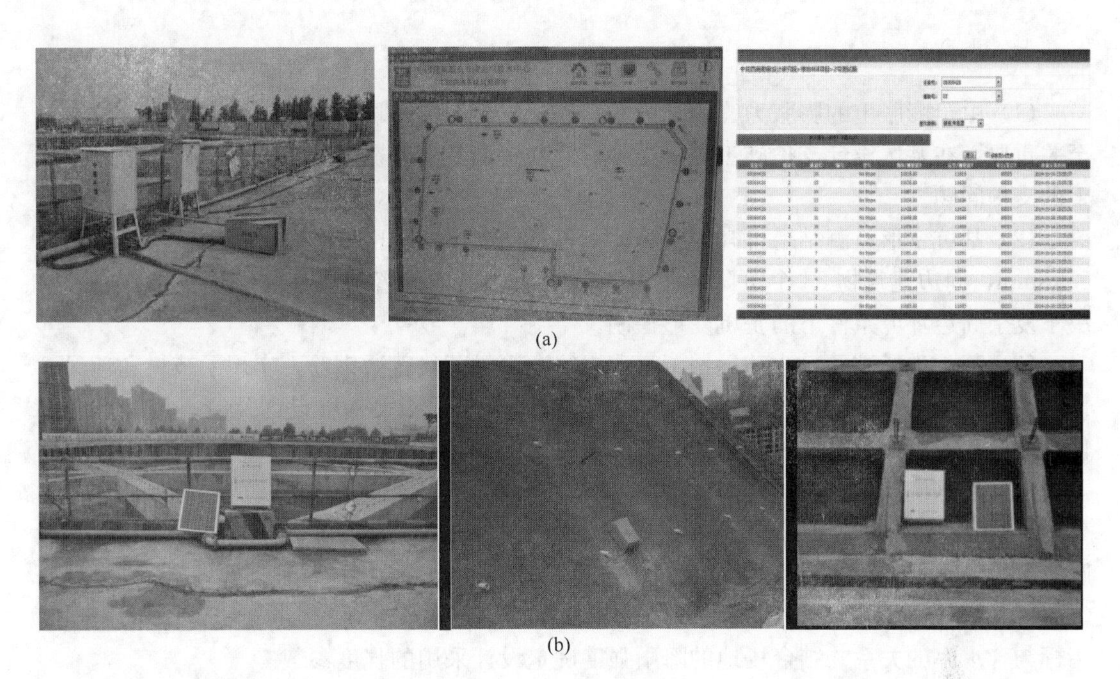

图 17　智能监测技术

（a）降水智能控制系统；（b）变形智能监控系统

图 18　支撑综合拆除技术

七、点评

（1）由于膨胀土的膨胀力、收缩力的存在不仅会影响基坑的稳定，对基坑变形控制也至关重要，在基坑设计支护施工中，充分研究和考虑其不利影响，解决场地特殊地质条件下的支护问题。

（2）基坑变形监测结果可知，基坑北侧三道内支撑支护区域，累计水平位移最小值仅5.58mm，周边建筑物33个沉降监测点测试结果均小于预警值，基坑支护效果良好，解决了复杂周边环境条件下的基坑变形控制。

（3）基于现场试验，成功运用了玄武岩复合筋材替代普通钢筋，实现了节材和环保。

（4）运用BIM技术和智能监控系统，成功地实现了深大基坑设计预测、过程监控和信息化施工，确保了基坑的安全和环境保护。

（5）在基坑支护设计时，对设计结果影响较大的主要是岩土体的抗剪强度参数指标黏聚力 c 和内摩擦角 φ。成都地区膨胀土基坑支护设计时，一般在基坑支护方案设计时，对膨胀土的抗剪强度参数指标适当折减的方式进行处理，折减幅度通常根据经验确定取0.4～0.6，但并不符合膨胀土遇水膨胀产生的膨胀力对支护体系作用的真实情况，应依据强度指标与含水率的关系并结合场地的降雨强度确定设计采用的强度参数。

成都招商中央华城三期项目基坑工程

闫北京　岳大昌　李　明　唐延贵
（成都四海岩土工程有限公司，成都　610000）

一、工程简介及特点

招商中央华城三期项目位于成都市成华区二仙桥东路。该项目总建筑面积约为 12 万 m^2，占地面积约 1.2 万 m^2，主要由综合楼（A 座）及两栋附属商业（B 座、C 座）组成，均设 3 层地下室，基坑周长约 460m，其中需基坑支护边长约 375m，基坑深度为 14.5m。

该基坑工程具有如下特点：

1）周边环境复杂、敏感

基坑东北侧距地铁 7 号线理工大学站的结构外边线仅 4.5m，位于地铁特别保护区范围内（地铁结构外侧 5m 范围），车站结构及内部设施对变形敏感；基坑东南侧、南侧临近地铁 7、8 号线及电力隧道，变形要求高，同时要求支护构件（锚索）不能进入构筑物保护范围；施工设备和支护结构类型的选择受到限制。

2）场地地层复杂

基坑开挖范围内分布填土、黏土、中砂、卵石等，其中填土厚度为 2.0～4.7m，力学性质差。而黏土层具有弱膨胀性，最大厚度 6.7m，其力学性质不稳定，易受含水量变化、结构面发育程度影响，另外该层中锚索的力学性能可靠性差、蠕变变形大。地表水下渗的防治、及时支护及锚索的可靠性将是影响基坑稳定的重要因素。

二、工程地质及水文地质条件

1. 工程地质条件

场地地貌单元属岷江水系Ⅱ级阶地。场地内分布的地层有第四系全新统人工填土层（Q_4^{ml}）、第四系中下更新统冰水沉积黏土层（Q_{1+2}^{fgl}）、第四系中下更新统冰水沉积卵石层（Q_{1+2}^{fgl}）、白垩系灌口组泥岩层（K_{2g}）。现场特征描述如下：

人工填土①：褐灰色、褐黄色，结构松散，成分主要为黏性土，含少量卵石、砂砾或建渣。整个场地分布，回填时间小于 5 年。厚度 2.0～4.7m。

黏土②：黄褐色、褐灰色为主，以硬塑为主，局部可塑，网纹状陡倾裂隙较发育，充填灰白色高岭土。层厚 2.2～6.7m。黏土含水率为 21.76％、孔隙比 0.675、自由膨胀率为 40％～50％、膨胀力为 43～62kPa、膨胀等级为Ⅰ级。

中砂③$_1$：褐黄色、青灰色，稍湿～饱和，稍密，属卵石层中的夹层或透镜体。厚度 0.6～1.7m。

卵石③：褐灰色～青灰色，湿～饱和。多呈亚圆形、圆形，成分以花岗岩、砂岩等为主，微～中风化，空隙间充填细砂或中砂，含少量黏粒。根据卵石含量将其划分四个亚层。

松散卵石③$_2$：卵石含量为55%左右，卵石粒径30～50mm，局部地段松散卵石中夹薄层中砂。厚度0.6～1.2m。

稍密卵石③$_3$：卵石含量55%～60%，粒径一般为30～60mm。厚度0.5～5.3m。

场地土层主要力学参数　　表1

土层名称及编号	天然重度 γ（kN/m^3）	压缩模量 E_s（MPa）	变形模量 E_0（MPa）	抗剪强度指标标准值（直剪快剪）	
				黏聚力 c（kPa）	内摩擦角 φ（°）
人工填土①	18.5	—	—	8	8
黏土②	19.0	10	—	60（28）	20（15）
中砂③$_1$	19.5	6	—	0	26
松散卵石③$_2$	20.5	16	14	0	32
稍密卵石③$_3$	21.5	30	26	0	38
中密卵石③$_4$	22.0	48	42	0	42
密实卵石③$_5$	22.5	62	60	0	48
强风化泥岩④$_1$	23.5	13	—	25	26
中等风化泥岩④$_2$	25.0		—	100	35

注：括弧内数据为基坑设计用参数，根据工程经验对黏土②抗剪强度进行折减。

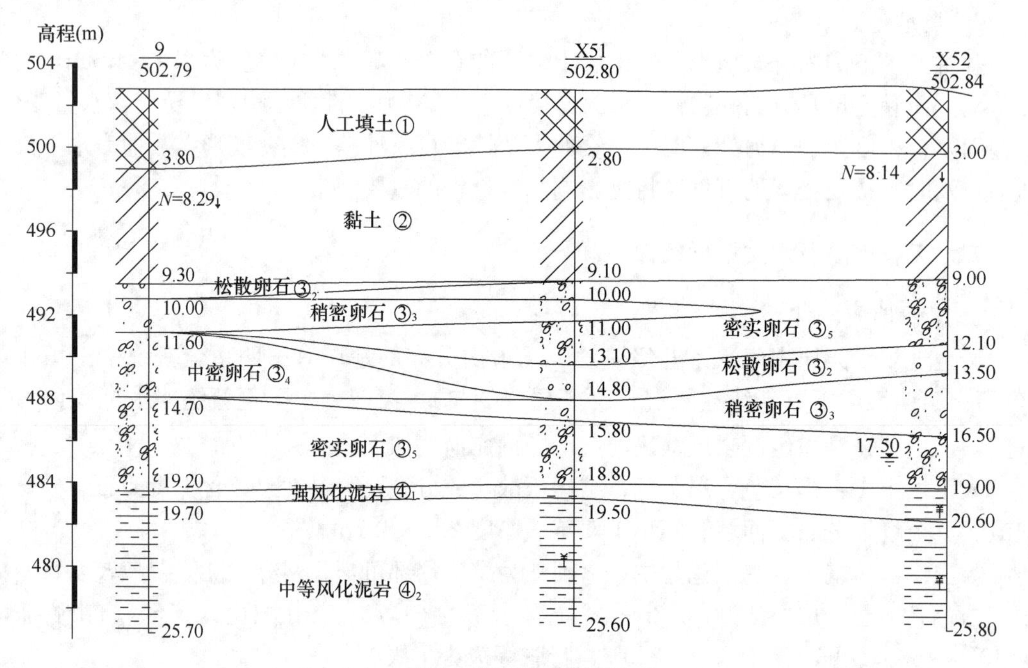

图1　典型地质剖面

中密卵石③$_4$：卵石粒径40～70mm，卵石含量大于65%。厚度0.5～5.1m。

密实卵石③$_5$：卵石含量大于70%，粒径一般为40～100mm。厚度0.6～5.0m。

强风化泥岩④$_1$：棕红、砖红色，呈土状、碎块状，裂隙发育。岩芯较破碎。厚度0.5～2.9m。

中等风化泥岩④$_2$：砖红、褐红色，岩体结构清晰，岩芯较破碎。少量为碎块。各土层的物理力学参数见表1，典型地质剖面见图1。

2. 水文地质条件

地下水主要为赋存于卵石中的孔隙潜水，由大气降水及上游地下水补给，其水量丰富，水位变化受季节控制。受相邻工地降水影响，地下水稳定标高484.93～485.64m。该地区正常水位一般在地面以下6.0～8.0m，水位年变化幅度约2.0～3.0m。卵石层为强透水层，其综合渗透系数K=20m/d。填土、黏性土层中上层滞水和基岩中的裂隙水水量一般不大，对本工程影响较小。

地表水为下涧槽河水，常年有水，勘察时水量较小，涧槽内水深约0.3m。

三、基坑周边环境情况

场地及周边环境如图2所示。

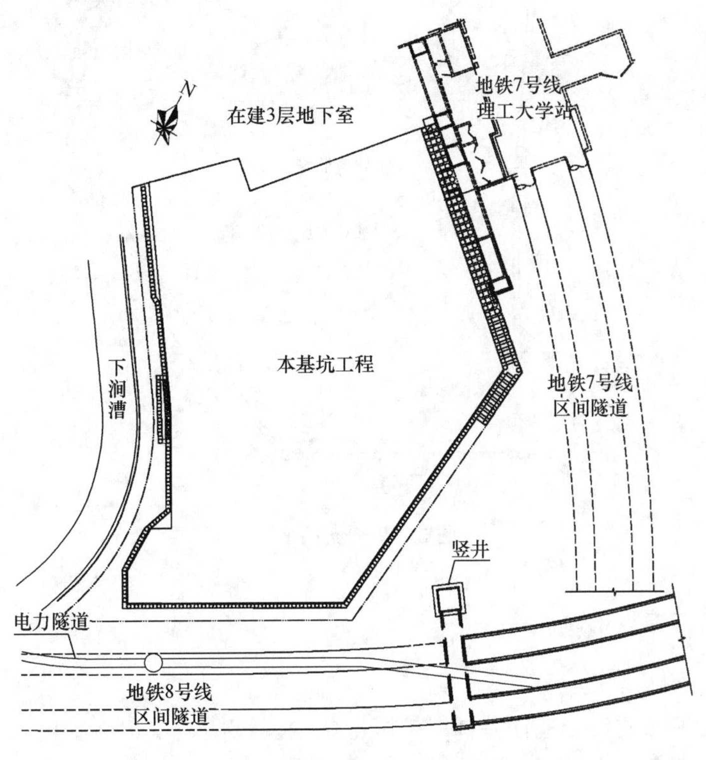

图2　基坑周边环境示意

基坑周边环境条件十分复杂：

（1）拟建工程北侧与在建工程衔接，北侧基坑已挖至基底，开挖深度与本工程相同。

（2）拟建工程东侧为二仙桥东路，路下为地铁7号线理工大学站和区间隧道，局部与理工大学站地铁出入口无缝连接；至区间隧道的最小距离为15.0m。

（3）拟建工程南侧为杉板桥路，路下有已建电力隧道和地铁8号线，基坑开挖线与电力隧道最小距离 14m；至区间隧道的最小距离为 12.0m。

（4）拟建工程西侧为下涧槽（宽 8m，深 5m），开挖线至槽边最小距离为 14m。

四、基坑围护平面

根据前述基坑工程特点并结合场地周边环境，本工程主要采用排桩＋锚索支护体系，桩径为 1.2m，桩上设置 2～3 排锚索，东北侧紧邻成都地铁 7 号线理工大学站及区间隧道，采用双排桩支护，桩径为 1.5m。降水采用管井降水＋坑内局部明排的方案。基坑支护平面如图 3 所示。

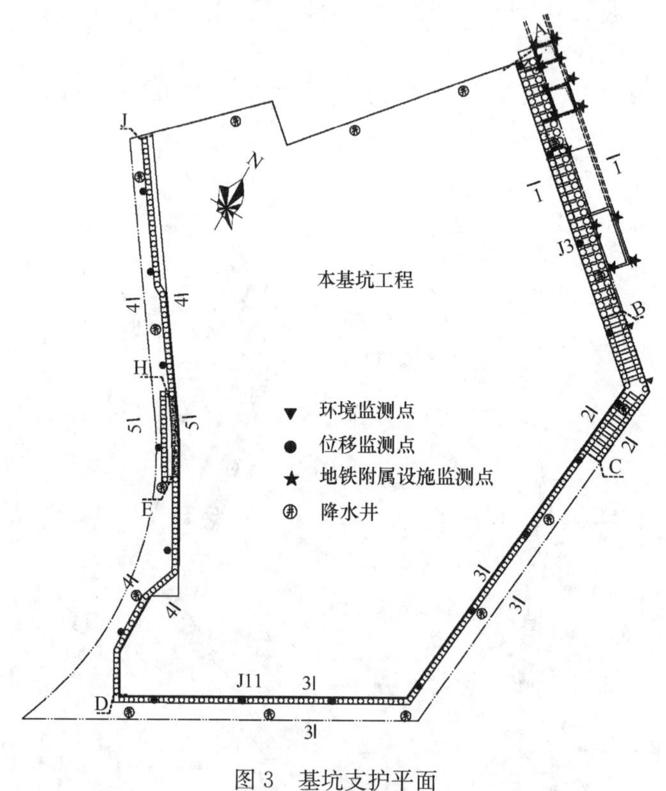

图 3　基坑支护平面

五、基坑支护典型剖面

1. 地铁车站侧基坑设计

基坑东侧支护结构位于地铁特别保护区范围内。该侧地铁车站基坑深 9.2m。施工时序是地铁车站运营后，本项目才开始动工。另业主考虑后期工期的需要，要求支护形式不能采用内支撑支护。综合考虑设计时提出“两基坑协同设计、支护结构共同使用”的支护理念，获得了业主与地铁权属单位的认可。其中，地铁车站开挖时，采用悬臂桩支护，支护范围内设置 ϕ1500mm@2000mm 的旋挖桩，加强支护结构的刚度，控制地铁基坑侧向变形；同时桩长适当增加，兼顾建筑基坑的需求。建筑基坑施工时，地铁车站已运营；为加大基坑支护的刚度和冗余度，在建筑基坑支护侧新增一排支护桩，和已有的支护桩共同形成双排桩。新增支护桩的直径为 1500mm、间距 2000mm。基坑支护典型剖面如图 4 所示。

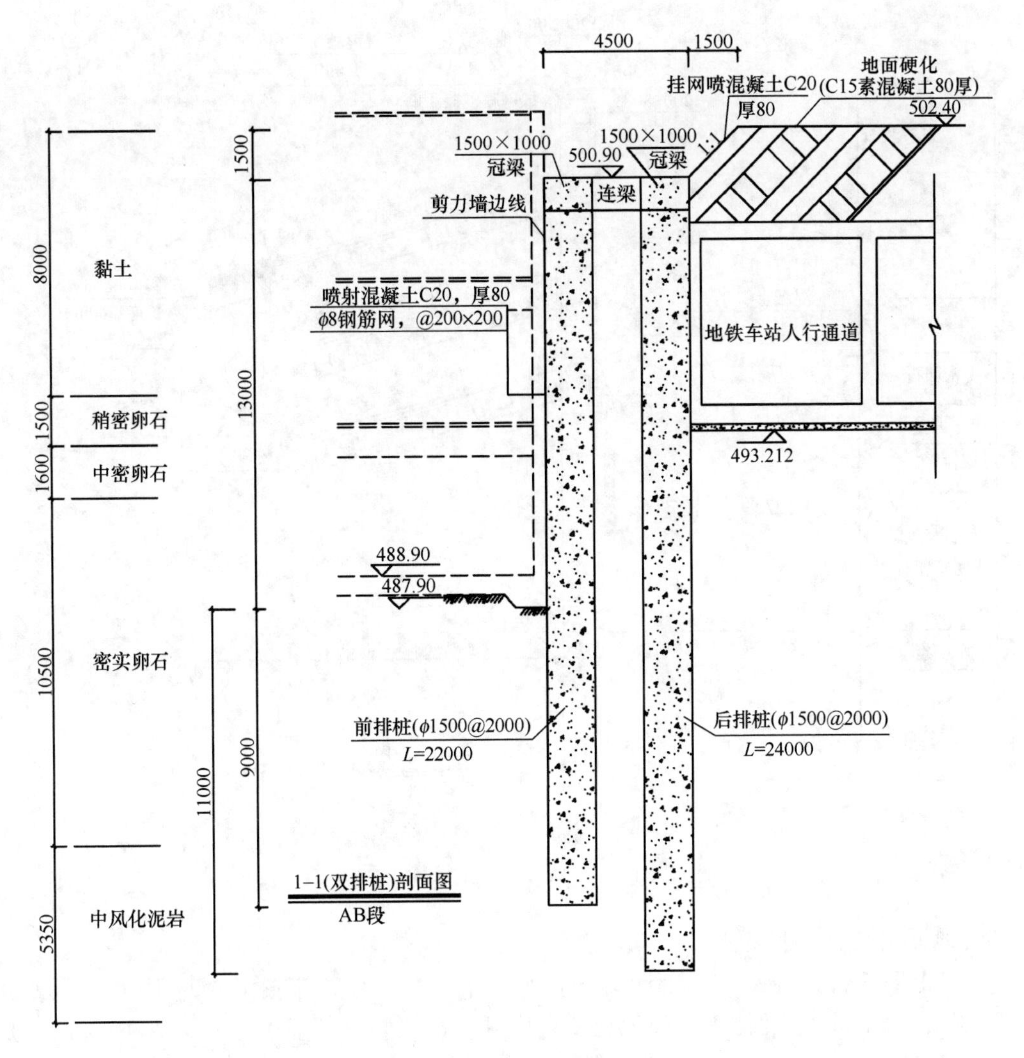

图 4　基坑支护典型剖面一

2. 地铁区间隧道侧基坑设计

基坑东南侧及南侧紧邻地铁 7、8 号线区间隧道及电力隧道，与基坑的距离为 13.6～14.7m。地铁区间隧道对土体变形敏感，锚拉构件的端部不能进入地铁隧道、电力隧道的保护区范围。另外，成都地区膨胀土与锚固体间极限粘结强度较低，锚索抗拔承载力普遍不足，锚索的变形大。为实现锚拉桩支护，设计时采用“保稳定、控变形、减长度、加道数”的策略。其中挡土结构为 ϕ1200@2200mm 的旋挖桩；第一道锚索选用机械扩大头锚索，扩大头长度 2.5m、ϕ400mm，提高膨胀土层中锚索的承载力和抗变形能力，控制第一道锚索的长度；增加一道锚索，共设 3 道，同时减少第二、三道锚索的长度。常规锚索的孔径 150mm、间距 2200mm、内置 4ϕ15.2mm 钢绞线。基坑支护典型剖面如图 5 所示。

3. 其余区域基坑设计

其余基坑周边环境相对较好，采用锚拉桩支护体系，采用排桩、规格为 ϕ1200@2200mm，设置 2 排锚索，长度依次为 17m、15m。

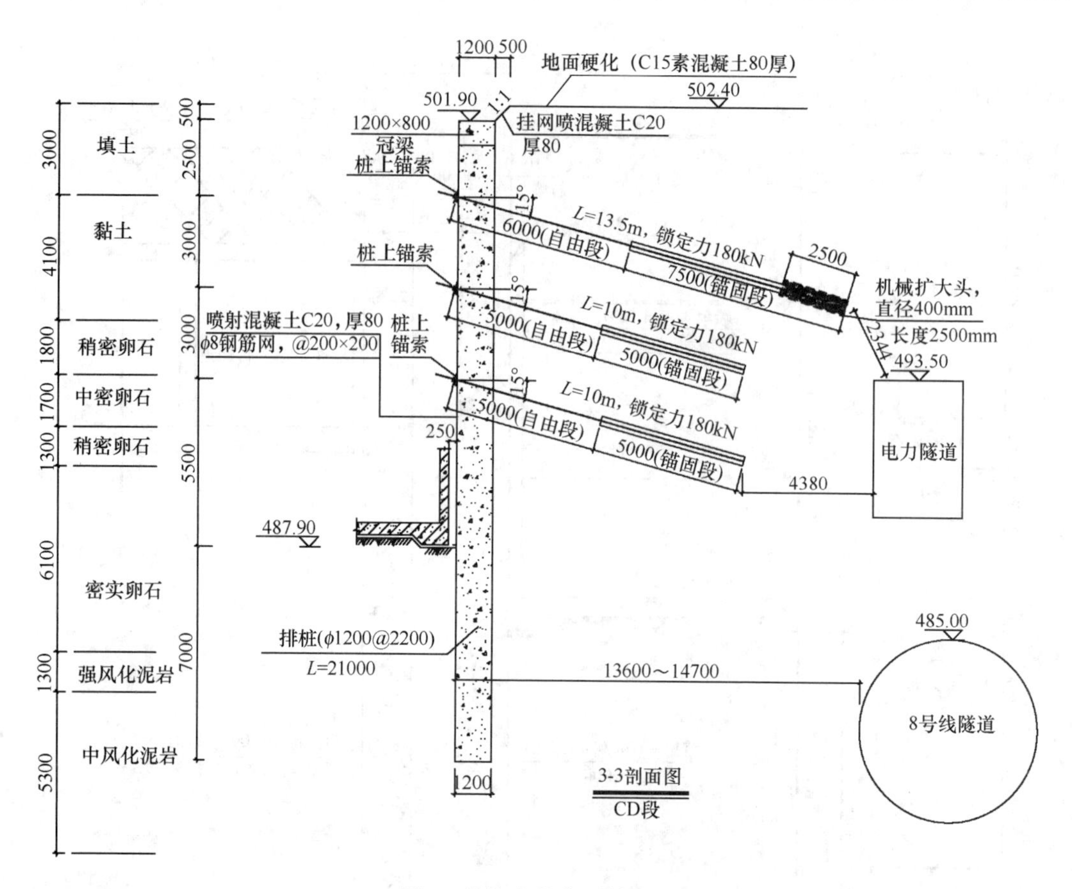

图 5　基坑支护典型剖面二

4. 地下水及地表水控制

本工程采用管井降水＋局部明排的排水方案。本工程共布置降水井 15 口，间距为 30m，井深为 22.5m（北侧因相邻地块基坑已开挖，该侧三口降水井井深为 10.0m）。成孔直径 600mm，采用钢筋混凝土管，管径 300mm（内径），其中上部井壁管 10m，下部滤水管 12.5m，井管外侧回填直径 5～10mm 砾石。在基坑四周设置排水管道，并设置沉淀池，将井中的水经沉淀后引入市政管道。

为降低地表水下渗对膨胀土层力学特性的影响，基坑顶部采取混凝土硬化封闭措施，适当扩大封闭范围；同时要求做好施工过程中地表截水、排水工作。桩间支护的施工采取连续施工、即时封闭的原则，做到各工序紧密衔接，分段快速作业。

六、基坑变形情况

本基坑工程从 2018 年 9 月开始对该基坑、周边环境及地铁结构做变形监测，并于 2019 年 7 月完成所有监测工作。基坑施工和使用期间，监测结果显示基坑周边地面沉降和支护结构水平位移均未超过报警值；地铁结构位移远小于预警值；基坑设计与施工满足了地基基础施工期间的安全要求。

基坑顶水平位移典型曲线如图 6 所示。

（1）临地铁车站侧（J3）基坑顶最大水平位移为 13.0mm（设计报警值 15mm），临地

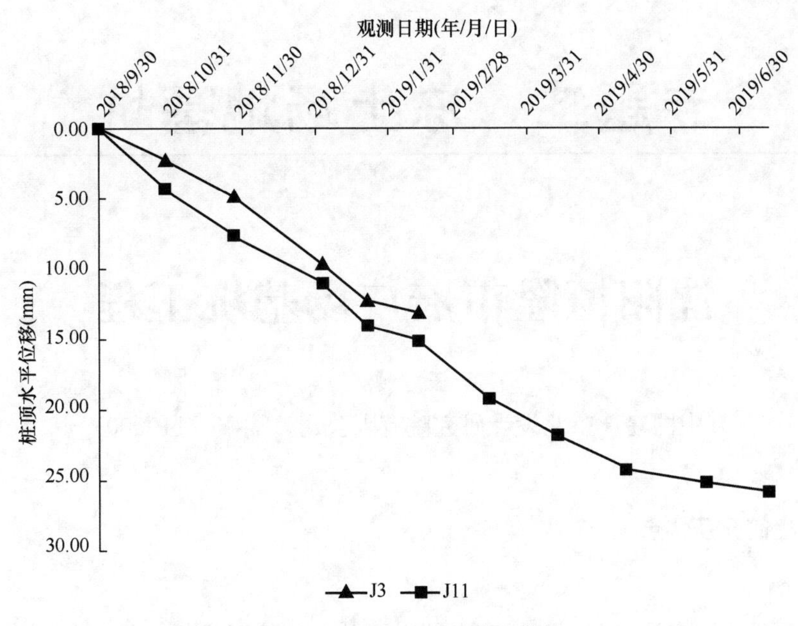

图 6　基坑顶水平位移典型曲线

铁 7、8 号线区间隧道段（J11）基坑顶水平位移监测最大值为 25.8mm（设计报警值 30mm），均满足设计要求。

（2）临地铁车站侧基坑周边环境各监测点累计沉降量和沉降速率均较小，沉降量最大值是 2.22mm。

（3）地铁结构变形观测结果显示隧道结构最大竖向及水平位移依次为 1.63mm、1.54mm，远小于控制值 10mm，道床的左右及纵向差异沉降最大值分别是 0.84mm、0.55mm，为控制值（4mm）的 20%左右。

七、点评

为保证基坑工程的稳定及周边环境的安全，本基坑工程整体采用桩锚支护，东北侧局部采用双排桩支护。基坑监测的结果表明该工程是成功的。总结如下：

（1）本工程场地内岩土工程环境条件复杂，基坑支护设计秉承安全、经济的理念，对支护结构采取差异化的设计，取得较好的效果。

（2）解决地铁特别保护范围内基坑支护的问题，实现地铁基坑与建筑基坑支护结构的协同设计、共同使用，具有较好的经济效益。

（3）合理设置一道机械扩大头锚索，解决了膨胀土中锚索承载力低、变形大的问题，实现了锚拉支护，方便后期土方开挖和地下室施工。

（4）通过现场巡视以及监测数据看，本工程结合周边环境及地质条件采用多种针对性支护方法是可行的。实践证明，本工程的围护结构设计是合理且有效的，今后类似基坑工程可借鉴其风险控制的经验。

专题二　冻土场地基坑

沈阳恒隆市府广场基坑工程

王　颖
（中国建筑东北设计研究院有限公司，沈阳　110000）

一、工程简介及特点

1. 工程简介

本工程位于沈阳市沈河区，斗姆宫东巷以西，市府恒隆广场一期以东，中山路以北，市府大路以南。基坑周长约 600m，占地面积 14500m^2。基坑深度 22～29m，基坑安全等级为一级。

图 1　项目地理位置

2. 工程特点

该工程是沈阳地区基础工程施工中最深的项目之一。其主要特点：

（1）本工程位于沈阳市中心繁华地段，周边环境较复杂，其中：南侧为中山路；东侧为斗姆宫东巷；北侧及西侧为已建恒隆广场。基坑深度为 24.650～35.650m，大于北侧及西侧已建的恒隆广场地下室埋深（约 22.0m），且二者之间共用地下室外墙，故没有给支护结构留有任何空间。

（2）一期、二期基坑采用大放坡开挖，导致本工程西侧存在深厚的欠固结的回填土。

（3）本基坑支护方案设计之前，东侧一部分支护桩已于2009年施工完成，局部已有支护桩嵌固深度不足。因此支护结构计算需考虑已有支护桩的因素。

二、工程地质及水文地质条件

1. 工程地质条件

场地地基土（表1）在钻探深度内自上而下依次叙述如下：

① 杂填土：杂色，主要由黏性土、炉渣、碎砖、碎石、水泥块组成，稍湿～饱和，结构松散。此层整个场区分布连续。层厚1.70～19.80m。

② 粉质黏土：褐色～黄褐色，可塑，饱和，无摇振反应，稍有光滑，韧性中等，干强度中等。层厚0.30～2.00m。

②$_1$ 粉质黏土：褐色～黄褐色，软塑，饱和，无摇振反应，稍有光滑，韧性中等，干强度中等。层厚1.40m。

③ 粗砂：褐黄色，以长石、石英为主，粒径均匀，中密～密实，很湿。层厚0.30～6.20m。

④ 砾砂：褐黄色，以长石、石英为主，混粒结构，中密，很湿，局部呈圆砾状分布。此层整个场区分布较连续，层厚0.70～8.70m。

⑤ 圆砾：以火成岩为主，亚圆形～圆形，磨圆度较好，颗粒大小不均匀，一般粒径为2～20mm，最大粒径为100mm，中密，混粒砂，局部呈砾砂状，此层整个场区普遍分布，层厚1.30～11.40m。

⑥ 砾砂：褐黄色，以长石、石英为主，混粒结构，中密，饱和，局部呈圆砾状分布。此层整个场区分布较连续，层厚0.40～6.70m。

⑦ 圆砾：以火成岩为主，亚圆形～圆形，磨圆度较好，颗粒大小不均匀，一般粒径为2～20mm，最大粒径为100mm，中密，混粒砂，局部呈砾砂状，此层整个场区分布较连续，层厚0.60～6.60m。

⑧ 粗砂：橙黄色～褐黄色，以长石、石英为主，粒径均匀，很密实，饱和，黏粒含量约10%，局部有薄层粉质黏土夹层、砾砂、圆砾层。层厚0.50～7.80m。此层整个场区分布较连续。

⑨ 圆砾：以火成岩为主，亚圆形～圆形，磨圆度较好，颗粒大小不均匀，一般粒径为2～20mm，最大粒径为100mm，中密，混粒砂，局部呈砾砂状，此层整个场区普遍分布，层厚2.00～10.20m。

⑩ 砾砂：橙黄色～褐黄色，以长石、石英为主，混粒结构，中密，饱和，黏粒含量约5%，局部有薄层粉质黏土夹层或呈圆砾状分布，最大粒径约120mm，层厚1.20～14.00m。此层整个场区普遍分布。

⑪ 圆砾：以火成岩为主，亚圆形～圆形，磨圆度较好，颗粒大小不均匀，一般粒径为2～20mm，根据钻探取样推断，最大粒径大于200mm，中密～密实，混粒砂，局部呈砾砂状或卵石，钻探困难，此层整个场区普遍分布，层厚0.50～15.00m。

⑫ 全风化砂砾岩（N）：褐黄色，矿物成分以长石、石英为主，长石已严重风化，呈乳白色～褐黄色，用手可捏碎，局部呈黏土状。砂砾状结构基本破坏，半胶结状态，泥

质～钙质胶结，水平层理。局部见卵石，最大粒径约 200mm，亚圆形。回转钻进较易，岩芯锤击易碎，岩芯用手可掰断。岩石为极软岩，岩体较破碎，岩体基本质量等级为Ⅴ级。层厚 0.80～41.50m，层顶标高－9.55～8.08m。本次勘察未全钻穿。

各层地基岩土的主要物理力学参数　　　　**表 1**

指标 土层名	天然孔隙比标准值（平均值）e	液性指数标准值（平均值）I_L	标贯击数标准值 N（平均值）（击）	含水量 c	渗透系数 k（m/d）	动探击数标准值 $N_{63.5}$（平均值）（击）	压缩模量 E_s 或变形模量 E_0（MPa）	内聚力标准值（平均值）C_{uu}（kPa）	内摩擦角标准值（平均值）φ_{uu}（°）
②粉质黏土	(0.783)	(0.66)	5.5 (5.8)	30.5			$E_{s0.1-0.2}=5.1$ $E_{s0.2-0.4}=8.9$	(29.3)	(7.1)
②$_1$ 粉质黏土	(0.87)	(0.93)	(4.6)	31.4			$E_{s0.1-0.2}=8.7$ $E_{s0.2-0.4}=12.8$	(18.8)	(7.7)
③粗砂			13.2 (14.8)	8.7		9.1 (9.6)	$E_0=21.4$	(7.1)	(34.7)
④砾砂			17.8 (20.8)	7.9		11.7 (12.3)	$E_0=28.8$	(4.0)	(37.8)
⑤圆砾				8.6	63	14.1 (14.4)	$E_0=35.7$	4.4	37.8
⑤$_1$ 粗砂			(30.1)			15.3 (17.0)	$E_0=27.0$	(8.2)	(34.8)
⑥砾砂			30.6 (32.2)	7.2	49	13.8 (14.6)	$E_0=32.7$	(5.9)	(36.6)
⑦圆砾					62	12.3 (13.0)	$E_0=32.9$	(3.8)	(38.9)
⑧粗砂			22.9 (27.1)	10.1	48	12.1 (12.3)	$E_0=27.0$	6.4	35.2
⑧$_1$ 粉质黏土	0.767	0.66		27.0			$E_{s0.1-0.2}=5.7$ $E_{s0.2-0.4}=8.6$	(32.8)	(9.2)
⑧$_2$ 粉质黏土	(0.840)	(0.47)				4.9 (5.2)	$E_{s0.1-0.2}=4.7$ $E_{s0.2-0.4}=7.2$	(51.4)	(10.3)
⑧$_3$ 粉质黏土	(1.006)	(0.91)		35.6			$E_{s0.1-0.2}=5.8$ $E_{s0.2-0.4}=7.7$	(25.8)	(6.0)
⑨圆砾				8.9	66	13.7 (14.0)	$E_0=36.9$	(6.2)	(34.6)
⑨$_1$ 粗砂						13.6 (14.3)	$E_0=27.0$		
⑨$_3$ 粗砂						(16.2)	$E_0=27.0$		

续表

指标 土层名	天然孔隙比标准值（平均值）e	液性指数标准值（平均值）I_L	标贯击数标准值 N（平均值）（击）	含水量 c	渗透系数 k（m/d）	动探击数标准值 $N_{63.5}$（平均值）（击）	压缩模量 E_s 或变形模量 E_0（MPa）	内聚力标准值（平均值）C_{uu}（kPa）	内摩擦角标准值（平均值）φ_{uu}（°）
⑨$_4$ 粉质黏土	（0.975）	（0.70）					$E_{s0.1-0.2}=6.5$ $E_{s0.2-0.4}=8.9$		
⑩ 砾砂						14.9 （15.3）	$E_0=34.9$		

2. 水文地质条件

整个场区地下水类型为潜水，主要赋存于⑤圆砾、⑤$_1$ 粗砂、⑥砾砂、⑦圆砾、⑨圆砾、⑨$_1$ 粗砂、⑨$_3$ 粗砂、⑩砾砂、⑩$_1$ 中砂、⑪圆砾层、⑪$_2$ 中砂中，受大气降水和地下径流补给，水量丰富。勘察水位如表 2 所示。

地下水稳定水位 **表 2**

稳定水位埋深（m）	稳定水位标高（m）	水位测量时间
16.30～17.67	29.55～30.09	2013 年 12 月 25 日～2014 年 01 月 21 日

本场区南侧约 1km 的圣世豪林工程勘察期间稳定水位在地面下 4.7m 左右，相当于市政高程的 39.94m（2004 年 7 月 6 日～7 月 13 日测）。本场区西侧约 1km 的北市改扩建工程勘察期间地下稳定水位埋深 5.20～5.60m，相当于市政高程 40.50～41.00m（2002 年 4 月 21 日～4 月 30 日测）。与之相比，水位下降约 10.00m，主要原因是受附近地铁工程及基坑降水影响。

水位随季节变化，变化幅度 1～2m 左右。同时地下水位变化受人为活动影响较大。市区部分工厂搬迁、自备井减少、地下水资源开采实行统一管理及浑河设拦水坝提高河水位等诸多因素综合作用，沈阳市区地下水位十多年来总体呈上升趋势，2005 年丰水期较上年上升幅度在 0.05～1.5m 之间，部分地区上升幅度为 1.5～2.7m。

三、基坑周边环境情况

基坑西侧为已完工的恒隆大型购物中心。北侧为未完工的塔楼二（地下室部分已建完）。南侧为中山路，东侧为斗姆宫东巷（图 2、图 3）。

1. 基坑周边建筑

基坑西侧为已完工的恒隆大型购物中心及一栋主塔楼，地下 4 层，基础埋深约 22m，地下室及多层商业裙楼为钢筋混凝土框架结构，主塔楼为外框内筒结构，桩筏基础。北侧为恒隆大型购物中心地下室，地下室层数为 4 层，基础埋深约 22m。一、二期与三期地库共用外墙。

2. 周边管线简况

东侧斗姆宫东巷地下铺设有电缆（距离支护桩约 5m）、上水管（距离支护桩约 8m，

图 2　基坑周边环境

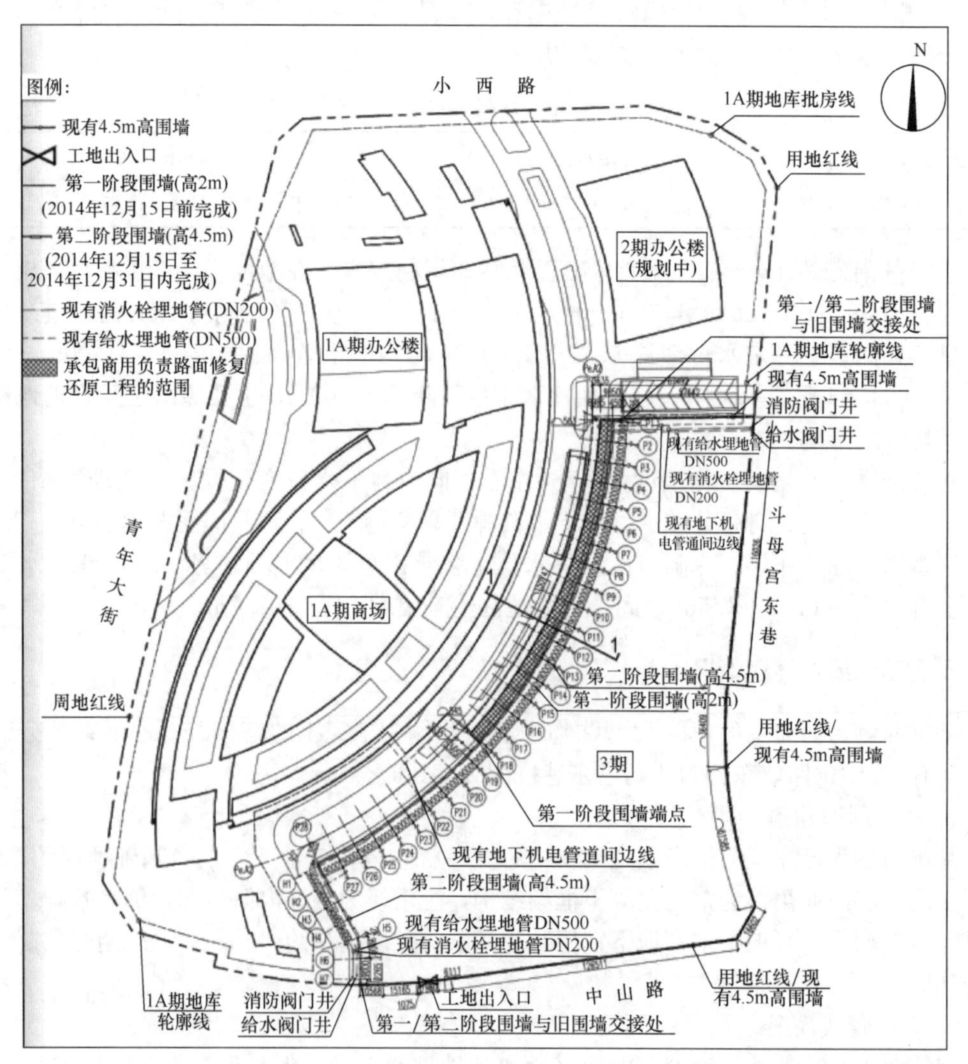

图 3　总平面

混凝土材质)、下水管（距离支护桩约 13m，混凝土材质）等管线；南侧中山路铺设有电缆（距支护桩约 5m)、光缆（距支护桩约 7m)、下水管（距支护桩约 13m）等管线（图 4)。

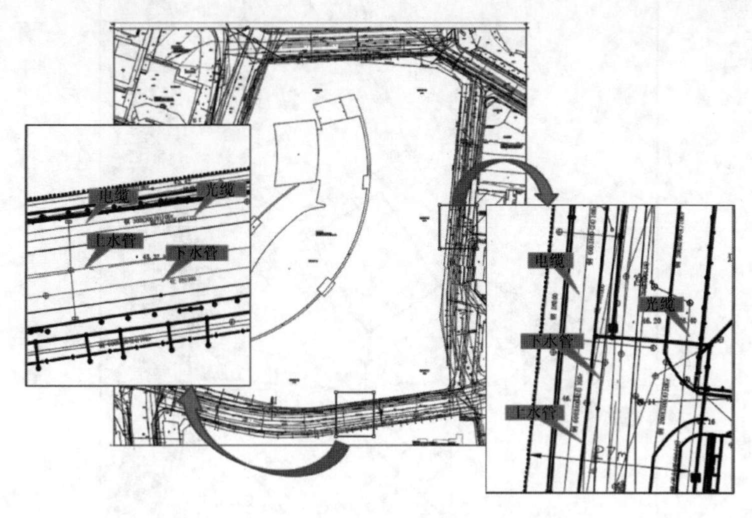

图 4　基坑周边管线

3. 周边道路简况

南侧为中山路，双向六车道。东侧为斗姆宫东巷，双向两车道。

四、基坑围护平面

基坑东侧、南侧采用支护桩＋预应力锚索支护体系，支护桩直径为 800mm/1000mm（东侧一部分支护桩在设计前已经施工完成，存在桩嵌固深度不足的问题，需接桩）；西侧局部杂填土层厚度较大，采用大直径桩＋锚索（二次注浆）支护体系，支护桩直径为 1200mm；西南角采用自然放坡＋打入式土钉、坡面喷射混凝土的支护形式。西侧、北侧临近一、二期，采用复合土钉墙支护形式。基坑围护结构平面见图 5。

五、基坑围护典型剖面

基坑东、南侧采用支护桩＋预应力锚索支护体系。支护桩直径为 800mm，桩顶设一道冠梁，桩身、桩顶梁混凝土强度等级为 C25，桩间喷射混凝土强度等级为 C20；预应力锚索钻孔直径 170mm，采用 2～4 束 1860MPa 级高强度钢绞线，腰梁采用双道槽钢围檩。东、南侧典型剖面见图 6。

西、北侧临近一、二期，开挖深度约 27m，大于北侧及西侧已建的地下室埋深，且二者之间共用地下室外墙。采用复合土钉墙支护形式。西、北侧典型剖面见图 7。

六、实测资料

本基坑按一级基坑监测要求进行施工监测，共设置建筑物沉降观测点 23 个；地表沉降监测点：25 个；周边地下管线监测点 8 个；桩顶水平位移及沉降点 30 个。此外，还设置了支护桩水平位移（测斜）点、桩体内力监测点、锚杆轴力监测点以及地下水位监测点。

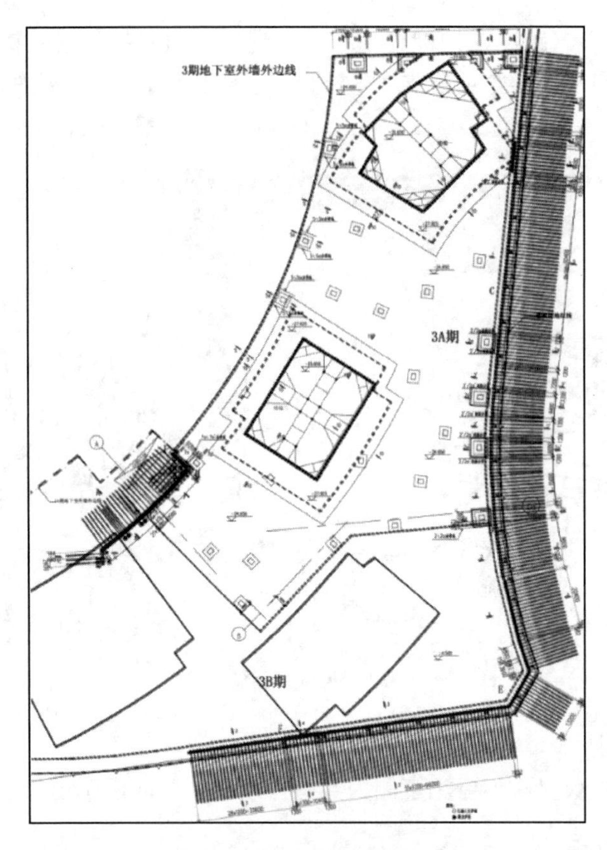

图 5　基坑围护结构平面

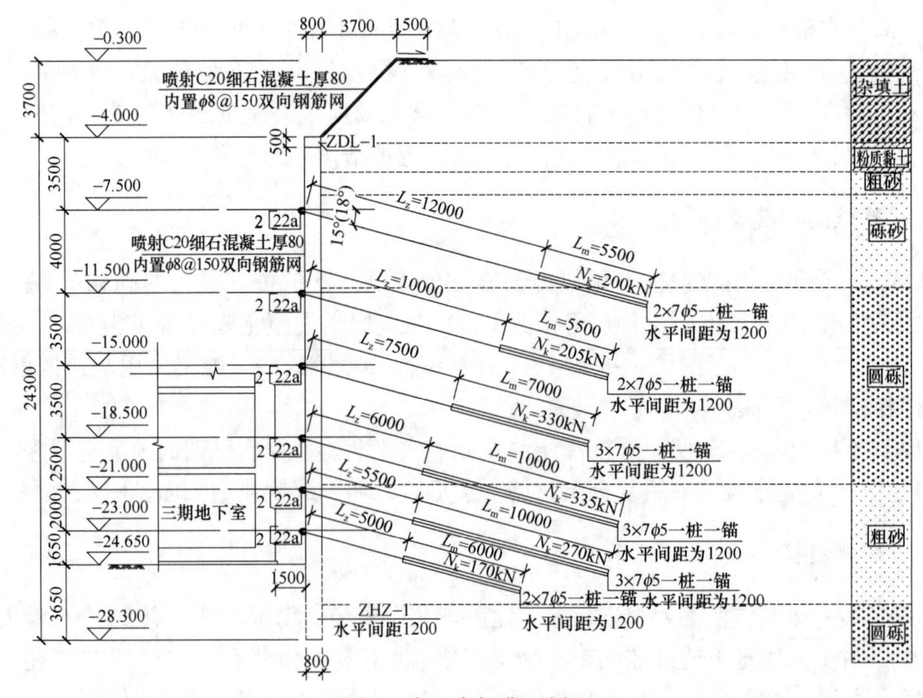

图 6　东、南侧典型剖面

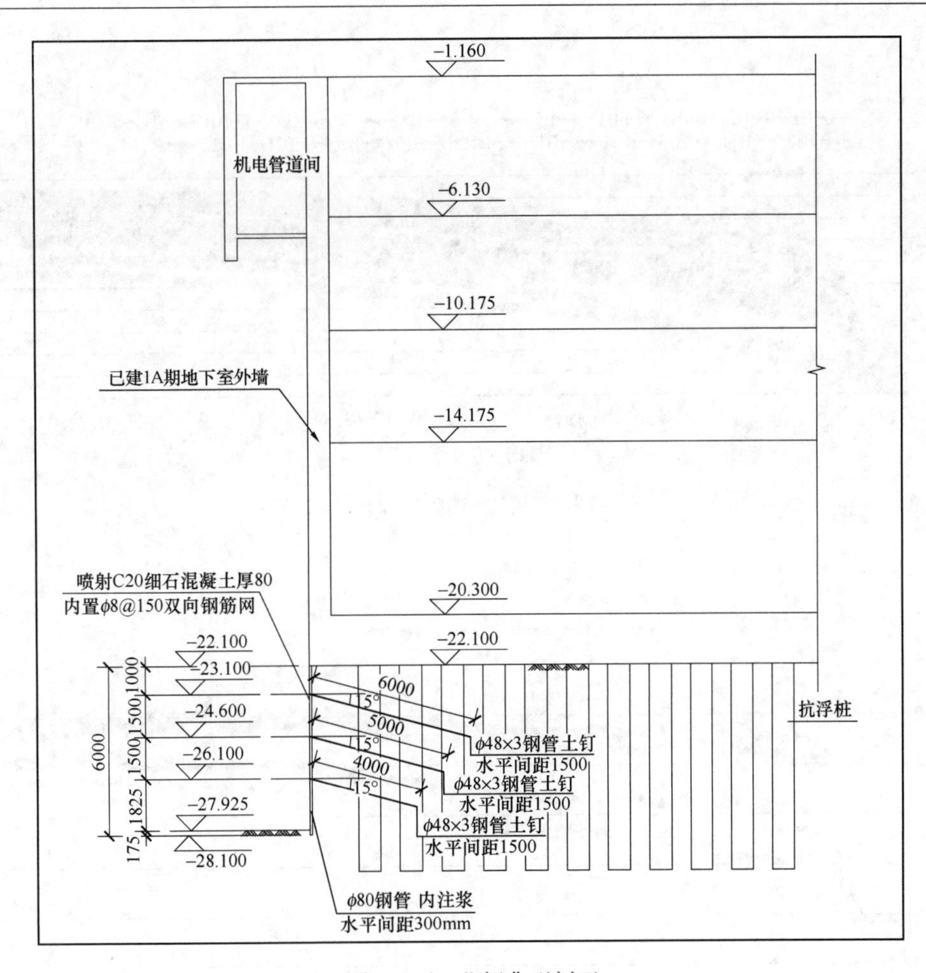

图 7　西、北侧典型剖面

本项目位于季节性冻土地区，冬季由于大气温度为负温，基坑侧壁土体会产生冻胀现象。在基坑开挖过程中，东侧出现管线渗水点，导致该处土体含水量增加，冬季渗水处产生变形增大的现象。

2015 年 4 月～2016 年 2 月监测曲线如图 8～图 12 所示。

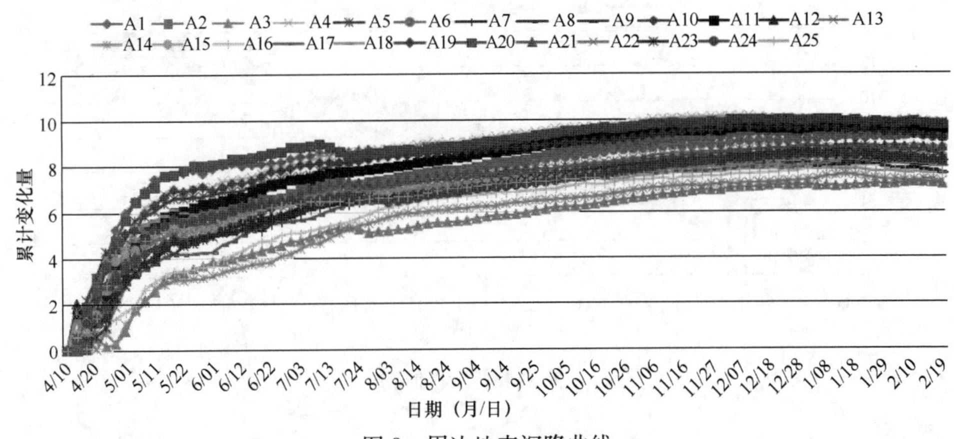

图 8　周边地表沉降曲线

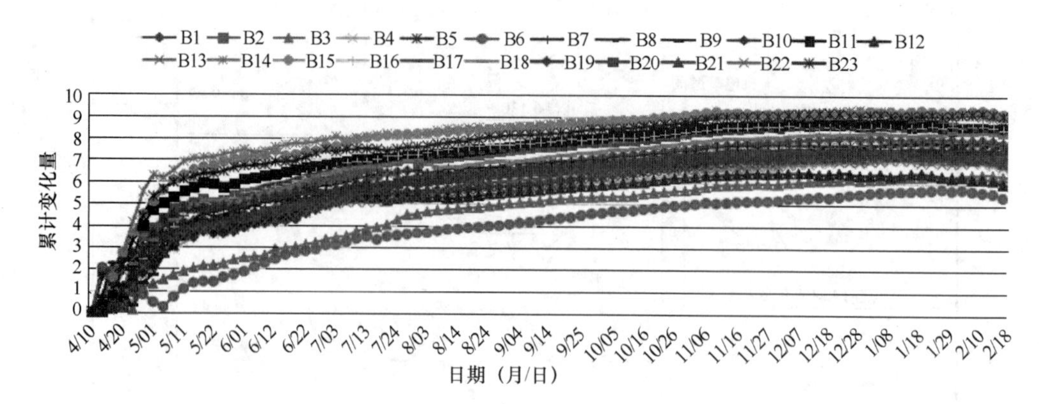

图 9　周边建筑沉降曲线

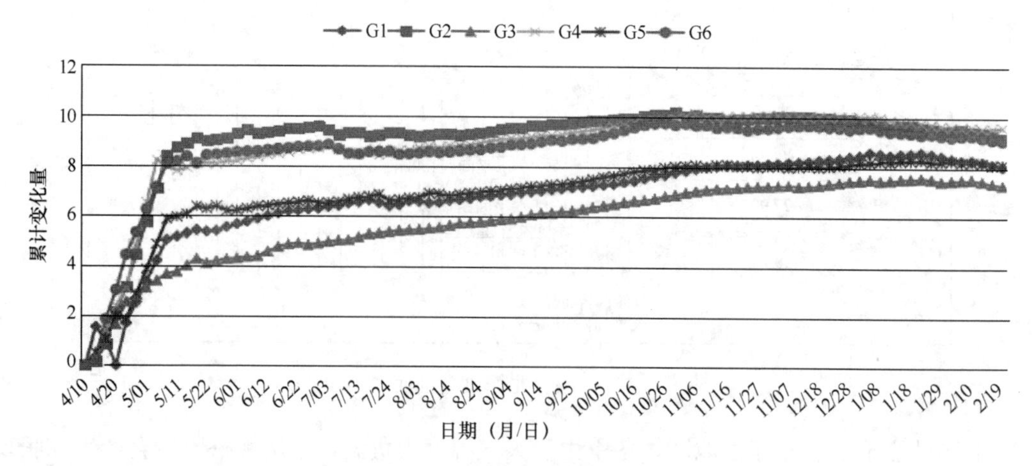

图 10　周边管线沉降曲线

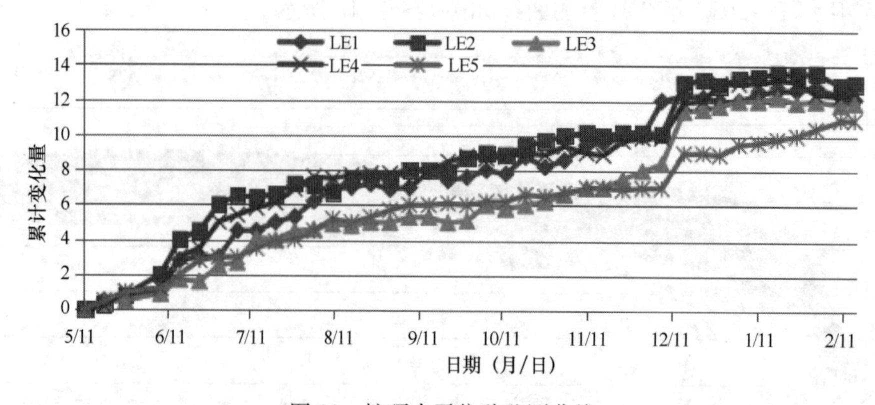

图 11　桩顶水平位移监测曲线

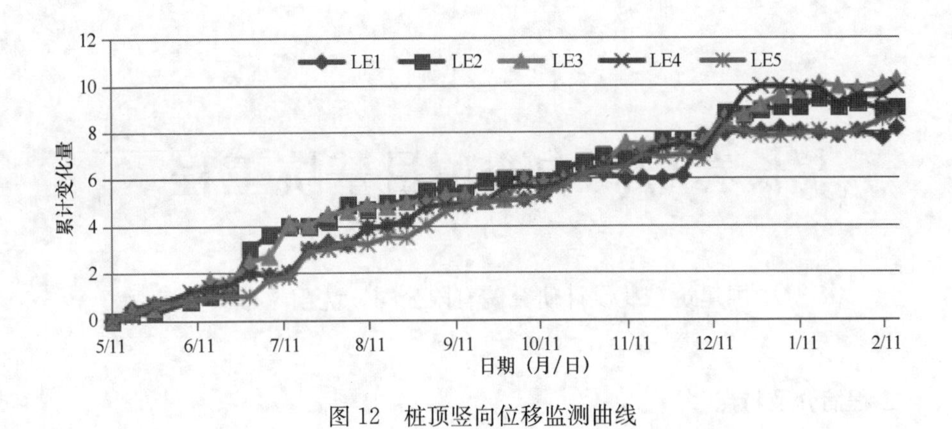

图 12　桩顶竖向位移监测曲线

七、点评

（1）本基坑支护设计充分考虑基坑特点、工程地质条件、周边环境条件以及工程要求等因素，选取桩锚支护体系和复合土钉墙支护体系，取得了良好的支护效果和经济效益。

（2）本基坑深度大于北侧及西侧已建的地下室埋深，且二者之间共用地下室外墙，故没有给支护结构留有任何空间。复合土钉墙很好地解决了该问题，达到了既保证了既有建筑的安全，又不影响新建地下室施工的目的。

（3）一期、二期基坑采用大放坡开挖，导致三期西侧的支护桩、锚索锚固段均处于欠固结的回填土中。土体所能提供的侧摩阻力十分有限，若采用一次常压注浆法施工锚索，锚索计算长度大于 30m。为解决该问题，采用二次高压注浆法施工锚索，以提高土体与锚固体侧摩阻力。经实践验证，该施工工艺对于增强欠固结回填土的侧摩阻力十分有效。

（4）季节性冻土区的基坑支护结构会受到土体冻胀的影响。越冬期间，基坑支护结构的变形速率随外界温度降低而显著增加。

长春华润中心项目基坑工程

戴武奎

（中国建筑东北设计研究院有限公司，沈阳　110006）

一、工程简介及特点

项目位于长春市人民大街与解放大街交汇处。工程由地上65层办公楼、地上42层办公楼、地上55层住宅楼、地上7层配套商业、地上2层临时售楼处及地下5层纯地下室等组成。场地位置示意见图1。

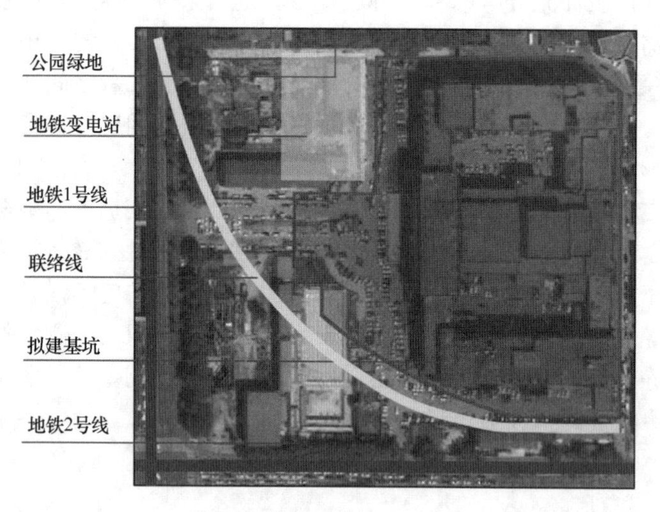

图1　场地位置示意

本工程处于主城区繁华地段，场地周边条件复杂，紧邻地铁和交通要道。场地南高北低，基坑开挖面积约38000m²，周长约800m。基坑支护工程设计开挖深度约为17.4500～26.000m，为长春第一深基坑。由于基坑位于季节性冻土区，且基坑开挖时间超过1年，需考虑越冬对本基坑的不利影响。

二、工程地质条件

1. 场地工程地质及水文地质条件

长春及附近地区大部分为平原区，属松辽盆地东南隆起区的边缘地带，地貌上表现为波状台地。中生界白垩系地层从东南向西北延伸由数十米增加到千米以上，地表被20余米厚的第四纪中、晚更新世新、老黄土覆盖。沿小南、净月、三道至小羊草沟一线的东南部为低山丘陵区，该区出露有侏罗系、二叠系及海西期和燕山期花岗岩，在上述地层与平原区过渡带上，出露有白垩纪地层。在城区南沿伊通河两岸出露有白垩纪地层，并形成地貌陡坎。白垩纪地层呈北东走向，自东南向西北，地层时代由老变新。全区缺失第三纪地层。第四纪地层形成时代、岩相组合和厚度变化等方面，在台地和伊通河河漫滩及阶地上差距较大。

根据对现场勘探、原位测试及室内土工试验成果的综合分析，按地层岩性及其物理力学数据指标（表1），场地地基土划分为人工堆积层（Q_4^{ml}）、第四系沉积层（Q_2^{al+pl}）和白垩系基岩（K）三大类，按照自上而下的顺序分述如下：

①杂填土（Q_4^{ml}）：杂色，主要由黏性土和砖块、碎石等建筑垃圾组成，松散堆积，受人为活动影响，该层密实度不均匀，力学性质差。

②粉质黏土（Q_2^{al+pl}）：褐黄色，可塑状态，中压缩性。

③粉质黏土（Q_2^{al+pl}）：褐黄色、褐灰色，可塑偏硬状态，中压缩性。

④含砂粉质黏土（Q_2^{al+pl}）：褐黄色、褐灰色，硬塑状态，中压缩性。砂含量约占10%～40%，成分主要由石英、长石组成。

⑤粗砂（Q_2^{al+l}）：灰褐色、灰黄色，中密～密实状态。成分主要由长石、石英组成，级配不良，次棱角状，局部为砾砂，细粒土含量约占10%～20%。

⑥全风化泥岩（K）：棕红色、灰白色，主要由黏土矿物组成，泥状结构，风化呈硬塑的黏土状，层理构造，局部为砂质泥岩、粉砂岩。岩体呈散体状结构，RQD为极差。基本质量等级为Ⅴ级。

⑦强风化泥岩（K）：棕红色、灰白色，主要由黏土矿物组成，泥状结构，层理构造，局部为砂质泥岩、粉砂岩。岩体呈碎裂结构，RQD为差。极软岩，破碎，基本质量等级为Ⅴ级。具遇水易崩解软化特性。

⑧中等风化泥岩（K）：棕红色，主要由黏土矿物组成，泥状结构，层理构造，局部为砂质泥岩、粉砂岩。岩体呈中厚层状结构，RQD为较差。极软岩，较破碎，基本质量等级为Ⅴ级。具遇水易崩解软化特性。

长春市为季节性冻土地区，根据《建筑地基基础设计规范》GB 50007—2011附录F，场地地基土的标准冻结深度为1.70m。工程受冻胀作用影响的地基土主要有①杂填土、②和③粉质黏土，依据《建筑地基基础设计规范》GB 50007—2011判定地基土的物理力学指标及冻胀性评价见表1、表2。

土的物理力学指标　　**表1**

土层号	土的名称	天然重度 γ（kN/m³）	三轴压缩（CU）		渗透系数 k（m/d）
			黏聚力 c_{cuk}（kPa）	内摩擦角 φ_{cuk}（°）	
①	杂填土	(21.0)	(10.0)	(10.0)	(5.0)
②	粉质黏土	19.1	31.0	10.3	0.35
③	粉质黏土	19.5	32.2	10.9	0.26
④	含砂粉质黏土	19.1	30.0	13.0	0.68
⑤	粗砂	(20.5)	(3.0)	(35.0)	42.0
⑥	全风化泥岩	19.7	43.7	14.6	0.62
⑦	强风化泥岩	20.5	(60.0)	(25.0)	—
⑧	中等风化泥岩	21.5	(100.0)	(30.0)	—

地基土的冻胀性评价　　表 2

土层号	土的名称	冻胀类别	冻胀等级	判定依据
①	杂填土	强冻胀	Ⅳ	依据经验判定
②	粉质黏土	强冻胀	Ⅳ	$w=27.0$，$w_p=20.7$，$w_p+5<w\leqslant w_p+9$，$h_w\leqslant 2.0$m
③	粉质黏土	强冻胀	Ⅳ	$w=26.5$，$w_p=20.8$，$w_p+5<w\leqslant w_p+9$，$h_w\leqslant 2.0$m

2. 典型工程地质剖面

按地层岩性及其物理力学数据指标，将地层划分为 8 个大层，典型地层剖面见图 2。

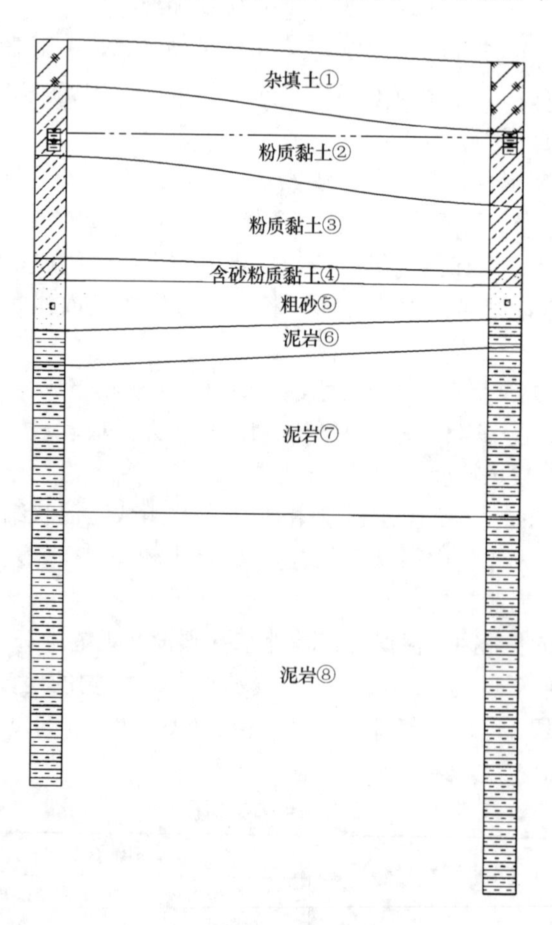

图 2　典型工程地质剖面

三、基坑周边环境情况

本工程为近地铁工程，西侧紧邻地铁 1 号线，南侧紧邻地铁 2 号线，沿基坑西南侧为 1、2 号线联络线，西北角为地铁变电站，最近距离约 9m。东侧为老旧小区建筑物，最近处距基坑约 12m，基坑变形对其稳定性影响较大。基坑北侧紧邻儿童公园绿地。场地支护空间有限，考虑采用垂直支护方案。

四、基坑围护平面

基坑采用支护桩、预应力锚索和桩间喷射混凝土面板的联合支护形式，临近地铁变电所位置采用内支撑支护体系（图 3）。

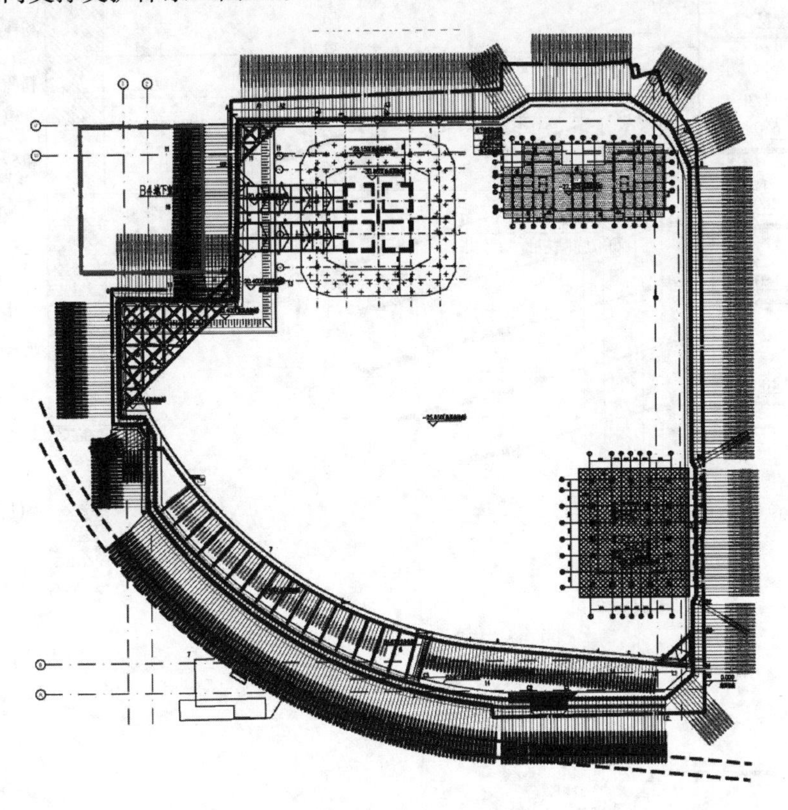

图 3　基坑围护结构平面

五、基坑围护典型剖面

基坑北侧剖面深度约 22.850～25.050m，采用桩锚支护形式。直径 1000mm 钻孔灌注桩，桩间距 1300mm，桩长 30m。7 排预应力锚索，基坑内壁距地下室外墙 2.0m。基坑东侧剖面深度约 27.550～28.450m。采用桩锚支护形式。直径 1000mm 钻孔灌注桩，桩间距 1300mm，桩长 30m，8 排预应力锚索。基坑西侧和南侧深度约 25.550～25.850m。采用直径 1000mm 双排钻孔灌注桩。桩间距 1300mm。桩长 31m 以及 8 排预应力锚索方案（图 4）。基坑变电所位置剖面深度约 24.450～25.550m。采用直径 1000mm 钻孔灌注桩。桩间距 1300mm。桩长 30m。3 排混凝土支撑＋3 排预应力锚索。基坑内壁距地下室外墙 2.0m（图 5）。

六、实测资料

基坑越冬采取了保温防冻措施，并进行了不同保温措施与局部未施加保温措施的监测数据对比分析。监测主要项目有温度、桩体深层水平位移和冻土压力监测（图 6）。

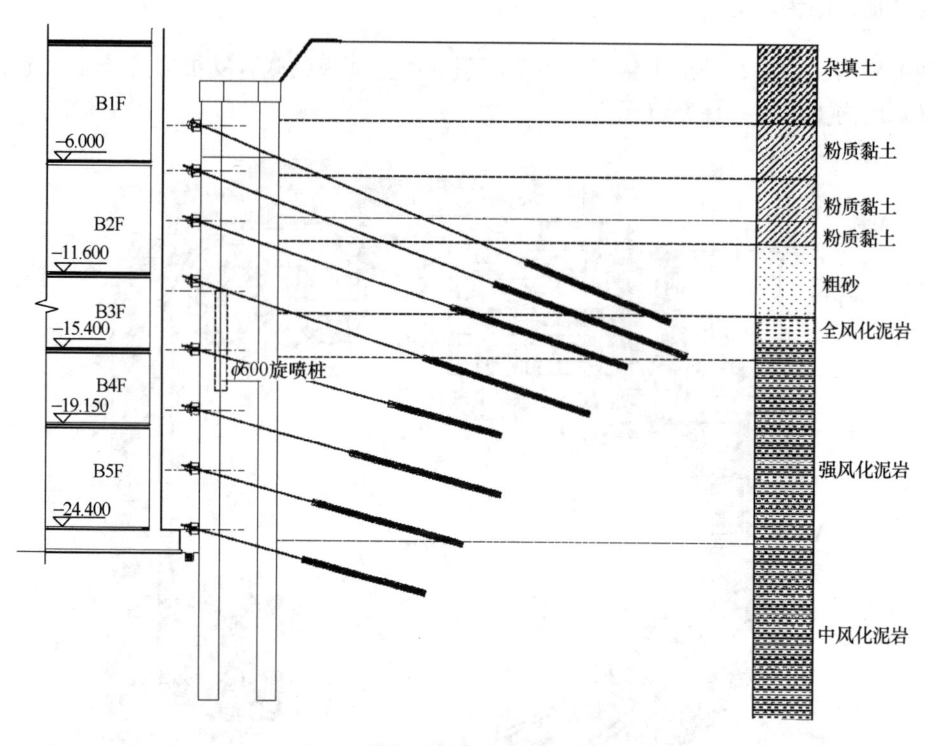

图 4　基坑西侧和南侧典型剖面

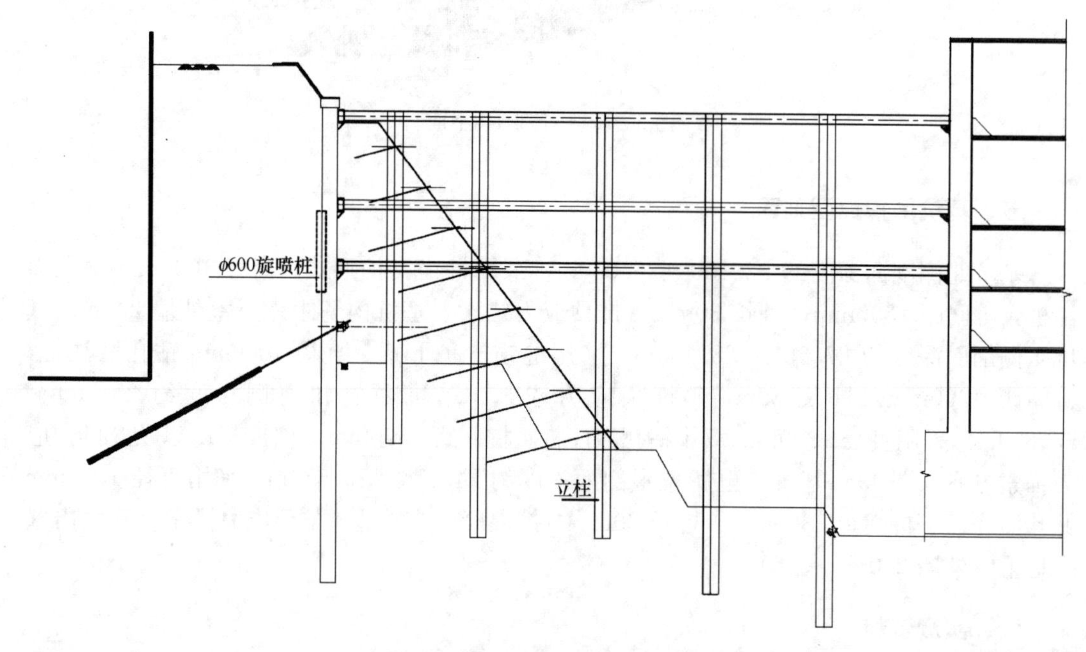

图 5　基坑变电所位置典型剖面

图 6　监测点布置示意

1. 温度

温度探头得到的冻胀基坑不同保温措施的监测结果如图 7 所示。从温度变化曲线看，采用不同保温措施土体温度整体变化趋势与未施加保温措施的温度变化趋势基本相同，采用岩棉保温措施的土体温度变化整体比较平缓，较阻燃草帘保温效果明显，受外界气温影响最小。

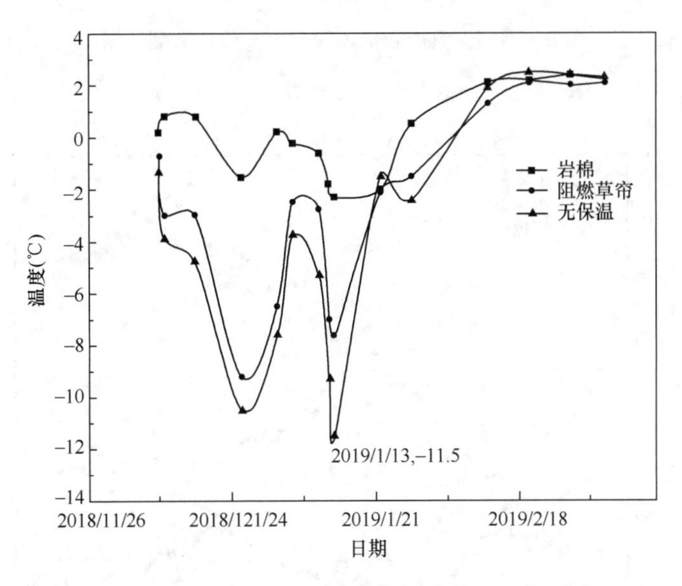

图 7　采用不同保温措施温度随时间变化曲线（距表面深 400mm）

2. 桩体水平位移

从图 8 变化规律可以看出：通过三区域典型试验段监测，桩体经过一个冻融过程后的深层水平位移数据表明，未采取冻胀保护措施的桩身位移变化量最大，采用岩棉保温方案位移变化量最小，阻燃草帘保温方案居中。这与温度监测结果相一致。位移监测结果可以看出，冻结深度越深水分迁移越明显，冻胀作用则更为显著，冻胀力越大。未采用保温措施方案的支护桩位移较采用保温方案的支护桩位移增加约 70%。且冻胀过程中锚索刚度较大，限制位移作用明显，三种方案均桩身位移较大。

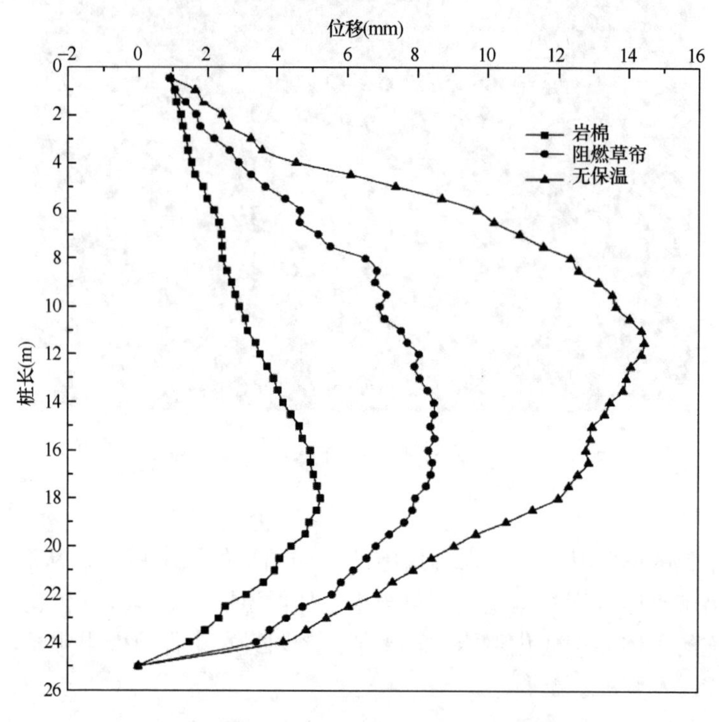

图 8　不同保温措施桩体深层水平位移监测数据

3. 接触压力

图 9　不同保温措施冻土压力监测数据

从图 9 变化规律可以看出：未采取冻胀保护措施的桩土接触压力值最大，接触压力曲线随温度变化幅度最大。

(1) 降温阶段，冻胀力随环境温度变化近似呈线性增长。采取保温措施的两种方案的接触压力曲线相对平缓，岩棉保温方案受外界环境温度的影响最小。

(2) 升温阶段，冻土压力曲线呈现向下衰减后趋于稳定的状态，这是由于随着环境温度的不断升高，在温度梯度的作用下，已冻土不能保持原有的冻结状态而逐渐开始融化，冻土中的冰相转变成液态水，未冻水从已融化的桩后表层土向正在融化的深部土层迁移，而冻土的胶结物亦由固态转化为了液态，冻胀力逐渐消失，取而代之的则是由于两次水分迁移导致的土颗粒重新排列后结构性能弱化的土体的侧向压力。

(3) 从接触压力监测曲线可以看出，伴随着冻胀压力的消散，桩后土压力呈现出了不同程度的下降。

七、点评

本基坑由于周边环境复杂，且深度较大，采用了多种支护形式相结合的支护方式。重点在于其位于季节性冻土区，受冬季温度变化影响较大。从温度监测数据反映了不同保温材料对于基坑侧壁的保温效果。通过深层土体水平位移和接触压力监测数据，得到了相同的结论。说明处于强冻胀土体地区的基坑工程，越冬基坑前期应调查具体地层分布情况，明确采取相应的保温措施；越冬停工期间，基坑降排水系统应保持畅通，确保基坑周边无管线渗漏水情况，同时，应阻止地表水的入渗。对基坑支护变形相对敏感区域如基坑中部地面上超载应在越冬期间严格控制，临近基坑地表采用与侧壁相同的保温措施并进行定期巡查，及时对地表裂缝区域进行封堵，应对基坑支护体系加强监测并制定应急预案，发现异常及时分析原因并采取有效加固措施。

沈阳恒大童世界主城堡基坑工程实录

刘　伟　初　壮　梁　辰　乔恒俊　李昌益
（中冶沈勘工程技术有限公司，沈阳　110169）

一、工程简介和特点

工程位于辽宁省沈阳市苏家屯区佟沟（图1）。其中主城堡地下两层，地下建筑面积约 122448m²，儿童屋和室内特效剧场为地下一层，地下建筑面积分别约为 2987m²、1631m²。基坑设计开挖深度 2～17.4m。采用排桩、土钉墙、放坡三种支护形式，支护结构安全等级一级，局部二级。由于基坑位于季节性冻土区，且基坑开挖时间超过1年，需考虑越冬对本基坑的不利影响。

图1　场地地理位置示意

二、场地地质条件

1. 工程地质条件

场地地形略有起伏，地貌单元属于浑河冲积阶地，地层岩性主要为第四系粉质黏土和花岗岩（表1）。根据现场鉴别、原位测试及土分析结果，将场地土岩性特征自上而下分述如下：

①杂填土：杂色，稍湿，主要由粉质黏土、碎石、砂子等组成，结构松散。层厚

0.60～4.50m，分布较连续。层顶标高76.94～77.17m。

①$_2$ 耕土：黄褐色，稍湿，主要由粉质黏土组成，结构松散。层厚0.5～0.7m，局部分布。层顶标高76.24～77.26m。

②粉质黏土：黄褐色，含有铁锰质结核，刀切面稍光滑，无摇振反应，干强度中等，韧性中等，为硬可塑状态，中压缩性。层厚0.7～4.1m，分布较连续，层顶标高70.37～76.76m。

③粉质黏土：褐色、灰色，刀切面稍光滑，干强度中等，韧性中等，含有铁锰质结核，软可塑，局部软塑，中压缩性。该层连续分布，层厚1.2～70m，层顶标高67.74～75.15m。

③$_1$ 粉质黏土：褐色，刀切面稍光滑，干强度中等，韧性中等，含有铁锰质结核，硬塑，中压缩性。该层局部分布，层厚2.4～8.6m，层顶标高65.24～72.54m。

④粉质黏土：褐色，刀切面稍光滑，干强度中等，韧性中等，含有铁锰质结核，硬可塑，中压缩性。该层较连续分布，层厚3.2～9.5m，层顶标高58.94～67.84m。

④$_1$ 粉质黏土：褐色，刀切面稍光滑，干强度中等，韧性中等，含有铁锰质结核，软塑，局部软可塑，中压缩性。该层较连续分布，层厚1.1～5.0m，层顶标高61.44～67.99m。

⑤粉质黏土：黄褐色，局部棕红色，刀切面稍光滑，干强度中等，韧性中等，含有铁锰质结核，硬可塑，局部硬塑，中压缩性。该层较连续分布，层厚3.0～15.7m，层顶标高48.41～57.29m。

⑤$_1$ 粉质黏土：黄褐色，刀切面稍光滑，干强度中等，韧性中等，含有铁锰质结核，硬可塑，中压缩性。该层连续分布，层厚3.0～10.2m，层顶标高46.93～62.25m。

⑤$_2$ 粉质黏土：黄褐色，刀切面稍光滑，干强度中等，韧性中等，含有铁锰质结核，软可塑，中压缩性。该层较连续分布，层厚1.3～4.6m，层顶标高36.96～45.39m。

⑤$_3$ 粗砂：黄褐色，长石、石英质，饱和，呈密实状态，混粒结构，级配一般，含黏性土，该层局部揭露，揭露层厚0.5～3.7m，层顶标高34.52～42.38m。

⑥花岗岩：黄褐色，全风化，矿物成分主要为石英，云母，结晶粒状结构，组织结构基本破坏，岩芯坚硬程度为极软岩，岩土破碎，风化成黏性土、混砂状及砂土状，手捏易碎。该层连续分布，揭露层厚2.8～14.3m，层顶标高38.4～46.89m。

⑦花岗岩：灰白色，强风化，矿物成分主要为石英，云母，结晶粒状结构，为较硬岩，呈短柱状，钻进较慢。该层局部分布，揭露层厚0.5m，层顶标高32.59m。

2. 水文地质条件

本场地地下水，为孔隙潜水类型，主要赋存于②粉质黏土、③粉质黏土层之中，稳定水位埋深为2.2～6.2m，高程为69.93～80.27m，主要受大气降水及地下径流补给。沈阳地区孔隙潜水水位年变化幅度为1～2m，本场地上层滞水的水位变化较大。

土层物理力学性质指标与设计参数取值 **表1**

土的名称	地基承载力特征值 f_{ak}（kPa）	压缩（变形）模量 $E_s(E_0)$（MPa）	凝聚力 c_k（kPa）	内摩擦角 φ_k（°）	重度 γ（kN/m^3）
②粉质黏土	160	5.5	38	12.2	18.7

续表

土的名称	地基承载力特征值 f_{ak}（kPa）	压缩（变形）模量 $E_s(E_0)$（MPa）	凝聚力 c_k（kPa）	内摩擦角 φ_k（°）	重度 γ（kN/m³）
③粉质黏土	140	5.3	36	12.0	18.4
③₁ 粉质黏土	150	5.5	39	13.9	18.8
④粉质黏土	220	6.8	42	13.4	19.0
④₁ 粉质黏土	160	5.6	27	10.5	18.1
⑤粉质黏土	260	8.6	44	13.5	18.8
⑤₁ 粉质黏土	180	7.6	41	13.3	18.8
⑤₂ 粉质黏土	110	5.5	35	12.1	17.9
⑤₃ 粗砂	400	(E_0) =29.6	36.5		21.8
⑥花岗岩	500				
⑦花岗岩	700				

三、基坑周边环境

本工程西侧为现有道路，远期规划有市政道路，东侧为河流水系，南北侧为耕地。主城堡西侧有高压线路。拟建区域周边无成型市政道路。本次支护建筑南、北、东侧均为有建单体，且各单体间距离较近，采用垂直支护（图 2）。

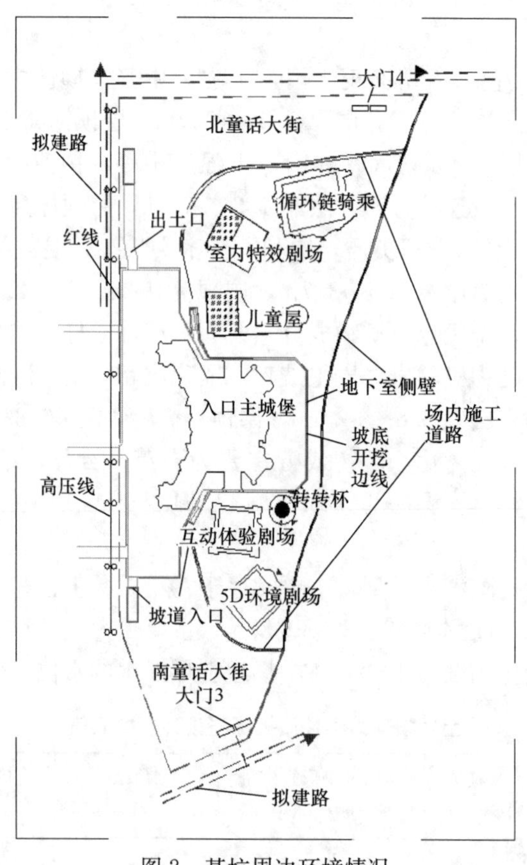

图 2　基坑周边环境情况

四、基坑围护平面

基坑支护形式采用桩锚支护，桩间喷射混凝土面板。局部采用放坡及桩锚相结合的支护形式（图3）。

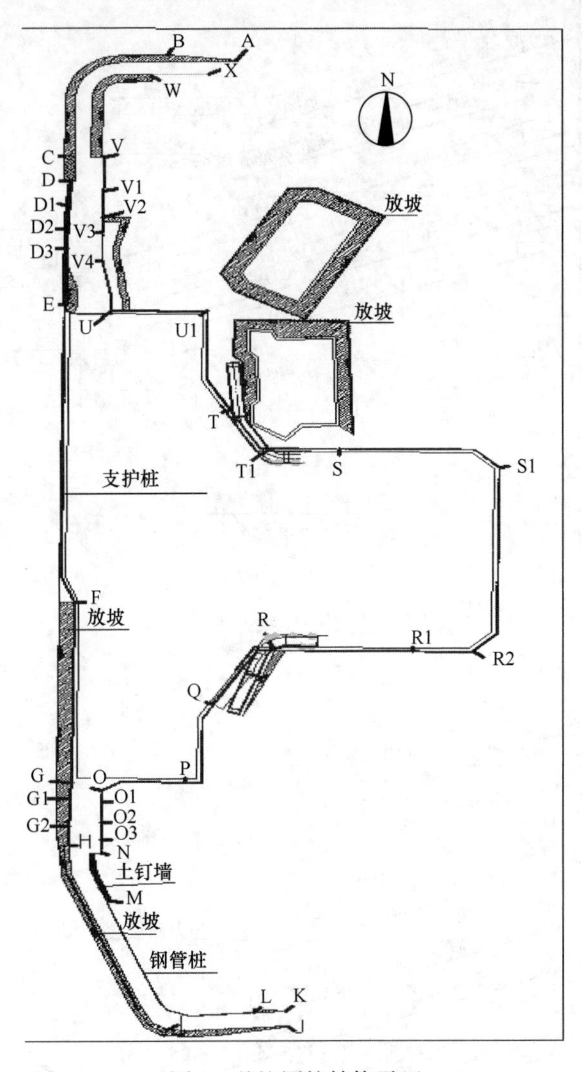

图3　基坑围护结构平面

五、基坑围护典型剖面

主城堡基坑南侧OP剖面深度15.7m，采用桩锚支护形式，支护桩桩长24m，桩间距1.2m，桩径0.8m，共6排预应力锚索。基坑东侧PQ剖面深度16～16.6m，采用桩锚支护形式，支护桩桩长25m，桩径0.8m，共5排预应力锚索（图4、图5）。

六、实测资料

基坑工程越冬后支护结构施工质量、基坑安全及基底不受冻胀影响，保证次年春季复

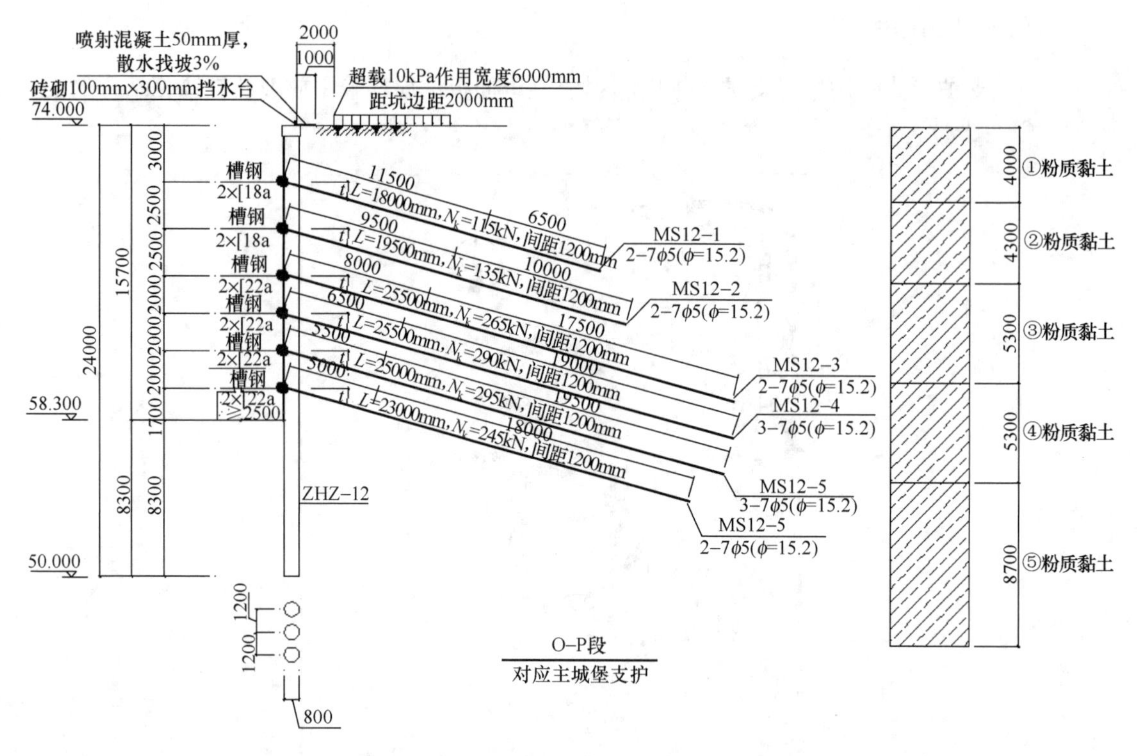

图 4　基坑围护典型剖面（1）

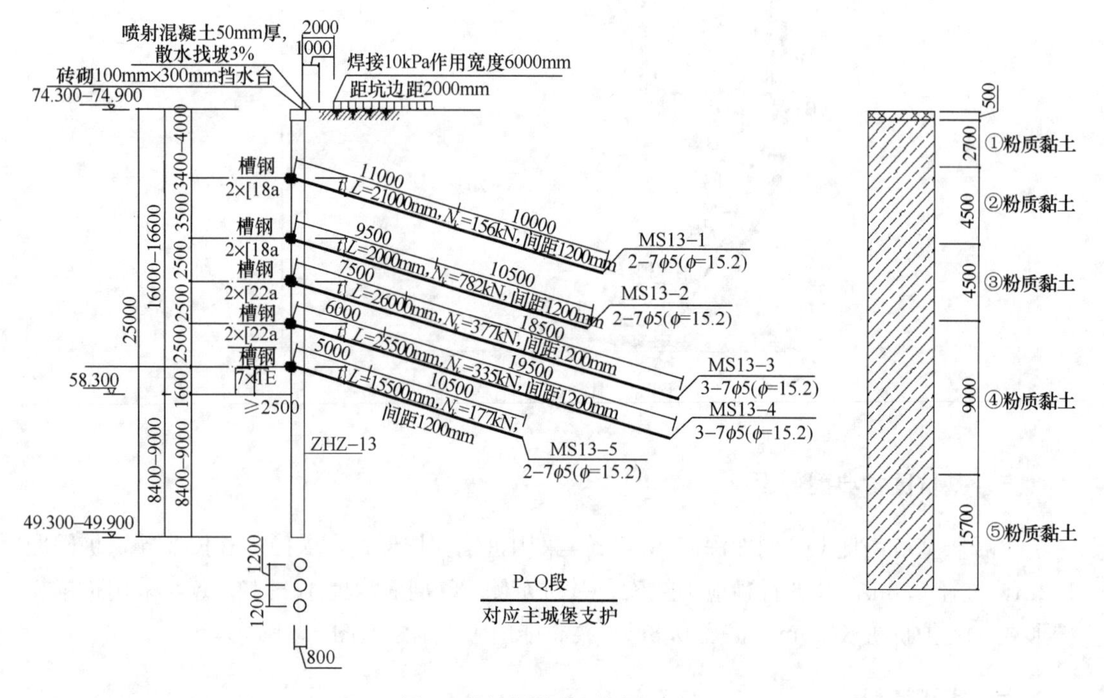

图 5　基坑围护典型剖面（2）

工工程的正常、连续进行，针对已完工支护结构基坑东侧、南侧、西侧及顶部，采用堆土反压及三层保温岩棉加三层保温塑料布外加一层五彩布保温防冻措施，通过对基坑水平位移、基坑沉降及周边地表沉降监测确保基坑安全（图 6、图 7）。

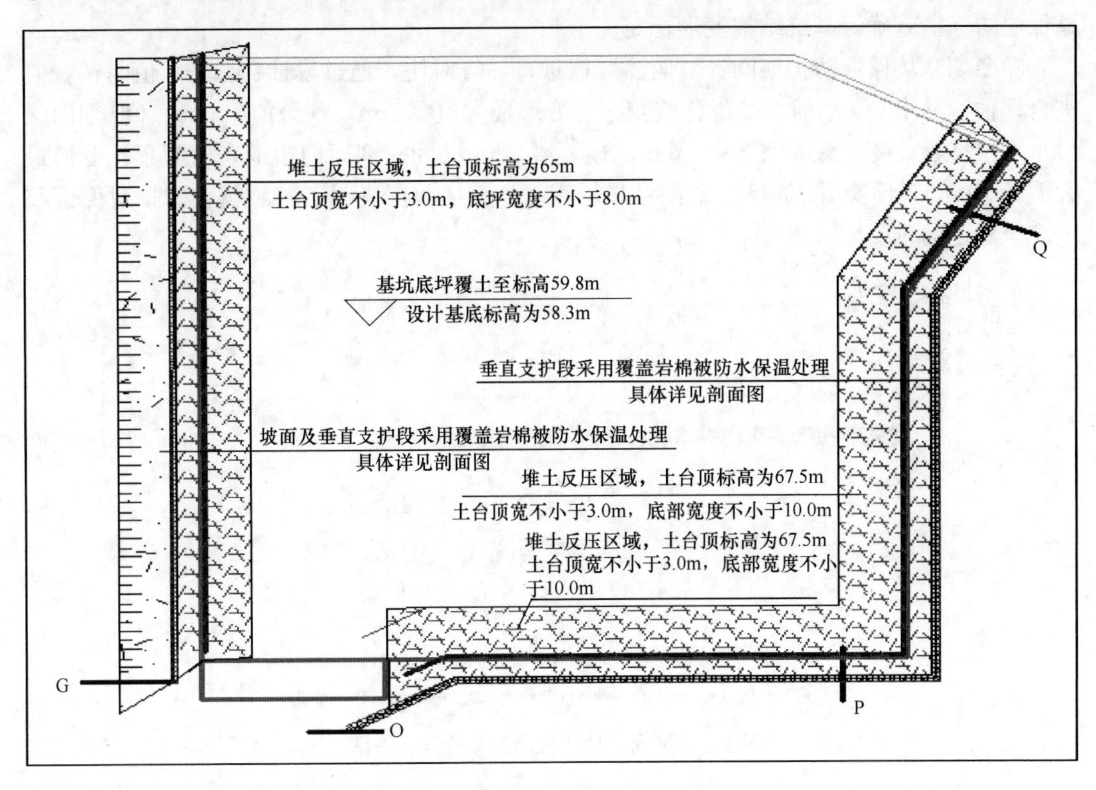

图 6　基坑越冬保温平面布置

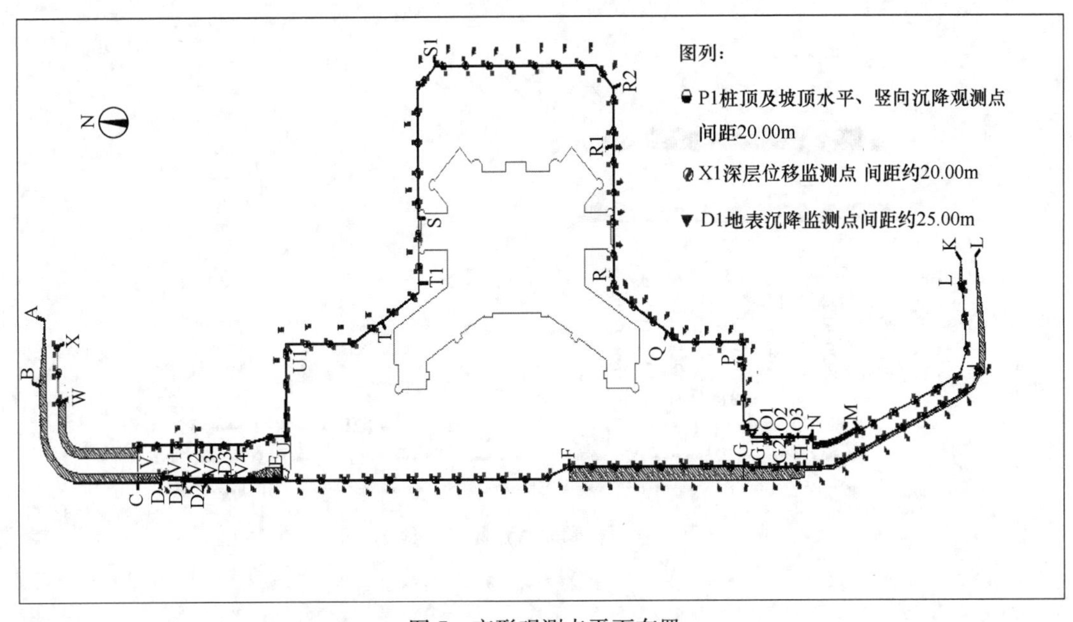

图 7　变形观测点平面布置

在基坑每侧侧壁设立 2 处测温点（测温点位于基坑底部），用于监测侧壁的温度，越冬停工期间温度监测基本保持在 5～9℃之间，从基坑水平位移、基坑沉降及周边地表沉降监测成果，依据《建筑基坑工程监测技术标准》GB 50497—2019 相关规定可知，采用该保温防冻措施确保基坑结构变形稳定。

在冬期基坑保温防护期间针对监测数据进行筛查对比，通过累计变形较大值与预警值进行评估，其中 PQ 剖面水平位移监测累计变形最大值 20mm，预警值 30mm。OP 剖面深层水平位移累计变形最大值 29.87mm，预警值 50mm。FG 剖面周边地表监测累计变形最大值 7.39mm，预警值 35mm。监测结果均正常。上述数据表明了基坑越冬防护对保证基坑安全稳定的重要性（图 8～图 10）。

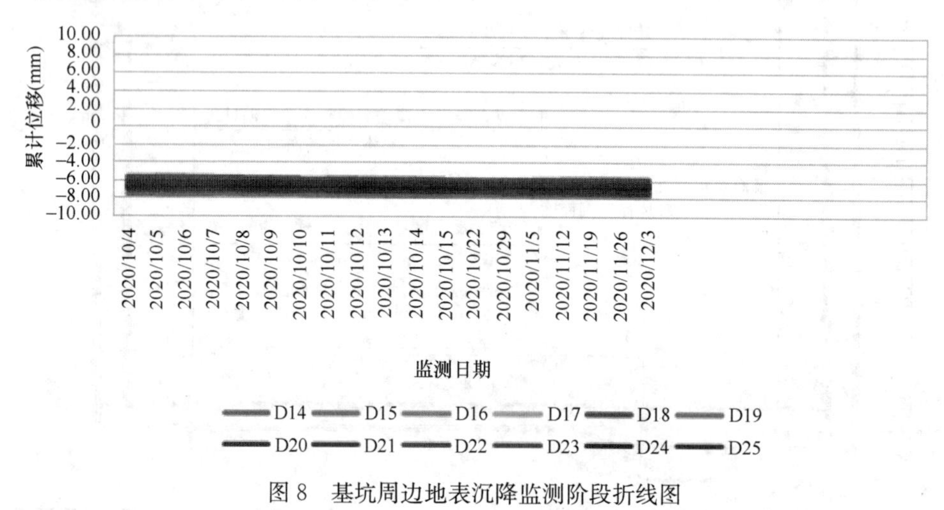

图 8　基坑周边地表沉降监测阶段折线图

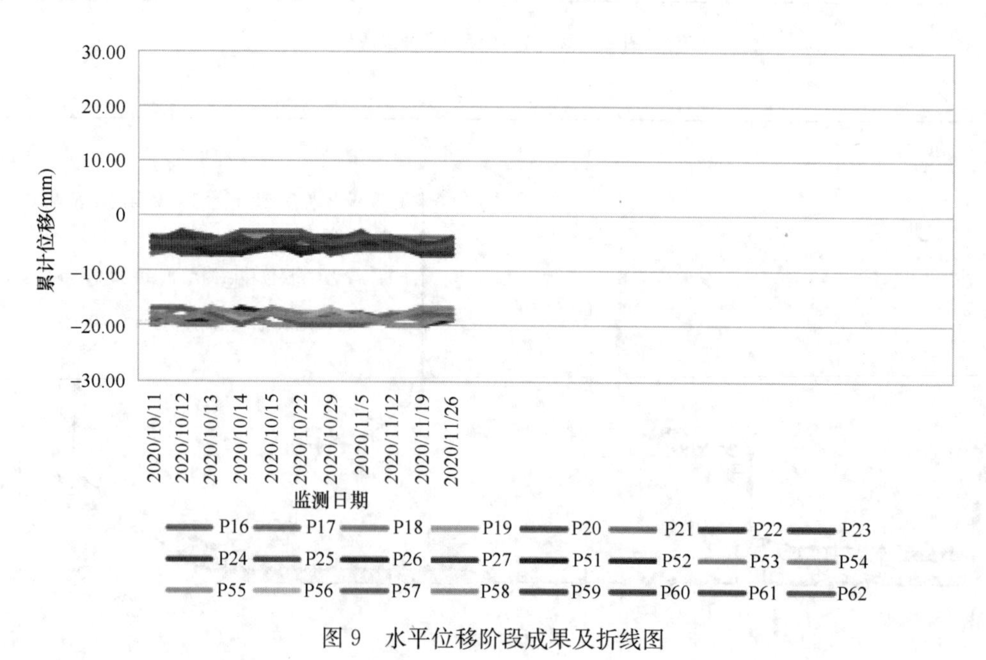

图 9　水平位移阶段成果及折线图

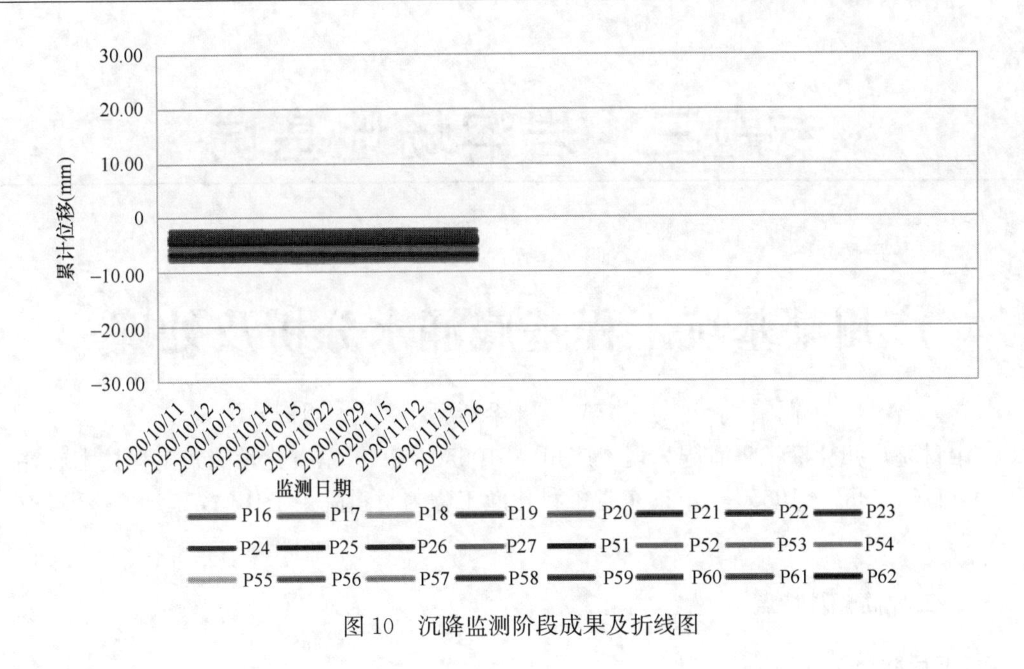

图 10　沉降监测阶段成果及折线图

七、点评

本基坑由于深度较大，采用了多种支护形式相结合的方式。重点在于其位于季节性冻土区，受冬季温度变化影响较大。监测数据反映了采用保温防护措施对于基坑侧壁的保温效果及基坑安全的重要性。处于强冻胀土体地区的基坑工程，越冬基坑前期应调查具体地层分布情况，明确采取相应的保温措施；越冬停工期间，基坑降排水系统应保持畅通，确保基坑周边无管线渗漏水情况，同时，应阻止地表水的渗入。对基坑支护变形相对敏感区域在越冬期间严格控制，临近基坑地表采用与侧壁相同的保温措施并进行定期巡查，及时对地表裂缝区域进行封堵，应对基坑支护体系加强监测并制定应急预案，发现异常及时分析原因并采取有效加固措施。

专题三 岩溶场地基坑

广州某基坑工程基底涌水分析及处理

蔺青涛[1] 古伟斌[1,2] 李世添[1] 薛 炜[1,2,3]

（1. 中科院广州化灌工程有限公司，广州 510650；2. 广东省化学灌浆工程技术研究开发中心，广州 510650；3. 广东省中科化灌工程与材料院士工作站，广州 510650）

一、工程简介及特点

1. 工程简介

在建基坑位于广州市白云区广州地铁五条地铁线交汇换乘的大型交通枢纽地带，基坑全长 276.7m，宽 34.5～35.5m，基坑面积约为 7509m^2，基坑外场地标高 9.0m，基坑深约 34.3～35.9m。本文重点介绍基坑基底特大涌水的处理方法。

2. 工程特点及涌水情况

1）地层溶洞发育较多

场地内分布有全风化～微风化灰岩、泥灰岩（埋深 10.20～50.33m），灰岩层中溶洞发育较多，基底位于中风化灰岩中，地下连续墙超前钻显示，基坑底部及地下连续墙下均发育有溶洞，而灰岩顶部覆盖的第四系地层为中粗砾砂层（埋深 4.20～10.40m），是场地内地下的主要含水层，地下水含量极为丰富。

2）岩溶水水量丰富、水头压力大

场区内裂隙岩溶水主要赋存在灰岩、泥灰岩中～微风化带、溶洞、基岩裂隙带中，该层水多与上层砂层水连通，以潜水为主，局部为承压水，溶洞发育的部位透水性较强，因基坑开挖深度较大，岩溶水水头压力很大，基坑开挖过程中侧壁或底部易出现涌水、涌砂等险情。

3）2021 年 12 月，在基坑西侧③-③轴至③-④轴支护段，基坑开挖至－23m 标高（基坑深 32m）时，开挖面发生涌水，涌水量最大达到 300m^3/h，威胁邻近市政道路和设施及周边建筑安全，导致邻近正在运营的地铁 8 号线被迫降速。

二、工程地质及水文地质条件

1. 工程地质概况

根据勘察报告，场地地下岩土层分布及土性简述如下。

1）人工填土层（Q^{ml}）

①杂填土：杂填土颜色较杂，由砖块、混凝土块、碎石、砂及少量黏粉粒组成，建筑

垃圾含量约40%。压实状态不均，稍湿～饱和。厚薄不均，厚度1.20～6.00m，平均厚度3.3m。

2）第四系下更新统+全新统（Q_{3+4}^{al+pl}）

②$_1$ 淤泥：灰黑色，呈流塑状，主要由黏粒及有机质组成，具滑腻感和腥臭味，平均液限57.04%，平均塑限37.40%。厚度1.00～5.00m，平均厚度2.30m。

②$_2$ 粉细砂：浅灰色、灰色，松散～稍密状，矿物成分为石英、长石，分选性一般。本层在场地内部分布，厚度0.50～3.90m，平均厚度1.47m。

②$_3$ 中粗砂：浅灰色、褐黄色，松散～稍密状，局部中密状，主要由中粒石英砂组成，次为细粒砂，底部石英细砾含量较多，局部为薄层砾砂。级配良好。本层在场地内广泛分布，多呈断续状、透镜体状分布，厚度0.50～10.80m，平均厚度3.10m。统计标贯实测击数N=10～15击，平均12.65击。

②$_4$ 砾砂：浅灰色、褐黄色，松散～稍密状，局部中密状，主要由中粒石英砂组成，次为细粒砂，底部石英细砾含量较多，局部为薄层砾砂。级配良好。本层在场地内少量分布，多呈透镜体状分布，厚度1.20～2.30m，平均厚度1.67m。统计标贯实测击数N=15击。

②$_5$ 粉质黏土：褐黄色、褐灰色、黄褐色，可塑状，主要由黏粉粒组成，土质不均。本层在场地内广泛分布，厚度0.50～10.40m，平均厚度3.96m。该层共进行标准贯入试验103次，统计标贯实测击数N=5～17击，平均10.66击。

3）二叠系（P_1^q）炭质页岩、泥灰岩

③$_1$ 炭质页岩、泥灰岩全风化带：灰黑、灰黄、深灰色，岩石风化剧烈，岩芯呈坚硬土柱状、半岩半土状，遇水易软化。厚度0.30～22.30m，平均厚度5.05m，统计标贯实测击数N=26～39击，平均32.67击。岩质极软，岩体基本质量等级为Ⅴ级。

③$_2$ 泥灰岩强风化带：深灰、灰黑色、岩石风化强烈，裂隙极发育，岩体极破碎，岩芯呈碎块状、块状、半岩半土状，岩体极破碎，岩质极软～软，遇水易软化。厚度0.20～24.80m，平均厚度8.31m。岩体基本质量等级为Ⅴ级。

③$_3$ 石灰岩中风化带：青灰色、灰黑色，隐晶质结构，中厚层状构造，有溶蚀现象，方解石脉充填，岩芯呈短柱状、柱状，碎块状，节长10～15cm，RQD=30%～65%。属于较软岩，岩体较破碎，部分裂隙面见黑色炭质，污手。岩体破碎，岩体基本质量等级为Ⅳ级。厚度0.10～28.30m，平均厚度7.30m。

③$_4$ 泥灰岩中等风化带：深灰、灰黑，泥晶质结构，层状构造，泥炭质胶结，岩芯呈短柱状、块状，岩质软。厚度1.40～42.54m，平均厚度14.46m。岩体破碎，岩体基本质量等级Ⅴ。饱和单轴抗压强度值23.70～34.30MPa，平均值29.62MPa，软化系数0.60。

③$_5$ 石灰岩微风化带：灰黑色、灰白色、青灰色，隐晶质结构，中厚层状构造，主要矿物成分为方解石。节理裂隙稍发育，方解石脉稍发育，部分裂隙面见黑色炭质，污手。取芯以中、长柱状为主，局部为短柱状、块状，RQD=65%～98%，锤击声脆，属较硬岩，岩体较完整，岩体基本质量等级为Ⅲ级。厚度0.10～40.47m。饱和单轴抗压强度值为26.00～81.90MPa，标准值51.01MPa，软化系数0.82。

③$_6$ 泥灰岩微风化带：灰黑色，泥晶结构，层状构造，可见方解石脉充填，裂隙发育，岩芯呈柱状，RQD=80%～98%，厚度2.20～43.36m。饱和单轴抗压强度值14.70～34.50MPa，标准值18.17MPa，岩体基本质量等级为Ⅲ级。软化系数0.62。

4）溶洞充填物

溶洞充填物：溶洞充填或半充填、无充填，充填物一般为流塑～软塑状粉质黏土，夹较多粉细砂及岩屑，采取率较低。

场区典型地质剖面如图1所示。

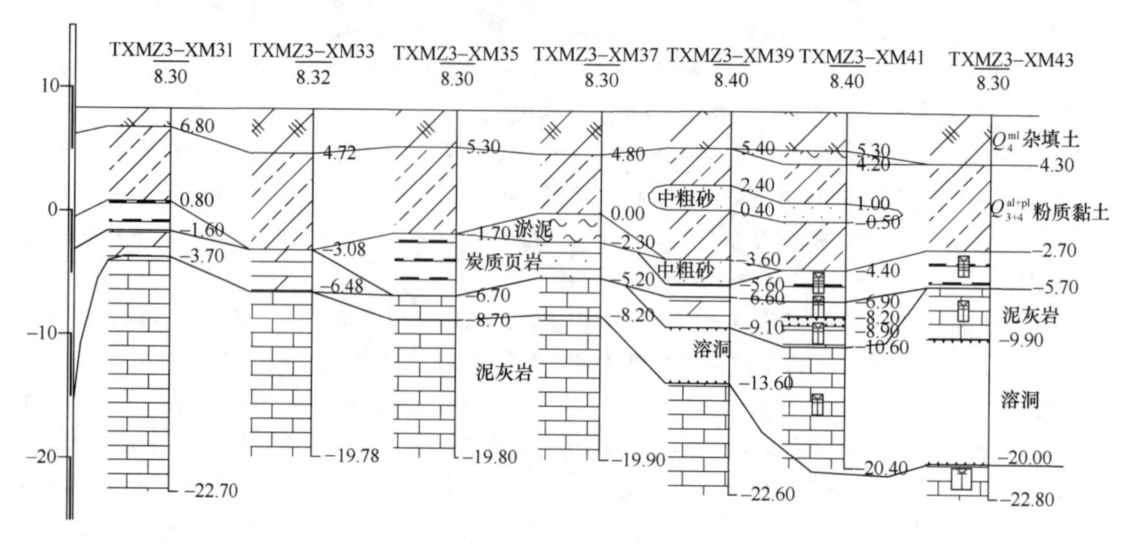

图1　场区典型地质剖面

2. 水文地质概况

地下水按赋存方式分为第四系松散层潜水、基岩裂隙水及碳酸盐岩裂隙岩溶水。场地分布的第四系砂层为主要含水层。裂隙水主要赋存在泥灰岩、灰岩裂隙带中，该层水多与上层砂层水连通，以潜水为主，局部呈潜承混合性。裂隙岩溶水主要赋存在灰岩、泥灰岩中～微风化带、溶洞、基岩裂隙带中，该层水多与上层砂层水连通，以潜水为主，局部为承压水，根据一期抽水试验资料显示，溶洞发育部位，岩溶水水量丰富。裂隙、溶蚀及洞不太发育的部位，岩层透水性一般较弱；裂隙发育的部位，透水性中等，溶洞发育的部位透水性较强，有较大涌水量的可能。

勘察所揭露的砂层地下水稳定水位埋藏深度1.30～3.30m，标高5.90～7.78m，平均埋深1.82m，一期钻孔初见水位埋深1.5～2.5m，标高5.70～7.33m，平均埋深1.86m。勘察过程中钻孔量测地下水位时间不同，受下雨水位变化及地形起伏影响，局部地下水位变化略大，水位线局部起伏略大，但总的来讲，地下水水位是基本稳定的。由于石灰岩、泥灰岩中风化带、微风化带以及溶洞多发育于岩面附近，受基岩裂隙的贯通作用，砂层水与岩溶水水力联系较密切，其稳定水位接近。

3. 基坑支护设计参数取值

基坑支护设计参数取值　　**表1**

层号	岩土层名称	状 态	重度 γ (kN/m³)	黏聚力 c (kPa)	内摩擦角 φ (°)	渗透系数建议值 k_{20} (cm/d)	岩土体与锚固体极限摩阻力标准值 (kPa)
①	填土	松散	19.0	19.40	6.80	0.50	18
②$_1$	淤泥	流塑	15.7	6.65	3.23	0.01	10

续表

层号	岩土层名称	状态	重度 γ (kN/m³)	黏聚力 c (kPa)	内摩擦角 φ (°)	渗透系数建议值 k_{20} (cm/d)	岩土体与锚固体极限摩阻力标准值 (kPa)
②$_2$	粉细砂	松散～稍密	19.0	3.0	25.0	5.0	20
②$_3$	中粗砂	松散～稍密	19.0	0.0	30.0	10.0	40
②$_4$	砾砂	松散～稍密	19.0	0.0	35.0	15.0	70
②$_5$	粉质黏土	可塑	18.9	21.80	10.28	0.05	30
③$_1$	全风化炭质页岩	全风化	19.2	32.04	14.20	0.05	85
③$_2$	灰岩、泥灰岩	强风化	23.0	50	26	0.2/1.0	120
③$_3$	石灰岩中风化带	中风化	25.9	300	27	0.20	360
③$_4$	泥灰岩中风化带	中风化	26.5	700	30	1.00	400
③$_5$	石灰岩微风化带	微风化	26.8	1000	38	0.50	600
③$_6$	泥灰岩微风化带	微风化	25.5	720	33	0.50	600

三、基坑周边环境情况

本文重点介绍7号块基坑基底特大涌水的处理方法。7号块基坑西侧毗邻地铁8号线，8号盾构边线距基坑约90m；基坑东侧为相邻已建基坑；基坑北侧6-2号块结构底板已浇筑完毕；基坑南侧为已拆迁的空地。基坑周边环境见图2。

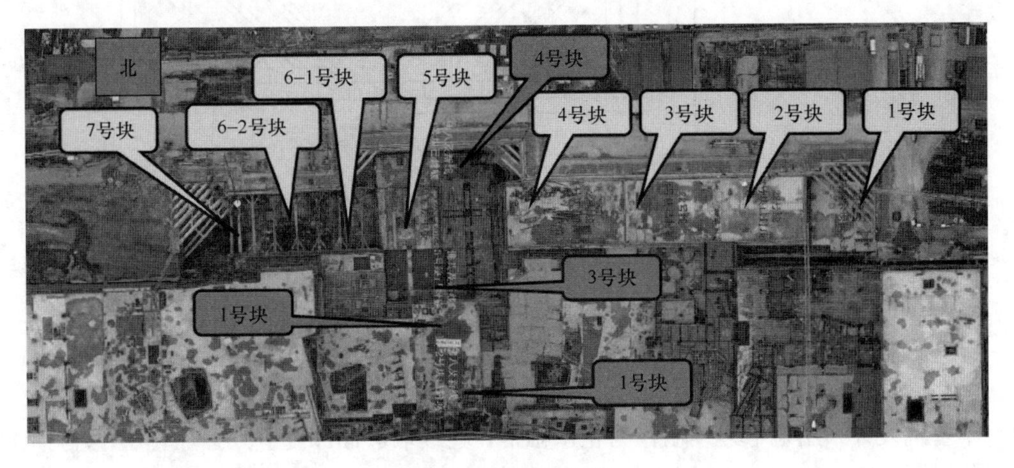

图2 基坑周边环境

四、基坑支护设计方案

1. 基坑支护结构设计

7号地块基坑开挖深度34.24～35.95m，设计采用1.2m厚地下连续墙支护，地下连续墙入坑底以下2m，上部3m深度采用放坡支护，下部采用8道锚索加1道支撑支护。

基坑支护平面见图 3，剖面见图 4、图 5。

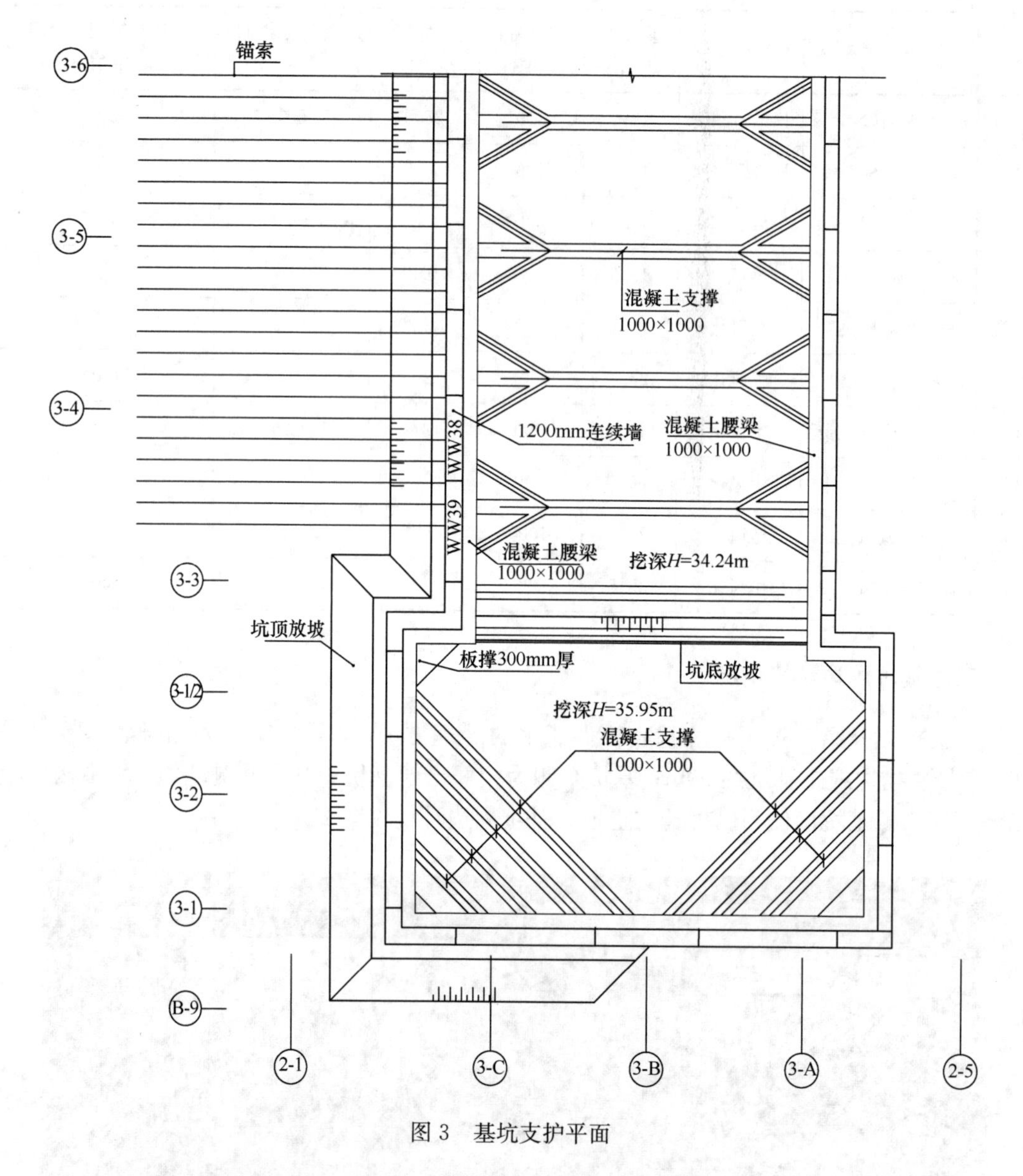

图 3　基坑支护平面

2. 基坑止水、降水、排水设计

1）基坑止水设计

本基坑设计采用地下连续墙作为止水帷幕，连续墙嵌固深度进入强风化层不小于 5m，中风化层不小于 3m，微风化层不小于 2m。

2）基坑降水设计

根据工程地质及水文地质的具体情况，采取管井降水的降水方案。基坑管井沿基坑均匀布置，间距约 25～30m，在开挖期间应随开挖逐步降低地下水位，基坑外不降水，基坑内侧设降水井。每次降水深度为基坑开挖面以下 1.0m，基坑外侧可结合施工实际情况设置回灌井，以防坑外水位大幅下降。

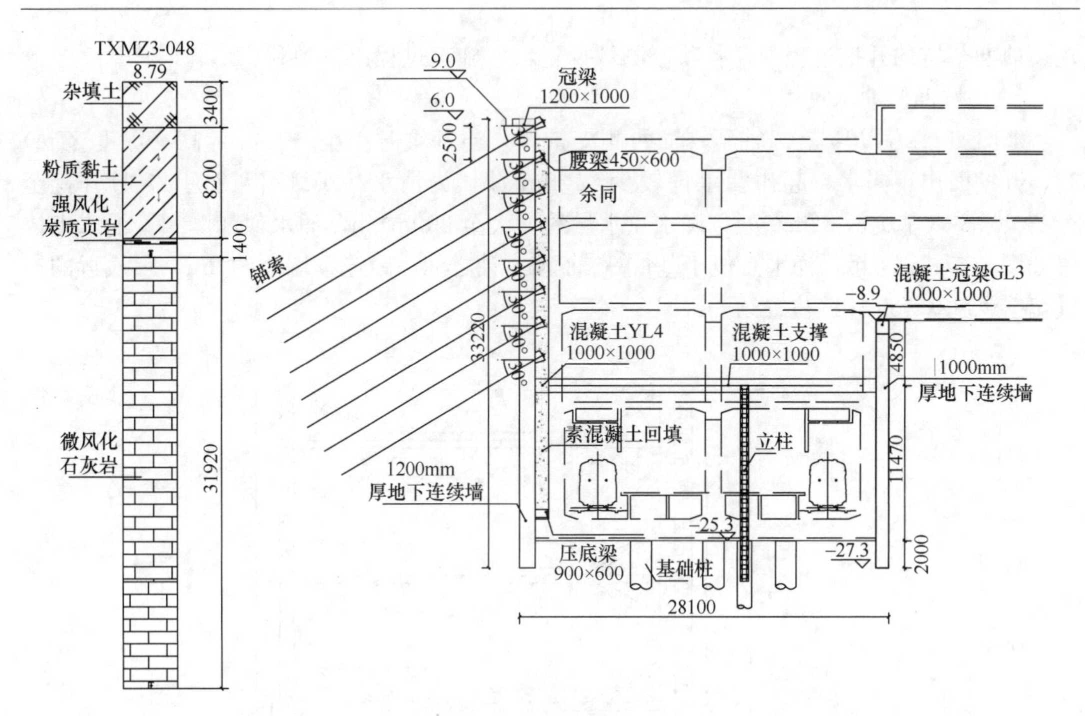

图 4　支护剖面

图 5　基坑现状（自东向西拍摄）

3）基坑排水设计

基坑排水采用坑内外截流、导流措施。坑外设置截水沟，坑内设排水明沟及集水井，坑内集水用水泵排至地面市政雨、污水系统中。

五、基坑开挖过程中涌水注浆的处理

总体基坑围护结构已全部施工完成，③-⑥轴以北区域结构底板已施工完毕，③-①轴至③-⑥轴目前开挖至－23m标高（深度32m），距基坑底部还差2m多，土方自北向南分层分段开挖，前期基坑的开挖过程中，各项监测数据正常，施工过程比较顺利。

1. 基坑西侧涌水过程

2021 年 12 月初，在③-3轴至③-4轴西侧支护段，当基坑开挖至－12m 标高（深度 21m）时，开挖面出现漏水，起初漏水量较少约 $20m^3/h$，为清水。2021 年 12 月 25 日开挖至－23m标高（基坑深 32m）处，漏水点水量约增大至 $300m^3/h$，涌水似如瀑布。涌水点位置如图 6、图 7 所示，涌水点位于基坑③-3 轴至③-4 轴之间，距连续墙边约 2m，距最近的连续墙 ww38-ww39 接缝位置约 4m。

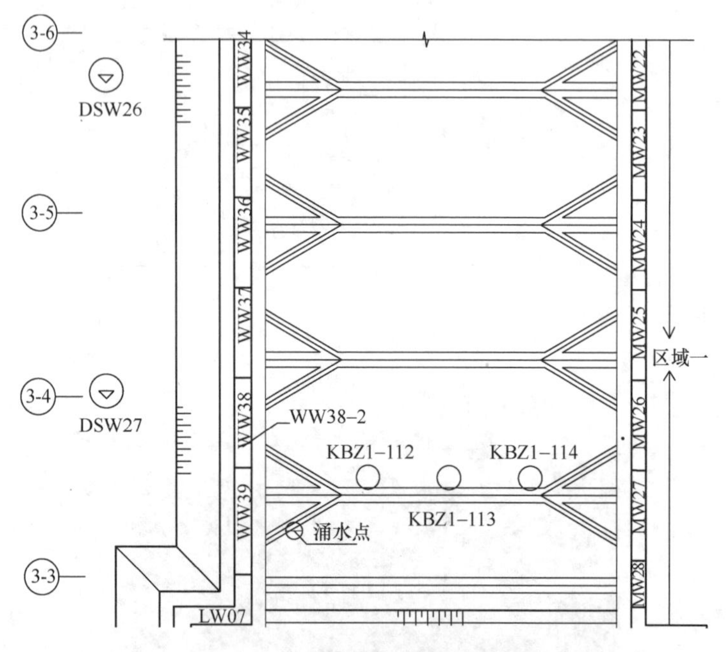

图 6　基坑西侧开挖面涌水点位置

图 7　基坑西侧涌水现场

图 8　现场采用沙袋反压

2021年12月27日，先采用沙袋反压（图8）及控制性膜袋双液浆注浆堵水的方法进行堵水，效果均不理想，后采用多管引流和混凝土反压、对涌水点进行了引流和反压。反压混凝土台长7m，宽7m，厚4m，涌水中心点采用直径1.4m钢护筒，护筒中安装一根ϕ270带有止水阀的主导流管。反压混凝土台底北侧和东侧分别安装带有止水阀的分导流管。如图9所示，对涌水位置进行了混凝土反压和引流，但未在源头上解决实际存在的涌水问题。

图9　混凝土反压土台现场

2. 西侧涌水原因分析及岩溶水注浆处理

1）涌水原因

通过研究基坑详勘报告、地下连续墙超前地质钻，以及坑内立柱桩超前地质钻资料，发现本场区内存在大量溶洞，存在基岩裂隙岩溶水。溶洞水以潜水为主，局部为承压水。受裂隙的贯通作用，砂层水和岩溶水水力联系较密切，因基坑很深，一旦发生管涌、突涌，水头压力大，止水难度很大。且上部砂层在渗流作用下有流砂可能，易造成地面沉降，影响周边建筑的安全。涌水点位于微分化石灰岩中，水源很有可能来源于附近的溶洞水，因基坑采用地下连续墙支护，且施工质量较好，地下水通过地下连续墙以上的溶洞直接进入涌水点的可能性不大。涌水很大可能是地下水通过地下连续墙以下的溶洞进入涌水点。通过研究涌水点附近溶洞的位置，发现在超前钻WW38-2孔下标高－27.35～－27.85m，KBZ1-113孔下标高－26.99～28.49m，KBZ1-114孔下标高－27.74～29.14m均存在地下连续墙以下的溶洞，溶洞大小分别为0.5m、1.5m、1.5m。地勘孔平面位置见图6，剖面位置见图10。虽在基坑施工前已对基坑支护范围内的溶洞进行了注浆处理，但在动水条件下，尤其本场区岩溶水埋深较大，水头压力大，注浆的浆液很难成型，造成基坑地下连续墙内外仍有水力联系通道，是西侧坑内涌水的主要原因。

2）岩溶水注浆处理方案设计

2022年1月6日，在基坑外侧及基坑内反压体周边布置注浆孔进行双液注浆，注浆孔平面布置见图11，注浆具体方案如下：

（1）本次共计布设11个双液注浆孔。涌水点基坑外5个，基坑内6个。基坑外注浆孔距连续墙外边2m，第一个孔与出水点对齐，间距1.5m；基坑内注浆孔围着反压混凝土布一圈共6个点，距漏水点约6m。孔深超过连续墙5m，且要穿过溶洞入岩1m，基坑外钻孔注意要避开锚索，保护锚索。基底以下取岩芯以便判断其地层及溶洞的发育情况，钻孔时要记录深度及与漏水点连通等情况。

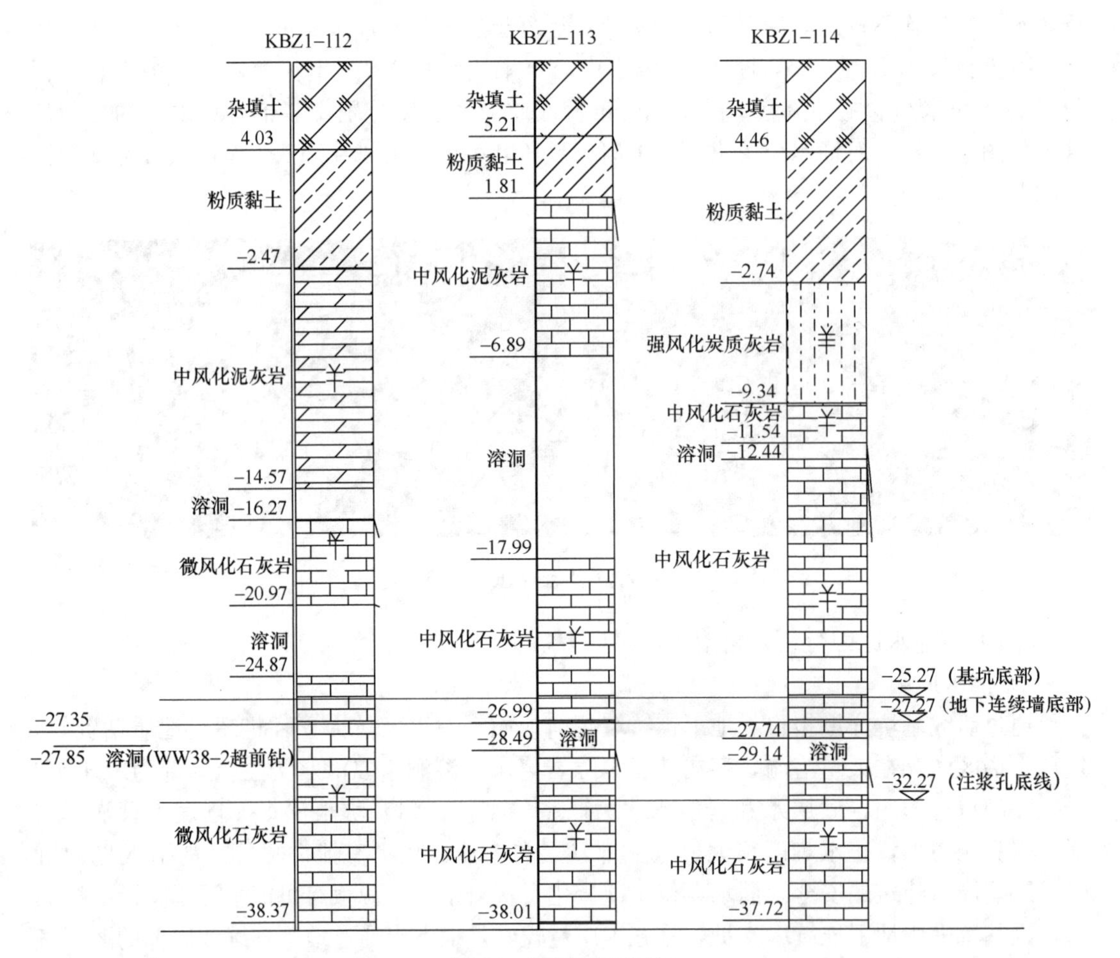

图 10　溶洞剖面位置

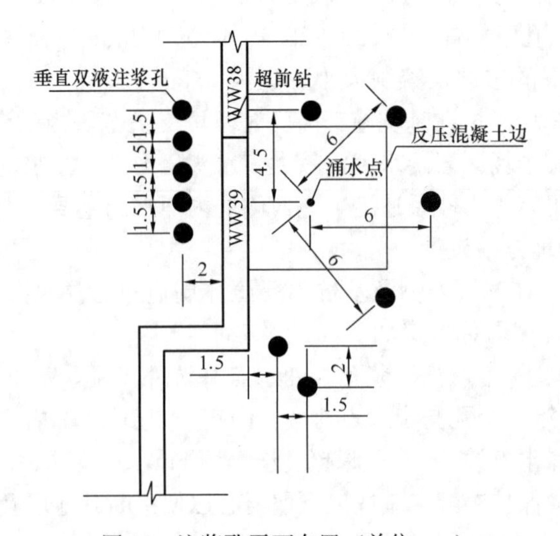

图 11　注浆孔平面布置（单位：m）

(2) 通过钻机成孔，下 $\phi 48$ 钢花管进行双液注浆，注浆前先进行压注有色水等试验，以了解其与漏水点的连通性及注浆可灌性等。

(3) 注浆压力 0.3～1.0MPa，采用双液注浆，所有注浆以止水堵漏为目的，控制好压力和注浆量防止对连续墙及立柱桩等造成破坏，其配比通过现场试验确定。

(4) 因漏水量较大，应采取多次反复等有效的注浆法，依据实际注浆及止水堵漏情况调整注浆量、次数、配比。

(5) 基坑对岩层裂隙注浆时仅为基底以下，对基底以上的钻孔与注浆管空隙采用有效的方法封堵，防止浆液向上灌注；若为溶洞，需保证堵水的效果兼顾溶洞的充填。注浆时控制好压力，以免推挤连续墙及地面隆起，或影响连续墙墙底踢脚。

(6) 加强地下水、基坑、周边环境的监测、观测，加强现场的巡查、检查。

3) 涌水处理施工过程

从涌水点对应的注浆点向南北两侧对称施工钻孔，2022 年 1 月 13 日 12:34 开始在坑外注浆孔采用两套泵分别进行普通流量及大流量双液注浆，至 1 月 14 日 16:00 水完全堵住。堵水成功后效果如图 12、图 13 所示。

图 12　堵漏点返浆

图 13　注浆堵水成功现场

4) 注浆处理前后基坑周边水位的变化

位于涌水点附近监测点 DSW27 和 DSW28，截至 1 月 17 日，累计水位降低分别达到 6.7m 和 7.8m，1 月 14 日注浆堵水成功后，对地下水位抬升起到了立竿见影的效果，周围地下水位逐渐回升并且趋于稳定，DSW27 点水位回升 4.7m，DSW28 点水位回升 4.6m，见图 14。

六、结论

(1) 岩溶地区超深基坑在开挖过程中，地质情况复杂，溶洞发育较多且存在岩溶水，

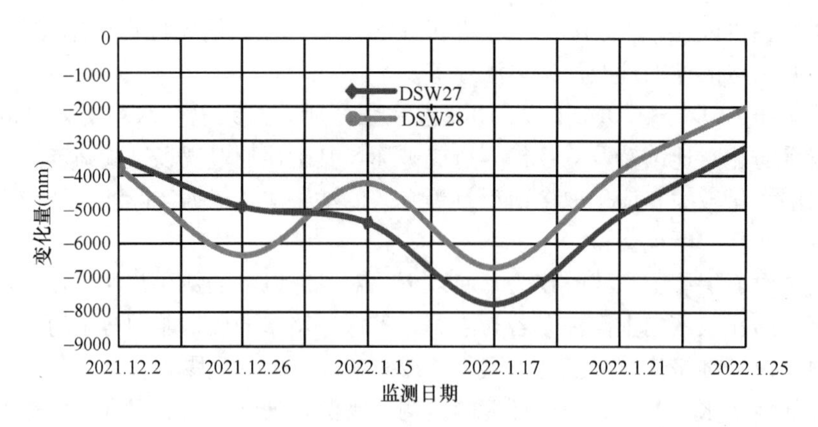

图 14　基坑周边水位监测点变化曲线

岩溶水与上部砂层水通过基岩裂隙连通，水头压力很大，基坑开挖一旦发生涌水、涌砂，很容易造成险情。本项目在基坑支护施工前，先注浆施工对溶洞进行了处理，但处理效果不好，尤其对地下连续墙以下溶洞注浆充填处理不好，导致局部地下连续墙基坑内外还存在水力联系，是本项目出现问题的主要因素。

（2）本项目是在岩溶动水条件下进行注浆堵漏，涌水点水压大，浆液很难凝固成型，因此，选取合理的反压措施，经济可行的注浆方案，切于实际的施工工艺、设备及浆液配比是本项目成功堵水的关键因素。

武汉轨道交通某区间超深竖井基坑工程

唐凌璐

（1. 武汉地震工程研究院有限公司，武汉　430000；

2. 湖北震泰建设工程质量检测有限责任公司，武汉　430000）

一、工程简介及特点

1. 工程简介

武汉轨道交通某区间明挖竖井是某区间连接大断面矿山法隧道（单渡线）和小断面矿山法隧道长设置的，明挖竖井长18m，位于武汉市武昌区八一路，为城市主干路。基坑开挖深度约为38.2m，形状近视长方形，基坑宽22.4m，长18m，基坑开挖面积为488m²。其中土方开挖约7560m³，石方开挖约9960m³。基坑平面布置详见图1。

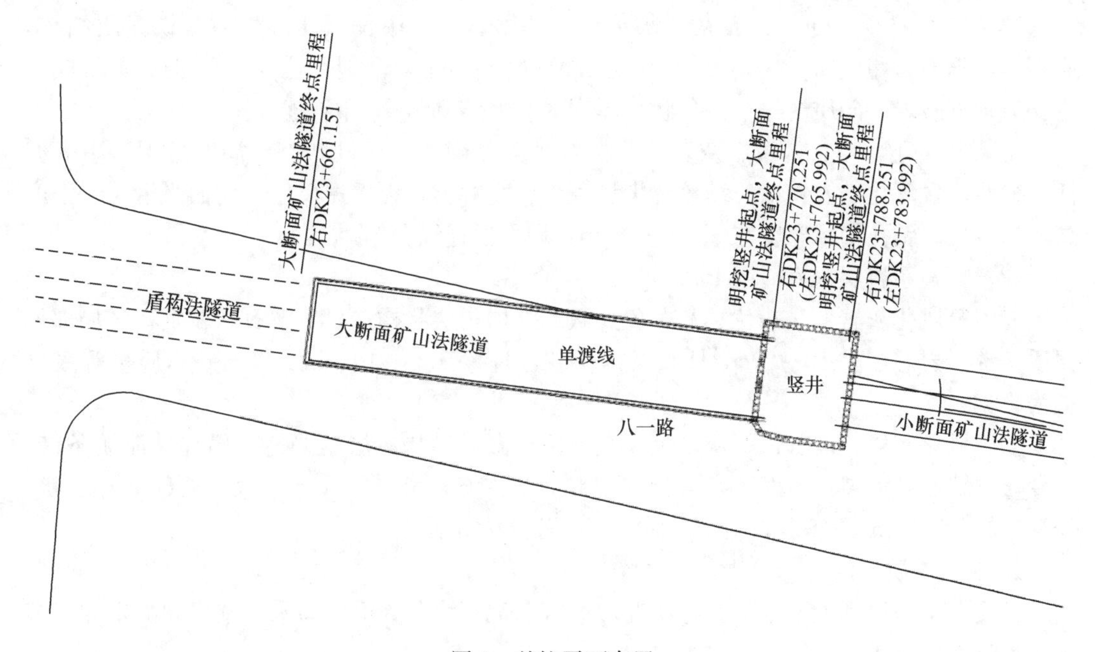

图1　基坑平面布置

2. 工程特点

（1）本基坑工程为超深基坑，位于城市主干路，周边环境复杂，对变形控制要求高，施工风险较大。

（2）本基坑下部基岩为灰岩，岩溶发育，存在岩溶水突涌和岩溶塌陷风险，需要进行岩溶处理，确保基坑施工安全。

（3）下部灰岩强度较高，石方开挖需要进行爆破，存在爆破振动对周边环境及基坑围护结构的影响，需要采取保护措施。

二、工程地质及水文地质条件

1. 工程地质条件

竖井地貌单元主要为剥蚀堆积垄岗状平原，地处长江Ⅲ级阶地，现状地形较平坦，地面高程 35.0～35.8m。基坑主要地层描述如下：

（1）第四系全新统地层

①$_1$ 杂填土（Q^{ml}）：褐黄、褐灰等杂色，潮湿～饱和，疏密不均，由黏性土与砖块、块碎石、混凝土、炉渣等建筑及生活垃圾混合而成。层厚 0.7～5.4m，连续分布表层，堆积年限一般小于 20 年，多呈松散～稍密状。

①$_2$ 素填土（Q^{ml}）：褐灰～黄褐色，潮湿～饱和，主要由软塑～可塑状黏性土组成，局部夹少量碎石、植物根茎，角砾碎石含量一般低于 5%。层厚 1.0～4.0m，主要分布于覆盖层的表部，分布较连续。堆积年限一般小于 20 年，多有压实。

②粉质黏土（Q_2^{al+pl}）：褐黄色、灰黄色等，硬塑～坚硬状态，局部可塑，中等偏低压缩性，含氧化铁、铁锰质结核及少量条带状高岭土，无摇振反应，切面较光滑，干强度高，韧性高。钻孔揭示厚度 3.0～14.0m，局部段连续分布。

③黏土夹碎石（Q_2^{al+pl}）：灰、灰黄色，硬塑状态，中偏低压缩性，含铁锰质结核，质不均，砾石含量约 20%～30%，粒径 0.5～2cm 为主，个别可达 6cm 以上，砾石成分主要为石英砂岩、硅质岩等，棱角状。厚度 3.0～27.0m，分布不连续。

④黏土（Q_2^{al+pl}）：褐黄、灰黄色、棕红色等，硬塑～坚硬状态，局部可塑，中等偏低压缩性，含氧化铁、铁锰质结核及少量条带状高岭土，无摇振反应，切面光滑，干强度高，韧性高。钻孔揭示厚度在 3.0～14.0m，局部段连续分布。

（2）二叠系岩层（栖霞组 P_{1q}）

⑤中等风化灰岩：浅灰色、灰白色，微晶结构，层状构造，方解石脉较发育，局部见泥质条带；岩芯多呈 10～20cm 柱状及碎块状，埋深 4.0～10.0m。岩土基本质量等级分类为Ⅲ类。

⑥微风化灰岩：浅灰色、灰白色、灰黑色；微晶结构，层状构造，局部见泥质条带，见少量方解石脉；裂隙不发育，岩体较完整，岩芯多呈 15～40cm 柱状，局部呈碎块状。埋深 20.0～37.3m 不等。岩土基本质量等级分类为Ⅱ类。

2. 水文地质条件

根据含水介质和地下水的赋存状况，场区内地下水分为上层滞水、基岩裂隙水和岩溶水三种类型。

（1）上层滞水

主要赋存于填土层中，其含水与透水性取决于填土的类型。上层滞水的水位连续性差，无统一的自由水面，接受大气降水和供、排水管道渗漏水垂直下渗补给，水量有限。

（2）基岩裂隙水

基岩裂隙水多赋存于中～微风化灰岩裂隙中，补给方式主要由上覆含水层下渗补给，其次为裂隙连通性较好的基岩，直接出露于地表接受地表水和大气降水补给。基岩裂隙水具有承压性。

(3) 岩溶水

主要赋存于灰岩溶沟、溶槽或溶洞中。因灰岩顶部有较厚的黏土隔水层，大气降水不易渗入补给地下水，以接受相邻的基岩裂隙水补给为主，场区附近分布有较多地表水体，地表水通过局部下渗管道与岩溶水相通。

3. 土层主要物理力学参数

土层主要物理力学参数见表1。

土层主要物理力学参数 **表1**

土层编号	岩土名称	重度 γ (kN/m^3)	承载力特征值 f_{ak} (kPa)	抗剪强度（总应力指标）		静止侧压力系数 K_0
				c_k (kPa)	φ_k (°)	
①$_2$	素填土	19.8	130	15	10	0.45
②	粉质黏土	19.5	250	35	15	0.40
③	黏土夹碎石	20.1	280	35	17	0.38
④	黏土	19.9	250	35	15	0.40
⑤	中等风化灰岩	26.8	f_a=4500		[52]	
⑥	微风化灰岩	26.8	f_a=8000		[60]	

注：带[ ]为等效内摩擦角。

三、周边环境

(1) 竖井基坑北侧为中国科学院武汉分院在建17层建筑（筏板基础，1层地下室），南侧为卧龙山庄及嘉嘉悦大厦3～14层建筑。

(2) 根据管线资料及现场管线调查，竖井基坑周边的控制性管线有：TR钢ϕ325中压，埋深约1.0m。施工区间改迁至八一路南侧，基坑15m范围以外。

四、基坑围护结构

本基坑开挖深度达38.2m，且上部覆盖土层约20m，下部为中～微风化灰岩。围护结构由上、下两部分组成，上部采用吊脚桩+内支撑围护体系。围护桩ϕ1200@1500，桩长按进入完整灰岩不小于2m控制，且不小于22.5m。第一道支撑采用800mm×1000mm混凝土支撑，支撑在1200mm×1000mm冠梁上，第二～四道支撑采用800mm×1000mm混凝土支撑，支撑在1000mm×1200mm混凝土围檩上，第五道采用预应力锚索+锁脚梁，锚索水平间距3.0m。基坑围护结构下部采用8道锚杆+挂网喷护，锚杆长3～4m，水平间距为1.5m、竖向间距为2.0m。本基坑重要性等级为一级，围护结构最大水平位移按照不大于40mm控制。基坑支撑平面布置见图2、预应力锚索平面布置见图3、基坑围护典型剖面见图4。

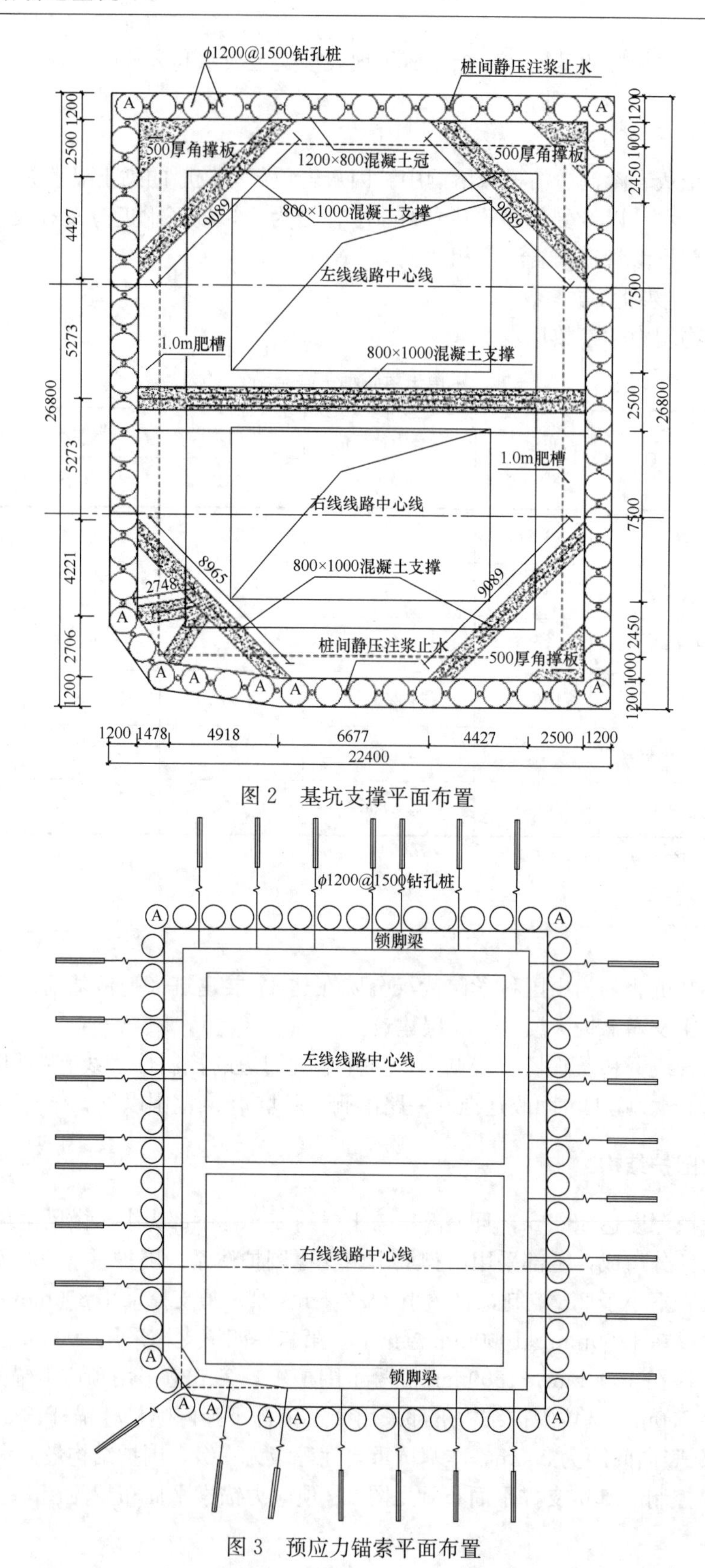

图 2 基坑支撑平面布置

图 3 预应力锚索平面布置

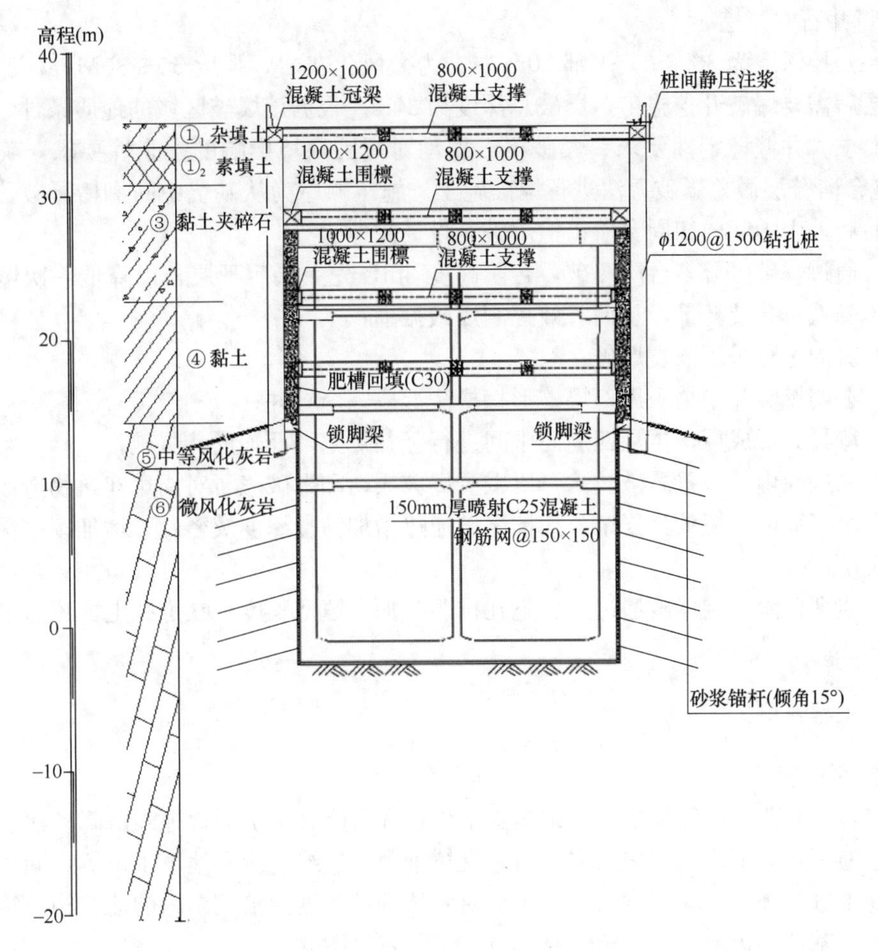

图 4　基坑围护结构典型剖面

五、溶洞处理及土石方开挖

1. 溶洞处理

本基坑位于灰岩中，为岩溶发育区，基坑开挖前应及时对结构有影响的溶洞或岩溶充填物进行处理。主要处理方式是在地面上对钻探发现的溶洞进行注浆填充：①无填充溶洞和半填充溶洞充填加固；②全充填溶洞加固；③物探（CT）异常区加固处理。

（1）在支护桩施工前，采取超前钻形式进行超前地质勘探，钻探结束后及时采取注浆充填封堵。对于发现有溶洞的钻孔，无论充填情况，均采取注浆填充加固。

（2）在基坑施工底板前，进行物探（CT），对物探（CT）异常区进行注浆加固处理。

2. 竖井土方开挖

竖井基坑宽度仅为 18m，无法进行纵向分段台阶法开挖，第三道混凝土支撑以上土层使用 2 台 PC-320 挖机直接开挖运至地面，第三道混凝土支撑以下土方使用 1 台 PC-320 挖机及 1 台 PC-60 挖机配合 20t 门式起重机，使用特制的吊斗进行基坑土方开挖垂直吊出，土方开挖至支撑底下 1m 后及时施工腰梁及混凝土支撑。

3. 竖井石方开挖

竖井开挖深度为 38.2m，下部 20m 左右为微风化灰岩，强度 50～80MPa，明挖竖井进入岩层后需要爆破开挖施工，爆破总深度为 20m。根据该爆破区域的地质条件，综合考虑工期要求、井壁稳定性要求、爆破飞石振动对周围环境影响的安全性要求，确定采用 $\phi40$ 浅孔台阶分层微差爆破方法进行爆破施工。施工顺序为从基坑中间掏槽爆破，爆破得到自由面后，由中间向四周台阶扩槽爆破至设计尺寸。

（1）通过爆破区分多台阶爆破，台阶高度 2m，先上层后下层，以降低一次爆破的梯段高度，降低单孔装药量，从而有效控制爆破振动；

（2）对周边孔采用预裂爆破；

（3）在明挖竖井中央采用双层楔形掏槽法形成一个导井；

（4）待导井形成后，再从四周向中间进行竖井扩挖，即辅助孔爆破；

（5）采用孔内外微差爆破技术，以减少爆破振动和爆破飞石对周边建筑物造成影响；

（6）由于周围环境较为复杂，掏槽爆破通过增加钻孔深度及密度，增加填塞深度等措施防止飞石产生；

（7）浅孔台阶控制爆破通过减少炮孔排距、加大填塞长度、在炮孔上方覆盖措施保证施工安全。

六、工程监测

1. 监测内容

本基坑主要监测内容包括围护结构水平位移和沉降、基坑周边地表沉降、建筑物沉降及倾斜、地下管线沉降、围护结构内力、支撑轴力、裂缝监测和地下水位等。同时还对石方爆破施工进行爆破振动速度监测。主要对基坑开挖深度两倍范围内的建（构）筑物进行监测布点，基坑周边建（构）筑物监测点布置示意见图 5。

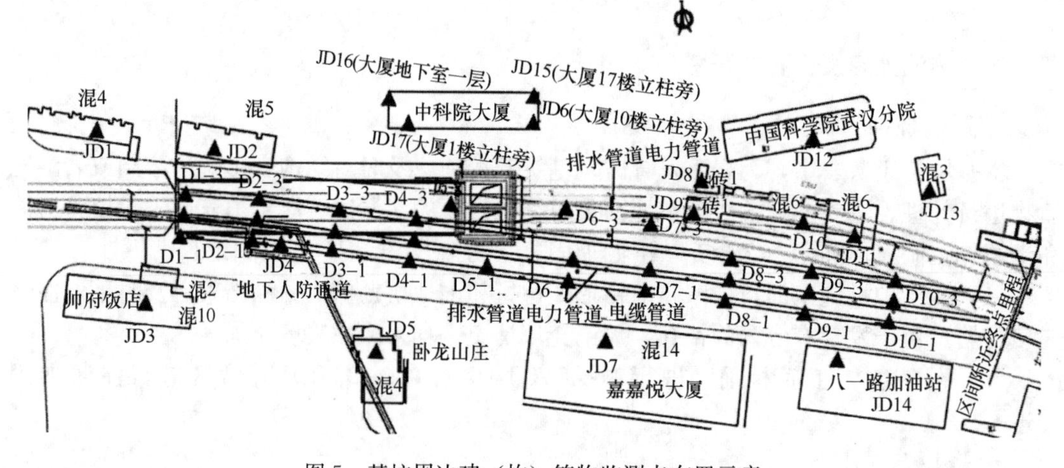

图 5　基坑周边建（构）筑物监测点布置示意

2. 监测结果及分析

（1）监测结果表明，围护结构水平位移监测最大为 7.1mm，嘉嘉悦大厦最大沉降为 10.46mm，中科院大楼最大沉降为 7.34mm；支撑结构内力最大为第三道支撑，轴力为

2091.0kN（预警值为 5175.2kN）；周边管线竖向位移最大为 12.46mm，竖井周边地表竖向位移最大为 11.66mm，均在控制标准以内。

（2）根据爆破振动监测报告，结果表明，中科院大楼一楼速率最大，爆破振动最大速率为 0.902cm/s（控制值为 1cm/s），在控制标准的范围以内。2018 年 9 月 27 日爆破振动监测数据见表 2。

2018 年 9 月 27 日爆破振动监测数据 **表 2**

监测时间	2018 年 9 月 27 日		
试验设备	TC-4850 爆破测振仪		
点号	监测点位置	最大振动速率（cm/s）	控制标准（cm/s）
D5-2	竖井附近地表	0.375	1
D5-1	竖井周边管线	0.276	1
JD5	卧龙山庄	0.267	1
JD2	工地门口 5 层楼	0.425	1
JD4	地下人防通道	0.214	1
JD12	中国科学院武汉分院精密仪器	0.001	0.5
JD17	中国科学院武汉分院大楼一楼	0.902	1
JD16	中国科学院武汉分院大楼地下一楼	0.891	1

七、点评

（1）本基坑为超深基坑，围护结构根据场地上、下不同的岩性采用不同的支护结构形式，即上部土层采用吊脚桩＋内支撑围护体系、下部岩层采用锚杆＋挂网喷护，实践证明是成功的。

（2）对于灰岩岩溶基坑应在施工前进行专项岩溶勘察，并据此制定岩溶处理方案。本基坑位于岩溶发育区域，岩溶主要采用注浆充填进行处理，解决了岩溶塌陷和岩溶水害问题。

（3）灰岩强度较高，采用常规机械开挖难以实施。本基坑采用分层浅孔台阶爆破方案，对石方进行爆破施工。为保护基坑周边支撑围檩，基坑内侧采取光面爆破，在竖井顶部设置防飞石铁丝网等措施，确保了石方开挖施工顺利完成，同时通过爆破振动监测表明对基坑支护结构及周边环境没有产生不利影响。

武汉轨道交通某车站二期基坑工程

唐传政[1]　唐凌璐[2,3]　刘文丽[4]　娄在明[4]

（1. 武汉市市政工程质量监督站，武汉　430015；2. 武汉地震工程研究院有限公司，武汉　430000；3. 湖北震泰建设工程质量检测有限责任公司，武汉　430000；4. 中水电十三局水电工程有限公司，德州　253000）

一、工程简介及特点

1. 工程概况

武汉市轨道交通某车站位于武汉市东湖高新开发区高新大道与未来三路交会处，沿高新大道呈东西向敷设，车站外包总长度为386.7m，标准段宽度为23.0m。车站采用钢筋混凝土地下两层双柱三跨箱形框架结构，采用明挖法施工，基坑开挖深度17～19m。车站分两期开挖施工，一期为东侧砂岩区段，本基坑为二期灰岩岩溶区段，岩溶发育区位于车站西部DK57＋631.500～DK57＋858.000，长226.5m。某车站二期基坑平面布置见图1。

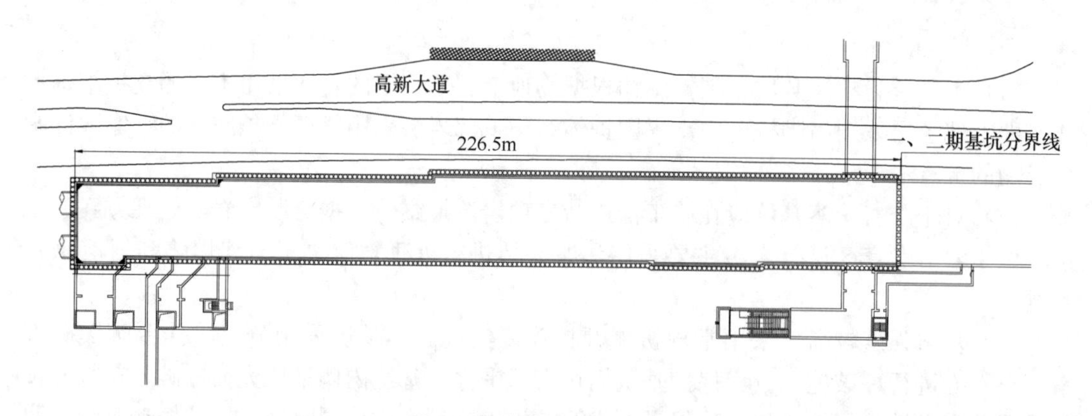

图1　车站基坑平面布置图

2. 施工特点及难点

（1）本基坑地层下伏基岩为石炭系（C）的灰岩，岩溶发育强烈，溶洞分布广、多且洞身大、溶洞连通性好、分布不规则。区域内工程地质、水文地质条件复杂，岩溶极为发育，结成暗河，地下水丰富且为承压水涌出地表，最大涌水高度达5m，为武汉市乃至全国罕见。

（2）车站区域内有一处历史悠久的泉眼，当地称为“活灵泉”，是附近区域重要的生活水源，具有重要的历史文化价值。因此，为满足泉水保护要求，给基坑开挖及降水带来巨大的施工困难和技术挑战。

（3）基坑开挖前，必须对岩溶及承压水进行处理，以减少支护桩成孔过程的塌孔风险，降低挖土石方过程中突水事件发生概率，减少立柱桩基底承载力不足引起立柱塌陷的风险等，确保永久结构的承载力和变形要求。

二、工程地质和水文地质条件

1. 工程地质条件

场地地貌单元属剥蚀堆积垄岗区（相当于长江冲积Ⅲ级阶地区），根据武汉市区域地质图及勘察钻孔揭示地层，本车站线路由西向东穿越褶皱向斜构造，王家店区域背斜与本向斜相接。本车站位于向斜构造的西南翼，该向斜核部为三叠系大冶组（T_d），两翼对侧展布二叠系上统、二叠系孤峰组（P_g）、二叠系栖霞组（P_q）、石炭系黄龙组（C_h）灰岩、泥盆系五通组（D_w）、志留系坟头组（S_f）。

场地土层除上部为杂填土和素填土层（Q^{ml}）外，其下主要为第四系全新统粉质黏土，第四系全新统冲洪积（Q_4^{al+pl}）的黏性土层，第四系上更新统冲洪积的（Q_3^{al+pl}）黏性土层、黏性土夹碎石层，下伏基岩为石炭系（C）灰岩。各土层主要物理力学性质见表1。

各土层主要物理力学性质　　表1

土层	重度 γ (kN/m³)	压缩模量 E_s (MPa)	黏聚力（直快）c (kPa)	摩擦角（直快）φ (°)	承载力特征值 f_{ak} (kPa)	渗透系数 K (cm/s)
①₁ 杂填土	21.0		6	22		4.5×10^{-2}
①₂ 素填土	18.5		8	7		6.4×10^{-6}
②粉质黏土	19.3	3	12	5	100	3.3×10^{-7}
③黏土	19.4	14	42	16	430	3.4×10^{-7}
④粉质黏土	19.2	8.5	29	15	185	3.6×10^{-7}
⑤黏土夹碎石	20.1	15	36	14	420	1.2×10^{-3}
⑥中风化灰岩	26.8	—	—	—	2700	

2. 水文地质条件

根据岩溶专项勘察及水文勘察情况，本车站正处于一条西北—东南向岩溶含水条带上。含水地层主要为 C_2+P_1 的灰岩，受两侧碎屑岩地层阻挡，含水条带从西北—东南向延伸长达8km，宽度变化从80～300m。区域内砂岩等碎屑岩地层受基岩裂隙控制，基岩裂隙水量整体较小，而覆盖的第四系黏性土层为不含水层，仅有少量的孔隙水，处于承压水的隔水顶板。地下水主要赋存于 $C_{2h}+P_1$ 灰岩发育的溶洞和溶（裂）隙中，具有明显的承压性与不均一性。岩溶水通道主要来源于场地西北方向的九龙水库，同时，西北部裸露灰岩接受大气降水和地表水补给，沿岩层裂隙、溶隙渗入，并接受沿途水塘、河流等补给后向东南方向排泄至短咀里湖。灰岩（T_{1d}）岩溶水受泥质砂岩包围，地下水沿向斜轴部向东南排泄；灰岩（P_{1m+q}）岩溶水受泥质砂岩与砂岩阻隔，顺岩层走向，向东南排泄。本车站区域的“活灵泉”泉水就是来自 P_{1m+q} 岩溶水，受第四系黏土层覆盖，具承压性质。车站及附近富水条带平面布置见图2。

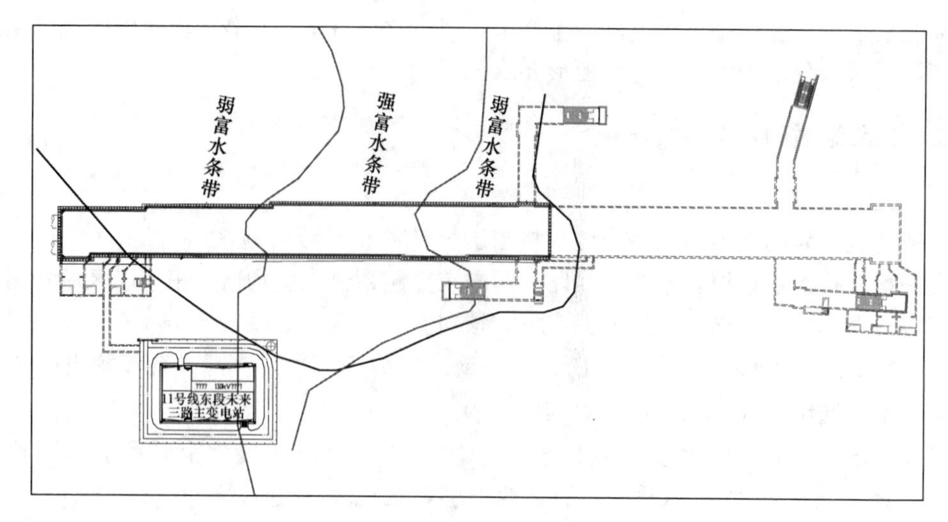

图 2　车站及附近富水条带平面布置

三、基坑周边环境条件

1. 周边建筑物

基坑场区位于双向 4 车道的高新大道，车流量较大且车速较快，主道两侧各有宽约 6.0m 的辅道和绿化带，车站周边为白浒山自来水公司办公区、中石油加油站、未来城变电站、未来三路、“活灵泉”泵房、绿化带和水塘等。

2. 地下管网情况

根据设计管线平面图及现场核对，车站附近主要管线有中压燃气管线、电力管线、通信管线、给水管线、污水管线、雨水管线等。

四、基坑围护平面及支护剖面

基坑支护采用 ϕ1200@1300 钻孔桩＋三道内支撑，其中第一道为混凝土支撑，截面 800mm×1000mm，水平间距约 8m；第二、三道为 ϕ609 钢管支撑，水平间距约 4m；支护桩间采用 ϕ800@600 高压旋喷桩止水帷幕。基坑围护平面见图 3、典型支护平面见图 4。

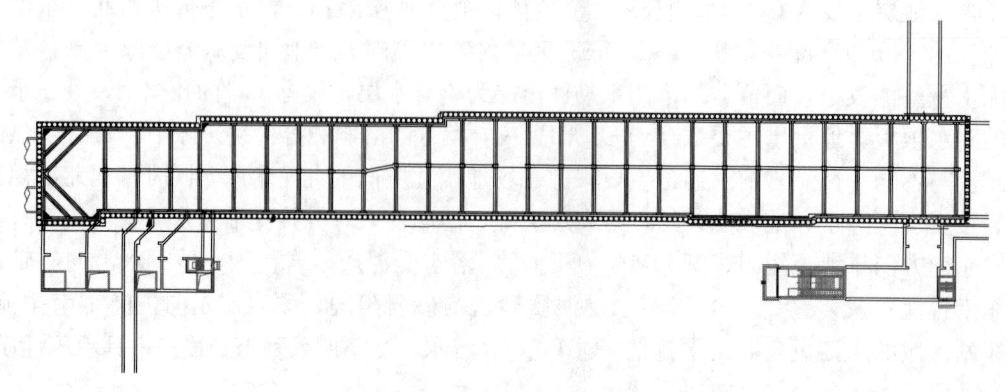

图 3　基坑围护平面

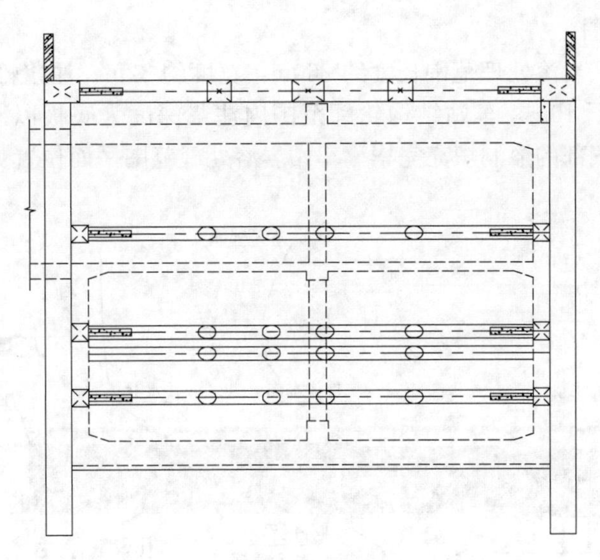

图4 典型支护平面示意图

五、岩溶处理情况

1. 岩溶区溶洞充填情况

场地先后进行岩土工程详勘、岩溶专项勘察、施工勘察（补勘），以进一步查清岩溶范围及岩溶发育情况。根据勘察钻孔揭示，场地为岩溶强发育区，多为未填充。溶洞充填情况统计见表2。

溶洞充填情况统计 **表2**

项目	溶洞总数量	全填充溶洞		半填充溶洞		无填充溶洞	
		数量	百分比（%）	数量	百分比（%）	数量	百分比（%）
岩溶专项勘察	128	51	39.84	4	3.13	73	57.03
详勘	43	9	20.93	14	32.56	20	46.51
补勘	56	17	30.36	10	17.86	29	51.79
合计	227	77	33.92	28	12.33	122	53.74

2. 岩溶处理原则

结合站点及附近区域工程地质条件及水文地质特征，开展对岩溶及岩溶水处理的关键技术研究，并经多轮专家咨询论证，最终确定采用“外截内排、分区实施”岩溶处理方案。

（1）外截：在基坑外侧设置注浆截水帷幕，并在帷幕外侧设置减压泄水井。

（2）内排：外侧截水帷幕将使坑内岩溶水补给大大减少，坑内抽排水可确保基坑在无水条件下施工。

（3）分区实施：考虑到强弱富水带分布及区间盾构接收，基坑开挖采取分段进行，先施工西侧弱富水条带，确保盾构机能按期接收。

3. 岩溶处理范围

根据勘察情况，岩溶处理范围长度约 260m，宽度约 32m，注浆帷幕深度为黏土夹碎石层至车站底板以下 10m，车站结构轮廓范围内注浆深度为底板以下 3m、10m 或 3m，在溶洞范围时须将底部的溶洞填充完毕。车站岩溶处理范围平面位置见图 5，岩溶处理总体剖面见图 6。

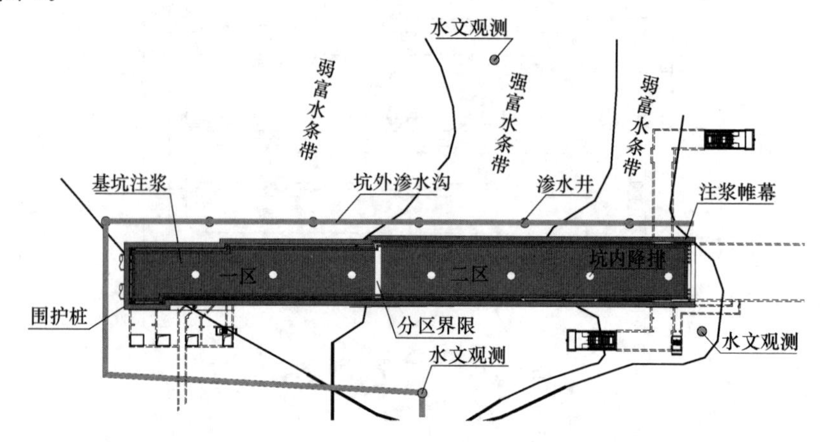

图 5　车站岩溶处理平面位置

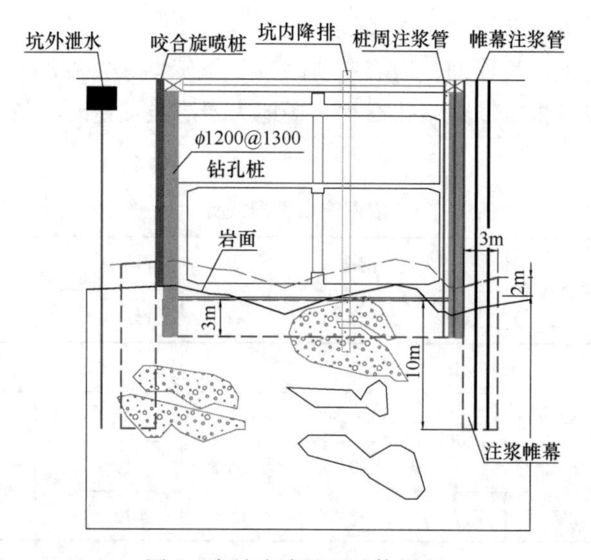

图 6　车站岩溶处理总体剖面

4. 岩溶处理施工

岩溶处理顺序为先施工注浆截水帷幕，再施工围护桩，最后进行基坑范围岩溶满铺注浆处理。

（1）利用北侧水文观测孔、一期基坑东侧砂岩及车站南侧冒水钻孔进行水量、水压监测，检验帷幕、围护及基底注浆前后对岩溶过水通道的影响。

（2）在基坑北侧打设泄水井，减小补给水头，降低截水帷幕施工难度。

（3）截水帷幕施工：在支护桩外侧打设两排注浆管，间距 2m，梅花形布置，帷幕宽度 3m，深度岩面以上 2m 至底板以下 10m，如遇溶洞需充填完全。

(4) 围护桩施工：成孔前在围护桩两侧及桩位中心注浆充填溶洞以保证成桩；岩面以上土层采用咬合旋喷桩加固处理。

(5) 基坑范围内，全断面打设注浆管，间距 3m，梅花形布置，深度岩面以上 2m 至车站底板以下 3m 范围进行溶洞充填处理。

(6) 分区分段基坑开挖，中间设置临时隔离措施（高压旋喷隔离桩）。先开挖一区弱富水带，再开挖二区强富水带，纵向分层放坡；坑内岩溶水降排处理。

5. 岩溶处理效果

通过岩溶注浆处理、帷幕注浆、车站结构背后注浆施工、雷达检测处理效果等多项施工措施，最终保质保量完成了车站溶洞群及高岩溶承压水的处理，保证了本车站二期主体结构实施，为类似工程提供了良好的技术支持，为行业相关规范规程的制（修）订提供了技术和工程实践依据。

六、监测结果

2016 年 10 月 20 日车站二期西侧基坑开挖土方，至 12 月 22 日基坑开挖完成。2017 年 4 月，车站主体结构顺利封顶。根据监测数据结果，基坑最大水平变形为 9.88mm，满足基坑安全要求。整个施工过程未出现监测预警情况，基坑处于安全可控状态。同时基坑开挖及车站建设过程中未发生涌水现象。

七、点评

(1) 通过实施岩溶注浆处理、围护桩、旋喷桩、帷幕注浆和坑外钻孔泄压等施工处理工作，基坑开挖及施工过程未出现涌水现象，几乎在干燥状态施工，加快了施工进度，节省了工程投入，同时确保了基坑和周边环境安全。

(2) 本工程结合场地工程地质和水文地质条件，在岩溶治理和强富水作用下的车站防水措施中优先考虑了对站点区域地下泉水的保护，通过“引堵结合”的泉水保护和利用方案，采用截水帷幕和基坑底板以下浅部强发育岩溶进行加固和防水处理，而保留深部岩溶弱发育区域的地下泉水渗流通道，这样既确保基坑施工安全，又使泉水通道未被完全隔断，车站建成后在其南侧、北侧均发现泉水喷涌点，泉水未遭受破坏（图 7、图 8）。

图 7　站点施工之初泉水

图 8　站点建成后北侧农田泉水喷涌

（3）通过开展多项新技术、新装置的研究和应用，总结出一套适用于高承压、强富水岩溶地质条件下地下工程建设中承压水处理施工工法，研究成果“岩溶承压强富水地铁基坑施工关键技术研究”获中国施工企业管理协会2019年工程建设科学技术进步奖二等奖，部分成果被武汉市地方标准《岩溶地区勘察设计与施工技术规程》DB4201/T 632—2020借鉴采纳。本工程经验还成功应用于后期建设的武汉轨道交通27号线、5号线等，取得了明显的经济效益、社会效益和环境效益。

武汉关山村城中村改造 K26 地块基坑工程

刘艳敏　赵　渊　施木俊　张杰青　汪　彪
（武汉市勘察设计有限公司，武汉　430022）

一、工程概况

关山村城中村改造 K26 地块位于武汉市洪山区光谷大道与创业街交会处，该项目主要由 2 栋 44 层超高层塔楼，2 栋 11 层写字楼，1 栋 24 层写字楼，2 栋 3～5 层办公楼组成，满铺 5 层地下室。

本工程结构设计±0.000 为 41.700m，南侧场地整平标高按 42.00m 考虑，其余段按 38.5m 考虑。基坑普挖深度 19.75～25.20m，基坑周长约 530m，地下室开挖面积约 14900m²。

项目施工过程中基坑全景见图 1。

图 1　基坑全景

二、工程地质和水文地质条件

1. 工程地质条件

拟建场区原始地貌属剥蚀陇岗堆积平原区。场地岩土层自上而下主要由 6 个单元层组成，从成因上看：①单元层为人工杂填土；②单元层属第四系全新统冲积土层；③单元层属第四系上更新统冲洪积老黏性土层；④单元层为残积土层；⑤单元层为泥盆系粉砂质泥岩、泥质粉砂岩、石英砂岩层；⑥单元层为石炭系泥质粉砂岩、砂砾岩、灰岩、炭质灰岩层。基坑挖深影响范围内各土层主要力学参数见表1，典型工程地质剖面见图2。

场地土层主要力学参数　　　　**表1**

层号	地层名称	天然重度 γ (kN/m^3)	黏聚力 c (kPa)	内摩擦角 φ (°)	承载力 f_{ak} (kPa)	压缩模量 E_s (MPa)	孔隙比 e	含水量 w (%)	渗透系数 (cm/s)
①	杂填土	(18)	(8)	(18)	—	—	—	—	7.0×10^{-4}
$②_1$	粉质黏土	17.5	12	5	70	3.0	1.109	38.0	4.0×10^{-7}
$②_2$	粉质黏土	18.9	22	10	130	6.0	0.777	25.6	8.0×10^{-7}
$③_1$	粉质黏土	19.2	30	15	200	9.0	0.732	24.5	3.0×10^{-7}
$③_2$	粉质黏土	19.2	44	15	400	15.0	0.701	21.9	3.9×10^{-7}
$③_3$	粉质黏土夹碎石	20	40	15	380	15.0			2.0×10^{-6}
$④_1$	残积土	19.7	38	15	280	$E_0=24.0$	0.630	19.5	2.7×10^{-8}
$④_2$	红黏土	18.1	38	15	280	$E_0=24.0$	1.041	37.2	4.8×10^{-8}
$④_3$	红黏土	17.6	33	15	200	$E_0=20.0$	1.128	39.1	6.5×10^{-8}
$⑤_{1-1}$	强风化泥质粉砂岩、粉砂质泥岩互层	21	40	18	400	$E_0=44.0$			1.5×10^{-8}
$⑤_{1-2}$	中等风化泥质粉砂岩、粉砂质泥岩互层	23	100	30(52*)	800	—			1.5×10^{-8}
$⑤_a$	石英砂岩构造破碎带	25	(65)	(22)	700	$E_0=50.0$			6.0×10^{-6}
$⑥_3$	中等风化灰岩	26	(150)	(40(80*))	5000	—			2.0×10^{-8}

注：(　)内的数据为经验值，(*)内数值为逆向坡等效内摩擦角，顺向坡按结构面抗剪强度取值，坡面与结构面相互关系结合现场开挖情况具体确定。

2. 水文地质条件

拟建场地位于长江冲积三级阶地，地下水类型有：上层滞水、基岩裂隙水及岩溶裂隙水。

① 上层滞水：赋存于表层人工填土层中，主要接受大气降水、地表水等渗透补给，无统一自由水面，水量与周边排泄条件关系密切，静止水位在0.3～3.1m之间。

② 基岩裂隙水：赋存于基岩裂隙中，水量与基岩裂隙发育程度、基岩埋深及与地表水有关，勘察期间水量较小，未发现明显基岩裂隙水。

③ 岩溶裂隙水：分布于可溶性岩岩溶裂隙及溶洞内，岩溶裂隙水具有不规律性，水量大小主要与岩溶发育程度、岩溶与地表水体的水力联系相关。

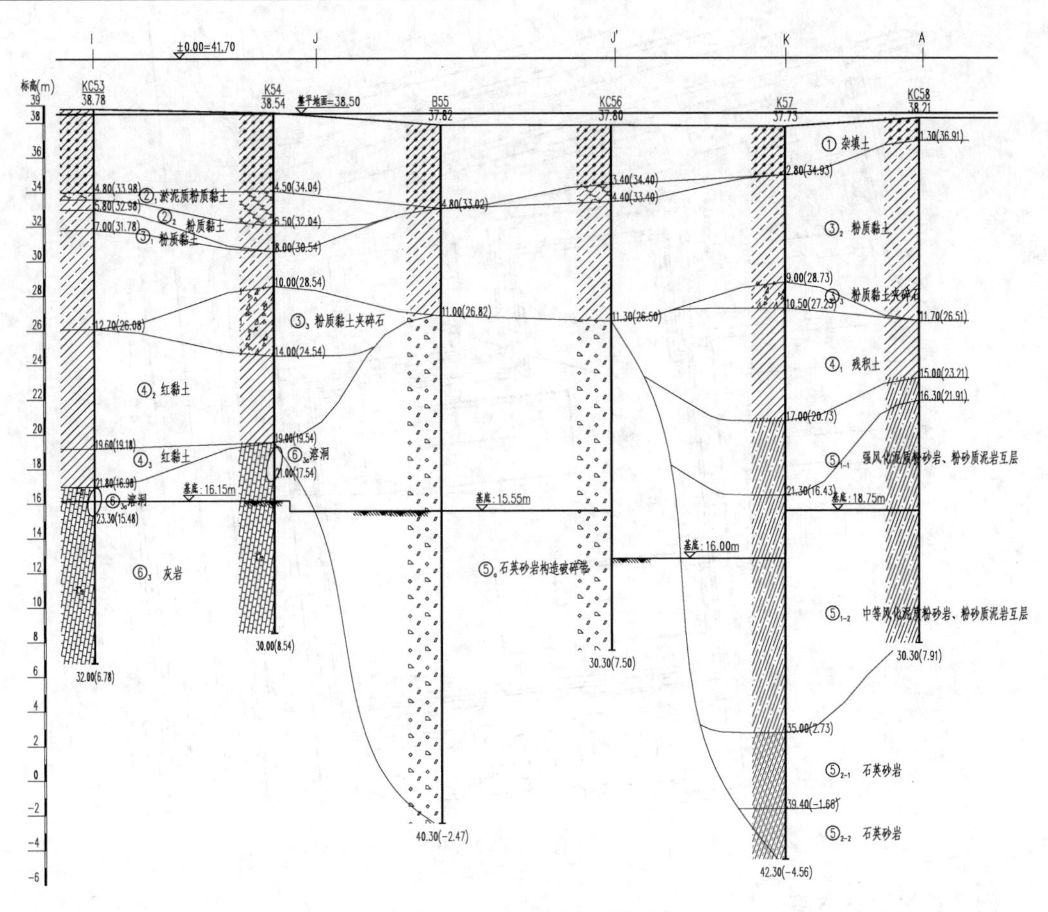

图2 典型工程地质剖面

三、基坑周边环境情况

本项目周边建筑物密集，南侧、西侧紧临红线小区路面标高比坑内整平标高高4.5m。东侧临近城市道路和高架桥，车流量密集，基坑周边老旧小区多，电力、雨水管线密布，北侧存在多条新埋热力管道，需重点保护构筑物类型多，周边环境条件复杂。基坑周边环境情况见表2、图3。

基坑周边环境情况 **表2**

位置	用地红线	建（构）筑物	道路
场地北侧	10～12m	红线外5～12m有7层居民楼	红线外23m为创业街，地下室外墙外5～9m新埋设热力管线
场地东北角	7～22m	红线外11m有18层民房，紧邻红线有3层民房	紧挨用地红线新埋设热力管线
场地东侧	10.6m	—	红线外约19m为光谷大道
场地南侧	5.5～6m	小区路面标高约42.0m，沿用地红线砌筑有毛石挡墙，小区内距红线7～10m有6层、7层民房	—
场地西侧	8～10m	红线外7.5m有30层新建民房，红线外10m有3层民房，红线外3m有6层民房	

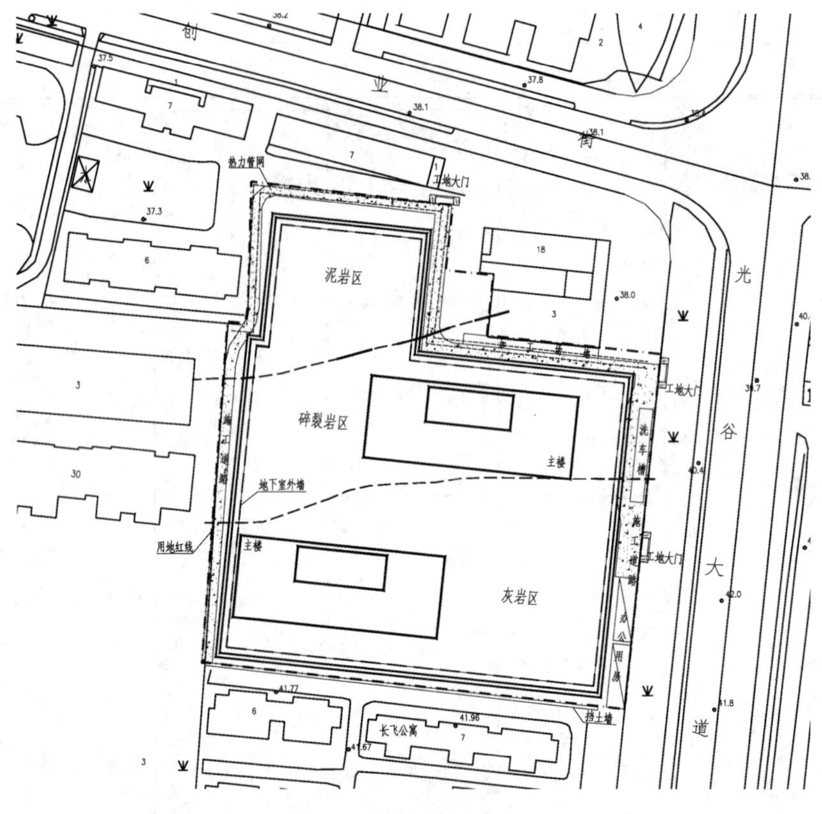

图 3　基坑周边环境

四、基坑设计方案

1. 基坑的重难点分析

（1）基坑平面规模较大，开挖深度大，属超大、超深基坑。本项目满铺 5 层地下室，开挖面积约 14900m^2，基坑普挖深度 19.75～25.20m，在保障安全的前提条件下，加快施工进度、控制成本是设计需解决的首要问题。

（2）基坑周边环境严峻。基坑周边老建筑及高层居民楼密集，特别是南侧、西侧紧临红线小区与基坑存在 4.5m 高差，仅靠老式毛石挡土墙支挡，基坑开挖变形影响大。基坑临近城市道路，车流量密集，特别是光谷大道侧分布高架桥，对基坑支护结构变形较敏感、位移控制要求高。基坑周边老旧小区多，电力、雨水管线密布，同时北侧存在多条新埋热力管道，最近处距开挖边线不足 3.5m。整个场地需重点保护构筑物类型多，施工作业难度大。

（3）场地条件紧张，土方开挖及运输难度大。基坑场内空间紧张，而挖深在 20～25m，垂直挖土效率低下。在狭小的施工空间内，结合支撑体系布置，形成下至坑底附近，高差达 20 余米的栈桥坡道，以满足土方开挖及运输是设计需要解决的重点问题。同时还需考虑后期主体结构施工的临时场地及材料堆场的设置。

（4）场地岩性变化大、岩溶发育，支护桩及立柱桩设计及施工难度大。从北至南，基底岩层从⑤$_{1\text{-}2}$泥质粉砂岩、粉砂质泥岩互层～⑤$_a$破碎带～⑥$_3$ 灰岩层逐渐过渡，同时南边灰岩区属岩溶强发育。不同岩层物理力学性质、计算分析及处理方式差异大。

基坑场地为岩溶强发育地区，场地溶洞不规则揭露，不良地质作用不确定性大，在支护桩及立柱桩溶洞处理需结合超前钻及现场实际施工情况综合多种因素分情况确定。

2. 基坑支护设计方案

根据湖北省地方标准《基坑工程技术规程》DB42/T 159—2012，结合本项目地质资料及周边环境状况，本基坑重要性等级为一级。

1）整体支护方案

本项目采用大直径钻孔灌注桩，整体设置三道钢筋混凝土支撑的支护形式，降水以集中明排为主，在溶洞发育区设置少量集水井，集中抽排。基坑第一道支撑平面布置见图4。

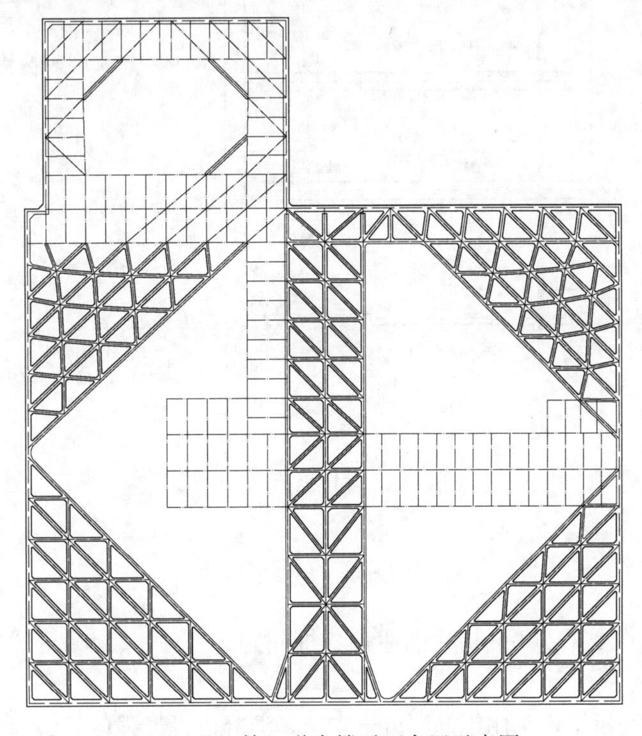

图4 基坑第一道支撑平面布置示意图

2）采用强桩强撑、优化支撑道数

本项目基坑周边环境复杂，需重点保护构筑物类型多，对基坑支护结构变形控制要求严格。采用大直径钻孔灌注桩+多榀对顶撑、角撑的强桩强撑支护结构，可大大增加支护体系侧向刚度，有效控制基坑位移变形，利于对周边民房、道路及高架桥、地下管线的保护。

对比圆环撑，采用对撑、角撑的布置形式，各个区域受力明确，且受力体系相对独立，可实现分区分块施工，流水作业。在施工过程中能及时浇筑对撑，有效控制基坑变形，并无须对基坑进行整体开挖、施工及拆撑，对基坑整体性受力、挖土和施工组织要求较低，大大加快了整体施工进度。

综合本工程的场地工程地质条件、周边环境、开挖深度及换撑高度等因素，通过优化比选方案，对超深基坑实现了三道混凝土支撑支护，在保证基坑安全性的前提下，大大减少了工程造价，节约了工期，方便了土方开挖。典型支护结构剖面见图5。

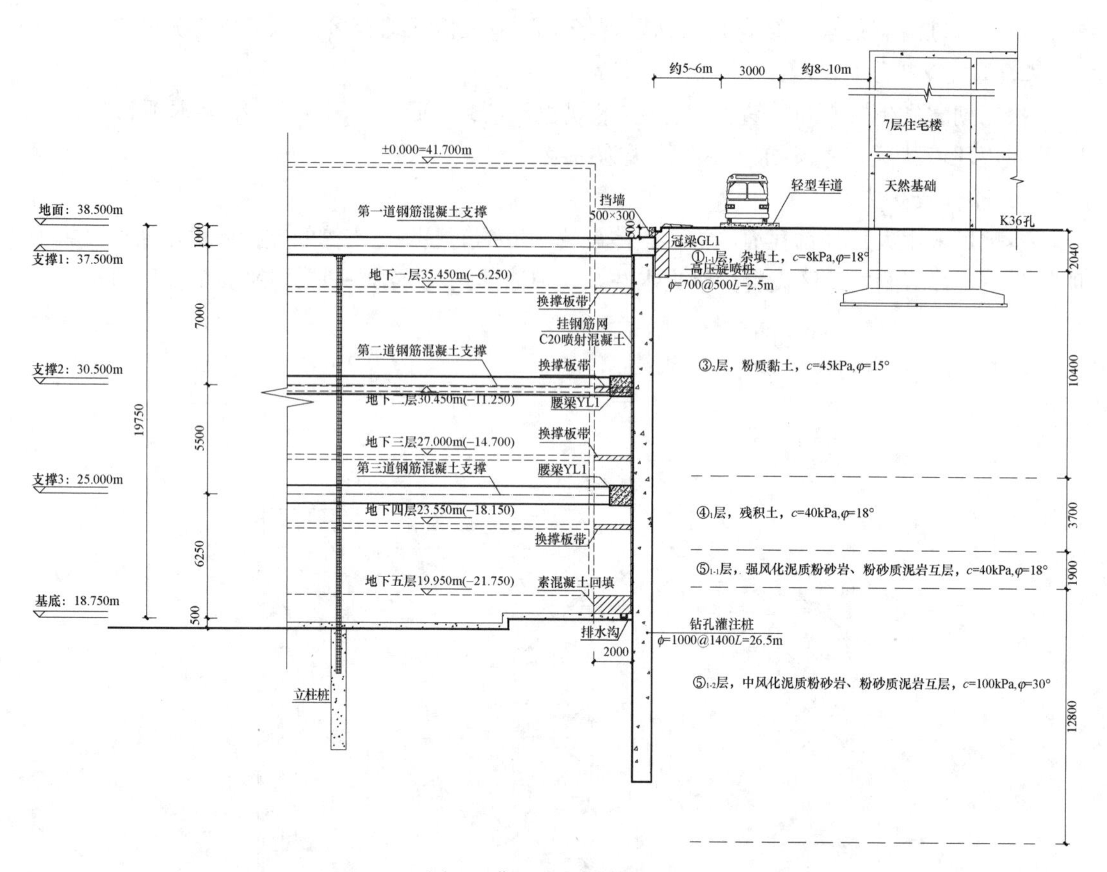

图 5　典型支护结构剖面

支护桩采用 ϕ1000（1200）钻孔灌注桩，桩间距为 1300（1400/1500）mm，桩身混凝土设计强度为 C30。

基坑支撑梁及栈桥梁均采用钢筋混凝土支撑，混凝土设计强度等级为 C40，一层支撑主撑截面尺寸 800mm×900mm，辅撑 600mm×700mm；二层支撑主撑 1200mm×1100mm，辅撑 700mm×800mm，三层支撑主撑 1200mm×1000mm，辅撑 700mm×700mm。

3）栈桥

该基坑为超深基坑，土方量大，垂直挖土效率低，场地作业空间紧张，土方挖运工期直接决定工程总进度目标能否实现。

为保证基坑在多工种交叉流水作业条件下，基坑土方挖运能够顺利进行，设计结合支撑布置体系，避开主楼区域，在基坑中部设置由东向西环形栈桥坡道及周转平台，利用中部下行栈桥至第三道支撑位置，保证了底部土方的清运顺畅，同时在北侧设置一座分离式栈桥，下至周转平台，在狭小空间内，形成多条闭合运土环路，满足基坑各阶段土方挖运需求。典型环形栈桥坡道剖面见图 6。

4）立柱及立柱桩

水平支撑处设立柱，立柱下端插入立柱桩。立柱采用钢格构，立柱桩采用钻孔灌注桩。设置需结合场区复杂岩性及栈桥架设范围分多种情况确定。

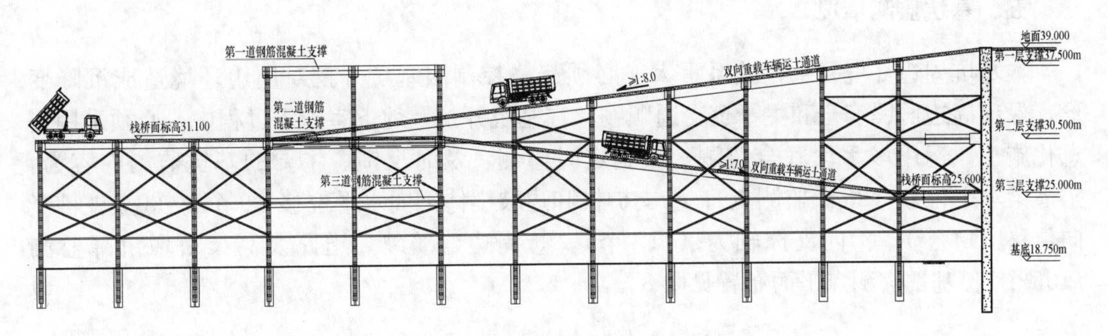

图 6　典型环形栈桥坡道剖面

非栈桥区域立柱桩桩径 900mm，位于碎裂岩分布区时桩长为 7.5m，位于灰岩分布区时，桩长≥3.5m 且入中等风化灰岩≥2m。

栈桥区域立柱桩桩径 1000mm，位于砂砾岩区时，桩长为 10.0m，且入中等风化砂砾岩≥5.5m；位于灰岩分布区时，桩长入中等风化灰岩≥3m，且总桩长≥3.5m；位于碎裂岩分布区时桩长 15.0m，且入破碎带≥15.0m；位于泥质粉砂岩泥岩互层区时，桩长≥18.5m 且入中风化泥质粉砂岩泥岩互层≥13.5m。

5）溶洞

溶洞处理需结合超前钻及现场实际施工情况综合确定。按桩底与溶洞相对位置关系（穿过溶洞、距溶洞小于 $3D$、距溶洞大于 $3D$）对设计桩长进行修正。溶洞处理如图 7 所示。

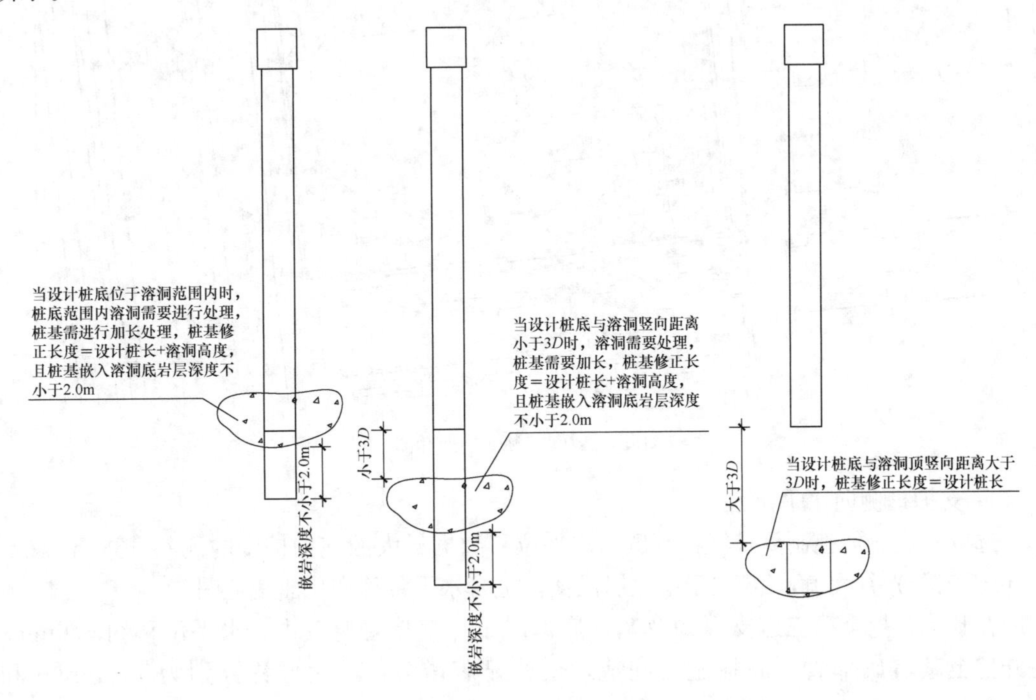

图 7　溶洞处理

五、基坑监测情况

本基坑周边环境复杂，关系重大，必须严格控制因基坑开挖对周边环境造成沉降变形，保证周边居民安全和主干道交通顺畅。在基坑开挖及地下室施工过程中，必须采用信息化施工，运用多手段联合监测，做到定时监测，及时反馈。主要的基坑监测内容为：①冠梁水平位移（25 个监测点）；②支护桩和边坡土体侧向水平位移（9 个）；③立柱桩竖向位移（14 个）；④内支撑轴力（117 个）；⑤周边建筑物、道路及高架桥墩沉降监测（105 个）。基坑监测点平面布置见图 8。

图 8 基坑监测点平面布置

1. 支护桩侧向水平位移

选取基坑变形控制要求严格及侧向水平位移数据最大的支护桩中的测斜孔进行分析，C5 位于东侧光谷大道，C8 位于南侧居民楼，桩身水平位移变化曲线见图 9。

在基坑开挖至第三道支撑底及基坑底部时土体变形普遍较小，水平位移约 6.6mm，在开挖至基坑底部直至底板施工完成，位移显著增大，最大位移分别为 12.16mm 和 14.63mm；后续拆撑工况位移变化较小，最终最大位移分别为 18.30mm 和 16.10mm。本基坑在地下室整个施工周期中变形相对较小，表明支护体系安全可靠。

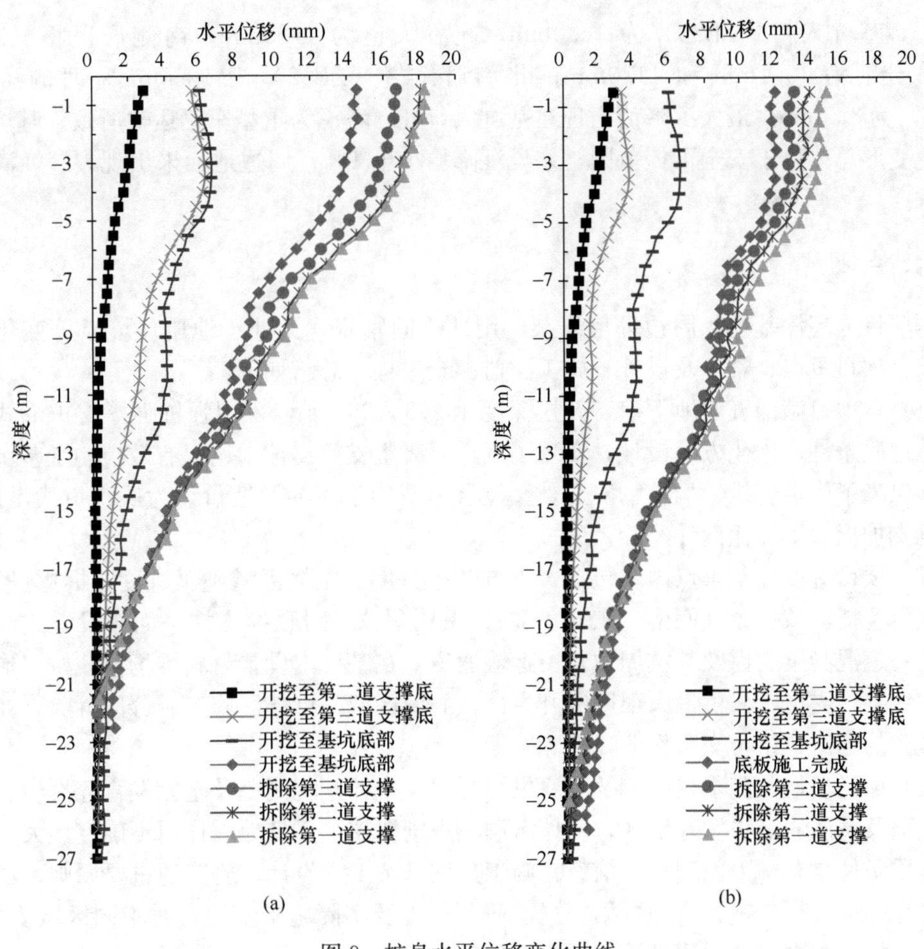

图9　桩身水平位移变化曲线

(a) C5；(b) C8

2. 周边建筑物、道路及高架桥墩沉降

在基坑周边选取典型监测点对建筑物、道路及高架桥墩沉降进行分析，见图10。随基坑开挖，基坑周围不断沉降，但总体降幅不大。东侧高架桥墩（ZB9）最大沉降为

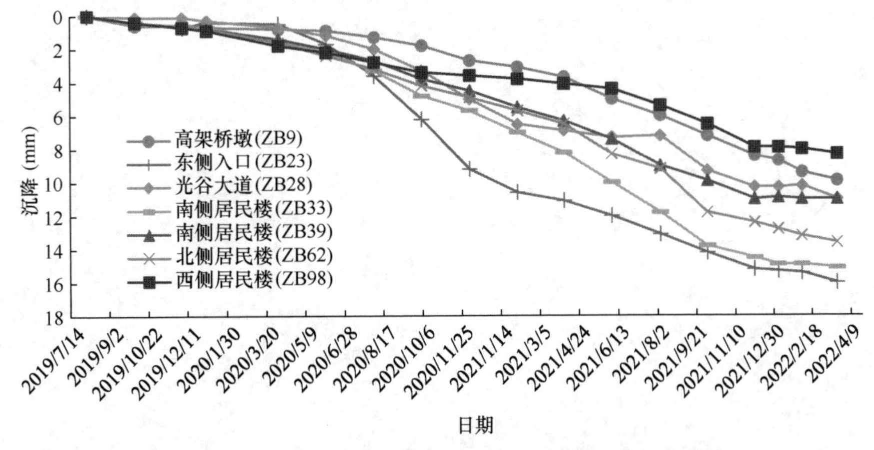

图10　基坑周边建筑物、道路及高架桥墩沉降变化曲线

9.9mm，基坑入口（ZB23）为 16.0mm，光谷大道为 11.0mm；南侧居民楼（ZB33、ZB39）分别为 15.1mm 和 11.0mm；北侧居民楼（ZB62）为 13.6mm；西侧居民楼（ZB98）为 8.3mm。最大沉降值出现在基坑入口处，考虑为重型车辆运输所致。基坑及周边环境变形总体处于安全可控范围，差异沉降均小于 1%，周边地面未出现裂缝，满足规范要求。

六、点评

本项目为超深基坑，周边环境复杂、用地空间紧张，又处于地质环境显著变化交界处，结合项目重点、难点及设计、施工、监测全过程，总结如下：

（1）本项目满铺五层地下室，开挖深度 19.75～25.2m，采用强桩强撑支护形式，结合场地地质条件，优化方案设计，实现了三道混凝土支撑支护，不仅有效控制了基坑周边位移，保障了周边管线、构筑物安全，又显著地节约了工期及造价，为武汉市武昌区深、大基坑支护提供了优化设计经验。

（2）项目进度控制重点内容包括：土方开挖进度、主楼区域施工进度、拆撑进度等。综合项目主楼区域位置（西南、东北角部），采用角撑＋对顶撑支撑平面布设方式，同时结合第一道混凝土支撑及基坑周边预留运输通道，在基坑内设置材料堆场及栈桥，形成环形运输线路，支撑、栈桥最大限度避开主楼核心筒区域，可分区施工、分区拆除。在用地空间紧张的场区，结合交叉作业，保障工期。

（3）项目场地北侧基坑侧壁及基底发育泥岩、中部基坑侧壁及基底发育碎裂岩、南侧基坑侧壁及基底岩溶强发育地区，场地溶洞不规则揭露，不良地质作用不确定性大，场地工程地质条件复杂。因地制宜、信息化施工是该基坑工程设计、施工的重要原则。项目在施工过程中结合超前钻、监测数据的提前研判，以及实际施工情况，对不同区域支护桩、立柱桩、栈桥桩进行了优化设计，保障工程顺利开展。

专题四　斜坡与山区场地基坑

深圳盛合天宸家园基坑工程

王志人[1]　陈增新[1]　李拔通[1]　王　韬[2]
（1. 深圳市市政设计研究院有限公司，深圳　518000；
2. 深圳市永铭投资有限公司，深圳　518000）

一、工程简介及特点

深圳盛合天宸家园工程位于宝安区航空路与黄田路交汇处东北侧，用地面积 1.35 万 m^2，主体建筑由 4 栋 28 层的住宅楼及裙楼组成，设 3 层地下室，塔楼采用桩筏基础。

本工程基坑面积约 11560m^2，周长 516m，基坑开挖深度 8.4～18.9m，塔楼局部落深区最大开挖深度 18.9m。本项目场地地势变化较大，东北侧现状地面标高＋18.0m、西南侧＋6.0m，南北两侧最大相差 12.0m，东西两侧最大高差 6.86m，地下室正负零绝对标高为＋12.80m，基坑底标高－1.40～－2.70m。

基坑形状较不规则，项目红线局部位置紧贴周边建（构）筑物，基坑开挖边线向内收缩一定距离。场地周边环境较复杂。北侧为规划洲石路，地面标高 12.0～18.0m，在建深中通道高架桥项目的围挡结构距本项目开挖边线 1.0～8.3m；南侧为航空路，一条双向两车道的次干线，道路下方存在较多使用中的市政管线，地面标高 7.0～9.0m；东侧及东北侧有一老旧的浆砌石挡墙（局部已加固），挡墙高 4.5～8.5m，挡墙后方有 1～3 层建（构）筑物，该侧地面标高 10.0～17.0m，挡墙顶标高 19.2～20.0m；西侧为规划黄田路，目前为空地，地面标高 6.0～12.0m。基坑周边环境分布示意如图 1 所示。

本项目的基坑工程主要有以下几个特点：

（1）基坑形状较不规则，场地东侧南北两端各设置一处拱形车行道，拱形结构的支护是本项目特点之一。

（2）场地标高变化较大，地层起伏较不均匀，场地东侧、东南侧、西侧偏南局部基岩出露较浅，中风化基岩面顶标高＋3.50m，局部支护桩位于小山头上，这给支护桩施工带来一定困难，同时东南侧岩体裂隙水流失引起周边建筑物产生差异沉降。

（3）基坑东西两侧存在不平衡土压力。基坑东侧地面标高 10.0～17.0m，距基坑 5m 处有一高约 4.5～8.5m 的老旧毛石挡墙，挡墙表面裂缝可见，挡墙顶有 1～3 层建（构）筑物；基坑西侧为空地，地面标高 6.0～12.0m。基坑东西两侧地势高差以及东侧既有挡墙的存在，使得基坑东侧坑外荷载较大，东西两侧形成一对明显的不平衡土压力。

（4）场地西南侧局部存在较厚杂填土，支护桩成桩过程中的地层扰动引起周边临建房

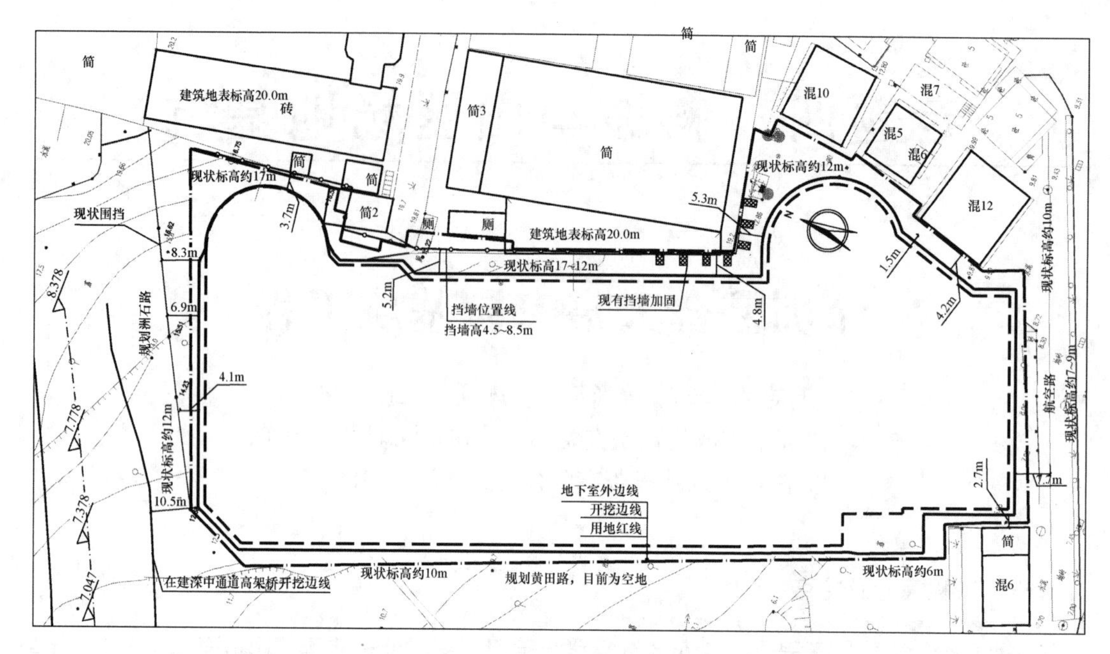

图1　基坑周边环境分布示意

屋出现较大的差异沉降，局部裂缝清晰可见。

（5）基坑北侧在建深中通道桥梁桩基施工与本项目建设存在交叉影响，基坑北侧、东侧挡墙、东北侧房屋、南侧管线、西南侧临建等周边环境对基坑变形控制提出较高要求。综合考虑项目塔楼位置、周边环境变形要求、建设需求等特点，本项目基坑支护采用桩撑、桩锚的复合支护体系。

二、工程地质条件

根据场地勘察报告，勘察场地原始地貌单元为山前平原，现状为空地，地形较平坦，地表有起伏。各钻孔孔口标高 7.24～16.06m，最大相对高差 8.82m。根据野外钻探揭露，场地分布的地层自上而下有填土层、第四系冲洪积层、残积层及燕山期花岗岩岩层。

基坑开挖范围涉及的地层主要有：

①素填土，松散～稍密，主要由黏性土人工回填而成，局部含碎块，为新近堆填而成，填土年限大于 5 年，层厚 0.50～6.80m；

②粉质黏土，可塑，含少量粉细砂，层厚 0.90～8.90m，实测标贯击数 8.5～16.0 击；

③砂质黏性土，可塑～硬塑，由花岗岩风化残积而成，遇水易崩解，层厚 1.10～15.60m，实测标贯击数 11.2～25.4 击；

④$_1$ 全风化花岗岩，褐黄色，原岩结构基本破坏，岩芯呈土柱状，遇水易软化，层厚 1.5～7.9m，实测标贯击数 31～39 击；

④$_2$ 强风化花岗岩，原岩结构大部分破坏，岩芯呈半岩半土状，碎块状，局部含多量块状，风化裂隙发育，遇水易崩解，层厚 0.4～17.2m，实测标贯击数 50.8～54.8 击；

④$_3$ 中风化花岗岩，岩芯破碎，呈块状、短柱状，岩质较硬，裂隙发育，层厚 0.4～9.18m；

④$_4$ 微风化花岗岩，岩芯呈短柱状、长柱状，岩质较硬，裂隙发育。图 2 为基坑周边区域地质展开剖面。

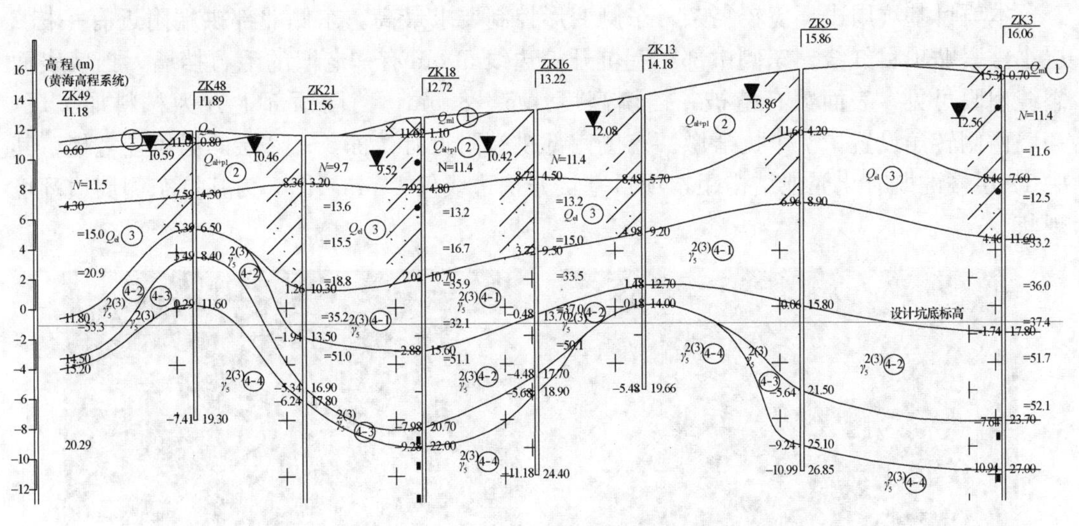

图 2　典型地质剖面

本场地地下水类型为第四系孔隙水及下伏基岩裂隙水。孔隙水主要赋存于第四系覆盖层中，为弱含水、弱透水地层。基岩裂隙水主要赋存于风化花岗岩裂隙中，透水性能为弱～中等。地下水接受大气降水入渗补给，通过蒸发或侧向径流排泄。勘察期间测得钻孔中混合稳定水位埋深 0.80～6.20m，标高 1.74～13.86m。各地层主要物理力学参数见表 1。

各地层主要物理力学参数　　**表 1**

土层名称	天然重度 γ (kN/m^3)	含水率 w (%)	孔隙比	黏聚力 c (kPa)	内摩擦角 φ (°)	渗透系数 k (m/d)	锚杆极限粘结强度标准值 q_{sk} (kPa)
①素填土	18.0	25.6	0.802	15	13	2.0	18 (30)
②粉质黏土	19.0	21.0	0.683	20	15	0.2	40 (60)
③砾质黏性土	20.0	21.0	0.674	25	20	0.3	50 (80)
④$_1$全风化花岗岩	21.0	—	—	30	25	0.5	60 (90)
④$_2$ 强风化花岗岩	22.0	—	—	35	32	1.5	130 (160)
④$_3$ 中风化花岗岩	23.0	—	—	—	—	2.0	—
④$_4$微风化花岗岩	25.0	—	—	—	—	0.3	—

注：括号内数值为二次注浆的锚杆极限粘结强度标准值。

三、基坑周边环境情况

本项目基坑周边环境较复杂，东侧变形控制要求最高。东侧北部拱端附近有一栋2层小楼紧贴项目红线。东侧中部距基坑开挖边线5.0m有一老旧的毛石挡墙，挡墙表面裂缝肉眼可见，表面覆有植被，挡墙高度4.5～8.5m，挡墙顶部上方为材料加工厂，挡墙西侧转角设置了7个抗滑墩。东侧南部拱端附近有3栋5～12层的居民住宅楼，其中12层楼的既有化粪池结构距本项目基坑开挖边线仅1.5m。图3为基坑东侧周边环境现状。

图3 基坑东侧周边环境现状

基坑南侧航空路下的管线以雨水、污水、电力、通信、燃气等民生设施管线为主，管线埋深较小。基坑西南侧有一栋6层的居民楼，周边搭有临时设施，距本项目基坑开挖边线仅2.5m。

北侧基坑开挖边线距深中通道在建项目的围挡结构1.0～8.3m，至高架桥桥墩开挖边线最近距离10.5m，两个项目存在施工交叉影响。基坑西侧为空地，项目建设期间作为材料加工与堆场场地。

四、基坑围护平面

根据主体建筑设计要求，基坑坑底绝对标高为－1.4m，塔楼坑中坑绝对标高为－2.7m。综合场地地质条件、周边环境，场地东侧、南侧、北侧的基坑支护安全等级为一级，场地西侧基坑支护安全等级为二级。

根据项目特点及周边环境条件，基坑支护方式分段施行，重点控制基坑变形的东侧采用 D1200@1600mm 排桩，桩间采用 D1000mm 的三管旋喷作为止水帷幕，桩前挂网喷混凝土护面；对有一定变形控制要求的基坑南侧采用 D1200@1800mm 支护桩，桩间止水，桩前挂网喷混凝土；对于变形控制要求略宽松的基坑西侧、北侧，采用 D1000@1600mm 排桩。局部周边环境宽松位置采用锚索。图 4 为基坑支护平面。

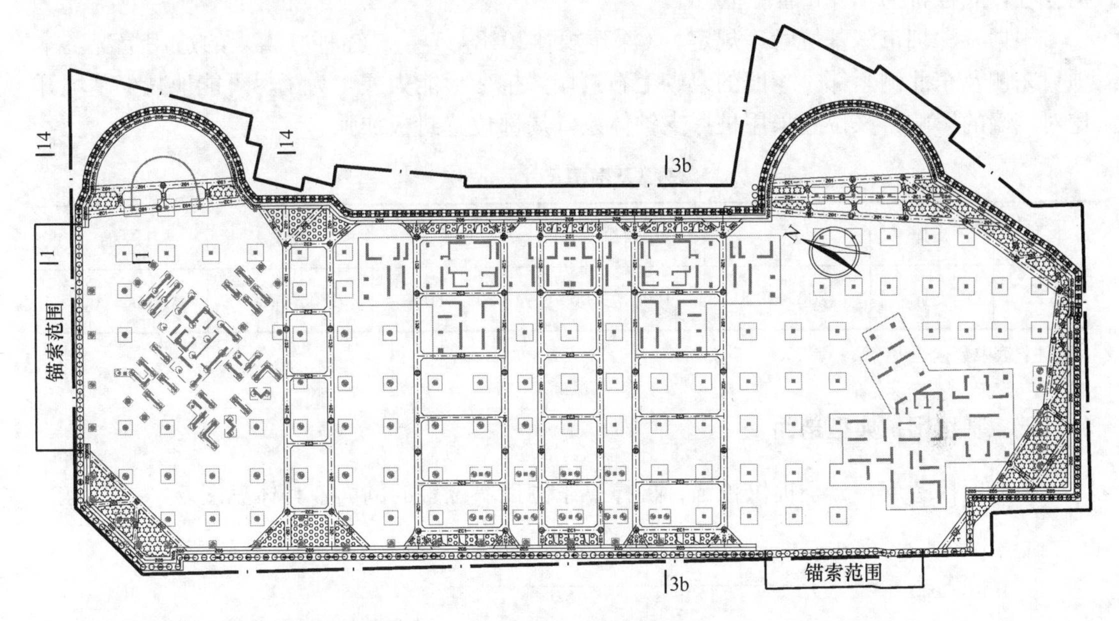

图 4　基坑支护平面

结合图 4 详细介绍基坑支护形式：

（1）基坑北侧，开挖深度 14.9～16.9m，采用桩锚支护体系。围护结构采用桩径 1.0m、桩间距 1.6m 的钻孔灌注桩；竖向布置 4 道预应力锚索，锚索间距 1.6m×3.5m。

（2）基坑西北侧，开挖深度 12.4～14.9m，采用桩撑支护体系。围护结构采用桩径 1.0m、桩间距 1.6m 的钻孔灌注桩；竖向布设 2 道水平封板角撑。

（3）基坑南侧，开挖深度 10～12.4m，采用桩撑支护体系。围护结构采用桩径 1.0m、桩间距 1.6m 的钻孔灌注桩；竖向布设 2 道水平对撑。

（4）基坑西南侧，开挖深度 8.4m，采用桩锚支护体系。围护结构采用桩径 1.0m、桩间距 1.6m 的钻孔灌注桩；竖向布置 1 道预应力锚索，此处基岩面出露较浅。

（5）基坑西南角、南侧，开挖深度 8.4～9.4m，采用桩撑支护体系。围护结构采用桩径 1.0m、桩间距 1.6m 的钻孔灌注桩，桩间采用直径 1.0m 的三管旋喷桩作为止水帷幕，表面挂网喷混凝土；竖向布设 1 道水平封板角撑。

（6）基坑南侧（剖面 8），开挖深度 9.4～11.4m，采用桩撑支护体系。围护结构采用桩径 1.2m、桩间距 1.8m 的钻孔灌注桩，桩间采用直径 1.0m 的三管旋喷桩作为止水帷幕，表面挂网喷混凝土；竖向布设 1 道水平封板桁架。

（7）基坑东侧，开挖深度 11.4～16.4m，采用桩撑支护体系。围护结构采用桩径 1.2m、桩间距 1.6 的钻孔灌注桩，桩间采用直径 1.0m 的三管旋喷桩作为止水帷幕，表面挂网喷混凝土；竖向布设 2 道水平对撑。

（8）基坑东北侧，开挖深度 18.9m，采用桩撑支护体系。围护结构采用桩径 1.2m、桩间距 1.6 的钻孔灌注桩，桩间采用直径 1.0m 的三管旋喷桩作为止水帷幕，表面挂网喷混凝土；竖向布设 3 道水平对撑。

冠梁、腰梁、内支撑梁均采用 C40 混凝土现场浇筑，立柱采用 500mm×500mm 的格构立柱，立柱桩为 1.0m 灌注桩。

根据《深圳市深基坑管理规定》（深建规［2018］1 号）锚杆（索）的适用情况，本项目东侧及东北侧紧邻一老旧的浆砌毛石挡墙，抗变形能力差，为了尽可能地减少基坑开挖对挡墙的影响，该位置采用桩撑支护体系，局部位置封板加强。

支撑及围檩尺寸（mm）　　**表 2**

区域	支撑	主撑	角撑	连梁	冠梁	腰梁
1	支撑	1200×1000	1000×1000	800×800	1200×1000	1200×1000

注：表中数据适用于第一、二、三道支撑。

五、基坑围护典型剖面

根据项目特点，分别提供桩锚、桩撑、东侧挡墙位置的剖面，具体见图 5。

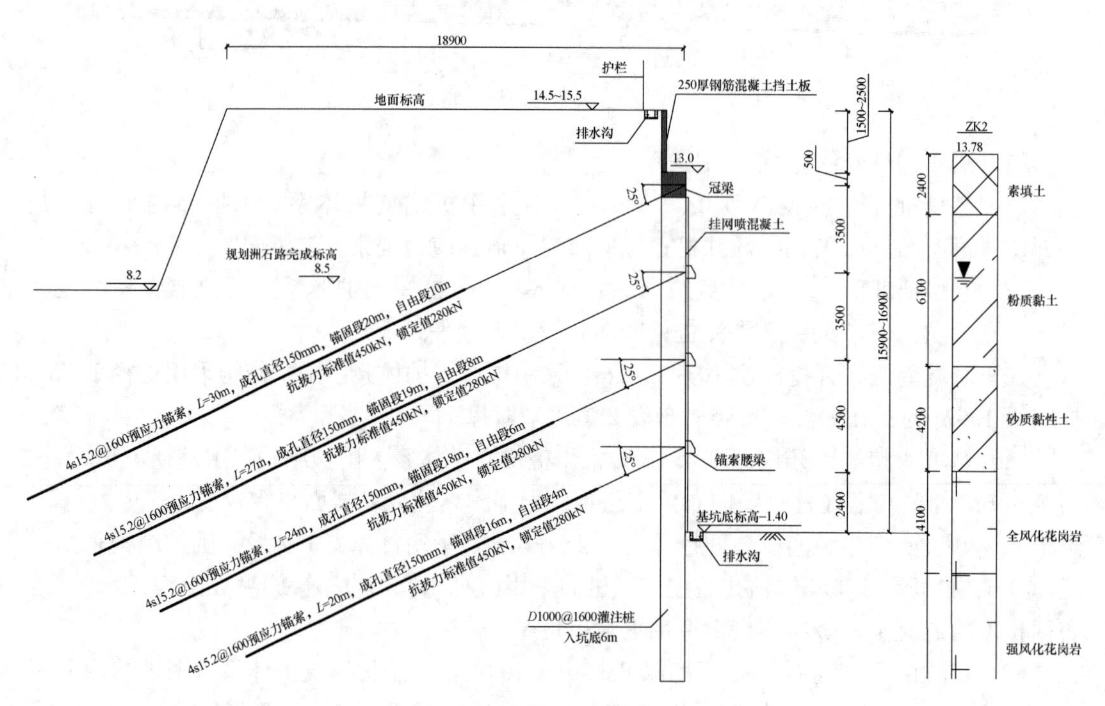

图 5　基坑支护典型剖面（一）

（a）基坑北侧剖面（1-1 剖面）；

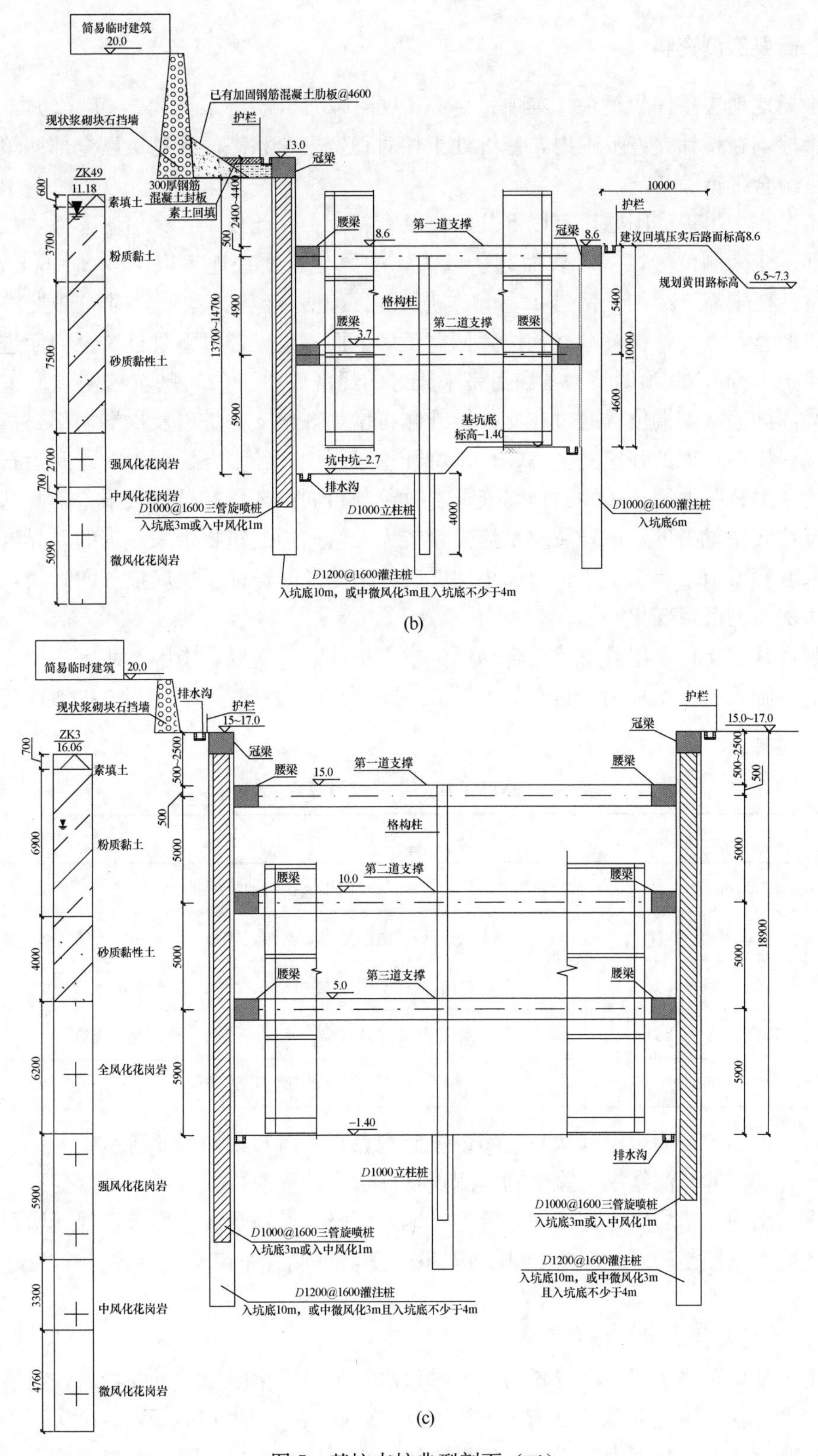

图 5　基坑支护典型剖面（二）

（b）基坑东、西方向剖面（3b-3b 剖面）；（c）基坑东北侧拱形位置剖面（14-14 剖面）

六、简要实测资料

由于场地地层条件较复杂，本项目自2019年10月开始施工至2021年12月，基坑各项监测指标均在设计允许范围内，基坑处于相对稳定安全状态。现基坑已全部回填，基坑内支撑已经全部拆除。

施工过程中出现的问题，有以下几条比较有特点，在此仅供大家借鉴参考：(1) 基坑东侧中部、东南侧位置，基岩岩面起伏较大，中风化岩面在地表以下5.8～6.5m出露，若按原设计要求需继续往下钻进12.2m岩层方可终孔。经各方沟通，对局部支护桩入岩深度予以调整，将支护桩桩端终孔位置调整至最下面一道支撑以下且桩端全截面进入中风化岩不少于1.5m，此项调整为本项目带来较好的经济效益。(2) 基坑东侧拱形车道的拱端位置局部加固。拱端位置通过在支护桩外侧再增加3根支护桩以及拱端局部封板加强的措施，确保拱形车道的开挖安全。(3) 基坑开挖过程中，经多方协调，对既有毛石挡墙进行“格构＋锚杆”加固，对控制挡墙变形、改善项目周边环境有较好效果。(4) 基坑东南角开挖至坑底位置附近，基岩裂隙水流失量较大，给周边建筑物带来一定的差异沉降。施工单位采取调整施工组织工序、增加垫层厚度等措施及时保证了坑底垫层的封闭，有效控制了周边房屋的沉降变化。

本项目基坑支护采用对角撑结合局部锚索支护体系，南区、中区、北区支护与开挖相互不影响，施工中也是采用分区开挖建设的组织安排。表3给出了基坑关键节点的施工时间。

基坑工程施工关键节点　　**表3**

序号	起始时间	施工工况
1	2020年3～4月	施工支护桩及工程桩
2	2020年5～6月	施工基坑南区冠梁、支撑、腰梁，开挖南区土方
3	2020年7～11月	施工基坑中区冠梁、支撑、腰梁，开挖中区土方
4	2020年9～11月	施工基坑北区冠梁、支撑、腰梁，开挖北区土方
5	2020年12月	施工地下室主体结构

基坑支护结构与周边建（构）筑物设置监测点，平面布置如图6所示。

根据现场实际监测结果，除个别监测点指标达到预警值，其余各监测点变形数据均在设计要求范围内。基坑周边建（构）筑物、地表沉降、道路管线等均未发现新增裂缝，基坑周边环境变形控制较好。图7～图10列举了基坑东侧、东南侧、南侧几个关键指标的监测数据。

1）围护桩桩顶水平与竖向位移

图7为基坑东侧中部挡墙位置围护桩桩顶水平位移变化曲线。可以看出，在整个施工过程中随着开挖深度的增大围护结构变形逐渐增大。在9月以后，W8、W9、W10三点桩顶位移变化较大，是因为这段时间建设单位对桩顶挡墙进行加固，但桩顶水平变形总量控制在35mm内。

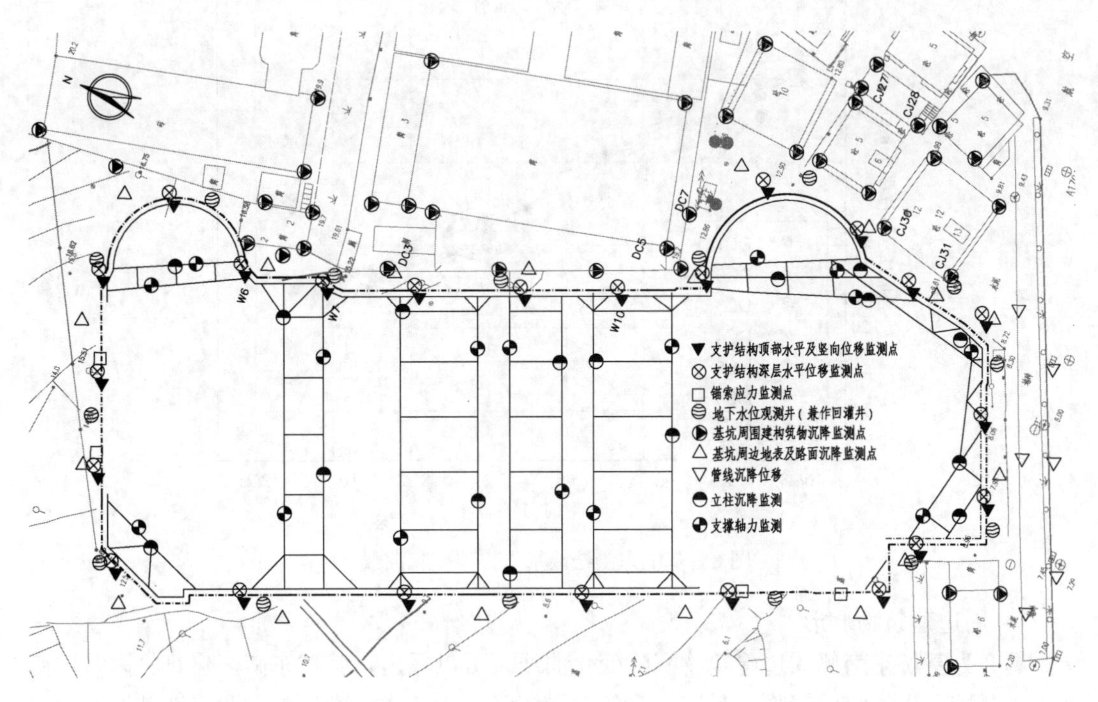

图 6　基坑监测点平面布置

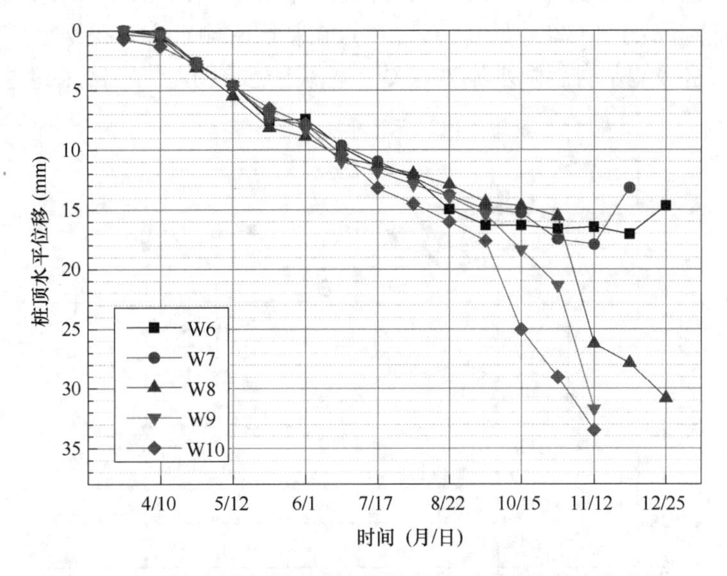

图 7　基坑东侧中部挡墙位置围护桩桩顶水平位移变化曲线

2）挡墙墙顶变形

图 8 为基坑东侧挡墙水平位移变化曲线。可以看出，施工过程中，基坑东侧桩顶的既有毛石挡墙受基坑开挖影响产生一定的水平变形，水平变形量不大于 20mm，后因建设单位对该挡墙进行“格构＋锚杆”加固，挡墙加固也引起挡墙产生一定的位移变化，图中主要表现在 10 月 16 日以后，挡墙监测点的水平位移变化出现异常。

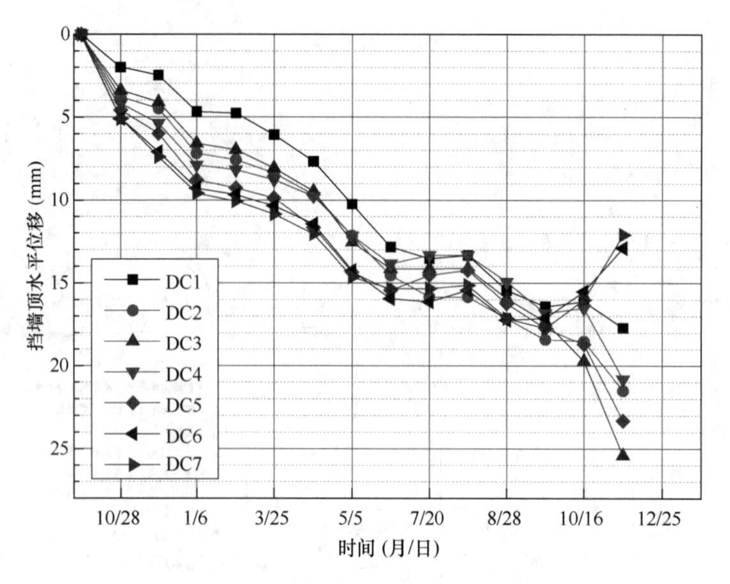

图 8 基坑东侧挡墙水平位移变化曲线

3）周边建筑物变形

图 9 为基坑东南侧周边建筑物沉降变化曲线。可以看出，基坑东南侧建筑物因基坑南区土方开挖产生一定的沉降，且有一定的差异沉降。建筑物沉降量与监测点至基坑的距离相关，总体上，距基坑最近的 C30、C31 的沉降量大于 C28 的沉降量，距基坑最远的 C27、C28 的沉降量最小。C28、C30、C31 三点在基坑南侧土方开挖结束后仍呈现一定沉降变化，主要与这一侧基岩裂隙水流失有关。整体上建筑物差异沉降未超过设计允许值。

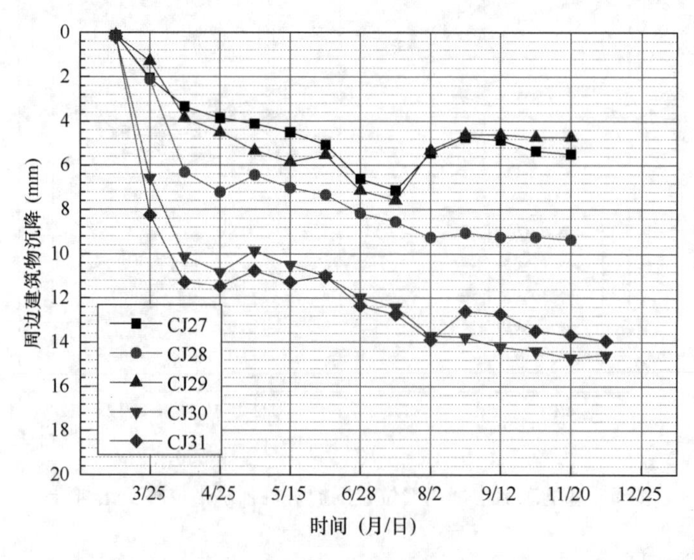

图 9 基坑东南侧周边建筑物沉降变化曲线

4）周边管线沉降

图 10 为基坑南侧道路下方管线沉降变化曲线。管线沉降采用间接法监测，一定程度上也反映出地表沉降变化规律。可以看出，基坑南侧道路下方管线沉降变化量较小，管线

沉降受基坑南区土方开挖影响，管线最大沉降量为 8mm。

从图 7～图 10 中可以看出，本项目基坑施工对周边环境的影响安全可控。

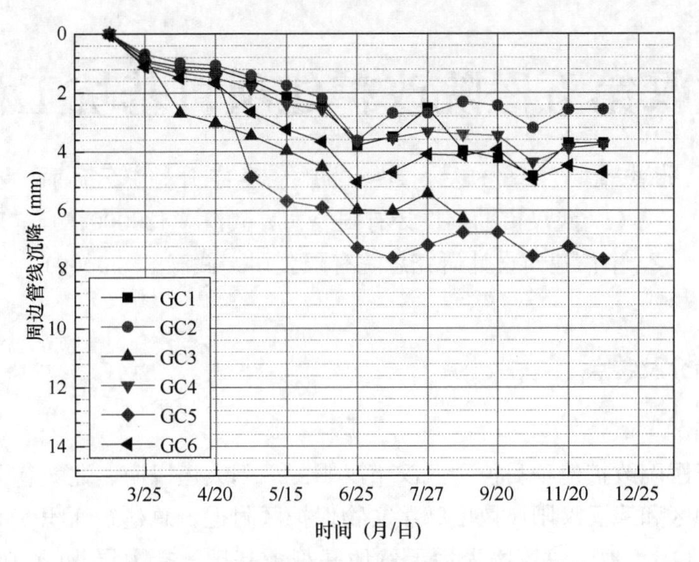

图 10　基坑南侧道路下方管线沉降变化曲线

七、点评

深圳盛合天宸家园基坑工程位于山前平原地貌单元，场地地势变化较大，地层起伏不均匀，基坑周边环境较复杂，环境变形控制要求较高。本文首先介绍了该工程的概况和工程地质条件，考虑到基坑开挖深度、基坑形状、土层条件及周边环境保护要求，最后采用了钻孔灌注桩结合三管旋喷桩止水＋坑内 2 道（局部 3 道）钢筋混凝土支撑体系、钻孔灌注桩＋4 道（局部 1 道）预应力锚索的总体设计方案，详细介绍了支护体系在各剖面位置的设计方案。对基坑工程施工进行了全过程监测，监测结果表明，基坑工程施工对周边环境的影响均在可控范围内，基坑周边建（构）筑物正常使用功能未受影响。本工程的设计和实施可供同类基坑工程参考。

武汉第五医院改扩建项目基坑工程

万　鑫[1]　张杰青[1]　汪　彪[1]　廖　翔[1]　黎亦丹[1]　万丽丽[2]　康治文[2]

（1. 武汉市勘察设计有限公司，武汉　430000；

2. 中信建筑设计研究总院有限公司，武汉　430000）

一、工程简介及特点

1. 工程简介

武汉市第五医院改扩建项目位于武汉市汉阳区汉阳大道以南、北城巷以东，地处千年银杏汉阳树风貌区和武汉汉阳凤凰山摩崖文物保护区附近，总建筑面积 61765m^2，其中地上 18 层，地下 3 层。拟建建筑物采用天然地基筏板基础，持力层为⑥$_1$ 强风化砂岩，正负零标高为 30.400m。场地北高南低，场地标高在 30.00～42.00m 之间。

场地北侧高边坡支挡部分高度约 9.0m～12.0m，边坡治理长度 173m；基坑面积约 6218m^2，基坑周长约 381m。地下室底板面标高－14.10m，基坑部分开挖深度 15.50～17.50m。北侧永久边坡与基坑结合部分开挖深度达 26.50m。

2. 项目特点

（1）永久边坡较高，基坑开挖深度大，支护设计难度大。基坑普挖深度 15.50～17.50m，北侧永久高边坡支挡部分高出正负零约 9.0～12.0m，北侧永久边坡与基坑结合部分开挖深度达 26.50m。南北两侧开挖深度不一致，土压力不平衡，导致偏压效应。

（2）项目北侧存在 3～4m 高砖砌老边坡，年久失修，危及山顶住户安全，亟需先行治理后再进行场地整平施工。

（3）周边环境条件复杂，变形控制严格。北侧高边坡之上为金桥半山花园别墅区，且地下存在纵横交错的防空洞及障碍物，对支护桩及锚杆的施工影响较大；南侧紧贴武汉市第五医院氧气站；东侧距武汉市凤凰山摩崖文物保护区约 13.40m。

（4）土方、石方开挖难度较大。基坑平面不规则，作业面狭窄，开挖深度大，出土空间受限。

二、工程地质及水文地质条件

1. 工程地质条件

拟建场地地层在勘探深度范围内由上至下主要由杂填土（Q^{ml}）、第四系全新世（Q_4^{l}）淤泥质粉质黏土、第四系全新世冲积（Q_4^{al}）粉质黏土、第四系残积（Q^{el}）粉质黏土以及下伏泥盆系（D）强～中风化石英砾岩、砂岩及泥质粉砂岩等地层组成，拟建场地相当于Ⅲ级阶地。场地土层主要力学参数见表 1，边坡典型地质剖面见图 1，基坑典型地质剖面见图 2。

场地土层主要力学参数　　表1

土层编号	土层名称	重度（kN/m³）	承载力特征值（kPa）	压缩模量（MPa）	黏聚力（kPa）	内摩擦角（°）	等效内摩擦角（°）
①	杂填土	19.0	—	3.0	10.0	8.0	—
②	淤泥质粉质黏土	17.1	60	2.5	6.0	3.8	—
③$_1$	粉质黏土	19.3	180	7.0	29.0	12.0	—
③$_2$	粉质黏土	20.0	240	16.0	30.0	15.0	—
④$_1$	强风化石英砾岩	—	800	$E_0=52.0$	90.0	25.0	39
④$_2$	中风化石英砾岩	—	4500	不可压缩	150.0	35.0	55
⑤$_1$	强风化砂岩	—	600	$E_0=48.0$	80.0	25.0	38
⑤$_2$	中风化砂岩	—	1500	不可压缩	130.0	30.0	48
⑥$_1$	强风化泥质粉砂岩	—	500	$E_0=46.0$	70.0	21.0	34
⑥$_2$	中风化泥质粉砂岩	—	1000	不可压缩	110.0	24.0	41

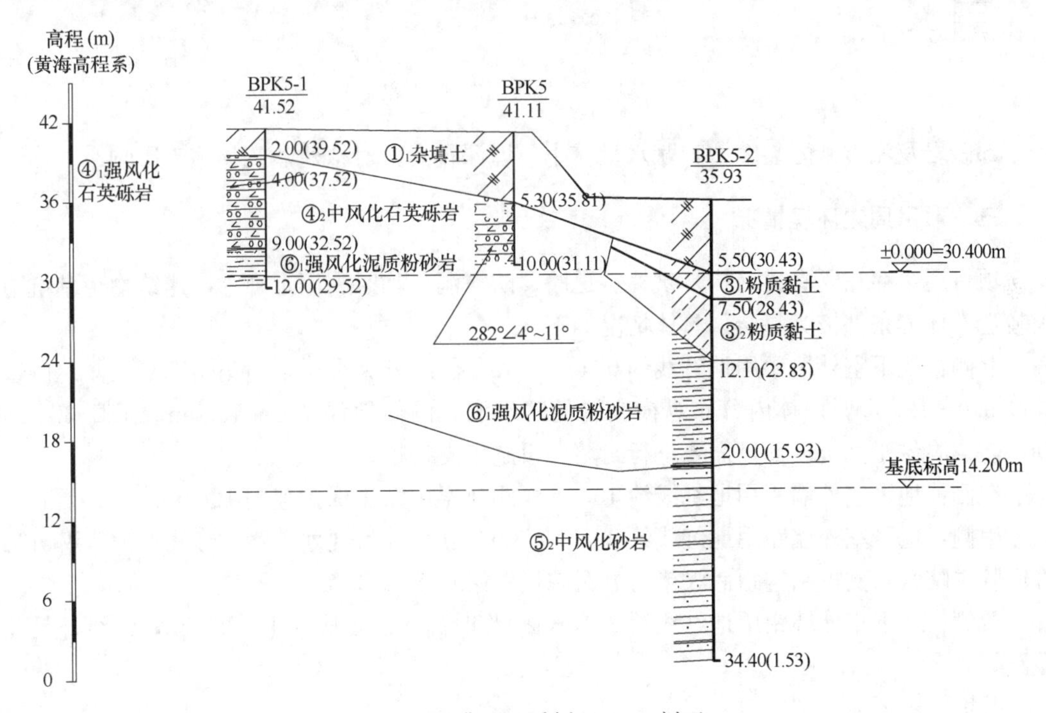

图1　边坡典型地质剖面（1-1剖面）

2. 水文地质条件

拟建场区地下水类型主要是上层滞水、基岩裂隙水。上层滞水主要赋存于①杂填土层中，接受大气降水及地表水的竖向渗透补给，水量不大，无统一水位，其水位随季节变化，测得地下水静止水位埋深为1.40～1.45m，标高为30.40～31.05m。基岩裂隙水赋存

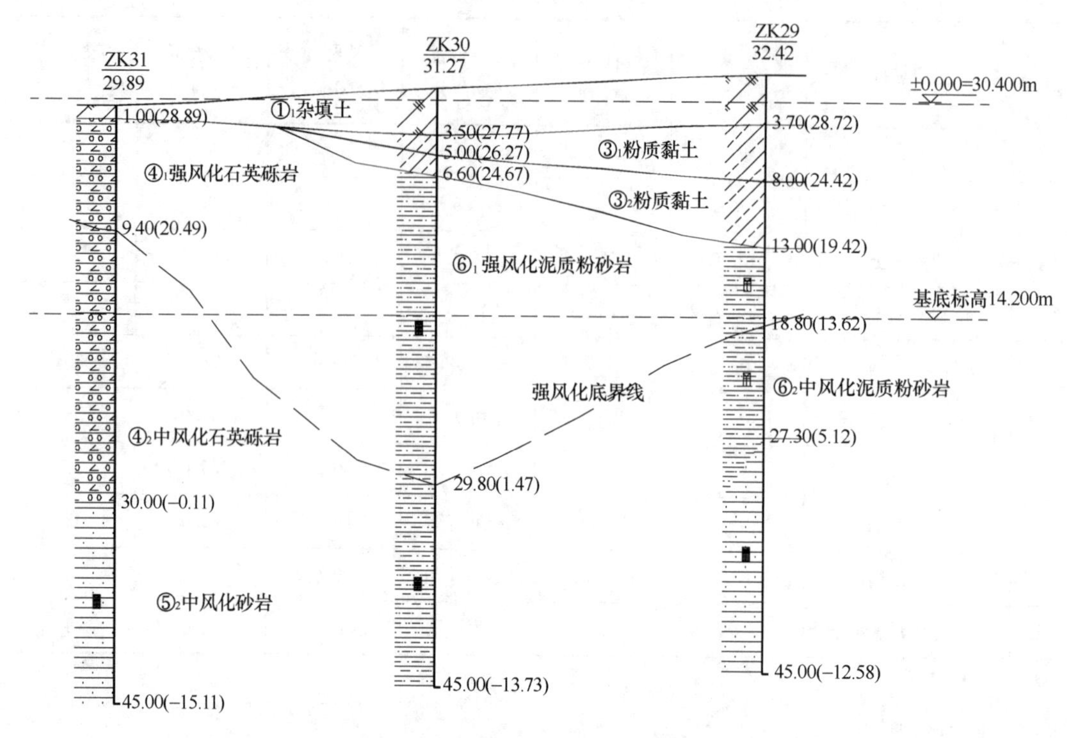

图 2　基坑典型地质剖面（2-2 剖面）

于下部砂岩及泥质砂岩裂隙中，赋水量较小，埋深较大，对拟建建筑物施工影响小。

三、项目周边环境情况

项目周边存在既有建（构）筑物、道路、防空洞、临时高压走廊等，建筑物距基坑边坡较近，环境条件极为复杂，具体情况如下：

北侧：地下室外墙距用地红线约 0.4～9.5m，红线外为金桥半山花园别墅区，北侧边坡高 9.0～12.0m，山体内分布纵横交错的防空洞，洞体埋深 7.0～15.0m，洞高 3.0m，局部防空洞位于基坑内部，需要进行封堵后再施工支护桩。

东侧：地下室外墙距用地红线约 15.4m，距凤凰山摩崖保护范围 13.4m。

南侧：地下室外墙距用地红线约 0.3～0.8m，红线外为规划道路，红线外为武汉市第五医院主院区，支护结构距武汉市第五医院氧气站 0.5m。

西侧：地下室外墙距用地红线约 8.1m，距临时高压线走廊 8.1～28.6m，红线外是北城路。

基坑周边环境见图 3。

四、围护结构设计

1. 基坑重要性等级及边坡安全等级

根据《建筑边坡工程技术规范》GB 50330—2013 及《基坑工程技术规程》DB42/T 159—2012，结合周边环境、开挖深度、工程地质条件和破坏后果，综合确定本基坑重要

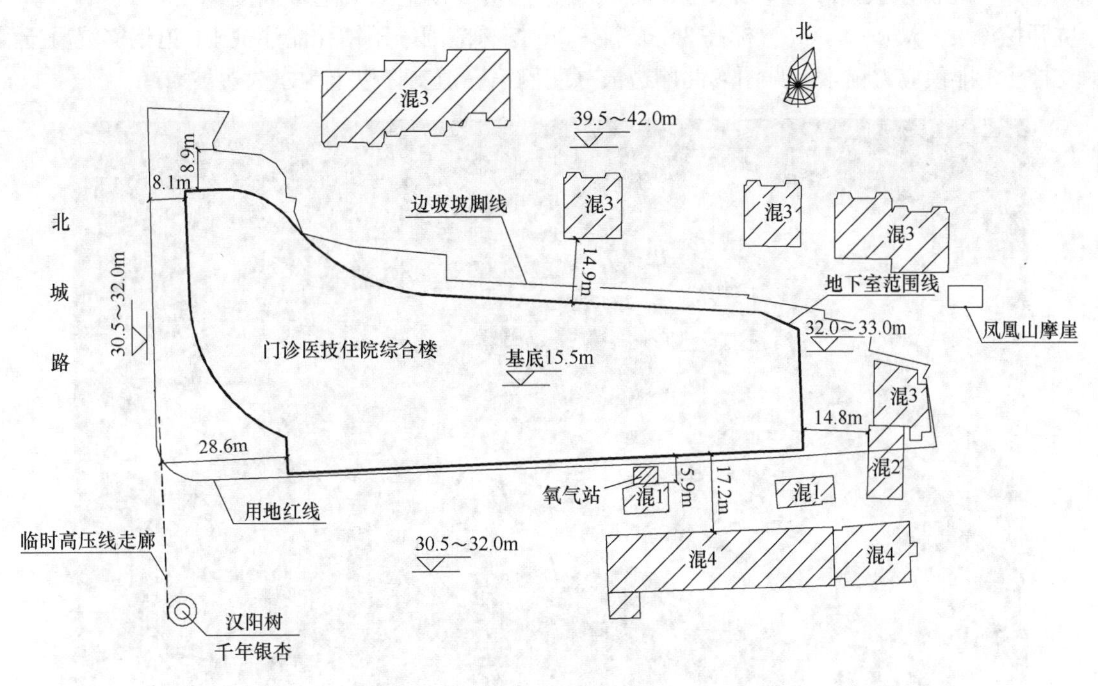

图3　基坑周边环境

性等级为一级，北侧边坡安全等级为一级。基坑工程按使用年限1年设计，永久边坡按50年设计。

2. 总体方案设计

总体设计思路如下：北侧挡墙设计→北侧永久边坡与基坑支护结合设计→其余侧基坑设计。

（1）北侧挡墙加固设计：北侧为简易破损砖砌挡墙，标高36.5m以上部分，开挖后存在失稳风险，考虑施工安全，先行对该挡墙进行加固处理。标高36.5m以上边坡采用钢筋混凝土挡墙支挡，并对填土地基先采取ϕ48钢管注浆加固。治理前后效果如图4、图5所示。

图4　北侧永久边坡挡墙治理前

图5　北侧永久边坡挡墙治理后

（2）北侧永久边坡与基坑支护结合设计：正负零以上永久边坡高度 9.0～12.0m，基坑开挖深度 15.5～17.5m。标高 36.5～15.5m 挖深范围采用钻孔灌注桩＋2 道钢筋混凝土支撑＋3 排预应力锚索。见图 6 北侧边坡（北侧第一道支撑以上为永久边坡）。

图 6　北侧边坡

（3）其余侧基坑设计：基坑开挖深度 15.5～17.5m，采用钻孔灌注桩＋2 道钢筋混凝土支撑。

3. 支护结构设计

（1）灌注桩设计：北侧永久边坡基坑支护区域采用 ϕ1500@1900mm 灌注桩，桩长 26.00～33.00m，主筋 32Φ32～34Φ32；其他区域采用 ϕ1100@1500mm 钻孔灌注桩，桩长 24.00m，主筋 20Φ25～26Φ25；东侧双排桩前排采用 ϕ1100@1500mm 钻孔灌注桩，桩长 24.00m，主筋 26Φ25，后排采用 ϕ1100@3000mm 钻孔灌注桩，桩长 24.00m，主筋 26Φ25。

（2）支撑设计：采用 2 道钢筋混凝土支撑，支撑布置以对撑、角撑和边桁架为主，第一道主撑截面尺寸为 1000mm×950mm，第二道主撑截面尺寸为 1300mm×950mm。

（3）永久边坡锚索设计：设计考虑主动土压力及土岩结合面剩余下滑力的影响，采用天汉软件与理正软件综合分析计算，结合北侧防空洞空间布置进行调整，并对锚索锚固段、自由段、锚头提出了防腐要求。预应力锚索杆芯采用 5×7ϕ^s15.24 钢绞线，成孔直径 200mm，自由段 5.0～6.0m，锚固长度 15.0～20.0m，角度 12°～18°。

（4）防排水系统设计：北侧永久边坡与基坑支护结合区域依据山体汇水面积，结合区域水文数据，在坡顶及 30.4m 标高处设置截水沟，尺寸 620mm×500mm。其余区域：桩间土防护采用 HPB300ϕ6@200mm×200mm 钢筋网，喷射混凝土强度等级为 C20，厚度 80mm。基坑顶部及底部设置排水沟，尺寸 300mm×300mm。

围护体平面布置见图 7，项目施工俯视图见图 8。

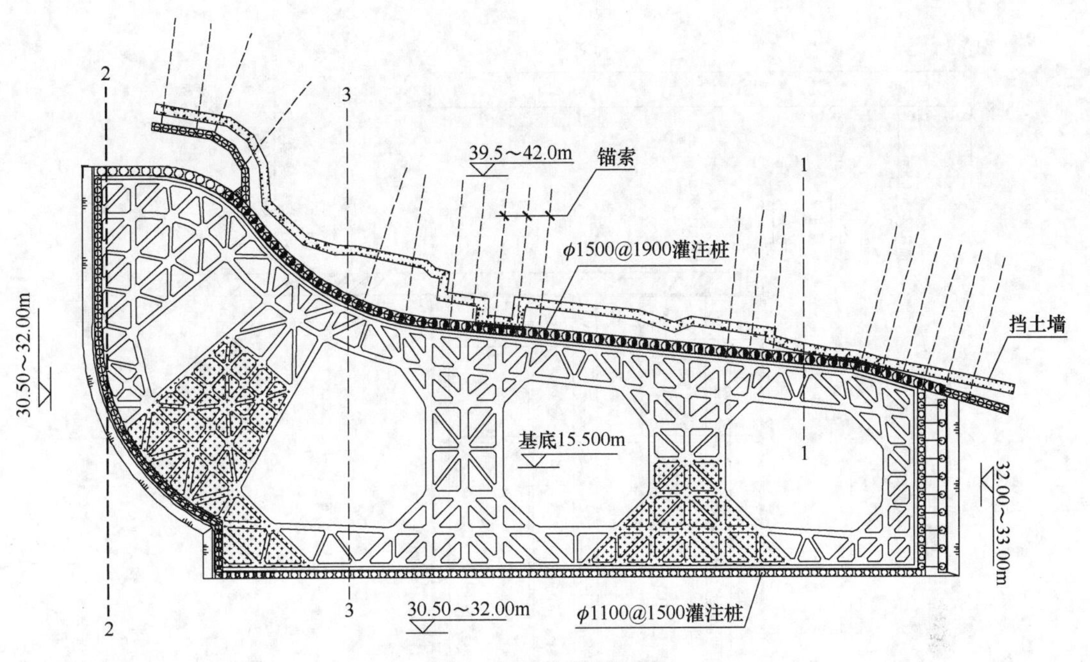

图7　围护体平面布置

图8　项目施工俯视图

五、围护体典型剖面

围护体典型剖面见图9。

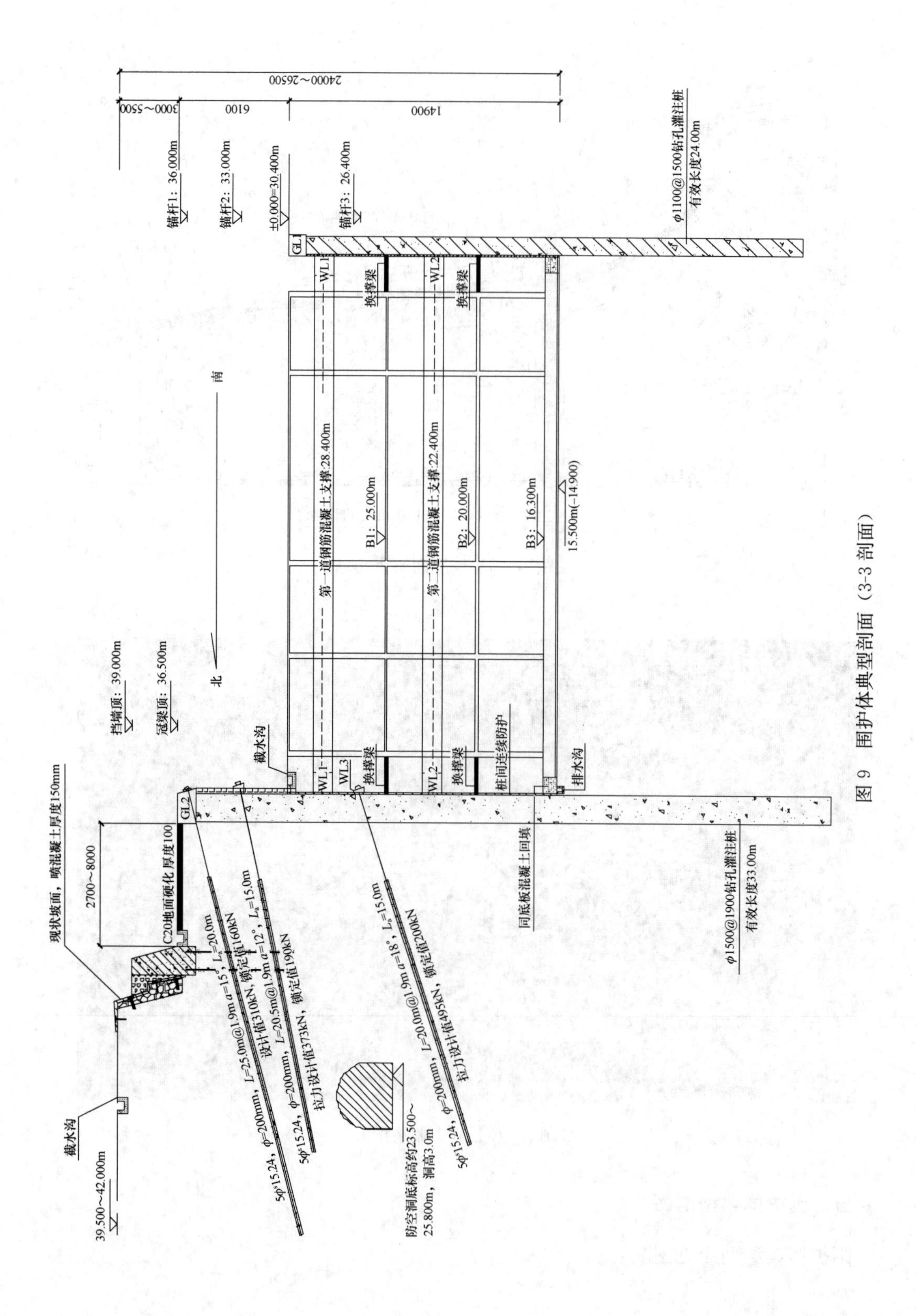

图9 围护体典型剖面（3-3剖面）

六、监测数据分析

为保证该项目的顺利实施，对工程施工期间变形控制提出了较高要求，依据国家标准《建筑基坑工程监测技术标准》GB 50497—2019 及《建筑边坡工程技术规范》GB 50330—2013，本工程对支护结构及周边环境进行监测，支护结构监测内容：支护桩桩顶水平位移及沉降，桩身深层水平位移，支撑内力，立柱沉降，锚索内力；周边环境监测内容：道路沉降，管线监测，周边建筑物变形及裂缝。

主要施工节点：2021 年 6 月完成北侧边坡治理，2021 年 7 月中下旬北侧边坡由 36.50m 开挖至正负零（30.40m），2021 年 8 月上旬完成第一道内支撑施工，2021 年 9 月中旬完成第二道内支撑施工，2021 年 11 月上旬开挖至基底，2021 年 12 月底局部拆除第二道内支撑，2022 年 1 月底局部拆除第一道内支撑。

项目永久边坡监测年限为地下室回填后的两个水文年。边坡及基坑监测点平面布置见图 10，本文选取 5 个点对桩顶水平位移分析，累计最大位移量发生在北侧东段，最大位移 39.9mm，变形速率最大发生在拆除第二道内支撑时（图 11）；对周边建筑物选取 5 个点进行沉降分析，北侧建筑物沉降略大于东侧建筑物，建筑物累计沉降量均小于 7mm（图 12）；北侧边坡坡顶沉降选取 5 个点分析，北侧边坡沉降量整体在 12mm 左右（图 13）；锚索轴力选取 8 个点分析，锚索轴力损失较小（图 14）；对深层水平位移选取北侧两点分析，最小变形 10mm，最大变形 26.46mm（图 15、图 16）。

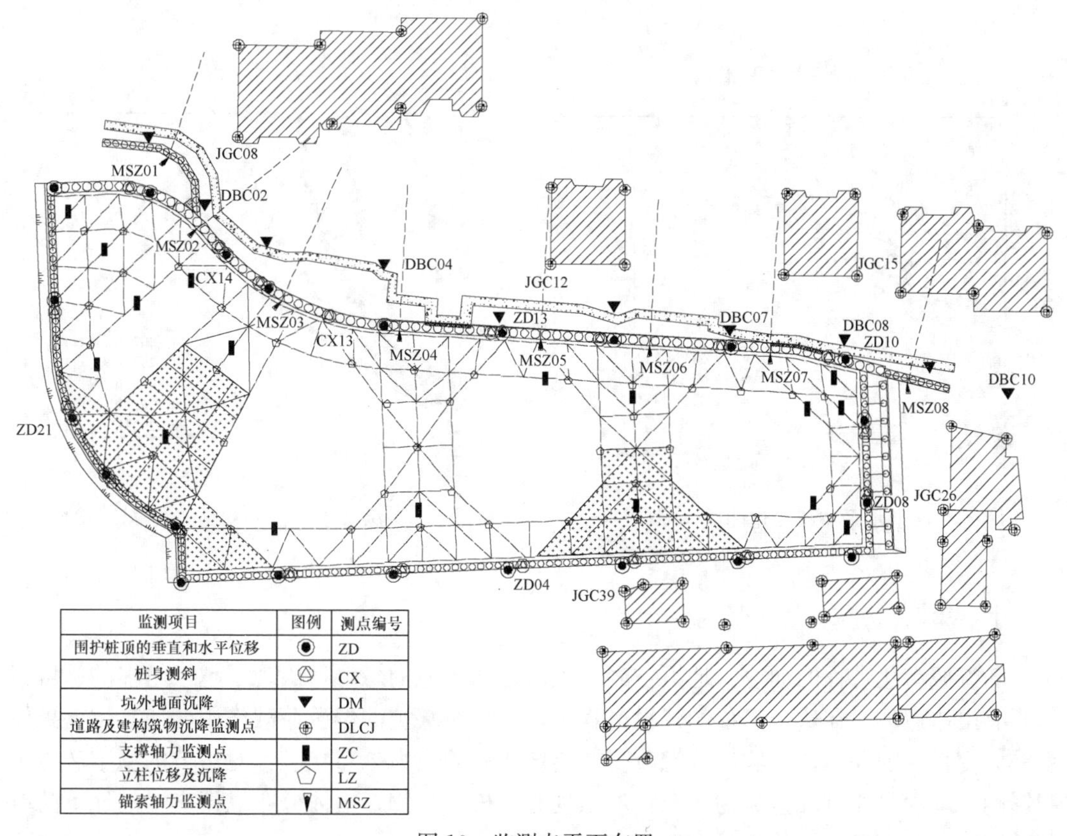

图 10　监测点平面布置

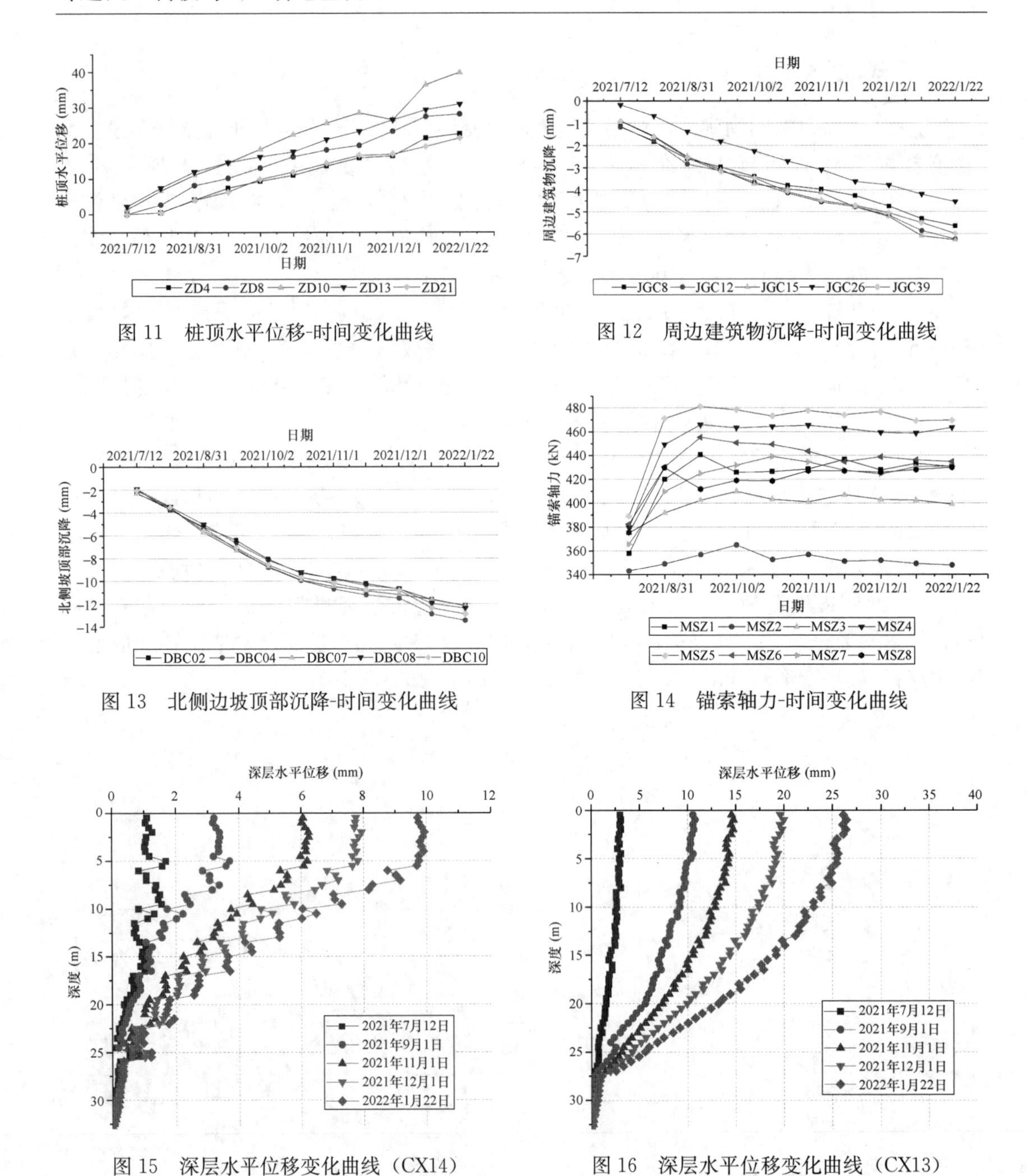

图 11　桩顶水平位移-时间变化曲线

图 12　周边建筑物沉降-时间变化曲线

图 13　北侧边坡顶部沉降-时间变化曲线

图 14　锚索轴力-时间变化曲线

图 15　深层水平位移变化曲线（CX14）

图 16　深层水平位移变化曲线（CX13）

七、结语

随着城市化进程的加速，地下空间呈现出迅猛发展的态势，出现了越来越多的基坑紧邻既有山体边坡。在这类工程的建设过程中，边坡对基坑的偏压荷载作用会使基坑支护体系受力变得更加复杂，基坑的开挖改变了边坡原有的应力分布状态，对边坡的稳定产生不利影响。本项目北侧环境极为复杂，坡顶现有多栋建筑物，山体分布纵横交错的地下防空洞，同时尚存新老边坡的处理问题。

该工程目前已施工至正负零，并完成了基坑回填。根据基坑及周边环境监测结果，桩撑、桩锚、永久性挡土墙的支护设计用于永久边坡与基坑结合支护体系上是安全可靠的，设计方案既满足基坑稳定性及周边环境的保护要求，又满足边坡安全性要求。项目的顺利实施体现了较好的经济效益和社会效益，也赢得了区政府及建设单位的认可，为华中地区永久边坡与基坑结合支护提供了成功典型案例。

鄂州市水厂临江场地倒挂井壁法支护基坑工程

唐建东　卢华峰　沈　健　杨万金　关沛强　邓先勇
（中国建筑西南勘察设计研究院有限公司，成都　610052）

一、工程概况

鄂州市某水厂是为解决新城及周边供水紧张而新建的一座水厂，设计总规模20万吨/日，一期建设规模10万吨/日，位于店镇泥矶村江堤自然高地处，占地面积约170亩。水厂建筑物主要由取水管、取水泵房、净水厂三部分组成，工程总投资2.5亿元。取水泵房基坑工程为控制性工程，其工期直接制约水厂投产时间。取水泵房结构形式为圆形钢筋混凝土，开口直径21.8m，基坑底板高程0.65m，开挖深度18.35m，开口面积373.1m²。基坑紧邻长江，施工时长江水位标高14.8m，距基坑开挖底面水头差14.2m，支护方案采用喷锚挂网支护＋超前小导管支护＋钢结构拱圈支撑，平面规划与环境条件见图1。

图1　平面规划与环境条件

二、场地工程条件

取水泵房基坑处于长江右岸边滩，滩面较平坦，滩面高程21.3～22.2m，向长江倾斜，宽度15～30m。工程区地质构造相对简单，为单斜构造，岩层倾向200°～210°，岩层倾角65°～75°。区内未发现断裂，构造形迹主要为裂隙。裂隙总体较发育，NNE组裂隙较发育，NNW组次之，陡倾角为主，倾角一般75°～80°，多微张或闭合状、无充填，附铁锰质薄膜，少数充填泥质。

（1）工程地质条件

场区地层主要如下：

① 粉质黏土（Q_2）：多呈硬塑～坚硬状，地表呈可塑状。主要分布于堤内及岸坡，漫滩厚度2～3m。

② 白垩系-第三系（K-R）砾岩、砂砾岩：砂砾岩，厚层-巨厚层状，砾石含量一般

30%～40%，砾径一般 0.5～5cm。砾岩，厚层～巨厚层状，砾石含量一般 50%～70%，砾径一般 2～10cm。夹极少量 2～5mm 条带状紫红色黏土岩。

地质剖面和三维地质模型见图 2。

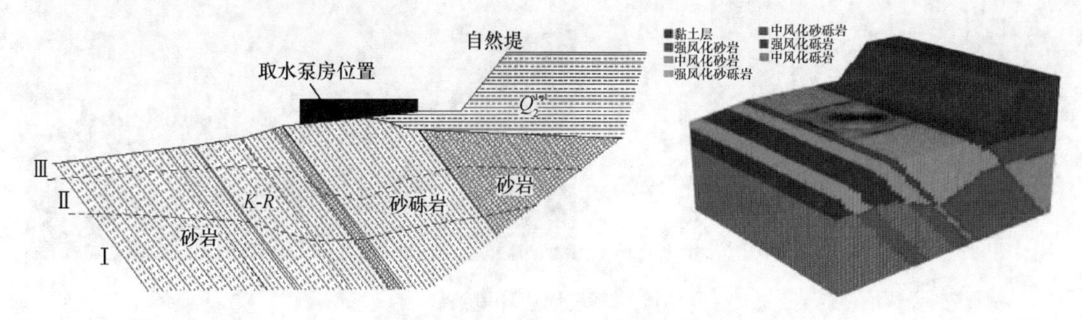

图 2　地质剖面和三维地质模型

（2）水文地质条件

工程区地下水主要为基岩裂隙～孔隙水，赋存白垩系一第三系砂砾岩、砾岩裂隙及孔隙中，主要受长江水和第四系孔隙裂隙水补给。

根据钻孔压水试验：强风化岩体压水试验透水率为 11.8～32.7Lu，具中等透水性。中风化岩体因裂隙多闭合，在常水头下透水性较小，但在一定压力作用下裂隙面或层面的充填物被冲蚀，导致渗透系数会逐步变大。在压水试验中反映出压力-流量曲线为明显的冲蚀型，如江边钻孔 ZK7 的压水试验，在做第二个压力 0.4MPa 时，止水失效，但流量已比第一个压力 0.2MPa 成数十倍增长，初步透水率可达 40Lu 以上。

基坑地理条件位置复杂，基坑岩体内的部分裂隙及层面与长江水贯通，存在基坑涌水问题。

三、周边环境条件

根据结构设计要求：地面标高按 19.0m，取水泵站底板标高 0.65m，最大开挖深度 18.35m，直接开挖约 21.6m。

（1）基坑东侧为高 9m 的土质陡岸坡，自然条件稳定，由于取水泵站基坑边缘紧邻长江自然干堤，基坑开挖施工将影响堤坡的稳定。

（2）基坑开挖范围内均为白垩系一第三系砂砾岩夹砾岩、砂岩，属较软岩。岩层倾向 200°～210°，倾角 65°～75°，岩体内裂隙较发育，开挖过程中在基坑北西方向将会产生顺层向滑动。

（3）基坑除顺堤岸走向两侧具备大放坡条件外，其余两面受长江和护堤条件限制，基本不具备放坡条件。顺堤岸方向两侧采用放坡开挖方式，基岩开挖困难，且土石方量大。

（4）由于基坑在长江堤外，整个基坑施工和取水泵房主体结构在次年 4 月长江汛期前完成。若采用常规的内支撑支护＋防渗帷幕方案，施工周期不能满足本工程工期的要求。

基坑周边环境条件见图 3。

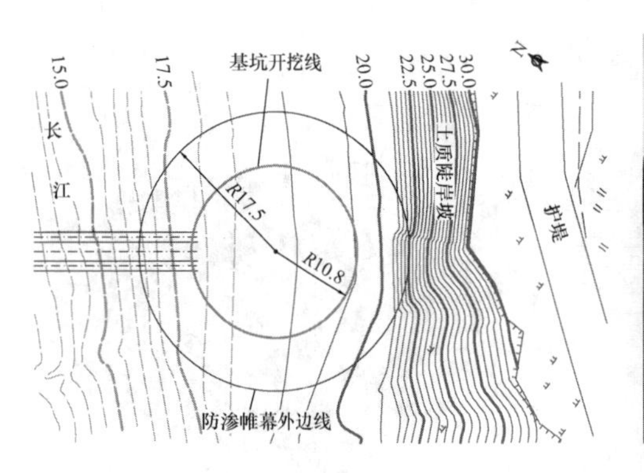

图 3　基坑周边环境条件

四、基坑设计

根据现场地质条件及相关设计要素综合分析，为争取工期，确保施工安全，在基坑开挖线以外一定距离，采用高压防渗帷幕止水措施，基坑开挖需采用垂直支护形式，结合岩质边坡的特点，采用喷锚支护＋超前小导管施工＋钢桁架的综合支护形式，最终形成厚30cm 混凝土钢拱圈。

1. 帷幕灌浆

在临长江迎水面，根据水利防渗规范要求，按约 1.5 倍基坑深度为防渗帷幕下线（即$H+0.5H$）；背离水面按$H+(3\sim4)$m 为防渗下线布置，分排、分序先后施工。

（1）为保证基坑支护稳定性，3 排防渗帷幕孔分别距开挖线外 5.75m、6.25m、6.75m。

（2）孔距 1.0m，排距 0.5～1.0m，梅花形布置。在迎水面孔深达到建基面以下 8m 即防渗帷幕底板标高为－7.35m；在背水面孔深达到建基面以下约 4m 即防渗帷幕底板标高为－3.35m。防渗帷幕剖面展开示意见图 4。

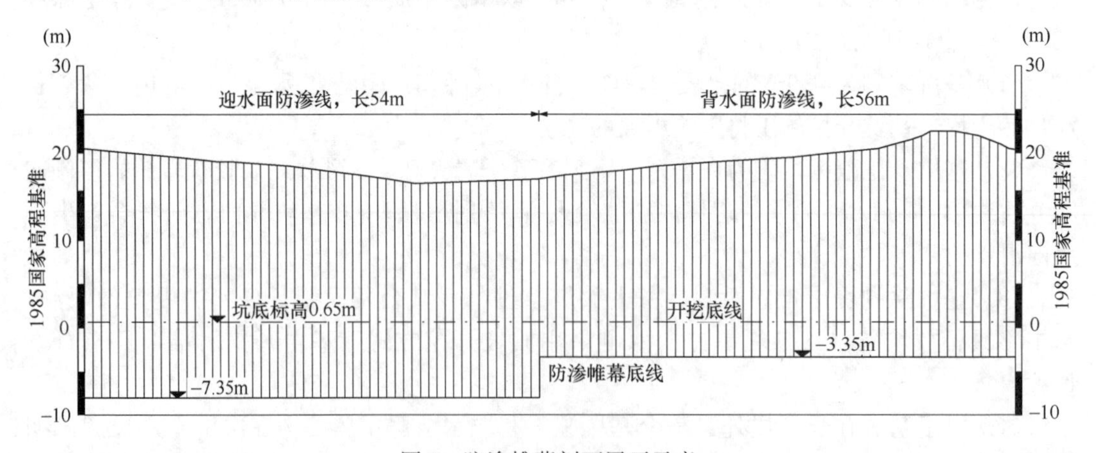

图 4　防渗帷幕剖面展开示意

（3）采用回转式钻机造孔，孔径不大于 91mm，保证孔斜率不大于 1%。施工顺序为先外排（远离基坑），后内排（临近基坑），再中间排。每排灌浆孔分（Ⅰ序次—Ⅱ序次—

Ⅲ序次）3序孔间隔施工。

2. 堤防边坡支护后数值模拟分析

为节约工期，且保证堤防边坡的稳定，采用钢管桩＋锚索＋土钉对取水泵房内侧长江堤防进行加固（图5a）。

基坑开挖前先对堤防边坡支护施工，并进行边坡削坡处理。为分析基坑开挖对堤防边坡稳定性的影响，采用FLAC3D有限元差分软件对基坑开挖进行数值模拟。数值模型中，堤防边坡钢管桩采用桩结构单元实现，土钉采用锚杆锚索结构单元实现。计算得到模型在基坑开挖前x方向和z方向的位移分布（图5b）。为了方便观察基坑内部情况，从x方向和z方向的位移云图中可以看出，模型中堤防边坡削坡后没有产生较大的变形，其中竖直方向（z方向）的最大位移不超过5mm（图5c）。

基坑开挖过程中对堤防边坡稳定性会产生影响，模型中x轴线上（$y=0$处）的堤防边坡距基坑边界最近，一般情况下该位置的变形也最大，因此对位于x轴上堤防边坡和抗滑桩变形特征进行了分析。x轴上的抗滑桩分为内侧和外侧两根，间距0.8m，两根抗滑桩x方向水平位移随深度变化曲线如图5（d）和图5（e）所示。可以看出，基坑开挖前桩顶和桩底都朝基坑方向移动，桩顶位移大于桩底位移，随着基坑开挖深度的增加，抗滑桩下部朝基坑方向逐渐出现了整体位移，当开挖至18.35m时，桩身位移随着深度的增加而增大，桩身最大位移为1.06mm，位于桩底位置。实施现场见图6。

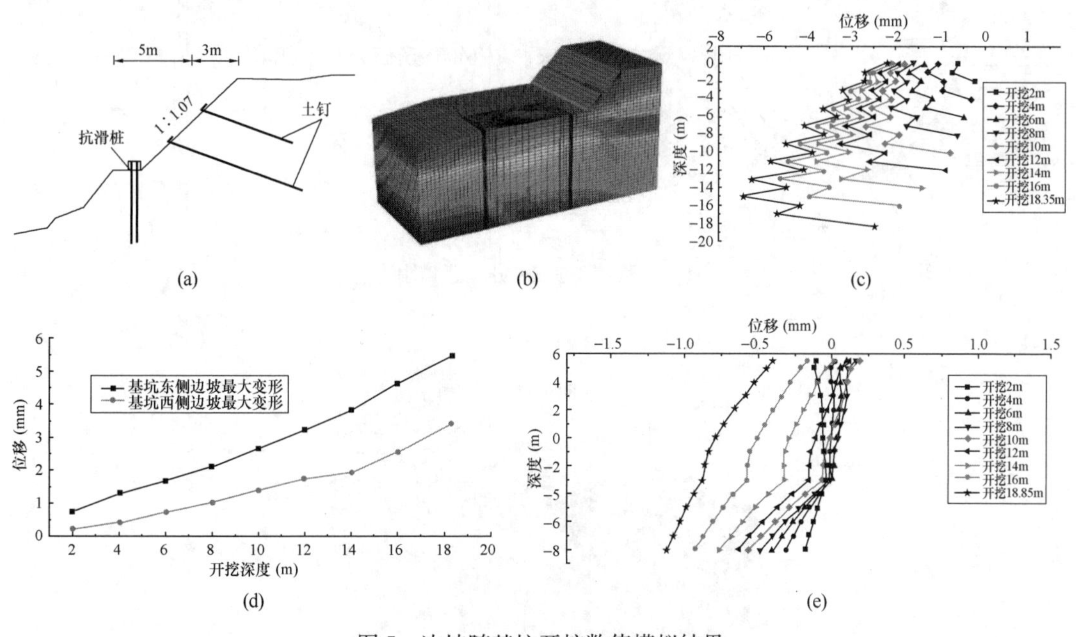

图5 边坡随基坑开挖数值模拟结果

（a）东侧边坡支护剖面；（b）分析模型；（c）东侧边坡体水平位移随基坑深度变化曲线；（d）基坑开挖过程中边坡体最大水平位移；（e）边坡内侧抗滑桩水平位移随深度变化曲线

3. 基坑支护设计

在基坑内壁按深度间隔1m设置一道环形钢桁架结构，为提高进度，钢桁架结构在地面形成长2m的标准件（每圈34个标准件），井下用螺栓拼装焊接。基坑支护平面布置、剖面及分析模型见图7和图8。

图 6　实施现场

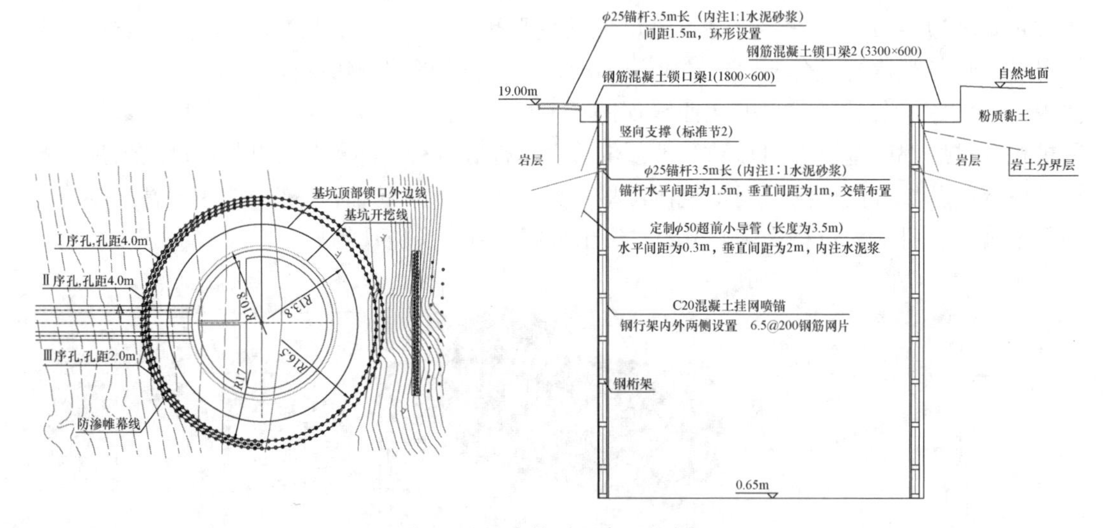

图 7　基坑支护平面布置和剖面

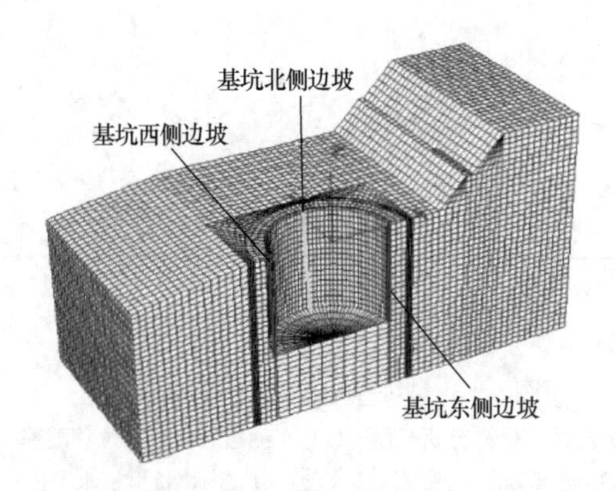

图 8　基坑支护分析模型

（1）首先施工小导管超前支护，长 3.5m。外露水平长度为 30mm，采用外径 50mm、厚 3.5mm 的热轧无缝钢管。超前小导管平面布置及剖面见图 9、图 10。

（2）按外插角 20°，环向间距 300mm，纵向间距 2000mm。

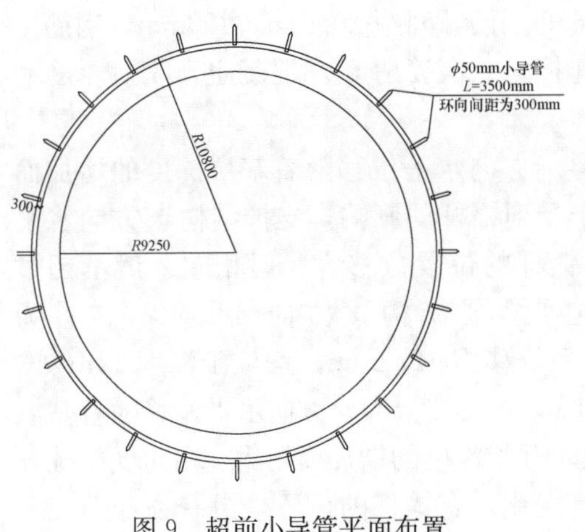

图 9　超前小导管平面布置

1500 1800
钢筋混凝土锁口梁1(1800×600)
钢筋混凝土
锁口梁2(3300×600)
19.00m
100
500
1800
φ25锚杆3.5m长
(内注1∶水泥砂浆)
间距1.5m，环形设置
φ50mm小导管L=3500mm
水平环向间距为300mm
竖向间距为2000mm
0.65m

图 10　超前小导管剖面

（3）基坑开挖深度小于小导管的注浆长度，每次超前开挖控制在 2m 以内，开挖到预定深度后，喷射 60mm 厚素混凝土。

（4）喷锚 φ25 锚杆，锚固长 3.5m，锚杆预留 350mm，锚杆水平间距 1.5m，垂直间距 1m，交错布置，按倾角 15°施工；壁面铺设外层钢筋网，采用 φ6.5 钢筋，间距 200mm ×200mm，钢筋接头应保证搭接长度，钢筋网与锚杆采取焊接连接。超前小导管平面布置及剖面见图 11、图 12。

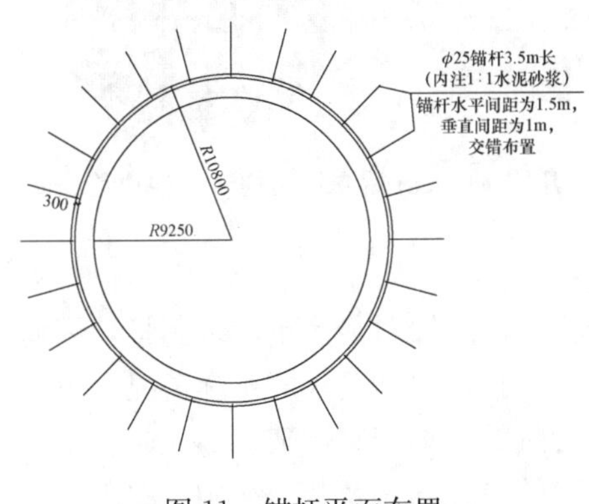

图 11　锚杆平面布置

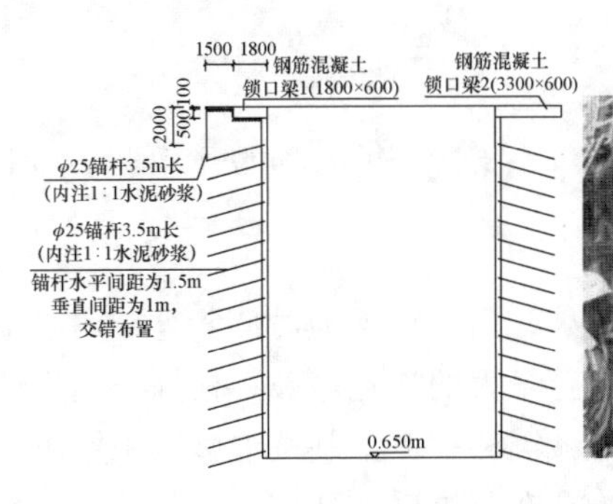

图 12　锚杆剖面

（5）预制标准钢桁架，按标准件制作，长 2000mm、宽 200mm、高 150mm。钢桁架标准节之间螺栓固定，垂直间距按 1m 布置。钢桁架连接立面及平面见图 13、图 14。

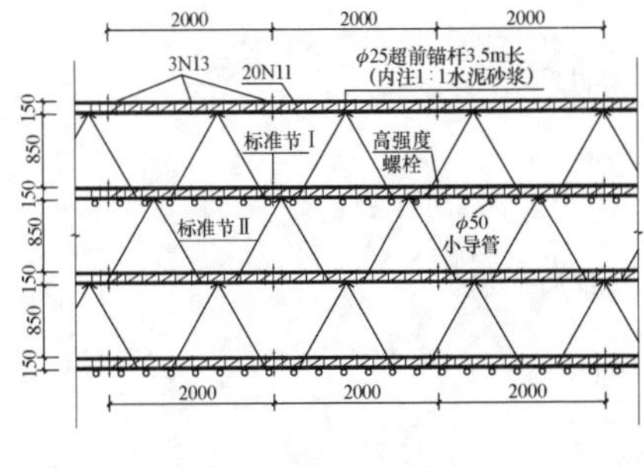

图 13　钢桁架连接立面

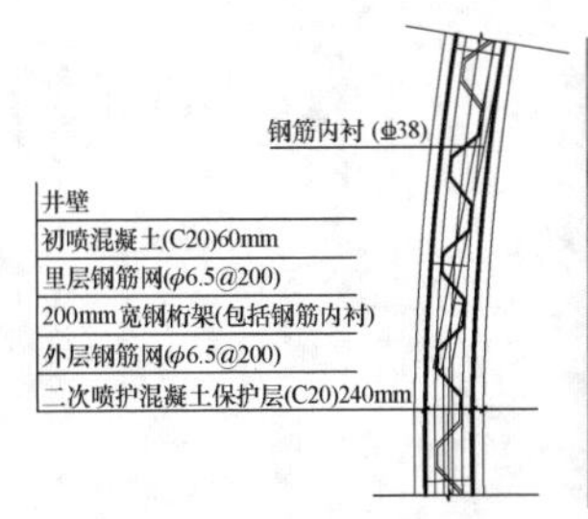

图 14　钢桁架连接平面

（6）在钢桁架内侧铺设内层钢筋网，采用 ϕ6.5 钢筋，间距 200mm×200mm，钢筋接头应保证搭接长度，钢筋网与钢桁架采取焊接连接。二次喷射 C20 混凝土，喷射厚度约 240mm，使其形成厚 300mm 钢拱圈。

从支护结构位移云图中可以看出，支护结构 x 方向水平位移随着基坑深度的增加而增大，同时也随着开挖深度的增加而增大。由于受到锚杆的影响，支护结构 x 方向水平位移呈周期性往复变化，有锚杆的位置较没有锚杆的位置位移大，但相差一般不超过 5mm。当模型开挖至 18.35m 时，基坑东侧边坡支护结构 x 方向最大水平位移为 13.8mm，基坑西侧边坡支护结构 x 方向最大水平位移为 12.2mm，均位于深度 14m 处，基坑东侧边坡支护结构 x 方向水平位移更大（图 15）。支护结构 y 方向水平位移随着基坑深度的增加逐渐向基坑内侧增大，同时位移也随着开挖深度的增加而增大。由于受到锚杆的影响，支护结构 y 方向水平位移呈周期性往复变化，有锚杆的位置较没有锚杆的位置位移大，但相差一般不超过 4mm。当模型开挖至 18.35m 时，基坑北侧边坡支护结构 y 方向上朝向基坑外侧的最大水平位移为 11mm，位于支护结构顶部，朝向基坑内侧的最大水平位移为 12.1mm，位于深度 16m 处（图 16）。

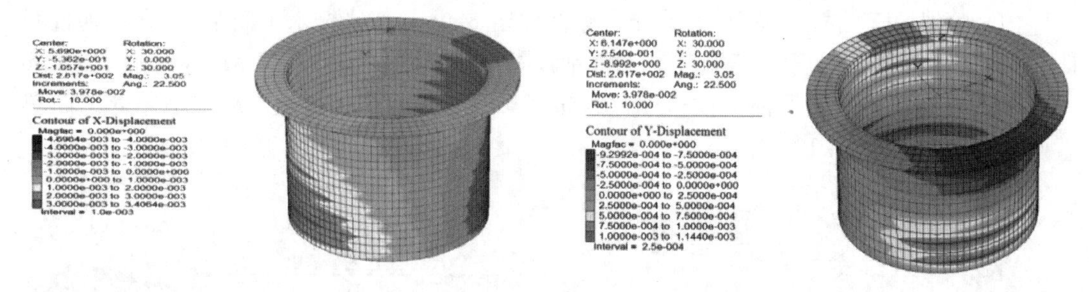

图 15　开挖 18.35m 后支护结构 x 方向位移云图　　图 16　开挖 18.35m 后支护结构 y 方向位移云图

4. 开挖爆破

对于基坑爆破，由于周围地质环境复杂，必须严格控制起爆时最大单段装药量，因而不能使用单孔装药量大的深孔爆破。根据区内岩性、施工技术尺寸要求的实际情况，决定采用预裂爆破法减震和护坡，基坑主爆区采用微差小台阶的松动控制爆破。

（1）预裂炮孔在基坑爆破开挖前先起爆，预裂爆破的炮孔布置及装药结构见图 17。

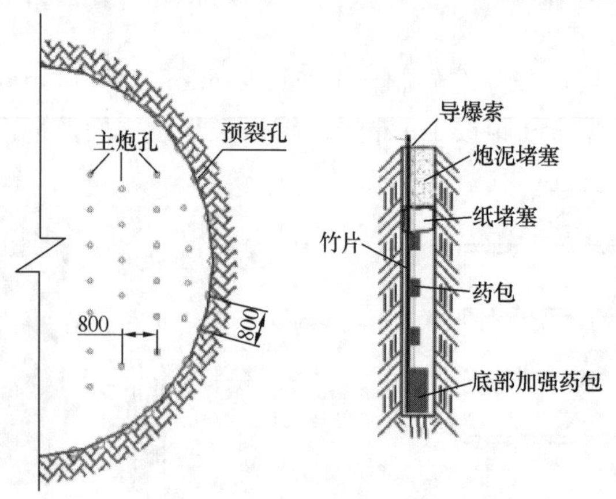

图 17　预裂爆破的炮孔布置及装药结构示意

（2）松动控制爆破设计

① 基坑开挖自上而下分层开挖，共分 8 层，每层 2m（图 18）；

② 基坑直径较大，每层开挖分两次爆破，以基坑中心点为圆心点，第一次开挖爆破约 8.6m 直径（半径约 4.3m），第二次开挖爆破全部完成 22.2m 直径；

③ 预裂爆破孔直径 91～110mm，采用直径 32mm 的炸药；

④ Ⅰ～Ⅳ为起爆顺序，雷管采用半秒管，依次为 2～6 段；

⑤ 单响爆破总药量不得多于 90kg；

⑥ 具体详见吸水泵房基坑开挖及布孔（图 18a）。

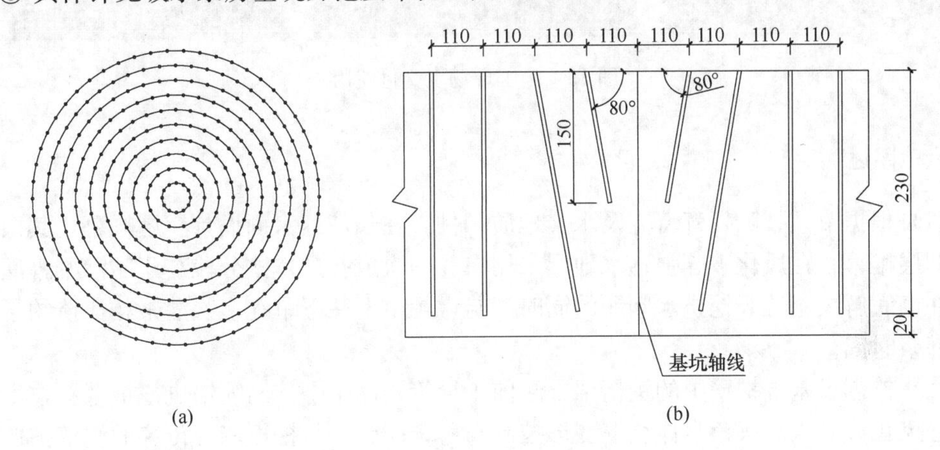

图 18　基坑开挖及布孔示意

（a）吸水泵房基坑开挖及布孔；（b）脚槽孔布置

五、工程实施的效果

施工单位严格按照设计方案实施，施工组织合理，在计划工期内圆满完成了基坑支护工程，全过程未进行任何设计变更，施工质量完全满足设计要求。

（1）基坑开挖过程中，岩土体水平方向位移随着基坑开挖深度的增加而增大，基坑南北侧岩土体表现为边坡上部朝基坑外侧产生位移，边坡下方朝基坑内侧产生位移，上部最大位移约为 5mm，下部最大位移约为 3.5mm；基坑东西侧岩土体均朝基坑内侧产生位移，最大位移为 5.4mm，位于基坑东侧边坡深度 15m 处。

（2）基坑开挖过程中，基坑底部开挖面上岩土体产生竖直向上的位移，同时基坑边坡上部岩土体产生竖直向下的位移，边坡下部岩土体则产生竖直向上的位移，随着基坑开挖深度的增加，基坑边坡岩土体竖直向下的位移也越来越大，当基坑开挖至 18.35m 时，基坑底部开挖面拱起约 22mm，基坑边坡上部产生最大竖直向下位移为 13.6mm，边坡底部产生的最大竖直向上的位移为 17.7mm，均位于基坑东侧边坡。

（3）基坑开挖过程中，基坑边坡支护结构（钢桁架喷射混凝土护壁）水平方向位移随着基坑深度的增加而增大，同时也随着开挖深度的增加而增大。当基坑开挖至 18.35m 时，基坑边坡支护结构表面朝向基坑内侧的 x 方向最大水平位移约为 13.8mm，位于基坑东侧边坡深度 14m 位置；支护结构表面朝向基坑内侧的 y 方向最大水平位移约为 12.1mm，位于基坑东侧边坡深度 16m 位置。

采用本设计方案与排桩＋内支撑支护等传统的基坑支护设计技术相比节省工期约50%，节约工程总投资约30%，施工现场及交付使用见图19。

图19 施工现场及交付使用

六、评述

（1）根据节理裂隙发育特点及水文地质条件，在长江迎水面设计三层帷幕，其余三面设计两层帷幕；在风化破碎强透水地层采用单孔一次成孔逆作法分段高压防渗帷幕灌浆工艺，在彻底解决基坑开挖止水问题的同时，与常规由上往下单孔多次灌浆相比节约了一半帷幕灌浆时间。

（2）首创了基坑护壁中的钢桁架＋超前小导管预固结＋挂网喷锚坑壁护壁新技术，解决了强风化砂砾岩高倾角岩体坑壁变形控制与稳定问题。与桩板墙等传统的坑壁护壁技术相比，施工简单、工期短，经费省。

（3）采用了预制钢桁架标准件现场组装工艺，大大加快了施工进度，有力确保了在计划施工工期内完成任务。

（4）强风化围岩体为软岩，基坑开挖过程中变形量大，而基坑坑壁距长江干堤堤脚仅4m，不允许长江干堤产生较大变形。按鄂州市葛华水厂取水泵房工程设计要求，基坑开挖支护施工期间，东、西、南、北及长江干堤水平位移和垂直沉降累计值≤20mm。

（5）喷锚支护＋超前小导管施工＋钢桁架的施工工法在本基坑项目中为初次采用，大大缩短工期，降低工程造价，满足了业主要求，得到了相关方的一致好评。

攀枝花昔格达场地基坑工程

杨致远　邓夷明　田　川　邵　钦　康景文
（中国建筑西南勘察设计研究院有限公司，成都　610051）

一、工程概况

攀枝花城市展示中心（攀枝花政务服务中心二期工程）位于攀枝花市仁和区干坝塘村炳仁路南侧规划用地面积 9633m²，建筑面积 20000m²，占地面积 46014m²。由规划展览馆、人防指挥所和民防宣教中心组成，共设 3 层地下室，基坑长 115m、宽 60m，周长 350m，面积 5604m²，基坑最大开挖深度为 31.10m（表 1、图 1）。场地南侧边缘为自然陡坡，基坑坑顶标高较低，开挖后形成一面敞口的非对称基坑。基坑影响范围内均为特殊岩土-昔格达土。开挖线北、东两面紧邻周边市政道路，地下管网分布复杂，尤其东侧紧邻道路桥梁基础及挡土墙对变形极为敏感，基坑的变形控制要求严苛。

拟建物主要工程性质　　表 1

建筑物名称	地上层数（层）	高度（m）	地下室（层）	地下室底板标高（m）	建筑物±0.00标高（m）	基础形式	预计基底平均压力（kN/m²）
展示中心民防馆	6	29	3	1203.3	1221.30	桩基/独立基础	180
展示中心规划馆	3	16	1	1213.8	1221.30	桩基/独立基础	80

图 1　工程位置及基坑支护平面布置（一）

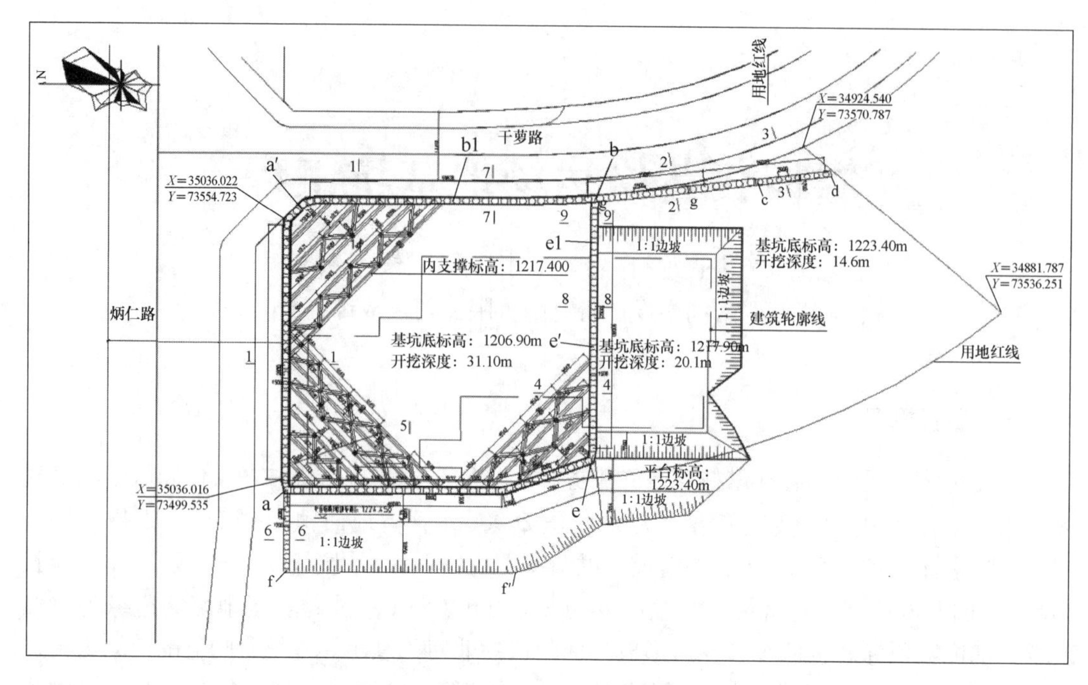

图 1　工程位置及基坑支护平面布置（二）

由于昔格达土属特殊性岩土，其超深基坑开挖支护及其变形机理、特征缺乏理论研究和工程实践经验，给基坑工程勘察设计和施工带来较大困难。此工程为攀西地区昔格达地层目前已知最深基坑工程，对昔格达地区基坑工程具有重要的借鉴意义。

二、场地工程地质及水文地质条件

场地属于构造剥蚀低中山地貌，处于山体的中下部。地形较为陡峻，地形坡度为35°～40°，北高南低；平整后场地最高点位于三线建设博物馆东侧、炳仁路南侧，高程为1238.3m，最低点位于三线建设博物馆东南方向靠近炳仁路，高程为1206.59m，相对高差约31m。

1. 地层岩性条件

（1）场地地层为间冰期河湖相沉积的昔格达岩，其构成和特征如下：

灰黄色、褐灰等色，粉细粒结构，层状构造，夹薄层昔格达组黏土岩。裂隙发育，岩质较软，岩芯呈饼状、短柱状，属半成岩，产状285∠7°。具有浸水软化、失水开裂的特点。该层全场地分布，厚度约81.7m。

（2）根据基坑专项勘察钻探、试验成果表明，场地昔格达岩层可分为2个亚层，分别为昔格达组泥岩、昔格达组粉砂岩（图2）。各岩层的特征分述如下：

① 昔格达组泥岩：黄色、青灰色，岩芯呈柱状，节理裂隙局部发育，强度大。

② 昔格达组粉砂岩：黄色、青灰色，岩芯呈松散碎柱状，粉细粒结构，层状构造，裂隙发育，岩层破碎，岩质较软，强度较低。

根据岩土工程勘察报告，昔格达粉砂岩基坑支护设计参数和典型地质剖面见表2和图3。

图2　昔格达组泥岩和粉砂岩

基坑支护设计参数　　表2

地层名称	重度 γ （kN/m^3）	黏聚力 c （kPa）	内摩擦角 φ （°）	土体与锚固体的极限摩阻力标准值 f_{ms} （kPa）
昔格达组粉砂岩	21.1	30	28	120

2. 场地水文地质条件

场地内未见泉、井、河流等地表水。区内雨量贫乏，降雨主要集中在7～9月，地下水补给方式主要是地表水下渗。昔格达岩石节理裂隙发育，渗透性强、透水性好，储水能力差，地下水下渗后很快会向场地地势低洼处径流和排泄。根据场地东侧项目一期政务中心基坑开挖情况可知，南侧临山侧基坑侧壁局部有地下水渗流，水量较小。

三、场地周边环境

（1）场地北侧：距红线约13.5m为炳仁路，路宽约20m；

（2）场地东侧：距红线3.5m为干萝路，路宽约11.0m；

（3）场地西侧（FA段）：为拟建市民广场的预留用地，场地开阔，地形标高约为1237.0～1238.0m；

（4）场地南侧（BF段）：场地开阔，为预留空地。

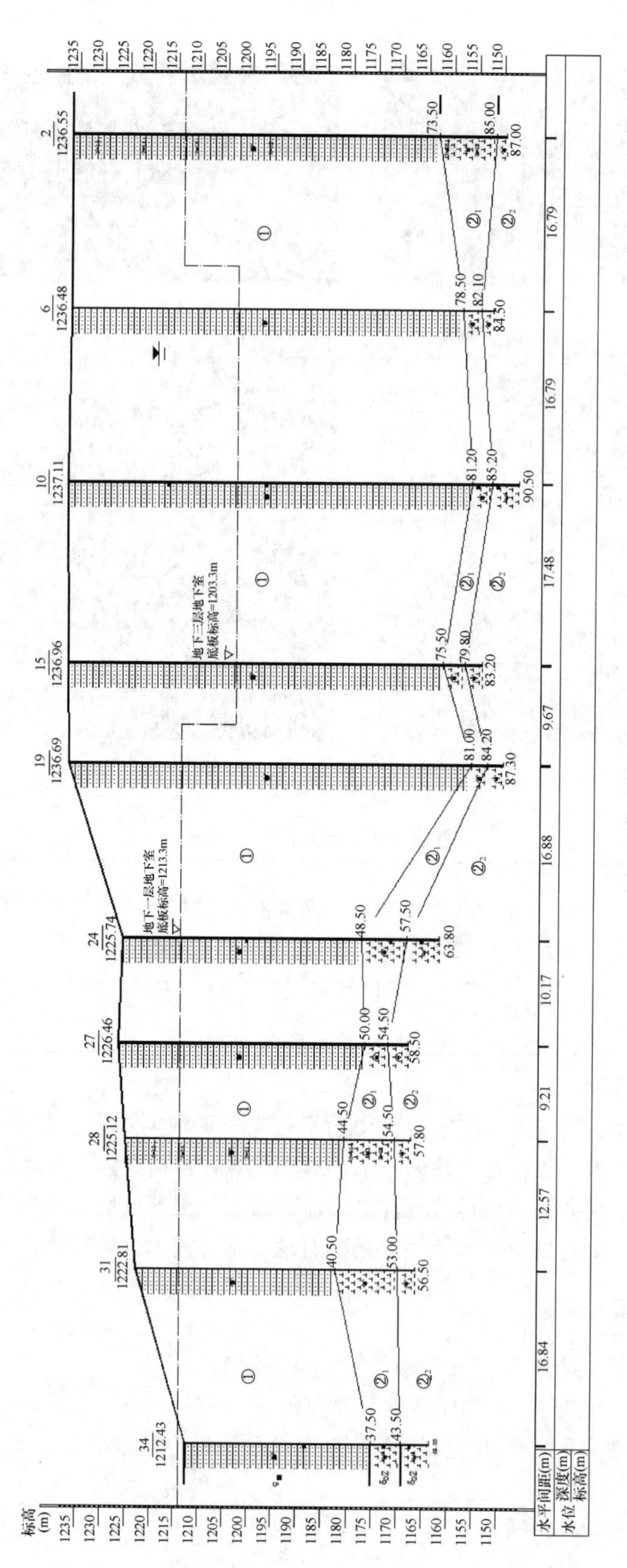
标高(m)
地下一层地下室
底板标高=1213.3m
地下三层地下室
底板标高=1203.3m
34
1212.43
31
1222.81
28
1225.12
27
1226.46
24
1225.74
19
1236.69
15
1236.96
10
1237.11
6
1236.48
2
1236.55
水平间距(m)
深度(m)
水位
标高(m)
16.84
12.57
9.21
10.17
16.88
9.67
17.48
16.79
16.79

图3　典型地质剖面

场地北侧人防指挥所部位将开挖至－17.55m（绝对高程1206.9m），场地南侧分两阶开挖，其中规划展览馆部位将开挖至－6.55m（绝对高程1217.90m），规划展览馆以外部位将开挖至－1.05m（绝对高程为1223.4m），基坑开挖支护深度为－14.60～－31.10m，场地南侧紧邻干萝路高架桥基础，对基坑变形要求极为严苛，基坑安全等级为一级。

四、工程设计

1. 原支护方案

根据场地岩土工程条件、拟建物性质、基坑开挖深度、场地周围环境条件及工期要求，基坑支护采用排桩＋锚索＋内支撑支护结构。

（1）aa′b段：基坑深31.10m，采用排桩＋锚索＋内支撑的支护，桩径1500mm，间距2.0m，桩长42.10m，设5排锚索和2道内支撑。

（2）bc段：基坑深20.10m，采用排桩＋锚索的支护方式，桩径1500m，间距2.5m，桩长29.85m，设4排锚索。

（3）cd段：基坑深14.60m，采用排桩＋锚索的支护方式，桩径1200m，间距2.0m，桩长20.60m，设2排锚索。

（4）be段：基坑深16.50m，采用排桩＋内支撑的支护方式，桩径1500mm，间距2.5m，桩长25.50m。该段东侧与a′b段形成对撑，西侧与ea段形成对撑。

（5）ea段：为避让人防通道，经业主同意将北侧支护桩布设于红线以外。基坑深28.10m，采用放坡＋排桩＋内支撑的支护方式，桩径1500m，间距2.0m，桩长27.55m，设2道内支撑。

（6）af段：基坑深10.55m，采用排桩＋锚索的支护方式，桩径1200m，间距2.0m，桩长15.55m，设1排锚索。

2. 原位测试

1）原位剪切试验

（1）先在试坑内挖80cm×80cm×35cm试样粗样，根据剪力盒大小修整试样精样，将剪力盒套在土样上，地面削平，安装其他设备，安装时确保剪力盒水平，推力垂直剪力盒（图4）。

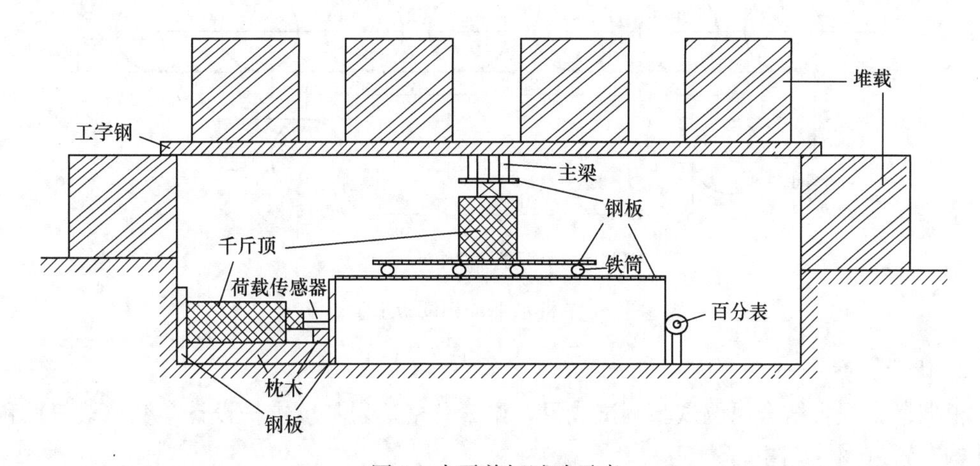

图4　水平剪切试验示意

（2）分级施加垂直荷载至预定压力，每隔 5min 记录百分表读数，当达到稳定标准再进行下一级加载。

（3）预定垂直荷载稳定后，开始施加水平推力，控制推力徐徐上升，记录百分表读数以及与之对应的水平推力，当水平推力不再升高或后退，即停止试验。

（4）按以上方法在不同垂直压力下得到垂直压力和对应的水平推力读数。

原位剪切试验表明：昔格达地层泥岩黏聚力 $c=81.99$kPa，内摩擦角 $\varphi=29.48°$；砂岩黏聚力 $c=126.61$kPa，内摩擦角 $\varphi=24.18°$。

2）锚索拉拔试验

（1）试验数量不少于 2 组，每组锚索数量不少于 3 根；自由段、锚固段长度分别为：第一组自由段长度 5m，锚固段长度 8m；第二组自由段长度 5m，锚固段长度 12m。

（2）锚索采用 10 束 ϕ15.2 高强度低松弛有粘结预应力钢绞线，强度等级 1860MPa；钻孔直径、施工工艺与实际工程所采用的相同。

（3）计划最大试验荷载，第一组不小于 1500kN，第二组不小于 1800kN，起始荷载可为计划最大试验荷载的 10%。

（4）当锚索极限抗拔承载力试验采用逐级加载法时，每一循环的最大荷载及相应的观测时间逐级加载和卸载。

锚索拉拔试验表明：所抽检的 5 根锚索极限抗拔承载力标准值为 1803kN。

3）单桩水平静载试验

在场地西侧布设两根试验桩（反力桩采用基坑支护桩），以获得昔格达地层中桩的水平承载力，为优化设计提供依据，试验桩与支护桩位置关系见图 5，1 号试桩于荷载为 2200kN 时冠梁出现裂缝，试验终止；2 号试桩于荷载为 2000kN 时，位移突变，试验终止。试验结果表明：各试验点在最大荷载作用下，荷载-沉降曲线呈缓变型。1 号试桩取水平位移为 6mm 时，单桩水平承载力特征值为 750kN；取水平位移为 10mm 时，单桩水平承载力特征值为 1050kN；2 号试桩取水平位移为 6mm 和 10mm 时，单桩水平承载力特征值均为 900kN。

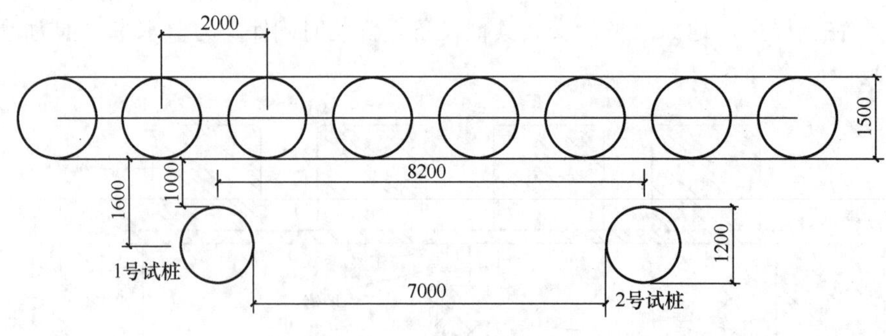

图 5　单桩水平推移试验示意

3. 优化方案

根据勘察报告结合原位试验测试成果，调整昔格达岩基坑支护设计参数（表 3）和支护结构布置（图 6、图 7）。

昔格达岩基坑支护设计参数调整 **表 3**

地层名称	重度 γ（kN/m^3）	黏聚力 c（kPa）	内摩擦角 φ（°）
全风化昔格达组	18	76	18
昔格达组泥岩	20	220	28.8
昔格达组粉砂岩	20	46	25.7

图 6　支护结构北侧-东侧-南侧-西侧实景

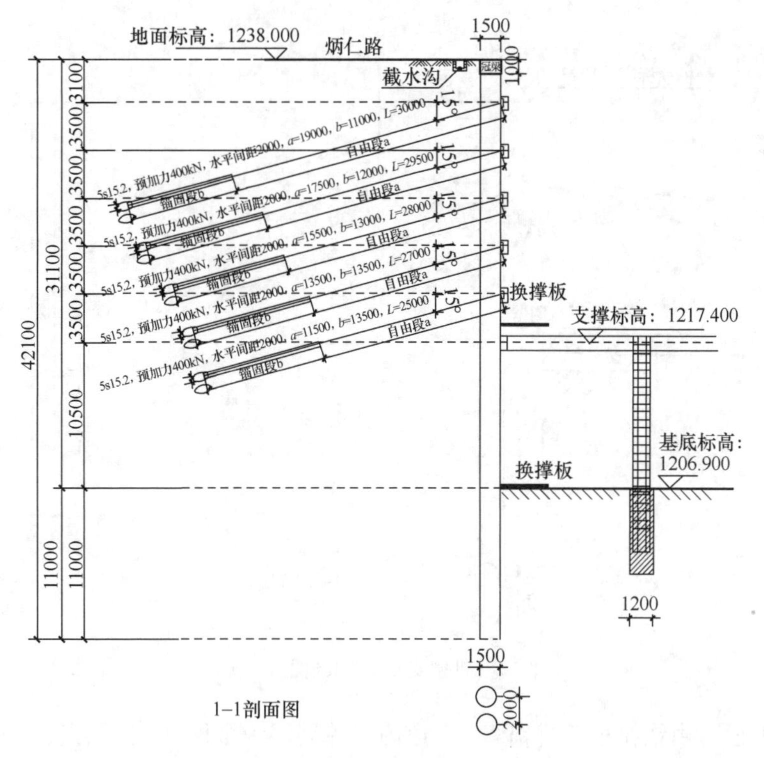

图 7　典型支护结构剖面（一）

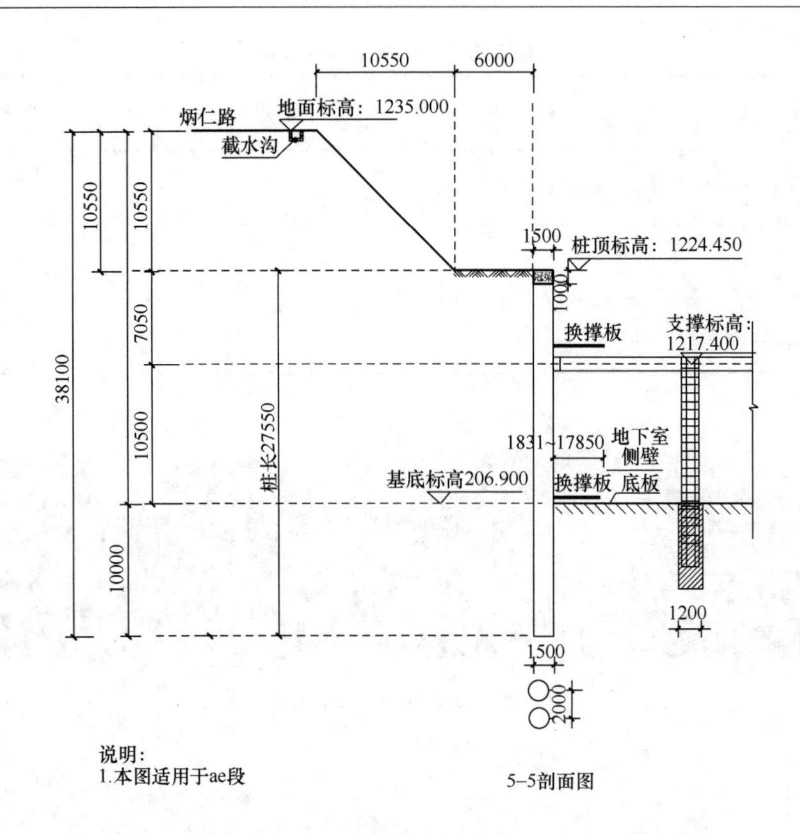

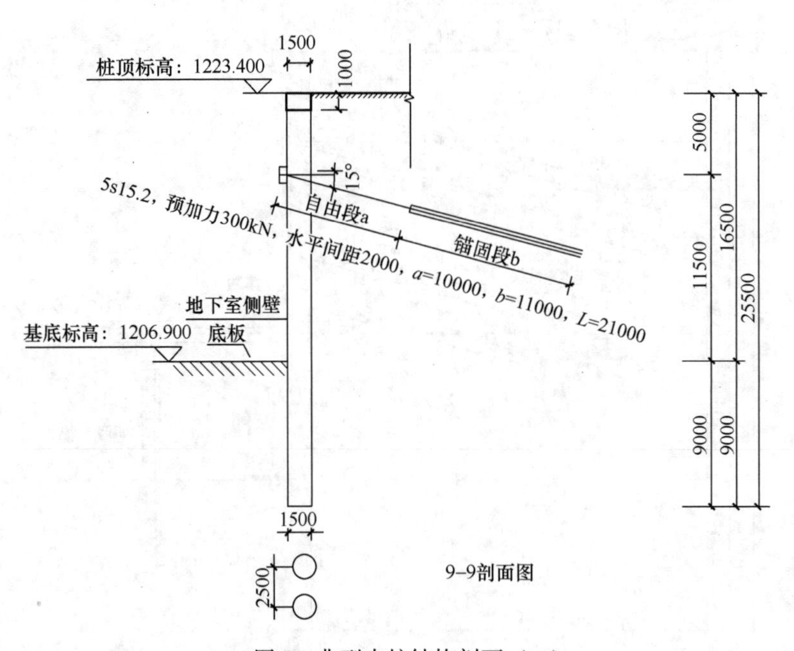

图 7　典型支护结构剖面（二）

（1）aa′b 段：由锚拉桩 5 排锚索、2 道内支撑调整为排桩＋5 排锚索、1 道内支撑。

（2）b1b 段：由锚拉桩 5 排锚索、2 道内支撑调整为排桩＋7 排锚索。

（3）be1 段：由排桩＋2 道内支撑调整为锚拉桩设置 1 排锚索。

（4）e1e′段：由排桩＋2道内支撑调整为排桩支护，桩顶标高降至原设计第一道内支撑标高处。

（5）e′e段：由排桩＋2道内支撑调整为排桩＋1道内支撑，桩顶标高降至原设计第一道内支撑标高处。

（6）ae段：由排桩加2道内支撑调整为排桩＋1道内支撑。

基坑水平位移变形量报警值设置为30mm，速率3mm/d；基坑沉降预警值为20mm，速率3mm/d；周边道路、地表沉降预警值为30mm，速率3mm/d；锚索应力、钢筋应力都为设计值70%。

五、效果监测

观测第一期开始时间为2018年12月15日，最后一次观测时间为2020年6月29日，共监测488期（图8）。

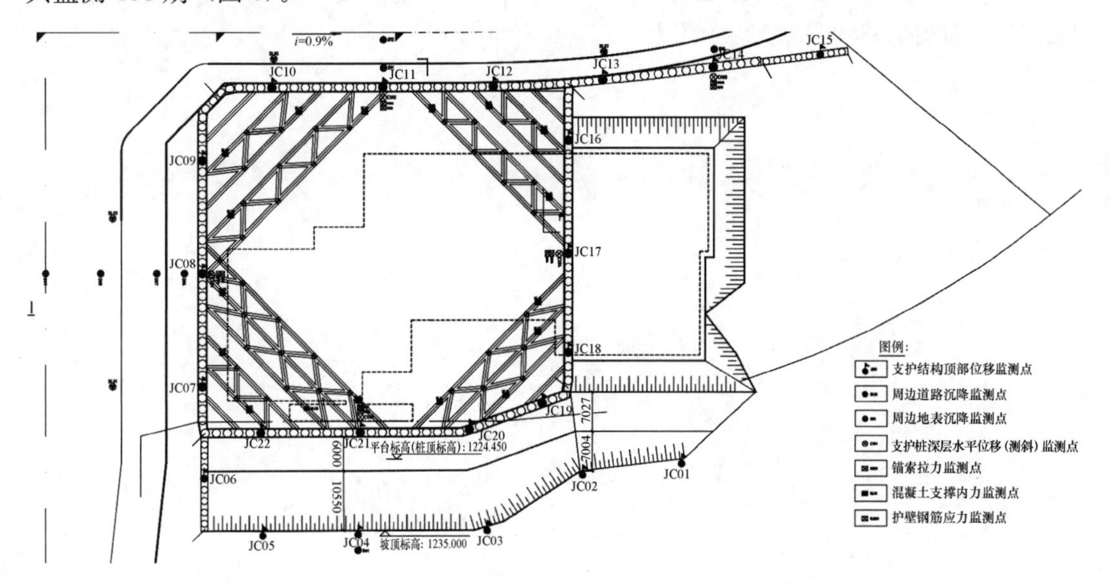

图8　监测点布置平面图

基坑水平位移最大累计变形量为16.5mm（JC12点，X方向移动2.5mm，Y方向移动−16.3mm），最大变化速率为0.1mm/d；基坑竖向沉降最大累计变化量为−12.4mm（JC11），最大变化速率为0.05mm/d；周边道路、地表沉降最大累计变化量为−5.4mm（D1），最大变化速率0.08mm/d；锚索应力最大变化值为62.624kN（第一层锚索编号80096）；钢筋应力变化最大值为17.7kN（31号桩内侧39m处）。在施工进行期间无异常变化，变形趋于稳定，各个监测点均无超限变动。

六、评述

针对昔格达岩的抗剪强度指标合理取值、复杂非对称基坑支护结构的选型等技术难点，开展了以下优化。

（1）在常规勘探工作的基础上，开展专项原位测试，完成昔格达土室内剪切试验13组、现场大剪试验5组、桩的水平载荷试验2根、锚索拉拔试验6组，提出适用本基坑较为合理的抗剪强度指标为基坑方案优化提供依据。

（2）通过试桩的水平载荷试验，研究昔格达地层水平反力分布规律，评价了昔格达地层中 m 法与 K 法的适用性，验证了参数综合取值的有效性与可靠性，为后续工程提供有效指导。

（3）依据勘察和原位测试成果、结合场地地形特征、周边环境条件，对桩锚方案、内支撑方案、桩锚与内支撑组合方案进行了多方案比选优化设计，采用以桩锚为主、下部设置两道整体支撑的综合方案，充分考虑了周边环境条件、昔格达土特性和地下水的影响、有效控制基坑变形，方便土方开挖和运输。

（4）现场核对揭露地质条件，重点关注地下水出露地层、埋深、渗流量，结合基坑监测变形量、锚索拉力、钢筋应力等基坑开挖过程信息进行反演分析，最终形成上下均为锚索与一道支撑的支护体系，基坑开挖后监测结果符合预期，基坑变形控制良好。

基坑工程于 2019 年 7 月竣工验收合格，目前主体已通过竣工验收，基坑变形监测表明：基坑支护体系运行良好，无超限。

南充市凤垭华庭基坑工程

岳大昌　李　明　贾欣媛　闫北京　廖必成
（成都四海岩土工程有限公司，成都　610041）

一、工程简介及特点

1. 工程简介

项目位于四川省南充市嘉陵区凤垭山，其东南侧为绿地凤垭国际城。拟建工程建设用地面积约96000m^2，由10栋9～17层中高（高）层住宅、20栋4～7层多层住宅、1栋2～3层幼儿园组成，场地设置1～2层地下室。

场地总体呈西高东低、南高北低状，场地地形起伏相对较大，地面高程在286.88～336.53m之间，高差49.65m。本项目边坡和基坑支护区域主要集中于场地南侧、东侧和西南侧，以及北侧局部，自然地面开挖到设计场平标高形成边坡，最高13.3m，设计场平标高挖至地下室底标高形成基坑，最大开挖深度14m，基坑和边坡支护总高度21.3m，主体施工完成，基坑将回填至总平标高。自然地面最低处回填至场平标高形成挡土墙，挡土墙最高12.4m。

2. 工程特点

1）场地环境复杂多样，边坡高度较大

该边坡和基坑规模大、高差大，根据现状地貌标高及小区道路设计高程，场地平整后将形成总长度1150m的边坡和基坑，包含多种地层形式，有回填形成高填方、土质高边坡、岩质高边坡、岩土结合高边坡等。

2）地质条件复杂，填土较厚

拟建场地属典型构造剥蚀残丘地貌，沟谷、坡地、凹地、陡崖等微地貌发育。泥岩在风化与重力作用下破碎后堆积在山脚下进一步风化，于基岩上发育成一套巨厚的粉质黏土一碎石土地层，该层在陡崖下的18号、19号、20号楼（CEH段）及21号、22号（RTVW段）边坡范围内分布，钻孔揭示厚度4.0～11.5m，力学性质较差，尤其是EF-GH段边坡，其可利用空间狭窄，而土层厚度达7.7m。场地北侧（ABC剖面）及东侧（FG剖面），原始地貌为沟谷地貌，根据场地规划，该范围内需回填至设计高程，回填高度6.0～14.5m，结构松散。

3）建设用地紧张，边坡设计空间受限

建设场地整体呈不规则条带状，场地规划建筑与小区道路距用地红线近，局部地段不具备放坡条件，特别是19号、20号楼外侧小区道路距用地红线仅2m，在设计时业主要求坡顶线不得超出用地红线。

4）临时性基坑与永久性边坡结合

由于场地边坡距建筑基坑较近，基坑设计时需考虑边坡对基坑的影响，边坡设计时，要考虑临时基坑的设计深度。

二、工程地质条件

拟建场地地貌单元属构造剥蚀残丘地貌，微地貌有沟谷、坡地、凹地、陡崖等。

根据勘察资料，场地地层主要由第四系全新统人工填土（Q_4^{ml}）、第四系全新统坡残积（Q_4^{dl+el}）粉质黏土、第四系全新统坡积（Q_4^{dl}）碎石及侏罗系中统遂宁组（J_{2sn}）泥岩组成。地层岩性及发布特征分述如下：

1）第四系全新统人工填土（Q_4^{ml}）

①$_1$杂填土：杂色，成分以建筑垃圾为主，含少量黏性土和生活垃圾，主要为原有建筑拆迁形成，回填时间3年左右。

①$_2$素填土：褐黄色、灰褐色，松散，成分以粉质黏土为主，夹少量岩石碎块和植物根茎，主要由场地原有的耕土和场地整平时形成的填土组成，回填时间约为0～3年。

2）第四系全新统坡残积层（Q_4^{dl+el}）

②$_1$粉质黏土：褐灰色，软塑，韧性中等，干强度中等，无摇振反应，稍有光泽。本层仅在局部分布。

②$_2$粉质黏土：黄褐色、灰褐色、红褐色，可塑，无摇振反应，稍有光泽，强度中等，韧性中等，土体多含碎石，土质不均匀。该层在场地内广泛分布。

3）第四系全新统坡积层（Q_4^{dl}）

③碎石：褐红、褐黄色，松散～稍密，成分以风化泥岩为主，次为黏性土，该层是山上泥岩在风化作用下破碎后，破碎泥岩在重力作用下堆积在山脚下进一步风化后形成。

4）侏罗系中统遂宁组层（J_{2sn}）

泥岩：棕红色、褐红色，以高岭石、水云母、蒙脱石等黏土矿物为主，次为石英、长石等碎屑矿物，厚～巨厚层状构造，泥钙质胶结，岩层倾角近于水平。岩芯遇水易软化，失水易崩解，按风化程度从上至下可分为：强风化泥岩、中风化泥岩。

场地内地下水可分为第四系土层中的上层滞水和基岩裂隙水。上层滞水赋存于第四系松散堆积层中，该层不连续，水位差异大，无统一自由水面，主要受大气降水补给，排泄方式以蒸发为主，水位随季节性变化。基岩裂隙水分布于泥岩的风化-构造裂隙中。

主要地层参数见表1。代表性地层剖面见图1，剖面位置见图2。

主要地层参数　　表1

岩土名称	重度 γ (kN/m^3)	地基承载力特征值 f_{ak} (kPa)	压缩模量 E_s (MPa)	黏聚力 c (kPa)	内摩擦角 φ (°)	孔隙比 e	含水量 w (%)	抗力系数 M (MN/m^4)
①$_1$杂填土	18.0	—	—	3	5	0.82	23.1	—
①$_2$素填土	18.5	—	—	5	8	0.79	24.2	—

续表

岩土名称	重度 γ (kN/m³)	地基承载力特征值 f_{ak} (kPa)	压缩模量 E_s (MPa)	黏聚力 c (kPa)	内摩擦角 φ (°)	孔隙比 e	含水量 w (%)	抗力系数 M (MN/m⁴)
②$_1$软塑粉质黏土	18.5	80	2	10	8	0.81	30.2	—
②$_2$ 可塑粉质黏土	19.5	140	5	30	13	0.78	26.7	30
③碎石	20.0	140	8	8	25	—	—	50
④$_1$强风化泥岩	22.0	300	15	50	25	—	—	100
④$_2$ 中风化泥岩	23.5	800	—	100	32	—	—	—

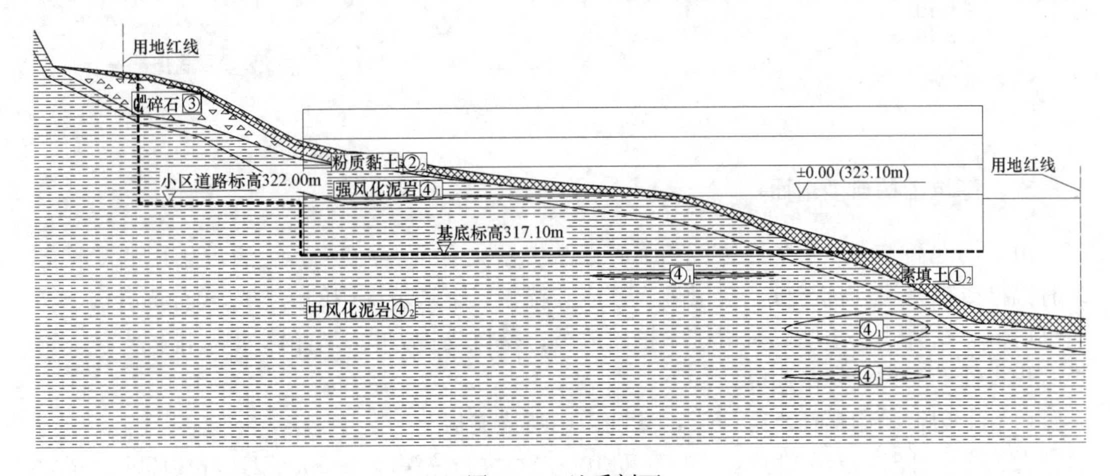

图1　1-1 地质剖面

三、场地周边环境

场地周边及场地内无建筑和地下管线。场地南侧红线外为山坡，山坡较陡、较高，坡向为场地内，山区上植被茂密；西侧红线外有当地居民，建筑距红线较远，红线外主要是菜地和种植的经济作物；北侧和东侧红线外局部为农田，局部为缓坡，坡向场地以外。场地内道路和建筑较近，距红线也较近。

四、基坑围护平面

本场地红线范围内较异形，东西总长 622m，但西段 440m 范围内呈狭长条，南北方向宽 34～60m，东段 180m 范围内异形，宽 324m。总体看，场地属于半挖半填场地，南侧场平标高低于自然地面，以挖方为主，边坡支挡以抗滑桩、锚杆（索）框格梁为主，基坑支护排桩、喷锚支护；北侧、东侧和西侧场平标高高于自然地面标高，以填方为主，以桩和挡土墙为主，无基坑支护。基坑支护平面见图 2。

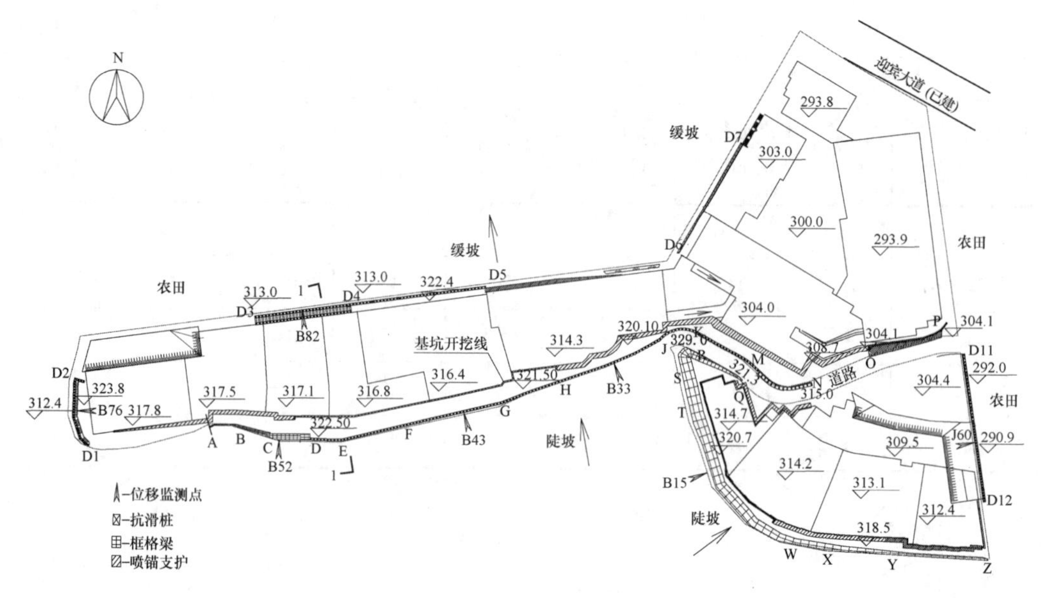

图 2　基坑平面

五、基坑围护典型剖面

由于场地高差大，永久性边坡和临时性基坑总共有 32 个剖面，上边坡采用的支护方式有锚杆＋框格梁、抗滑桩、抗滑桩＋预应力锚索；下边坡采用的支护方式有抗滑桩、梯级抗滑桩、扶臂式挡土墙、抗滑桩＋桩顶放坡；基坑支护方式有喷锚支护、排桩支护。选择有代表性的支护设计剖面介绍如下。

（1）上边坡采用锚杆＋框格梁，基坑采用喷锚支护

AD 段（图 3），永久性边坡支护高度 10m，基坑开挖深度 5.8m，用地红线距小区道路

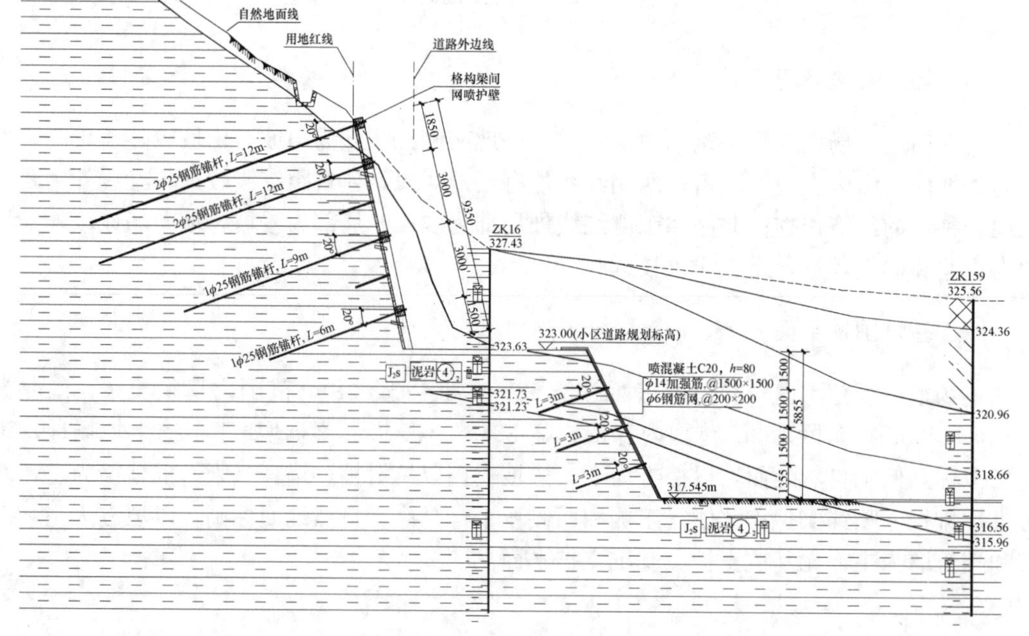

图 3　AD 段剖面

边线最近仅 2m，地下室边线距边坡下口线 4.5～9.9m，边坡和基坑开挖深度范围内主要地层为中风化泥岩，岩层较完整，无外倾结构，边坡和基坑稳定性较好。永久边坡采用锚杆+框格梁支护，锚杆间距 3m×3m，长 6～12m，框格梁截面为 0.4m×0.4m，由于坡比较陡，框格间采用挂网喷混凝土。基坑采用喷锚支护，锚杆间距 1.5m×1.5m，长 3m。

（2）上边坡采用抗滑桩+预应力锚索支护，基坑采用排桩支护

DH 段（图 4），永久性边坡支护高度 12m，基坑开挖深度 5.5m，用地红线距小区道路边线最近仅 2m，地下室边线距边坡下口线 12.4m。边坡开挖范围内分布有粉质黏土和碎石土，基岩面为陡倾，切坡工况下，粉质黏土和碎石土容易顺土岩界面形成滑坡，因此边坡采用抗滑桩+预应力锚索支护，抗滑桩规格为 1.0m×1.5m，间距 2.5m，桩长 20m，桩身混凝土强度等级为 C30，设两排预应力锚索，长 22m 和 27m。基坑开挖深度范围内有强风化和中风化泥岩，风化线向基坑内倾斜，为控制基坑开挖变形，采用排桩支护，桩径 1.0m，间距 2.5m，桩长 10m，桩顶设置冠梁，桩间采用挂网喷混凝土。

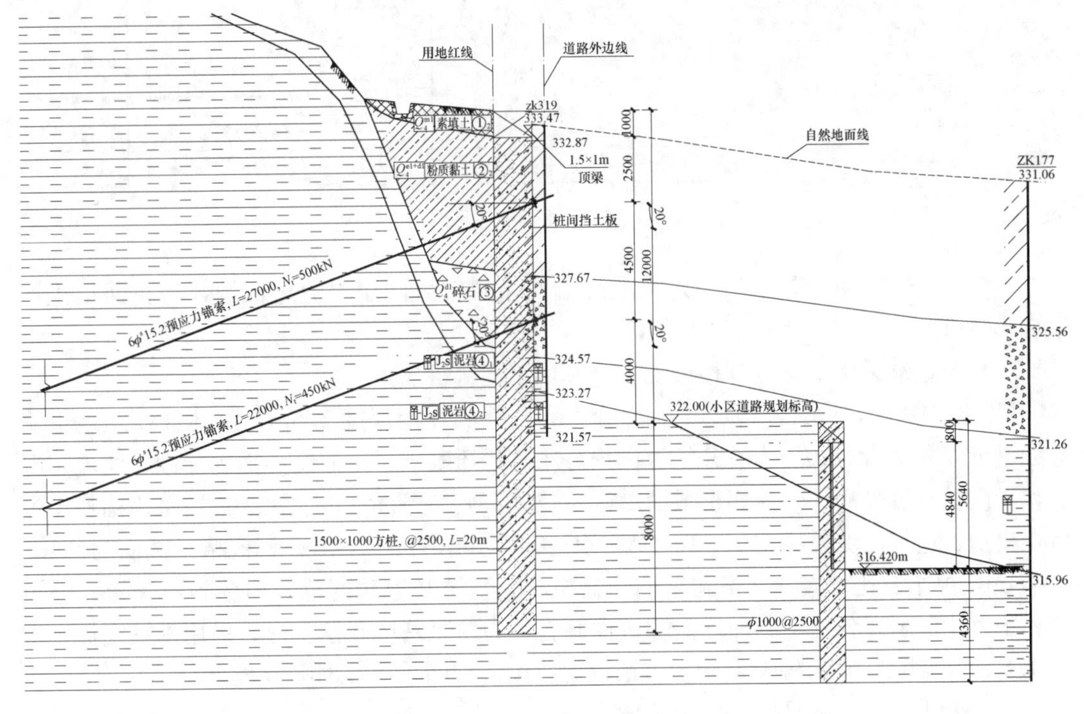

图 4　DH 段剖面

（3）上边坡采用抗滑桩+预应力锚索支护，基坑采用喷锚支护

HM 段（图 5），永久性边坡支护高度 11.5m，基坑开挖深度 6.18m，用地红线距小区道路边线最近仅 2m，坡顶为市政道路，地下室边线距边坡下口线 3.8～13.0m。边坡开挖范围内分布为强风化及中风化泥岩，切坡工况下，粉质黏土和碎石土容易顺土岩界面形成滑坡，由于无放坡开挖空间，坡顶需考虑车辆荷载，因此边坡采用抗滑桩+预应力锚索支护，抗滑桩规格为 1.0m×1.5m，间距 2.5m，桩长 20m，桩身混凝土强度等级为 C30，设两排预应力锚索，长 20m 和 27m。基坑开挖深度范围内有强风化和中风化泥岩，强风化泥岩为透镜体，整体稳定性较好，因此基坑喷锚支护，锚杆间距 1.5m×1.5m，长

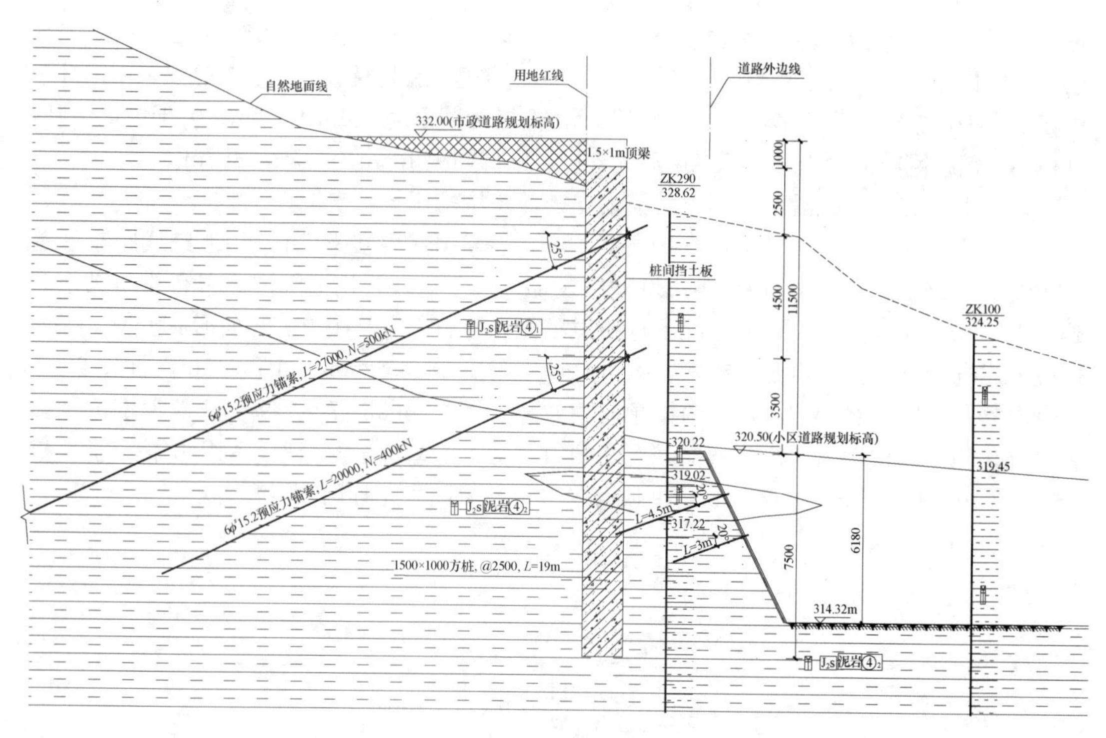

图 5　HM 段剖面

4.5m 和 3.0m，地下室修筑后，地下室外墙与基坑壁之间用水泥土回填，防止回填土产生变形。

（4）上边坡采用锚杆＋框格梁支护，基坑采用排桩支护

PZ 段（图 6），永久性边坡支护高度 13m，基坑开挖深度 5.8m，用地红线距地下室边线最近仅 3.2～4.0m。边坡开挖范围内分布有粉质黏土，土岩交界面为陡倾，切坡工况下，粉质黏土容易顺土岩界面形成滑坡，该位置有放坡条件，因此永久边坡采用锚杆＋框格梁支护，边坡放坡坡比 1∶0.8，锚杆间距 3m×3m，长 12～18m，框格梁截面为 0.4m×0.4m，由于坡比较缓，框格间采用喷播植草。基坑开挖深度范围内为粉质黏土、强风化和中风化泥岩，各地层界面均向基坑内倾斜，为控制基坑开挖变形，采用排桩支护，桩径 1.0m，间距 2.5m，桩长 10m，桩顶设置冠梁，桩间采用挂网喷混凝土。

（5）下边坡采用抗滑桩＋桩顶放坡

D_1D_2 段（图 7），边坡支挡高度 11.3m，用地红线距地下室边线 11.5～15.5m，建筑外为场内道路，地下室与用地红线间原为冲沟，根据总平规划，需要回填形成直立边坡。由于坡顶需考虑车辆荷载，因此边坡采用抗滑桩＋桩顶放坡，抗滑桩规格为 1.0m×1.5m，间距 2.5m，桩长 20m，桩身混凝土强度等级为 C30，桩顶以上放坡高度 2.5m，按 1∶1.6 放坡绿化。原坡面开挖形成台阶，回填土分层压实。

（6）下边坡采用梯级抗滑桩

D_3D_4 段（图 8），边坡支挡高度 14.5m，用地红线距地下室边线 8.1m，建筑外为场内道路。该位置为斜坡地段，根据总平规划，需要回填形成直立边坡，回填深度 14.5m。下边坡采用梯级抗滑桩，抗滑桩规格为 1.0m×1.5m，间距 2.5m，前后排距 5.0m，前排桩

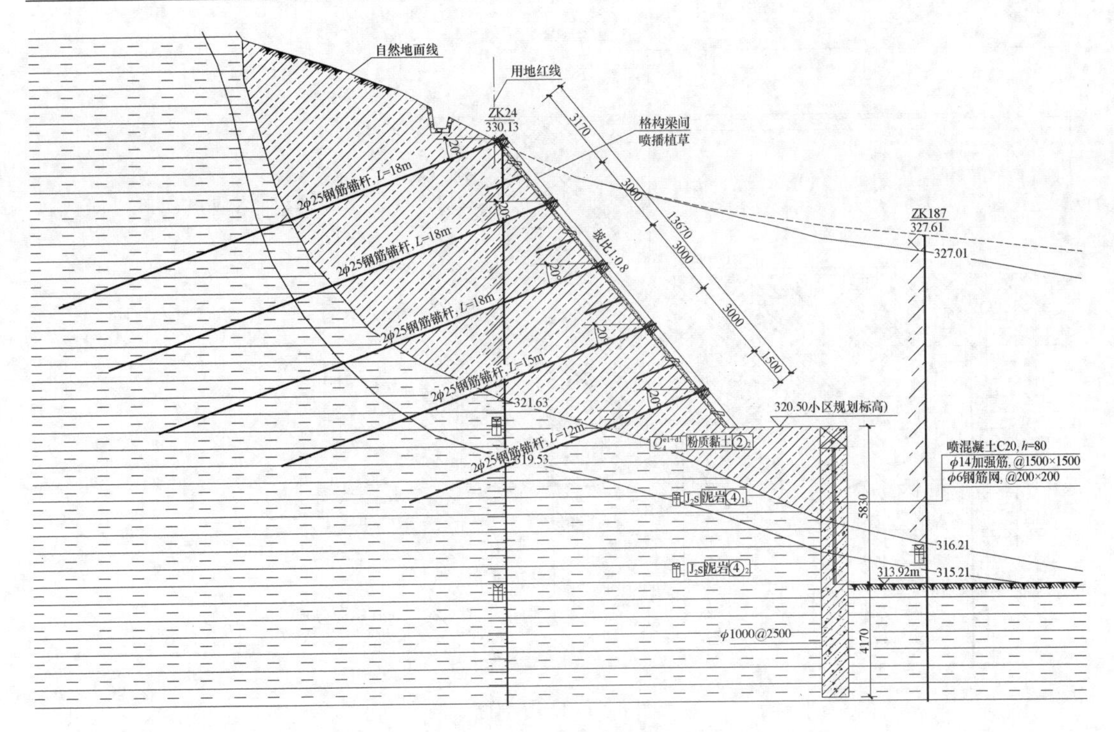

图 6　PZ 段剖面

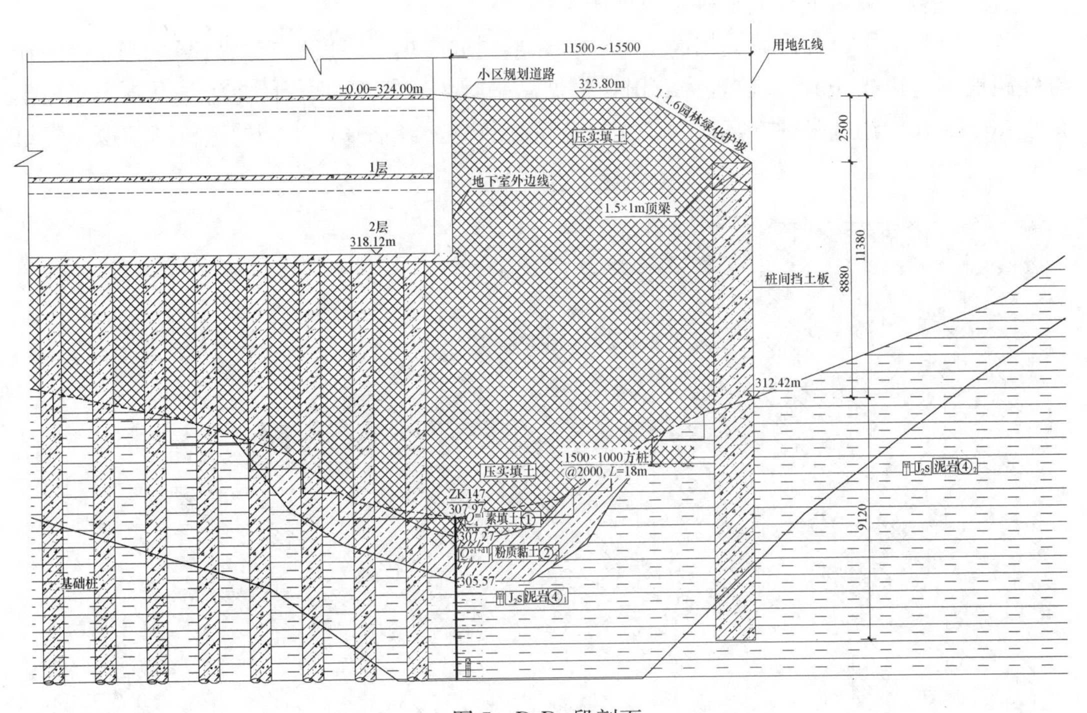

图 7　D_1D_2 段剖面

长 25m，后排桩长 19.9m，后排桩低于前排桩 5.1m，两排桩间采用连梁连接，截面尺寸为 1.0m×1.5m，桩身混凝土强度等级为 C30，桩顶压顶梁，原坡面开挖形成台阶，回填土分层压实。

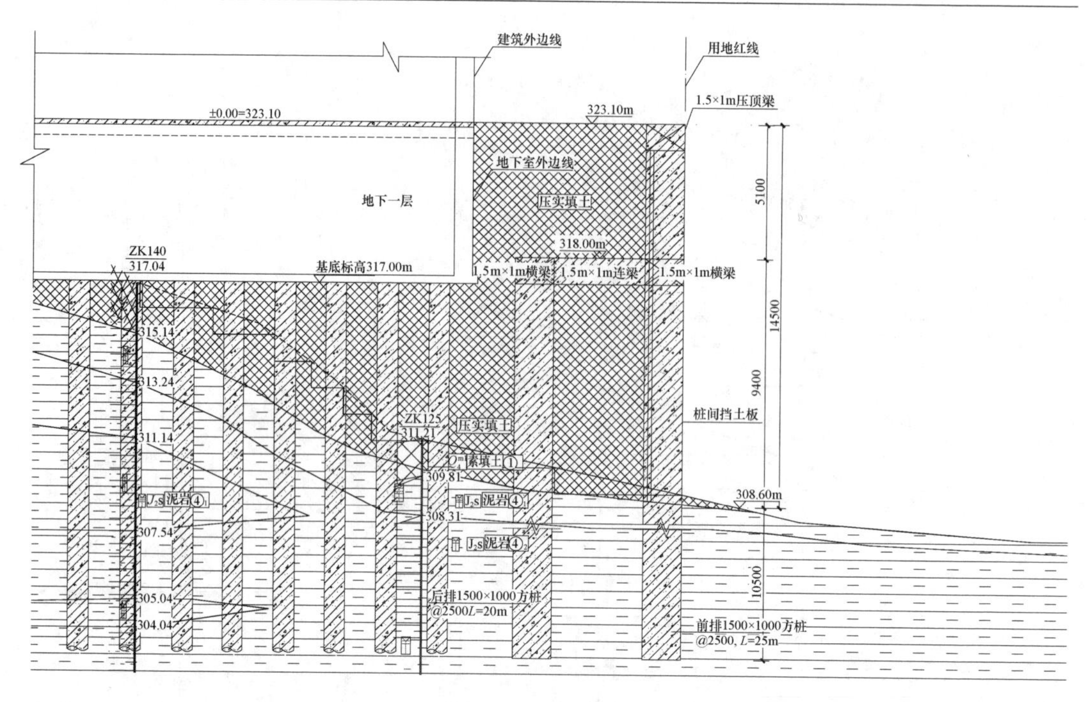

图8 D_3D_4段剖面

（7）下边坡采用抗滑桩＋桩顶放坡＋吊脚楼

$D_{10}D_{11}$段（图9），边坡支挡高度21.1m，连同坡脚填土厚度总支挡高度23.1m，用地红线距地下室边线6m，该位置为农田，根据总平规划，需要回填形成直立边坡，回填土深度20～23m。经过多种方案比较，支挡造价均较高，经估算，支挡的造价高于拟建建筑

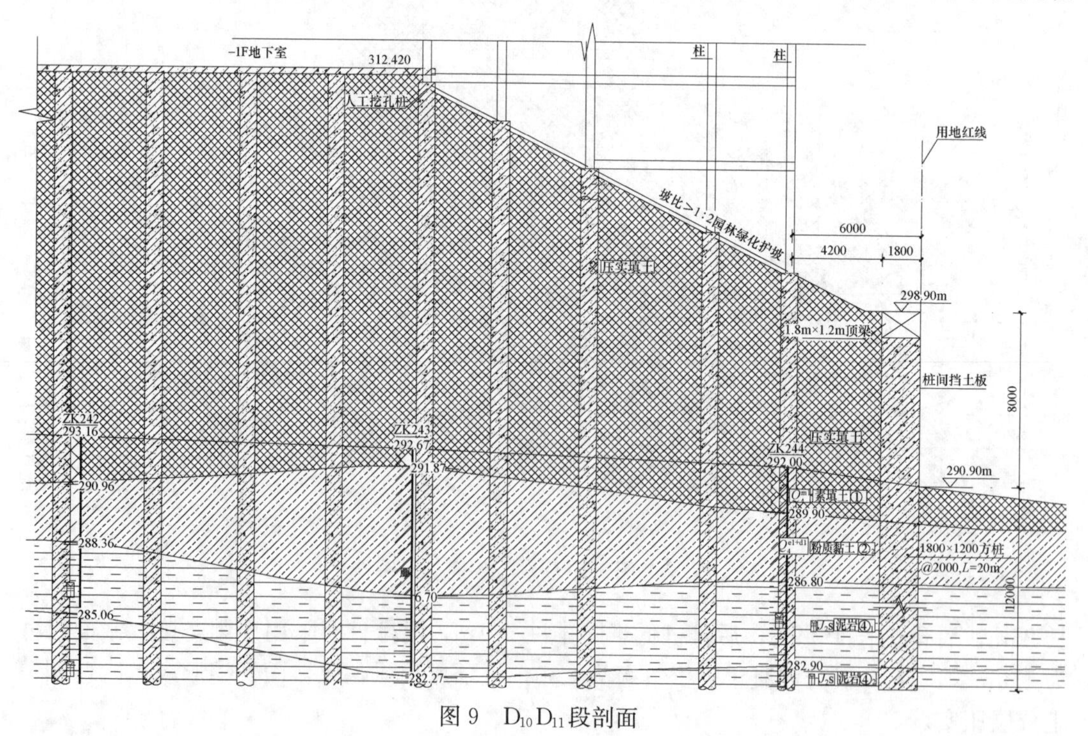

图9 $D_{10}D_{11}$段剖面

的造价，后与建筑设计单位沟通，降低支挡高度，建筑下采用放坡，建筑采用吊脚楼，支挡采用抗滑桩，抗滑桩规格为 1.2m×1.8m，间距 2.0m，抗滑桩出露高度 8m，嵌固 12m，桩身混凝土强度等级为 C30，桩顶以上 13.1m 按 1∶2 放坡，建筑基础桩设置在斜坡上，在斜坡面用连梁连接，桩顶压顶梁，回填区域土方分层压实回填。

六、简要实测资料

基坑和边坡开挖到位后，基坑和边坡实景如图 10 和图 11 所示，基坑和边坡均较稳定，后期经过绿化后，永久性边坡呈现效果较好。

图 10 DH 段实景

图 11 PZ 段实景

本场地较大，基坑和边坡设计剖面较多，布置位移监测点 117 个，选择各支护段有代表性的监测点进行统计，位移变形曲线见图 12，监测点位置见图 2。

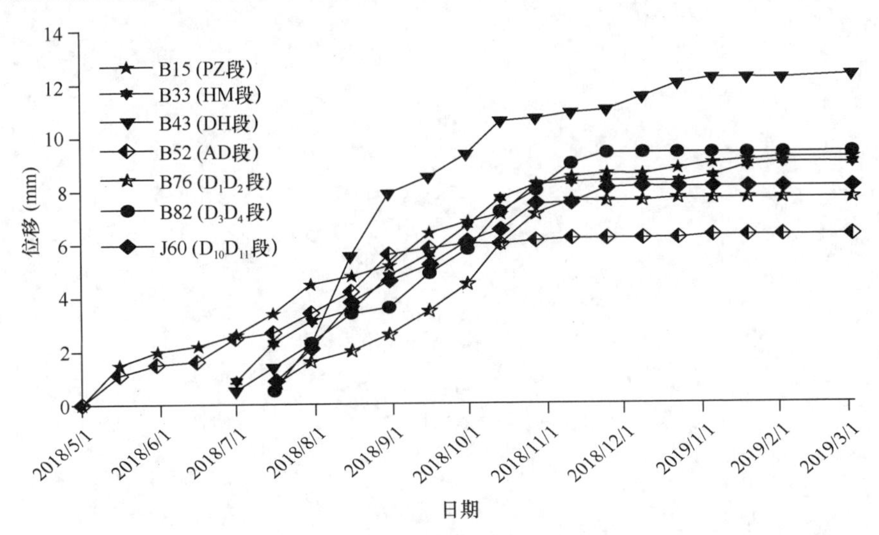

图 12 部分监测点位移变形曲线

通过基坑和边坡的变形监测，可以发现如下规律：

（1）从开始施工至变形稳定，基坑和边坡变形均较小，基坑和边坡变形大部分在 10mm 以内；

（2）土质基坑和边坡的变形大于岩石基坑和边坡；

（3）DH 段有潜在滑移面，边坡位移大于其他地段；

（4）同一段基坑和边坡的变形，跟开挖深度、支护形式和地层条件相关。

七、点评

本场地基坑和边坡地层特点为土岩结合和新近场地填土，地貌上为斜坡场地，支护结构为永临结合。

（1）本工程场地红线外不能布置勘察孔，场地外地层不清楚，需要进行调查及必要的槽探，了解边坡影响范围内地层情况。

（2）永临结合基坑和边坡设计时，应将基坑与边坡一起整体设计，对基坑和边坡的稳定性应整体考虑，为便于施工和存档，设计完成后可将基坑与边坡分开出图。

（3）永临结合基坑和边坡，对于边坡设计时，永久部分按《建筑边坡工程技术规范》GB 50330—2013 计算，基坑部分计算时，将边坡高度和设计参数与基坑一起参与计算，按《建筑基坑支护技术规程》JGJ 120—2012 计算；岩质基坑设计时，应按《建筑边坡工程技术规范》GB 50330—2013 计算，可不考虑地震作用。

（4）永久性边坡采用抗滑桩，当桩前有基坑时，桩前被动区为有限土体，应根据宽度、深度、地层特性和支护形式，对被动土压力进行折减。

（5）永临结合基坑设计时，应对地下室外墙与基坑侧壁之间回填做专项说明，否则应考虑长期变形对边坡稳定性的影响。

（6）斜坡地段填方边坡应对原自然地面做放阶处理，对填方填料和压实做专项要求。

中交集团上海总部基地基坑工程

韩嘉悦[1,2,3]　徐中华[1,2]

（1. 华东建筑设计研究院有限公司上海地下空间与工程设计研究院，上海　200011；
2. 上海基坑工程环境安全控制工程技术研究中心，上海　200011；
3. 中交公路规划设计院有限公司上海分公司，上海　200082）

一、工程简介及特点

1. 基坑工程概况

中交集团上海总部基地项目地处上海市杨浦区平凉社区 03G3-01 地块，地块东至规划通北路，西至规划宁远路，南至规划天章路，北至现状杨树浦路。项目拟建 1 幢 160m 超高层办公、1 幢 110m 左右高层办公及多栋多层商业及公共服务配套，整体设置 3 层地下室。基坑东西向长约 247m，南北向宽约 108m；面积约 23165m²，周长约 671m；基坑普遍开挖深度 15.35～15.75m，塔楼位置开挖深度 16.35～17.85m。基坑总平面如图 1 所示。

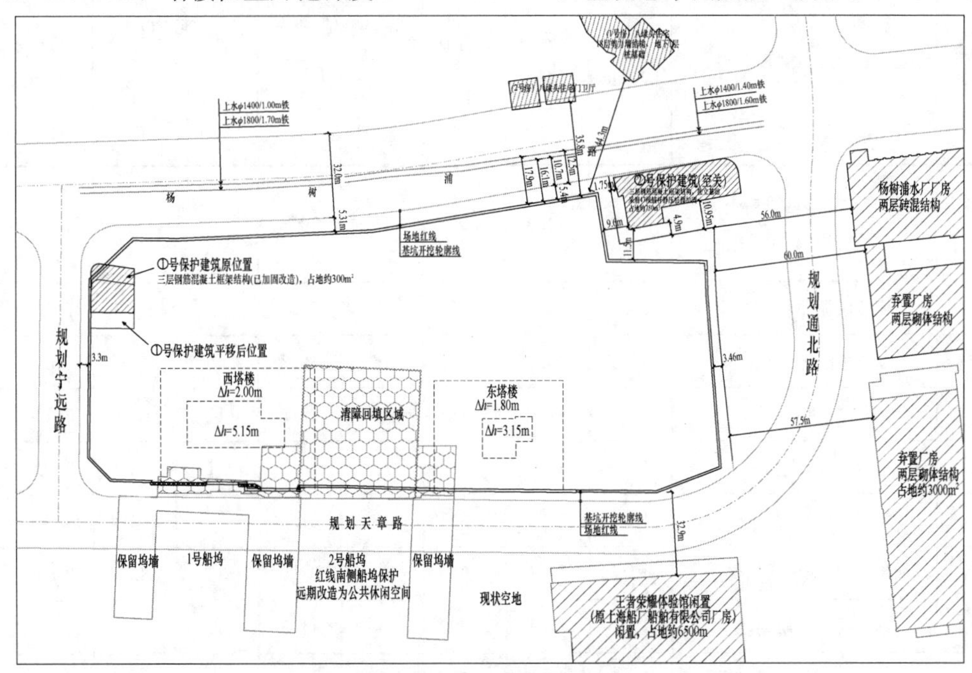

图 1　中交上海总部基地项目基坑总平面

2. 项目特点

中交上海总部基地项目基坑的特点包括：

（1）基坑面积大，挖深较大，为大规模深基坑工程；

（2）浅部存在较厚且较松散的江滩土（灰黄～灰色黏质粉土夹粉质黏土），基坑深度范围内土体力学性能较差，变形控制难度大；

（3）深层第⑦层（上海地区第一承压含水层）、⑨层（上海地区第二承压含水层）承压水相互连通，围护墙无法隔断承压水而只能采用悬挂帷幕，但需要严控水头降深和降水时长以减小对周边环境影响；

（4）周边邻近历史保护建筑、管线、船坞等，环境条件复杂，保护要求高；

（5）开挖范围内地下障碍物分布复杂。

综合考虑业主对工期进度要求，本基坑采用“地下连续墙围护＋三道水平支撑体系＋整坑顺作法实施”的总体设计方案，采用了按需清障、保护建筑合理移位、地墙槽壁加固、坑内被动区加固、承压水控制等一系列措施，实测表明，这些措施确保了基坑工程的顺利实施，达到了缩短工期、节约造价的目的。

二、工程地质条件

场地勘察深度范围内揭露的地基土属第四纪松散沉积物。勘探深度范围内揭露的地基土，按其结构特征、地层成因、土性不同和物理力学性质上的差异可划分为9层。各层土的物理力学参数见表1。

土层物理力学性质综合成果　　表1

层号	土层名称	重度（kN/m³）	含水量（%）	孔隙比 e	直剪固快（峰值）		三轴CU（有效应力）		渗透系数（cm/s）
					c（kPa）	φ（°）	c'（kPa）	φ'（°）	
①$_3$	灰黄～灰色黏质粉土夹粉质黏土	18.2	34.3	0.961	13	30.5	—	—	1.5×10^{-4}
③	灰色淤泥质粉质黏土	17.0	44.1	1.261	15	27.5	8	29.3	7.5×10^{-6}
④	灰色淤泥质黏土	16.8	46.8	1.345	16	18.5	9	26.7	3.0×10^{-7}
⑤$_{1-1}$	灰色黏土	17.5	41.6	1.186	17	22.5	11	27.7	5.5×10^{-7}
⑤$_{1-2}$	灰色粉质黏土	18.2	31.9	0.929	19	28.5	11	31.2	2.0×10^{-6}
⑤$_3$	灰色粉质黏土	18.6	29.5	0.861	18	31.0	9	30.8	3.0×10^{-6}
⑥	暗绿～灰绿色粉质黏土	19.7	23.6	0.675	63	22.0	36	26	2.0×10^{-6}
⑦$_1$	草黄色砂质粉土	18.9	28.1	0.790	3	41.5	40	23	5.0×10^{-4}
⑦$_{2-1}$	草黄～灰黄色粉细砂	19.1	25.5	0.738	2	44.0	—	—	1.5×10^{-3}

由于拟建场地邻近黄浦江，场地内①$_3$层灰色黏质粉土夹粉质黏土（俗称江滩土）为黄浦江滩涂新近沉积土层，在工程范围内广泛分布，该层土以粉性土为主，土质不均匀，局部夹较多的淤泥质黏性土；场地浅部江滩土和粉土较厚，影响围护墙和桩基施工时成槽稳定，开挖渗漏风险较大。

场地地下水按其埋藏分布特征可分为潜水与承压水两类：拟建场地浅部土层中的地下水类属于潜水类型；其水位动态变化主要受控于大气降水、地面蒸发等，详勘实测各取土孔内的地下水静止水位埋深在 0.5～1.8m 之间。场地下部分布有⑦$_1$层砂质粉土，为承压水层，并且⑦、⑨层连通，渗透系数大，补给充沛，实测⑦层承压水水头埋深在 5.4m 左右（吴淞高程在－1.3m），层顶埋深最小约 28.9m。场地典型地质剖面如图 2 所示。

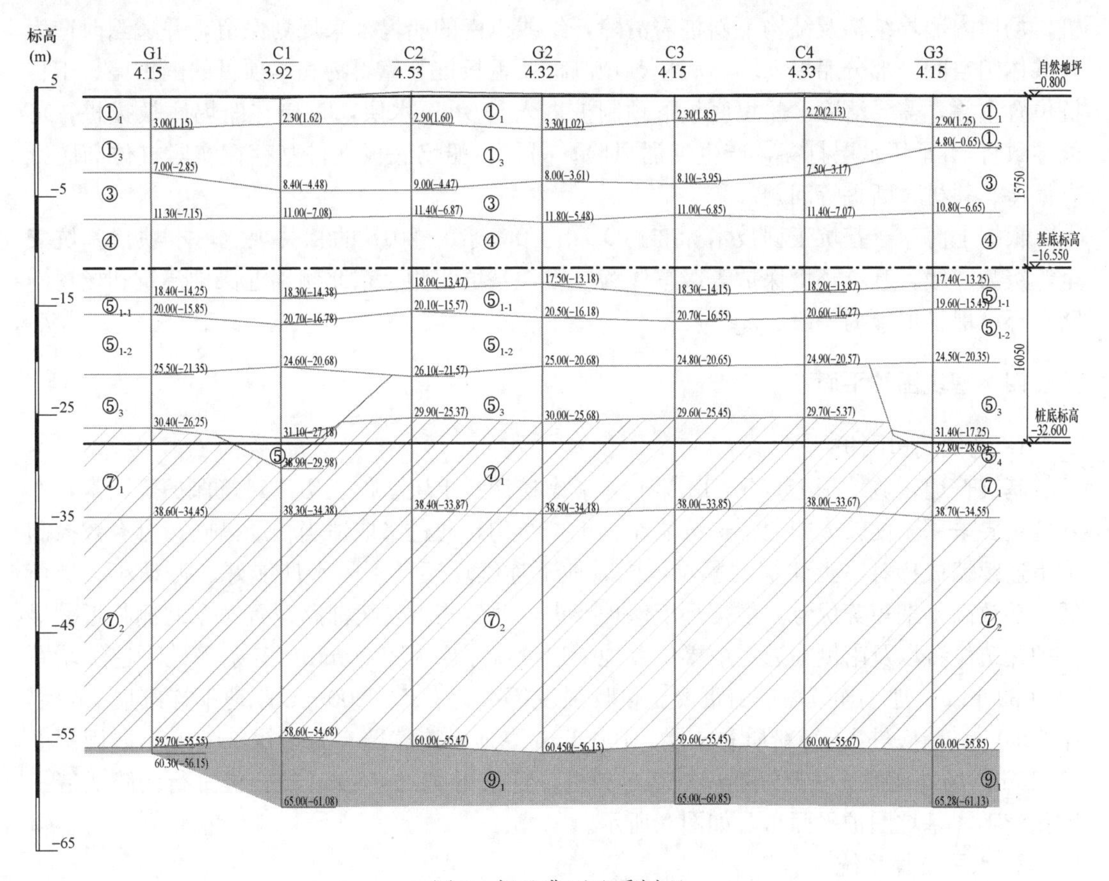

图 2　场地典型地质剖面

三、基坑周边环境情况

本工程场地周边环境较为复杂，基坑北侧距现状杨树浦路道路红线约 5m，杨树浦路下设上水、雨水、电力、信息等管线；杨树浦路北侧为正在施工的杨浦滨江八埭头住宅小区，住宅楼为地上 18 层混凝土剪力墙结构、桩筏基础，地下室外边线距新建基坑边缘最小距离约 46.4m。

场地西北侧有一座 3 层钢筋混凝土框架结构保护建筑（①号保护建筑），杨树浦路施工时已将该保护建筑平移至场地红线内，该保护建筑已进行托梁、墙柱等加固改造，新址设置筏板基础和千斤顶。该建筑将作为永久建筑保留在本地块，由于施工前①号保护建筑局部位置与地下室外墙重叠，因此如何合理筹划保护建筑平移和基坑施工，减少对工程工期和成本影响，并确保①号保护建筑安全，对项目推进也十分关键。

场地东北角用地红线外为②号历史保护建筑，与基坑最近距离约 7m；该历史保护建筑为 3 层钢筋混凝土结构，基础形式为柱下独立基础，基础埋深约为 1.5m；该建筑建于 1920 年，平面近似呈 L 形分布，东西向外轮廓线长约 45.2m，南北向宽约 19.6m。基坑开挖前采用锚杆静压桩对整个基础进行加固，锚杆静压桩进入⑦层，通过桩基加固间接起到对建筑物下土体的“遮拦”效应，减少基坑开挖产生的土体扰动。

场地南侧船厂 2 号船坞和 1 号船坞北坞墙侵入基坑范围内，船坞基础下存在较多工程桩，场地内船坞结构及结构下斜桩需清障，红线以南的船坞未来规划保留，并适当改造为公共休闲空间。部分船坞坞墙、底板、预制桩及钢板桩等障碍物和本项目的围护墙、工程桩位置重叠，需要清除。船坞底板下预制桩进入$⑦_1$承压水层，直接在船坞底板拔桩，可能导致将$⑦_1$承压水层打穿，产生突涌风险。另外，船坞底板下桩基存在实际桩位与图纸有偏差、斜桩、断桩等问题。

根据上海市《基坑工程技术标准》DG/TJ 08—61—2018 的相关规定，本项目基坑安全等级为一级，基坑环境保护等级整体为二级，基坑北侧、东北侧邻近保护建筑和杨树浦路，环境保护要求为一级。

四、基坑围护平面

1. 基坑周边围护墙

基坑普遍区域挖深 15.35～15.75m，考虑挖深、土层条件、历史建筑保护等因素，本基坑主要采用刚度较大的地下连续墙作为围护结构，通过采取适当辅助措施，可有效控制地下连续墙成槽对临近建筑的影响，同时地下连续墙还具备隔水性能好、振动小、噪声低、功效高工期短等优势。根据环境保护要求，北侧临近杨树浦路位置、东北侧临近②号保护建筑位置以及南侧临近主塔楼位置地下连续墙厚度为 1000mm，其余侧地下连续墙厚度为 800mm，地下连续墙墙身混凝土设计强度等级为 C35。800mm 厚地下连续墙有效墙深 30.0m，墙底进入$⑤_3$ 粉质黏土层。1000mm 厚地下连续墙有效墙深 31.0m，嵌固深度 15.45m。场地南侧无法避让船坞桩基、斜桩位置采用 ϕ1200@950 咬合桩进行清障成墙一体化施工，基坑围护平面布置如图 3 所示。

2. 水平支撑系统

大型基坑内支撑通常采用钢筋混凝土支撑。在布置支撑时既要考虑支撑结构对围护挡墙支撑的有效性与经济性，也要避开主楼建筑中核心框筒结构区域，为施工上下吊装运输提供更便利条件。本基坑开挖面积约 2.3 万 m^2，整坑实施，故选用钢筋混凝土支撑体系，根据上海地区经验，深度 15m 左右的基坑竖向通常设置三道水平混凝土支撑。本项目水平支撑采用对撑、角撑结合边桁架体系。场地中部、西部南北向支撑通过传力牛腿与既有船坞冠梁、坞墙及坑外扶壁式挡墙相连，充分利用了船坞结构的刚度，平衡基坑北侧土压力，减少了开挖时间，控制地下连续墙水平位移。本项目支撑系统兼作施工栈桥使用，支撑系统平面布置见图 4，阴影范围表示施工栈桥区域。

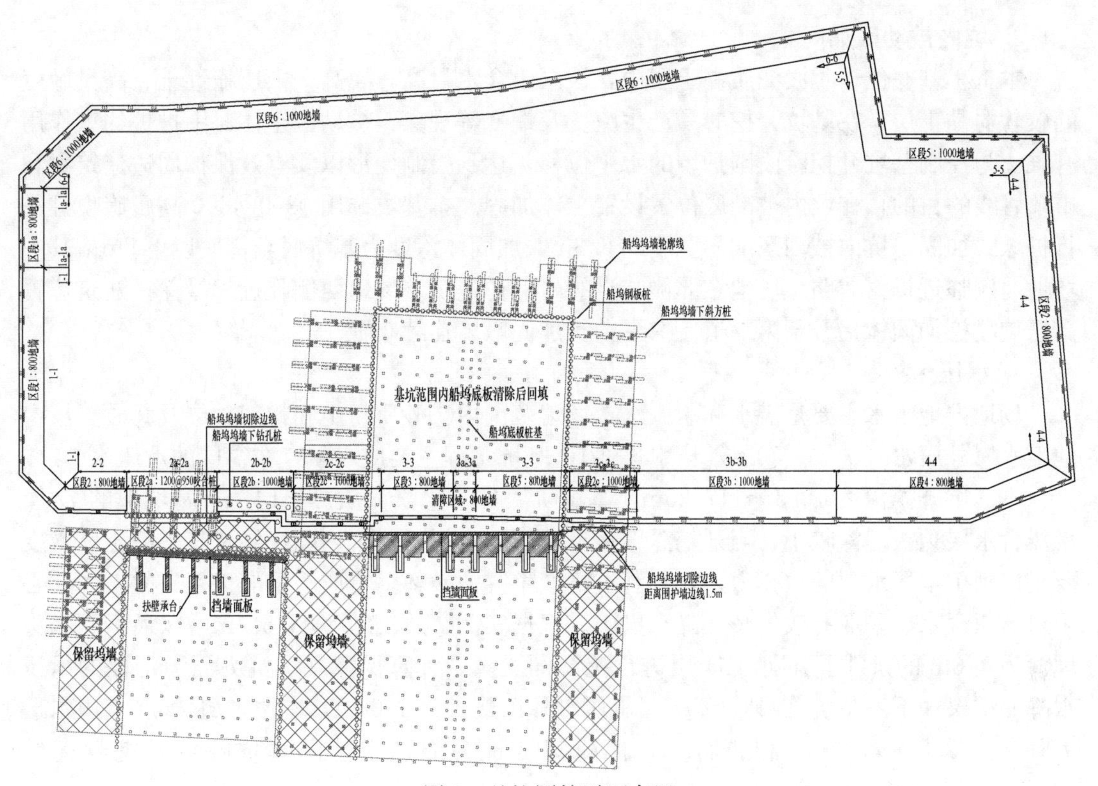

图3　基坑围护平面布置

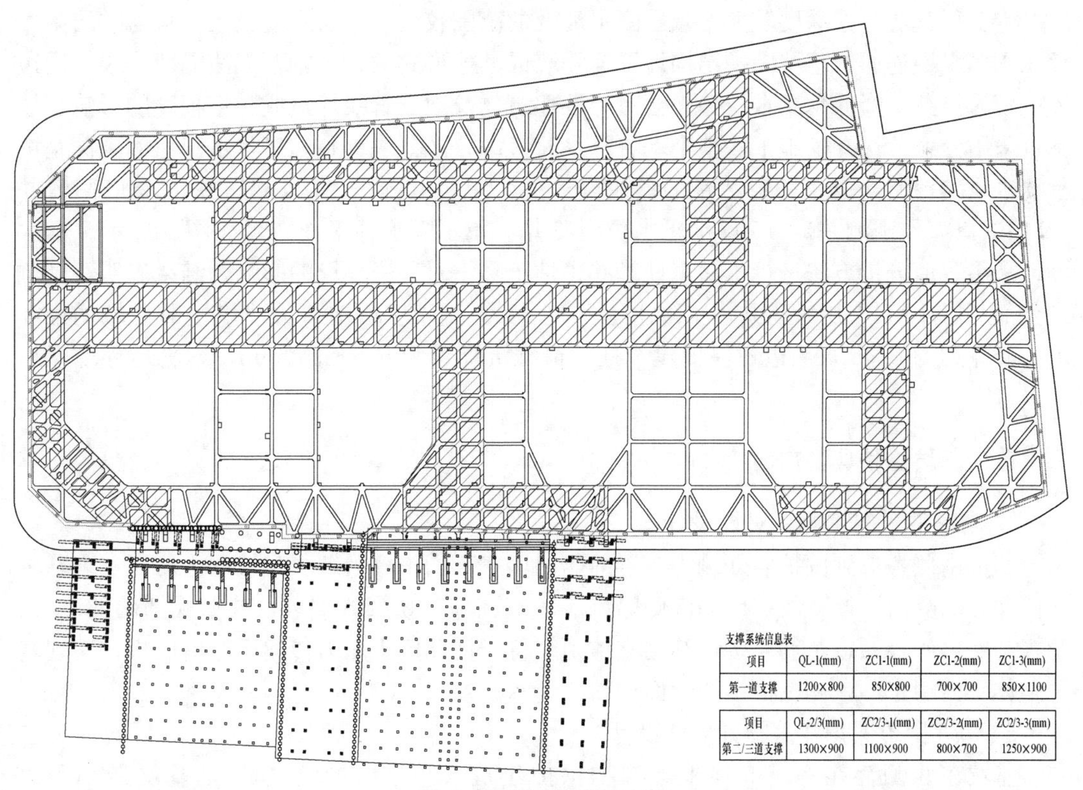

支撑系统信息表

项目	QL-1(mm)	ZC1-1(mm)	ZC1-2(mm)	ZC1-3(mm)
第一道支撑	1200×800	850×800	700×700	850×1100

项目	QL-2/3(mm)	ZC2/3-1(mm)	ZC2/3-2(mm)	ZC2/3-3(mm)
第二/三道支撑	1300×900	1100×900	800×700	1250×900

图4　支撑系统平面布置

3. 坑内被动区加固

本工程基底位于④淤泥质黏土层中，该层土含水量高，属高～中压缩性土、高灵敏度的较软弱黏土层，在基坑开挖时易产生流变及蠕变等现象，被动区土体对围护桩约束作用有限。为控制基坑开挖阶段围护墙的水平位移，达到控制变形以及有效保护周边建筑物和市政管线的目的，在坑内被动区位置设置土体加固。本基坑选用 ϕ800@600 高压旋喷桩进行桩墩式加固，坑内被动区加固宽度约 6.8m，加固体深度为基坑底至基底以下 5m；其中场地北侧临近杨树浦路、场地东北侧临近②号保护建筑、场地西侧临近①号保护建筑位置高压旋喷桩加固体抬升至第二道支撑下，且加固墩体连续布置。

4. 承压水控制

场地内地下水主要是潜水和承压水。场地范围内⑦砂质粉土和粉细砂层及⑨砂土层中地下水属承压水（⑦层、⑨层承压水连通），基坑工程主要应对赋存在⑦层的承压水。

本基坑开挖深度 15.35～17.85m，基坑坑底位于④淤泥质黏土层中，基坑下的$⑦_1$层承压含水层顶板埋深较小，当开挖深度接近承压含水层时，坑内隔水层及其上的土体重度要足以抵抗承压水层的顶托力，否则基坑将产生突涌破坏，造成严重的工程事故，因此必须对承压含水层采取有效的减压降水措施。根据实测$⑦_1$层水位埋深 5.4m，以最不利水头埋深为 3.0m 的条件下分别对$⑦_1$层进行抗突涌验算，计算保障基坑抗突涌稳定性的承压水降深结果如下：基坑普遍区域$⑦_1$层承压水降深最大为 1.08m，塔楼区域$⑦_1$层承压水最大降深为 2.8～8.17m。根据计算，保障基坑抗突涌稳定性的基坑临界开挖深度约为 15.0m。

本工程基坑开挖深度较大，减压降水涉及的范围较大；⑦层厚度较大，且与⑨层第二承压水含水层连通，基坑围护结构地下连续墙或其他形式的止水帷幕无法隔断⑦层；周边环境较为复杂，降低承压水位势必会对邻近建筑物及地下管线等造成一定程度的影响。故基坑采用分区分块开挖施工，整个基坑降水时考虑分区分块单独施工降水。考虑到深基坑承压水风险控制，设置一定数量的备用降压井。基坑共配备 40 口减压井，19 口回灌井（其中 6 口兼作观测井），15 口承压水位观测井，减压降水井平面布置如图 5 所示。本次设计采用数值分析方法进行了渗流计算并预估了降水对周边环境的影响，结果表明，基坑在全部开启 40 口⑦层减压井模拟降水运行 30d 后，地块主塔楼 A 及主塔楼 B 区域的最小水头降深约为 6.0m，周边各保护建筑处的最终沉降量为 5.5～9.9mm，均满足环境保护要求。

五、基坑围护典型剖面

1. 南侧靠近船坞侧针对性设计

基坑南侧考虑到围护墙外侧为空置的船坞坞室，围护墙后缺少足够的土压力实现基坑在南北方向受力平衡，故在地墙南侧船坞落底范围施工扶壁式挡墙，扶壁式挡墙的面板、肋板与船坞底板通过植筋连接，利用支撑系统将场地北侧土压力传递至船坞底板，实现基坑整体受力稳定。该侧围护结构剖面如图 6 所示。

2. 邻近历史保护建筑物针对性设计

基坑东北侧存在一座 3 层框架结构保护建筑（②号保护建筑），至基坑最小距离 9.0m，该位置环境保护等级为一级。为保证本区域基坑工程的安全顺利实施，在基坑开

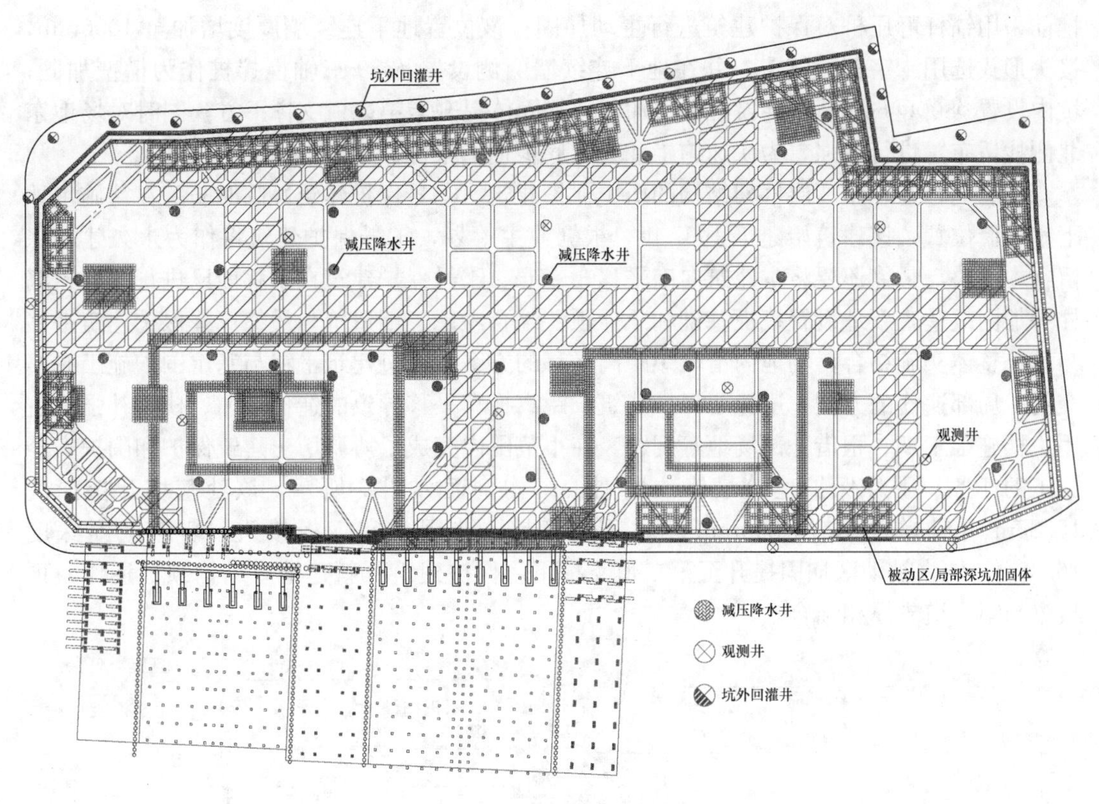

图5　减压降水井平面布置

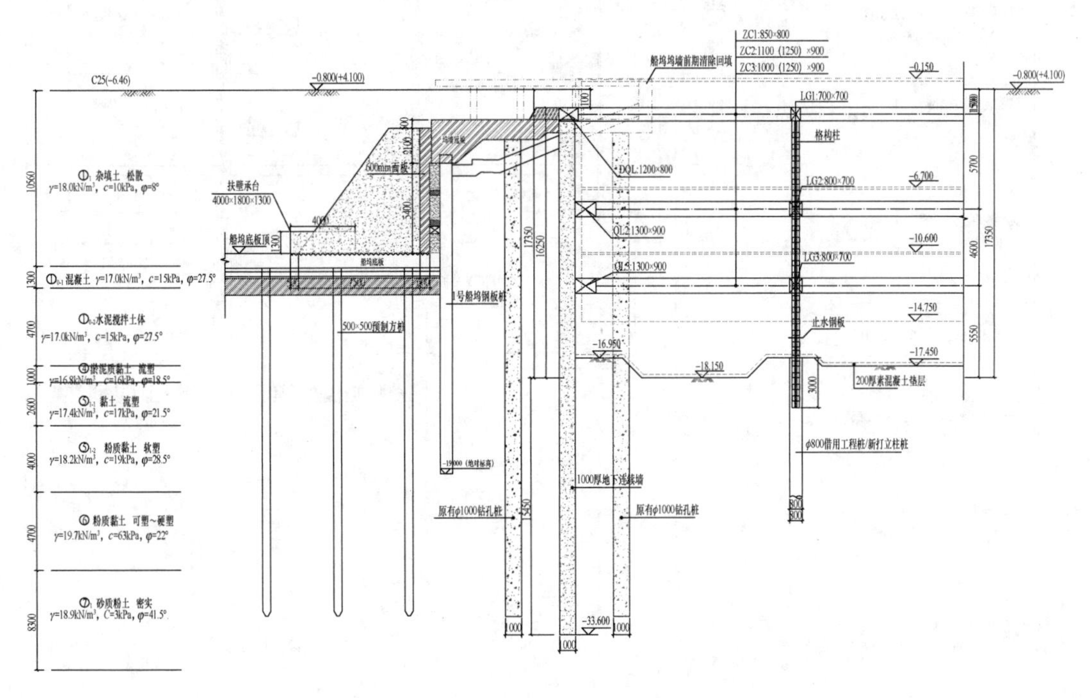

图6　南侧邻近船坞位置围护结构剖面

挖前采用锚杆静压桩对保护建筑进行主动加固；该位置地下连续墙厚度增加至 1000mm，接头形式选用十字钢板接头，并在地下连续墙两侧设置 ϕ850 三轴搅拌桩作为槽壁加固；坑内设置 ϕ800@600 高压旋喷桩裙边加固，加固体提升至第二道支撑下方，同时对场地东北侧栈桥布置进行加强，为快速施工和封闭底板创造条件。

西北侧存在一座 3 层框架结构的历史保护建筑（①号保护建筑）临时骑跨在待施工地下室外墙位置，该建筑始建于 1937 年，根据业主筹划，①号保护建筑将作为永久建筑保留在本地块，最终还要将本建筑向南平移 3～5m。①号保护建筑在平移前已进行托梁、墙柱等加固改造，新址设置筏板基础和千斤顶。综合考虑工期造价，最终选择保护建筑平移与基坑整体实施结合，场地内滑轨短距离平移的方案，通过建筑平移与基坑围护施工时序交错、局部逆作的方法，避免了保护建筑长距离拖车平移导致的造价增加、栈桥补强、占用主楼施工工期、租借外部场地等问题，在小范围内完成了协调历史建筑保护和围护安全施工的任务。①号保护建筑最终位置围护结构剖面如图 7 所示，该处基坑开挖深度 15.35m，围护结构采用 800mm 厚地下连续墙，选用十字钢板接头，墙体嵌固深度 16.45m，坑内被动区加固提升至第二道支撑下，保护建筑下新建地库结构顶板逆作，顶板梁与第一道支撑相结合。

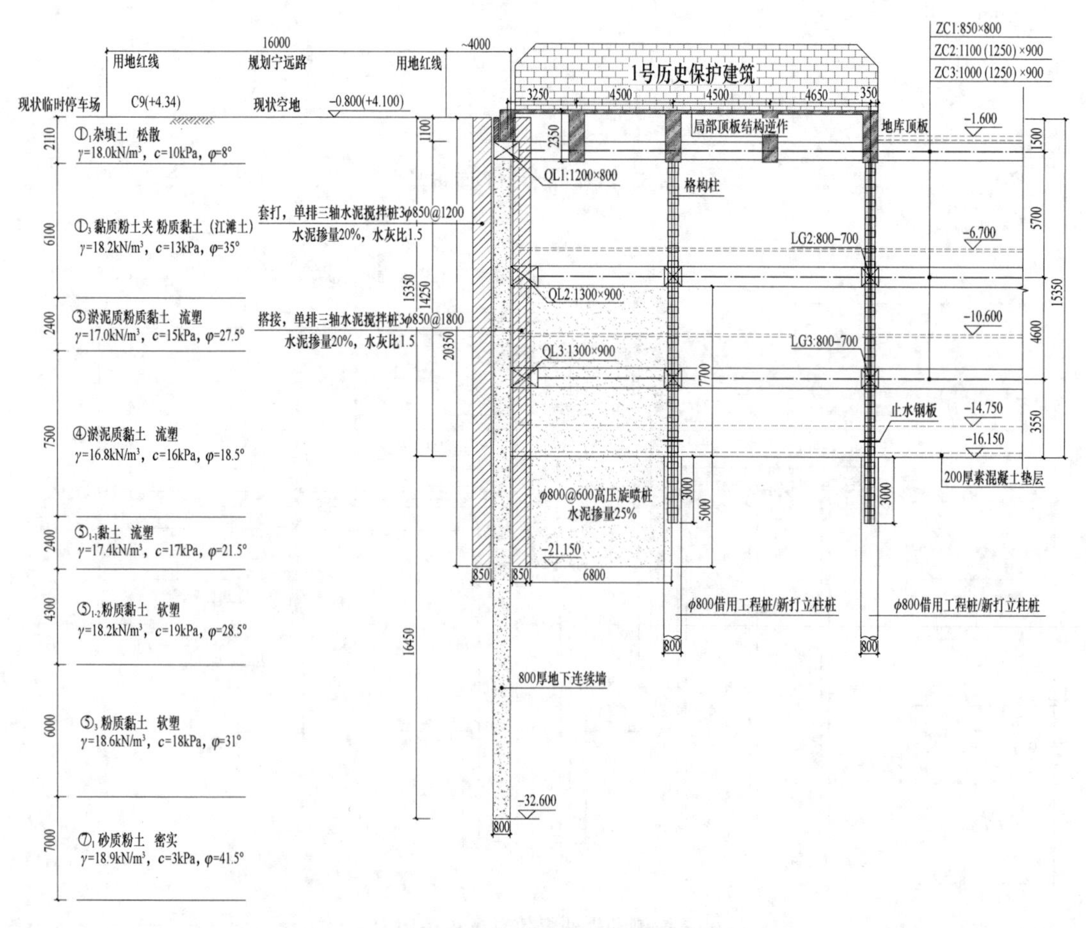

图 7　西北侧①号保护建筑位置围护结构剖面

六、简要实测资料

1. 基坑实施进程

本基坑自 2020 年 10 月份开始进行围护结构施工，各工况实施历程如表 2 所示。

基坑实施进程 表 2

步序	日期	施工内容
1	2020/10	①号保护建筑平移至临时位置，施作船坞范围内的扶壁式挡墙，工程桩、支承立柱、地下连续墙、坑内土体加固、降水施工
2	2021/03	第一层土方开挖及内支撑施工，①号保护建筑平移至最终位置，局部逆作
3	2021/05	第二层土方开挖及内支撑施工
4	2021/06	第三层土方开挖及内支撑施工
5	2021/08	第四层土方开挖及垫层施工
6	2021/09	地下室区域垫层、防水、承台施工
7	2021/10	拆除第三道支撑，施工 B2 层结构楼板及换撑构件
8	2021/11	拆除第二道支撑，施工 B1 层结构楼板及换撑构件
9	2021/12	拆除第一道支撑，施工首层结构楼板

为降低施工风险，保护周边环境，追踪不同工况下围护结构受力及变形，本项目制定了详细的监测方案。针对基坑周边 3 倍基坑开挖深度范围内的房屋、市政管线、地下水位、坑外土体及围护结构本身进行变形监测，部分监测点平面布置如图 8 所示。

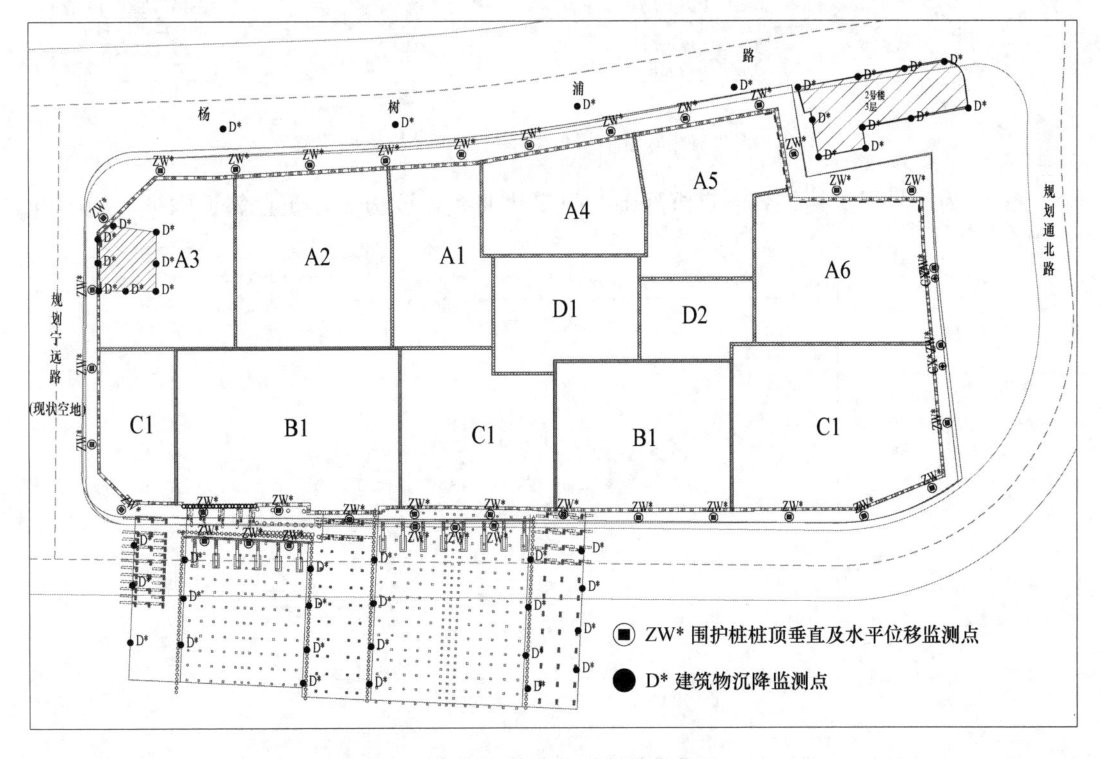

图 8 基坑部分监测点平面布置

2. 监测数据分析

图 9 分别记录了场地南侧邻近东西两塔楼位置地下连续墙在各层土方开挖并施作支撑以及拆除第一道支撑工况下的侧向位移。地墙侧向位移呈典型的“胀肚形”，随着开挖深度增加，围护结构水平位移逐渐增大，QX-21 及 QX-10 两测点位置基坑开挖至坑底时最大水平位移分别为 38.8mm、40.8mm，地下室回筑结束后最终工况围护墙最大水平位移分别为 49.4mm 和 45.2mm，实测数据表明基坑围护体侧移均满足周边环境保护要求，在采取了按需清障、地墙槽壁加固、坑内被动区加固、承压水控制等措施后，基坑变形得到有效控制。

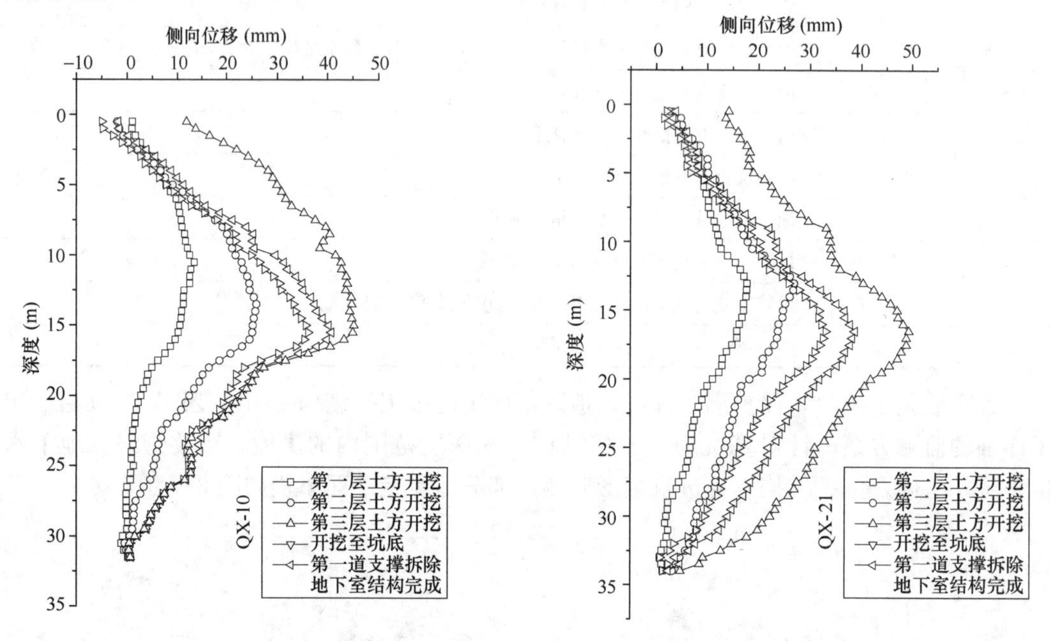

图 9　场地南侧邻近塔楼位置基坑围护结构侧向位移

图 10 为②号保护建筑各测点沉降随时间变化曲线，该历史建筑在邻近围护墙施工阶

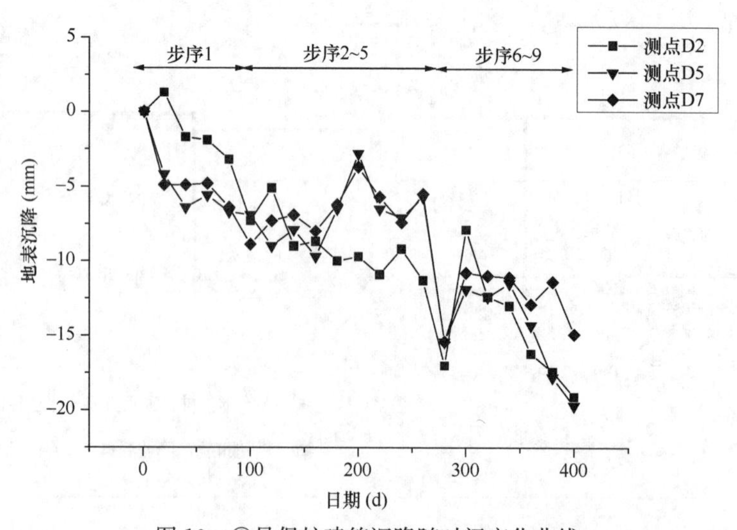

图 10　②号保护建筑沉降随时间变化曲线

段沉降量有显著发展，保护建筑周边围护施工扰动作用较为明显，此时测点沉降量达到7.3～8.9mm。在后期基坑开挖期间，建筑物沉降持续增长，实测基坑开挖完成时②号保护建筑各测点的沉降量最大值为19.7mm，满足了周边环境保护要求。

七、点评

黄浦江沿岸区域为典型的第四纪软土沉积区域，浅层江滩土广泛分布，且具有高渗透性、高含水量的特点，相较传统软土更为软弱，工程建设场地内通常分布有多层承压与微承压水，基坑在动水压力作用下易发生流砂和管涌险情，危害基坑及周边环境安全。类似滨江软土环境下一系列基坑工程建设经验表明：止水帷幕适当加深以形成封闭的帷幕体系，切断坑内外承压水水平方向的水力联系，并适当设置回灌井，可有效减少降水对周边环境影响；同时为解决地下连续墙在江滩土层施工时易发生的塌槽、夹泥夹砂等问题，可通过槽壁加固的方式增强围护墙的成槽稳定性及止水性能。

本案例以中交集团上海总部基地项目基坑支护设计及施工为背景，探讨了在松散江滩土地层中的深大基坑支护结构设计方案。该大规模深基坑工程浅部存在较厚且较松散的江滩土，深层第一和第二承压水相互连通且无法隔断，基坑周边环境条件复杂，开挖范围内地下障碍物分布复杂。综合考虑基坑规模、地层条件和环境条件，基坑采用“地下连续墙围护＋三道水平支撑体系＋整坑顺作法实施”的总体设计方案，并采取增大围护体刚度、地墙槽壁加固、坑内被动区加固、承压水控制、历史建筑近距离滑轨平移、坑外设置扶壁式挡墙等一系列措施，保障了工程本身及周边环境的安全。该工程的设计和实施能对类似土层条件的深基坑项目起到一定的参考作用。

上海临港新片区南汇新城基坑工程

李忠诚　张　宁

（上海山南勘测设计有限公司，上海　201206）

一、工程简介

南汇新城 PDC1-0201 单元 WNW-A1-16-1 等七个地块新建工程位于中国（上海）自由贸易试验区临港新片区南汇新城，邻近滴水湖。

本工程整体规划开发七个地块，总用地面积 $80792m^2$，总建筑面积 $336000m^2$，其中地上建筑面积 $186300m^2$，地下建筑面积 $147300m^2$。

基坑总面积约 $93000m^2$，东西向宽度约 260m，南北向长度约 380m，共分三期开发（图 1），地下室施工顺序为：先施工一期地下室（地下二层），基坑开挖面积约 $35000m^2$，开挖深度 11.35m；再施工二期地下室（地下一层），基坑开挖面积约 $27000m^2$，开挖深度 7.65m；最后施工三期地下室（地下二层），基坑开挖面积约 $30000m^2$，开挖深度 11.35m（待建管廊区域为局部地下三层，开挖深度 15.75m）。

二、工程地质条件

场地属于潮坪地貌类型，场地勘探深度范围内土层划分为 7 个主要层次及分属不同层次的亚层及次亚层。场地工程地质条件及基坑围护设计参数如表 1 所示，典型地质剖面如图 2 所示。

基坑围护、降水设计所需相关参数　　表 1

层号	土层名称	含水量 w (%)	孔隙比 e	重度 γ_0 (kN/m₃)	直剪固块（峰值）		渗透系数 K（20℃，cm/s）
					黏聚力 c (kPa)	内摩擦角 φ (°)	建议值
①$_3$	吹填土（粉质黏土与砂质粉土互层）	33.3	0.960	18.2	10	22.0	2.0×10^{-4}
②$_3$	灰色砂质粉土	28.2	0.821	18.6	5	31.0	3.0×10^{-4}
④	灰色淤泥质黏土	48.8	1.368	16.9	13	11.5	4.0×10^{-7}
⑤$_1$	灰色黏土	41.8	1.181	17.4	16	13.0	4.0×10^{-7}
⑤$_2$	灰色砂质粉土	27.6	0.808	18.6	5	31.5	—
⑤$_3$	灰色黏土	38.0	1.076	17.8	18	14.5	—
⑤$_4$	暗绿～草黄色粉质黏土夹粉土	24.6	0.705	19.5	35	21.0	—

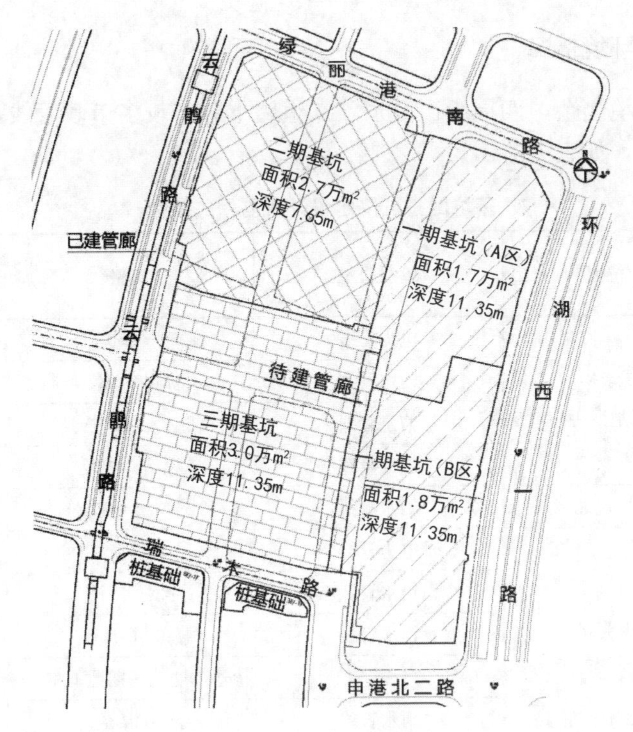

图1　基坑周边环境

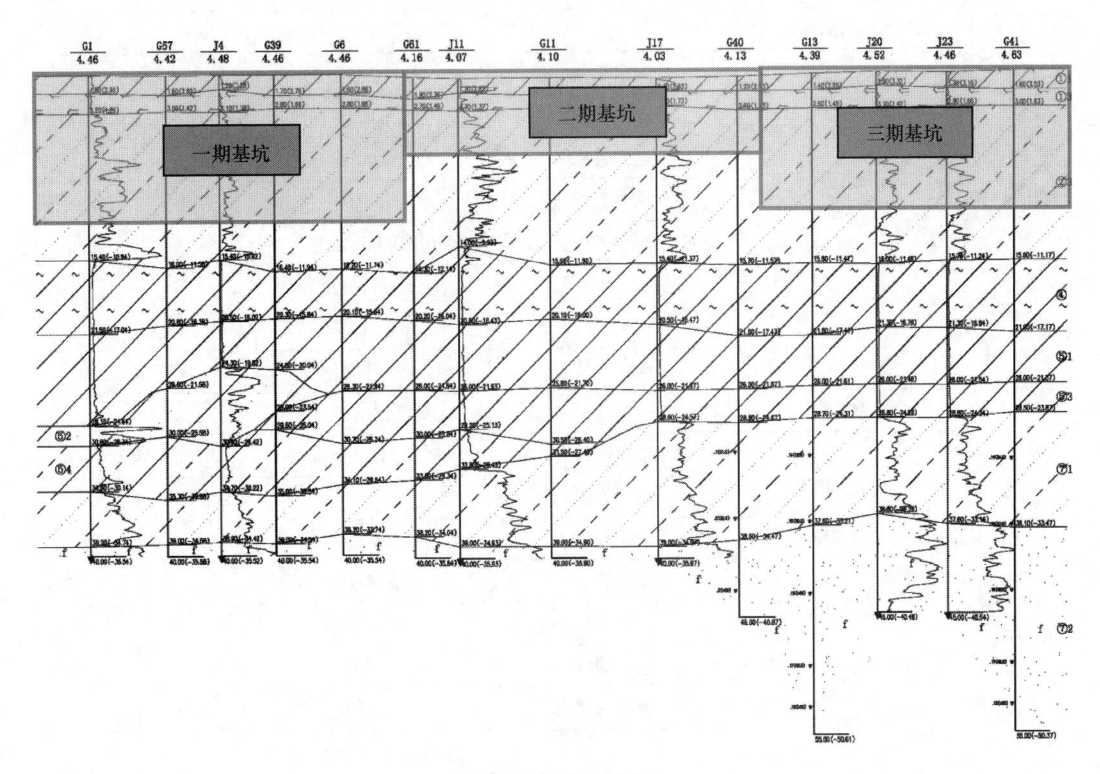

图2　典型地质剖面

三、基坑周边环境情况

本工程周边环境复杂，四周为市政道路，道路下分布较多市政管线，西侧云鹏路下分布有已建市政管廊，如表 2 所示。

基坑围护、降水设计所需相关参数　　　　**表 2**

基坑	位置	管线类型	规格	埋深（m）	距离（m）
一期基坑 H=11.35m	东侧 环湖西一路	电力管线	1050×450 PVC	1.8	9.0
		污水管线	ϕ400 PVC	2.3	12.2
		信息管线	500×300 PVC	1.4	15.2
		燃气管线	ϕ150 铸铁	1.4	16.7
	南侧 申港北二路	给水管线	ϕ300 铸铁	1.0	22.6
	西侧 水芸路	电力管线	铜	0.3	5.9
		给水管线	ϕ300 铸铁	0.4	12.2
		污水管线	ϕ300 混凝土	2.9	19.4
		待建二期及三期地下室			
	北侧 绿丽港南路	雨水管线	ϕ800 混凝土	2.8	12.2
二期工程 H=7.65m	东侧	已建一期地下室			
	南侧	待建三期地下室			
	西侧 云鹏路	雨水管线	ϕ1400 混凝土	2.0	3.2
		电力管线	2 孔 铜	0.4	4.2
		燃气管线	ϕ300 铁	0.9	5.5
		电力管线	铜	1.8	8.6
		雨水管线	ϕ150 混凝土	0.4	9.6
		管廊	4100×5700 预制钢筋混凝土结构	1.8	12.2
	北侧 绿丽港南路	雨水管线	ϕ800 混凝土	2.6	27.0
三期基坑 H=11.35m	东侧	一期已建地下室			
	南侧 瑞木路	信息管线	12 孔	1.2	8.0
		电力管线	4 孔	0.7	9.0
		上水管线	ϕ200 铸铁	1.1	10.0
		雨水管线	ϕ800 混凝土	1.1	13.0
	西侧 云鹏路	雨水管线	ϕ1000 铸铁	2.0	4.1
		电力管线	2 孔铜	0.4	5.3
		燃气管线	ϕ300 铁	1.3	5.9
		管廊	4100×5700 预制钢筋混凝土结构	1.8	13.6
	北侧	已建二期地下室底板			

四、基坑特点

1. 基坑规模超大

本工程基坑开挖深度 7.65～15.75m，开挖总面积近 9.3 万 m^2，短边 260m，长边 380m。基坑开挖面积巨大，开挖深度较大，属于上海市典型的“深大”基坑工程。

2. 周边环境保护要求高

本工程四周均为市政道路，道路下均有较多市政管线，对变形较为敏感，保护要求较高；尤其是基坑西侧云鹃路下管廊，部分为预制结构，保护要求很高。

3. 地质条件复杂

本工程场地属于潮坪地貌，浅部土层砂性较重，渗透系数较大，对围护桩成桩影响较大，若在基坑开挖期间发生渗漏，对周边环境影响较大。

本工程砂性土下赋存有深厚的软土层，对围护结构的稳定性影响较大。

4. 分坑协调施工

本工程基坑面积巨大，需分坑施工。在保证基坑安全的前提下，需满足建设单位的开发工期要求，同时需避免相邻地块桩基施工、基坑开挖的相互影响，保证周边环境的安全。

综上，如何有效、合理解决本工程面临的以上问题是本基坑围护设计之关键。

五、基坑围护平面

基坑围护结构平面布置如图 3 所示。

1. 分坑施工

本工程共分三期施工，分坑及施工顺序如下：

(1) 一期分为 A、B 两区施工，先开挖施工 A 区；在 A 区地下室 B1 板及对 B 区第一道支撑的混凝土斜换撑施工完成后，开挖 B 区；

(2) 二期整体开挖，在一期 A 区地下室 B1 板及换撑施工完成后，开挖施工二期基坑；

(3) 三期整体开挖，在一期 B 区地下室施工完成，二期地下室底板施工完成（保留斜撑作为三期第一道支撑传力构件）后，开挖施工三期。

2. 围护形式

(1) 一期基坑采用钻孔灌注桩＋三轴水泥土搅拌桩止水帷幕（考虑到①$_3$ 吹填土及②$_3$ 砂质粉土的土质特点，在搅拌桩施工时添加 10kg/m^3 膨润土）＋两道

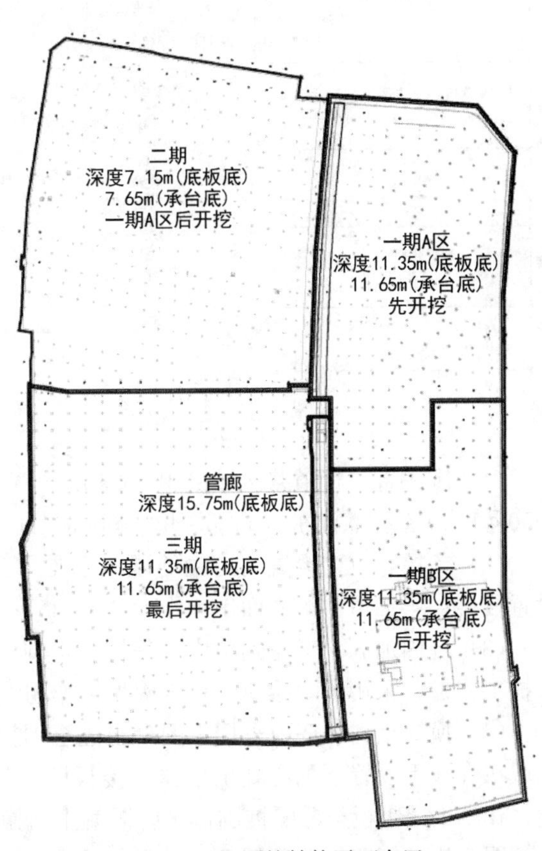

图 3　基坑围护结构平面布置

钢筋混凝土支撑的围护形式；

（2）二期基坑采用 SMW 工法（ϕ850@600 三轴水泥土搅拌桩内插 H700×300×13×21 型钢）+一道前撑式注浆钢管支撑（ϕ370×10）的围护形式；

（3）三期基坑采用钻孔灌注桩+三轴水泥土搅拌桩止水帷幕+两道钢筋混凝土支撑的围护形式；管廊处采用钻孔灌注桩+三轴水泥土搅拌桩止水帷幕+第三道钢支撑的围护形式。

（4）为保证钻孔灌注桩在深厚粉土中的成桩质量，采用低掺三轴水泥土搅拌桩（水泥掺量 13%～15%）套打的形式。

六、基坑围护典型剖面

图 4 为一期基坑典型剖面，对应工况为：一期 A 区地下室 B1 板及换撑施工完成，开挖一期 B 区，剖面简介如下：

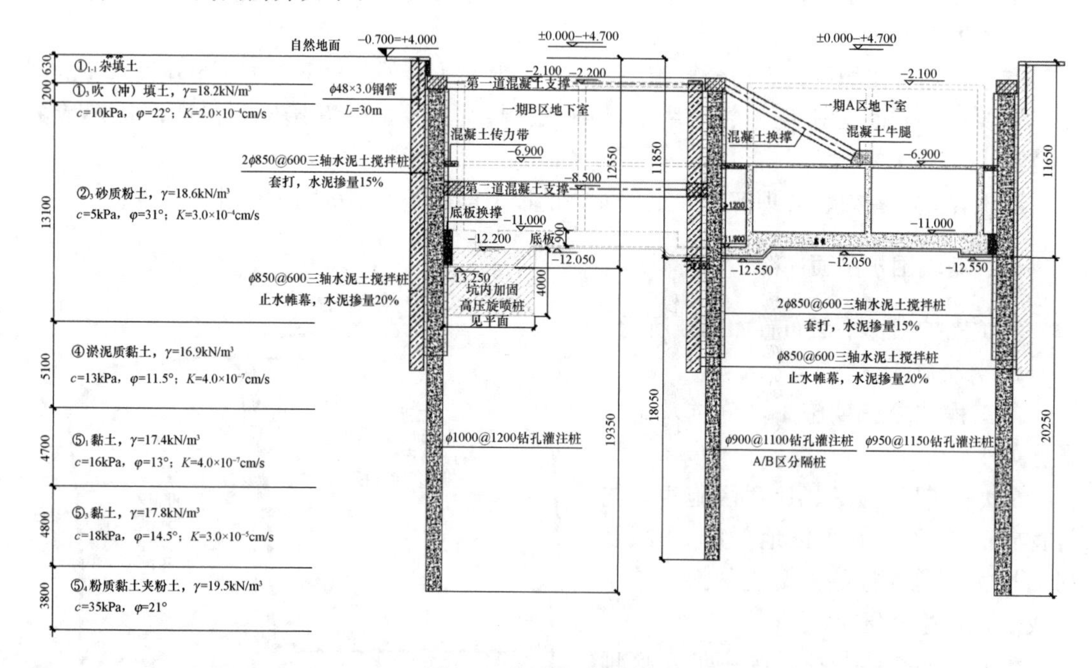

图 4 一期基坑典型剖面

（1）围护桩：近道路区域采用 2ϕ850@600 三轴水泥土搅拌桩（水泥掺量 15%）套打 ϕ950@1150 钻孔灌注桩（局部深坑 ϕ1000@1200，近二、三期及分隔桩区域 ϕ900@1100）；

（2）支撑：坑内设置两道钢筋混凝土支撑：第一道支撑截面 900×800（C35），其上设置栈桥；第二道主撑截面 1000×800（C35）；支撑间距约 12m；

（3）坑内加固：考虑到坑内工程桩为预制桩，工程桩分布较密集，为保证加固效果及保护工程桩，采用 ϕ800@600 高压旋喷桩作为坑内加固；

（4）换撑结构：底板采用素混凝土浇至围护桩的形式，A、B 区分隔桩及与三期相邻区域在底板下设置下翻混凝土牛腿；楼板区域设置传力混凝土板带。为加快 B 区开挖进度，在 A 区 B1 板至分隔桩围檩设置混凝土斜换撑。

图 5 为二期基坑典型剖面，对应工况为：一期 A 区地下室 B1 板及换撑施工完成，开

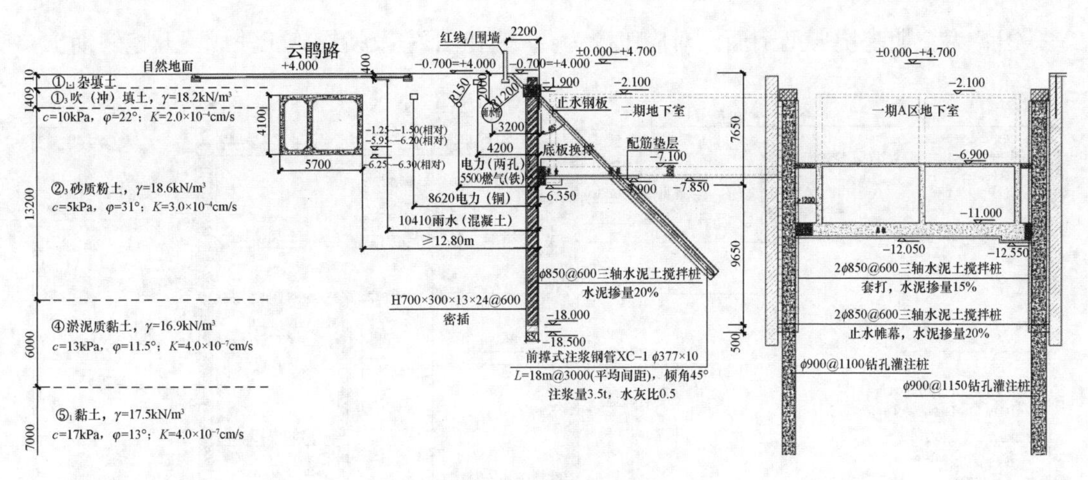

图 5　二期基坑典型剖面

挖二期，剖面简介如下：

（1）围护桩：近道路区域采用 SMW 工法，ϕ850@600 三轴水泥土搅拌桩（水泥掺量 20%）内插 H700×300×13×21 型钢；

（2）支撑：坑内设置一道前撑式注浆钢管（ϕ377×10 钢管长度 18m，采用开孔注浆工艺，注浆量 3.5t，承载力特征值 1000kN），角部设置钢筋混凝土角撑。

（3）垫层：坑边设置 7m 宽、250mm 厚 C30 配筋垫层。

（4）坑内加固：考虑到坑内工程桩为预制桩，工程桩分布较密集，为保证加固效果及保护工程桩，采用 ϕ800@600 高压旋喷桩作为坑内加固；

（5）换撑结构：底板采用素混凝土浇至围护桩，并保留斜撑作为换撑，在地下室回填后割除。

图 6 为三期基坑典型剖面，对应工况为：二期地下室底板及换撑施工完成，开挖三期。

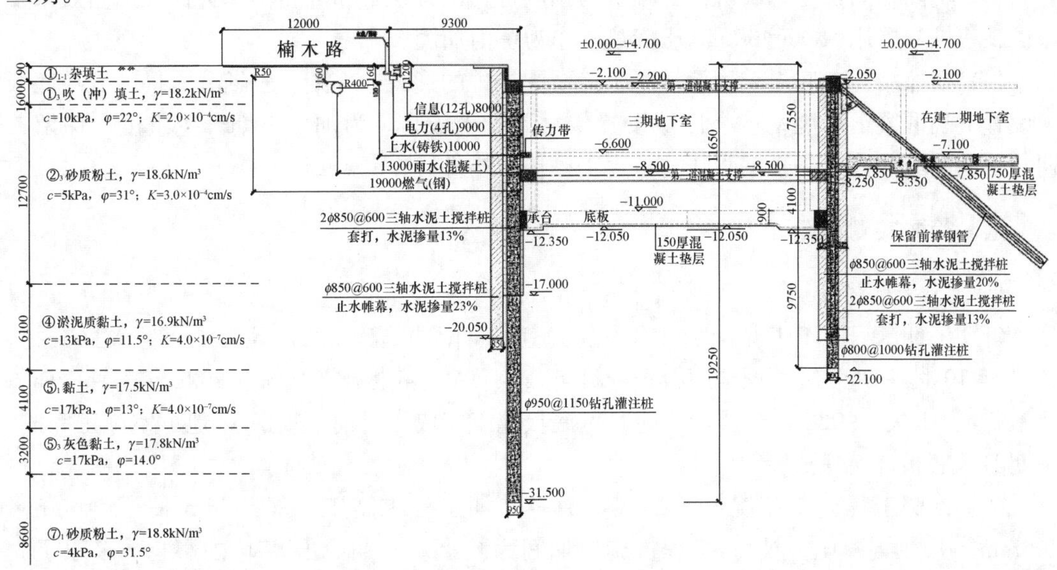

图 6　三期基坑典型剖面一

图 7 为三期基坑典型剖面，对应工况为：一期地下室及换撑施工完成，开挖三期。

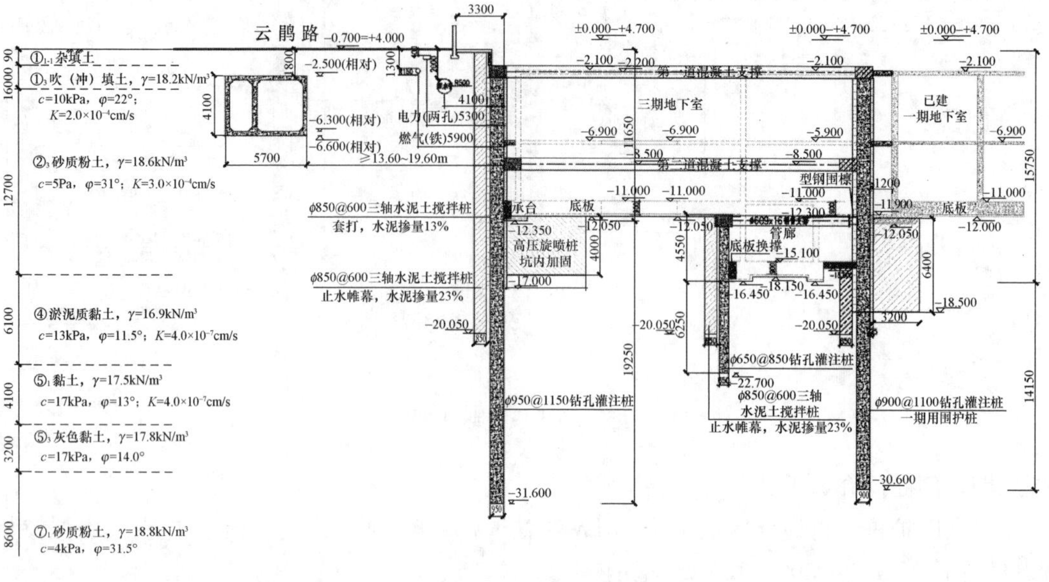

图 7 三期基坑典型剖面二

（1）围护桩：近道路、管廊区域采用 2ϕ850@600 三轴水泥土搅拌桩（水泥掺量 13%）套打 ϕ950@1150 钻孔灌注桩（局部深坑 ϕ1000@1200）；二、三期分隔桩区域采用 3ϕ850@600 三轴水泥土搅拌桩（两侧水泥掺量 20%，中间水泥掺量 13%）内套打 ϕ800@1000 钻孔灌注桩；新建管廊区域采用 ϕ650@850 钻孔灌注桩。

（2）支撑：坑内设置两道钢筋混凝土支撑：第一道支撑截面 900×800（C35），其上设置栈桥；第二道主撑截面 1000×800（C35）；支撑间距约 12m；新建管廊区域设置第三道 ϕ609×16 钢管支撑。

（3）坑内加固：考虑到坑内工程桩为预制桩，工程桩分布较密集，为保证加固效果及保护工程桩，采用 ϕ800@600 高压旋喷桩作为坑内加固。

（4）换撑结构：底板采用素混凝土浇至围护桩的形式，一期、三期分隔桩区域在底板下设置下翻混凝土牛腿；楼板区域设置传力混凝土板带。为加快三期开挖进度，保留二期、三期区域前撑式注浆钢管作为首道支撑传力构件。

七、简要实测资料

1. 施工工况简介

（1）一期工程施工工况：2021 年 4 月施工一期围护桩；2021 年 6 月一期 A 区开挖；2021 年 10 月一期 A 区开挖至底板；2021 年 11 月 A 区底板施工完成；2022 年 1 月一期 A 区施工至 B1 板；2022 年 3 月，一期 B 区底板施工完成。目前一期 A 区地下室施工完成，一期 B 区底板浇筑完成。

（2）二期工程施工工况：2021 年 8 月，二期工程桩施工（26～28m 长，400mm×400mm 预应力混凝土方桩）；工程桩施工期间为减小对一期 A 区基坑的影响，采取了先近后远、长轴线跳打、控制压桩速率、局部修改为钻孔灌注桩等措施，实施效果良好。

2022年2月，二期围护桩施工；目前二期围护桩施工完成。

(3) 三期工程施工工况：2021年9月，三期工程桩施工（一般区域26～28m长，400mm×400mm预应力混凝土方桩，近一期区域采用钻孔灌注桩）；2022年2月，三期围护桩施工。目前，三期围护桩施工完成。

施工现场如图8所示。

图8　施工现场

2. 监测数据

测斜监测点平面布置如图9所示。

图10为一期典型区域测斜数据汇总，开挖至第二道支撑时最大位移9.4mm，开挖至坑底最大位移18.54mm，底板施工完成时，最大位移39.91mm。围护体变形总体可控，由于开挖至底板时出土速率偏慢，导致底板形成时间较长，底板形成后变形稍大；最大变形发生在坑底3m左右的位置，此位置为②$_3$砂质粉土层与④淤泥质黏土层的交界处。

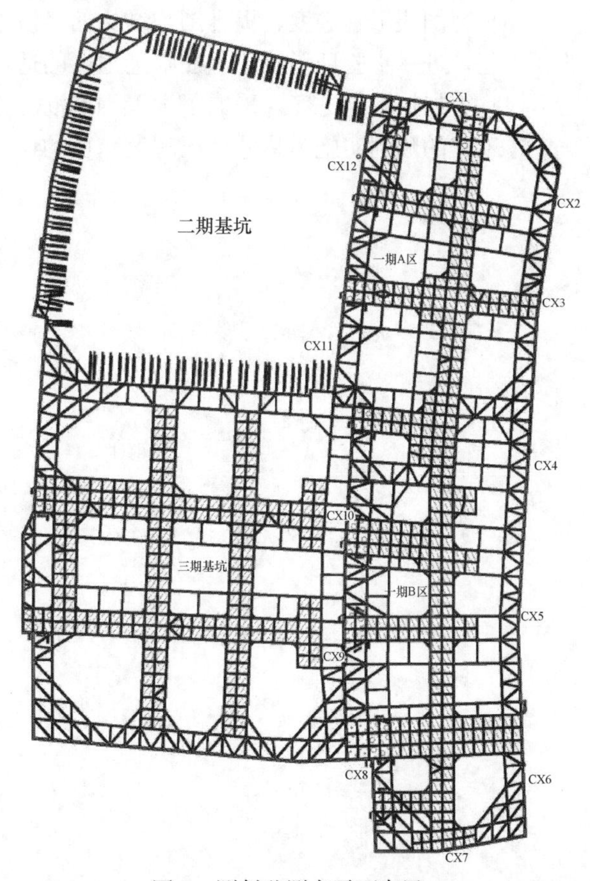

图9　测斜监测点平面布置

八、点评

本工程位于上海市临港地区，属于潮坪地貌，浅层赋存有吹填土及深厚砂质粉土层，且基坑开挖深度大，基坑开挖面积巨大，周边环境复杂，保护要求高。针对本工程的特点及难点采取了对应的措施：

(1) 针对基坑开挖面积超大，开挖深度大，周边环境保护要求高的特点，采取了分坑施工、有序衔接的措施，既

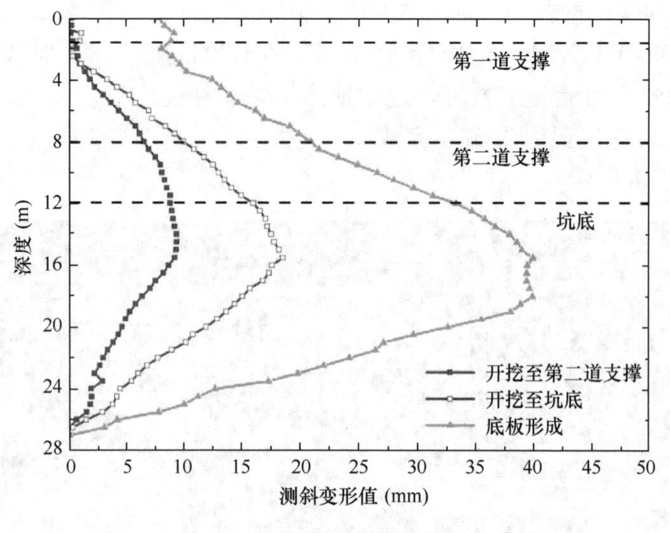

图 10　一期测斜监测数据汇总

保证了基坑安全，也保证了工程进度。

（2）针对临港地区的地质特点及基坑开挖深度，一期、三期选用搅拌桩套打钻孔灌注桩的形式，二期采用 SMW 的形式，保证了围护桩的成桩效果，减少围护体渗漏的风险。

（3）为加快工程进度、提升围护结构的经济性，二期工程基坑采用了前撑式注浆钢管的新工艺，进一步验证了该工艺在临港地区的适用性。

（4）为加快施工进度，采取了设置钢筋混凝土斜换撑、保留前撑式注浆钢管等措施。

本工程的顺利实施为临港地区超大基坑的设计及施工积累了宝贵的工程经验。

上海世博文化公园温室花园项目基坑工程

戴生良　李忠诚　顾承雄

（上海山南勘测设计有限公司，上海　201206）

一、工程简介

世博文化公园温室花园项目位于上海市浦东新区雪野二路以北，济明路以东（图 1）。本项目原址为世博展览馆，在此基础上重建温室花园，建设内容包括游客服务中心、云之花园、多肉世界、热带雨林、建筑间走廊、厂房建筑构架及地下室和温室连通道等。总建筑面积约 45638m²，其中地上建筑面积 30872m²，地下建筑面积 14766m²。

基坑总面积约 31008m²，东西向宽度约 300m，南北向长度约 160m。其中设备用房基坑开挖面积约 12243m²，开挖深度 9.05～9.55m；云之花园基坑开挖面积约 11792m²，开挖深度 4.10m、多肉世界基坑开挖面积约 3772m²，开挖深度 4.70～5.30m、热带雨林基坑开挖面积约 3201m²，开挖深度 5.70～6.30m。

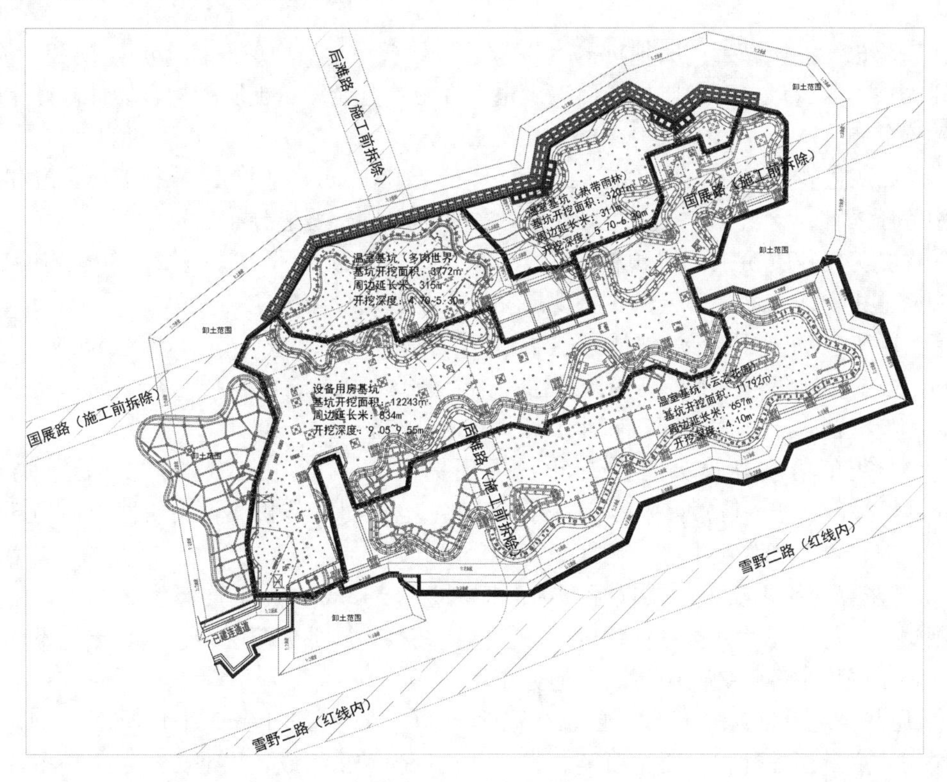

图 1　基坑周边环境

二、工程地质条件

场地属于滨海平原地貌类型，场地勘探深度范围内土层划分为 7 个主要层次及分属不同层次的亚层及次亚层。

①$_{1-1}$层杂填土：层顶标高 6.28～－1.69m，平均厚度 5.70m，最大厚度 9.7m。现状道路表层为沥青路面，厚度约 10～30cm，下部含较多建筑垃圾，如碎石、碎砖、混凝土块等，局部还见厚度较大混凝土柱，此外还见钢渣、钢板等，成分复杂，普遍厚度较大，结构松散。

①$_{1-2}$层素填土：层顶标高 2.63～2.44m，平均厚度 0.90m，主要以黏性土为主，夹少量碎石等杂质，结构松散，土质不均，少数区域分布。

②层褐黄～灰黄色粉质黏土：层顶标高 2.13～0.97m，平均厚度 1.02m，湿，可塑～软塑，中等压缩性；含氧化铁斑点及铁锰质结核，稍有光泽，干强度中等，韧性中等。仅局部分布。

③层灰色淤泥质粉质黏土：上部顶标高 2.14～－0.33m，平均厚度 1.76m，下部顶标高为 1.56～－4.05m，平均厚度 2.47m，饱和，流塑，高等压缩性；含云母、有机质，夹粉性土薄层，土质不均，稍有光泽，韧性中等，干强度中等。普遍分布。

③$_t$层灰色黏质粉土：层顶标高 0.49～－2.43m，平均层厚 1.35m，饱和，松散～稍密，中等压缩性；含云母，夹黏性土，土质不均，摇振反应中等，韧性低，干强度低。局部缺失。

④层灰色淤泥质黏土：层顶标高－2.77～－5.41m，平均层厚 8.26m，饱和，流塑，高等压缩性；含云母、有机质，局部夹少量粉性土，有光泽，土质较均，韧性高，干强度高。普遍分布。

⑤$_{2-1}$层灰色砂质粉土：层顶标高－11.18～－13.92m，平均层厚 7.97m，饱和，中密，中等压缩性；含云母，夹少量黏性土，局部为粉砂。普遍分布。

⑤$_{2-2}$层灰色砂质粉土：层顶标高－18.56～－21.25m，平均层厚 3.78m，饱和，稍密～中密，中等压缩性；含云母，夹薄层黏性土。普遍分布。

⑤$_{3-1}$层灰色粉质黏土夹黏质粉土：层顶标高为－22.80～－26.02m，平均厚度 6.69m，很湿，软塑，中等～高等压缩性；含云母、有机质，泥钙质结核，局部夹少量粉性土，稍有光泽，干强度中等，韧性中等。普遍分布。

⑤$_{3-2}$层灰色粉质黏土夹黏质粉土：层顶标高为－28.13～－32.92m，平均厚度 8.40m，很湿，软塑～可塑，中等～高等压缩性；含云母、有机质，夹粉性土，局部含量稍多，稍有光泽，干强度中等，韧性中等。普遍分布。

⑤$_4$层灰绿色粉质黏土：层顶标高为－36.69～－43.61m，平均厚度 2.25m，湿，可塑～硬塑，中等压缩性；含氧化铁斑点，铁锰质结核，局部夹薄层粉性土，土质不均，稍有光泽，干强度中等，韧性中等。普遍分布。

⑦$_1$层灰黄色～灰绿色粉砂：层顶标高为－39.13～－43.17m，平均厚度 3.31m，饱和，中密，中等压缩性；主要由石英、长石、云母等矿物组成，局部夹黏性土稍多，土质不均。局部缺失。

⑦$_2$ 层灰黄色粉砂：层顶标高为－40.11～－47.00m，平均厚度 17.36m，饱和，密

实，中等压缩性；主要以石英、长石等矿物组成。普遍分布。

场地工程地质条件及基坑围护设计相关参数如表 1 所示，典型地质剖面如图 2 所示。

场地工程地质条件及基坑围护设计相关参数 **表 1**

层号	土层名称	含水量 w %	孔隙比 e	重度 γ_0 (kN/m^3)	直剪固块（峰值）		渗透系数 K（20℃，cm/s）
					黏聚力 c (kPa)	内摩擦角 ϕ (°)	建议值
②	粉质黏土	30.7	0.87	18.7	19	18.5	3.0×10^{-6}
③	淤泥质粉质黏土	41.0	1.14	17.6	15	18.0	5.0×10^{-6}
③$_{t}$	黏质粉土	31.6	0.90	18.4	11	29.0	2.0×10^{-4}
④	淤泥质黏土	50.8	1.42	16.7	11	1.5	3.0×10^{-7}
⑤$_{2-1}$	砂质粉土	28.9	0.82	18.7	7	33.0	6.0×10^{-4}
⑤$_{3-2}$	砂质粉土	29.3	0.83	18.7	8	31.5	5.0×10^{-4}
⑤$_{3-1}$	粉质黏土夹黏质粉土	34.1	0.96	18.2	20	22.5	5.0×10^{-6}

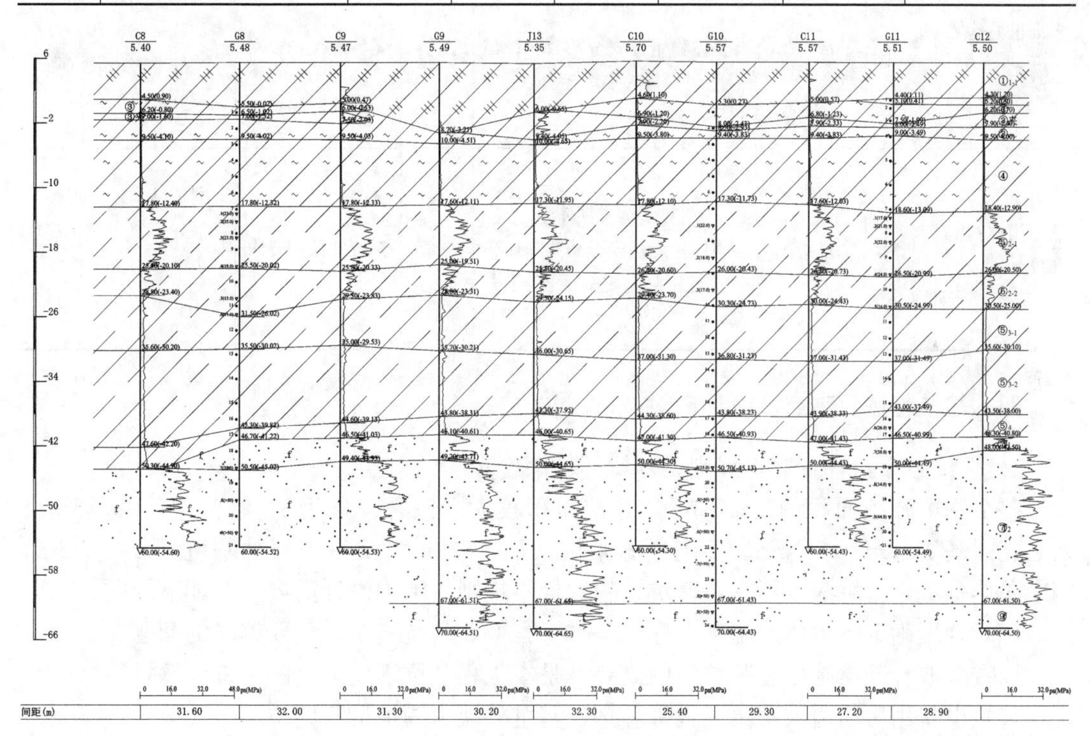

图 2　典型地质剖面

三、基坑周边环境情况

本工程原址为世博馆，拆除后为空地，据勘察报告分布有大量地下障碍物；场地周边以待拆除道路与空地为主，周边环境无特殊保护要求，但设备用房基坑周边分布有工程桩，基坑施工开挖应考虑对其保护（表 2）。

基坑安全及环境保护等级汇总　　表 2

基坑单体	基坑安全等级	安全等级确定依据	围护结构稳定性控制指标	环境保护等级	环境保护等级确定依据	变形控制指标
设备用房基坑（H=9.05m）	二级	12m>H>7m	坑底抗隆起安全系数≥1.9 抗倾覆安全系数≥1.1 整体稳定性安全系数≥1.25	二级	基坑周边主要为相邻单体桩基，桩基需保护	围护结构最大侧移≤27mm（0.30%H） 坑外地表最大沉降≤22mm（0.25%H）
云之花园基坑（H=4.10m）	三级	H<7m	对于放坡 整体稳定性安全系数≥1.35	三级	无特殊保护要求	围护结构最大侧移≤28mm（0.70%H） 坑外地表最大沉降≤22mm（0.55%H）
多肉世界基坑（H=5.3m）	三级	H<7m	对于重力坝体系 整体稳定性安全系数≥1.45 墙底抗隆起安全系数≥1.5	三级	无特殊保护要求	围护结构最大侧移≤37mm（0.70%H） 坑外地表最大沉降≤30mm（0.55%H）
热带雨林基坑（H=6.3m）	三级	H<7m	对于重力坝体系 整体稳定性安全系数≥1.45 墙底抗隆起安全系数≥1.5	三级	无特殊保护要求	围护结构最大侧移≤44mm（0.70%H） 坑外地表最大沉降≤34mm（0.55%H）

四、基坑特点、难点及设计应对

1）单体较多，外轮廓不规则，基坑开挖深度多样

整个基坑开挖面积约 31000m^2，开挖面积较大；包含设备用房基坑（H＝9.05m）、云之花园基坑（H＝4.1m）、多肉世界基坑（H＝5.3m）及热带雨林基坑（H＝6.3m）四个单体基坑，基坑深度不一，基坑外轮廓极不规则。围护设计需要解决如下问题：

（1）合理确定各单体的施工顺序，是本工程保证基坑安全首先要解决的问题；

（2）采取合理措施处理基坑间的高差，是本工程基坑需要解决的关键问题；

（3）设备用房周边被密集工程桩环抱，基坑外缺少围护桩实施空间；

（4）设备用房外轮廓不规则，对围护桩变形控制十分不利；

（5）保证基坑开挖期间周边已施工工程桩的安全。

2）地质条件复杂

本工程基地原为厂房、道路及世博会场馆。地上建筑已经拆除，但据勘察报告及物探报告，场地内水文、地质条件较复杂：

（1）场地内填土普遍较厚，局部填土厚度达到 9.7m，且填土中存在大量地下障碍物；

（2）场地下赋存有第⑤$_2$ 层微承压含水层，开挖设备用房基坑局部深坑时，微承压水

有突涌风险。

针对本工程水文、地质特点，围护设计须解决如下问题：

(1) 针对厚填土、地下障碍物，需要从安全性、经济性及施工可行性角度采取合理措施，保证围护结构的施工质量；

(2) 针对承压水问题，需要采取合理的降压措施，“按需降压”，保证基坑及周边环境的安全。

综上，如何有效、合理解决本基坑工程面临的以上问题是本基坑围护设计之关键。

3) 设计应对措施

针对本工程规模大、挖深大、单体多、高差大、形状不规则、深基坑缺少围护空间等基坑难点，结合经济、安全和便利性，围护设计采用以下措施（图 3)：

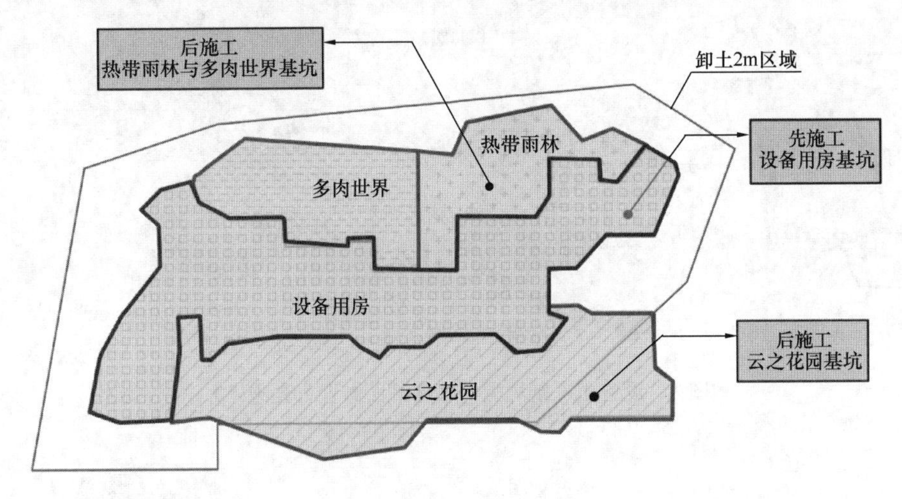

图 3　基坑施工分块示意

(1) 多专业配合清障、提高搅拌桩工艺要求：应对场地深厚杂填土、地下障碍物和承压水等问题，设计联合各方，确定清障方案，解决现场问题；为保障止水可靠性，提高搅拌桩施工工艺要求，并隔断含承压水层，保证搅拌桩成桩效果，减少围护体渗漏的风险。

(2)“先深后浅”：先开挖施工中间设备用房基坑，待设备用房施工完成，再施工周边浅基坑；解决设备用房与其他单体高差问题，方便施工组织和挖土，节省工期（约 2 个月)。

(3)“化深为浅”：设备用房基坑采用卸土结合 SMW 工法桩＋一道钢筋混凝土支撑围护形式；充分利用场地周边空间宽裕条件，坑外 20m 范围内卸土 2.0m，坑内采用工法＋一道混凝土支撑，突破上海地区超 8.0m 设置两道支撑的常规概念，极大地节省了造价（约 1000 万元)、缩短了工期（约 2 个月)；

(4)“穿针引线”：地下室形状不规则、缺少围护空间，设备用房围护边线结合支撑布置，在坑外浅基础工程桩之间规划出一条最佳线路，确保围护桩施工空间同时兼顾支护体系受力合理。

五、基坑围护平面

围护结构平面布置如图 4～图 6 所示。

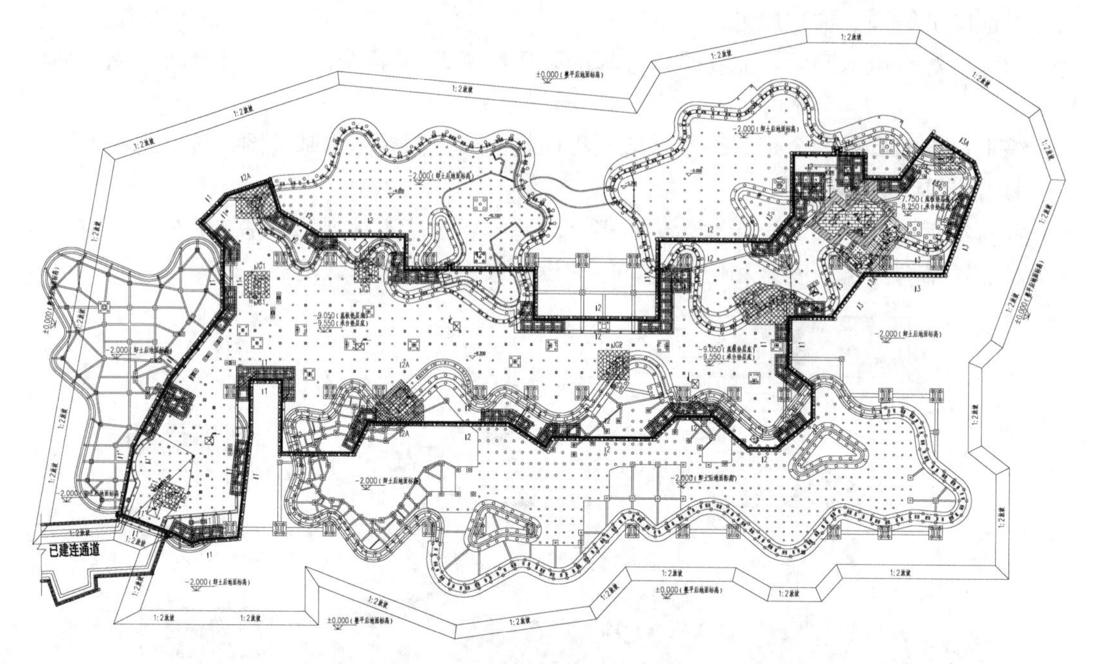

图 4 设备用房基坑围护结构平面布置（先施工）

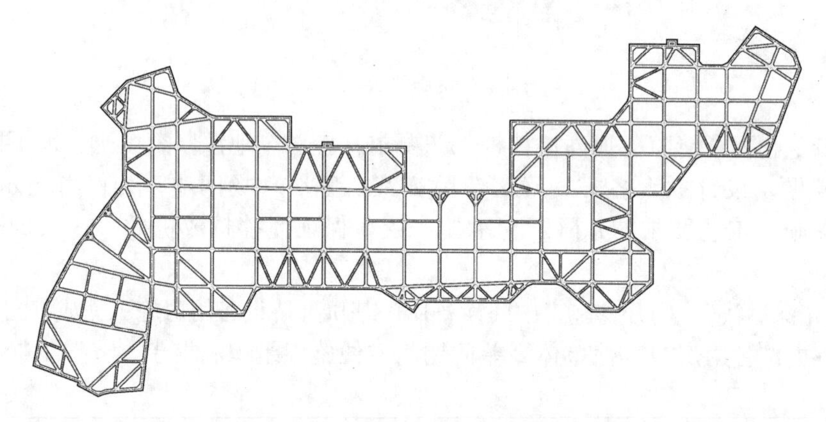

图 5 设备用房基坑围护支撑平面布置（先施工）

1）施工顺序

先深后浅，先施工设备用房深基坑，待设备用房地下室施工完成后，施工周边云之花园、多肉世界及热带雨林等周边浅基坑。

2）围护形式

设备用房基坑采用卸土放坡结合 SMW 工法桩＋一道钢筋混凝土支撑的围护形式；云之花园采用放坡开挖形式；其余基坑采用卸土放坡结合重力坝围护形式。

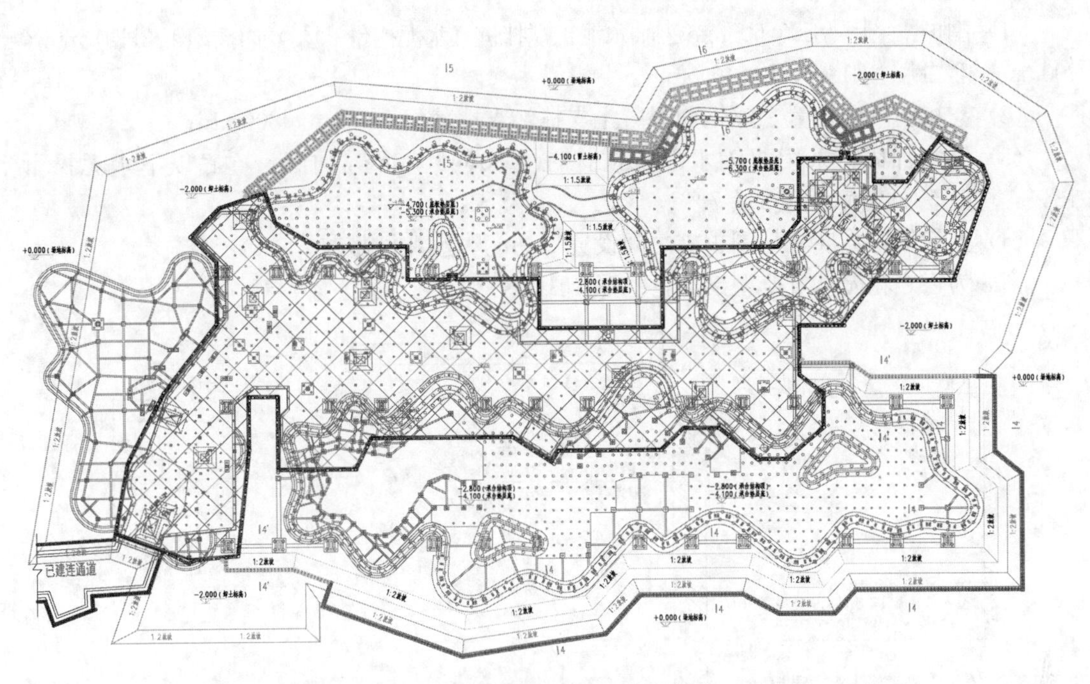

图 6 云之花园、多肉世界、热带雨林基坑围护结构平面布置（后施工）

六、基坑围护典型剖面

图 7 为设备用房（挖深 9.05m）基坑典型剖面，坑外 20m 范围卸土 2.0m：

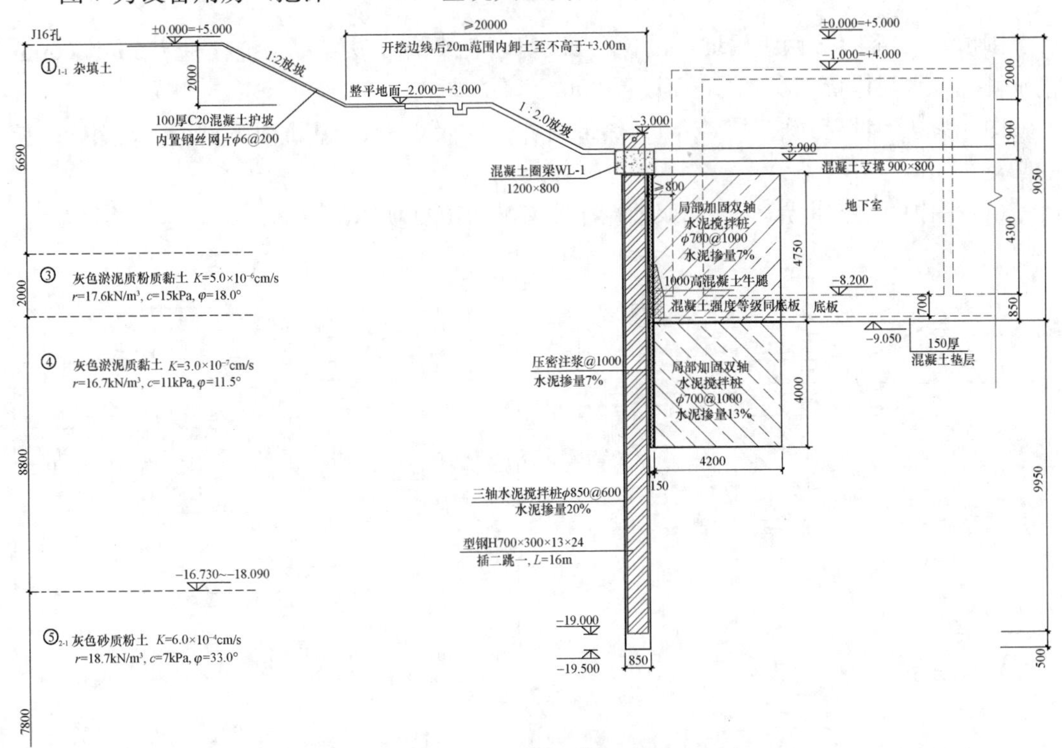

图 7 设备用房基坑典型剖面

（1）围护：采用ϕ850@600mm三轴水泥土搅拌桩（水泥掺量20%）内插型钢2H700mm×300mm，插二跳一@1800，L=16.0m；

（2）支撑：坑内设置一道钢筋混凝土支撑：支撑截面900mm×800mm；

（3）坑内加固：采用双轴水泥土搅拌桩ϕ700@1000mm加固，坑底以下水泥掺量13%，坑底至支撑底水泥掺量7%；

（4）换撑结构：底板与围护桩之间设置1.0m厚上翻牛腿。

图8为云之花园基坑典型剖面，挖深4.10m：

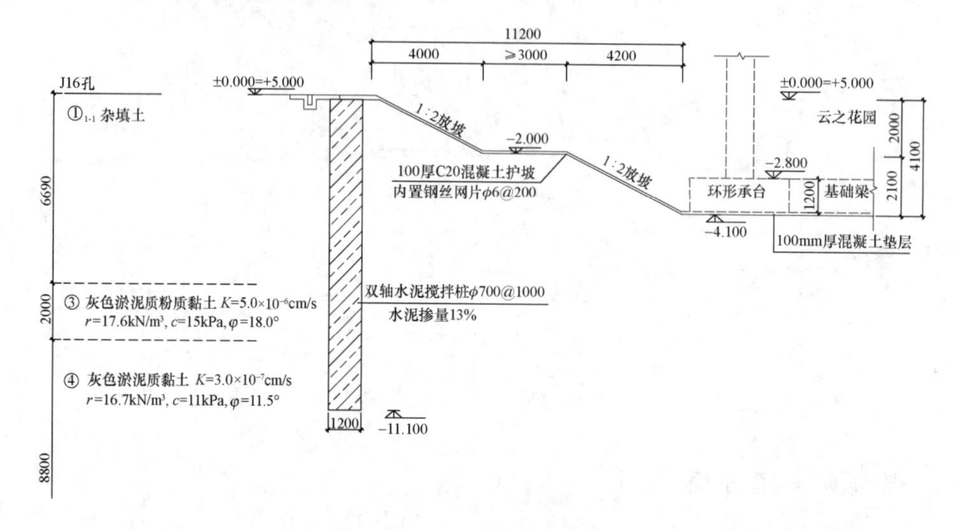

图8　云之花园基坑典型剖面

围护：采用1∶2两级放坡，设置3.0m宽留土平台，设置双轴搅拌桩ϕ700@500mm止水帷幕（水泥掺量13%），坡面设置80mm厚护坡。

图9为多肉世界（挖深5.3m）、热带雨林（挖深6.3m）基坑典型剖面，坑外3m范围卸土2.0m：

（1）围护（多肉世界）：采用双轴搅拌桩ϕ700@1000坝体，坝宽4.2m，水泥掺量13%；

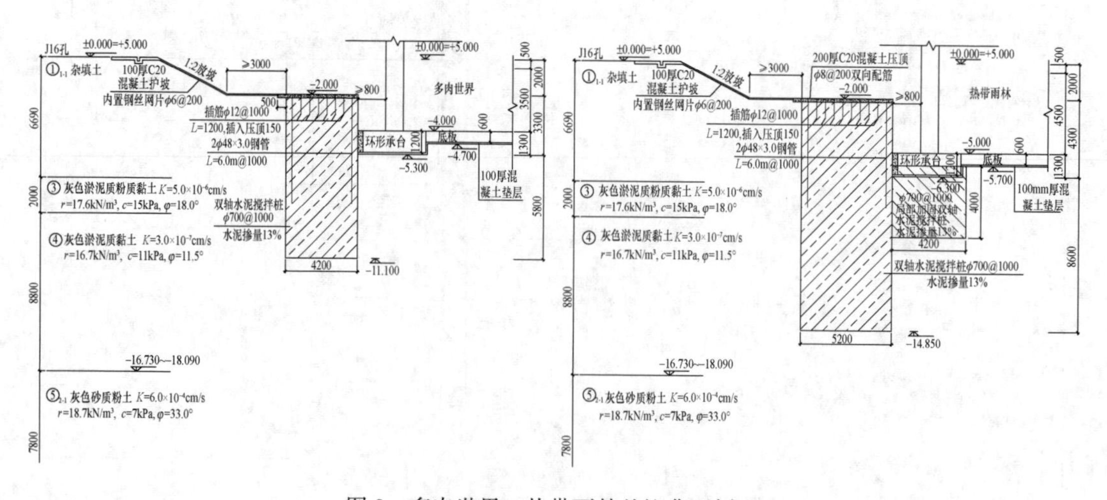

图9　多肉世界、热带雨林基坑典型剖面

(2) 围护（热带雨林）：采用双轴搅拌桩 ϕ700@1000 坝体，坝宽 5.2m，水泥掺量13%。

七、简要实测资料

1. 施工情况简介

2021年5月施工围护桩；2021年6月底设备用房基坑开挖；2021年8月设备用房基坑开挖至坑底；2021年9月设备用房底板施工完成；2021年11月设备用房地下室施工完成。2021年12月开挖周边云之花园、多肉世界和热带雨林浅基坑；2022年1月云之花园、多肉世界和热带雨林基础施工完成（图10～图12）。

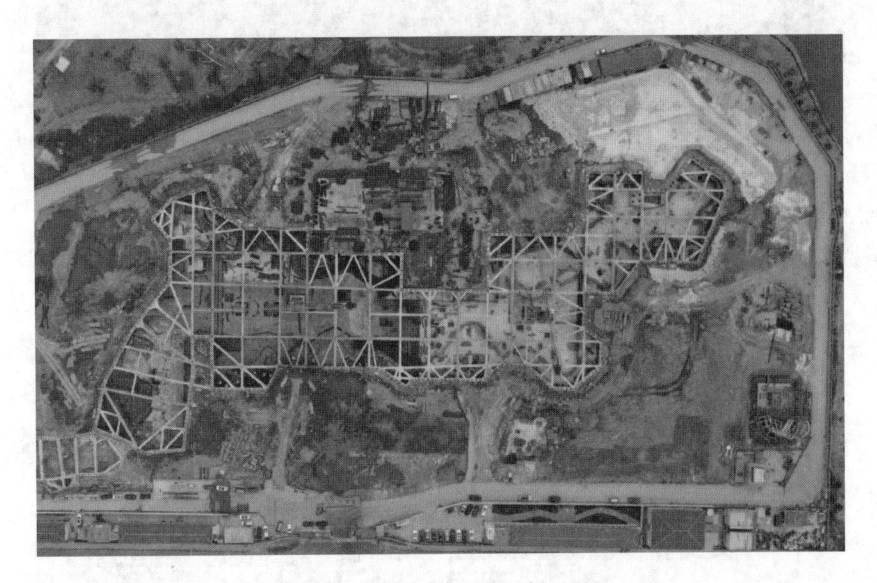

图10 现场支撑（2021年8月）

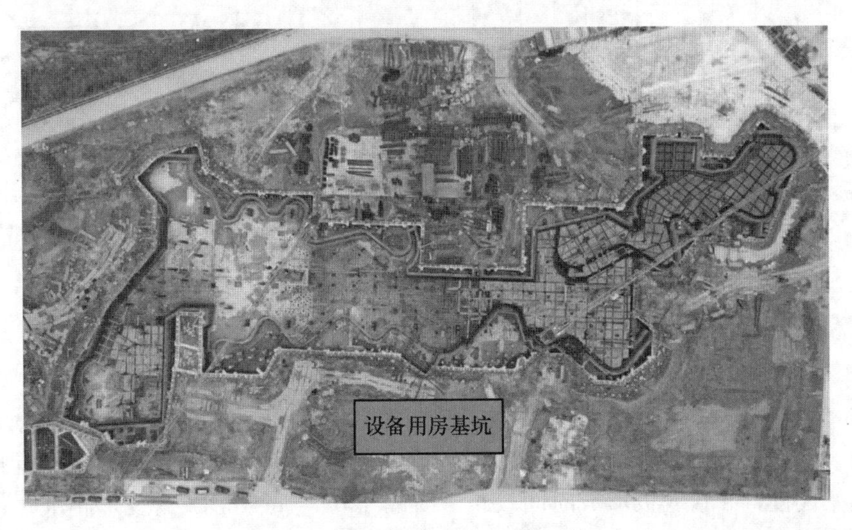

图11 现场拆撑（2021年9月）

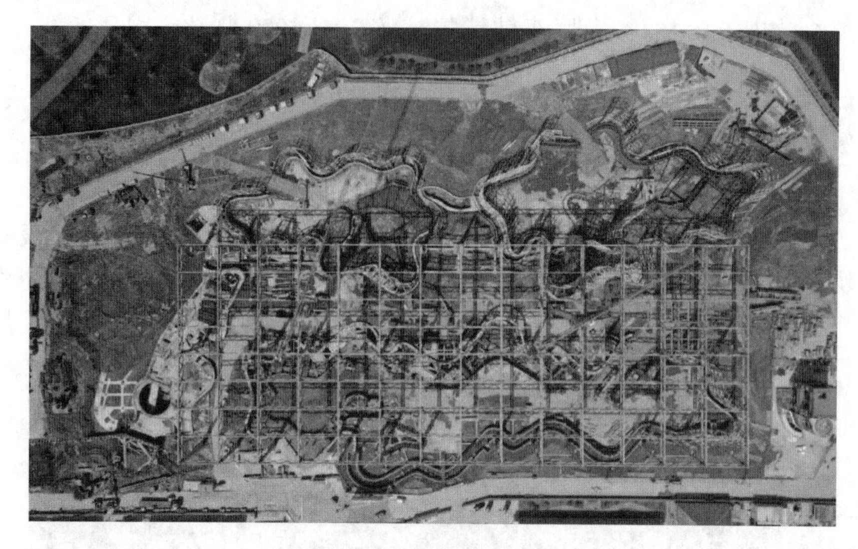

图 12　现场地下室、基础完成（2022 年 2 月）

2. 监测数据

测斜监测点平面布置如图 13 所示。

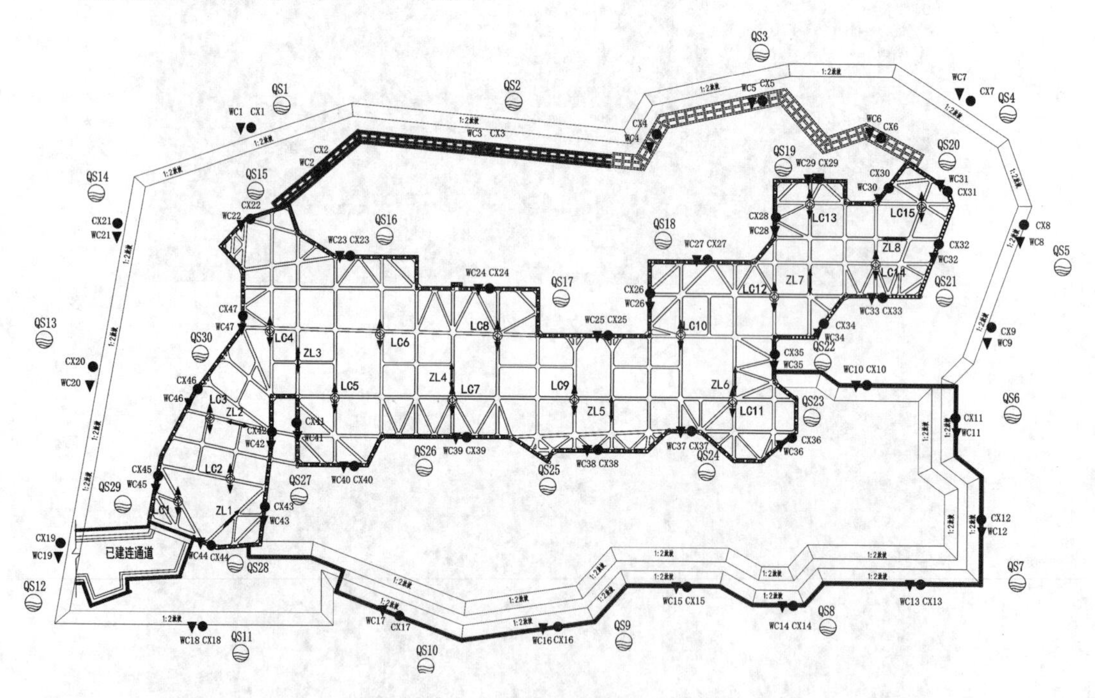

图 13　测斜监测点平面布置

图 14 为温室花园各区域测斜数据汇总，其中设备用房基坑开挖至坑底最大位移 8.41mm，底板施工完成时，最大位移 23.12mm。围护体变形总体可控，由于开挖至底板时出土速率偏慢，导致底板形成时间较长（时隔 40d），底板形成后变形稍大；最大变形发生在坑底附近，此位置为③、④层淤泥质黏土的交界处。

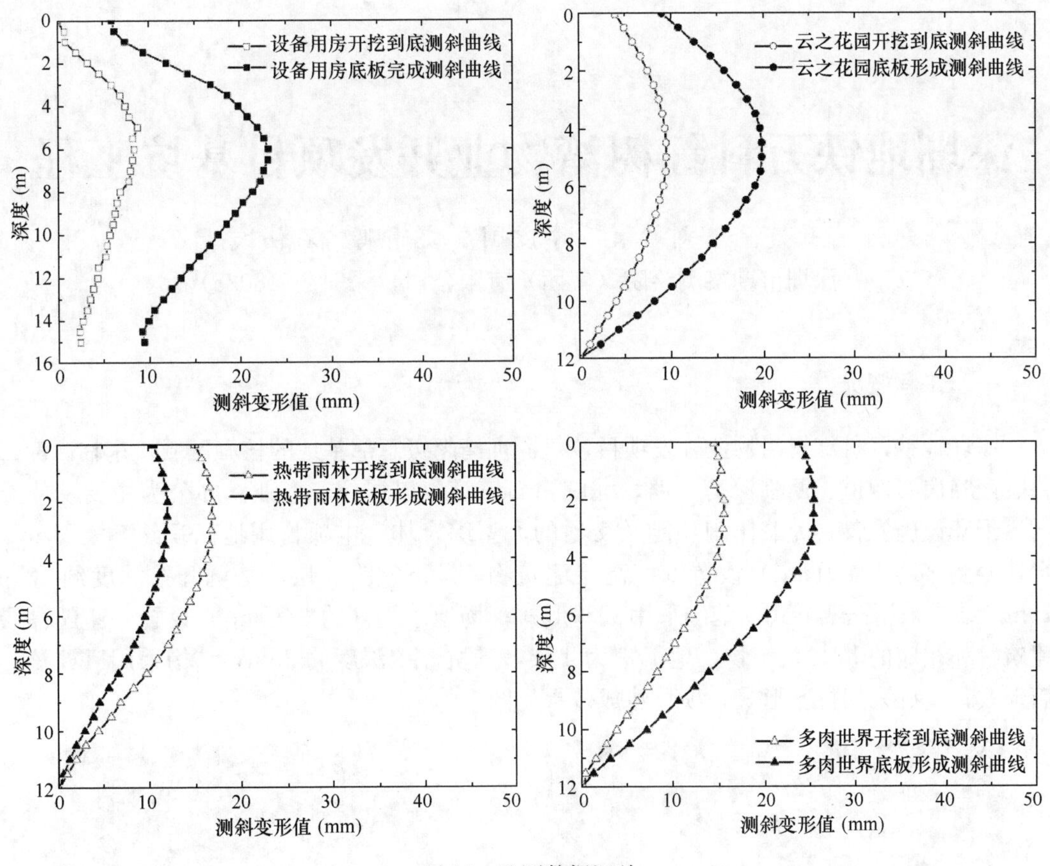

图 14　监测数据汇总

八、点评

本工程位于上海市浦东新区，属于滨海平原地貌，浅层赋存有深厚杂填土，伴随有大量的遗留障碍物，而且本工程基坑规模大，单体多，开挖深度多样，形状不规则，设备用房周边被密集工程桩环绕，保护要求高。针对本工程的特点及难点采取了对应的措施：

（1）多专业配合清障、提高搅拌桩工艺要求：应对场地深厚杂填土、地下障碍物和承压水等问题，设计联合各方，确定清障方案，解决现场问题；为保障止水可靠性，提高搅拌桩施工工艺要求，并隔断含承压水层，保证搅拌桩成桩效果，减少围护体渗漏的风险。

（2）“先深后浅”：先开挖施工中间设备用房基坑，待设备用房施工完成，再施工周边浅基坑；解决设备用房与其他单体高差问题，方便施工组织和挖土，节省工期。

（3）“化深为浅”：设备用房基坑采用卸土结合 SMW 工法桩＋一道钢筋混凝土支撑围护形式；利用场地周边空间宽裕条件，坑外 20m 范围内卸土 2.0m，坑内采用工法＋一道混凝土支撑，突破上海地区超 8.0m 设置两道支撑的常规概念，极大地节省了造价、缩短了工期。

（4）“穿针引线”：地下室形状不规则、围护空间紧张，设备用房围护边线结合支撑布置，在坑外工程桩间规划出最佳线路，确保围护桩施工空间同时兼顾支护体系受力合理。

本工程的顺利实施为软土地区类似基坑的设计及施工积累了宝贵的工程经验。

深圳地铁万科红树湾物业开发项目基坑工程

丘建金　刘　晨　李爱国　文建鹏　石伟民
（深圳市勘察测绘院（集团）有限公司，深圳　518028）

一、工程概况

深圳地铁万科红树湾物业开发项目位于深圳湾超级总部基地的核心区域，东临深湾二路、南临白石四道、西临深湾一路、北临白石三道，以居住、商业、办公为主要功能导向，配套设施完善，为兼休闲功能及交通的大型综合体。本项目用地面积约 5.4 万 m^2，场地西侧（约 2.4 万 m^2）设置 6 座高层建筑物，地下室为 3 层，基坑开挖深度约 12～15m，结构采用框架形式，基础采用桩基形式；场地东侧（约 3 万 m^2）设置一座超高层建筑物和相应的 Loft 建筑物，地下室为 4 层，基坑开挖深度约 20m，结构采用巨柱核心筒形式，基础采用桩基形式，项目建成效果见图 1。

(a)

(b)

图 1　项目建成效果

二、周边环境概况

本项目的几何轮廓大致呈矩形形态，长边约 340m，短边约 200m，周边环境极其复杂，西南侧地下室边线距地铁 11 号线隧道边线仅 4.4～6.8m，南侧（除西南侧）地下室边线紧贴 9 号线与 11 号线换乘车站，东北侧地下室边线距地铁 2 号线隧道边线约 12m，西北侧紧邻地铁 2 号线车站（局部位置紧邻下沉广场）。基坑平面和周边环境见图 2。

三、工程地质条件

本项目场地原始地貌为滨海滩涂，由新近填海工程实施形成目前的工程区域。根据勘察结果，场地内的地层主要有第四系全新统人工填土层（Q_4^{ml}）、第四系全新统海陆交互相

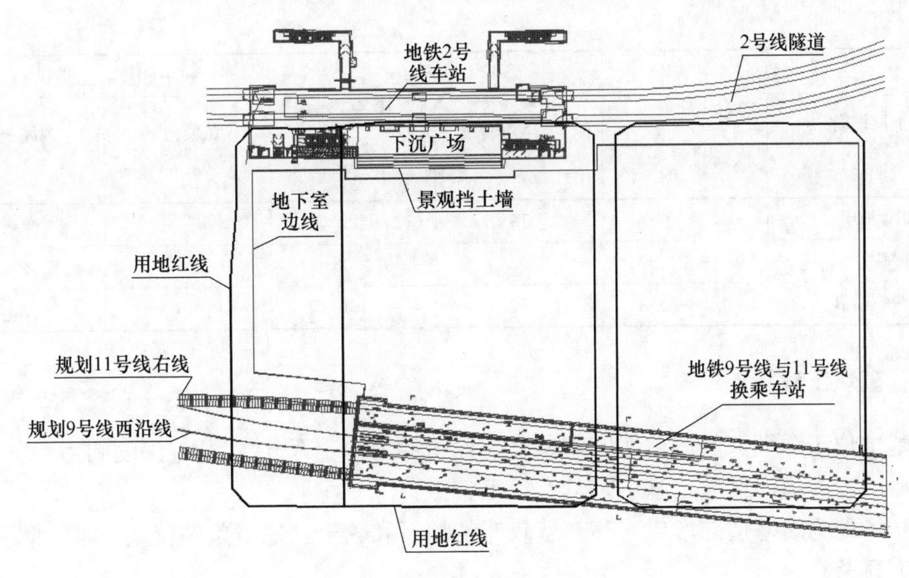

图 2　基坑平面及周边环境

沉积层（Q_4^{mc}）、第四系上更新统冲洪积层（Q_3^{al+pl}）、第四系残积层（Q^{el}）、下伏基岩为燕山晚期粗粒花岗岩（γ_5^3）。具体来说，基坑开挖范围内的土层自上而下主要为填土、填石、淤泥、粉质黏土、砾砂、砾质黏性土及全风化岩等。典型地质剖面见图 3，基坑支护物理力学参数见表 1。

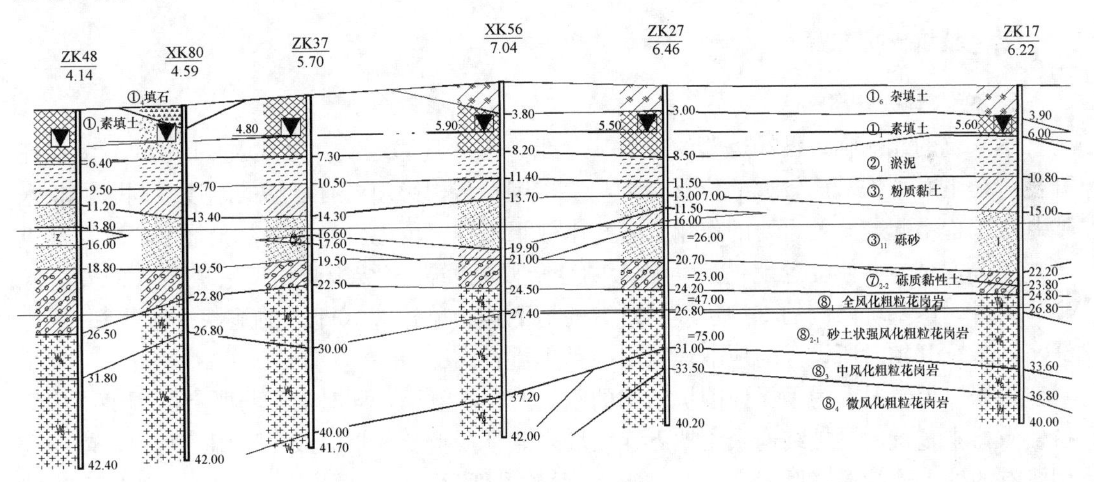

图 3　典型地质剖面

项目场地岩土体物理力学参数　　　　**表 1**

岩土层名称	岩土层厚度（m）	天然重度（kg/m³）	渗透系数（m/d）	抗剪强度（直剪试验）	
				黏聚力 c（kPa）	内摩擦角 φ（°）
填土层	2～15	17.5	0.5	5	12
沉积层	5～7	16.5	0.005	8	4.5

续表

岩土层名称	岩土层厚度（m）	天然重度（kg/m^3）	渗透系数（m/d）	抗剪强度（直剪试验）	
				黏聚力 c（kPa）	内摩擦角 φ（°）
冲洪积层	2～8	19	15	24	10
残积层	1～12.5	19.5	0.05	22	20
燕山晚期粗粒花岗岩	0.4～22.3	22	1.0	35	30

四、基坑工程特点

本基坑位于深圳湾新近填海区域，开挖面积约为 5.4 万 m^2，开挖深度约为 12～20m，属于典型的深大填海区软土基坑，具有以下特点：

（1）场地为填海造陆形成，存在着较厚的填石和软土，地质条件较差，且时间和空间效应较为显著。

（2）本项目为地铁上盖物业，周边环境极为复杂和敏感，紧邻（贴）3 条正在运营的地铁结构，对于地铁结构的保护要求极高。

（3）基坑西侧和东侧的支护深度不同且施工进度要求差异较大，存在着一侧开挖一侧回填的复杂工况，需要同时保证两侧的安全。同时，基坑支护结构不能对主体结构施工产生影响，且工期进度紧。

五、基坑支护方案

1. 总体支护方案

本基坑的北侧临近已经运营的地铁 2 号线，南侧紧邻地铁 9 号线及 11 号线。为保证开挖过程不对地铁造成较大的位移变形，要求围护结构必须要有足够的刚度。同时，止水在基坑工程中起着至关重要的作用，若止水效果不佳，坑内发生渗漏甚至涌水涌砂，严重影响基坑安全，并使临近地铁产生较大的变形及沉降甚至结构受损，造成极大的安全隐患。再者，本基坑南侧的支护边线与既有的地下连续墙边线（即之前地铁 9 号线和 11 号线车站基坑开挖时所设置的地下连续墙）基本重合。

根据以上情况，为了保证围护结构的刚度及止水效果，同时为了与既有的围护结构保持一致，本基坑的围护结构采用地下连续墙来兼具挡土及截水的双重作用。其中，南侧利用既有的地下连续墙（厚度 T=800mm），西侧及西北侧新建厚度 T=800mm 的地下连续墙，西侧及西北侧新建厚度 T=1000mm 的地下连续墙。

同时，由于锚索的支锚刚度较小，控制位移变形的能力较弱，且周边临近地铁车站等地下结构体无施工空间，所以本基坑的支撑体系采用刚度较大的钢筋混凝土内支撑。

根据以上分析，本基坑支护采用地下连续墙（含既有地下连续墙）+钢筋混凝土内支撑的总体方案。总体支护初步方案平面布置见图 4。

2. 内支撑布置的选型

由于整个基坑范围内的地下室层数并不一致，西侧为三层地下室，东侧为四层地下室，导致两边的基坑深度并不相同，且两侧的施工进度要求也不一致。为了保证两边的基

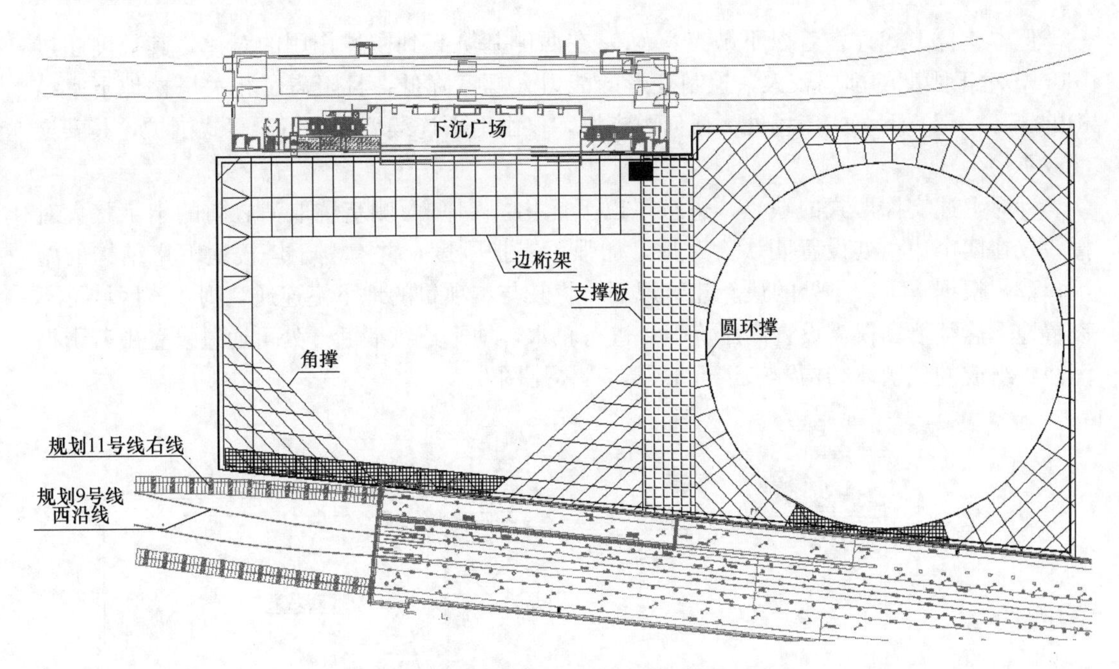

图4　基坑总体支护初步方案平面布置

坑能够相对独立地进行开挖，在深度分界线处设置了一道分坑桩，使得西侧和东侧的基坑能互不影响。

在西侧基坑的四个边角处，设置了四块大角撑。在其中部区域，设置了呈十字状的两个大对称来平衡两侧的土压力。在南边利用既有地下连续墙的区域，由于紧贴着地体 9 号线和 11 号线换乘车站的结构体，土压力并不大，所以仅设置边桁架来进行支撑。在北边存在着下沉广场区域，由于基坑外侧并无实土来提供相应的支撑反力，故在这一区域不设置内支撑。而东侧基坑即四层地下室区域深度较大，约为 20m，为了保证足够的支撑刚度且满足中心区域高层塔楼的顺利施工，结合场地几何特征（呈较规则的四边形），支撑结构采用双圆环的环撑形式，具体见图 5。

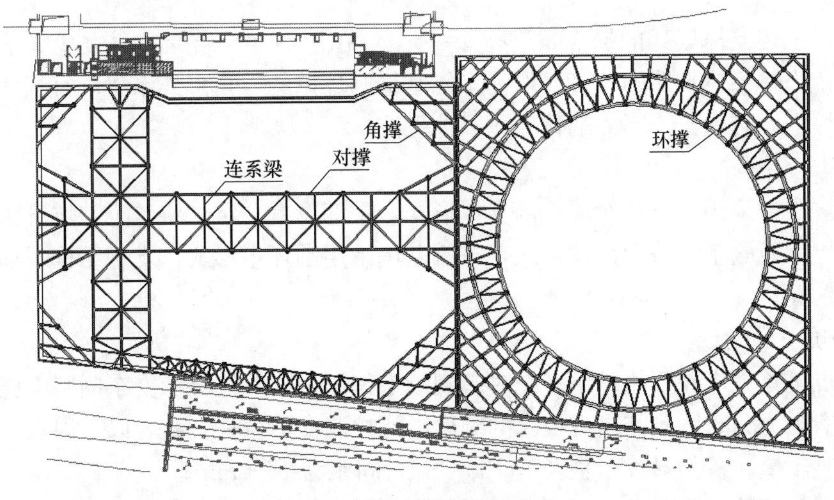

图5　支撑结构平面布置一

但本支撑形式存在着以下缺点：（1）在西侧基坑起到主撑作用的对撑，其长度超过180m，对于刚度的削弱较大，控制变形的能力大幅度降低，且阻碍了相关塔楼地下室结构的施工；（2）下沉式广场处无任何内支撑，仅由地下连续墙来进行悬臂式围护，其安全性或不足。

针对上述支撑形式的缺点，进行了以下优化：（1）西侧基坑取消之前的十字状大对撑，仅在四个边角处设置四块大对撑，加强了支护刚度，并有利于塔楼地下室结构的施工；（2）根据下沉广场处的最新建筑规划，将其与本项目的地下室连通，则在该区域可不设置地下连续墙，仅需设置高压旋喷桩进行止水，地下连续墙断开处可通过设置由若干根灌注桩组成的“墩体结构”来进行加强，具体见图6。

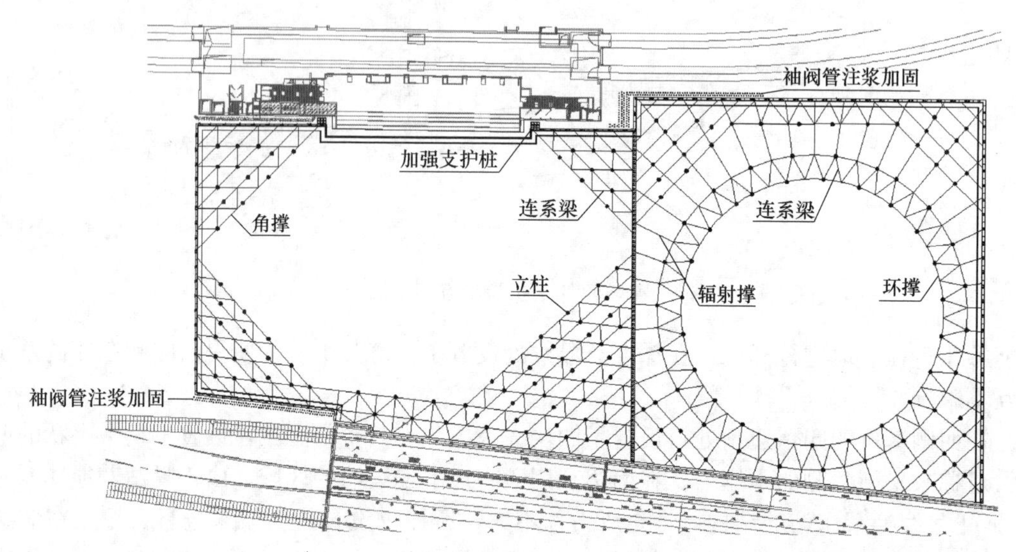

图6　支撑结构平面布置二

但本支撑形式存在一定的缺点：不管是角撑还是圆环撑，都设置了过多的连系梁，导致产生了过多的冗余结构，使得传力体系过于繁复不明晰。并且加大了施工难度，降低了施工效率。

再针对上述支撑形式的缺点，进行了一定的优化：（1）减少了西边基坑角撑的连系梁，使其传力体系更加明晰；（2）取消东侧基坑圆环撑的三角形连系梁，直接将辐射撑支承在圆环撑上，有利于土压力的传递，具体见图7。

3. 基坑支护平面和剖面

本基坑支护采用地下连续墙＋内支撑形式，中部设置分坑桩将整个基坑分为西侧基坑和东侧基坑，西侧基坑采用角撑形式，东侧基坑采用圆环撑形式，支护结构平面和典型剖面见图8～图11。

4. 分坑桩的设计

本分坑桩首先应在西侧基坑开挖时起到挡土作用，同时能够承受东侧基坑施工时所造成的不平衡内力分布，且需具有较大的刚度以能控制变形位移。结合以上因素，分坑桩采用钢筋混凝土灌注桩的形式，桩径为1200mm，间距为1500mm。

本基坑分区施工的工况主要有：（1）基坑整体开挖至冠梁底并施工冠梁；（2）基坑整

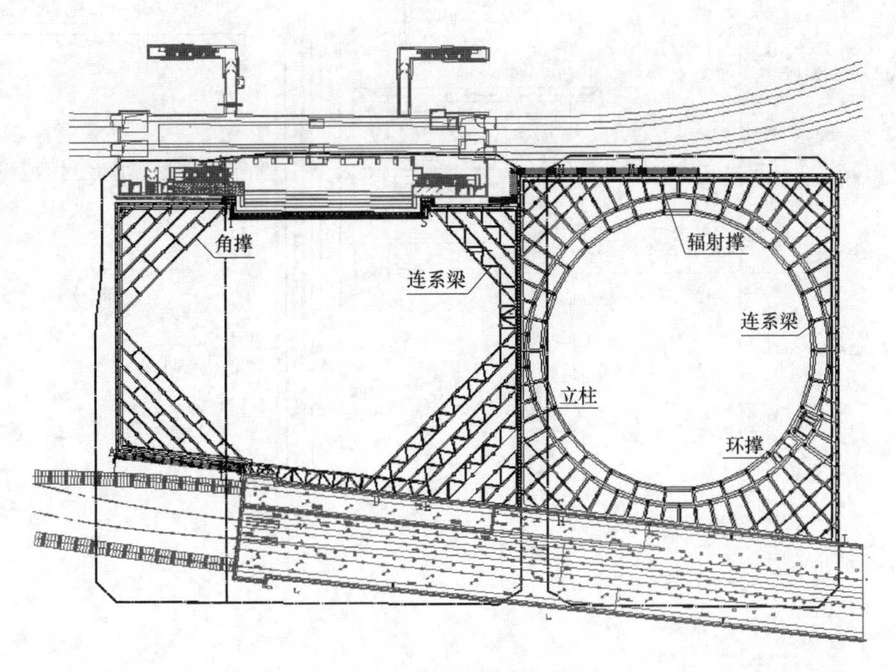

图7　支撑结构平面布置三

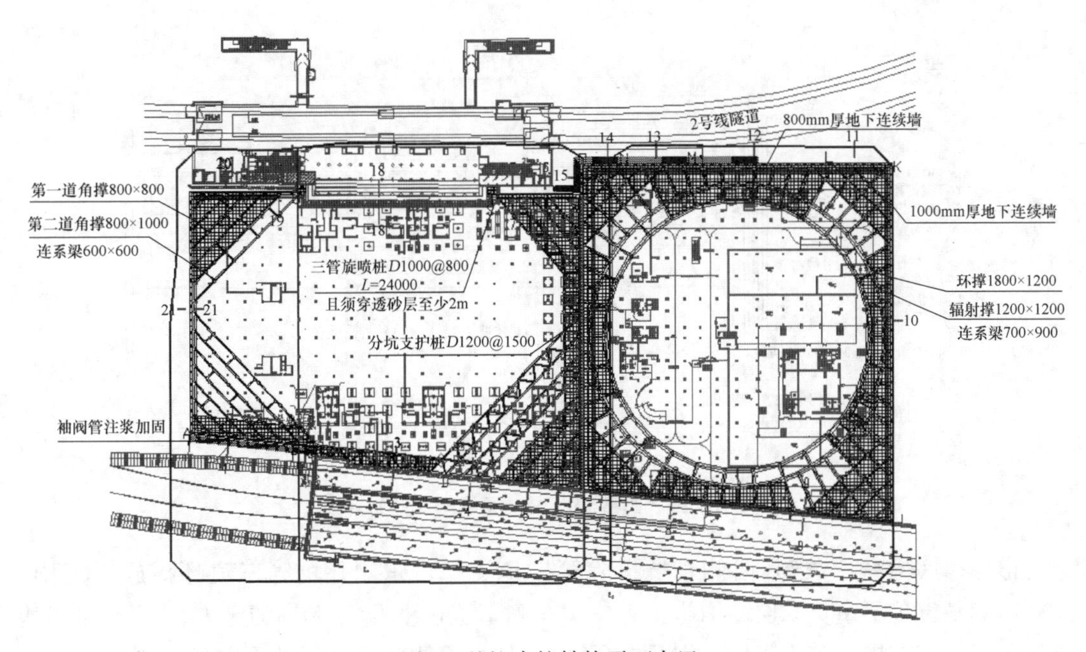

图8　基坑支护结构平面布置

体开挖至第一道支撑底标高，西侧基坑施工第一道支撑梁；（3）西侧基坑开挖土方至第二道支撑底标高且施工第二道支撑梁，东侧基坑施工完毕第一道环撑；（4）西侧基坑开挖至坑底标高，东侧基坑开挖土方至第二道环撑底标高；（5）西侧基坑底板施工完毕，东侧基坑第二道环撑施工完毕；（6）西侧基坑地下室负三层结构施工完毕，东侧基坑土方开挖至

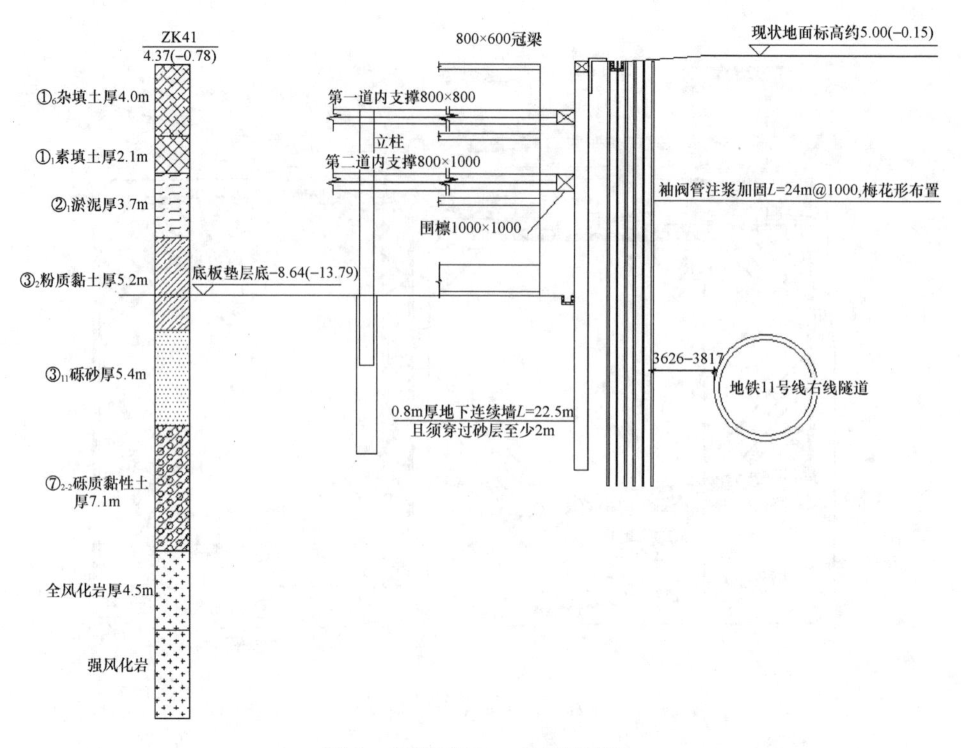

图 9　典型剖面一（场地西侧）

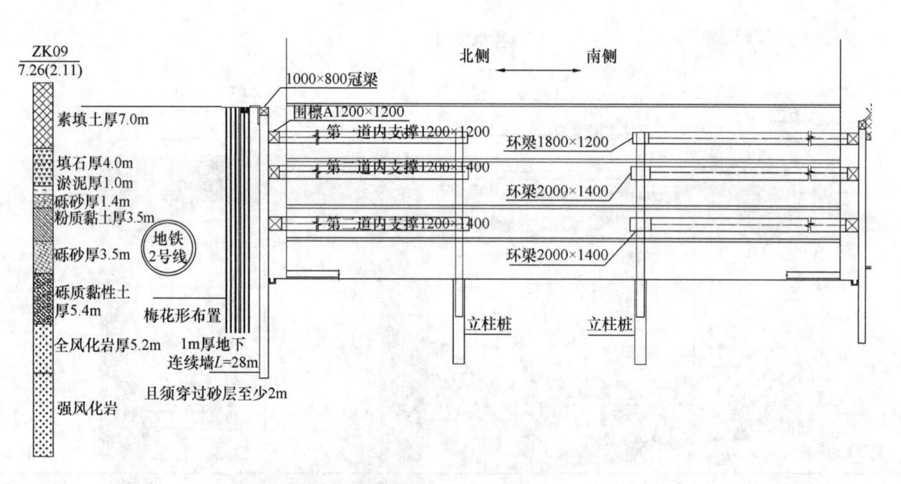

图 10　典型剖面二（场地南北侧）

第三道环撑底标高；（7）西侧基坑拆除第二道支撑，东侧基坑第三道环撑施工完毕；（8）西侧基坑地下室负二层结构施工完毕，东侧基坑往下开挖 50％的土方；（9）西侧基坑拆除第一道支撑，东边基坑土方开挖到底；（10）西侧基坑施工地下室负一层结构，东边基坑底板施工完毕；（11）东侧基坑地下室负四层结构施工完毕，拆除第三道环撑；（12）东侧基坑地下室负三层结构施工完毕，拆除第二道环撑；（13）东侧基坑地下室负二层结构施工完毕，拆除第一道环撑；（14）东侧基坑地下室负一层结构施工完毕。

在以上工况中，对于分坑桩内力影响最大的主要为工况（7），其剖面如图 12 所示。

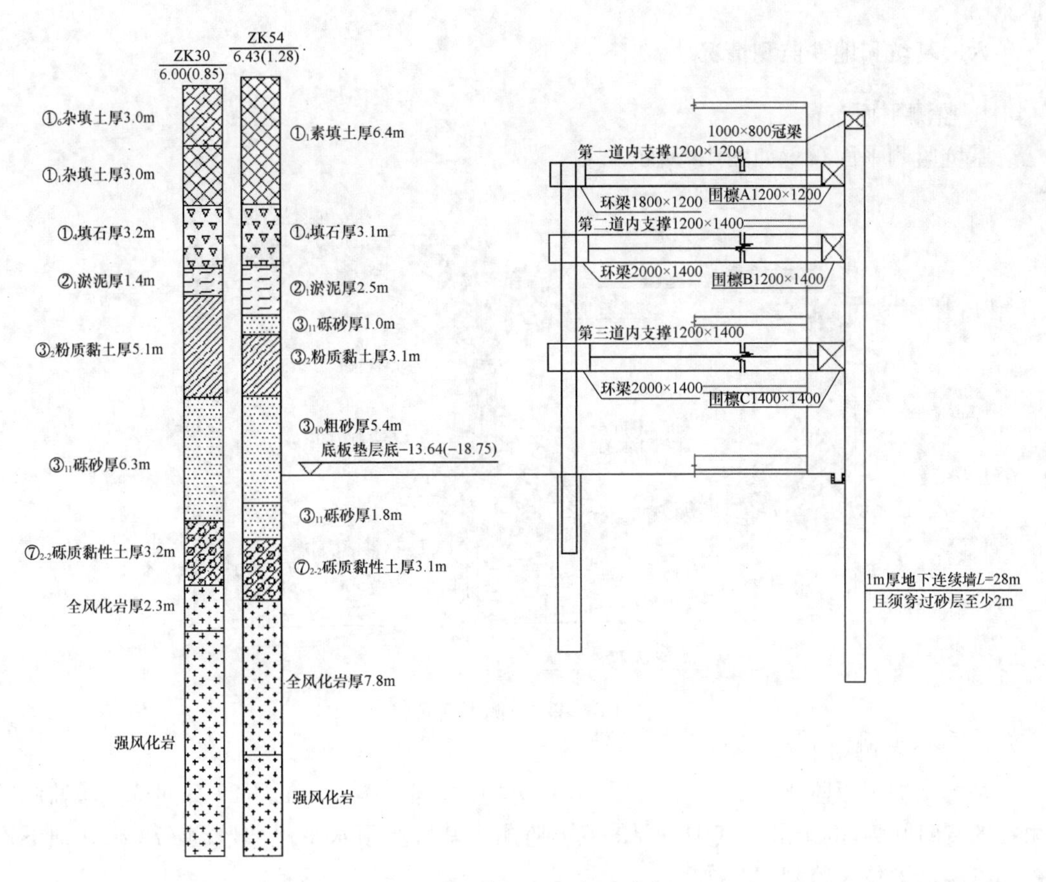

图 11　典型剖面三（场地东侧）

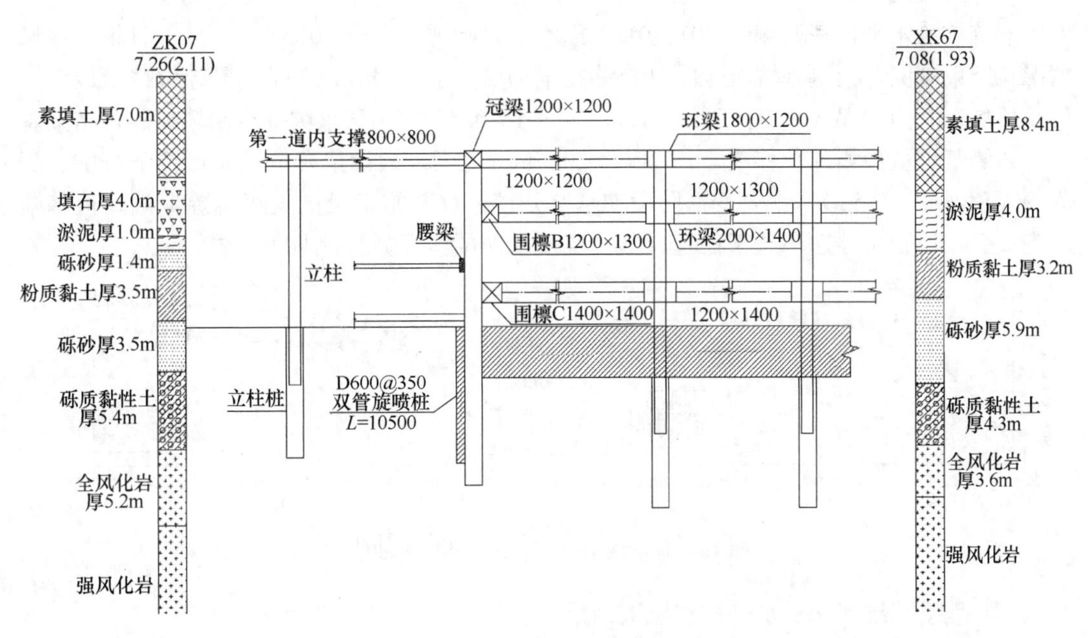

图 12　工况七分坑桩剖面示意图

六、基坑和地铁监测情况

1. 监测平面布置

基坑监测平面布置如图 13 所示。

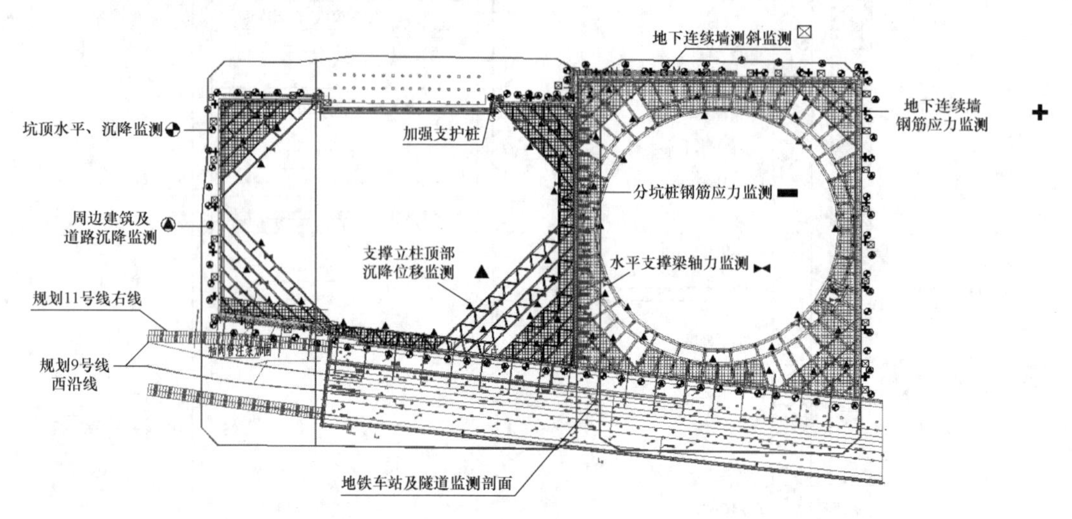

图 13 基坑监测平面布置

2. 基坑监测结果

基坑支护工程监测自 2015 年 4 月 15 日进场，截至 2018 年 4 月 23 日回填完毕监测结束，监测时间为 36 个月，其中主要的变形监测为基坑坑顶水平位移监测 473 次和地下连续墙深层水平位移监测 429 次。

（1）基坑坑顶水平位移监测结果

基坑坑顶水平位移监测于 2015 年 6 月 24 日开始观测，至 2016 年 9 月 18 日根据现场情况，结束观测，西侧基坑坑顶累计位移在＋10.4～＋12.9mm 之间，累计位移量最大点位于西坑东北角为 WY10（＋12.9mm）；至 2018 年 4 月 23 日东坑基本回填完成，结束观测，东侧基坑坑顶累计位移在＋18.2～＋20.6mm 之间，累计位移量最大点位于东坑北侧为 WY7（＋20.6mm）。主要变形阶段在基坑开挖、桩基施工及内支撑拆除期间，桩基施工完成后，坡顶位移速率趋于稳定。基坑坑顶水平位移观测时程曲线见图 14。

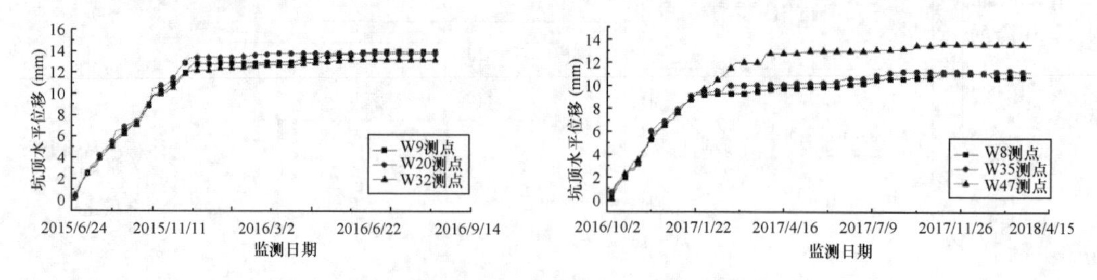

图 14 基坑坡顶水平位移观测时程曲线

（2）地下连续墙深层水平位移监测结果

深层水平位移监测自 2015 年 7 月 14 日开始观测，变化主要发生在土方开挖过程中，土方停止开挖及地下室施工期间变化较小，至 2016 年 11 月 15 日西坑回填完成，结束观测，西坑累计变化最大值为7.27mm，向坑内位移，位于西坑东南角CX15号点。至2018年4月23日东坑坑回填完成，东坑累计变化最大值为21.88mm，向坑内位移，位于东坑南侧CX22号点。其他各测斜监测点累计变化量均较小，主要变形阶段在基坑开挖、桩基施工及内支撑体系拆除期间，内支撑体系拆除完成后，基坑深层水平位移速率已稳定。基坑支护深层水平位移（即测斜）观测时程曲线见图15。

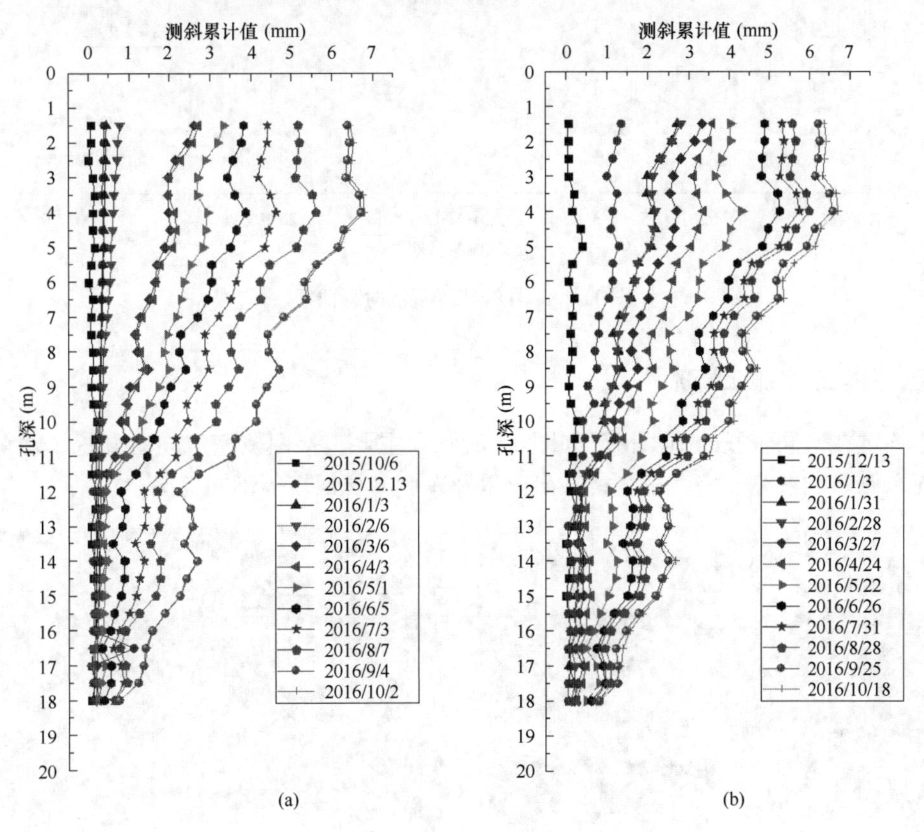

图15　支护深层水平位移观测时程曲线

（a）测斜01；（b）测斜05

3. 地铁监测结果

（1）地铁9号线沉降监测结果

根据地铁9号线从2015年6月16日开始监测，到2017年9月26日监测结束，沉降累计值介于1.4～4.2mm之间，累计沉降值最大点位于R12（−4.2mm），地铁9号线沉降监测符合10mm变形控制要求（图16）。

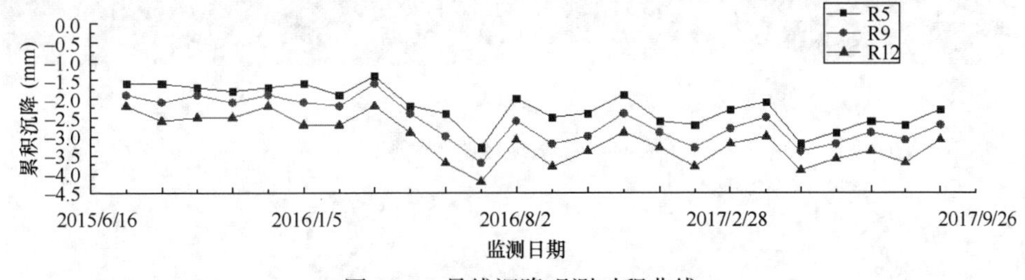

图16　9号线沉降观测时程曲线

（2）地铁 11 号线沉降监测结果

根据地铁 11 号线从 2015 年 6 月 16 日开始监测，到 2017 年 9 月 26 日监测结束，11 号线沉降变化趋于平缓，沉降累计值介于 1.0～6.5mm 之间，累计沉降值最大点位于 R22－1（－6.5mm），地铁 11 号线沉降监测符合 10mm 变形控制要求（图 17）。

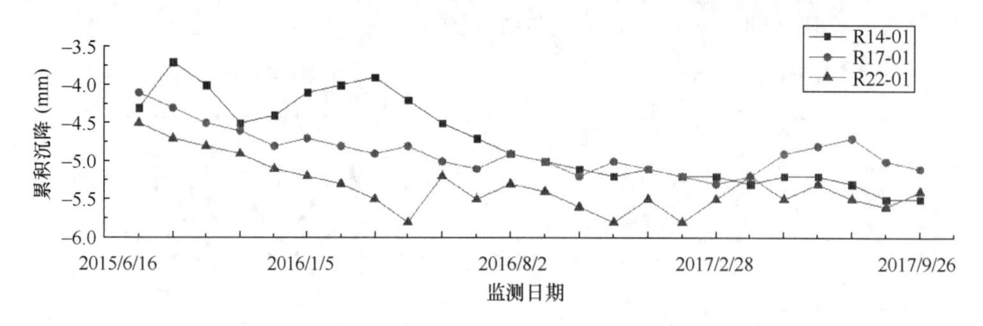

图 17　11 号线沉降观测时程曲线

七、基坑现场施工情况

本基坑在不同阶段的施工情况如图 18 所示，主要包括两侧基坑同时开挖、西侧基坑回填而东侧基坑继续开挖、东侧栈桥出土以及东侧基坑回填等不同工况。

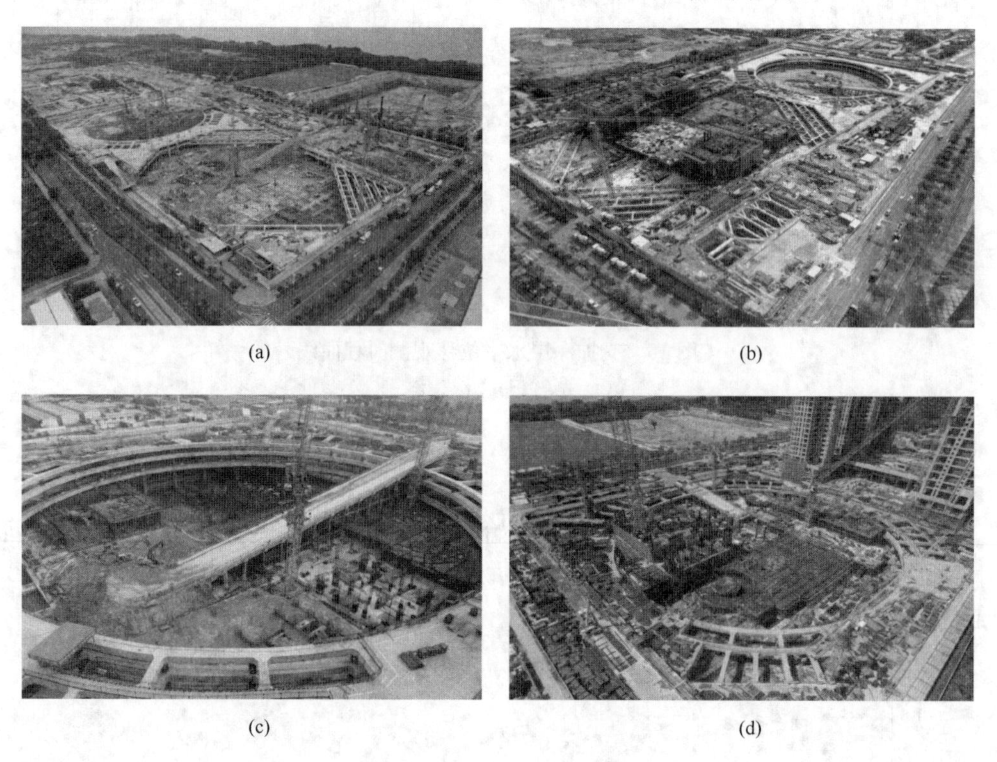

图 18　基坑现场施工情况

八、结语

本基坑工程于 2014 年 12 月开始施工，2018 年 3 月全部回填完毕，根据施工现场和监测数据的反馈，支护效果良好，保证了基坑自身和周边建（构）筑物的安全和正常使用（运营）。本工程实践证明：

（1）在填海软土地区且临近地铁的情况下进行基坑开挖，围护结构要有足够的刚度以有效地控制变形位移，同时对其截水的要求也很高。地下连续墙是较为合适的选择，其兼具挡土和截水的双重作用，且效果较好。

（2）内支撑应做到传力体系明晰，可设置为超静定结构以便存在一定的安全储备，但不宜使冗余结构过多而造成传力体系过于繁复。

（3）在软土地区进行深大基坑的开挖，若受到施工进度及周边环境变形控制要求等制约，可考虑采用分坑桩将整体大基坑分隔为相对较小的基坑进行分区支护，以便于独立施工且对控制变形较为有利。

深圳市星河雅宝高科创新园基坑工程

文建鹏　陈　明　石伟民　李爱国　丘建金
（深圳市勘察测绘院（集团）有限公司，深圳　518000）

一、工程简介及特点

星河雅宝高科创新园三地块（G03609-0386 号宗地）、星河雅宝高科创新园四 A 地块（G03609-0398 号宗地）位于龙华区民治街道和龙岗区坂田街道交界处，雅宝水库的西北侧，民乐村东侧，南坑村南侧，原属雅宝工业区。基坑北侧为雅宝路，南侧为 5 号地块，西侧为 1 号地块和 10 号线雅宝地铁站，东侧为 4B 地块。基坑深度为 26.6～33.8m，周长约 1118m，面积约 66503m²。基坑东侧和北侧分布有给水管线、污水管线、雨水管线、燃气管线、电力管线以及电信管线。场地原始地貌主要为剥蚀残丘及冲沟。场地西侧较平整，东南侧为基岩出露的陡坡。地势相对起伏较大，大体东南高西北低。拟建场地原为雅宝工业区用地，拆除厂房后，在场地内仍残留原建筑物基础。基坑周边环境见图 1。

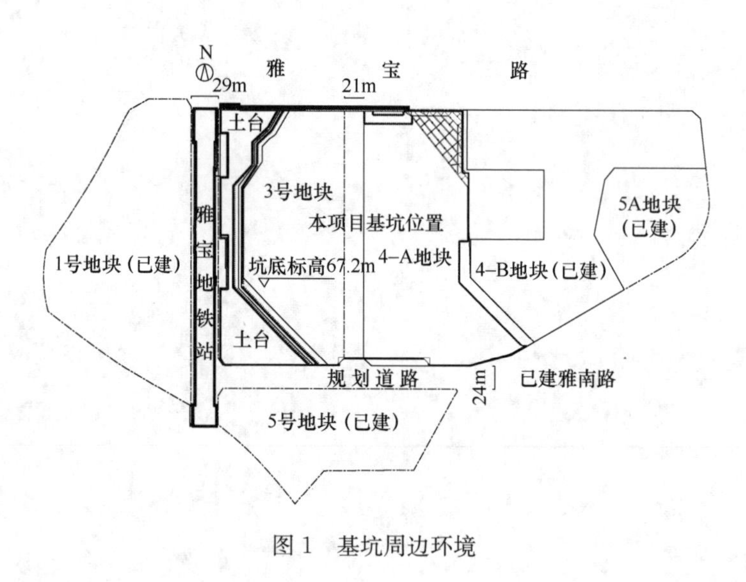

图 1　基坑周边环境

二、工程地质条件及水文地质条件

1. 工程地质条件

项目场地原始地貌属剥蚀残丘及冲沟，后经多次回填平整，形成现今地貌。拟建场地东侧及西侧主要为丘岭，场地标高约介于 102.86～120.02m，场地整体起伏较大。根据钻探揭露，场地内地层为人工填土层（Q^{ml}）、第四系冲洪积层（Q^{al+pl}）、第四系残积层（Q^{el}）及燕山第三期粗粒花岗岩（$\gamma_5^{2(3)}$）。场地土层分布情况见表 1，典型地质剖面见图 2、图 3。

土层物理力学性质成果 **表 1**

岩土层				极限粘结强度标准值 f_{rb} (kPa)	抗剪强度		重度 γ (kN/m³)	渗透系数 K (m/d)
代号	层号	名称	层厚 (m)		内摩擦角 φ (°)	凝聚力 c (kPa)		
Q^{ml}	1	填土	0.50～25.30	30	12	8	18.0	5.0
Q^{al+pl}	2	含砾黏土	1.20～10.30	50	18	25	20.0	
Q^{3dl}	3	黏土	0.80～8.00	40	15	20	18.2	
Q^{el}	4	砾质黏性土	1.30～6.50	70	15	20	19.0	0.5
	5	砾质粉质黏性土	1.00～13.70	75	27	22	19.0	0.5
$\gamma_5^{2(3)}$	6-1	全风化花岗岩	0.70～11.70	120	28	23	19.5	0.5
	6-2	强风化花岗岩	0.50～12.10	240	25	35	—	1.0
	6-3	中风化花岗岩	0.23～12.40	350	—	—	—	—
	6-4	微风化花岗岩	0.47～12.95	800	—	—	—	—

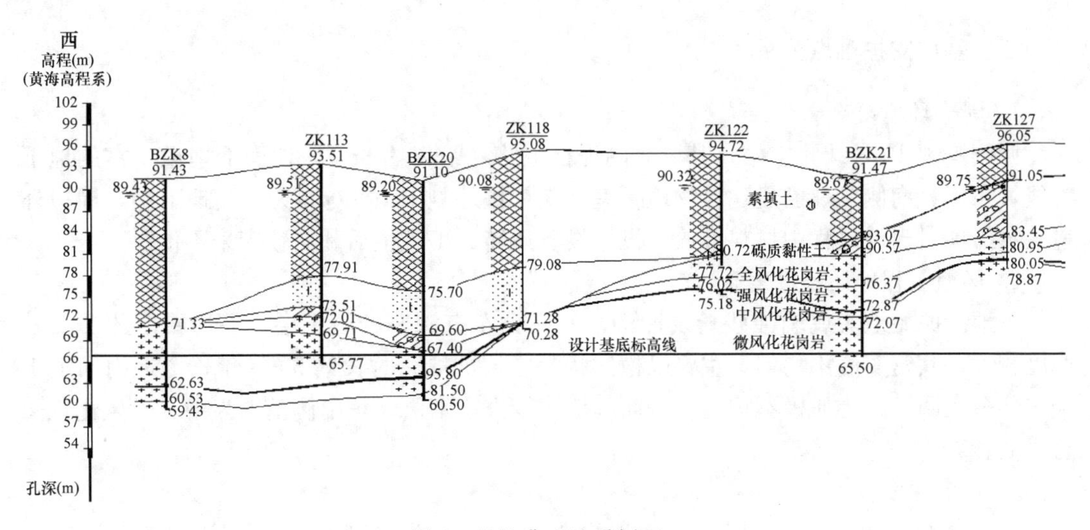

图 2 基坑典型地质剖面一

2. 水文地质条件

场地内地下水主要接受大气降水渗入补给及地下径流的侧向补给，径流方向整体上由高处向低处（大致由南东向北西民治方向）排泄。钻探期间可测得钻孔稳定水位埋深 0.10～7.80m。地下水位随季节而变化，年变化幅度约 0.5～3.0m。

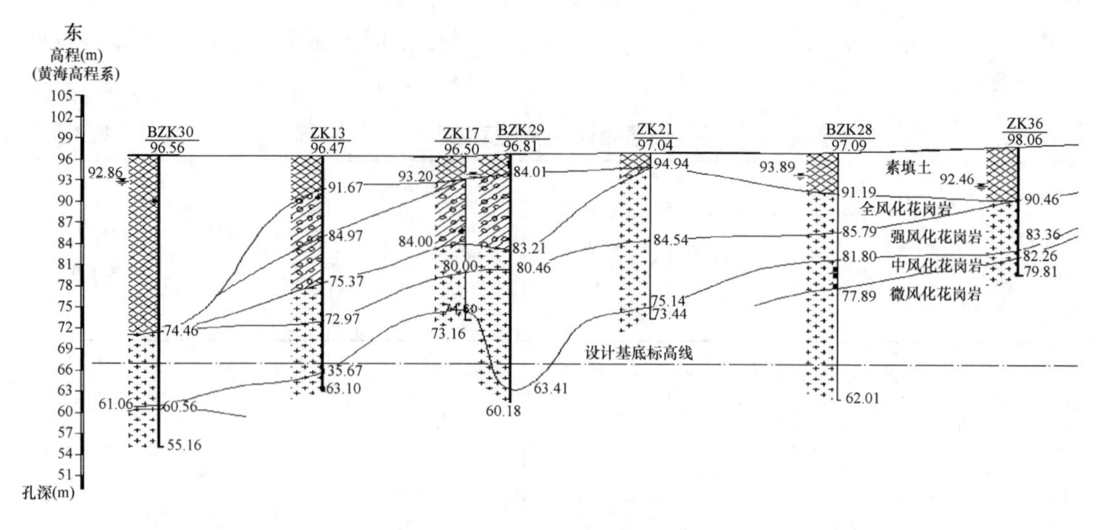

图 3 基坑典型地质剖面二

本工程场地地下水有：（1）人工填土层雨期时可赋存少量上层滞水；（2）赋存于上更新统含黏性土砾砂层③$_2$中的孔隙潜水，砾砂层属富含水、强透水性地层；以（3）赋存于强风化岩⑥～微风化岩⑨中的基岩裂隙水，为中等含水性、中等透水性地层。（4）赋存于微风化碎裂岩中的地下水属构造裂隙水，为弱含水、弱透水层；第四系全新统坡洪积含砾黏土层、第四系上更新统冲洪积黏土层、第四系上更新统坡积含砾黏土层、第四系残积砾质黏性土层及全风化岩层为弱含水、弱透水层或相对隔水层。

三、基坑支护难点分析

1. 周边环境复杂

西侧紧邻 10 号线雅宝站，基坑北侧为雅宝路（距离约 3m），地面下埋设丰富的地下管线，东侧、南侧紧邻已建建筑物地下室，支护桩外侧 1m 左右即为已建地下室，周边环境狭窄给项目建设过程中材料堆放、机械设备运转、工人生活和居住带来不便。

2. 场地工程地质条件复杂

场地内原始地貌属剥蚀残丘及冲沟，北侧分布有深厚的填土层（平均厚度约 20m），厚度较大，其密实度不均匀，主要以松散状为主，堆填总时长约 5～8 年，场地内回填土经多年多次回填，土质极不均匀。岩面起伏比较大，南侧、东南侧基本为中、微风化花岗岩岩面。

3. 基坑深度较大

基坑深度为 26.6～33.8m，且面积约 6.7 万 m^2，为典型的深大基坑，施工工期长，如何合理分区、分块快速出土，节省施工工期、造价是本基坑设计的重点和难点。

4. 地下水控制

场地周边环境复杂，基坑临近地铁车站、已建建筑物、雅宝水库和道路工程，周边环境对地下水位移下降较为敏感，且场地内局部有深厚填土层地下水水位控制不当容易引起道路沉降、管线拉裂等现象。

四、基坑围护方案

结合基坑周边环境、地质条件，基坑支护采用分区、分段支护，西侧采用逆作结合顺作施工，北侧采用双排桩＋预应力锚索支护（局部采用三排桩＋预应力锚索），南侧采用咬合桩（吊脚桩）＋预应力锚索支护、东南侧采用1：0.2放坡＋系统锚杆支护、东北采用咬合桩＋5道内支撑支护。

1. 围护结构设计

基坑面积约6.7万m^2，基坑开挖深度约26.6～33.8m，若采用全内撑体系支护，在工程造价、工期等方面处于劣势，且塔楼区域很难提前出正负零，整体工期、造价难以控制。由于基坑面积大且基坑各区域周边环境、地质条件不一，故各区域根据情况采用不同支护形式，例如桩锚、桩撑以及放坡相结合，可为基坑土方开挖、材料堆放等提供更多便利，关键的是在工期、造价方面更加具有优势。

北侧道路区：双排桩＋预应力锚索。基坑北侧紧邻雅宝路，该侧基坑深度约29m，填土层厚度约15～22m，基坑内靠北侧设置有高度约350m双子塔，因此，该区域设计需要着重考虑基坑在填土区域变形以及双子塔具备先施工的条件。双排桩（后排桩为咬合桩兼作止水帷幕）＋预应力锚索既能有效控制变形，又能避免大量采用内支撑结构，且基坑开挖至底后，双子塔区域具备提前施工的条件。

西侧临近正在施工中地铁站：咬合桩＋预留土台逆作结合顺作施工。基坑西侧紧邻正在施工中的地铁线10号线雅宝站，该侧深度约29m，地质条件复杂，岩面起伏较大，北侧、南侧约20m填土层，中间位置约地面下10m见岩。雅宝地铁站先于本项目施工，在本项目竣工前，地铁已投入运营。项目前期地铁集团占用本项目用地，该侧采用咬合桩＋四级放坡预留土台，其余区域土方先开挖；地铁施工单位撤出本项目用地后，将地铁车站以外覆土清除到标高82m，露出原地铁车站（负一层）基坑地下连续墙，挖除覆土后基坑深度变为15m左右，预留土台区域范围变小，待土台对面主体结构施工完后，从负二层地下室楼板位置开始逆作，地上、地下同时施工既能满足工期要求又能满足对地铁保护要求（此时地铁10线已经运营）。

基坑东侧、南侧：咬合桩（吊脚桩）＋预应力锚索。基坑南侧紧邻已建建筑物地下室，将地下室外覆土挖出后采用咬合桩＋预应力锚索，桩顶部标高约地下室底板位置，可减少咬合桩施工长度，有利于节省工期和造价。

基坑东南侧：由于地面以下基本为中风化花岗岩岩面，支护采用1：0.2放坡＋系统锚杆。

基坑东北侧：咬合桩＋五道内支撑。基坑东侧偏北为邻近地块的地下室出入口，需要保留通道维持运营，故不具备将地下室外墙覆土挖除条件，而采用角撑体系可减少北侧旋挖桩、锚索工程量，并且在支撑上封板可作为场地堆场空间。

基坑支护平面见图4。

2. 止水帷幕设计

基坑周边环境比较复杂，紧邻周边建筑物、道路，周边环境对基坑变形和止水要求高，综合考虑，基坑采用咬合桩形成封闭的止水帷幕。由于岩面起伏比较大，岩面较高位置，止水帷幕入中风化岩面0.5m；岩面较深位置，止水帷幕入坑底10m。

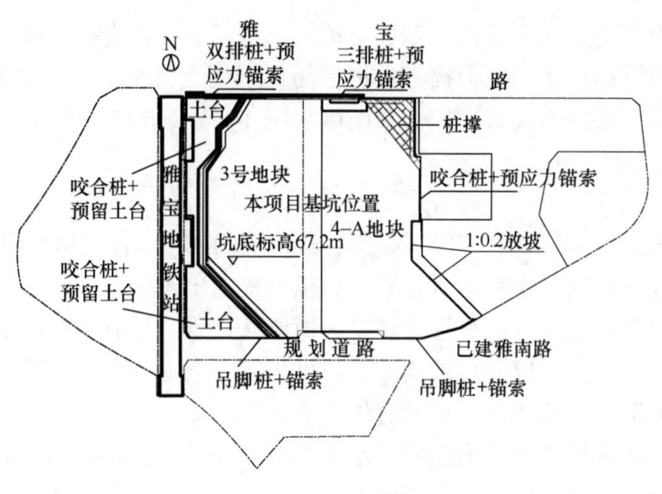

图 4　基坑支护平面

3. 典型支护剖面

典型支护剖面如图 5～图 10 所示。

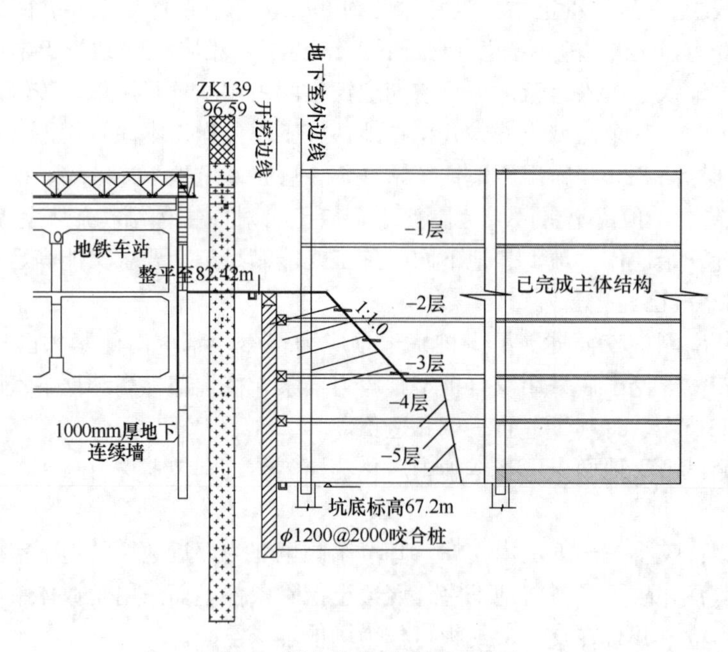

图 5　逆作结合顺作施工剖面

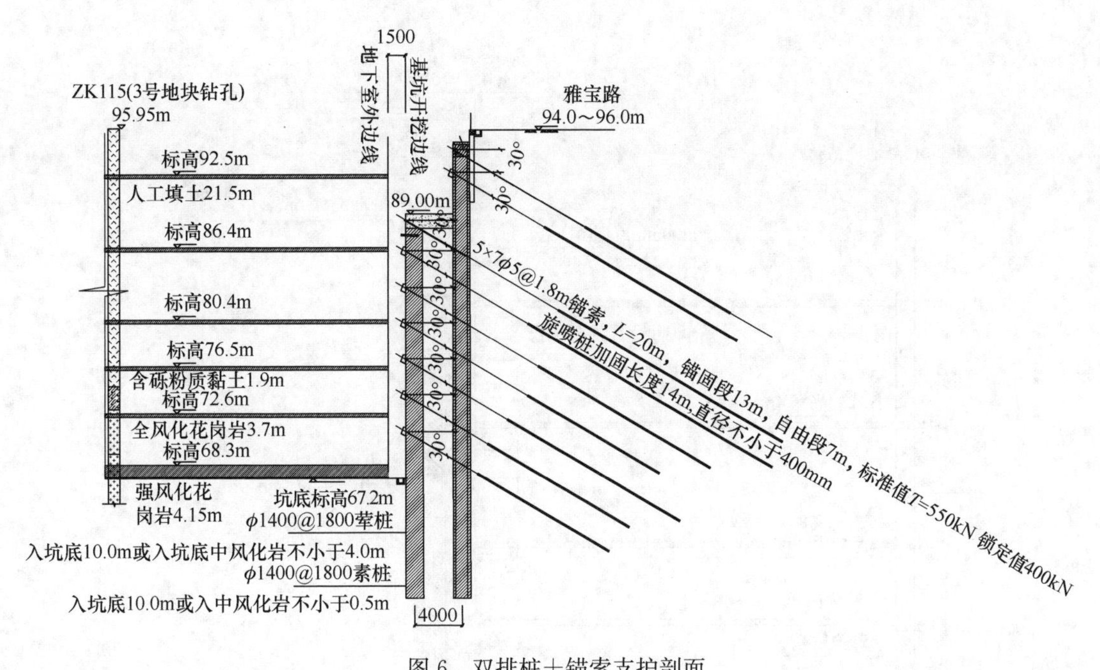

图 6　双排桩＋锚索支护剖面

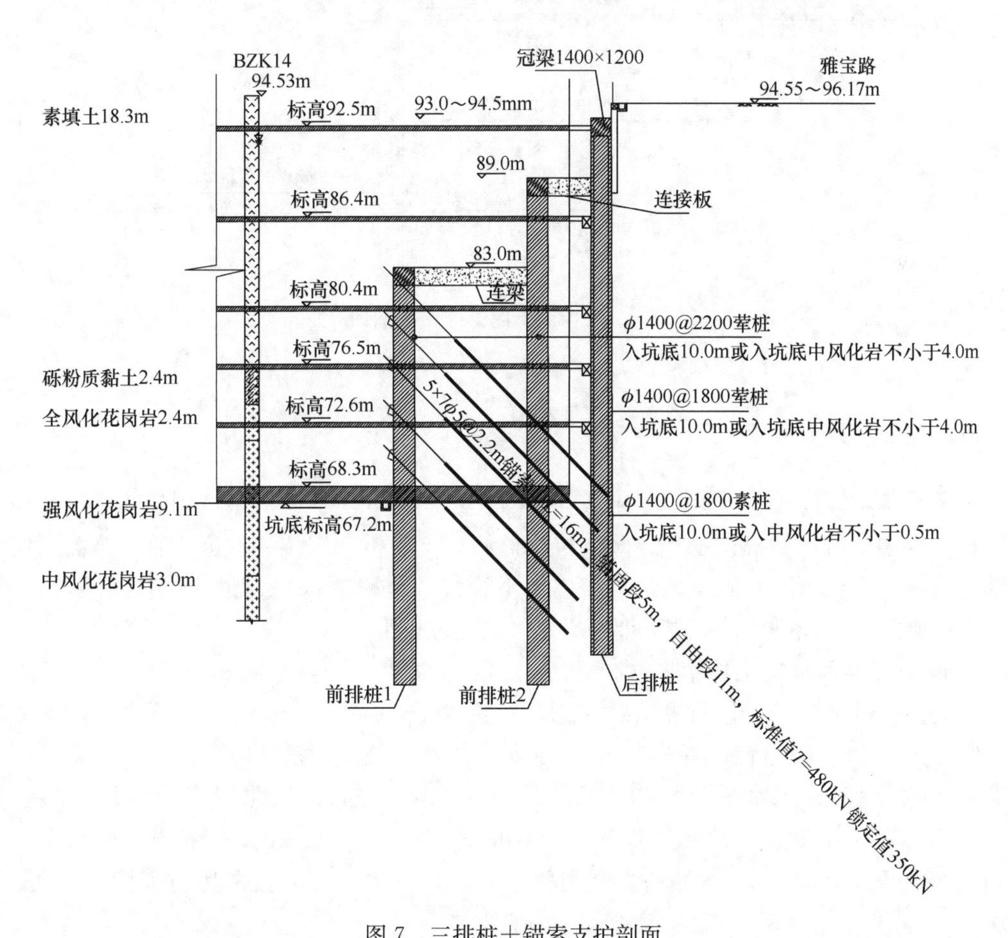

图 7　三排桩＋锚索支护剖面

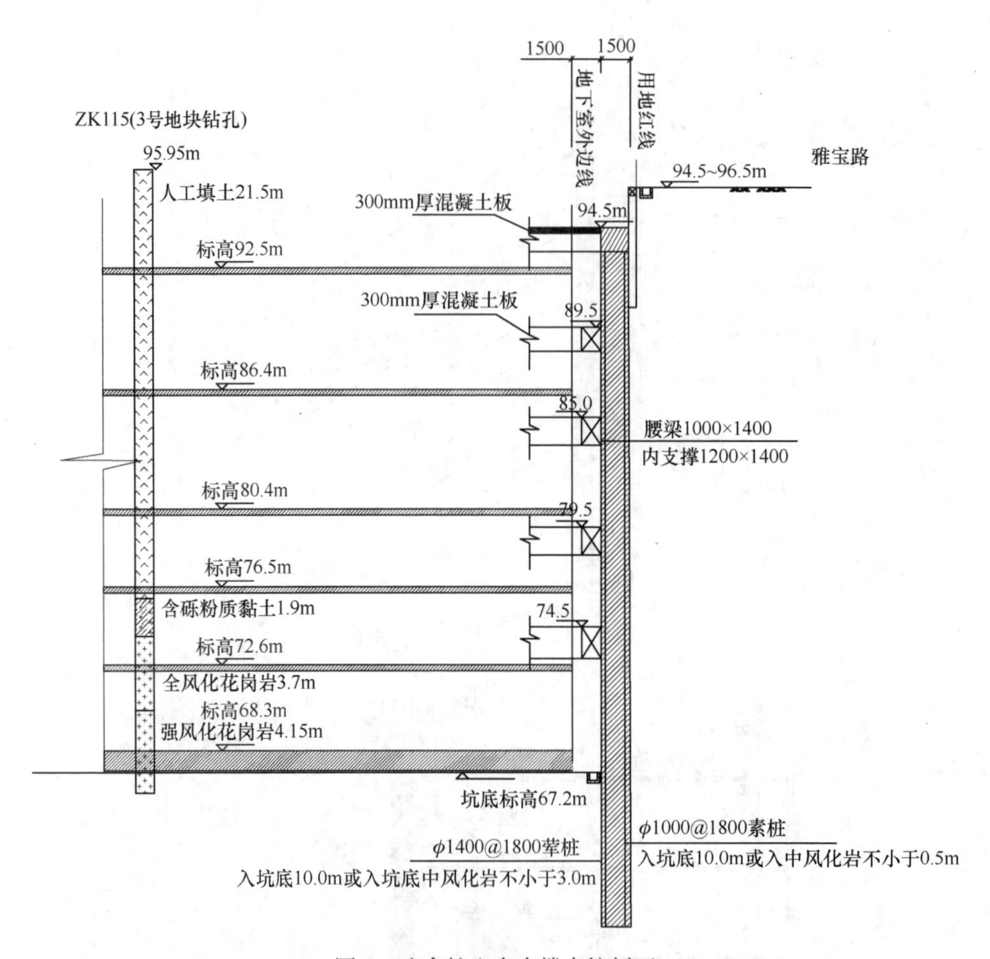

图 8　咬合桩+内支撑支护剖面

五、监测结果与分析

本项目基坑深度较大，施工年限长，针对基坑周边环境不同对基坑周边布置了相应的监测点，应测项目包括桩顶水平、竖向位移监测、支护桩深层位移（测斜管）观测、内支撑轴力监测、立柱沉降监测、周边地表、地下管线及道路的水平、竖向位移观测，锚索、地下水位监测以及地铁监测。基坑监测平面布置如图 11 所示。

1. 围护结构顶水平位移结果

以支护桩桩顶水平位移监测结果为例，布置 W1～W46 共 46 组基坑顶水平位移监测点，间距为 20m 一组布置，观测自 2017 年 6 月 22 日开始，2021 年 3 月 31 日结束，观测期约 1400d。北侧累积水平位移值为 7.85～15.72mm 之间；东北侧累积水平位移值为 7.35～15.83mm 之间；在西侧累积水平位移值为 13.77～17.92mm；南侧累积水平位移值为 9.86～11.72mm，均满足基坑监测相关要求。其水平位移监测历时如图 12～图 15 所示。

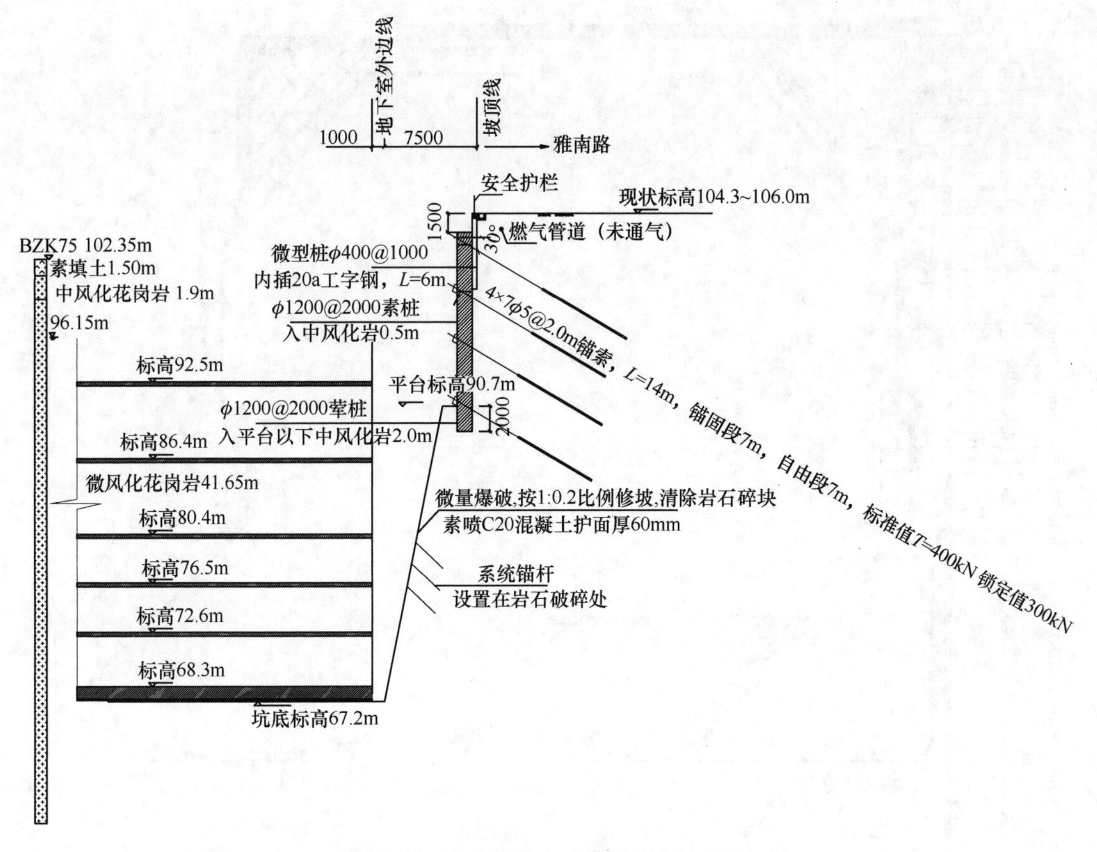

图 9　1∶0.2 放坡＋系统锚杆支护剖面

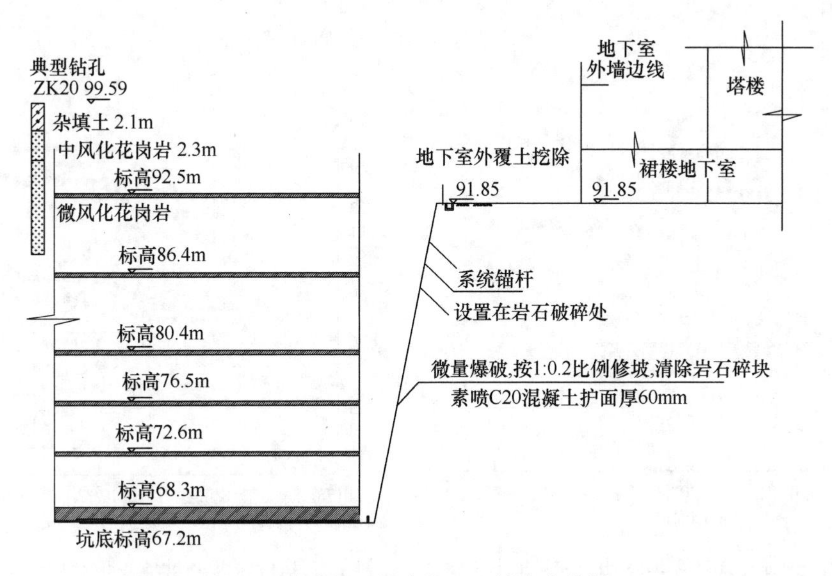

图 10　咬合桩（吊脚桩）＋锚索支护剖面

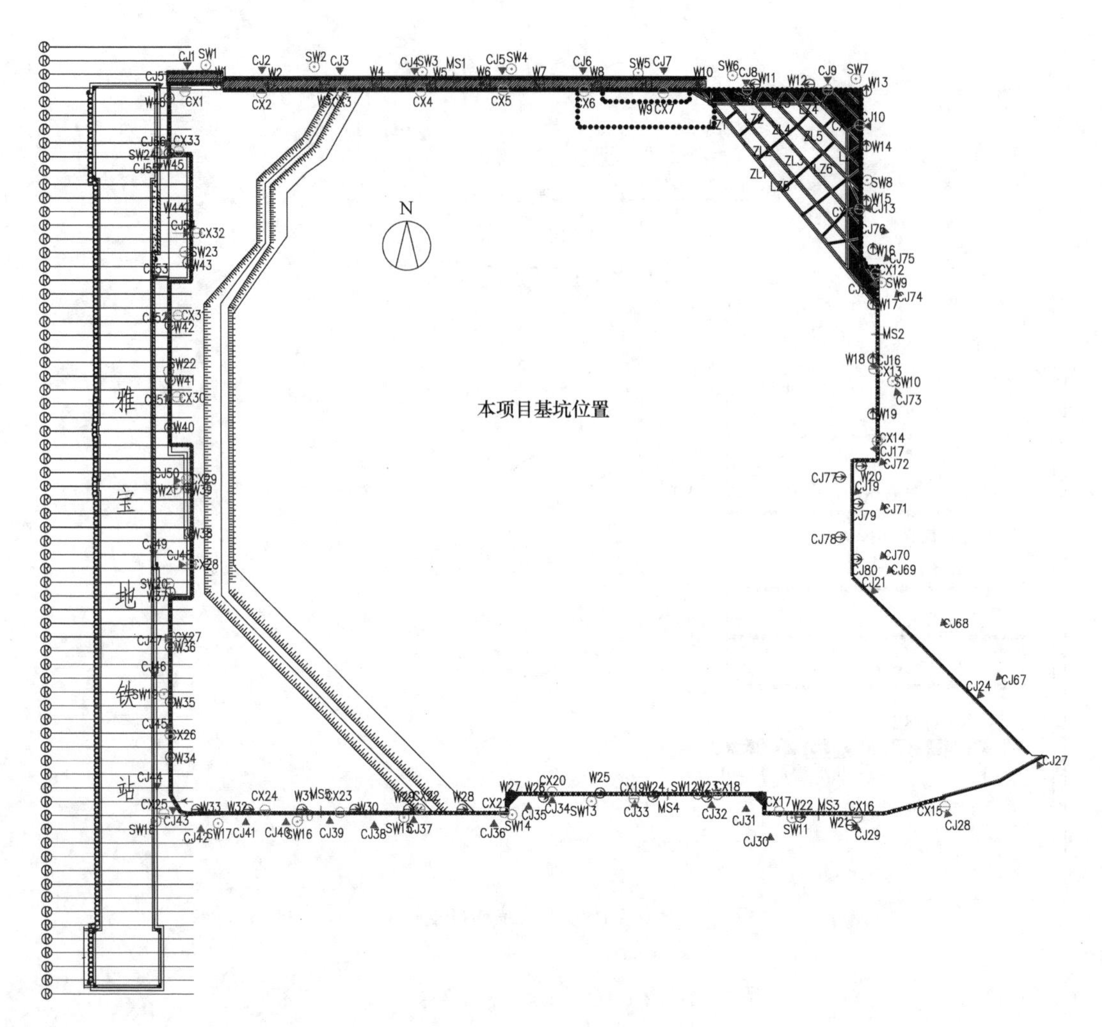

图 11　基坑监测平面布置

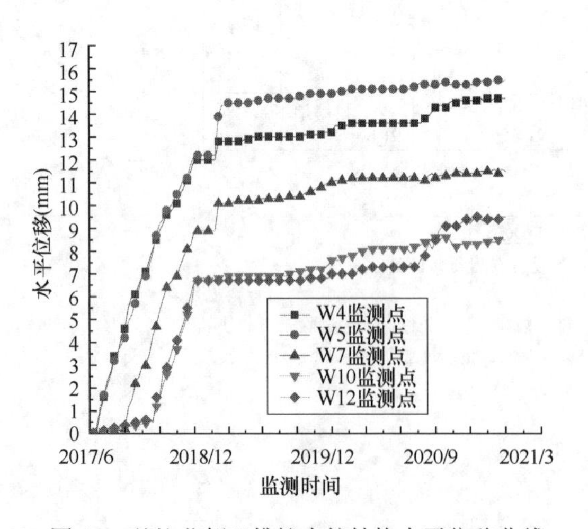

图 12　基坑北侧双排桩支护结构水平位移曲线

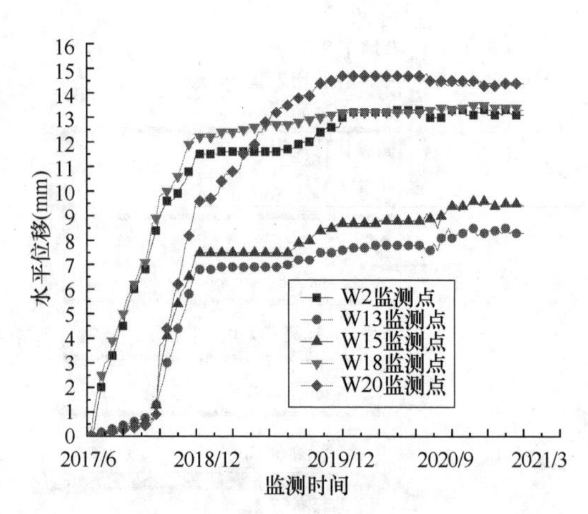

图 13　基坑东北侧桩撑支护结构水平位移曲线

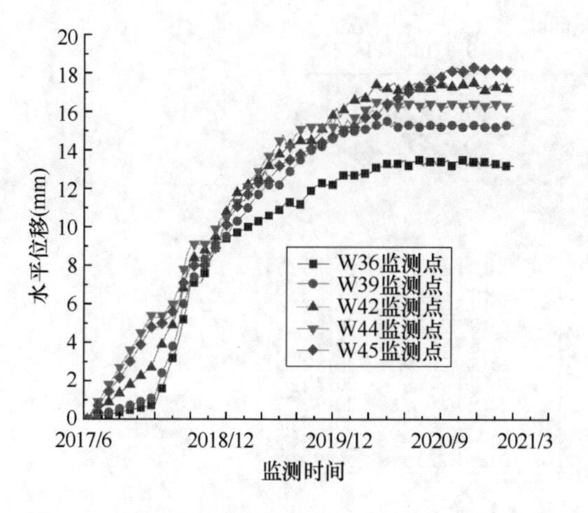

图 14　基坑西侧逆作区域支护结构水平位移曲线

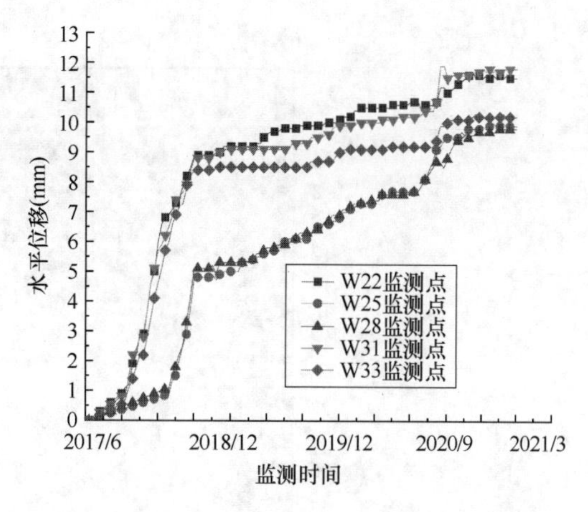

图 15　基坑南侧区域支护结构水平位移曲线

2. 支护桩测斜监测结果

以北侧双排桩支护和东北侧桩撑支护区域支护结构深层水平位移监测结果为例，布置CX1～CX33 共 33 组支护体深层水平位移监测点，间距为 30m 一组，观测自 2017 年 11 月 10 日开始，2020 年 3 月 29 日结束，观测期约 900d。监测孔深 28m，北侧累积深层水平位移最大值在桩顶（孔深 1m 处）为 11.25mm，最小值在桩底（孔深 28m 处）为 1.88mm，满足基坑监测相关要求；东北侧监测累积深层水平位移最大值在桩顶（孔深 1m 处）为 12.47mm，最小值在桩底（孔深 28m 处）为 1.34mm，满足基坑监测相关要求。其支护体深层水平位移监测历时如图 16、图 17 所示。

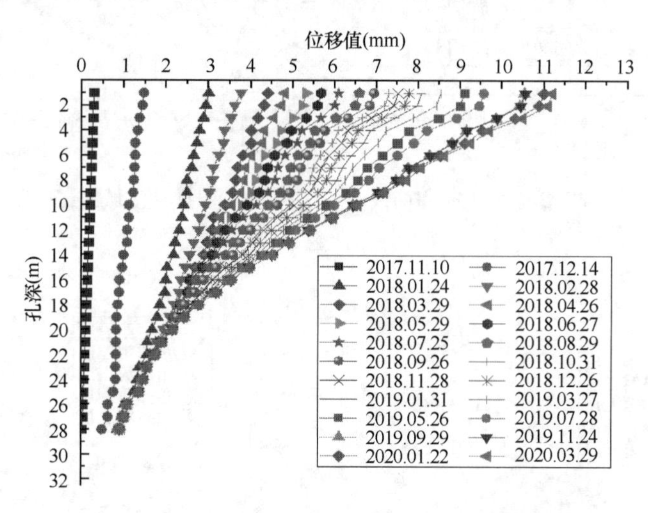

图 16　双排桩区域测斜 CX5 点位移时程曲线

3. 双排桩锚索内力监测结果

双排桩锚索内力监测结果如图 18、图 19 所示。

4. 角撑支撑轴力监测结果

角撑支撑轴力监测结果如图 20、图 21 所示。

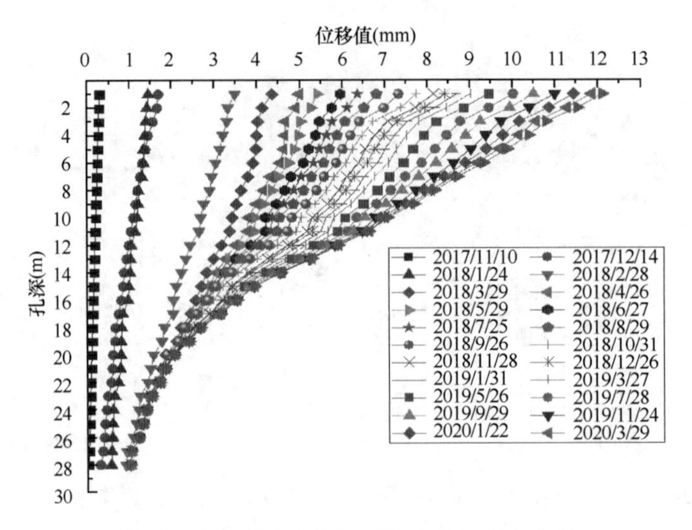

图 17　内支撑区域测斜 CX3 点位移时程曲线

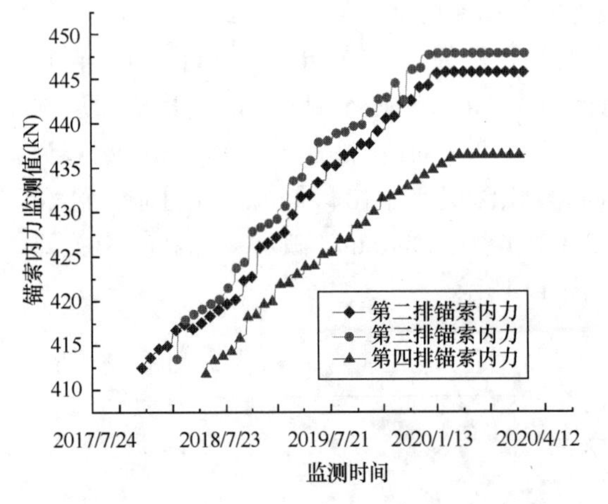

图 18　双排桩区域第一阶段锚索内力时程曲线

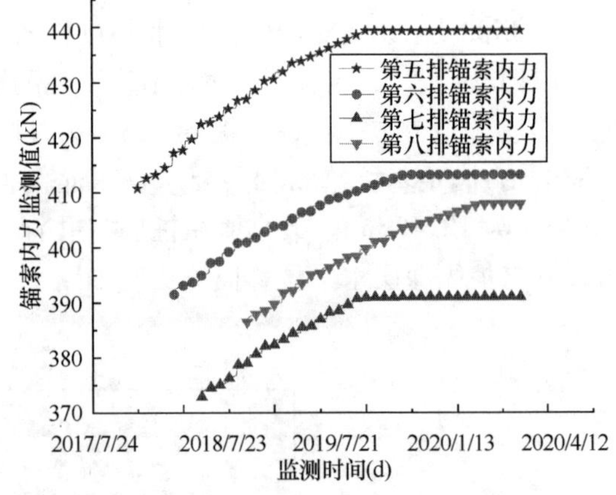

图 19　双排桩区域第二阶段锚索内力时程曲线

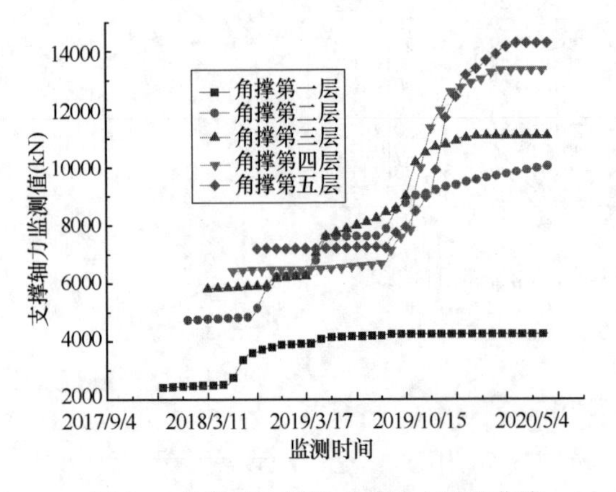

图 20　角撑 ZL2 测点支撑轴力时程曲线

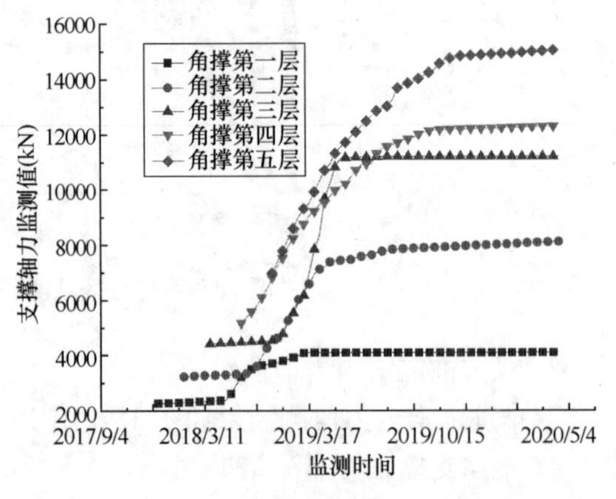

图 21　角撑 ZL4 测点支撑轴力时程曲线

5. 地铁监测结果

截至 2021 年 4 月 11 日，监测数据结果显示，10 号线左线累计水平位移变化量最大点为里程 ZDK11＋450 处 ZD23-2 点，水平位移量 2.2mm，10 号线左线累计垂直位移变化量最大点为里程 ZDK11＋640 处 ZD61-2 点，垂直位移量－2mm。10 号线右线累计水平位移变化量最大点为里程 YDK11＋605 处 YD54-2 点，水平位移量 2.5mm，10 号线右线累计垂直位移变化量最大点为里程 YDK11＋510 处 YD35-3 点，垂直位移量 2.8mm。监测结果显示，地铁自动化监测数据有微量的无规律变化，地铁结构变形较为稳定，变化速率及累计变化量均在规范设计及地铁安全保护区允许控制值范围内。

六、结论

本文较详细地介绍了该工程的概况和工程地质、水文地质情况，通过分析各支护段基坑周边环境、土层条件以及开挖深度，分区选用了不同支护形式。北侧采用双排桩＋预应力锚索支护，局部采用三排桩＋预应力锚索，西侧采用预留土台正、逆作结合施工，南侧采用咬合桩（吊脚桩）＋预应力锚索，东南侧为岩石采用 1∶0.2 放坡＋系统锚杆处理，东北侧采用咬合桩＋五道内支撑；基坑支护采用咬合桩形成封闭止水。现场基坑施工见图 22，基坑开挖和使用过程中，进行了较全面的监测工作，结果表明，各项监测指标均小于设计报警值，监测结果满足设计和相关规范的要求，基坑支护设计和施工均较为成功，并得出以下结论供同行参考：

图 22　基坑施工

（1）为了确保基坑与周边环境安全，围护设计采用多种手段进行计算复核。

（2）对大型深基坑而言，南北向、东西向跨度均比较大，采用全支撑体系在造价和工期方面代价比较大，不一定是最优选择，应结合周边环境以及地质条件选择合理的支护方式，在保证安全的前提下实现建设单位的诉求；塔楼优先一般是建设单位比较关注的要点，若不得不采用支撑体系，设计师应合理布置支撑平面实现塔楼框柱、核心筒及剪力墙的竖向无遮挡。

（3）基坑北侧在深厚填土中采用双排桩＋锚索支护（强桩弱锚），为确保填土层能提供需要的拉力值，锚索施工时采用了旋喷桩沿锚索方向进行预加固，在保证基坑安全的前提下兼顾了塔楼工期需求。

（4）基坑东北采用咬合桩＋五道内支撑支护（角撑）作为独立的受力特性有利于形成

土方开挖—支撑梁施工—主体结构施工—支撑拆除等一系列工序的搭接施工、流水作业；第一道内支撑上封板处理，既能减少旋挖桩、锚索工程量也能解决场地堆场问题。

（5）地铁侧采用正作和逆作相结合方案合理可行，保证基坑、地铁安全同时节省了工期和造价。

（6）吊脚桩＋锚索方案，锚索施工应避开临近桩基础（应征得相关业主同意），并充分研究岩石结构面、断裂带等不利因素，岩石结构面、断裂带分布情况是决定吊脚桩方案是否可行的关键因素。

（7）本项目在基坑开挖期间无重大漏水险情发生，周边环境基本可控，咬合桩作为止水帷幕起着关键作用。

兰州某新近填土场地深基坑支护及变形加固

杨校辉　陆　发　郭　楠　朱彦鹏

（兰州理工大学土木工程学院，兰州　730050）

一、工程简介及特点

1. 工程简介

兰州某新近填土场地深基坑工程北临已建24层的居民小区A楼、中间通行道路宽12m，距基坑20m，其地下室结构边线距用地红线3.0m；东侧为正在使用的道路B，东侧16层居民楼的地下室结构边线距用地红线6.3m；南侧为正在使用的道路C，南侧25层居民楼的地下室结构边线距用地红线2.94～21.3m，西侧为规划道路，场地交通便利，见图1。拟建基坑平面上大致呈矩形分布，东西长约170m，南北宽约60m。基坑开挖深度

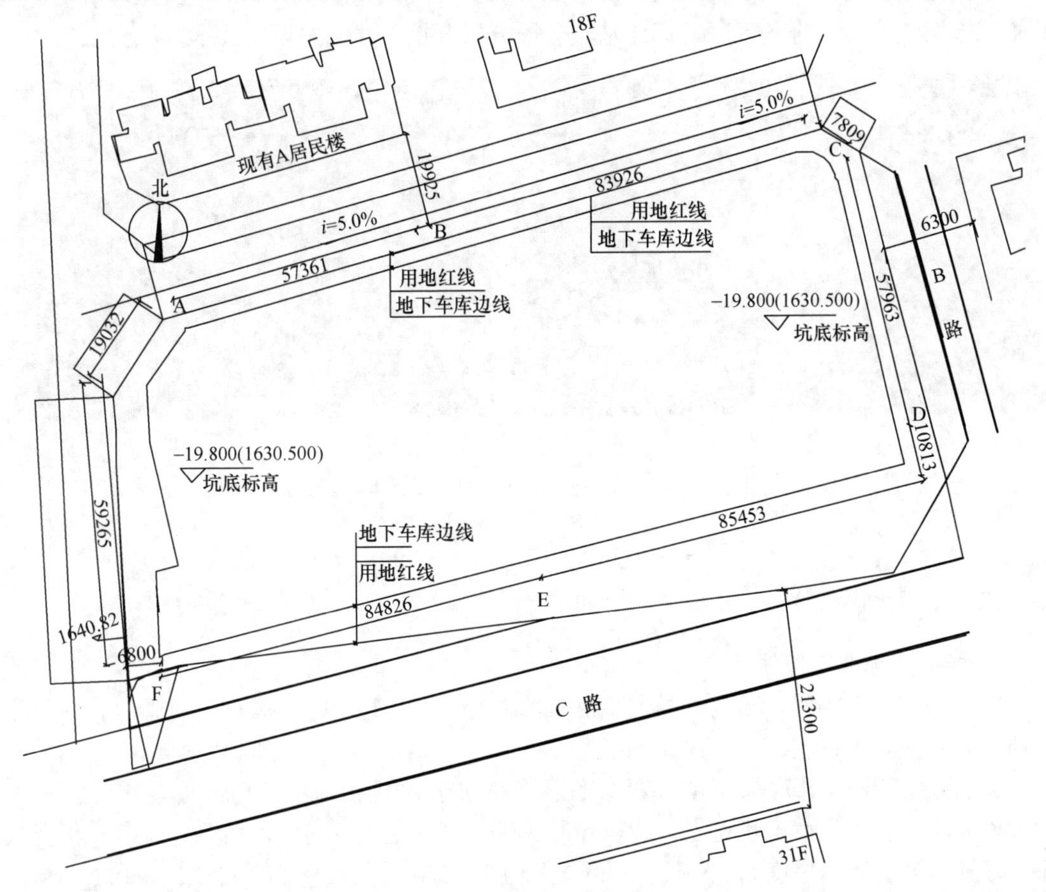

图1　基坑周边环境

为一19.8m，由于现场用地紧张，不具备放坡开挖条件，基坑开挖过程的安全稳定对周边既有建筑物、道路的安全有重要影响，依据《建筑基坑支护技术规程》JGJ 120—2012，基坑破坏会导致支护结构失效，土体过大变形对基坑周边环境及主体结构施工产生严重影响。

2. 施工特点及难点

（1）本工程周边环境复杂，而且也很窄小，除了南侧有局部场地，其余条件非常紧张。在北侧有已经建成的高层住宅小区，其距基坑为一条道路宽12m，其东侧和南侧皆为主干道，西侧为拟建的规划道路，东侧地下室结构边线距用地红线6.3m，南侧地下室结构边线距用地红线2.94～21.3m。同时，此基坑工程拟建地下车库设计深度为19.8m（绝对标高1630.500m）。因此，合理处理好基坑周边环境关系，确保坑周建（构）筑物安全、严格控制基坑变形是本基坑支护设计的重点与难点。

（2）该场地为黄土丘陵沟壑挖填改造形成，据地勘报告揭示填土层厚度平均达14.47m，场地地形回填前后如图2所示，类似填土深基坑工程在兰州市鲜见报道。由于黄土的湿陷性和填方的长期固结，本基坑工程变形控制将十分困难，其变形一部分来自于回填土场地自身的沉降变形，一部分来自于地下水变化引起填土及黄土的湿陷变形。因此，如何控制回填土场地基坑变形是设计支护方案时的重点。

（3）由于回填土主要是黄土或第三系砂岩块，支护桩施工和土钉成孔时容易发生塌孔、埋钻现象。同时，该基坑开挖深度达19.8m，基坑面积达13600m^2。因此，给出合适的施工方案，合理安排各工序，保证基坑分段分层开挖，才能按期完成本基坑施工。

(a)

(b)

图2　本基坑场地未填土和填土后地形对比

（a）未填土；（b）填土后

二、工程地质条件

1. 场地工程地质条件

根据钻孔资料表明，场地土层主要由素填土、黄土状粉土、强风化泥质砂岩和中风化泥质砂岩组成，现自上而下分述如下：

① 层素填土（Q_4^{ml}）：杂色，主要以红褐色的砂岩风化物为主，局部夹杂有直径较大的大砂岩块，含大量黄土状粉土、砂岩碎屑、砾石等，土质不均匀，稍湿，松散～稍密状态。场区普遍分布，厚度6.20～24.50m，平均14.47m；层底标高1625.24～1644.09m，平均1635.92m；层底埋深6.20～24.50m，平均14.47m。

② 层黄土状粉土（Q_4^{al+pl}）：主要以黄褐色为主，局部呈青灰色～黑褐色，局部夹杂有少量砂岩碎屑、砾石等，土质不均匀，稍湿，稍密状态。场区普遍分布，厚度 0.90～23.30m，平均 10.28m；层底标高 1617.34～1643.19m，平均 1625.65m；层底埋深 7.10～32.50m，平均 24.75m。

③ 层强风化泥质砂岩（N）：红褐色，第三系地层，细粒结构，层状构造，泥钙质胶结，强风化，岩性呈碎块状，局部夹泥岩、砾岩及灰绿色砂岩薄层，为极软岩，极破碎，易风化、遇水易软化、易扰动。岩体质量等级为 V 级。场区普遍分布，厚度 2.70～5.50m，平均 3.77m；层顶埋深 7.10～32.50m，平均 24.75m；层顶标高 1617.34～1643.19m，平均 1625.65m。

④ 层中风化泥质砂岩（N）：红褐色，系第三系地层，细粒结构，层状构造，泥钙质胶结，中风化，岩性呈块状和短柱状，局部夹泥岩、砾岩及灰绿色砂岩薄层，为极软岩，较破碎，易风化、遇水易软化、易扰动。场区普遍分布，该层厚度巨大，为穿透。揭露厚度 7.10～23.30m，平均 10.97m；层顶埋深 12.50～35.60m；层顶标高 1614.24～1637.79m。

2. 水文地质条件

根据区域水文地质资料，该区域地下水埋藏较深，在勘探期间勘察深度范围内未见地下水，因此，设计、施工时可不考虑地下水对建筑物的影响。但根据本场地和相邻场地的经验，如果场地地表排水不畅，可能使地基土产生沉陷，对施工和使用产生影响，因此应做好施工和使用过程中的防水措施。

基坑顶部超载按均布荷载 20kN/m² 计算，根据本工程岩土工程勘察报告，结合基坑工程设计经验，设计计算中取用场地土层主要力学参数如表 1 所示。其地质典型剖面如图 3 所示。填土勘察的方法概括起来主要包括：（1）收集和调查场地有关地形地物变迁资料、气象资料以及工程经验等；（2）钻探、取样；（3）开挖探查，如井探、槽探等；（4）试验，包括原位试验，如静力触探轻型动力触探、标准贯入试验、重型动力触探、现场荷载试验、大容积法密度试验，以及室内土工试验等；（5）工程物探，包括地质雷达探测、剪切波速测试、面波测试等。其中土的抗剪强度可通过三轴剪切试验、直剪试验、无侧限压缩试验得到。

场地土层主要力学参数 **表 1**

地基土名称	重度 γ（kN/m³）	黏聚力 c（kPa）	内摩擦角 φ（°）	界面粘结强度 τ（kPa）
素填土层	16	10	20	45
黄土状粉土层	16.3	15.9	26.7	60
强风化泥岩层	21	30	28	120
中风化泥岩层	23	40	32	180

三、基坑支护结构设计

1. 基坑支护设计总思路

初步设计时根据基坑各面不同变形要求，将其分为 7 段（AB 段、BC 段、CD 段、

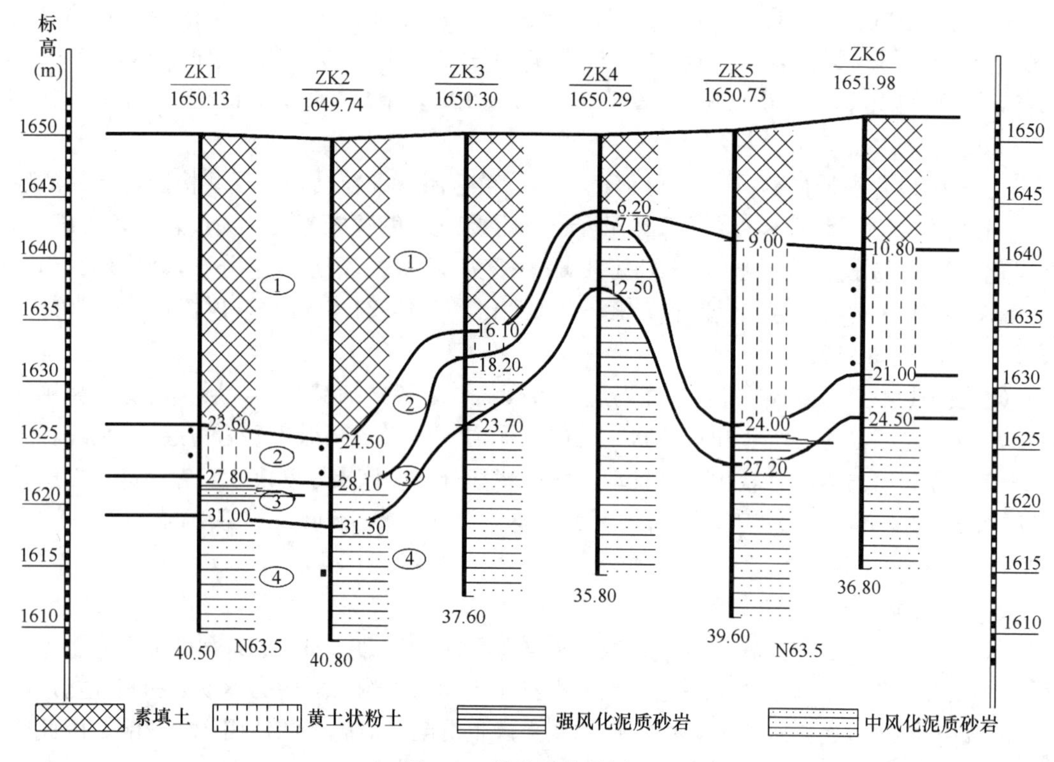

图 3　工程地质典型剖面

DE 段、EF 段、FA 段）。其设计时基坑开挖深度为－19.8m，在建筑物基坑开挖深度内，素填土层、黄土状粉土层为基坑主要受力及变形层。同时，AB 段与 BC 段临近小区居民楼，对变形控制要求极其严格，不能对该小区的建筑物产生影响，采用桩锚支护体系；CD 段、DE 段、EF 段临近道路，采用上部放坡土钉墙，下部桩锚支护；在西侧 FA 段到基坑底部高度为 12m 多，可以采用放坡和土钉墙组合。考虑该基坑回填土场地的特殊性，普通锚索不足以控制回填土基坑的变形，特采用高压旋喷锚索代替兰州地区的普通预应力锚索，以有效控制回填土基坑变形。基坑围护平面和监测点平面布置如图 4 所示，基坑支护结构剖面如图 5～图 7 所示，高压旋喷锚索节点如图 8 所示。

2. 基坑支护结构设计

基坑开挖深度为－19.8m。支护桩桩径均为 1000mm，桩间距为 2.0m；支护桩施工采用机械成孔，桩身混凝土强度等级为 C30，钢筋保护层 50mm；桩身主筋采用通长配筋，主筋型号为 HRB400；桩身箍筋采用通长、等间距配筋，在弯矩最大处加密，箍筋型号为 HPB300；桩身每隔 2m 设置一道内箍加强箍筋，钢筋型号为 HRB335，桩顶起吊位置应加强。

桩间锚索采用高压旋喷扩大头锚索，锚索均采用 3 束或 4 束的钢绞线，开孔直径 150mm，锚固段直径 400mm。旋喷锚索孔内注浆采用水灰比为 1∶(0.5～0.6) 的水泥浆，ϕ150 段旋喷压力宜取 10～15MPa，ϕ400 段旋喷压力宜取 20～25MPa，扩大头部分至少上下往返扩孔两次。锚索张拉力应在注浆体强度达到设计强度的 80%后进行。锚索水平间距、标高见支护段剖面图。

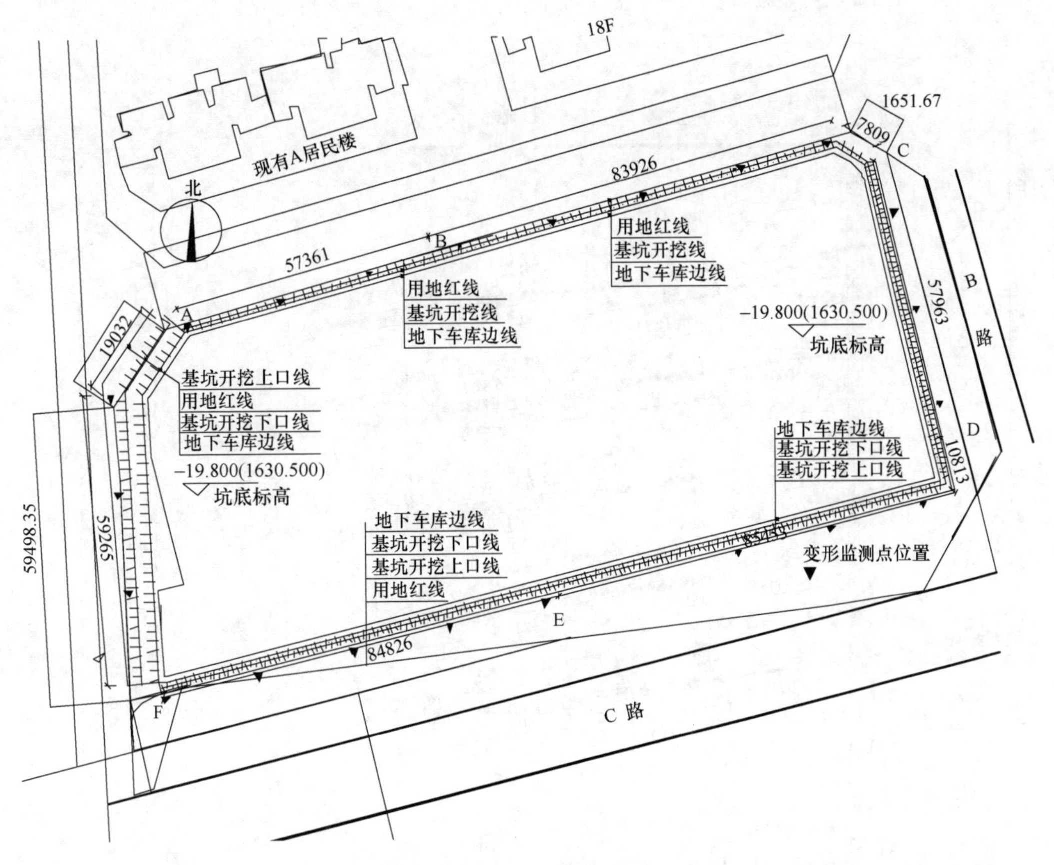

图 4　基坑围护平面和监测点平面布置

施工中应按设计坡度进行人工修面，保证喷射细石混凝土厚度一致，表面平整美观，喷射细石混凝土墙面时，应对网面筋支垫，保证网面筋内侧保护层厚度不小于 30mm。土钉杆筋节点处应适当加大混凝土的喷射厚度。土钉墙喷射混凝土面层厚度 60～80mm，喷射混凝土强度等级 C20，喷射混凝土骨料最大粒径不大于 16mm。混凝土护面钢筋网为单层双向设置，网片钢筋采用 ϕ6.5(HPB300)@250×250，采用绑扎固定，钢筋接头宜搭接绑扎，搭接长度不小于 250mm，钢筋网伸至坑底。土钉与网筋外的加强钢筋焊接连接，加强钢筋采用 1Φ14 钢筋水平通长设置一道，与土钉端头焊接，使土钉与钢筋网片连接为整体，焊接形式为单面搭接满焊。

四、基坑变形过程和加固方案

2019 年 6 月 11 日施工单位反映在桩锚支护段，打桩时发现自基坑±0.000 以下－11～－23m 深度内出现饱和土，即刻给出加固支护方案。即采用 4 根双重管高压旋喷桩先加固桩周土体，其次施工钢筋混凝土桩，第三在两支护桩之间采用 2 根高压旋喷桩加固桩间土体，旨在防止支护桩钻孔时塌孔和桩后饱和土体流向基坑，避免坑外建筑物或道路沉降。但是施工单位凭借原状土体基坑施工经验，未采纳加固方案，依旧冒险采用原方案进行施工。高压旋喷加固方案如图 9 所示。

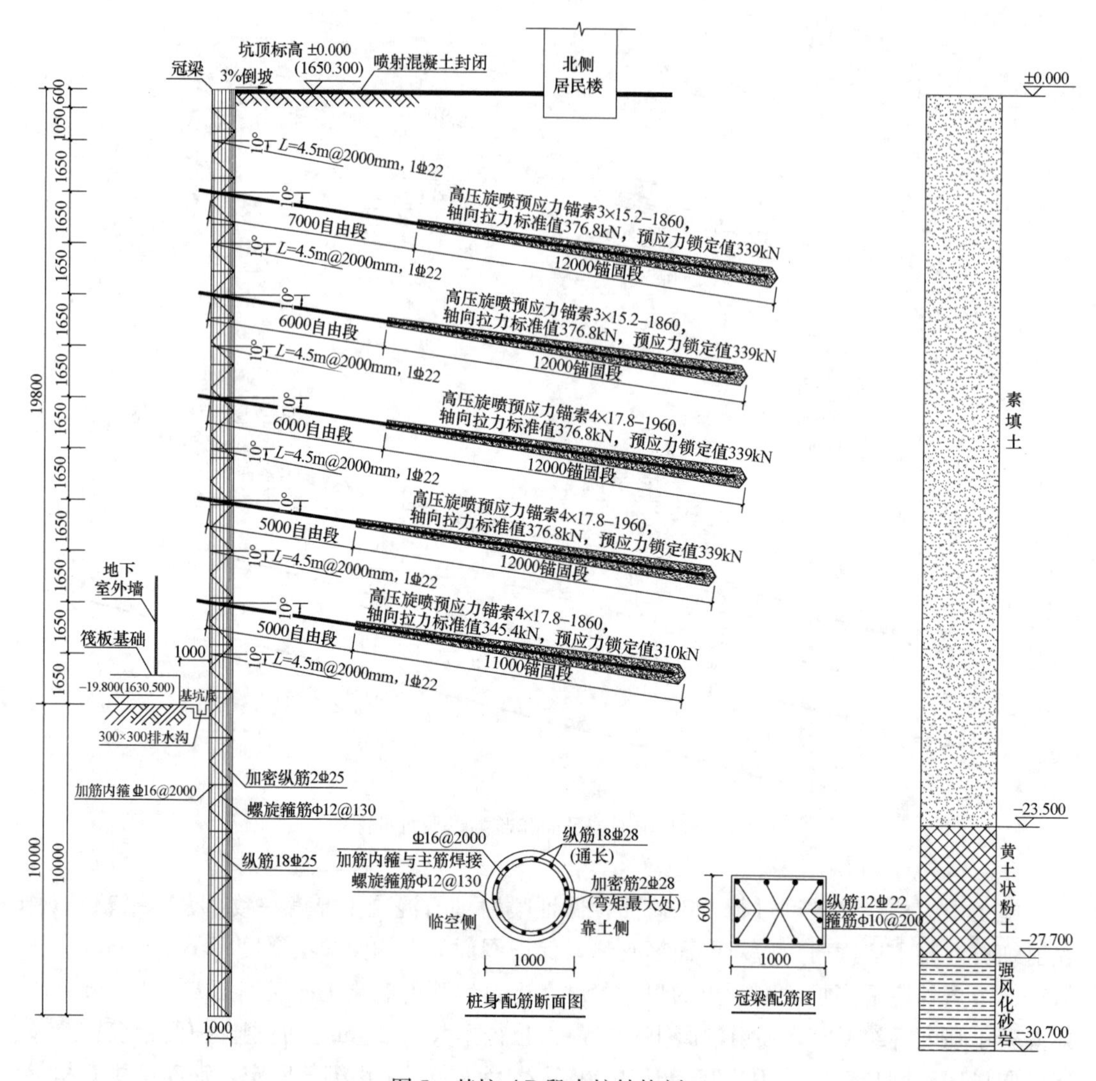

图 5　基坑 AB 段支护结构剖面

2019 年 10 月 20 日监测数据突然发现基坑施工过程中南边中部（W15、W16、W17、W18）水平位移的总量已经达到规范要求的报警值，水平位移变化量达到 10mm，水平位移的总量为 26mm；垂直位移变化量达到 4.1mm，垂直位移总量 9.4mm；基坑北边建筑物下沉 0.1mm；基坑北边、东边、南边道路均有裂缝和下沉，最大下沉出现在南边的北环路，下沉量为 13.7mm，总量最大达到 97.2mm。此时，基坑变形初期，提出 DE 段复核土钉墙和排桩锚索支护结构自桩顶端以下 1.8m、4.6m、7.8m 再加固 3 道锚索的修改方案，可是施工方依旧没有采纳。直至 2019 年 12 月 3 日，基坑 DE 段变形严重，水平变形已经发展到 60mm，施工单位迫不得已同意采用斜撑进行快速加固，控制了基坑的进一步变形，避免了基坑失稳。图 10 为基坑现场施工。

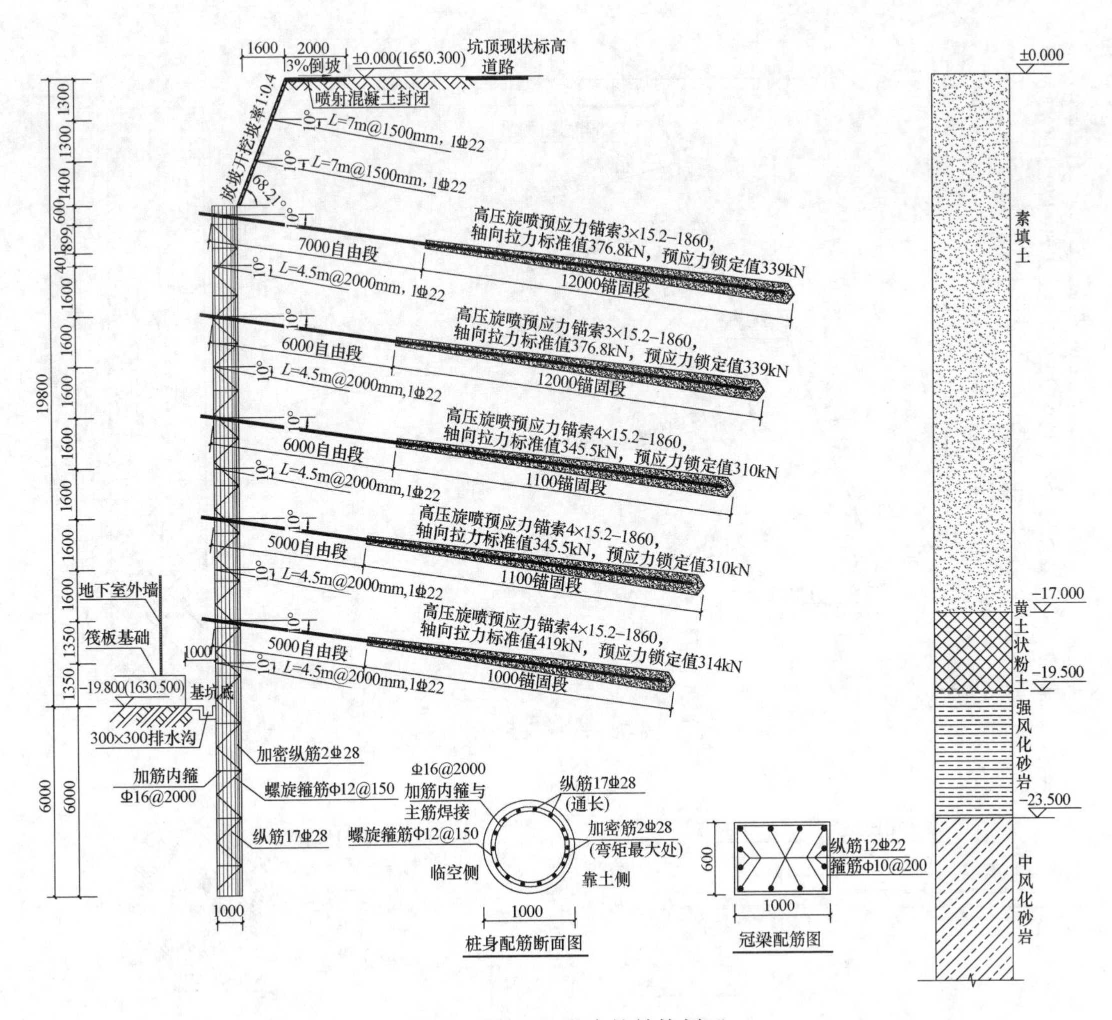

图 6　基坑 CD 段支护结构剖面

五、简要实测资料

结合现场实际情况，在基坑顶四周共布置 20 个水平位移、竖向沉降监测点，监测点平面布置见图 4。根据《建筑基坑工程监测技术规范》GB 50497—2019 规定，基坑侧壁安全等级为一级时，支护结构最大水平位移限值为 0.25%h、最大累计沉降限值为 0.2%h（h 为基坑的开挖深度）。

对支护结构的巡视检查和测点观测结果表明，由于该基坑所处回填土土层的特殊性，其勘察时不详细，导致该回填土场所基坑自施工开始，出现地下水变化、基坑大变形等紧急事故。图 11 为 W15 监测点水平位移变化、单次水平位移速率。由图 11（a）可以看见，从 10 月开始东南侧位移变形增大，提议增加锚索控制基坑的变形，施工单位忽视这些危害，不听从改变支护方案的建议，最后导致 2019 年 11 月时基坑临近失稳。此时，采取斜撑的紧急措施，从图 11 可以发现该基坑变形得到控制，保证了基坑的稳定。

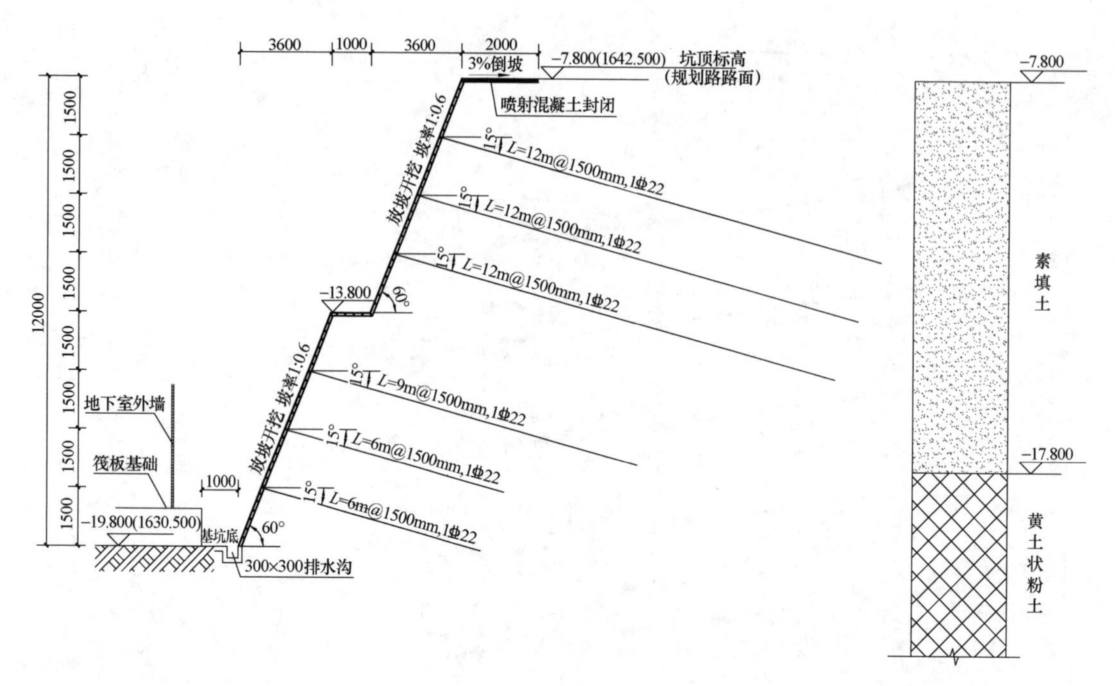

图 7　基坑 FA 段支护结构剖面

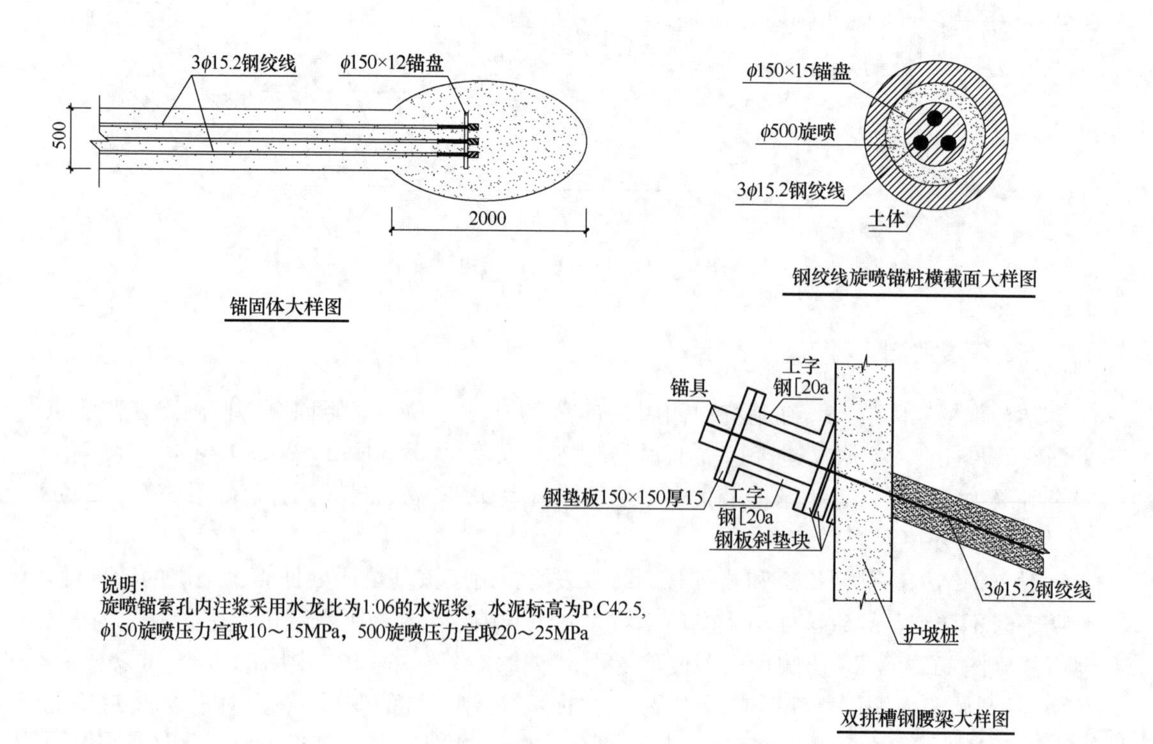

图 8　高压旋喷锚索节点

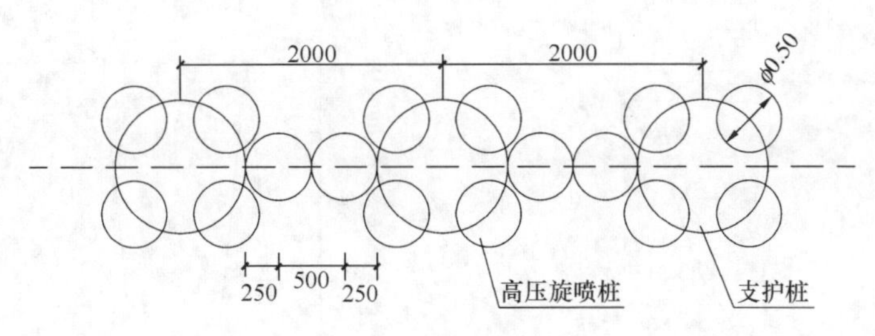

图 9　高压旋喷桩加固方案

(a)

(b)

(c)

图 10　基坑现场施工

(a) 基坑正常开挖现场；(b) 基坑外侧道路严重变形；(c) 南侧基坑局部采用斜撑支护

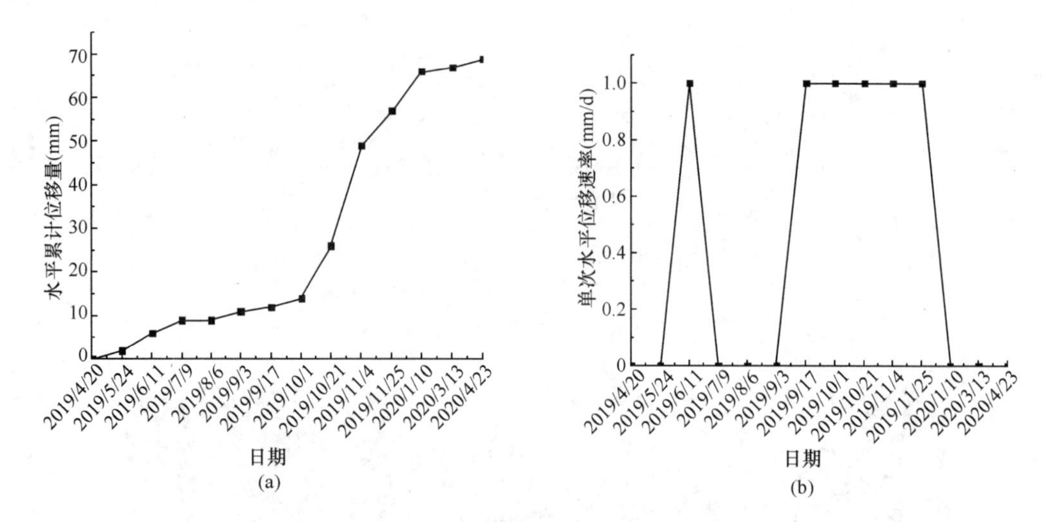

图 11　基坑 W15 监测点水平位移监测数据

（a）W15 监测点水平位移监测数据；（b）W15 监测点单次水平位移速率

六、点评

（1）面对如此深大、地层复杂、环境条件紧张的复杂基坑，北侧采用桩锚支护，东南采用桩锚＋放坡土钉支护结构，西侧采用土钉墙放坡支护，因地制宜，有效节约了造价。采用高压旋喷锚索是十分必要的，否则本基坑可能会局部失稳，因此，高压旋喷锚索对确保本基坑安全至关重要。

（2）由于基坑水位变化，导致基坑施工过程中基坑变形量和变形速率较大，从而基坑发生了不少工程问题，本填土基坑问题的解决方法及经验值得类似填土基坑借鉴。当回填土基坑出现地下水时，应及时采取止水措施，如止水帷幕等；当基坑出现异常变形时，应及时采取加固措施。

（3）回填土场地基坑的认识和管理需要进一步加强，特别是遇到回填土层水位的变化、基坑的变形等问题时应慎重对待，不可按照原状土深基坑经验进行处置。

中山马鞍岛某基坑工程

黄俊光　乔有梁　曾子明　孙世永　林治平　李长江　蔡　杰
（广州市设计院集团有限公司，广州　510620）

一、工程简介及特点

拟建场地位于中山市南朗镇翠亨新区，地处珠江三角洲平原，属三角洲海相沉积平原地貌单元。现有茅龙水道相隔（场地北侧距用地红线约180m），但有土路相通，交通不便利。项目场地原为空地，经人工填土，场地不平整。场地北侧的茅龙水道，与外界连通，水量丰富，水位受潮汐影响；场地东侧为拟建规划地块用地；场地西侧和南侧为拟建规划市政道路（图1）。现场地钻孔标高约为4.25～8.86m。

拟建场地的工程有：（1）住宅6栋，楼高31～40层；（2）地下室1个，地下1～2层（地下室底板标高－1层约为0.20～0.73m；－2层约为－3.45～－3.60m）面积约25100m^2。本基坑面积约23700m^2，周长约602.7m（内边线），开挖深度约3.30～10.35m。变形的允许值约为20mm，设计最大柱底轴力标准值约为5000kN，墙底约为35000kN/m。

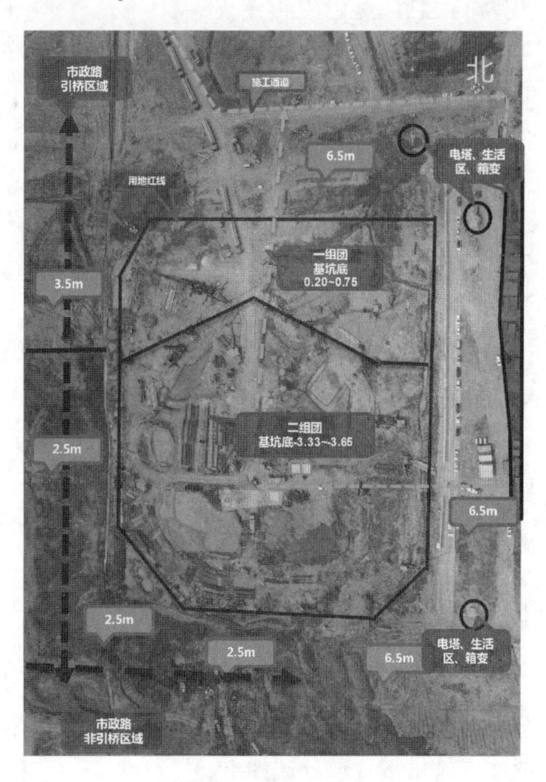

图1　项目场地周边情况

本项目基坑工程具有以下特点：

（1）项目场地所处的地点，不仅软土层较深厚（淤泥土层厚度最大达到约32m），强度较差，而且表层存在人工填土，其厚度非常不均，局部区域厚度达到18.2m；于2019年开始吹填，2020年10月左右尚未吹填及平整完成，人工填土的土体无充足时间自然固结；人工填土的成分很复杂，包括周边的建筑垃圾、生活垃圾，还有周边航道疏浚的底泥，以及砂土等材料；人工填土的方式较多样，包括水力吹填和陆上回填。

（2）项目一组团和二组团分界处的支护形式，应针对深厚软土情况下一组团的中间区域南北跨度较窄，考虑其整体稳定性。

（3）项目的西侧和南侧在基坑开挖的同时正在进行市政道路的软基处理（真空联合堆载地基处理），而且紧靠基坑边拟进行市政管廊的施工，需要考虑桩锚支护结构对周边的影响减少到最小。

（4）本项目利用了深厚软土以下粉质黏土承载力高、侧摩阻力高、土层物理力学性质好的特性，充分发挥土体与锚杆注浆体之间的锚固作用，节省了工程造价，为桩＋锚索的支护方案在深厚软土的基坑应用取得工程实例经验。

（5）项目场地的开挖底标高处于淤泥层，本项目区域的淤泥物理力学参数很差，进行坑底土方开挖，底板浇筑等工序时，需要较厚的换填处理才能达到现场施工条件。因此，需要考虑对坑底的淤泥进行浅层的地基处理，在坑底形成一层硬壳层，以便达到既不用增加换填厚度，又能满足现场施工条件的目的。

二、工程地质条件

1．场地工程地质条件

根据本次钻探揭露，场地地层根据岩土工程勘察规范规定可分为：人工填土层、海相积层、冲积层、残积层、基岩。现自上而下分述如下：

（1）人工填土层（Q^{ml}）

①冲填土/素填土：呈浅黄色、灰黄色，湿～饱和，松散～稍密，由冲填砂土混黏性土组成。部分地段顶部为素填土，局部地段上部回填淤泥质土，全场分布。根据访问，上部填土堆填时间约为0～10年，部分地段下部填土堆填时间超过20年。

（2）海相沉积层（Q^{m}）

②淤泥：深灰色，饱和，流塑，含贝壳碎屑和粉细砂质，土质不均匀，局部夹薄层淤泥质粉细砂。属高压缩性土。全场分布，各孔均揭到。

（3）冲积层（Q^{al}）

③$_1$ 粉质黏土：红褐色、灰黄色、浅黄色，可塑，黏性较好，土质均匀。干强度中等～高，韧性中等～高。属中压缩性土。

③$_2$ 砾砂：浅黄色、灰黄色，饱和，中密，成分为石英，圆形、亚圆形，分选性差，含黏粒、石英及角砾，粒径约1～4cm。

（4）残积层（Q^{el}）

④黏性土：呈红褐色、浅黄色、灰黄色，硬塑，为花岗片麻岩风化残积土。母岩残余结构尚可辨认，除石英外其他矿物已风化成土状。属中压缩性土。

（5）基岩层

场地下伏基岩为古生代加里东期（P_Z），岩性为花岗片麻岩，中细粒结构，片麻状构造，由长石、石英、云母等矿物组成。根据岩石风化程度的差异可分为全风化带、强风化带、中风化带，现分述如下：

⑤$_1$ 全风化带：浅黄色、灰黄色、红褐色。呈坚硬土状，岩芯土柱状。母岩结构已基本破坏，除石英外其他矿物多已风化成土状。岩体极破碎，为极软岩，岩体基本质量等级为Ⅴ级。全场分布，各孔均揭到。

⑤$_2$ 强风化带：灰黄色、麻黄色、褐灰色，呈半岩半土状，岩石风化强烈，底部混强风化岩碎块，碎块稍硬。岩石结构大部分破坏，风化裂隙很发育。岩体极破碎，为软岩，

岩体基本质量等级为Ⅴ级。全场分布，各孔均揭到。

⑤$_3$ 中风化带：呈麻黄色、麻灰色、灰白色，中细粒结构，片麻状构造，岩芯呈块状～短柱状，岩体较破碎，属较软岩，岩体基本质量等级为Ⅳ级。

地层分层参数见表1。

地层分层参数　　　　表1

时代	层号	岩土名称	层面高程（m）		层面埋深（m）		层厚（m）		平均厚度（m）
			自	至	自	至	自	至	
Q^{ml}	①	素填土	4.25	8.86	0.00	0.00	0.90	18.20	9.60
Q^{m}	②	淤泥	−13.80	5.71	0.90	18.20	1.80	32.20	13.67
Q^{al}	③$_1$	粉质黏土	−25.95	−7.59	14.40	30.20	0.70	14.20	4.49
	③$_2$	砾砂	−21.71	−18.37	25.40	27.30	0.50	4.20	2.40
Q^{el}	④	黏性土	−30.05	−10.52	15.20	34.30	0.50	12.30	4.65
P_Z	⑤$_1$	全风化岩	−35.77	−11.52	16.20	43.30	0.90	27.30	13.49
	⑤$_2$	强风化岩	−52.37	−16.97	21.40	59.90	1.10	34.10	11.05
	⑤$_3$	中风化岩	−65.23	−44.16	50.10	70.90	1.50	8.30	5.38

各岩土层的力学性质及变形参数建议值见表2。

各岩土层的力学性质及变形参数建议值　　　　表2

层号	岩土名称	承载力特征值	天然重度	压缩系数	压缩模量	变形模量	直接快剪		三轴UU值		有机质	渗透系数	岩土层与锚固体摩擦力
							黏聚力	内摩擦角	黏聚力	内摩擦角			
		f_{ak}	γ	$a_{v1\text{-}2}$	E_s	E_0	c	φ	c	φ	O_{mu}	k_{20}	q_{sk}
		kPa	kN/m³	MPa^{-1}	MPa	MPa	kPa	°	kPa	°	%	cm/s	kPa
①	素填土	10～50	17.0		3.5		4.8	3.8	—	—	—	5.0×10^{-3}	16
②	淤泥	40	15.4	1.68	1.6	—	3.2	2.5	4.0	3.0	3.70	2.7×10^{-7}	16
③$_1$	粉质黏土	150	18.3	0.43	4.5	18	20	15	—	—	—	5.0×10^{-6}	40
③$_2$	砾砂	200	20.0		22	40		30	—	—	—	7.0×10^{-2}	60
④	黏性土	220	17.9	0.37	7.0	45	20	22	—	—	—	3.0×10^{-5}	60
⑤$_1$	全风化岩	350	18.5	0.31	10.0	75	25	24	—	—	—	4.5×10^{-5}	80
⑤$_2$	强风化岩	650	20.0		25.0	150	40	26	—	—	—	5.0×10^{-5}	150

2. 水文地质情况

场地北侧距用地红线约180m，为茅龙水道，水量丰富，水位受潮汐影响，与本场地存在一定的水力联系。拟建场地的中上部第四系土层含孔隙水，下部基岩含裂隙水。场地地下水属潜水～承压水类型。地下水主要赋存在冲积砾砂层的孔隙中。地下水埋藏较浅，由于受降雨等影响，勘察期间测得地下水的初见水位埋深为0.30～1.70m，标高3.98～8.45m；稳定水位埋深为0.20～1.60m，标高4.08～8.55m。根据地区的相关经验，地下水的变化幅度一般小于0.5m。

3. 典型工程地质剖面

场地典型地质剖面见图2。

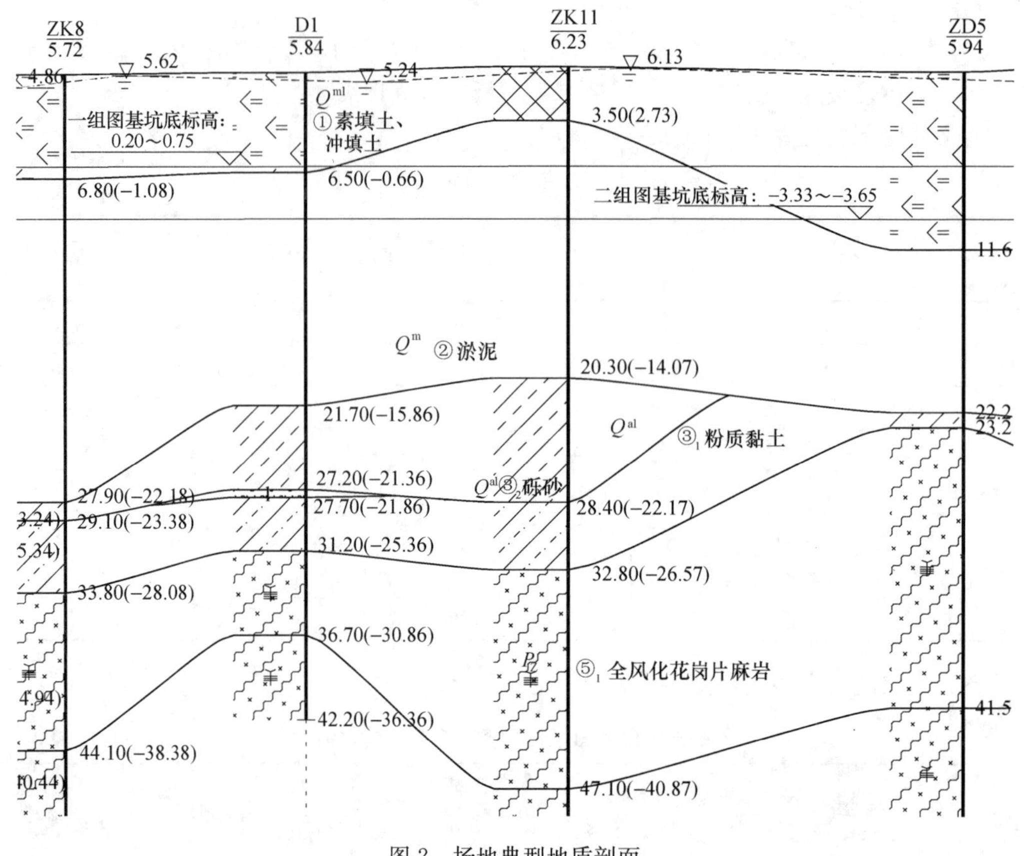

图 2　场地典型地质剖面

三、基坑周边环境情况

现有茅龙水道相隔（场地北侧距用地红线约 180m），但有土路相通，交通不便利。项目场地原为空地，经人工填土，场地不平整。场地北侧的茅龙水道，与外界连通，水量丰富，水位受潮汐影响；场地东侧为拟建规划地块用地；场地西侧和南侧为拟建规划市政道路。西侧地基处理边界距基坑边界约 3.7m，南侧地基处理边界距基坑边界约 8.6m。西侧管廊边界距基坑边界约 19.4～23m。南侧管廊边界距基坑边界约 34.7m。基坑支护总平面见图 3。

四、基坑围护平面

场地地质条件较差，周边环境较为简单。采用桩锚、桩撑、重力式挡墙、放坡＋桩锚等支护形式。坑中坑采用钢板桩＋内支撑的支护形式，电梯井及大承台均位于基坑中间，塔楼部分基础埋深也采用放坡开挖（经过地基处理加固后）。其中，1 剖面采用重力式挡墙的形式，2 剖面至 3 剖面采用的是 PRC600（130）AB 型管桩＋一道扩大头锚索的支护形式，4 剖面和 5 剖面采用的是顶部放坡＋PRC800（110）AB 型管桩＋两道扩大头锚索的支护形式，6 剖面采用的是灌注桩（直径 1000mm）＋两道回收锚索的支护形式/局部灌注桩（直径 1000mm）＋一道回收锚索（第二道局部角撑）的支护形式（局部采用斜抛

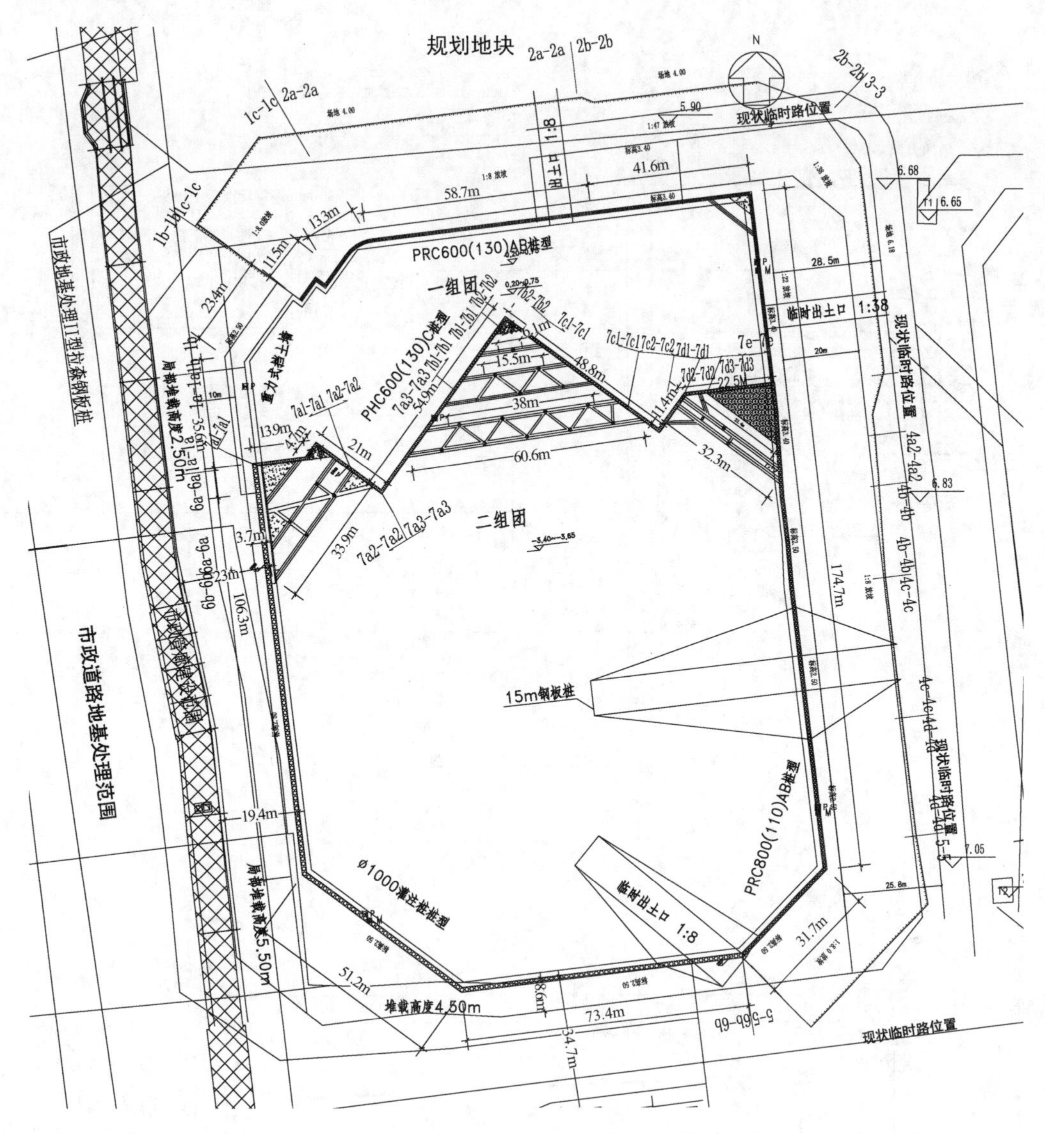

图3　基坑支护总平面

（其中，P点为位移沉降观测点，M点为锚索拉力监测点）

撑方式拆撑的方式过渡），7剖面采用PRC600（130）AB型管桩＋内支撑的支护形式（采用斜抛撑方式拆撑的方式过渡）。

五、基坑围护典型剖面

对于一组团，项目的西侧基坑支护深度约为5.8m，淤泥较薄埋深较小，但考虑到西侧需要地基处理对基坑支护的影响较大，因此，采用重力式挡土墙的支护形式（图4）。

对于一组团，项目的北侧和东侧基坑支护深度约为5.930～6.067m，淤泥相对较厚埋深较大，周边环境较简单，采用PRC600（130）AB型管桩＋一道扩大头锚索的支护形式。坡顶有一条临时施工道路，用15m的拉森Ⅳ钢板桩进行临时支护（图5）。

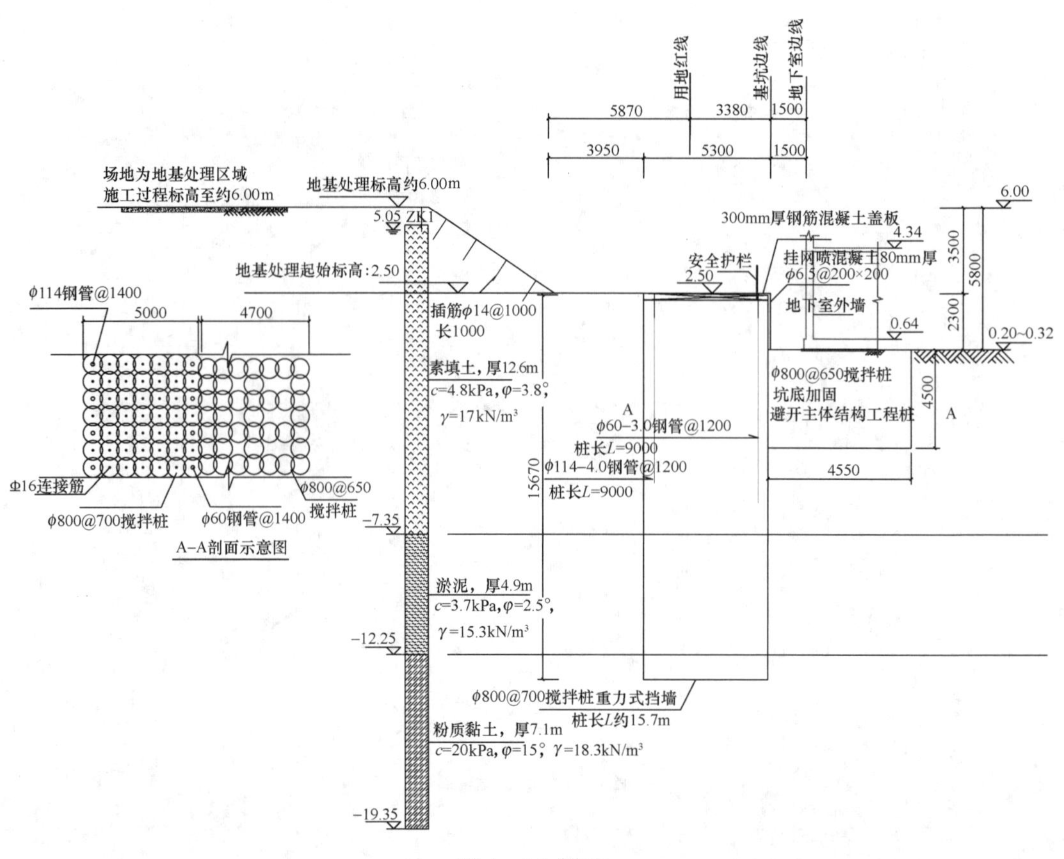

图4　1-1剖面

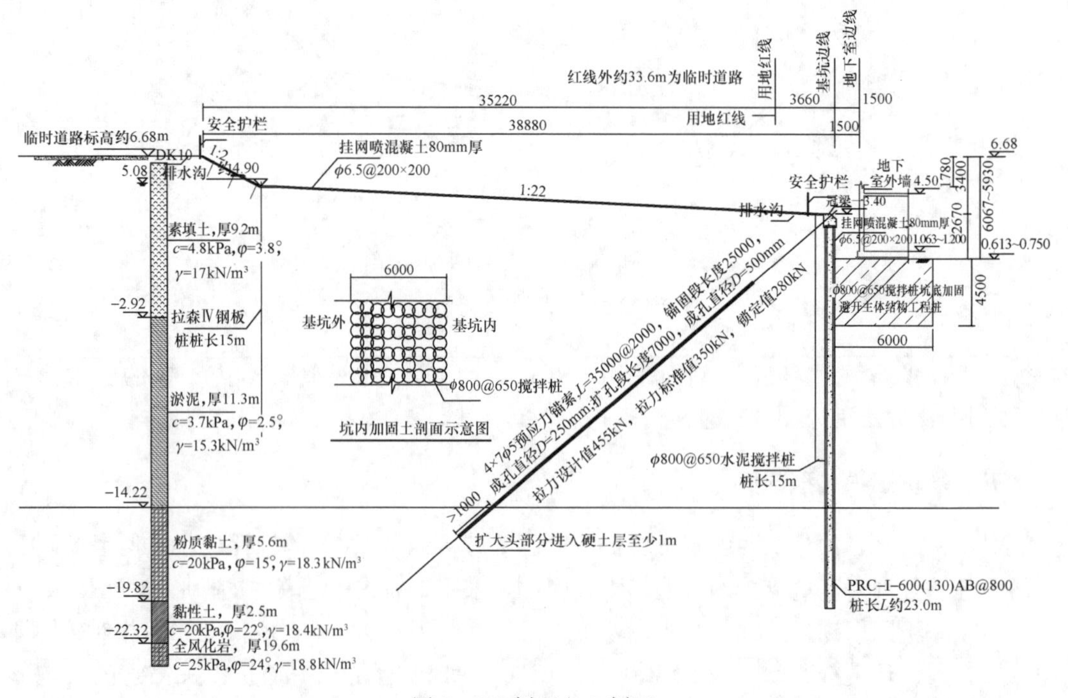

图5　2-2剖面/3-3剖面

对于二组团，基坑支护深度约为 9.65～10.35m，淤泥相对较厚但周边环境较简单，采用 PRC800（110）AB 型管桩＋两道扩大头锚索的支护形式。坡顶有一条临时施工道路，用 15m 的拉森Ⅳ钢板桩进行临时支护。为了减小扩大头锚索间距太小而产生的群锚效应，在第二道锚索中采用了分叉的做法，相间锚索角度差 5°左右（图 6）。

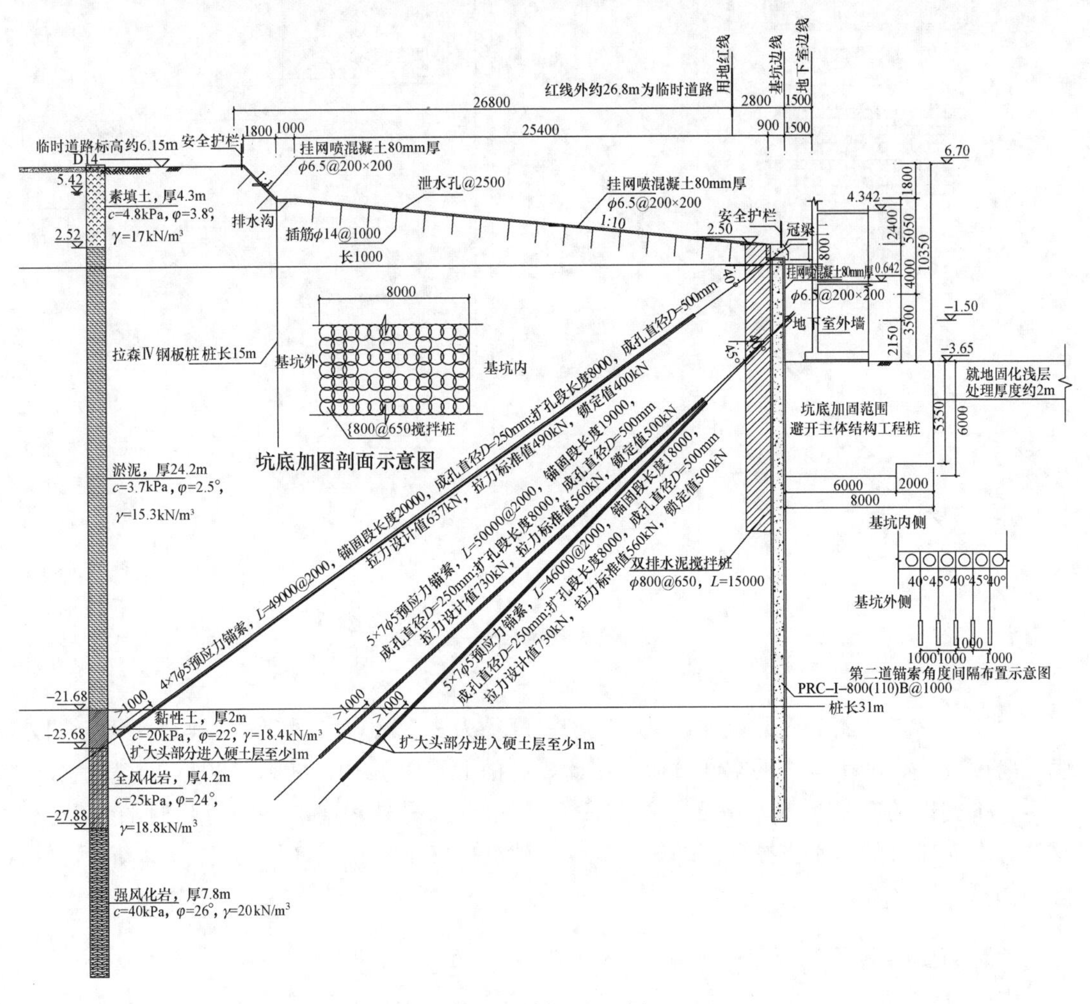

图 6　4-4 剖面/5-5 剖面

对于二组团，基坑支护深度约为 9.65～10.35m，项目的西侧淤泥较厚，考虑到西侧需要地基处理对基坑支护的影响较大，因此，采用灌注桩（直径 1000mm）＋两道回收锚索的支护形式/局部灌注桩（直径 1000mm）＋一道回收锚索（第二道局部角撑）的支护形式。在西侧软基处理采用了真空联合堆载预压处理，其边界密封可由于支护变形和地基的变形不协调产生的漏气，在基坑外侧面层增加一个回填黏土的密封沟和增加了一层密封层（底层一层土工布＋密封薄三层＋上层一层土工布）进行覆盖。另外，考虑到西侧道路软基处理的施工会比基坑内的施工快，回收锚索时来不及做好回撑措施，增加了一道临时的斜抛撑，以便做好回收锚索的过渡（图 7）。

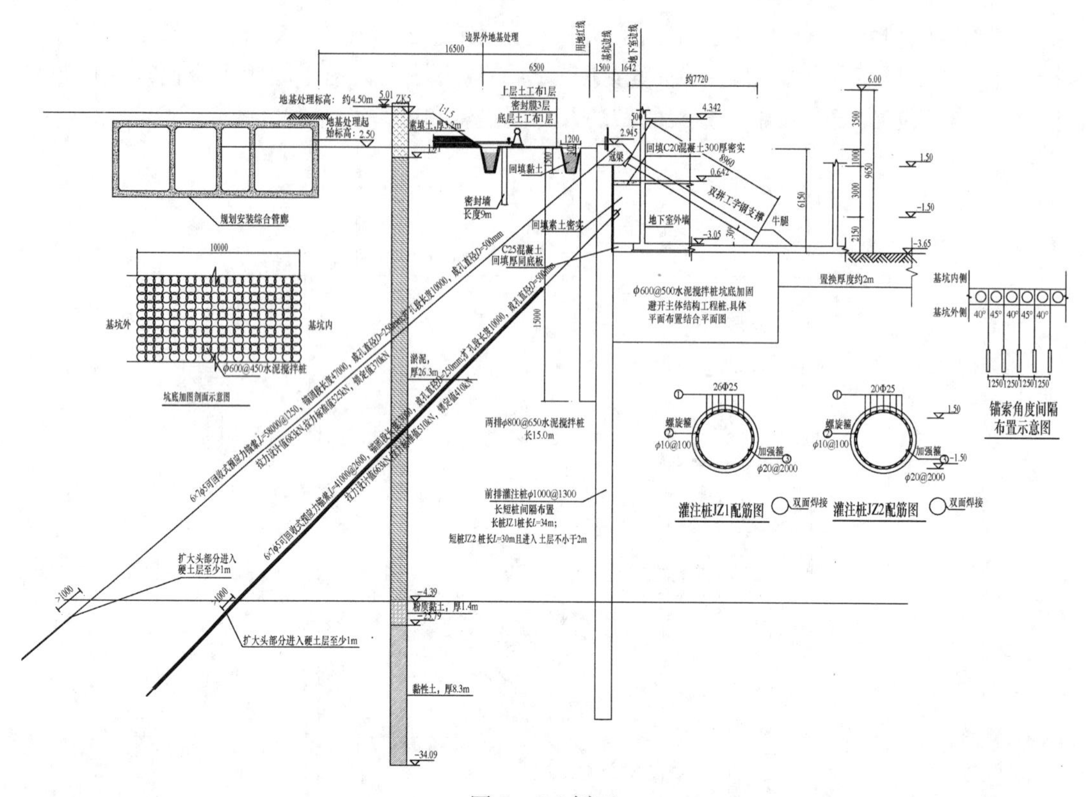

图 7　6-6 剖面

对于一、二组团分界的位置，基坑支护深度约为 3.66m，淤泥较厚，考虑平面上凹处南北跨度较小，利用整体的空间效应，因此，剖面上采用了 PRC600（130）AB 型管桩＋一道水平支撑的支护形式，平面上类似一个 A 字形。另外，增加了一道临时的斜抛撑。这样，在需要拆除水平支撑前安装好斜抛撑，然后拆除支撑再做好负一层楼板，最后再拆除斜抛撑（图 8）。

六、简要实测资料

根据广东省标准《建筑基坑工程技术规程》DBJ/T 15—20—2016 和广东省标准《建筑基坑施工监测技术标准》DBJ/T 15—162—2019。项目的周边环境等级取三级，围护体系监测报警值选用如下：围护结构顶水平位移累计值为 80mm，坑顶沉降累计值为 50mm，锚索拉力为荷载设计值；一二组团分界处项目的环境等级取一级，围护结构顶水平位移累计值为 30mm。

1-1 剖面的典型变形情况如图 9、图 10 所示。

可以看到，随着基坑开挖重力式挡墙向基坑侧变形，最大至 50mm 左右，在 2021 年 6 月左右，当时基坑已开挖到底，地基正进行真空预压处理，导致基坑向外发生了位移，位移量在 5mm 左右。

2-2/3-3 剖面的典型变形情况如图 11、图 12 所示。

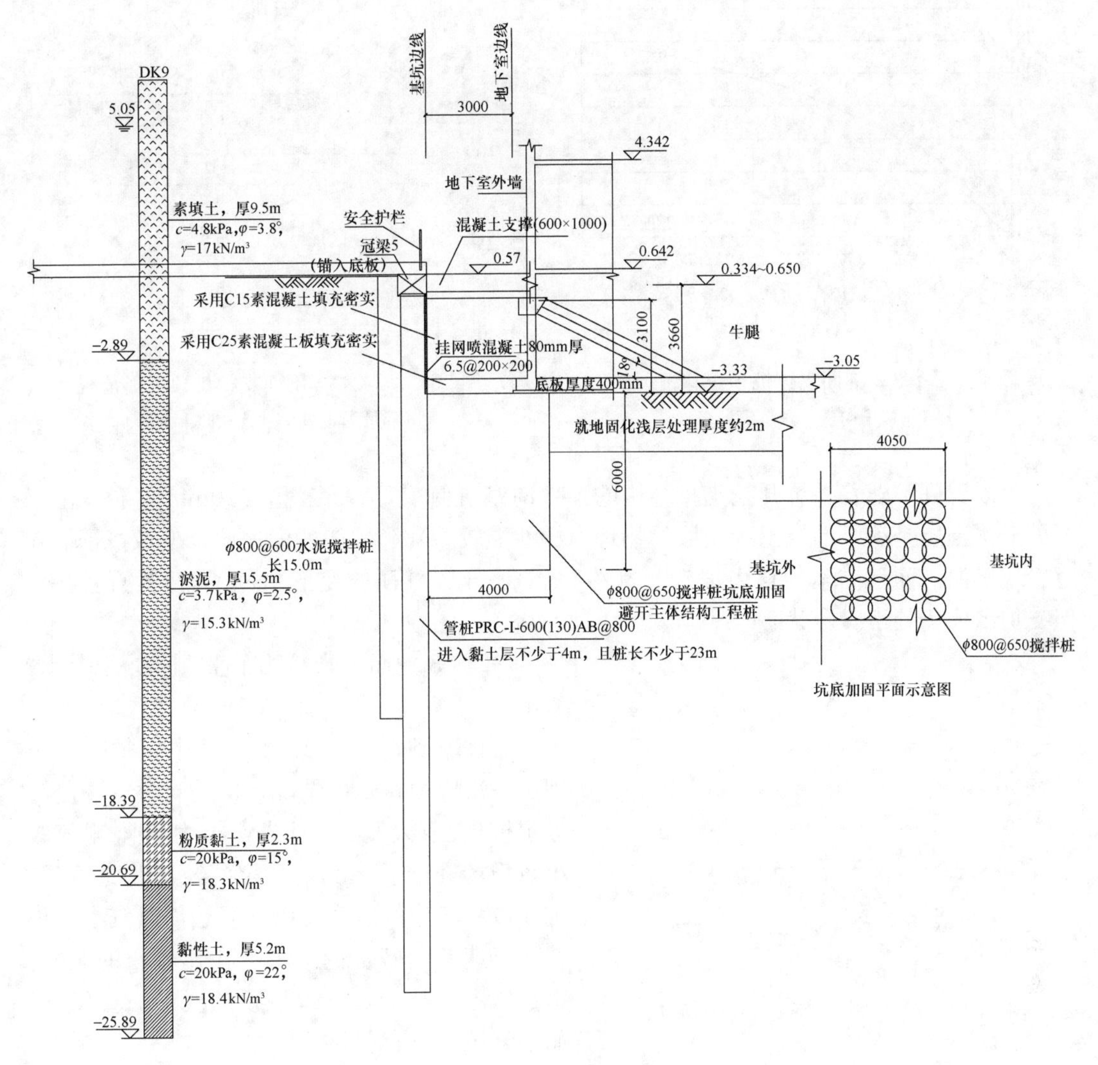

图 8　7-7 剖面

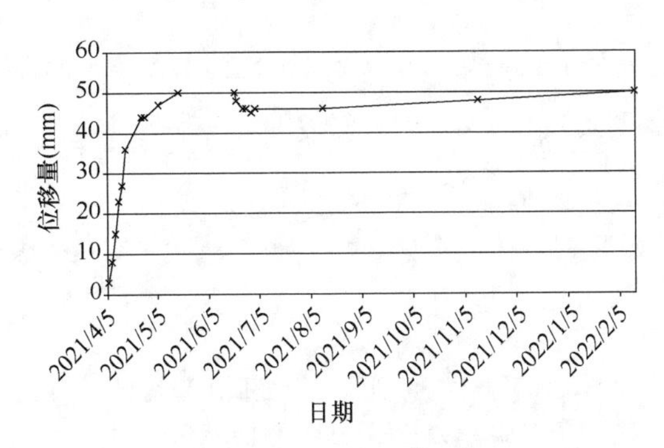

图 9　重力式挡墙的墙顶位移情况

（位移正向表示基坑侧，沉降量为正表示基坑顶向下沉降）

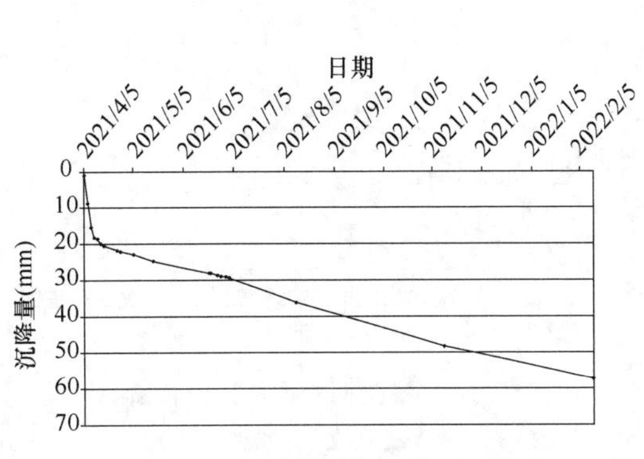

图 10　重力式挡墙的墙顶沉降情况

（位移正向表示基坑侧，沉降量为正表示基坑顶向下沉降）

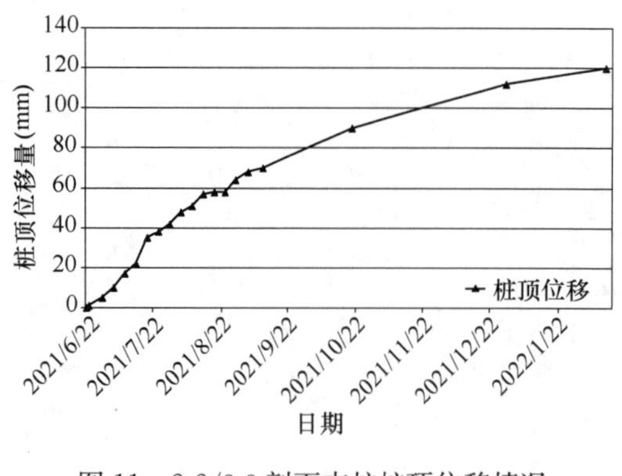

图 11　2-2/3-3 剖面支护桩顶位移情况

（位移正向表示基坑侧）

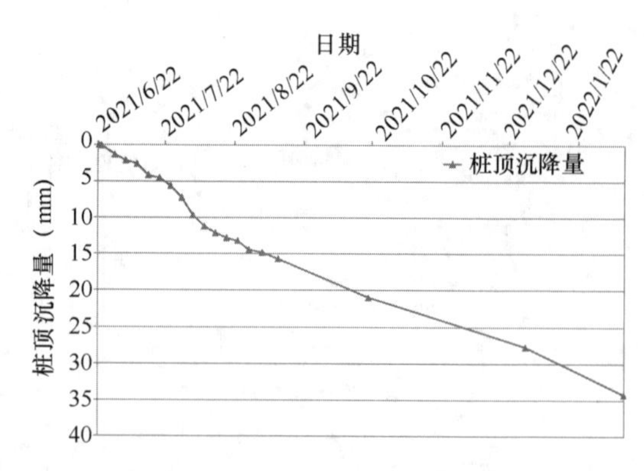

图 12　2-2/3-3　剖面支护桩顶沉降情况

（沉降量为正表示基坑顶向下沉降）

可以看到，随着基坑开挖支护结构的顶部向基坑侧变形，最大至 120mm 左右，由于所处上覆土层是深厚的填土（土层的物理力学性能较差）和较厚的淤泥层，就像筷子插在豆腐块里面，而且锚索的自由段较长（约 30m），导致桩顶的变形超过了监测的预警值，但支护结构仍处于安全状态。

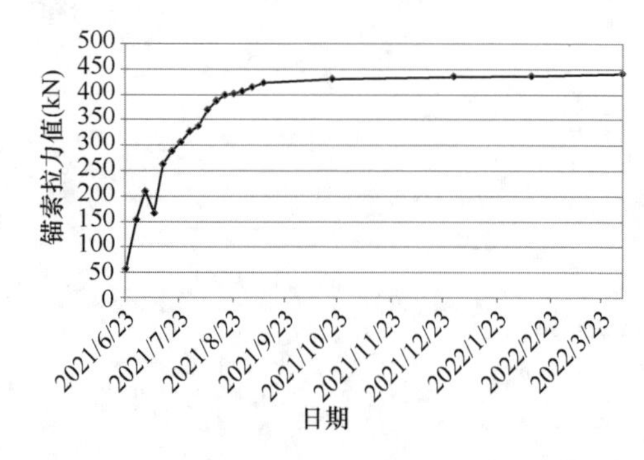

图 13　2-2/3-3 剖面锚索拉力的监测情况

2-2/3-3 剖面锚索拉力的监测情况如图 13 所示。

可以看到，在 2021 年 7 月中旬的时候出现过一次应力松弛的情况，这是当时现场监测显示桩顶位移较大，但锚索拉力的监测值较小，现场进行了一次复张拉。经过复张拉后，桩顶位移变形的速率变缓，但是仍以较小的位移变形速率向基坑内变形。在比较长的时间，由于软土的蠕变，导致桩顶的变形一直发生，而锚索拉力没有明显的增加。

4-4/5-5 剖面的典型变形情况如图 14、图 15 所示。

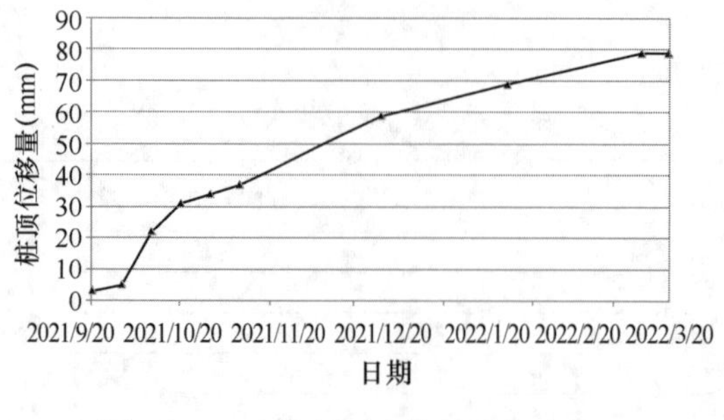

图 14　4-4/5-5 剖面支护桩顶位移情况

（位移正向表示基坑侧）

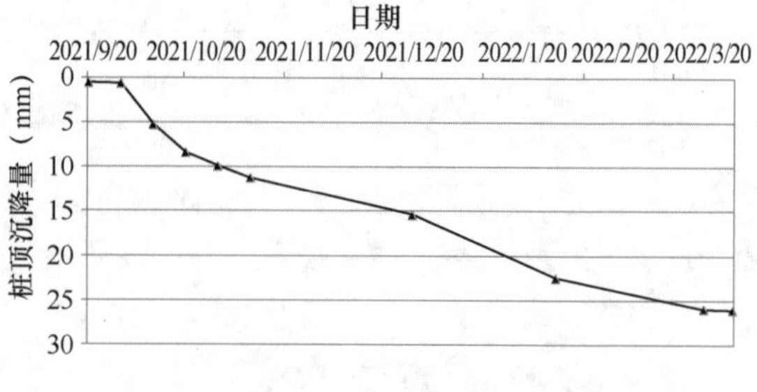

图 15　4-4/5-5 剖面支护桩顶沉降情况

（沉降量为正表示基坑顶向下沉降）

可以看到，随着基坑开挖支护结构的顶部向基坑侧变形，最大至 80mm 左右，已经达到了基坑监测的预警值。主要是由于所处上覆土层是深厚的填土（土层的物理力学性能较差）和较厚的淤泥层，就像筷子插在豆腐块里面，锚索的自由段较长，导致变形较大。

4-4/5-5 剖面锚索拉力的监测情况如图 16 所示。

图 16　4-4/5-5 剖面锚索拉力的监测情况

可以看到，由于锚索的自由段较长（约 40m），在锚索锁定后，其拉力值一直在慢慢增加，但没有像 2-2、3-3 剖面中的锚索应力有一个明显的增加过程。这是因为现场在进行锚索锁定时，采用的锁定值相对取了较大的值（锚索拉力标准值的 80％左右），这样相应的变形较上一个剖面相对的少一点。

6-6 剖面的典型变形情况如图 17、图 18 所示。

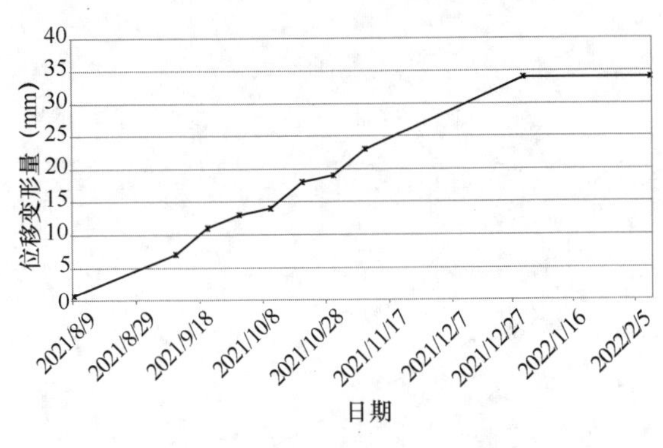

图 17　6-6 剖面支护桩顶位移情况

（位移正向表示基坑侧）

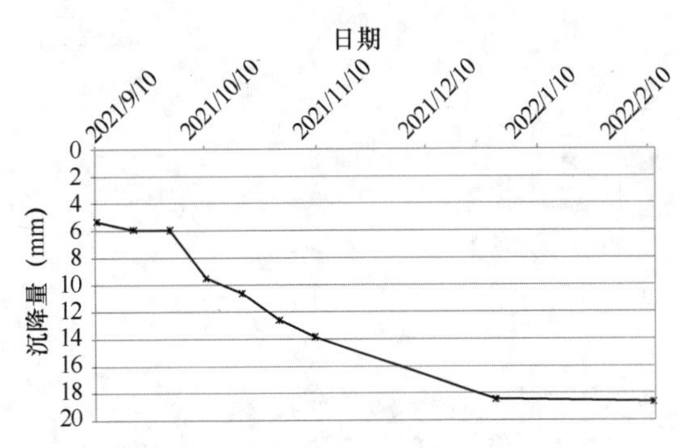

图 18　6-6 剖面支护桩顶沉降情况

（沉降量为正表示基坑顶向下沉降）

可以看到，随着基坑开挖支护结构顶部向基坑侧变形，控制较好（小于 30mm），支护结构本身的刚度较东侧支护结构（东侧采用的是直径 800mm 的管桩）较大，而且通过灌注桩的施工记录显示浇筑混凝土的充盈率达到了 1.6 左右，另外，基坑开挖是在西侧软基处理后进行的，其土层经过加固后，物理力学性质有所增加，主动土压力相对计算选取时小。

6-6 剖面锚索拉力的监测情况如图 19、图 20 所示。

可以看到，由于锚索的自由段较长（约 50m），在锚索锁定后，其拉力值一直在慢慢增加，但比 4-4、5-5 剖面的变形还要小。这不仅是因为现场在进行锚索锁定时，采用的锁定值相对取了较大的值（锚索拉力标准值的 90％左右），而且回收锚索是由专业的锚索队伍进行施工的，其锚索的锁具应该更有效些。综合以上因素，这样相应的变形较上一个剖面相对少一点。

7-7 剖面的典型变形情况如图 21、图 22 所示。

可以看到，随着基坑开挖重力式挡墙向基坑侧变形，控制较好（控制在 30mm 以内），但仍比计算得到的变形值大。说明较差的深厚淤泥的地质条件下，计算的取值应考虑在坑底扰动后（坑底进行密集的管桩施工，这对坑底的扰动非常明显）的土工参数折减。

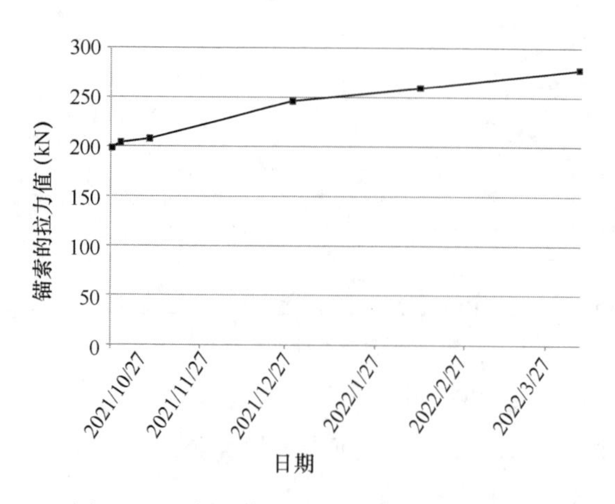

图 19　6-6 剖面第一道锚索拉力的监测情况

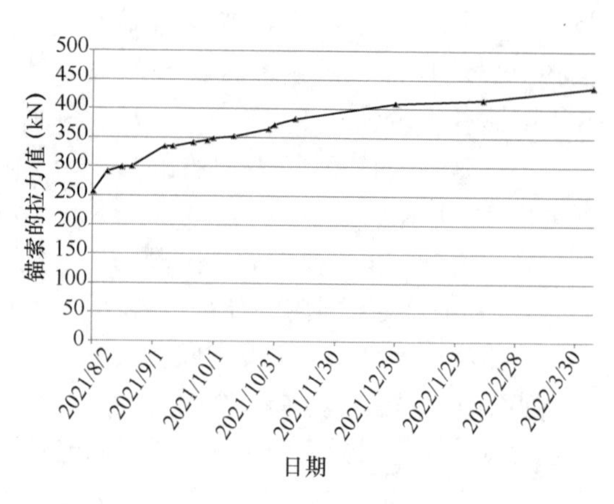

图 20　6-6 剖面第二道锚索拉力的监测情况

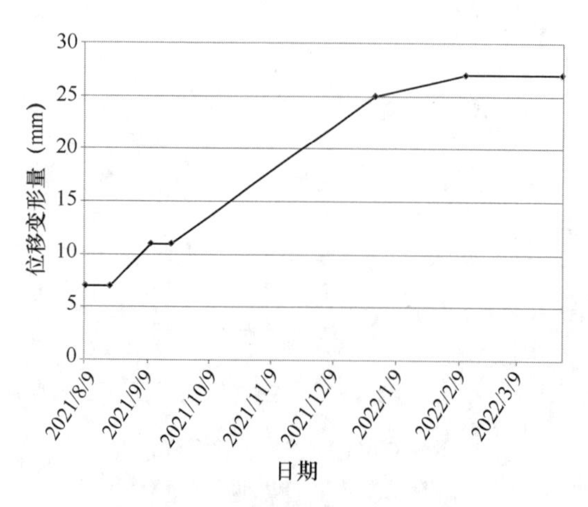

图 21　7-7 剖面支护桩顶位移情况

（位移正向表示基坑侧）

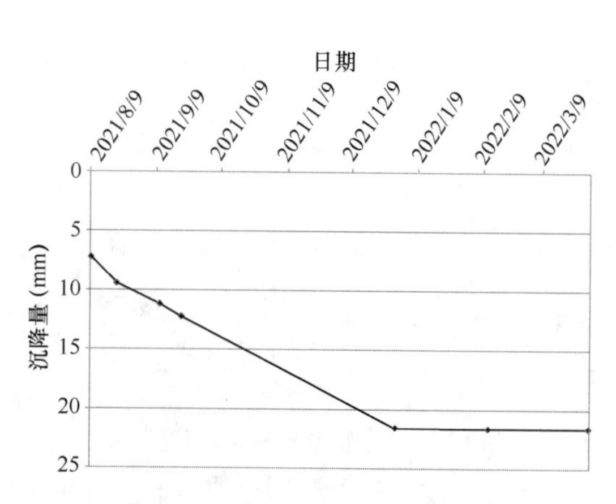

图 22　7-7 剖面支护桩顶沉降情况

（沉降量为正表示基坑顶向下沉降）

图 23　项目现场

七、点评

（1）截至目前，该项目的基坑除了出土口位置都已完成回填，锚索部分已回收，负一层楼板已完成。从已有的监测情况来看，均未超过限制值。在物理力学性质较差的人工填土～淤泥的地层下且周边环境较为空旷的条件下，总体采用桩＋锚索的方案是可行的。其中 PRC 管桩在此类土层的应用，加快了工期并节省了成本。

（2）对于场地的浅层存在物理力学性能较差的软土，在工期允许的前提下，应先进行地基处理，使得浅层软土的力学性能改善后再进行下一步的基坑开挖工程。

（3）由于场地所处的地层软土较厚且物理力学性能很差，在周边环境要求不高的情况下，可采用桩＋锚索的方案，但周边环境要求较高时，应优先考虑内撑的方案。

（4）物理力学性质较差的人工填土～淤泥的地层下，进行锚索预张拉时，建议锁定值为 0.9 倍的锚索拉力标准值。

（5）物理力学性质较差的人工填土～淤泥的地层下进行土方开挖，应做好分层分块尽可能减少基坑暴露时间，坑底宜进行地基处理，减少基坑开挖的深度，增加基坑开挖到底的稳定性。

（6）物理力学性质较差的人工填土～淤泥的地层下，开挖到底进行大量密集的管桩施工时，尽量采用预钻沉桩，预钻孔径比桩径小 50～100mm，深度约为桩长的 1/2，这样尽量减少管桩沉桩施工对土层的扰动。

武汉市第一医院盘龙城医院(一期)基坑工程

万　鑫　张杰青　汪　彪　施木俊　廖　翔　杨慧之　黎亦丹

（武汉市勘察设计有限公司，武汉　430000）

一、工程简介及特点

1. 工程简介

武汉市第一医院盘龙城医院（一期）位于武汉市黄陂区盘龙城腾龙大道以南，盘龙一路以西，盘龙二路以东合围区域（图 1）。项目包括 1 栋感染楼、2 栋门诊楼、1 栋医技楼、1 栋住院楼及 2 层地下室、配套液氧站及锅炉房。项目总用地面积约 42180m²，总建筑面积约 122700m²，其中地下建筑面积约 44600m²。

拟建建筑物一层地下室基础采用柱墩＋底板，二层地下室基础采用桩承台基础＋底板，±0.000 对应绝对标高 23.900m。一层地下室的板面标高－5.450m；二层底板面标高－10.200m；基坑总面积约为 42312m²，周长 832m，开挖深度 5.65～10.90m。

图 1　武汉市第一医院盘龙城医院效果图

2. 项目特点

（1）场地地貌单元属长江冲洪积三级阶地，为大型沟塘回填地段，填土主要由黏性土、淤泥、混凝土块、建筑垃圾组成，填土随机堆填，堆填年限 2 年左右，填土及淤泥厚度达 13.6～15.9m，基坑侧壁及基底以填土为主。

（2）基坑开挖面积较大，面积约为 42312m²，周长 832m，开挖深度达 5.65～10.90m。基坑一、二层地下室之间距离较小，存在分级支护，主、被动区重叠，受力情况复杂。

二、工程地质及水文地质条件

1. 工程地质条件

场地地貌单元属长江冲洪积三级阶地，场地现状主要为回填整平堆土区、藕塘、荒地等。各岩土层的工程地质特征描述如下：

①1 杂填土（Q^{ml}）：杂色，松散，土质不均，主要以黏性土为主，夹杂碎石、砖渣、混凝土块、红砂岩碎块等建筑垃圾及生活垃圾等。硬物质含量约为25%～45%，土质不均，局部地段底部混夹淤泥或淤泥质土，堆填年限小于5年，层厚介于0.8～7.0m之间。

①2 素填土（Q^{ml}）：褐灰、灰黑、褐黄，松软，土质不均，主要为黏性土夹碎石、生活垃圾、淤泥等，层厚介于0.7～8.2m之间。含水量平均值33.7%，孔隙比平均值0.975。

①a 混凝土、砖渣、碎石（Q^{ml}）：杂色，坚硬，主要为回填土中遗留的混凝土块、砖渣、碎石等，粒径一般较大，粒径约4～20cm，揭露最大粒径1.0m，局部富集，对桩基施工不利，层厚介于0.6～3m之间。

①3 淤泥质土混素填土（Q^{l}）：灰黑、褐灰，流塑，土质不均，含有机质，具腥臭味。层间混夹建筑垃圾、生活垃圾等，层厚介于1.0～8.8m之间。含水量平均值40.7，孔隙比平均值1.16。

①4 淤泥质填土（Q^{l}）：灰黑、褐灰，流塑、松软，主要为新近回填，土体欠固结，结构松散，土质不均，含有机质。层中夹有碎石、砖块、黏性土、生活垃圾等，成分杂乱，力学性质不稳定，层厚介于0.9～10.8m之间。

②1 粉质黏土（Q_3^{al+pl}）：黄褐、褐灰，可塑（局部硬塑），土质均匀，含铁锰质氧化物，切面较光滑，土质较均匀，层厚介于1.2～3.2m之间。

②2 黏土（Q_3^{al+pl}）：褐黄、褐灰、褐红，硬塑，土质均匀，含铁锰质氧化物，切面较光滑，土质较均匀，局部夹有少量碎石等硬物质，层厚介于0.7～7.9m之间。

③1 强风化泥质粉砂岩（K-E）：棕红、褐红，原岩结构基本破坏，岩芯风化呈土状，手掰易散。岩芯采取率80%～90%，岩石按坚硬程度属极软岩，岩体完整程度属较完整，岩体基本质量等级属Ⅴ类，层厚介于0.5～6.7m之间。

③2 中风化泥质粉砂岩（K-E）：棕红、褐红，泥质、砂质结构、块状构造，岩芯呈短柱状、柱状、长柱状，岩芯采取率85%～95%左右，RQD约80%～100%，岩石按坚硬程度属极软岩，岩体完整程度属较完整，岩体基本质量等级属Ⅴ类。

各岩土层的参数如表1，基坑典型工程地质剖面见图2。

场地土层主要力学参数 **表1**

土层编号	土层名称	重度（kN/m^3）	承载力特征值（kPa）	压缩模量（MPa）	黏聚力（kPa）	内摩擦角（°）
①1	杂填土	(18.5)	—	—	8	18
①2	素填土	18.2	—	—	9	8
①a	混凝土、砖渣、碎石	—	—	—	—	—
①3	淤泥质土混素填土	17.7	30	1.5	8	4
①4	淤泥质填土	(17.5)	60	2.8	6	3.5
②1	粉质黏土	18.7	190	8.0	24	12
②2	黏土	19.6	380	14.0	40	18
③1	强风化泥质粉砂岩	(20.5)	500	E_0=46.0	40	18
③2	中风化泥质粉砂岩	21.5	f_a=1000kPa		80	20

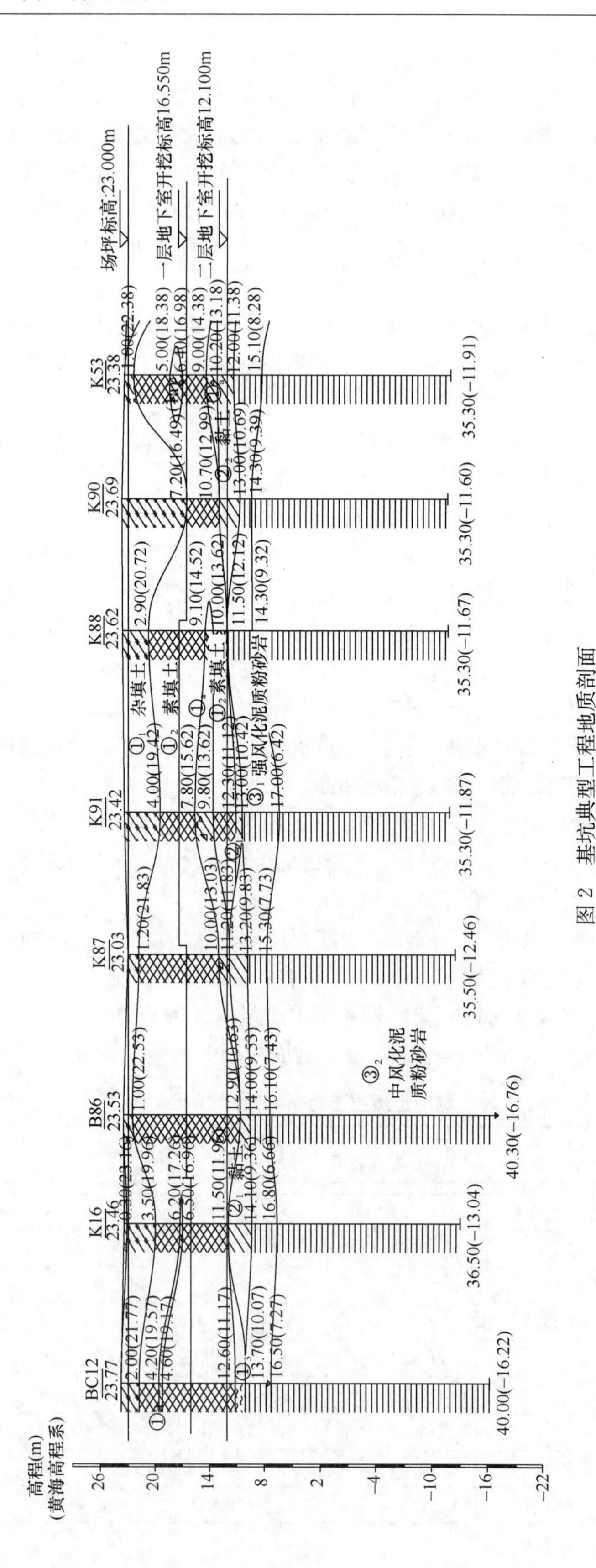

图 2　基坑典型工程地质剖面

2. 水文地质条件

拟建场地地下水类型主要为上层滞水：赋存于①单元层填土层中，主要接受大气降水和地表水及周边居民生活用水的渗透补给，无统一自由水面，水位及水量随季节性大气降水及周边生活用水排放的影响而波动，拟建场地北侧为黄陂后湖，据调查场地原为后湖水系湖汊，后进行了回填整平，回填土具较强透水性，故后湖水系对场地上层滞水存在一定的补给关系。本场地上层滞水对工程建设影响较大，不容忽视。此外，在场地基岩局部裂隙发育处存在裂隙水，其对拟建工程影响较小。

三、基坑周边环境情况

项目周边存在市政道路、电缆沟、轨道交通等，具体情况如下：

北侧：地下室外墙距用地红线约12.4～25.3m，红线外为腾龙大道。腾龙大道下有多条地下管线，包括给水、雨水、污水、电缆沟等。

南侧：地下室外墙距用地红线约46.1m，红线外为规划道路。南侧地下室外墙距轨道交通影响线（规划）1.7～23.5m，距轨道交通控制线（规划）21.7～43.5m。

东西侧：场地为二期预留用地。

基坑周边环境见图3。

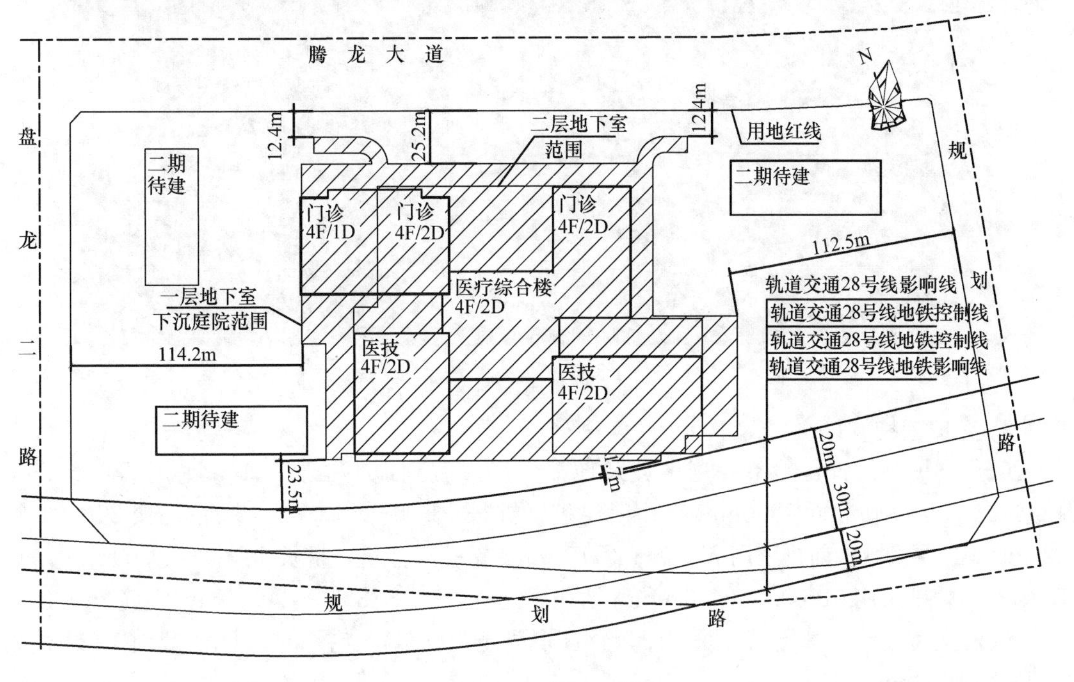

图3　基坑周边环境

四、围护结构设计

1. 基坑重要性等级

根据《基坑工程技术规程》DB42/T 159—2012，结合周边环境、开挖深度、工程与水文地质条件，确定本基坑重要性等级为一级。基坑工程按使用年限1年设计。

2. 总体方案设计

(1) 地下一层区域（西侧、北侧、东侧），开挖深度5.65～6.90m，基坑围护形式采用“钻孔灌注桩＋一道混凝土内支撑＋止水止淤帷幕”“悬臂钻孔灌注桩＋止水止淤帷幕”“双排钻孔灌注桩悬臂＋止水止淤帷幕”的围护形式。

(2) 地下一层过渡到地下二层区域（内圈），开挖深度4.25～5.30m，基坑围护形式采用“钻孔灌注桩＋一道混凝土内支撑＋止水止淤帷幕”“悬臂钻孔灌注桩＋止水止淤帷幕”的围护形式。

(3) 地下二层区域（南侧），开挖深度8.90～10.90m，基坑围护形式采用“双排钻孔灌注桩＋止水止淤帷幕”的围护形式。

项目施工俯视图见图4。

图4　项目施工俯视图

3. 支护结构设计

(1) 支护桩设计：地下一层区域及地下一层过渡到地下二层区域，采用ϕ800mm@1200mm或ϕ1000mm@1500mm钻孔灌注桩，桩长13.00～15.00m，主筋18Φ22～24Φ22，地下二层区域，前排采用ϕ1000mm@1500mm钻孔灌注桩，桩长18.00～20.00m，主筋28Φ22，后排采用ϕ1000mm@3000mm钻孔灌注桩，桩长18.00～20.00m，主筋22Φ22。

(2) 支撑设计：基坑局部采用1道钢筋混凝土内支撑，支撑布置以角撑为主，支撑截面尺寸为600mm×800mm。

(3) 桩顶边坡设计：基坑东侧及南侧，地表填土大部分为①$_4$淤泥质填土，流塑状，现场无法开挖成设计坡型，设计建议场地先进行砖渣换填淤泥质填土形成施工道路后，采用一般黏性土置换淤泥质填土，喷混凝土稳定桩顶边坡。

(4) 帷幕设计：填土中不均匀的分布有混凝土、块石、砖渣、建筑垃圾，搅拌桩无法在该地层中实施，经过经济性比选后设计采用ϕ700桩间双管高压旋喷桩作为止水止淤帷幕，实孔水泥掺量30%，空孔水泥掺量10%。

（5）鉴于项目填土较厚，为保证支护桩施工质量，设计要求支护桩施工采用长钢套筒护壁成桩。

围护体平面布置见图 5。

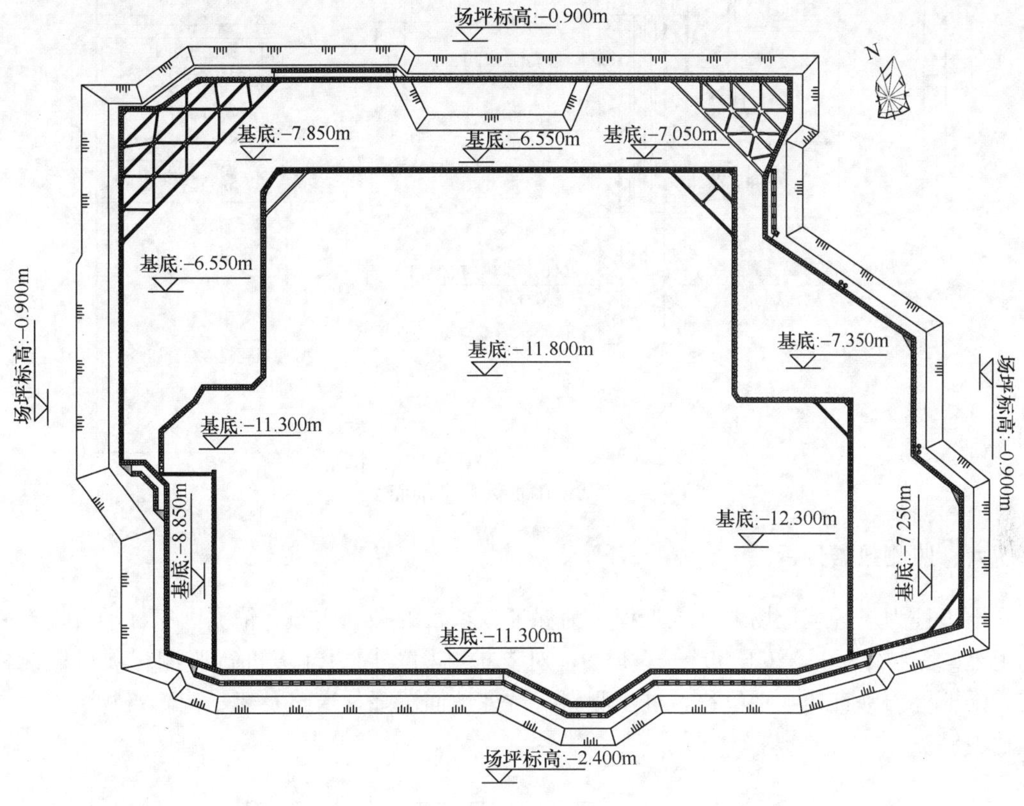

图 5　围护体平面布置

五、围护体典型剖面

围护体典型剖面见图 6、图 7。

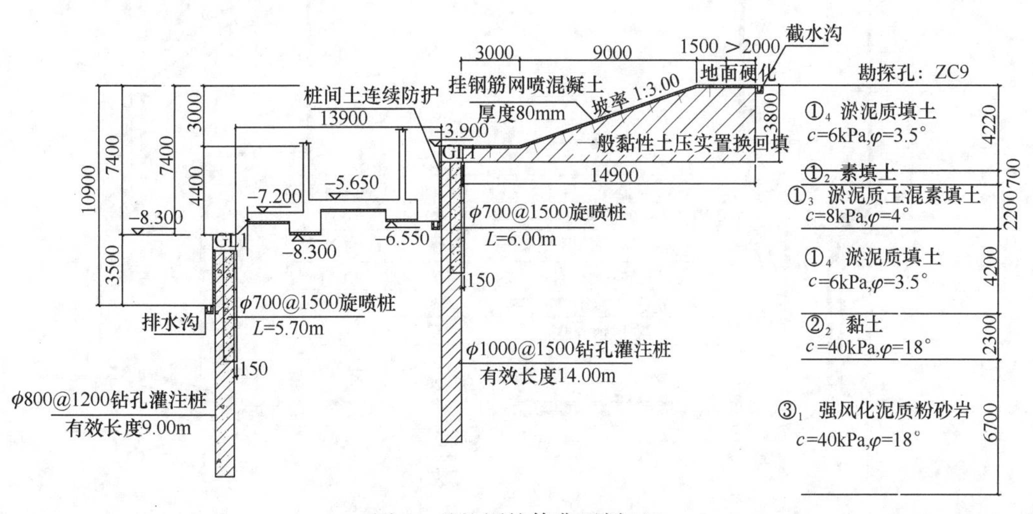

图 6　基坑围护体典型剖面 1

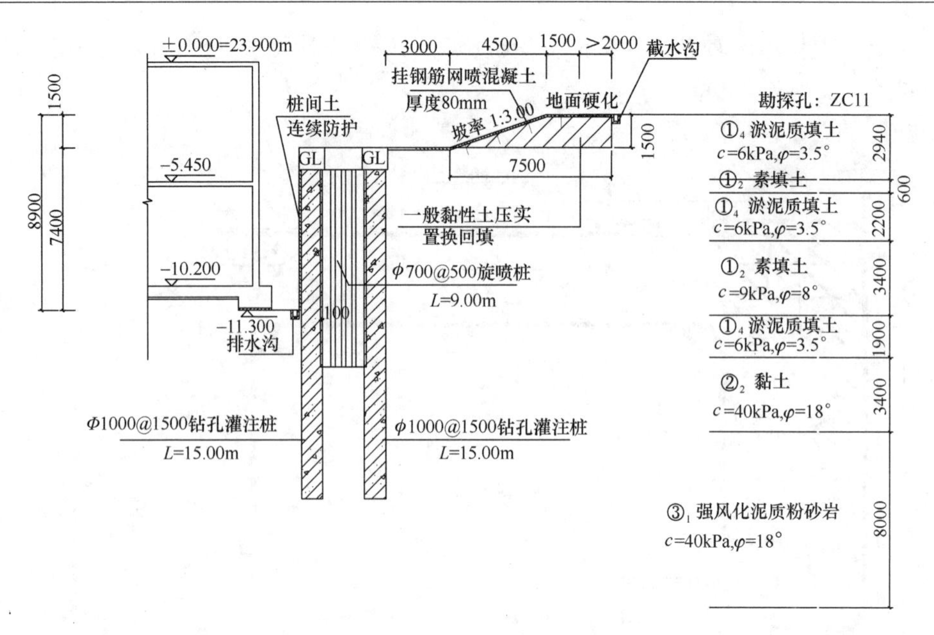

图7 基坑围护体典型剖面2

六、监测数据分析

本工程为新近填土场地基坑工程，为保证该项目的顺利实施，依据国家标准《建筑基坑工程监测技术标准》GB 50497—2019，对支护结构及周边环境进行监测。项目监测内容：围护桩顶垂直和水平位移，桩身测斜，坑外地面沉降，道路及建（构）筑物沉降，支撑轴力等。

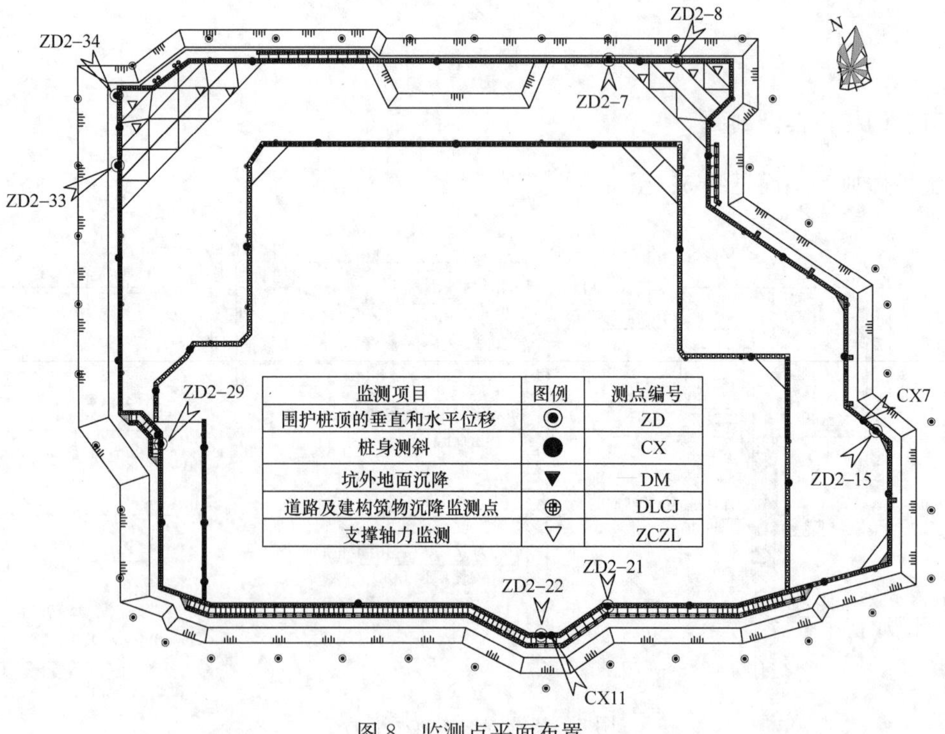

图8 监测点平面布置

监测点平面布置见图 8，根据基坑监测数据，周边道路沉降最大值 4.00mm，支护桩竖向位移最大值 13.60mm，支护桩顶水平位移最大值 14.00mm，深层水平位移最大值 19.95mm，基坑坡顶竖向位移最大值 10.40mm，基坑坡顶水平位移最大值 8.30mm。本文选取 5 个桩顶沉降监测点、5 个桩顶水平位移监测点及 2 个桩身测斜点进行分析，支护桩的水平位移及沉降主要发生在第一次土方开挖至底板施工完成，底板施工完成后变形趋于稳定；测斜资料显示基坑在开挖至基底期间主要为向基坑内侧的变形，底板施工完成后，基坑回填，桩身有向基坑外侧变形的趋势，回填完成后变形趋于稳定（图 9～图 12）。

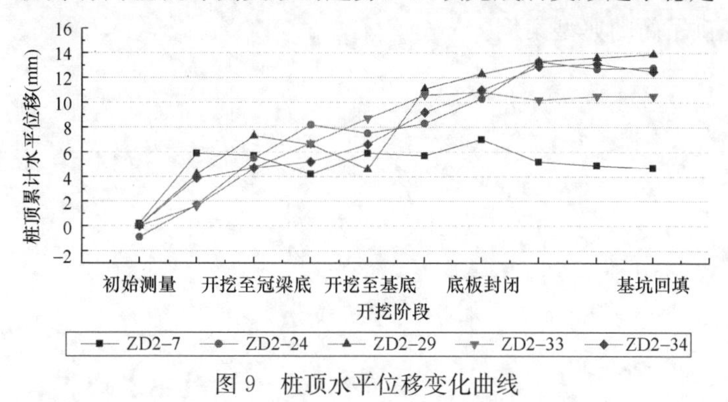

图 9　桩顶水平位移变化曲线

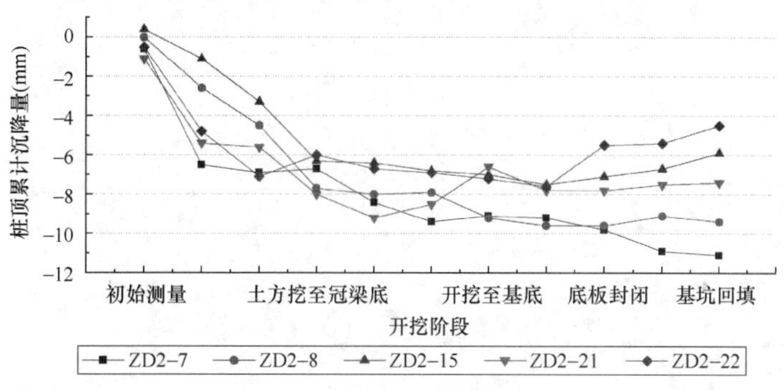

图 10　桩顶沉降变化曲线

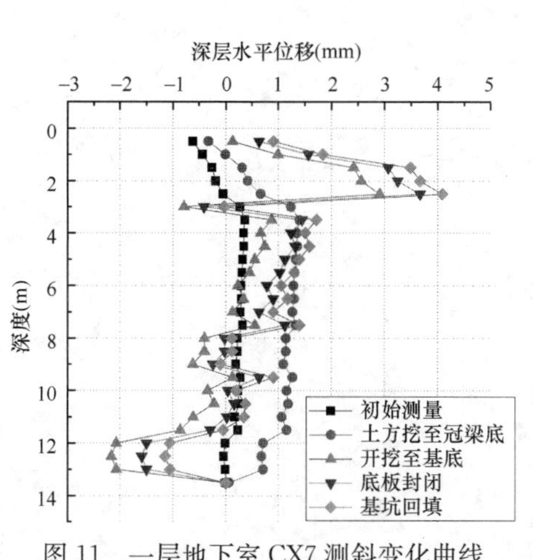

图 11　一层地下室 CX7 测斜变化曲线

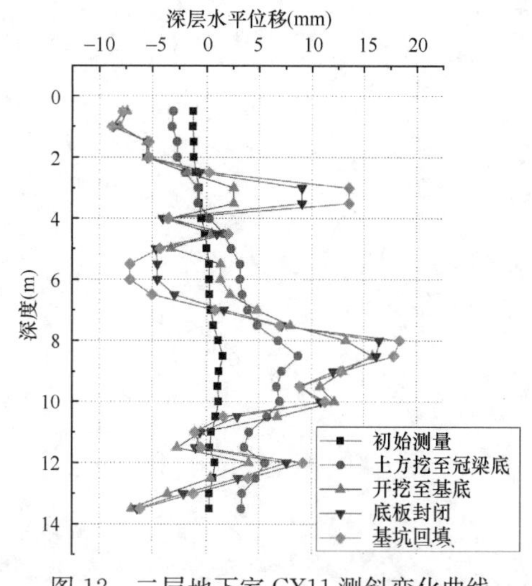

图 12　二层地下室 CX11 测斜变化曲线

七、结语

本工程为新近填土场地基坑工程，填土成分复杂，方案的选型充分结合了现场实际情况及机具的适用性，采用动态设计方法：①支护桩采用 12～15m 长钢套筒，确保成桩质量；②考虑填土成分复杂且含有较大混凝土块，止水止淤帷幕主要采用桩间高压旋喷桩；③合理增加非主楼区域支撑布置范围。从现场施工效果看，基坑支护设计选择采用悬臂钻孔灌注桩、双排钻孔灌注桩、桩＋内支撑、放坡等支护方案是成功的，为新近填土场地基坑工程的设计提供了新的典型案例。

专题六　深厚软土基坑

上海桃浦污水处理厂初雨调蓄工程近邻双基坑工程

张　骁　王洪新
（上海城建市政工程（集团）有限公司，上海　200065）

一、工程简介及特点

上海市桃浦污水处理厂初雨调蓄工程建设地点为现状普陀区桃浦污水处理厂内，厂区范围东至祁安路、北至河南浜绿带、西至铁路南何支线、南至沪嘉高速公路绿带，如图 1 所示。

图 1　工程地理位置

桃浦污水处理厂现状规划占地面积 87874.43m^2，本次改造与新建工程在现状厂区范围内进行：于现状储泥池区域新建初期雨水提升泵房基坑 1 座，并在泵房南侧新建进水闸门井基坑 1 座。设计初雨调蓄容量为 8.9 万 m^3，放空时间 24h。本工程新建近邻双基坑位置情况如图 2 所示。初雨提升泵房基坑开挖深度 26.680m，进水闸门井基坑开挖深度 22.470m，围护结构均采用地下连续墙，两基坑围护外边界净距为 6.600m。

二、工程地质与水文地质

1. 工程地质

拟建基坑位于桃浦污水处理厂场内，场地总体地势较平坦，地面标高约 4.370～

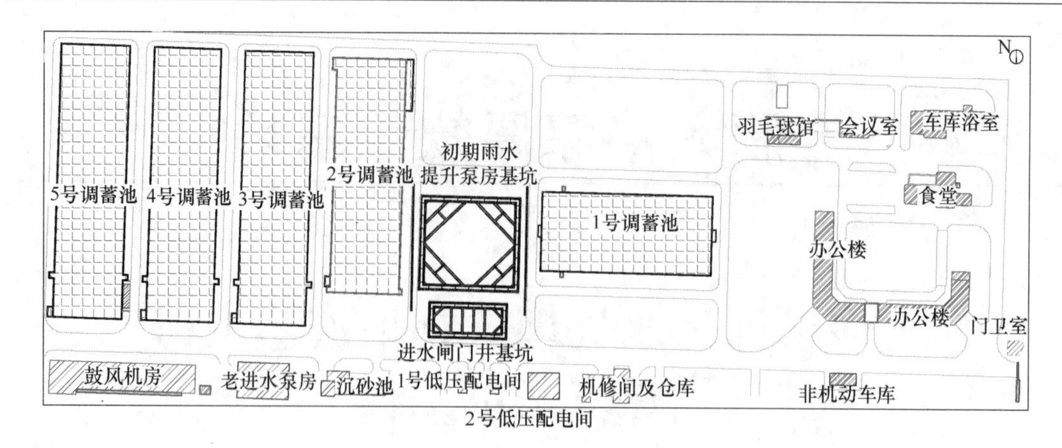

图 2　工程总体平面布置

4.700m，平均标高 4.500m。场地西南侧位置局部地坪地势稍高，标高为 5.690m。拟建场地地貌类型单一，属滨海平原地貌类型。本项目两个基坑坑底范围内均主要为⑦$_1$灰色砂质粉土层，各土层主要物理力学指标如表 1 所示。

各土层主要物理力学指标　　　　**表 1**

土层	重度 γ_0 (kN/m^3)	固结快剪峰值		含水量 ω (%)	标准贯入击数 N	无侧限抗压强度 q_u (kPa)	静止侧压力系数 k_0	渗透系数建议值 k (cm/s)	透水性评价	是否为承压水层
		c (kPa)	φ (°)							
②	18.8	22	18	29.9	—	108	0.44	*2.0×10^{-7}	弱透水	否
③$_1$	17.7	*12.0	*15.0	39.9	1.5	47	0.51	*2.0×10^{-6}	弱透水	否
③$_{1t}$	18.6	5	31	28.5	5.9	—	0.4	*5.0×10^{-4}	中透水	否
④$_1$	16.9	12	12	48.3	2	37	0.6	*6.0×10^{-7}	弱透水	否
⑤$_1$	17.7	17	14	39.3	4	72	0.51	*7.0×10^{-7}	弱透水	否
⑤$_3$	17.8	*20.0	*16.0	36.4	—	—	0.44	*6.0×10^{-6}	弱透水	否
⑤$_4$	*19.2	*36.0	*17.0	—	—	—	*0.42	*1.0×10^{-6}	弱透水	否
⑥$_1$	19.8	43	18	23.4	9	235	0.4	*2.0×10^{-7}	弱透水	否
⑦$_1$	18.6	4	31.5	27.8	18.8	—	0.38	*8.0×10^{-4}	强透水	是
⑧$_1$	18.3	20	18.5	33.3	8.6	81	0.44	*3.0×10^{-6}	弱透水	否
⑧$_{2-1}$	19	3	35	25.5	39.1	—	0.36	*8.0×10^{-3}	强透水	是
⑧$_{2-2}$	18.3	23	19.5	33.3	13	85	0.42	*3.0×10^{-5}	中透水	否
⑧$_{2-3}$	18.5	11	27.5	30.7	22.9	—	0.41	*3.0×10^{-4}	中透水	是
⑧$_3$	18.6	27	19	31.3	21	110	0.43	*3.0×10^{-6}	弱透水	否

注：表中带*者为经验值。

2. 水文地质

根据地质勘察报告，拟建场地内揭遇的地下水主要包括潜水、承压水两部分。

其中，潜水赋存在浅部土层中水位埋深距地表面一般为 0.300～1.500m，年平均地下水位埋深在 0.500～0.700m，高水位埋深 0.30m，低水位埋深 1.500m。

⑦$_1$灰色砂质粉土、⑧$_{2-1}$灰色粉细砂和⑧$_{2-3}$灰色砂质粉土夹粉质黏土为承压含水层，主要补给方式为上层含水层越流补给，排泄方式为侧向径流和人工开采。其中，⑦$_1$灰色砂质粉土承压水稳定水位埋深为 3.700～3.800m，平均 3.750m，相应水位标高 0.600～0.800m，平均水位标高 0.700m；⑧$_{2-1}$灰色粉细砂承压水稳定水位埋深为 5.7～6.0m，平

均5.850m，相应水位标高－1.500～1.300m，平均水位标高－1.400m；$⑧_{2\text{-}3}$灰色粉细砂承压水稳定水位埋深为7.600～8.000m，平均7.800m，相应水位标高－3.510～3.190m，平均水位标高－3.350m。经抗突涌验算，$⑦_1$灰色砂质粉土承压水的临界开挖深度为11.420m，$⑧_{2\text{-}1}$灰色粉细砂承压水临界开挖深度为20.730m，$⑧_{2\text{-}3}$灰色粉细砂承压水临界开挖深度为25.080m。

三、基坑周边环境情况

初期雨水提升泵房基坑、进水闸门井基坑周边，主要存在的建构筑物包括1号、2号调蓄池，南侧的4幢既有建（构）筑物。其中，1号、2号调蓄池为薄壁长条形结构，下有桩基；沉砂池为沉井基坑结构，其余各建（构）筑物均为浅基础。基坑周边所有管线因改建均已废除。各建筑物与本工程新建的双基坑的位置关系如图3所示，双基坑开挖如图4所示。

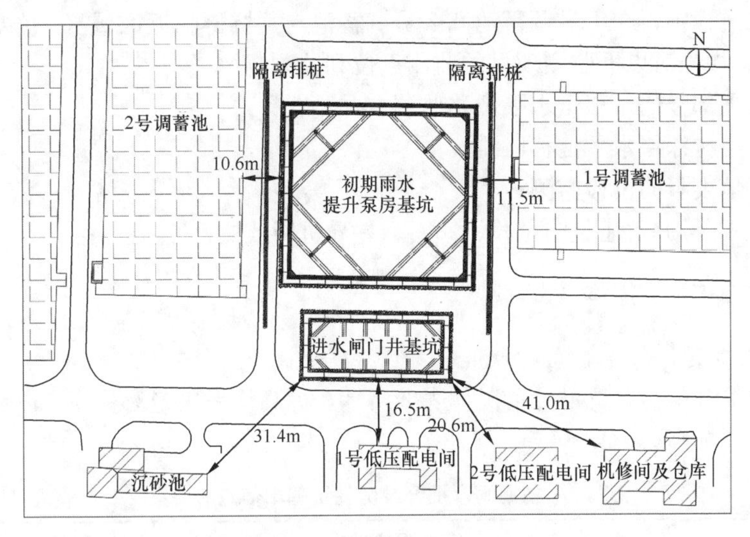

图3 双基坑周边重要建（构）筑物

图4 双基坑开挖

该基坑工程周边环境复杂，尤其是东西两侧的1号、2号调蓄池为薄壁长条形结构，虽然下有桩基，但对土体扰动变形仍然非常敏感。为了更好地保护周边建（构）筑物的安全稳定，本次基坑开挖采取的基坑本体及周边环境保护包括但不限于如下策略。

1）设计上的隔离

基坑围护结构施工前，在基坑群东侧、南侧、西侧打设一排钻孔灌注隔离桩，规格为ϕ800@950，桩长为30m，东西两侧各60根，共120根，沿南北向呈“一”字形分布。

2）跟踪注浆

基坑群开挖过程中，坑外土体将在坑内卸载的作用下，向坑内产生一定的水平位移，造成地层损失。为补偿该地层损失，在隔离桩与围护结构之间采用主动区补偿的方式，进行跟踪注浆。拟根据监测数据，采用袖阀管，对土体变形偏大的区域进行跟踪注浆，以保护1号调蓄池、2号调蓄池以及周边建（构）筑物，如图3所示。

3）加强监测

基坑施工过程中，在1号调蓄池和2号调蓄池与基坑群临近区域（1倍基坑开挖深度影响范围内），加强对以下监测项目的监测点位和监测频率：

（1）围护顶部竖向位移、水平位移监测；

（2）围护结构深层水平位移监测；

（3）坑外地表竖向位移监测；

（4）1号、2号调蓄池竖向位移、倾斜、差异沉降监测。

四、基坑围护及支撑体系设计

1. 初期雨水提升泵房基坑

初期雨水提升泵房基坑设计情况如表2所示，标高均采用绝对标高，以吴淞高程为参照，现阶段地坪标高为＋4.300m。

初期雨水提升泵房基坑基本信息　　表2

<table>
<tr><td>基坑安全等级</td><td colspan="2">一级</td><td>环境保护等级</td><td>二级</td></tr>
<tr><td>东西向内净长</td><td colspan="2">41.8m</td><td>南北向内净宽</td><td>38.5m</td></tr>
<tr><td>总体概况</td><td colspan="4">三轴搅拌桩槽壁加固＋1.2m厚地下连续墙＋高压旋喷裙边及坑底加固＋RJP接缝止水＋6道钢筋混凝土支撑</td></tr>
<tr><td rowspan="4">围护结构体系</td><td>三轴搅拌桩槽壁加固</td><td colspan="3">ϕ850@600套打一孔，加固深度18m；采用P·O 42.5普通硅酸盐水泥，水泥掺量≥20%，水灰比为1.8</td></tr>
<tr><td>地下连续墙</td><td colspan="3">墙体深度50.8m，共28幅，墙体厚度1.2m，插入比为1.11。混凝土设计等级为水下C35，混凝土抗渗等级为P10。地下连续墙墙顶标高为＋4.300m，墙底标高为－46.500m</td></tr>
<tr><td>高压旋喷桩坑内加固</td><td colspan="3">裙边＋抽条加固，加固标高为坑底至坑底以下5m，加固宽度8m；采用P·O 42.5普通硅酸盐水泥，水泥掺量≥25%，水灰比1.0</td></tr>
<tr><td>RJP工法桩接缝止水</td><td colspan="3">ϕ2000，顶标高－12.70m，底标高－27.50m，有效桩长14.8m；采用P·O 42.5普通硅酸盐水泥，水泥掺量≥40%，水灰比1.0</td></tr>
</table>

续表

	格构柱	立柱长 29.48m，截面尺寸为 480mm×480mm，规格为 4L180×18 角钢格构柱。钢立柱插入作为立柱桩的钻孔灌注桩深度为 3.0m。立柱桩采用 ϕ850 钻孔灌注桩，桩长 40m		
支撑结构体系	支撑编号	支撑形式	围檩 $b\times h$ (mm)	支撑 $b\times h$ (mm)
	第一道	混凝土支撑	1600×1000	1000×1000
	第二道	混凝土支撑	2000×1000	1000×1000
	第三道	混凝土支撑	2000×1000	1100×1000
	第四道	混凝土支撑	2000×1200	1200×1200
	第五道	混凝土支撑	2000×1300	1300×1300
	第六道	混凝土支撑	2000×1300	1300×1300
底板		底板厚度为 1200mm，采用 C35 混凝土。东西向、南北向跨中各有一道 2m 宽加强带，采用 C40 混凝土		
开挖面积	1609.3m²	开挖深度		26.68m

拟建初期雨水提升泵房基坑的平面如图 5 所示。

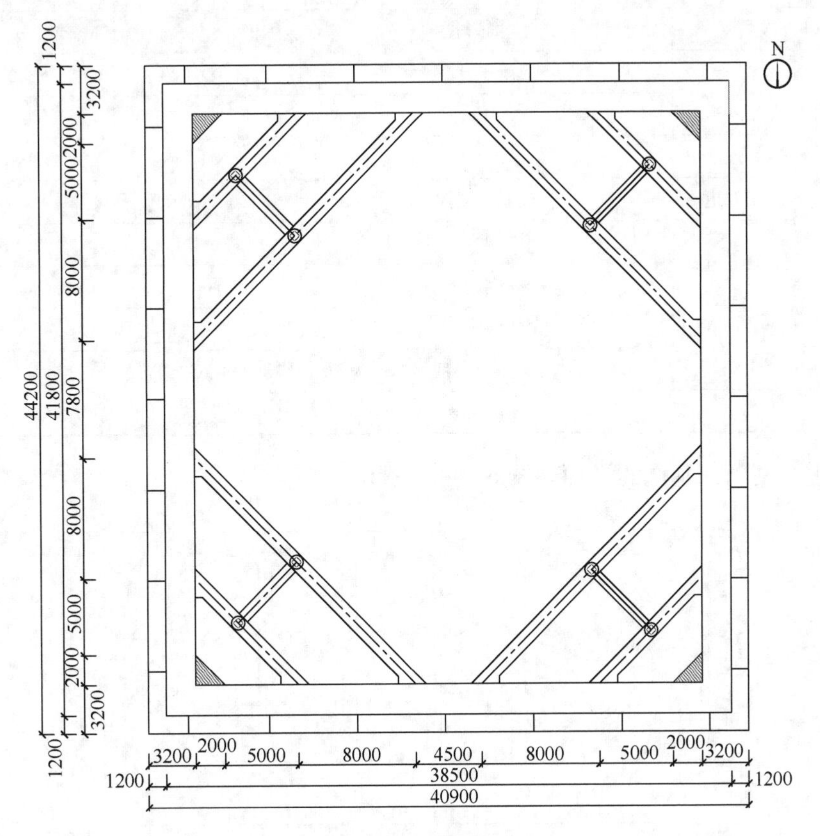

图 5 初期雨水提升泵房基坑平面

2. 进水闸门井基坑

进水闸门井基坑基本信息如表 3 所示，标高均采用绝对标高，以吴淞高程为参照，现阶段地坪标高为＋4.300m。

进水闸门井基坑基本信息　　表 3

<table>
<tr><td>基坑安全等级</td><td>一级</td><td>环境保护等级</td><td colspan="2">二级</td></tr>
<tr><td>东西向内净长</td><td>31.6m</td><td>南北向内净宽</td><td colspan="2">12.2m</td></tr>
<tr><td>总体概况</td><td colspan="4">三轴搅拌桩槽壁加固＋1.2m 厚地下连续墙＋高压旋喷满堂加固＋RJP 接缝止水＋第 1 道、第 4 道钢筋混凝土支撑＋第 2、3、5、6 道钢支撑</td></tr>
<tr><td rowspan="4">围护结构体系</td><td>三轴搅拌桩槽壁加固</td><td colspan="3">ϕ850@600 套打一孔，加固深度 18m；采用 P·O 42.5 普通硅酸盐水泥，水泥掺量≥20%，水灰比为 1.8</td></tr>
<tr><td>地下连续墙</td><td colspan="3">墙体深度 50.8m，共 16 幅，墙体厚度 1.2m，插入比为 0.80。混凝土强度等级为水下 C35，混凝土抗渗等级为 P10。地下连续墙墙顶标高为＋4.300m，墙底标高为－46.500m</td></tr>
<tr><td>高压旋喷桩坑内加固</td><td colspan="3">满堂加固，加固标高为坑底至坑底以下 5m；采用 P·O 42.5 普通硅酸盐水泥，水泥掺量≥25%，水灰比 1.0</td></tr>
<tr><td>RJP 工法桩接缝止水</td><td colspan="3">ϕ2000，顶标高－12.70m，底标高－27.50m，有效桩长 14.8m；采用 P·O 42.5 普通硅酸盐水泥，水泥掺量≥40%，水灰比 1.0</td></tr>
<tr><td rowspan="8">支撑结构体系</td><td>支撑编号</td><td>支撑形式</td><td>围檩 $b\times h$（mm）</td><td>支撑 $b\times h$（mm）</td></tr>
<tr><td>第一道</td><td>混凝土支撑</td><td>1400×800</td><td>800×800</td></tr>
<tr><td>第二道</td><td>ϕ800 钢</td><td>—</td><td>ϕ800，t=20</td></tr>
<tr><td>第三道</td><td>ϕ800 钢</td><td>—</td><td>ϕ800，t=20</td></tr>
<tr><td>第四道</td><td>混凝土支撑</td><td>1300×1200</td><td>1000×1200</td></tr>
<tr><td rowspan="2">第五道</td><td>ϕ800 钢，上层</td><td>—</td><td>ϕ800，t=20</td></tr>
<tr><td>ϕ800 钢，下层</td><td>—</td><td>ϕ800，t=20</td></tr>
<tr><td>第六道</td><td>ϕ800 钢</td><td>—</td><td>ϕ800，t=20</td></tr>
<tr><td colspan="2">底板</td><td colspan="3">底板厚度为 1050mm，采用 C35 混凝土</td></tr>
<tr><td>开挖面积</td><td>385.5m²</td><td>开挖深度</td><td colspan="2">22.47m</td></tr>
</table>

拟建进水闸门井基坑的平面如图 6、图 7 所示。

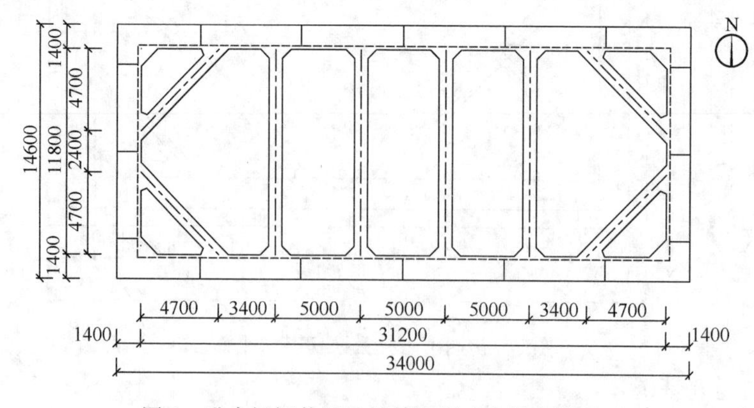

图 6　进水闸门井基坑钢筋混凝土支撑布置平面

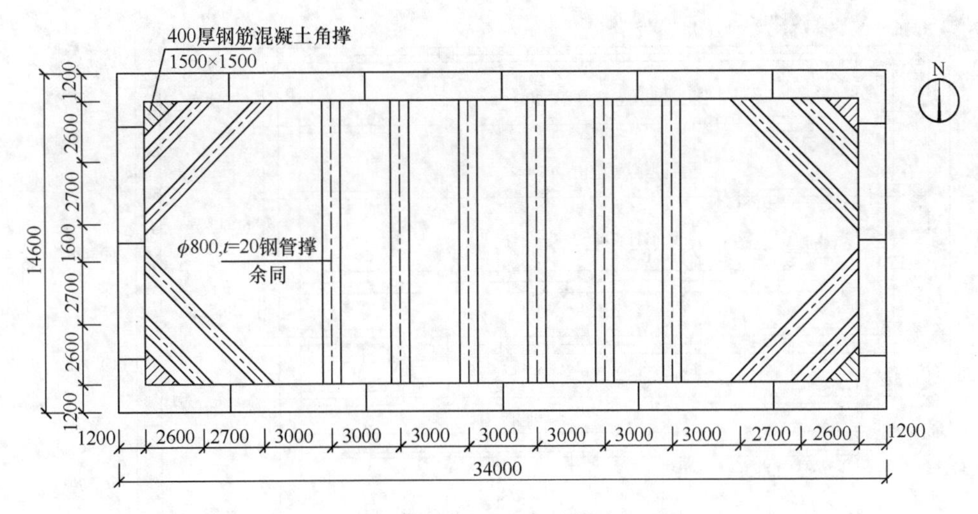

图 7 进水闸门井基坑钢支撑布置平面

五、基坑围护典型剖面

初雨提升泵房基坑、进水闸门井基坑围护典型剖面如图 8、图 9 所示。

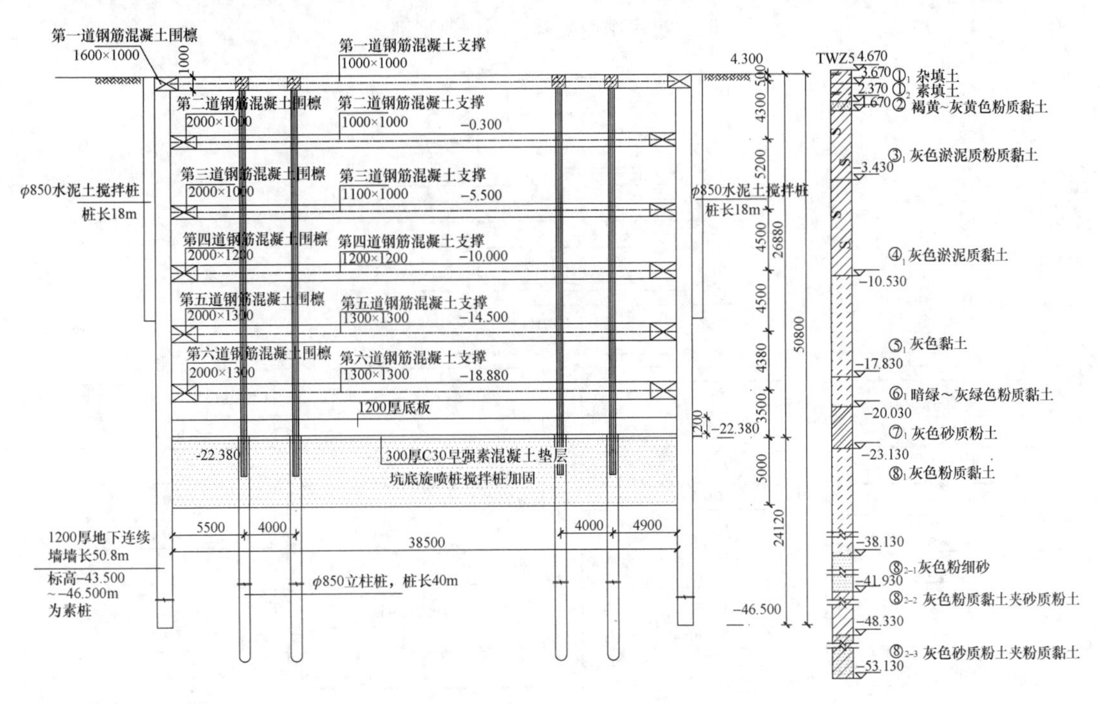

图 8 初雨提升泵房基坑围护典型剖面

六、基坑施工与监测情况

1. 施工流程

拟建初期雨水提升泵房基坑、进水闸门井基坑的总体施工流程如图 10 所示。

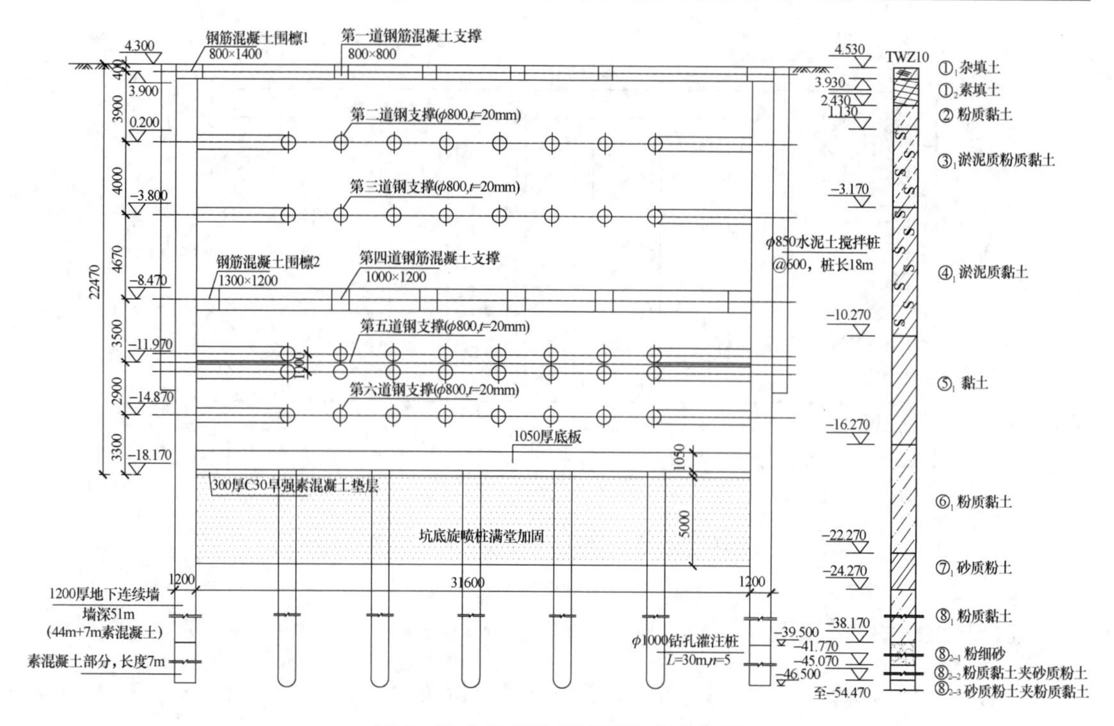

图 9　进水闸门井基坑围护典型剖面

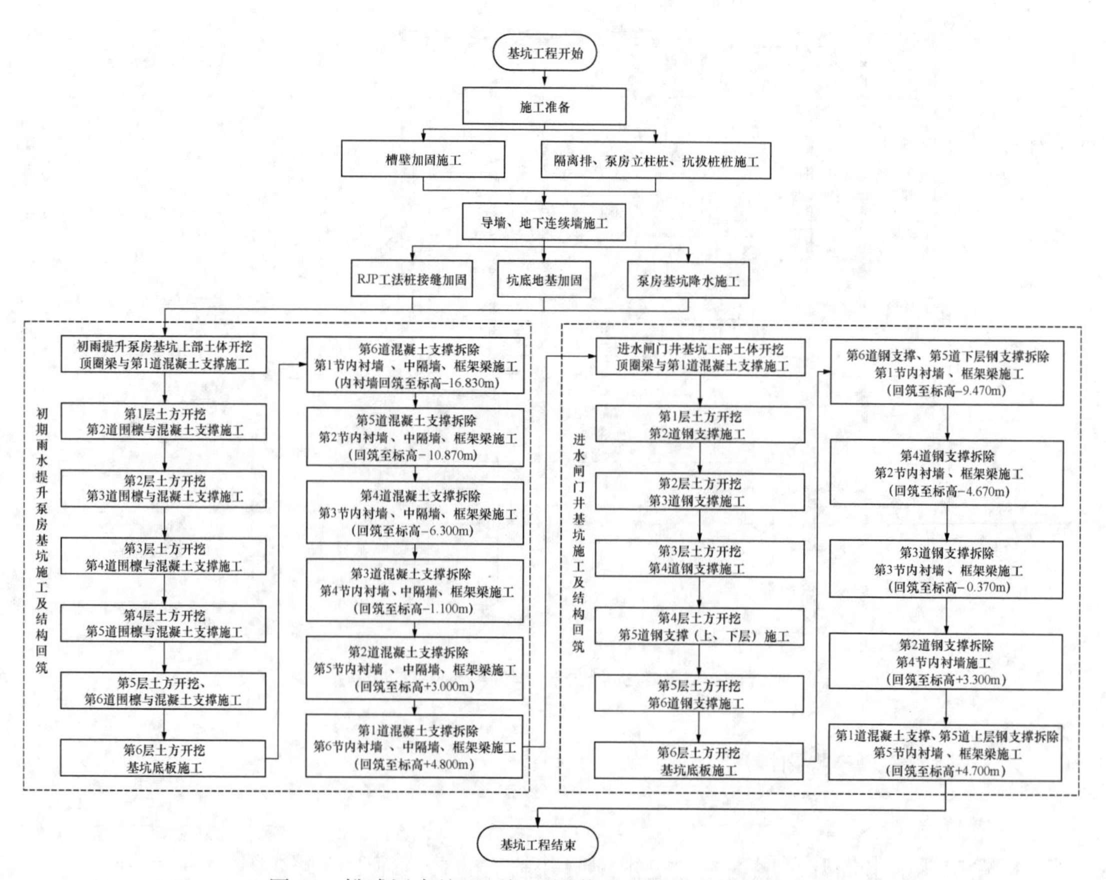

图 10　桃浦污水处理厂初雨调蓄工程基坑开挖总体流程

2. 基坑开挖方案

每层土开挖时，开挖分层厚度不应大于 4m。对于厚度大于 4m 的撑间土，将其分为两个亚层依次进行开挖。如图 11、图 12 所示，土方开挖时，先开挖 $n-1$ 层，再开挖 $n-2$ 层（对于初雨提升泵房基坑，$n=1\sim5$；对于进水闸门井基坑，$n=3$）。本工程中 $n-1$ 层土层厚度一般取 3.2m。

初雨提升泵房基坑开挖过程中，按每道支撑底以下 100mm 标高、底板底以下 300mm 为分界面，将基坑分为上部土体、第 1 层～第 6 层土，累计 7 层土体，依次进行开挖，如图 11 所示；进水闸门井基坑开挖过程中，按每道混凝土支撑底以下 100mm 标高、每道钢支撑底、底板底以下 300mm 为分界面，将基坑分为上部土体、第 1 层～第 6 层土，累计 7 层土体，依次进行开挖，如图 12 所示。

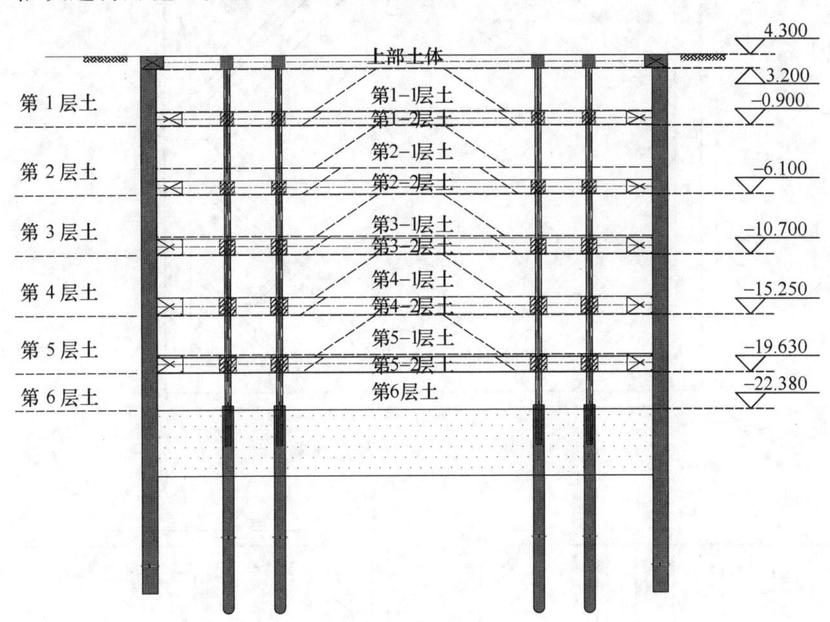

图 11　初期雨水提升泵房基坑土层分层开挖示意

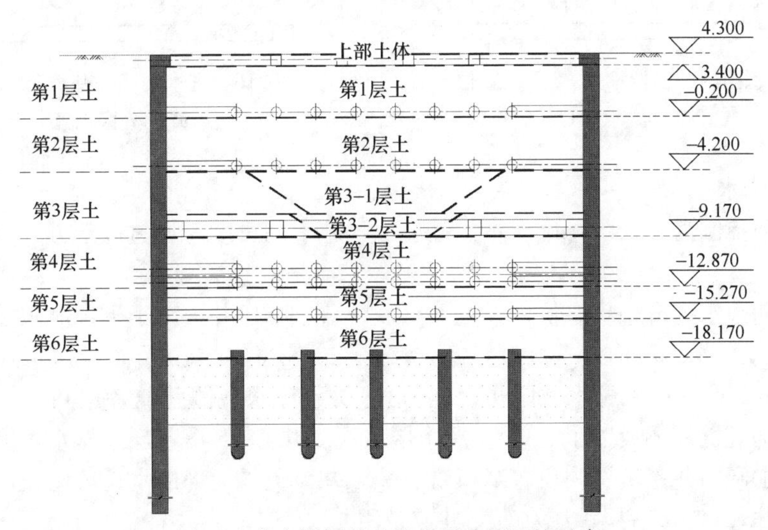

图 12　进水闸门井基坑土层分层开挖示意

根据先撑后挖的原则，初期雨水提升泵房基坑的开挖分区顺序以先角部、后中部，对角同步开挖的方式进行：首先同时开挖基坑东南、西北侧土方，然后同时开挖基坑西南、东北侧土方，最后开挖基坑中间的土方。开挖顺序为①、②→③、④→⑤，如图13所示。进水闸门井基坑第1、2、4、5层土开挖时，基坑开挖的分区顺序以先中间后两端的顺序进行，开挖顺序为①→②→③→④，如图14所示；进水闸门井基坑第3层土开挖时，基坑开挖的分区顺序以先中间后两端的顺序进行，开挖顺序为①→②→③，如图15所示。

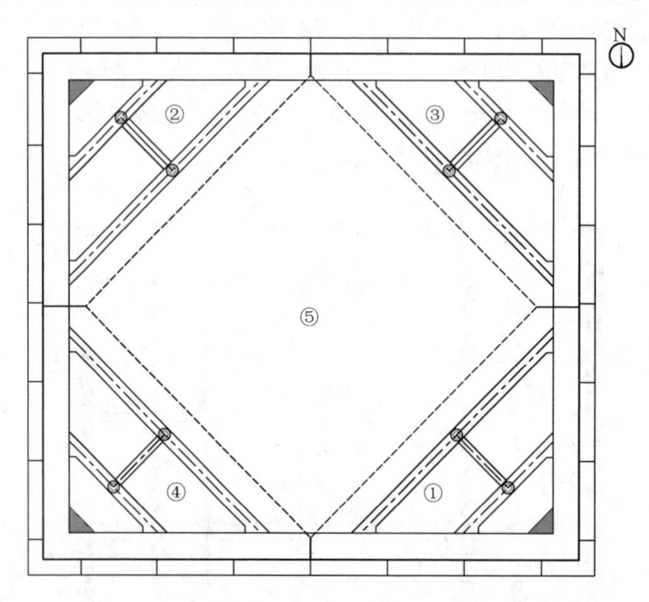

图13　初期雨水提升泵房基坑开挖分区示意

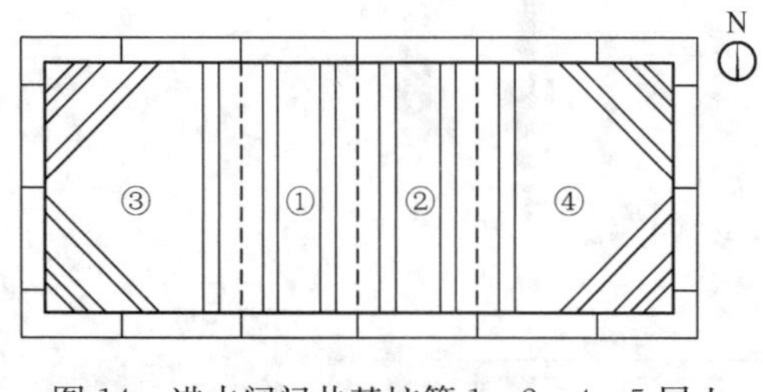

图14　进水闸门井基坑第1、2、4、5层土开挖分区示意

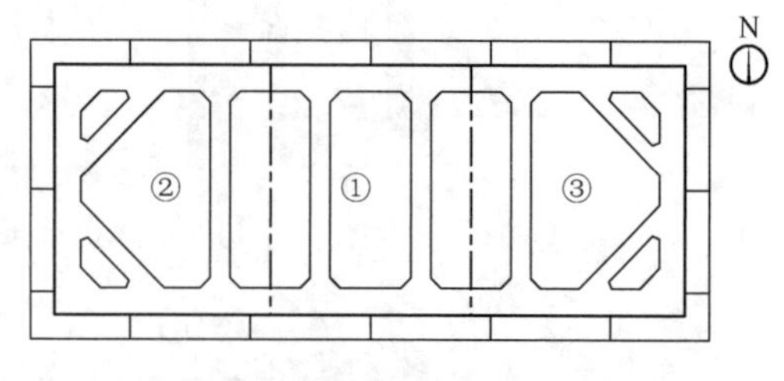

图15　进水闸门井基坑第3层土开挖分区示意

3. 基坑降水

为有效地控制潜水、承压水对本次基坑工程施工的影响，通过以下方式对地下水进行控制：

（1）初期雨水提升泵房基坑内设置8口联合疏干降压井，疏干上部潜水及被围护结构隔断的$⑦_1$层承压水；坑内设置2口$⑧_{2-1}$层承压水减压井，1口$⑧_{2-1}$层承压水观测井兼备用井；坑外设3口$⑧_{2-3}$层承压水减压井，1口$⑧_{2-3}$层承压水观测井兼备用井。此外，初期雨水提升泵房基坑坑外还设置了2口$⑦_1$层承压水观测井，2口$⑧_{2-1}$层承压水观测井。

（2）进水闸门井基坑坑内设置2口真空疏干井，疏干上部潜水；坑内设置1口$⑧_{2-1}$层承压水减压井，1口$⑧_{2-1}$层承压水观测井兼备用井。

4. 基坑开挖关键时间节点

本次近邻双基坑开挖关键时间节点如表4所示。

近邻双基坑开挖关键时间节点　　表4

施工步序	初期雨水提升泵房基坑施工日期	进水闸门井基坑施工日期
冠梁施工完成，基坑开挖开始	2020年12月13日	2021年10月18日
第2道支撑架设完成	2020年12月28日	2021年10月24日
第3道支撑架设完成	2021年1月22日	2021年10月30日
第4道支撑浇筑完成	2021年3月15日	2021年11月14日
第5道支撑架设完成	2021年4月4日	2021年12月5日
第6道支撑浇筑完成	2021年4月21日	2021年12月14日
底板浇筑完成	2021年5月20日	2021年12月28日

5. 监测点布置

本次基坑工程监测的内容包括基坑本体与周边环境。其中，基坑本体监测的重点为围护结构深层水平位移，尤其是初期雨水提升泵房基坑东西两侧跨中，分别靠近1号、2号调蓄池一侧（对应初期雨水提升泵房基坑监测点CX4、CX8）；进水闸门井基坑南北两侧跨中，分别靠近1号低压配电间、初期雨水提升泵房基坑一侧（对应进水闸门井基坑监测点CX2、CX5）。初期雨水提升泵房基坑、进水闸门井基坑平面及围护结构深层水平位移监测点布置如图16、图17所示，近邻双基坑周边环境监测布点如图18所示。

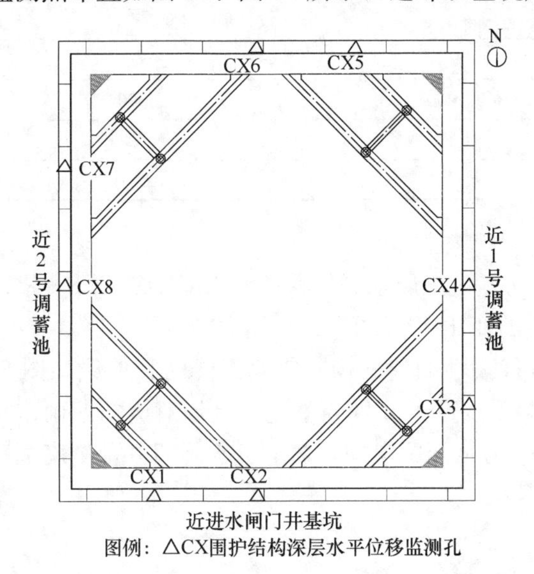

图16　初期雨水提升泵房基坑平面及围护结构深层水平位移监测点布置

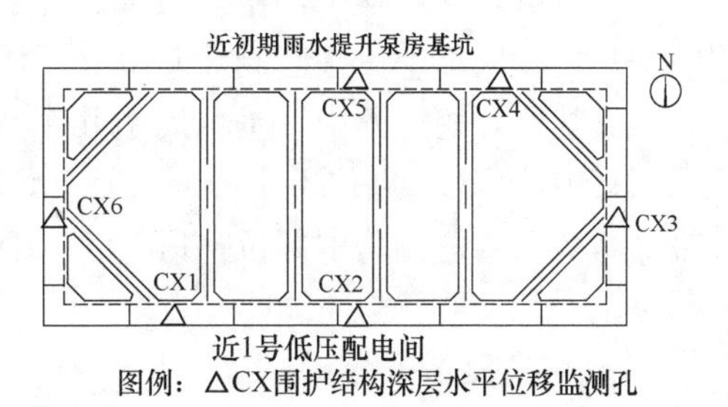

图17　进水闸门井基坑平面及围护结构深层水平位移监测点布置

6. 建议监测报警值

根据设计及相关规范要求，本工程建议监测报警值如表5所示。

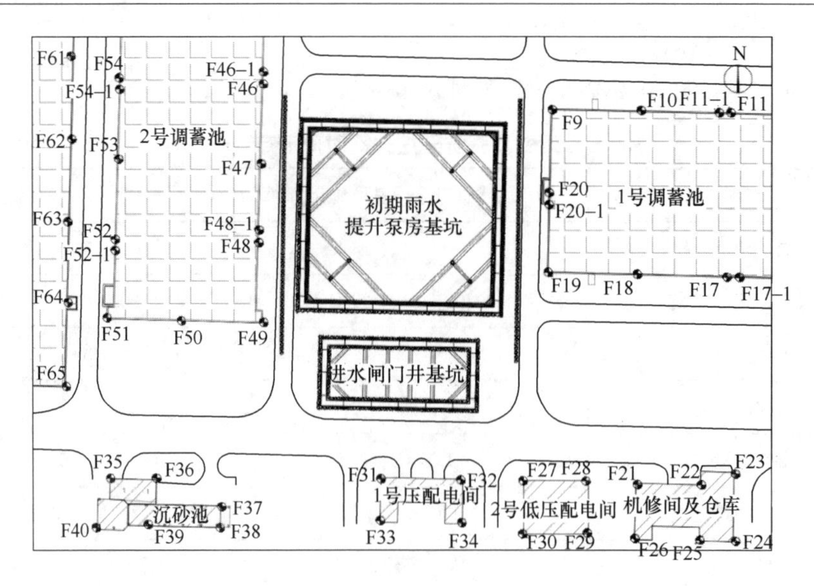

图 18　近邻双基坑周边环境监测布点

建议监测报警值　　**表 5**

序号	监测项目名称	报警值	
		累计值（mm）	变化速率（mm/d）
1	围护顶部竖向位移	±43	±3
2	围护顶部水平位移	±30	±3
3	围护结构深层水平位移	±43	±3
4	支撑轴力	70%～80%设计值	
5	立柱竖向位移	±15	±2
6	坑外地下水位	±1000	±300
7	周边地表竖向位移	±32	±2
8	邻近建（构）筑物竖向位移	±20	±2

7. 基坑围护结构简要变形监测情况

本次基坑开挖过程中，初期雨水提升泵房基坑深层水平位移监测点 CX4、CX8，进水闸门井基坑深层水平位移监测点 CX2、CX5 的变化情况如图 19～图 22 所示。

本次基坑开挖过程中，基坑周边几个有代表性的建（构）筑物沉降时程曲线如图 23 所示。其中，F20-1 点位于 1 号调蓄池，F48-1 点位于 2 号调蓄池，且均对应初期雨水提升泵房基坑东西两侧跨中部位；F31 点位于 1 号低压配电间，对应进水闸门井基坑南侧跨中部位。

8. 基坑监测数据分析

(1) 围护结构深层水平位移变形规律分析

由上述实测数据不难看出，本次初期雨水提升泵房基坑、进水闸门井基坑的深层水平位移变形均超过了设计报警值。其中，初期雨水提升泵房基坑最大的深层水平位移发生在 CX8 的位置，即靠近 2 号调蓄池一侧，达到了约 87mm；进水闸门井基坑最大的深层水平位移发生在 CX2 的位置，即靠近 1 号低压配电间一侧，达到了约 63mm。

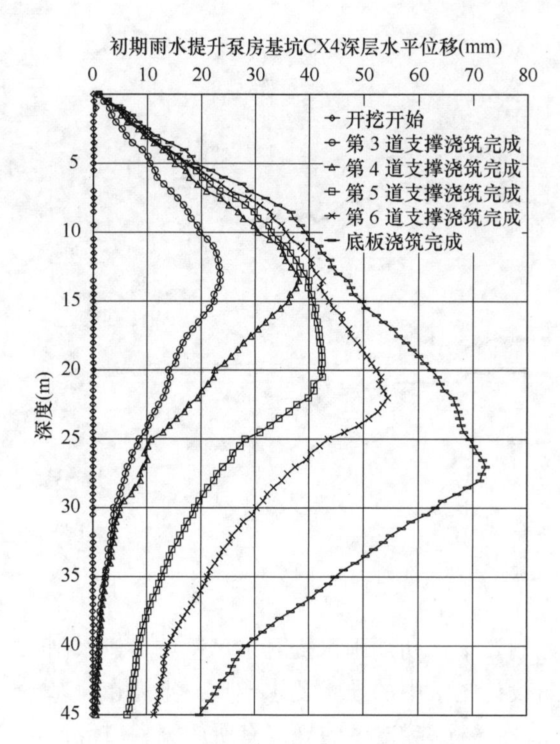

图 19　初期雨水提升泵房基坑深层水平位移监测点 CX4（近 1 号调蓄池）显示的变化情况

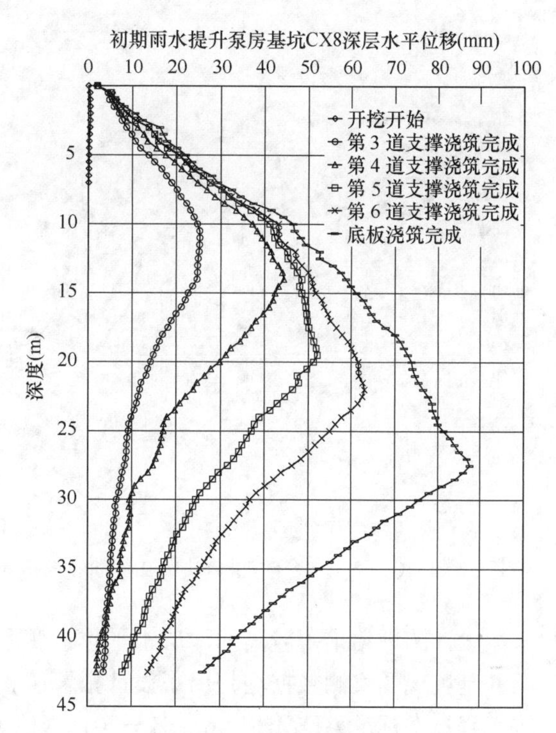

图 20　初期雨水提升泵房基坑深层水平位移监测点 CX8（近 2 号调蓄池）显示的变化情况

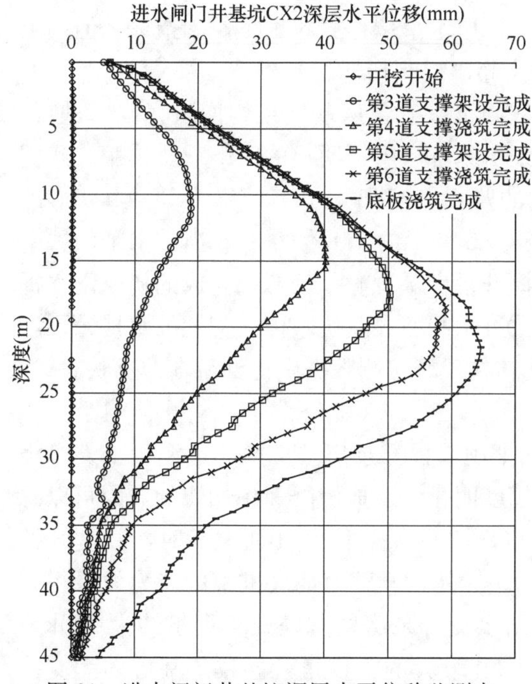

图 21　进水闸门井基坑深层水平位移监测点 CX2（近 1 号低压配电间）显示的变化情况

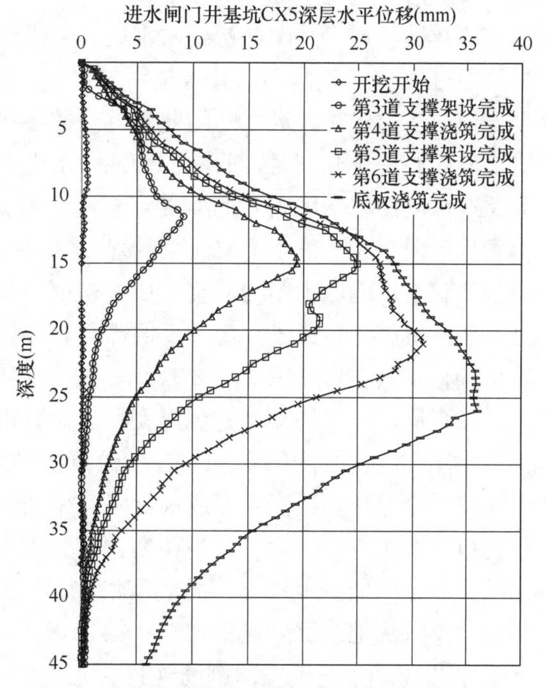

图 22　进水闸门井基坑深层水平位移监测点 CX5（近初期雨水提升泵房基坑）显示的变化情况

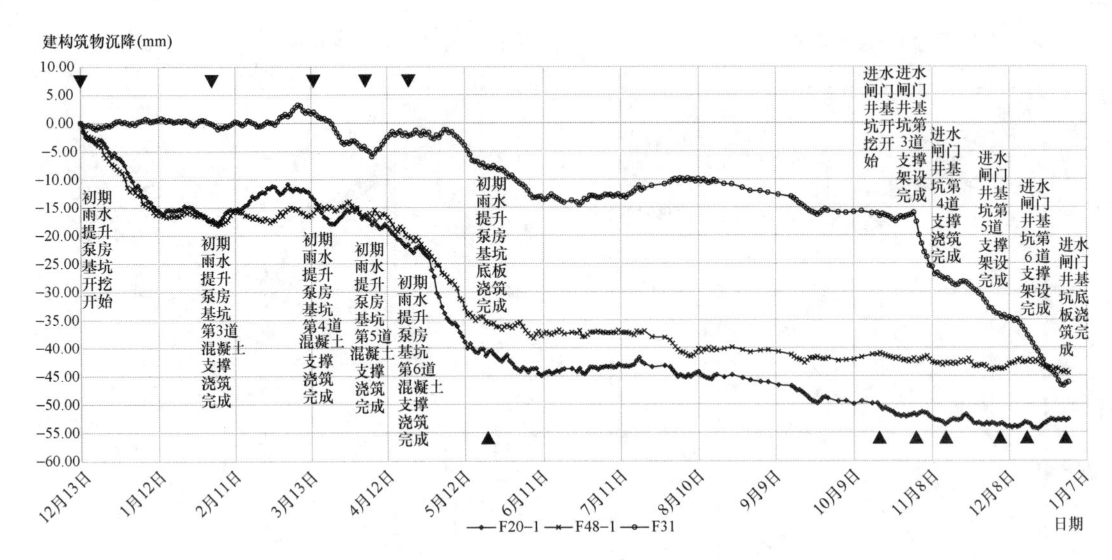

图 23　基坑开挖期间周边建（构）筑物沉降时程曲线

设计图纸给出了较高的深层水平位移变形控制要求，初期雨水提升泵房基坑、进水闸门井基坑现场实测数据均超出了设计报警值。与设计图纸中的技术要求相比，上海市《基坑工程技术标准》DG/TJ 08—61—2018（以下简称《标准》）中的规定有所放宽。《标准》中，给出了围护结构的最大水平位移控制指标：当基坑环境保护等级为二级时，围护结构的最大水平位移宜控制在 0.3%，初期雨水提升泵房基坑、进水闸门井基坑对应的深层水平位移变形分别为 80.04mm、67.41mm。因此，《标准》中所规定的变形控制指标与现场的实测数据相近。其中，初期雨水提升泵房基坑深层水平位移虽超出了控制指标，但超出量不超过 10%；进水闸门井基坑深层水平位移未超出控制指标。

值得注意的是，进水闸门井基坑开挖在初期雨水提升泵房基坑结构回筑完成后进行。进水闸门井基坑开挖时，北侧的初期雨水提升泵房基坑产生了明显的“卸载”作用。我们对比进水闸门井基坑南侧的监测点 CX2、北侧的监测点 CX5 易知，CX2、CX5 虽变形趋势相近，但是在数值上 CX2 的变形几乎达到了 CX5 变形的 1.8 倍左右。当进水闸门井南侧为原状土，北侧为结构回筑完成的初期雨水提升泵房基坑时，已开挖完成的初期雨水提升泵房基坑施工造成了一定程度的卸载，将导致进水闸门井基坑整体向初期雨水提升泵房基坑偏移，其作用原理如图 24 所示。该规律能够在现场实测数据中得到清晰的反映。

(2) 周边建（构）筑物沉降变形规律分析

由图 23 可知，F20-1、F48-1 点的变形在初期雨水提升泵房基坑第 6 道混凝土支撑浇筑完成后至基坑底板浇筑完成前沉降速率加快幅度明显。造成沉降速率加快的原因可以总结为以下两个方面：第一，当初期雨水提升泵房基坑开挖深度达到约 24m 时，基坑开挖面的标高已经低于 1 号、2 号调蓄池既有桩基的底标高，调蓄池池底桩基的持力效果得到削弱，反映为池体沉降速率加快；第二，初期雨水提升泵房基坑底板含钢量约为 220kg/m^3，底板与地下连续墙的钢筋连接、底板钢筋绑扎较大的工作量，导致了基坑的无支撑暴露时间偏长，从而引起了较为明显的沉降变形。

F31 点的变形在进水闸门井基坑第 3 道支撑架设完成后至第 4 道支撑浇筑完成前出现

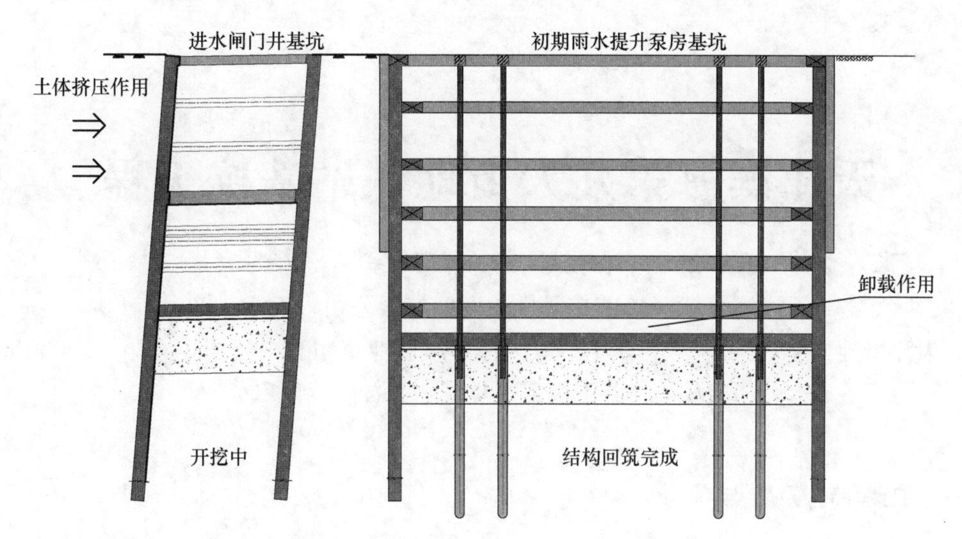

图 24　开挖中的进水闸门井基坑向结构回筑完成的初期雨水提升泵房基坑整体偏移作用原理示意

了较为明显的沉降速率加快。造成沉降速率加快的原因可以总结为以下两个方面：第一，F31 点所在的位置距进水闸门井基坑外边线约为 15.3m，1 号低压配电间的基础为条形基础，扣除条形基础宽度后，按照 45°的传力角度考虑，基坑开挖深度达到约 10m 时，将影响到条形基础的持力土，从而造成建筑物沉降速率加快；第二，进水闸门井基坑第 4 道支撑为钢筋混凝土支撑，相比钢支撑的架设速度偏慢，基坑的无支撑暴露时间偏长引起了较为明显的沉降变形。

七、小结

上海市桃浦污水处理厂初期雨水调蓄工程为上海市重大工程。其中，初期雨水提升泵房基坑、进水闸门井基坑为近邻施工的双基坑，其围护结构外净距为 6.600m。基坑周边建（构）筑物较敏感，存在薄壁条形结构的调蓄池、沉井结构的沉砂池等，环境保护等级为二级。现场实测数据表明，在遵循先撑后挖、限时支撑、分层开挖、严禁超挖为原则的条件下进行基坑开挖作业，基坑变形能够基本满足《标准》的要求。

监测数据表明，在近邻既有基坑处进行新建基坑的开挖施工时，新建的基坑存在向既有基坑整体倾斜的趋势。在今后的类似工程中，可通过分层加固坑间土等方式进一步降低新建基坑的不均匀变形，改善新建基坑的受力工况。

在基坑支撑选型时，应在充分发挥混凝土支撑的整体受力性能优势的基础上，注重考虑钢筋混凝土支撑钢筋、模板、混凝土浇筑及养护的耗时情况，减少基坑的无支撑暴露时间，从而科学地预测、控制基坑本体及周边环境变形。

天津滨海第九大街地铁站基坑工程

张　慧[1]　王　浩[2]　刘永超[2,3,4]　陆鸿宇[3]　张　阳[3]　王　淞[2]

（1. 天津滨海新区轨道交通投资发展有限公司，天津　300457；
2. 天津城建大学，天津　300384；3. 天津建城基业集团有限公司，天津　300301；
4. 天津大学建筑工程学院，天津　300072）

一、工程简介及特点

天津轨道交通B1线一期工程为天津市首条建于滨海新区深厚软土的轨道交通工程，本文以第九大街站为例，基本情况：工程位于西中环快速路西侧，横跨规划智祥道、南北向布置，车站现状位于待开发地块内，为地下两层岛式车站，站台宽度12m，结构形式为双柱三跨明挖结构，车站总长度为225m，车站标准段宽度为21.1m，面积约为14088.1m^2，最大单跨9.12m，车站主体结构标准段基坑开挖深度为17.512m，端头井段基坑开挖深度为19.378m，车站计算站台中心位置顶板覆土厚度约2.7m。第九大街站作为滨海软土区首条轨道车站，特点如下：开挖范围内存在深厚软土层，存在较厚的淤泥土且渗透系数较低。当采用管井降水时，降水效果较差，土体内水无法有效疏干，导致基坑开挖时开挖面出现泥泞、积水、土体较软等情况，进而对工期及周边建筑的安全产生不确定因素。软土的灵敏度高，由于软土蠕变、周边动荷载干扰，基坑围护结构体系及周边环境监测数据的准确性也存在一定的影响，过大的不均匀沉降会导致地铁结构变形和渗漏。在基坑开挖过程中，由于软土承载性能低，难以保证基坑开挖过程中边坡的动态稳定，使得基坑安全施工无法得以保证。

二、工程地质条件

1. 场地工程地质及水文地质条件

地层主要为人工填土层（Q^{ml}）、全新统第Ⅰ陆相河床～河漫滩相沉积层（Q_4^{3al}）、全新统第Ⅰ海相浅海相沉积层（Q_4^{2m}）、全新统第II陆相沼泽相沉积层（Q_4^{1h}）、全新统第Ⅱ陆相河床～河漫滩相沉积层（Q_4^{1al}）、上更新统第Ⅲ陆相河床～河漫滩相沉积层（Q_3^{eal}）、上更新统第Ⅱ海象滨海～潮汐带相沉积层（Q^{dmc_3}）、上更新统第Ⅳ陆相河床～河漫滩相沉积层（Q_3^{cal}）、上更新统第Ⅲ海相浅海～滨海相沉积层（Q_3^{bm}）、上更新统第Ⅴ陆相河床～河漫滩相沉积层（Q_3^{aal}）。涉及土层如下：$①_2$层素填土；$④_1$层黏土为主；$⑥_{2-1}$层淤泥为主；$⑥_{2-2}$层粉砂为主；$⑥_{2-4}$层淤泥质黏土；$⑥_4$层粉质黏土；⑦层粉质黏土；$⑦_t$层黏质粉土；$⑧_1$层粉质黏土；$⑧_2$层黏质粉土为主；$⑨_1$层粉质黏土；$⑩_{1-1}$层黏土；$⑩_1$层粉质黏土；$⑩_{1t}$层黏质粉土；$⑩_2$层粉砂为主；$⑪_1$层黏土；$⑪_2$层粉砂；$⑪_1$层粉质黏土，降水及开挖施工涉及区域地层工程地质情况见表1。

工程地质情况 **表 1**

地层编号	岩土名称	最大层厚(m)	渗透系数		渗透性	重度	变形模量	黏聚力	内摩擦角	静止侧压力系数	无侧限抗压强度
						γ (kN/m)	E (MPa)	c (kPa)	φ (°)	K_0	q_u (kPa)
①$_{2}$	素填土	2.61	—	—	微～弱透水层	19.3	15.62	11.00	9.00	0.54	—
④$_{1}$	黏土	1	1.00×10^{-7}	1.08×10^{-7}	不透水	18.0	13.72	7.52	7.23	0.59	33.4
⑥$_{2\text{-}1}$	淤泥	3.2	1.73×10^{-7}	1.93×10^{-7}	不透水	17.5	3.86	5.08	3.78	0.69	9.9
⑥$_{2\text{-}2}$	粉砂为主	2	4.45×10^{-5}	5.90×10^{-5}	弱透水	19.9	65.06	6.56	28.59	0.33	—
⑥$_{2\text{-}4}$	淤泥质黏土	7	2.57×10^{-7}	3.56×10^{-7}	不透水	17.9	3.60	10.13	4.26	0.54	15.2
⑥$_{4}$	粉质黏土	2	4.05×10^{-6}	4.58×10^{-6}	微透水	20.0	24.00	11.82	13.68	0.42	48.0
⑦	粉质黏土	3.8	1.00×10^{-6}	1.50×10^{-6}	微透水	19.8	28.72	14.51	11.61	0.50	44.5
⑦$_{t}$	黏质粉土	3.3	2.00×10^{-4}	5.00×10^{-4}	弱透水	20.4	35.00	3.00	25.00	0.39	—
⑧$_{1}$	粉质黏土	1.5	1.32×10^{-6}	1.81×10^{-6}	微透水	20.4	44.07	11.36	17.51	0.45	59.8
⑧$_{2}$	黏质粉土	5.2	3.15×10^{-5}	9.09×10^{-5}	弱透水	20.1	66.80	4.77	28.77	0.40	—
⑨$_{1}$	粉质黏土	8	1.22×10^{-6}	3.84×10^{-6}	微透水	19.5	25.07	13.77	18.30	0.45	63.3
⑩$_{1\text{-}1}$	黏土	3	1.22×10^{-7}	2.40×10^{-7}	不透水	18.4	10.29	12.79	8.33	0.53	61.2
⑩$_{1}$	粉质黏土	4.5	1.64×10^{-6}	8.23×10^{-6}	微透水	19.9	36.22	14.84	17.34	0.49	68.1
⑩$_{1t}$	黏质粉土	2.5	—	—	微透水	20.2	—	4.00	28.00	—	—
⑩$_{2}$	粉砂	3.5	2.63×10^{-4}	5.51×10^{-4}	弱透水	20.6	97.22	4.73	31.62	0.32	—

2. 水文地质条件

第一层贯通的承压水为⑧$_{2}$黏质粉土为主，稳定水位 5.28m，第二层贯通的承压水为⑩$_{2}$粉砂为主，稳定水位为 11.85～11.89m，在相关计算下得知⑩$_{2}$ 层承压水稳定性满足要求，⑧$_{2}$层承压水已被围护隔断，无需降压。典型地质剖面中⑥$_{2\text{-}1}$、⑥$_{2\text{-}4}$的土层均为淤泥土，黏聚力与内摩擦角均偏小，导致土体土质松软，且层厚达到 10m 左右，对基坑工程施工造成干扰。

3. 典型工程地质剖面

典型工程地质剖面见图 1。

三、基坑周边环境情况

1. 地面道路和交通概况

该项目位于天津经济技术开发区，第九大街站位于西中环快速路西侧，车站主体呈南北走向。项目周边有云山道、第九大街、西中环快速路通往施工场地（图 2）。第九大街站从海缘东路通向施工场地，并不能直接通向施工现场，为保障机械及车辆能顺利出入施工现场，项目修建了临时施工便道以连接海缘东路与施工现场。施工便道为宽 8m、长 150m 的混凝土便道。

考虑本工程存在深厚软土层，基坑 2m 范围外附加荷载不得超过 20kPa。材料堆放，设备行走距基坑边缘不宜小于 2m，基坑边 10m 范围内不允许堆放弃土。基坑开挖期间，在基坑周边设置开挖设备行走区域，宽度为 10m，其余各种材料堆放均远离基坑 1 倍开挖深度以外。

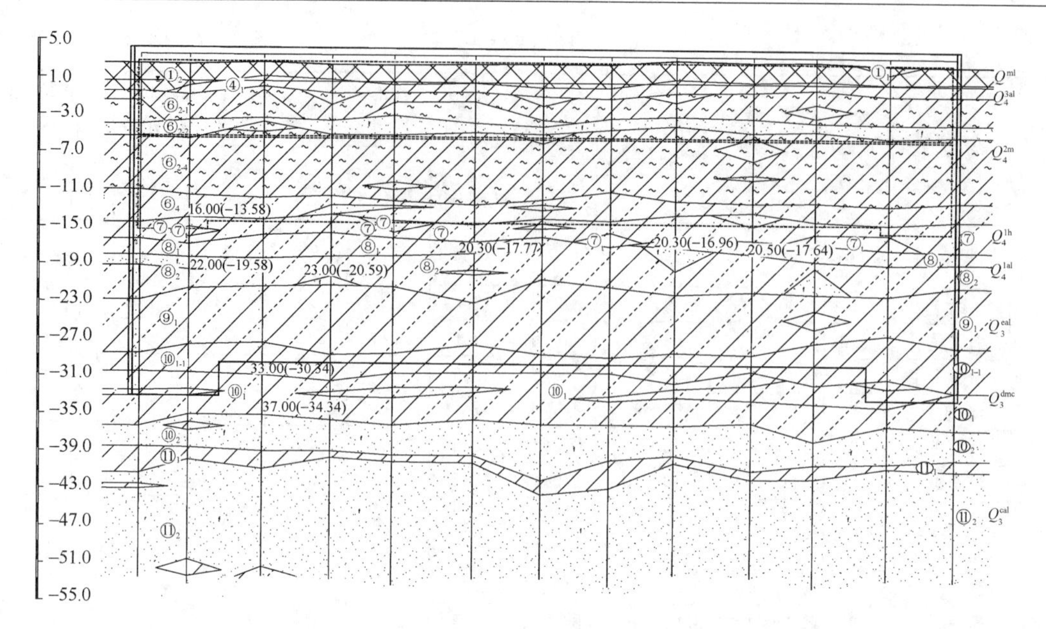

图 1　典型工程地质剖面

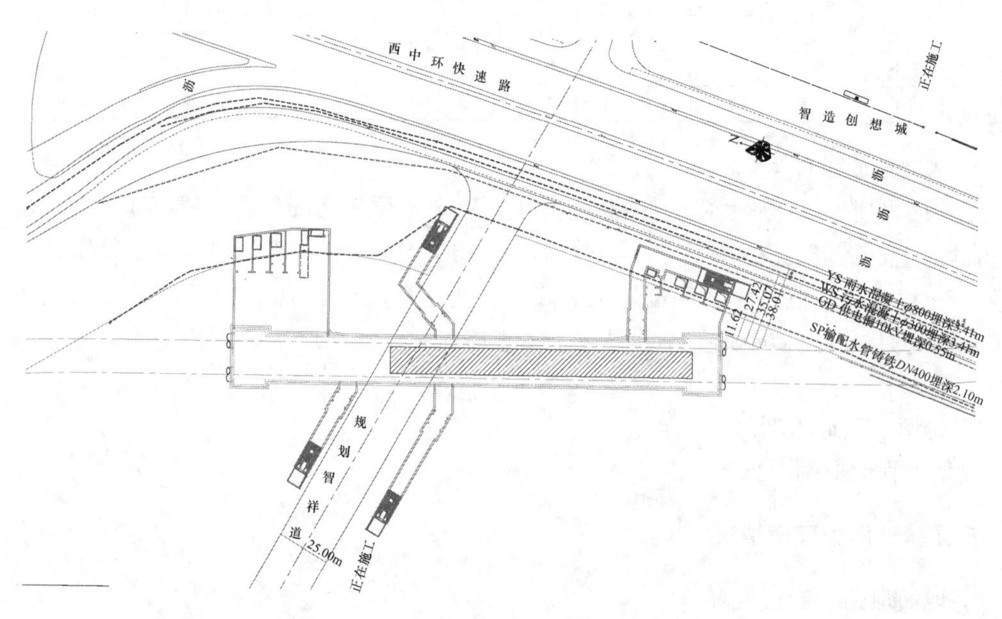

图 2　第九大街站施工场地附近交通环境

2. 地下管线

本站管线主要有：DN300 输配水管，埋深 2.32m，距主体围护结构最近处约为 11.62m；10kV 供电，埋深 0.55m，距主体围护结构最近处约为 27.42m；ϕ300 混凝土污水管，埋深 2.82m，距主体围护结构最近处约为 35.07m；ϕ800 混凝土雨水管，埋深 2.90m，距主体围护结构最近处约为 38.01m。影响第九大街站主体施工的管线主要为横穿基坑的 DN300 输配水管线，埋深 1. 5m。基坑开挖施工过程中将该管线切改至基坑的第一道支撑上部，方向垂直于基坑方向，用钢管套住，进行悬吊保护。其他管线距基坑较远，施工过程中加强监测，严格控制地面沉降量和围护结构的水平位移。

四、基坑围护平面

车站主体基坑采用800mm厚地下连续墙作为围护结构，并与主体结构内衬墙组成复合结构。钢支撑和混凝土支撑、格构柱、立柱桩均为临时构建。地下连续墙接头处采用锁口管接头。锁口管接头是地下连续墙中最常用的接头形式，锁口管在地下连续墙混凝土浇筑时作为侧模，可防止混凝土的绕流，同时在槽段端头形成半圆形或波形面，增加了槽段接缝位置地下水的渗流路径。锁口管接头构造简单，施工适应性较强，止水效果可满足一般工程的需要。基坑内支撑支护体系具有稳定性好和变形控制能力强的优点，为控制基坑施工期间的变形及其对周边环境的影响，软弱土中的基坑可以采用水平内支撑体系，基于本工程处于深厚软土地区，主体结构基坑支护时，标准段沿基坑深度方向设置四道支撑，其中第一道为钢筋混凝土支撑，截面为800mm×800mm，顶圈梁截面为1000mm×800mm；其余为ϕ800（t=16）钢管支撑。南北两侧的端头井支撑排布较标准段相比，增加了一道相同截面的钢支撑。即第一道为钢筋混凝土支撑，截面也为800mm×800mm，其余为ϕ800（t=16）钢管支撑。

钢支撑安装时大致分为预埋钢板、基坑开挖、支撑测量定位、托盘焊接斜支撑支座焊接、钢支撑的预拼装、钢支撑吊装、钢支撑校正、预加轴力施加。地下连续墙阴角处采用双高压旋喷桩加固止水，旋喷桩直径为1000mm，桩中心间距为700mm。加固范围为地面至坑底以下4m处。一定程度上避免软土地区墙体不对齐、漏水给工程带来的影响和危害（图3）。

图3　施工现场

对于车站盾构井部位，由于支撑跨度过长，需设置临时支撑柱。支撑柱采用460mm×460mm的钢格构柱。为确保钢支撑的稳定性，采用限位钢板进行固定，具体形式见图4，确保了稳定性和强度均满足要求。

五、基坑围护典型剖面

地下连续墙是公认深基坑工程中最佳的挡土结构之一，它具有如下显著的优点：施工低噪声、低振动，施工对环境的影响小等；整体性好、刚度大，基坑开挖过程时安全性高，支护结构变形不大；有较好的抗渗能力，坑内降水时对坑外的影响不大；可作为地下室结构的外墙，可配合逆作法施工，缩短工期、降低造价。

深基坑工程中的支护结构一般有围护墙结合内支撑系统和围护墙结合锚杆两种形式。作用在围护墙上的水土压力可以由内支撑有效地传递和平衡，也可以由坑外设置的土层锚杆平衡。内支撑可以直接平衡两端围护墙上所受的侧压力，构造简单，受力明确；锚杆设置在围护墙的外侧，为挖土、结构施工创造了空间，有利于提高施工效率。考虑到本工程处于深厚软土区域，且最低开挖深度达到17m左右，故选择了内支撑系统，有效地提高了整个围护体系的强度和刚度，还能有效控制基坑变形。

标准段基坑开挖深度为17.512m，采用厚度为800mm的地下连续墙围护结构，墙长度为30m。端头井基坑开挖深度为19.378m，同样采用800mm的地下连续墙围护结构，其地下连续墙长度比标准段的地下连续墙长了 3m。标准段和盾构井剖面如图 5 和图 6 所示。

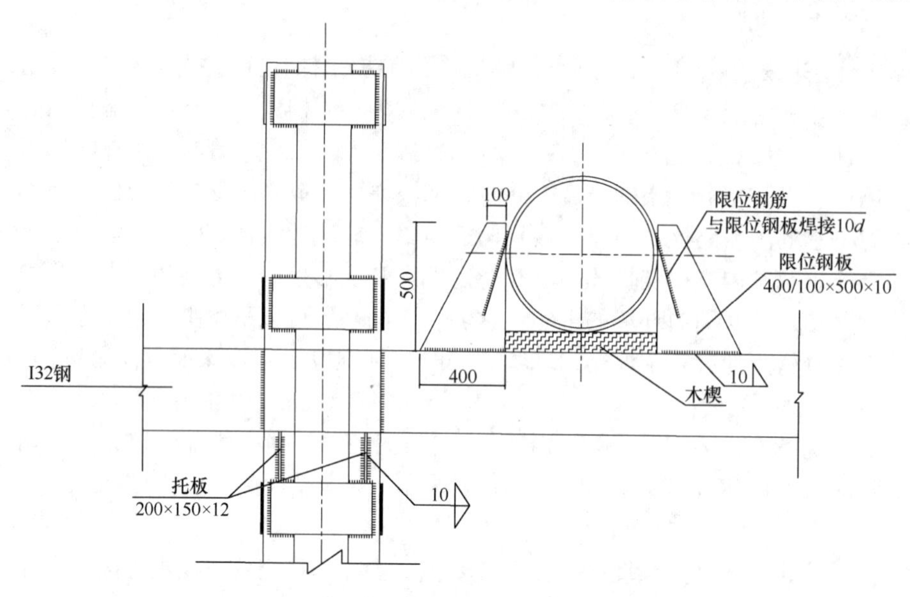

图 4　立柱、连系梁及钢支撑连接节点

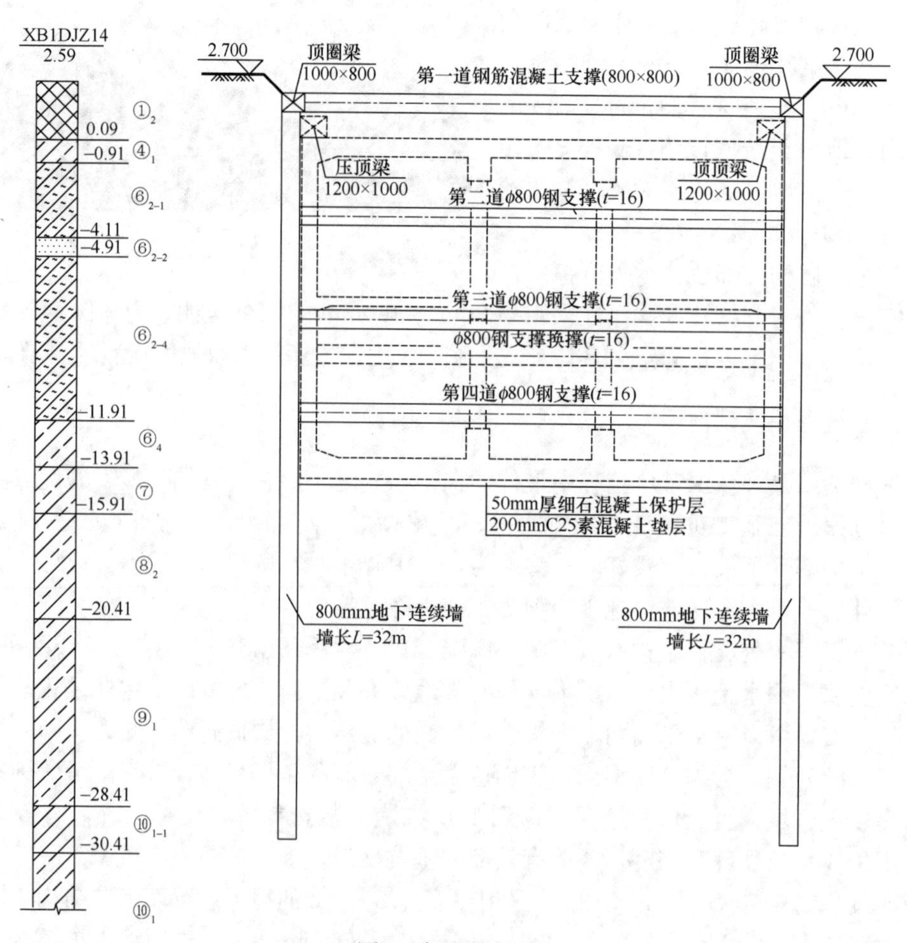

图 5　标准段剖面

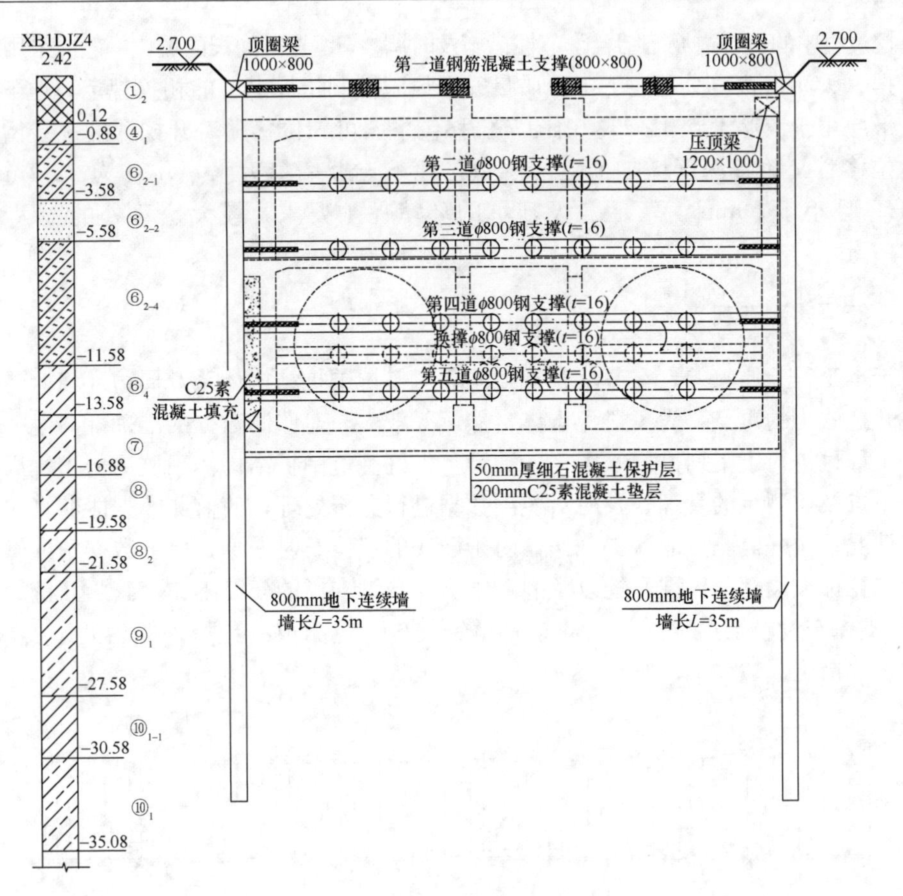

图 6　盾构井剖面

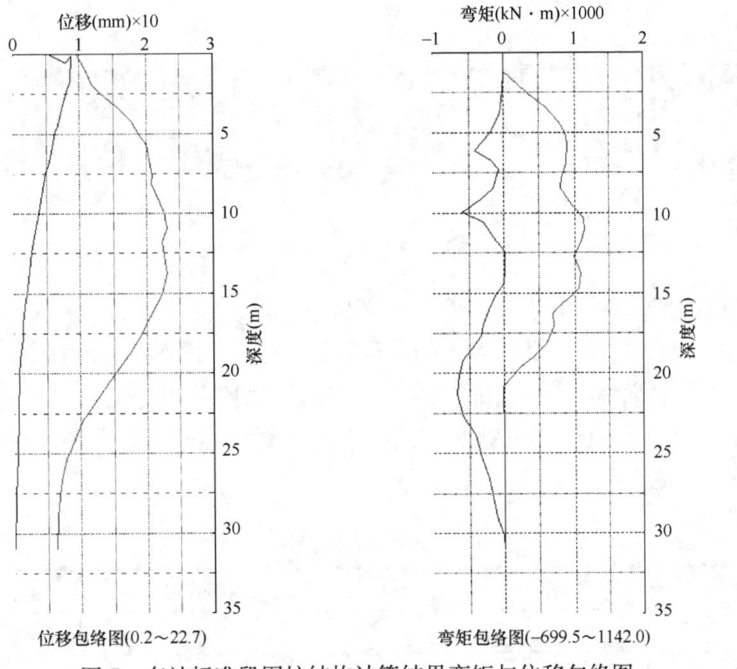

图 7　车站标准段围护结构计算结果弯矩与位移包络图

开挖过程中的留置边坡需结合季节性措施及时调整，留置时间长的坡比一般应采用1∶2。

根据《天津市轨道交通地下工程质量安全风险控制指导书》的相关规定，地下连续墙最大变形应小于或等于0.3%H。由图7位移包络图可知位移随着开挖深度逐步增加，达到最大位移后又随着深度增加而逐步降低，地下连续墙最大水平位移为22.7mm满足0.3%H，且小于50mm，满足二级基坑的环境保护要求，最大位移处的最大弯矩为1142kN·m。

六、简要实测资料

由于本工程土质较差，在基坑开挖期间，对基坑围护结构体系及周边环境监测的控制是基坑开挖施工的重点，为了避免土体自然沉降较大，对监测数据的准确性产生一定的影响，本工程也进行了下列措施（图8、图9）：做好基坑围护结构体系监测与工程周边环境监测的布点及监测点的管理；及时对监测数据进行分析处理，使监测数据能够真实反映基坑位移情况；做好监测点的保护工作，对于破坏的点位及时处理，保证数据的准确性。本月主要进行标准段部分区域开挖以及混凝土支撑与钢支撑的架设工作，其中开挖深度最大为8m。支撑布设已至第二道撑，即第一道钢支撑。监测虽有预警，但均处于要求之内，并及时采取措施。

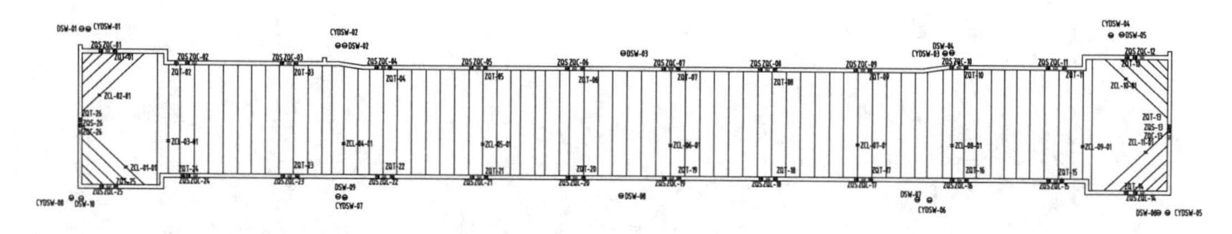

图8　施工监测平面布置1

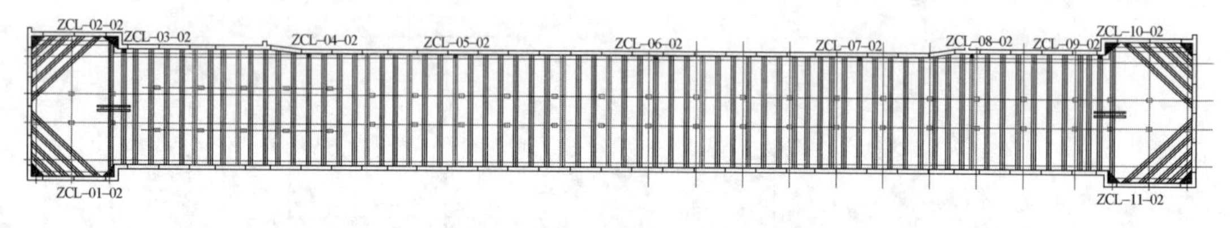

图9　施工监测平面布置2

监测点分别为ZQS地下连续墙墙顶水平位移、ZCL支撑轴力、ZQC地下连续墙墙顶竖向位移、DBC地表沉降、ZQT地下连续墙墙体变形、DSW地下水位、LZC中间立柱沉降、GXC地下管线沉降。基坑围护体系的监测控制值及报警值由设计单位确定，周边环境监测控制值及报警值根据主管部门的要求或参考《建筑基坑工程监测技术规范》GB 50497—2009，本站监测控制值如表2所示。

本站监测控制值　　**表2**

监测项目	累计变化量控制值（mm）	累计变化量报警值（mm）	速率控制值（mm/d）
周边管线供水管	±20	16	2
地表垂直位移	±40	32	3

续表

监测项目	累计变化量控制值（mm）	累计变化量报警值（mm）	速率控制值（mm/d）
周边地表裂缝	10	8	持续发展
围护顶部垂直位移	±25	20	3
围护顶部水平位移	±30	24	3
围护结构深层次水平位移	±40	32	4
支撑轴力	设计值80%		—
地下水位	1000	800	400

2017年10月28日—11月28日基坑开挖阶段，对以下项目进行了一系列的监测，如表3所示。

监测数据 **表3**

项目	本月最大变化量		累计最大变化量		警戒值
	数值	位置	数值	位置	累计值
坑外水位	−283mm	DSW1-1	−773mm	DSW1-3	−1000
墙顶垂直位移监测	2.93mm	ZQC-24	2.93mm	ZQC-24	±25.00mm
墙顶水平位移监测	3.05mm	ZQS-15	5.60mm	ZQS26	±30.00mm
支撑轴力监测	792kN	ZCL9-1	1284.4kN	ZCL9-1	2360kN
墙体水平位移监测	17.6mm	ZQT13（12m）	18.42mm	ZQT24（10m）	±40.00mm
立柱垂直位移监测	2.89mm	LZ-1	−1.4mm	LZ-2	±20.00mm

结果发现对上述项目进行监测期间，当月的最大变化量均比较稳定。累计最大变化量均未超过警戒值。监测值处于稳定范围内，且在此次监测期内处于可控状态。

由图10可知，坑外水位累计最大变化量为−773mm，且部分测点曲线变化比较急剧，但未超警戒值，坑外水位变化处于稳定状态，受施工影响不明显。

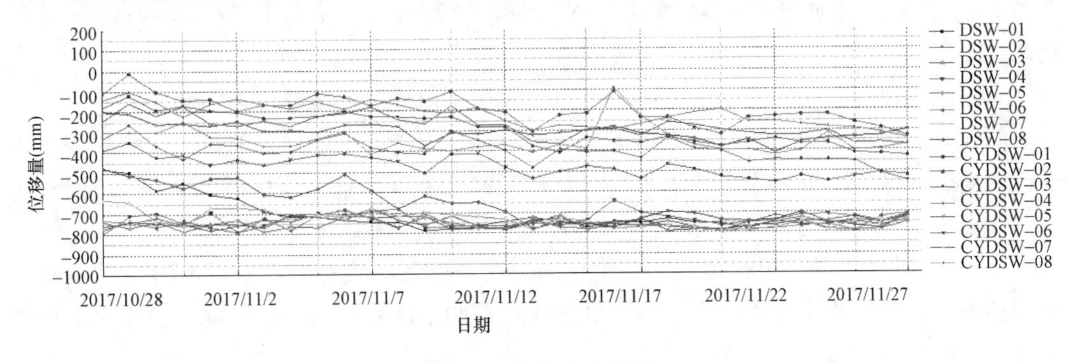

图10 坑外水位监测

由图11可知，当月最大变化量与累计最大变化量处于同一点，均为2.93mm，远未超警戒值。相比来看墙顶水平位移变化也比较平缓，且累计最大变化量为5.60mm，表明受施工影响不明显，现阶段施工对周边环境总体影响较小。

由图12可知，混凝土支撑轴力相比钢支撑轴力变化大，且累计最大支撑轴力也发生

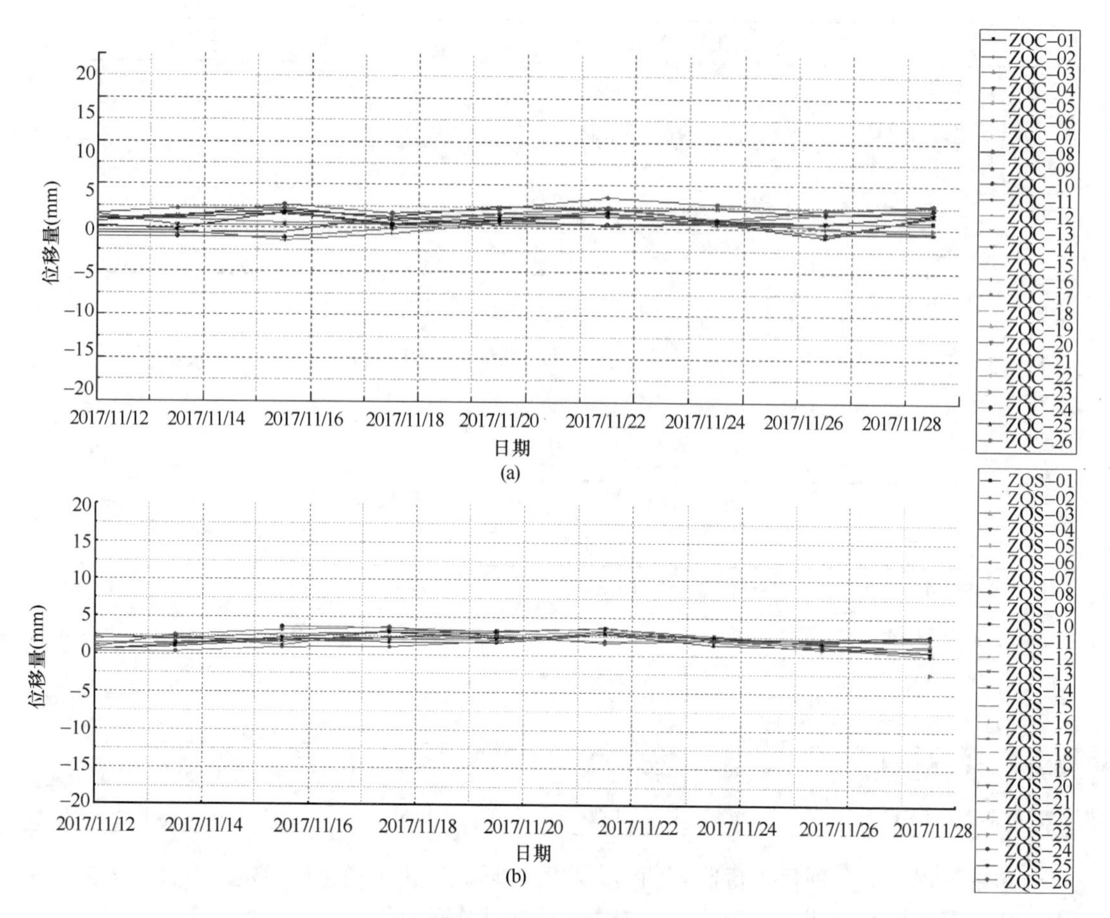

图 11　围护顶位移监测

（a）围护顶垂直监测点时程曲线；（b）围护顶水平监测点时程曲线

在混凝土支撑监测曲线中，为 1284.4kN，但未超警戒值，表明监测期内仍处于稳定状态。

支撑轴力监测点受施工影响不明显，现阶段施工对周边环境总体影响较小。

此外，利用测斜管对当月最大地下连续墙墙体变形进行了一系列的监测，结果表明地下连续墙墙体最大变形发生在地下 12m（ZQT13）位置处，水平位移为 17.6mm，比较稳定，处于可控范围。当月累计最大地下连续墙变形发生在 10m（ZQT24）处，水平位移为 18.42mm 处，也处于可控范围。该工程为全线开挖较早的基坑，通过及时架设钢支撑和预加轴力，在天津市深厚软土层中可以有效地控制基坑变形，满足基坑自身和周边环境的要求。

图 13（a）、(b)、(c)、(d) 分别为 11 月 3 日至 8 日期间，部分标段初开挖后停工一段时间再继续开挖，最大深度为 3m；9 日至 12 日同一标段开挖至 3m 和 8m 处，即开挖至不同深度；18 日至 24 日相邻标段开挖，进行临近标段支撑的架设；25 日至 30 日同一标段开挖第一层土，并架设第一层支撑，四种工况。从测斜图的趋势来看，墙体的水平位移处于正常变化之内。

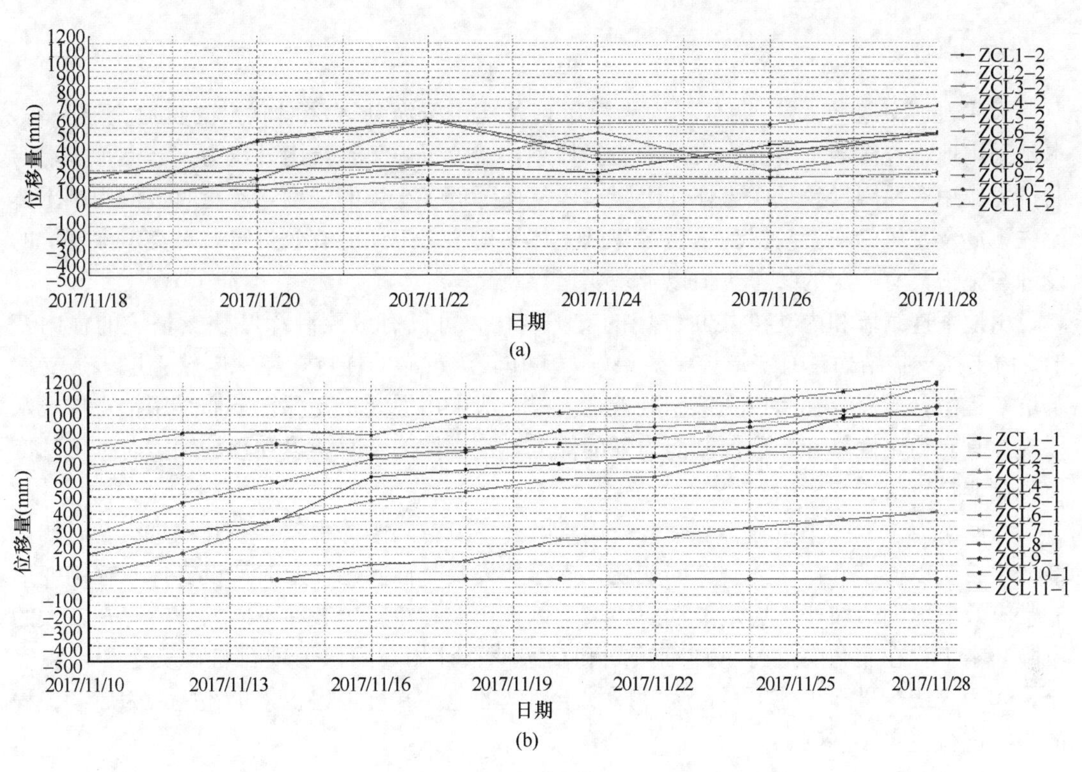

图 12　支撑轴力监测

（a）钢支撑轴力时程曲线；（b）混凝土支撑轴力时程曲线

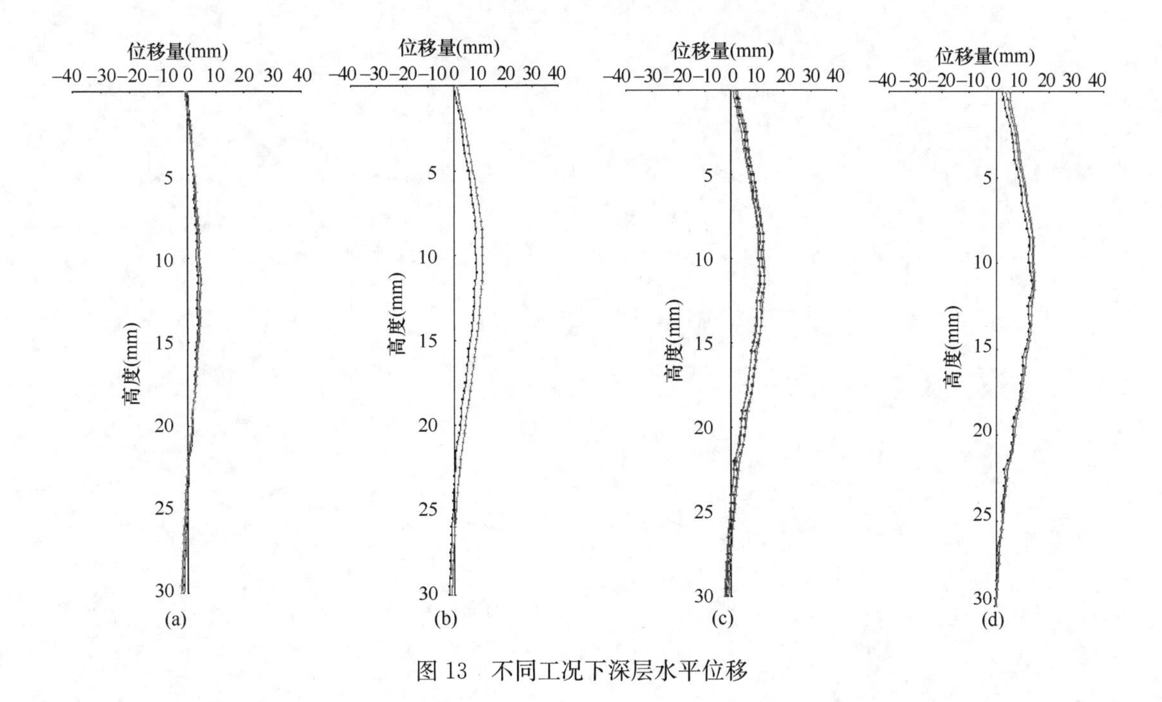

图 13　不同工况下深层水平位移

七、点评

天津轨道交通 B1 线一期工程为天津市首条建于滨海新区深厚软土的轨道交通工程，本站采用地下连续墙＋多道内支撑的支护体系，避免了由于基坑内外压力差、支护桩墙弯曲抗力作用等原因导致坑底土体向上隆起，从而降低了土体的强度，严重时造成周围土体流失，危及基坑的安全，保证了后续车站主体结构施工工序的有效进行，对类似深基坑的设计与施工具有一定的参考价值以及现实指导意义。

由地下连续墙和内支撑共同作用的支护结构，可以有效控制深厚软土基坑的横向变形。内支撑支护结构具有变形控制效果好，工作较为可靠的优点，在深厚软土层多道支撑基坑工程中，支撑存在受拉现象，故首道支撑一般采用混凝土支撑，下面采用钢支撑，水平支撑具有稳定性好和变形控制能力强的优点，钢支撑的及时架设和预加轴力对基坑的变形控制非常重要。

深厚淤泥土地区车站施工存在开挖困难及开挖设备陷落等现象，在开挖过程及时掺加部分生石灰以便于开挖，另一个问题就是支撑架设及时性问题，及时架设支撑对控制变形非常有效，纵向边坡非常稳定，动态边坡、休止边坡和留置边坡在不同的季节存在较大的风险，本工程在实施前进行了详细策划和动态调整计划，确保了项目自身安全和环境安全，作为全线较早开工的项目，为深厚软土地区的地铁基坑工程积累了经验，为后续工程的正常进行奠定了基础。

杭州远洋国际中心基坑工程

袁 静[1] 马少俊[1] 沈 超[2] 冯颖慧[3]

（1. 浙江省建筑设计研究院，杭州 310006；2. 远洋集团杭州公司，杭州 310002；
3. 杭州市公路管理局，杭州 310030）

一、工程简介及特点

杭州远洋国际中心由 B-02、B-03 两个地块组成，位于杭州市拱墅区核心区，大关路以北和上塘路以西。两个地块下设 3 层整体地下室，形状呈梯形，尺寸约 155m×230m，基坑的设计开挖深度为 15.00m、16.90m，局部电梯井深坑开挖深度为 18.6m、21.4m。

B-02 地块位于场地西北角，基坑形状约呈矩形，平面尺寸约 60m×98m，约占整体地下室的 1/6。由于建设进度的需要，0-2 地块先行施工。B-02 地块地下室主体结构施工期间，B-03 地块开始围护桩施工。

整体地块南、西、北侧均为市政道路，即大关路、待建金华路、规划道路。金华路以西为待建的 B-04、B-05、B-06 地块，见图 1。该基坑工程安全等级为一级，对应于基坑工

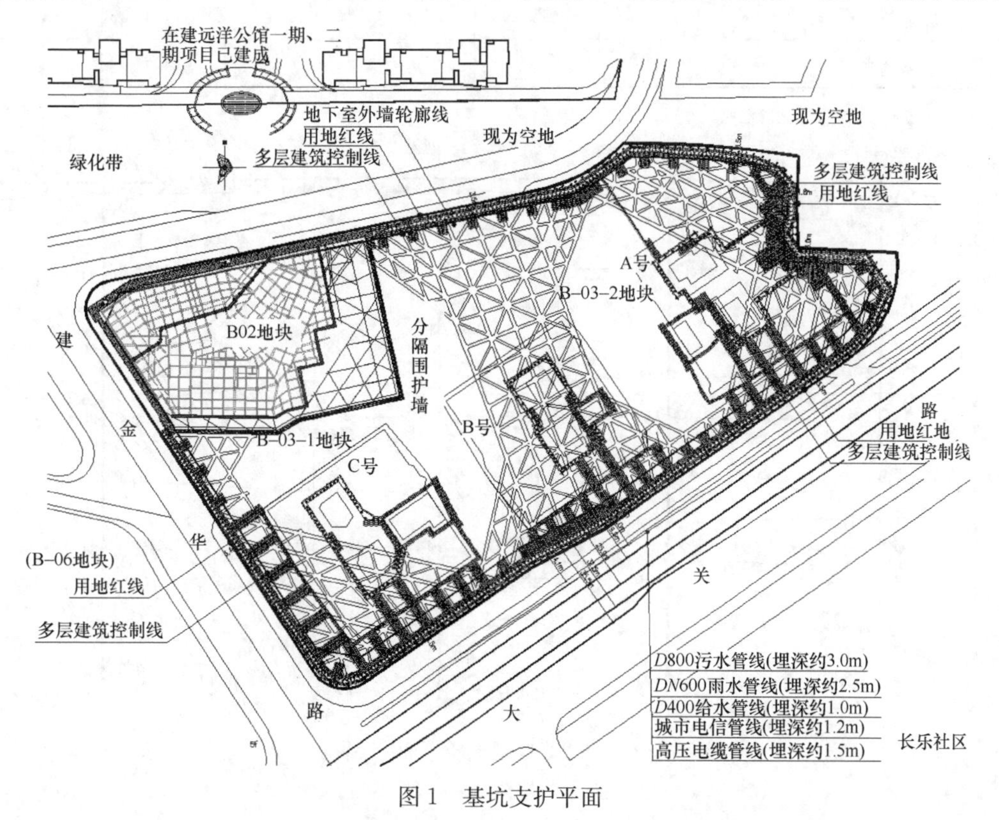

图 1 基坑支护平面

程安全等级的重要性系数为 1.1。

二、工程地质条件

场地地貌属第四纪冲海积平原，地基土中上部为海相沉积淤泥质黏土、冲海积黏质粉土，性质较差，高压缩性；中部多为冲海积可塑状粉质黏土层，土体性质较好，以中压缩性为主；中下部为冲海积粉质黏土，性质好；下部为河流冲洪积粉质黏土混砂、含粉质黏土砾砂。除场地浅表的①$_1$ 杂填土、②层黏质粉土外，约 20m 深度范围内为③$_1$、③$_2$ 层的中～高压缩性、流塑状淤泥质粉质黏土层。其下为软可塑～软塑的粉质黏土。各土层物理力学指标见表 1。基坑开挖面位于③$_2$ 淤泥质黏土层中。典型地质剖面见图 2。

各土层物理力学指标　　表 1

土层	厚度 (m)	黏聚力 c (kPa)	内摩擦角 φ (°)	重度 γ (kN/m³)	含水量 ω (%)	塑性指数 I_P	液性指数 I_L
①$_1$ 杂填土	1.5	—	—	(17.5)	—	—	—
②黏质粉土	2.5	16.0	18.5	18.7	31.4	9.5	1.02
③$_1$ 淤泥质粉质黏土	6.6	10.6	8.5	19.4	27.0	7.5	1.36
③$_2$ 淤泥质粉质黏土	11.5	10.4	8.5	18.5	33.3	9.5	1.18
③$_3$ 粉质黏土	2.5	17.3	7.8	19.4	27.1	7.5	1.37
④$_1$ 粉质黏土	5	28.7	12.5	18.6	32.5	9.4	1.18
⑥$_1$ 粉质黏土	6	13.1	22.3	17.6	43.4	14.1	1.47
⑥$_2$ 粉质黏土		11.9	18.9	19.7	24.3	12.4	0.33

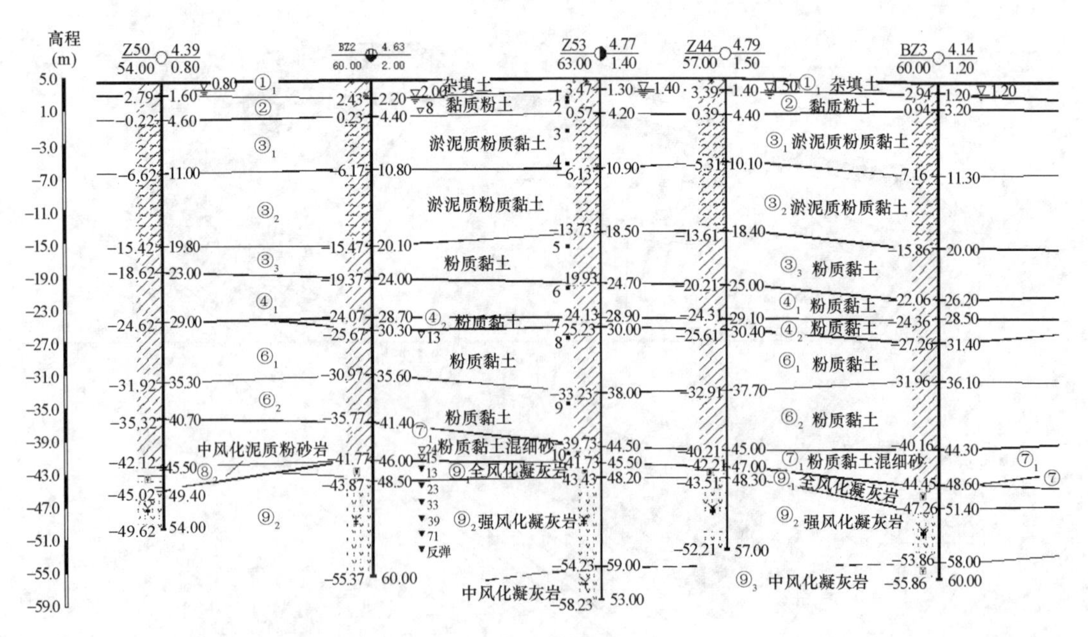

图 2　典型地质剖面

场地存在两层地下水。在场地浅部地层所见的地下水，性质属孔隙潜水，水位约在地表下0.4～2.4m。下部地下水属于承压水，主要赋存于粉砂和粗砂层中，对工程影响较小。

三、基坑周边环境情况

工程周边环境条件复杂，整体地块的西、南、北侧分别为金华路（待建）、大关路和临时道路。项目用地红线即为现状或规划道路的人行道边线，地下室围护结构内边线距用地红线约4m。

北侧临时道路，宽度16m，道路以北为已建成的远洋公馆一期和二期项目，采用管桩基础。南侧大关路车流量大，路面车辆荷载大；道路下均埋设有大量的雨污水、电力电信和给水管等市政管线。西侧待建金华路在本基坑施工期间为空地；金华路以西为待建的B-04、B-05、B-06地块，设置二层地下室，开挖深度约12m。金华路在本工程施工期间虽为空地，但金华路将作为本工程和邻近二层地下室工程施工期间的关键施工道路，届时需通行材料车、泵车等大量重型施工车辆。

四、基坑工程的关键点和难点

1. 基坑施工时序

因开发进度需要，B02地块最先于2010年启动建设。在其地下室周边设置独立的围护结构，采用常规的排桩加支撑的围护形式。桩基工程于2011年初施工，期间因围护桩质量等问题，停工一年，2012年再次启动。由于外界客观因素制约，建设单位需要连续施工B02地块主体结构。即B02地块和B03地块作为整体地下室，在B02地块连续实施上部主体部分的同时，向下进行B03地块深基坑施工。

由于B02、B03地块为整体地下室，两者之间没有地下室外墙，与B03地块相邻的围护桩和止水帷幕，需在B03地块地下室施工期间凿除。

2. 基坑工程内部界面

B02地块位于国际中心的西北角，占地面积仅为国际中心地块的1/6。当B03地块开挖基坑时，B02地块需同时施工地下室以上的主楼。

B02和B03地块存在直角邻边交界面，需要妥善处理交界面位置B03地块基坑水平支撑和B02地块已施工地下室主楼结构楼板的水平传力问题。

3. 工程的关键点和难点

（1）市政道路距离近，车流量大，荷载大

两大围护结构内边线距道路红线近，约为2.5～7m。尤其大关路车流量大，路面车辆荷载大；两条道路下均埋设有大量的市政管线。

（2）围护结构变形控制难度大

基坑群影响深度范围内的地基土主要为杂填土、淤泥质粉质黏土，淤泥质黏土等，淤泥质土强度低，压缩性高，易流变，易造成坑壁失稳，坑底涌土、地面沉陷等现象，不利于围护结构的变形控制。

（3）基坑内部交界面的技术措施要求复杂

B03地块基坑施工的同时，B02地块需要继续进行上部主体结构和幕墙的施工。B02

地块的 E 幢主楼 8 层，施工期间对侧向变形要求敏感。

既要满足上述交界面两侧工程各自的施工工况，又要满足 B02 地块 E 幢公寓楼的侧向变形要求，同时确保新旧围护墙的安全交接、交界面节点做法简化以及围护墙的合理拆除，其技术措施要求高，难度大。

（4）金华路兼作施工道路，承受竖向、侧向力的叠加作用。

金华路宽约 30m。金华路和北侧规划道路在本工程施工期间虽为空地，但金华路作为基坑施工期间的关键施工道路，届时需通行大量重型施工车辆，承受两侧基坑卸载和施工机械竖向荷载叠加的复合作用，施工风险大。

五、基坑围护方案

在确定的施工时序下，应利用周边环境特点、工程特点，因地制宜，有的放矢，在充分理论分析的基础上，针对性地解决工程难点，制定具体、细化、可靠、安全的围护方案，降低基坑施工风险，确保基坑施工安全。由于建设单位要求基坑角部已完成地下室主体结构的 B02 地块，在 B03 地块基坑挖土期间连续施工地上主体结构部分，以满足其先行销售的目标。围护设计考虑基坑工程的以下有利特点：

（1）金华路可先行卸土。金华路为代建道路，地下室施工期间为空地。道路下规划管线的埋置深度约 4m。该道路由建设单位后期建造，后期道路管线埋设时，也需挖土至 4m 深度。为此，确定金华路范围卸土 4m 深，以减小该侧基坑开挖深度。

（2）B02 地块位于基坑角部，其地下室结构可独立抵抗北、东两侧的土压力。B02 地块已施工的地下室底板、楼板在角部形成独立的水平受力体系，可抵抗两侧的水土压力，从而可简化与相邻 B03 地块围护支撑体系的传力措施。

最终确定采用以下围护方案：

1）因地制宜，利用已施工地下室结构形成永临结合的组合支撑体系

（1）增设板带的巨型八角对撑

为整体控制围护结构水平变形，首先在基坑中部设置八角对撑，在对撑边缘和八角位置设置加强板带，改善支撑刚度和八角支撑的不利角度，见图 3。

（2）东侧角撑与八角支撑形成内边环向板带

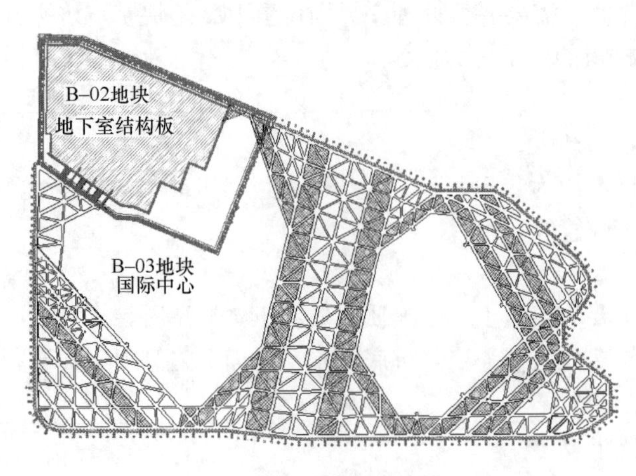

图 3　支撑平面布置

充分利用基坑轮廓以及支撑平面特点，在东侧支撑平面洞口边缘设置环向板带。板带布置形式根据刚度提高以及平面形状设置，可有效提升基坑工程的支撑整体刚度，见图 3。

（3）利用已施工地下室结构作为水平支撑体系的一部分

常规基坑内部分期围护墙，需待两侧地下室结构均施工完成后，再从上而下予以凿除。基于 B02 地块位于角部的有利位置，经进一步

受力分析，利用地下室主体结构平衡土压力的作用，仅在 B02 地块南部保留少部分分隔墙，其余交界面分隔墙在 B03 基坑施工期间随挖随凿，可方便施工，缩短工期。

(4) 新老围护墙交接处，设置冗余支撑和传力带

北侧 B02、B03 地块围护墙交接处，除 B03 地块八字对撑外，利用 B02 主体结构楼板设置其延伸支撑，两端分别与交接处围护桩、地下室楼板相连。通过局部节点的支撑加强措施，管控北侧长边围护结构的变形弱点。

南侧 B02、B03 地块围护墙交接处，除 B03 地块角支撑外，通过保留的分隔墙，在分隔墙和 B02 地块主体结构间设置水平传力带，形成平衡 B03 地块支撑体系的水平传力构件，见图 4。

2) 先行施工的 B02 地块围护方案

B02 地块最先施工，其时除北侧为规划道路外，三侧均为空地，且需开发建设。为此，北侧采用 1200mm 直径双排钻孔灌注桩，其余三侧结合浅表大范围卸土 4m 深的措施，采用 1200mm 直径单排钻孔灌注桩加两道钢筋混凝土支撑的围护结构，三轴水泥搅拌桩作止水帷幕，见图 5。

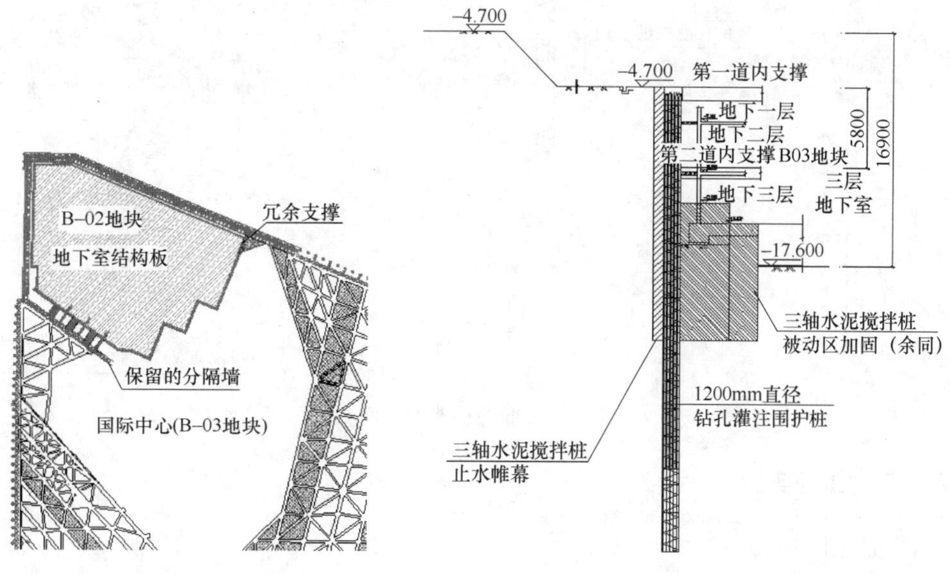

图 4　交界面支撑布置　　　　图 5　B02 地块典型剖面

3) 后施工的 B03 地块围护方案

B03 地块开挖深度最大，且变形控制要求最高的大关路侧紧贴 A、B、C、D 四幢主楼，开挖深度达到 18～21m，同时工期要求紧。大关路侧采用格构式多排钻孔灌注桩，其余侧双排钻孔灌注桩加两道钢筋混凝土支撑的形式，三轴水泥搅拌桩作止水帷幕，局部深坑范围被动区加固，见图 6。

4) 新老围护墙交接处节点方案

软土地区深大基坑的围护墙连续，才能满足局部土体变形要求，防止涌土和渗漏。已施工的围护墙处，天然存在新旧止水帷幕不连续情况。为此，制定钻孔围护桩补强和外侧补打三轴水泥搅拌桩桩幅的措施，对节点处予以加强。

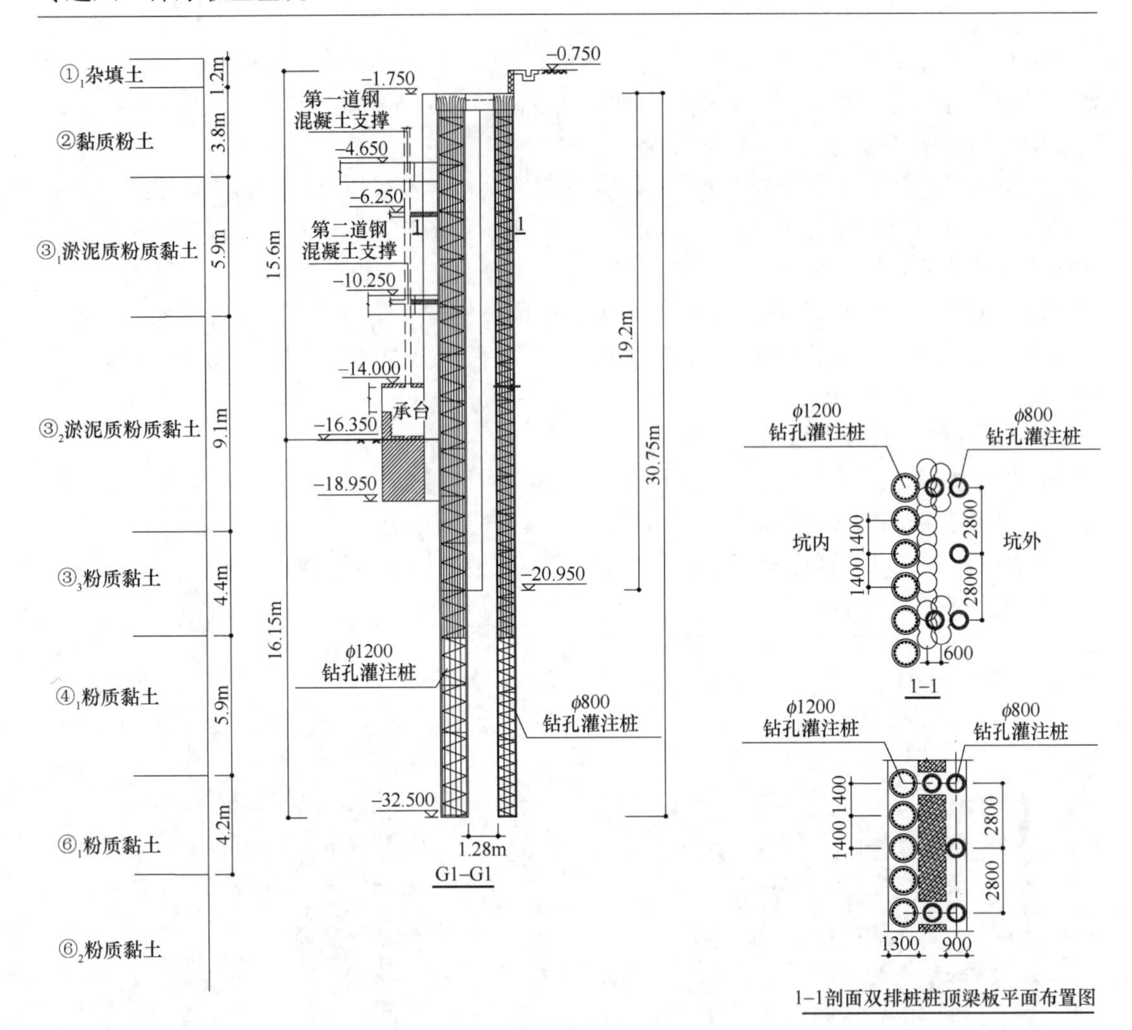

图 6 B03 地块典型剖面

六、基坑工程实施

1. 基坑施工

B02 地块最先于 2010 年启动建设。桩基工程于 2011 年初施工，其间停工一年，2012 年再次启动，并于 2013 年完成地下室主体结构，同时进行地上部分的结构施工，于 2015 年初结构部分结顶。B03 地块于 2013 年底施打围护桩，2014 年 5 月～7 月开始土方开挖。2014 年底至 2015 年 4 月进行底板施工，2015 年 5 月施工地下室楼板。远洋国际中心 B03 地块开挖，B02 地块 E 幢主楼结顶的施工现场见图 7。

因围护方案充分利用 B02 地块已施工地下室主体结构平衡侧向土压力，允许两地块交界面围护墙在基坑施工期间大部分随挖随凿，使得 B02 地块公寓楼地下室在南、东两侧临空情况下，成功施工主体结构以及外墙幕墙，并提前运营，缩短了工期。

2. 基坑实测数据

为确保施工过程中道路的正常使用以及 B02 地块的施工安全，及时获取开挖过程中围护结构的受力与变形情况，实行动态管理和信息化施工，对土体和墙体深层水平位移、

图 7　B02、B03 地块基坑施工现场

支撑轴力、周边土体沉降等进行监测。基坑周边共设置 25 个测斜点 CX1～CX25。

工程于 2015 年 6 月完成地下室施工，根据 2015 年 6 月 18 日的监测报表，各测斜点的深层土体水平位移见表 2。

基坑深层土体水平位移　　**表 2**

点号	最大水平位移（mm）	深度（m）	点号	最大水平位移（mm）	深度（m）
CX5	25.52	9.5	CX16	25.97	10.5
CX6	—	—	CX17	23.89	9.9
CX7	30.54	10.8	CX18	—	—
CX8	—	—	CX19	—	—
CX9	25.65	9.2	CX20	27.77	10.0
CX10	24.21	9.8	CX21	29.90	9.4
CX11	29.98	9.7	CX22	—	—
CX12	24.49	10.2	CX23	32.23	7.6
CX13	26.71	9.6	CX24	—	—
CX14	—	—	CX25	31.81	8.1
CX15	—	—			

注：表格中“—”表示测斜管损坏，监测数据缺失。

可见，除个别测点土体最大水平位移约 32mm 外，大部分土体水平位移值在 30mm 内。图 8 为主要工况下典型剖面附近测斜点的水平位移与深度的关系曲线。最大深层土体水平位移值的深度位于地表下 7.6～9.5m。由于格构式围护结构刚体较大，第一道支撑标高较低，因此最大水平位移发生深度较坑底位置上移，但围护结构水平位移控制值较为理

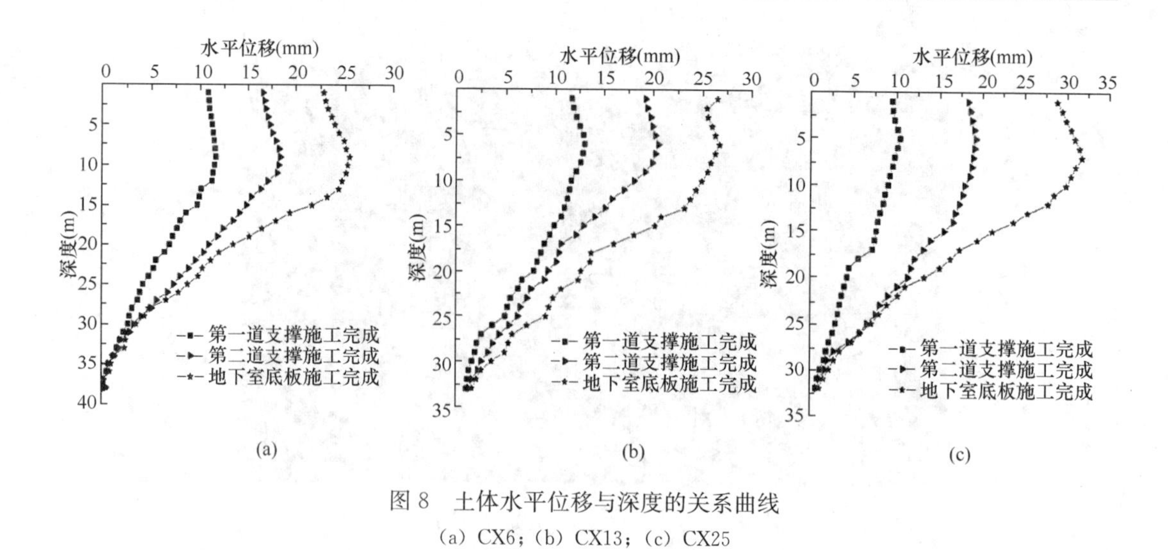

图8　土体水平位移与深度的关系曲线

(a) CX6；(b) CX13；(c) CX25

想，土体水平位移未超出预警值，为B02地块同时向上施工主体结构创造了条件。B02地块在两侧临空，没有围护墙，邻侧深基坑向下开挖的条件下，成功实施其主楼幕墙，进一步表明采用已施工主体结构作为水平支撑，邻近围护墙采用刚度较大的格构式围护体系，具有较强的实践指导意义。

七、基坑实施效果评价

工程采用格构式围护墙，利用已施工主体结构作为水平受力构件，使得在无分隔墙的条件下，基坑内先行施工的地下室继续向上施工主体结构，后施工的基坑工程向下进行土方开挖。在此期间，先行施工的主体结构成功实施了外围护幕墙。基坑内部先后交错施工，并成功实施于案例，得到下列结论：

(1) 格构式钻孔灌注围护桩全深度整体连接技术可大大提高围护墙刚度。

通过钻孔灌注桩在水泥搅拌桩位置的原位施工技术、顶部压顶梁板连接前后排桩等，使得前后围护桩在基坑全深度形成有效的整体连接，加大了格构式围护墙的整体。

(2) 采用格构式围护结构结合两道钢筋混凝土支撑的支护体系，变形控制效果好。

基坑监测结果表明双排桩围护结构范围的土体侧向位移在31mm左右；三排桩围护结构范围的土体侧向位移在25mm左右。进一步表明了格构式围护结构在环境条件复杂的软弱土地基深基坑中，有较强的工程应用价值。

(3) 因地制宜，充分利用先行主体结构作为围护支撑体系，是有效、可行的技术措施。

在深基坑工程土体变形有效控制的前提下，充分利用先行主体结构作为水平受力构件，成功满足了基坑内部一部分先行主体结构继续向上施工、后施工基坑继续向下开挖的要求，可为类似工程提供借鉴。

武汉客厅文化创意产业园配套项目基坑工程

唐建东　卢华峰　吴柳东　李　俊　沈　健　邓先勇　杨国权
（中国建筑西南勘察设计研究院有限公司华中公司，武汉　430010）

一、工程简介及特点

武汉客厅文化创意产业园配套项目位于武汉市东西湖区金银潭大道以北，宏图大道以西。项目总用地面积23376m²，包括6栋住宅楼，25～32层，其中25层住宅楼主体高度78.9m，32层住宅楼主体高度97.2m；含2层地下室，层高6.8m。拟建建筑物主要设计参数见表1。

拟建建筑物主要设计参数　　表1

建筑物名称	结构类型	层数	建筑高度（m）	建筑物基础情况				
				基础类型	埋置深度（m）	埋置标高（m）	中柱荷重（kN）	设计±0.00标高（m）
B1号、B6号住宅楼	剪力墙	25	78.9	桩基础	10.2	11.3	13000	21.5
B2号、B3号、B4号、B5号住宅楼	剪力墙	32	97.2	桩基础	10.2	11.3	14000	21.5
地下车库	框架	−2	7.6	桩基础	9.2	12.1	4500	21.3

本项目基坑长×宽约200m×100m，开挖深度10.10～10.70m，属一级深基坑；基坑周边地层主要由杂填土、淤泥质黏土、粉质黏土组成，地质条件差；基坑东侧靠近地铁2号线及军用光缆，变形控制要求高；北侧紧邻已有施工用房，基坑开挖对其安全影响较大。基坑现场地质环境条件差，基坑支护设计难度较大，上部一般采用放坡、挂网喷锚，下部采用单排桩或双排桩（双轴搅拌桩、单轴搅拌桩）、可回收式预应力锚索等施工工法，基坑支护取得良好效果。基坑现场俯视图见图1。

图1　基坑现场俯视图

二、工程地质及水文地质条件

1. 场地工程地质

工程区场地地势平坦，场区地貌单元属于长江二级阶地。地层岩性分述如下：

杂填土①$_1$：主要由黏性土组成，局部夹淤泥质土，含碎砖块、碎块石等建筑垃圾，结构松散，土质不均匀，平均厚度3.2m，回填时间小于10年，全场地分布；

①$_2$层素填土：主要由黏性土组成，淤泥、淤泥质土为主，含少量植物根系及腐殖质，平均厚度3.6m，主要分布于场地南侧。

②$_1$层淤泥质黏土：软塑～流塑，分布无规律，平均厚度2.8m，最大厚度8.7m，主要分布于场地西北侧；

②$_2$层黏土：可塑状，刀切面光滑，干强度及韧性高。

③$_1$层黏土：可塑状，局部硬塑，刀切面光滑，干强度及韧性高；

③$_2$层粉质黏土：可塑状，局部硬塑，刀切面稍有光泽，干强度及韧性中等；

③$_3$层黏土：硬可塑状刀切面光滑，干强度及韧性高。

④层粉质黏土：可塑，土质均匀、细腻，刀切面光滑，干强度及韧性高。

⑤层残积粉质黏土夹粉土、粉砂：其上部为粉土夹粉砂，很湿、饱和；中部为粉细砂，很湿、饱和；底部多为含卵石、粉细砂，含量30%～50%，局部泥质含量较高。

基坑支护计算参数依据地质勘察报告中提供的地层参数，具体见表2。

基坑支护主要地层参数　　**表2**

层序及层名	重度γ (kN/m^3)	含水率w (%)	孔隙比e	压缩系数$a_{0.1\text{-}0.2}$ (MPa^{-1})	压缩模量E_s (MPa)	建议取值	
						c (kPa)	φ (°)
①$_1$杂填土	18.0	—	—	—	—	10	8
①$_2$素填土	17.5	—	—	—	—	8	6
②$_1$淤泥质黏土	17.1	40.4	1.148	0.58	3.5	10	6
②$_{1a}$黏土	18.0	—	—	—	—	10	8
②$_2$黏土	18.5	27.9	0.817	0.13	0.19	23	13
③$_1$黏土	19.5	23.5	0.691	0.28	0.28	40	17
③$_2$粉质黏土	19.2	25.3	0.709	0.27	0.21	30	12
③$_3$黏土	19.2	24.8	0.742	0.23	0.18	42	17
④粉质黏土	18.5	24.8	0.696	0.15	0.19	28	16

2. 特殊性土

场地表层普遍分布有填土层，填土厚度1.1～8.7m，未经压实处理，均匀性、密实性较差；工程区西北侧分布较厚软土层，淤泥埋深5～13m。填土及软土性状差，给基坑设计带来不利影响。基坑北侧及西侧分布厚度较大淤泥质粉质黏土（淤泥）及杂填土层；基坑南侧多分布厚度较大的杂填土及素填土。基坑周边代表性地质剖面见图2及图3。

3. 水文地质条件

场区地下水类型为上层滞水及下部基岩裂隙水。上层滞水主要赋存于地表填土中，接受大气降水和地表散水的渗透补给，无统一自由水面，静止水位埋深在0.6～3.5m之间；

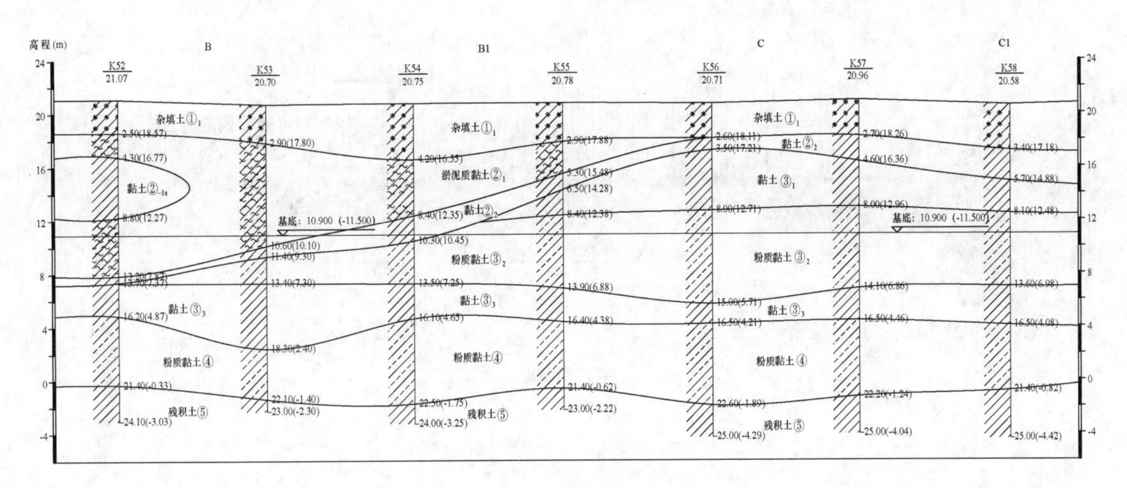

图 2　基坑北侧地质剖面

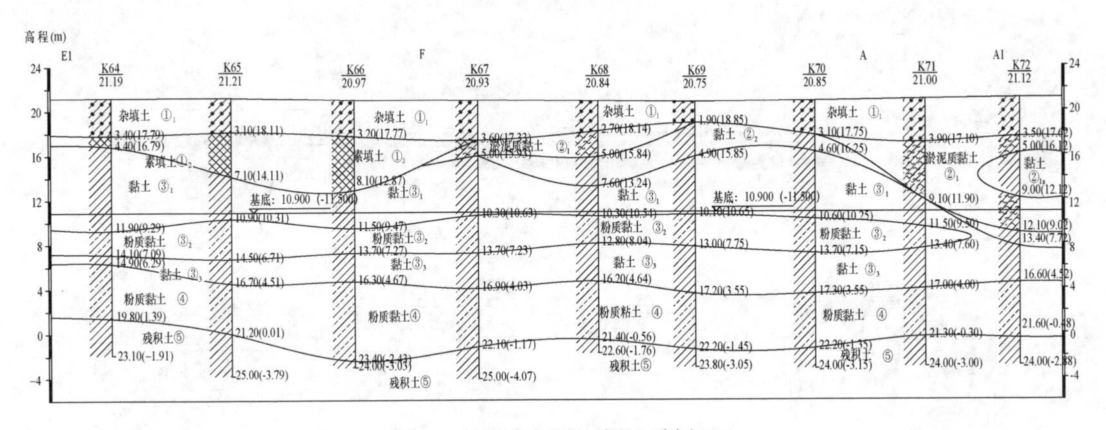

图 3　基坑南侧及西侧地质剖面

基岩裂隙水赋存于下部砂质泥岩裂隙之中，水量较小。

三、基坑周边环境情况

基坑东侧靠近宏图大道，距基坑边线约 30m，地铁 2、3、8 号线沿宏图大道呈南北向穿越，基坑边线距地铁约 20m；基坑北侧靠近另一在建工地，在建建筑为地上 8 层，地下 1 层，采取桩基础方案，基坑深度约 6m 左右，本基坑开挖边线距上述在建工地约 13m；工地之间为临时硬化路面，沿线布置有 1～2 层的活动板房，板房距开挖边线 1～2m。对基坑开挖有一定影响；基坑南侧、西侧目前均为空地，地形开阔。南侧靠近基坑侧分布有临时堆土，距基坑开挖线约为 10m。

四、基坑围护平面

结合武汉地区基坑设计的相关经验，东北侧、东南侧和西北侧采用钻孔灌注桩＋一层钢筋混凝土角撑＋双轴搅拌桩挡淤；南侧及西南侧采用单排钻孔灌注桩＋桩顶放坡；北侧采用单排钻孔灌注桩＋锚索。基坑支护平面布置见图 4，钢筋混凝土角撑平面布置见图 5。

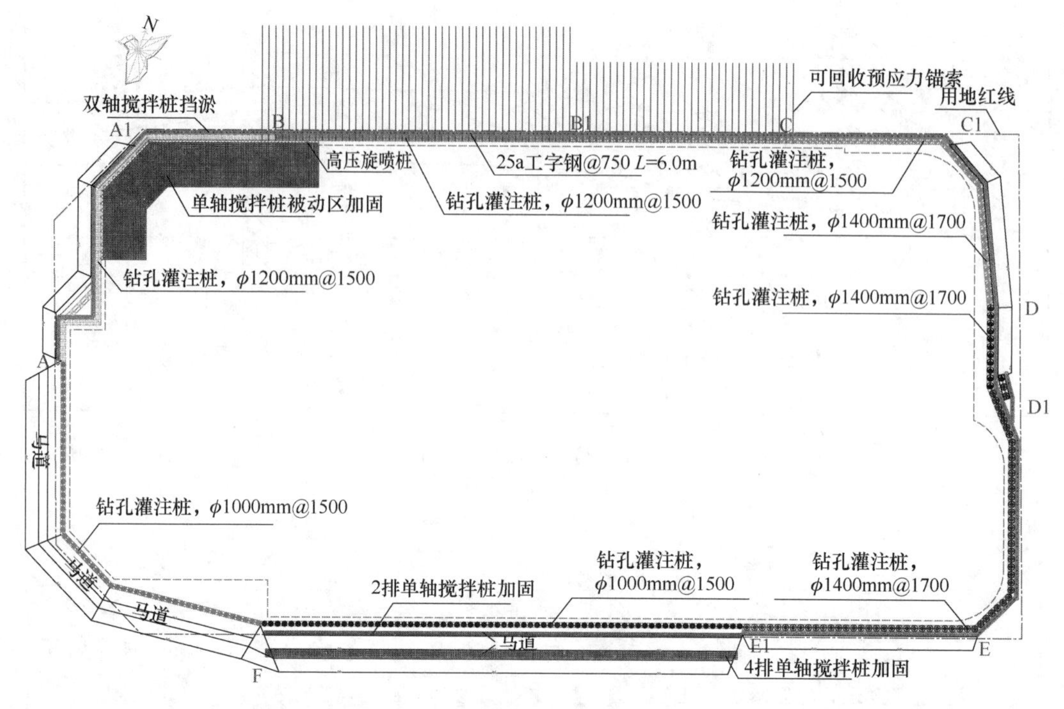

图 4　基坑支护平面布置

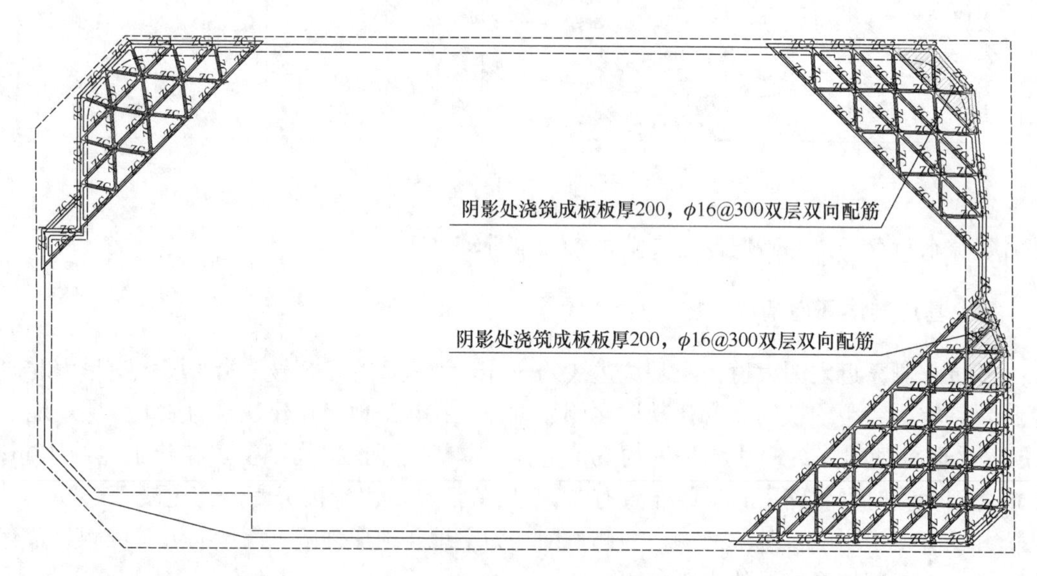

图 5　钢筋混凝土角撑平面布置

支护桩顶部变形报警值为：累计 35mm，或连续 3d 以上变形速率达到 2mm/d。由监测结果可知支护桩顶部水平及竖向位移在设计值范围内，未达到报警值。

五、基坑支护典型剖面

基坑北侧支护典型剖面见图 6，基坑东侧支护典型剖面见图 7。

图 6　基坑北侧支护典型剖面（BB1 段）

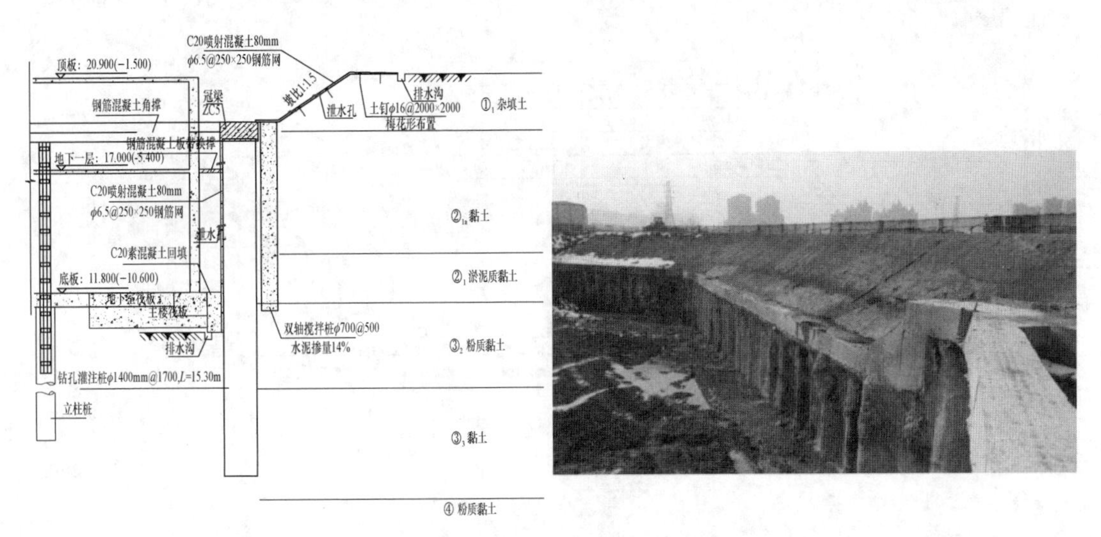

图 7　基坑东侧支护典型剖面（DD1 段）

基坑开挖前先对双轴搅拌桩墙、钻孔灌注桩及角撑施工。采用 FLAC3D 有限元差分软件对基坑开挖进行数值模拟，在数值模型中，双轴搅拌桩墙采用实体单元实现，钻孔灌注桩及角撑采用桩及梁结构单元实现，开挖之后计算得到模型在 x、y 和 z 方向的开挖应力及变形云图，如图 8 所示。从位移云图可以看出，模型中开挖后不发生大的变形。

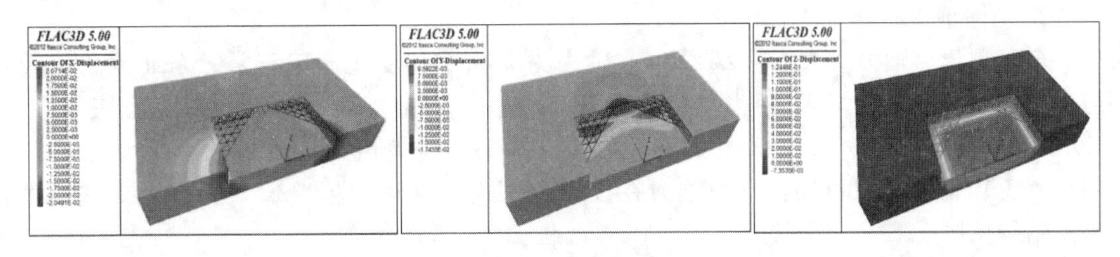

图 8　基坑开挖应力及变形云图

六、支护效果

为确保基坑的安全，不影响周边建筑及环境，在基坑开挖及支护施工整个过程中，应加强基坑监测，基坑监测点平面布置见图 9。本基坑工程自 2017 年 4 月进场进行支护桩及基坑开挖施工，到 2017 年 6 月 10 日竣工交付使用，历时 2 个月，各监测数据均未达到报警值，支护效果较好。

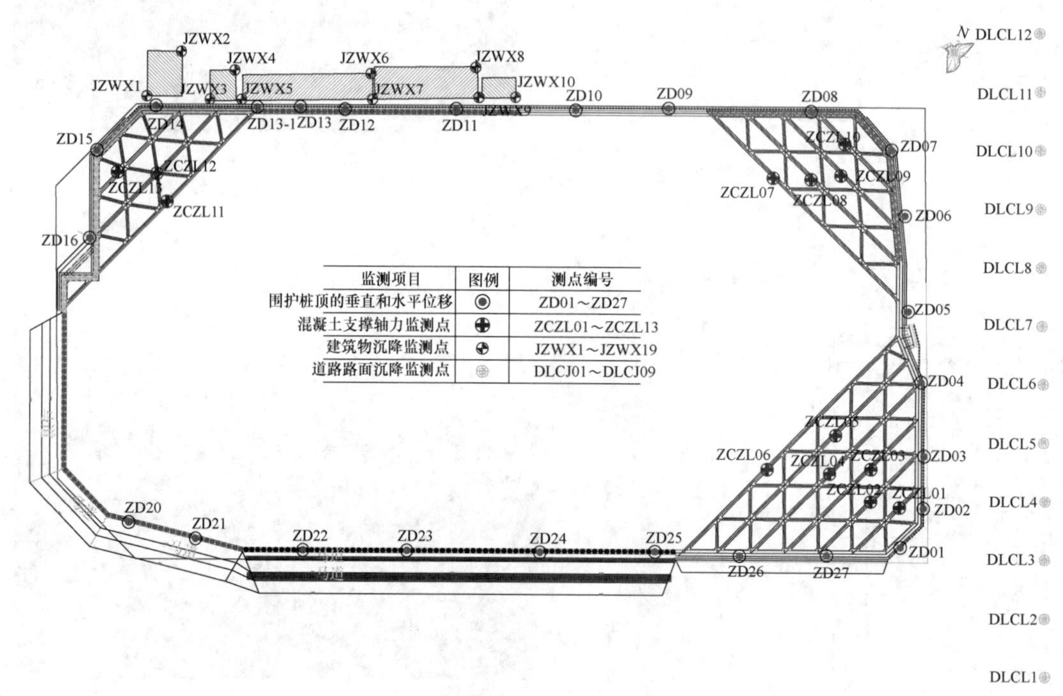

图 9　基坑监测点平面布置

1. 支护桩顶部水平及竖向位移

基坑东侧变形最大点的水平位移为 14.2mm，竖向位移为 6.3mm；基坑北侧变形最大点的水平位移为 31.8mm，竖向位移为 5.05mm；基坑西侧变形最大点的水平位移为 16.8mm，竖向位移为 1.26mm；基坑南侧变形最大点的水平位移为 22.2mm，竖向位移为 6.73mm。支护桩顶部变形均未达到报警值，支护桩顶部水平位移见图 10，竖向位移见图 11。

2. 支撑轴力

东南侧角撑轴力最大点（ZCZL04）轴力为 239.4t，变化速率正常；东北侧角撑轴力最大点（ZCZL10）轴力为 324.3t，变化速率正常；西北侧角撑轴力最大点（ZCZL12）轴力为 335.2t，变化速率正常。支撑轴力报警值为设计最大承载力的 80%即 450t，由监测结果可知，支撑轴力在设计范围内，未达到报警值。混凝土支撑轴力监测结果见图 12。

3. 北侧活动板房地面水平位移及沉降量

北侧活动板房地面监测点最大水平位移为 6.4mm，最大沉降量为 13.78mm，未见明显裂缝及房屋变形。坑外地面沉降未达到报警值。北侧活动板房地面水平位移监测成果见

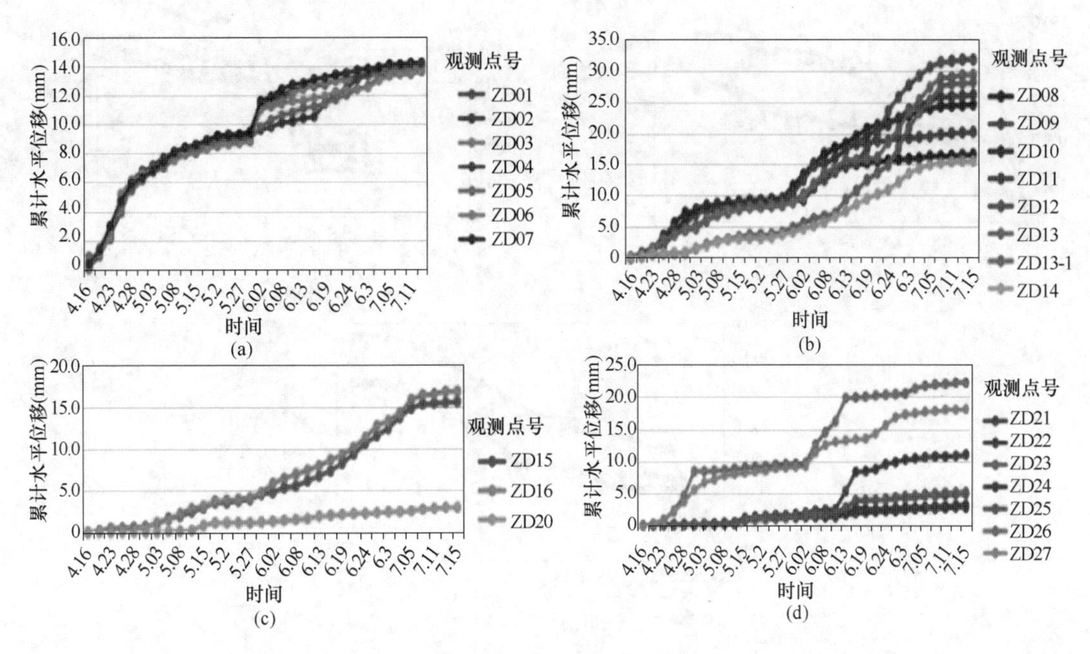

图 10　支护桩顶部水平位移

(a) 基坑东侧；(b) 基坑北侧；(c) 基坑西侧；(d) 基坑南侧

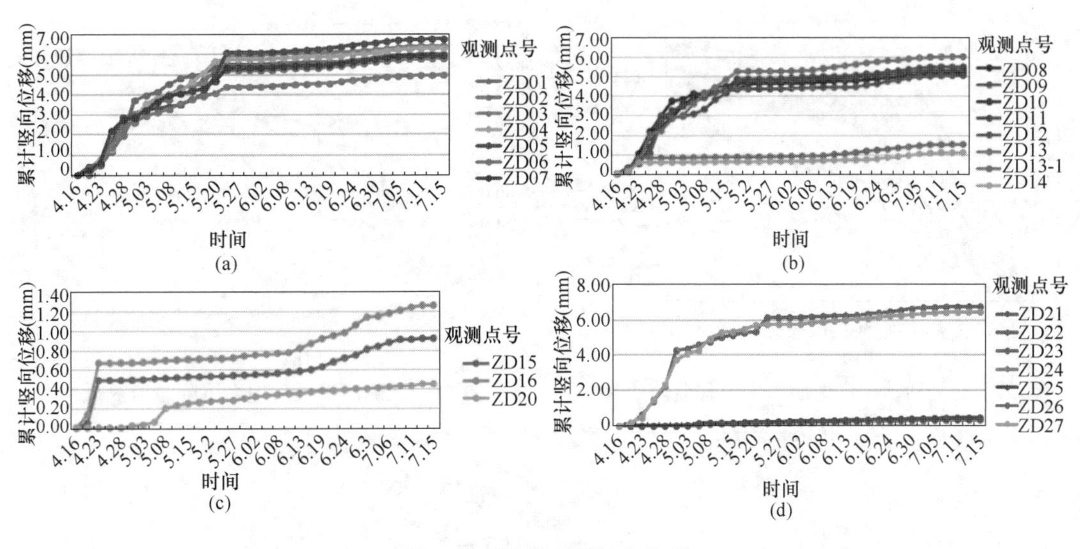

图 11　支护桩顶部竖向位移

(a) 基坑东侧；(b) 基坑北侧；(c) 基坑西侧；(d) 基坑南侧

图 13，沉降量监测成果见图 14。

4. 东侧道路沉降

东侧道路及管线沉降最大值为 9.91mm，其报警值为累计 40mm 或连续 3d 以上变形速率达到 4mm/d，由监测结果可知东侧道路沉降未达到报警值。东侧道路沉降监测成果见图 15。

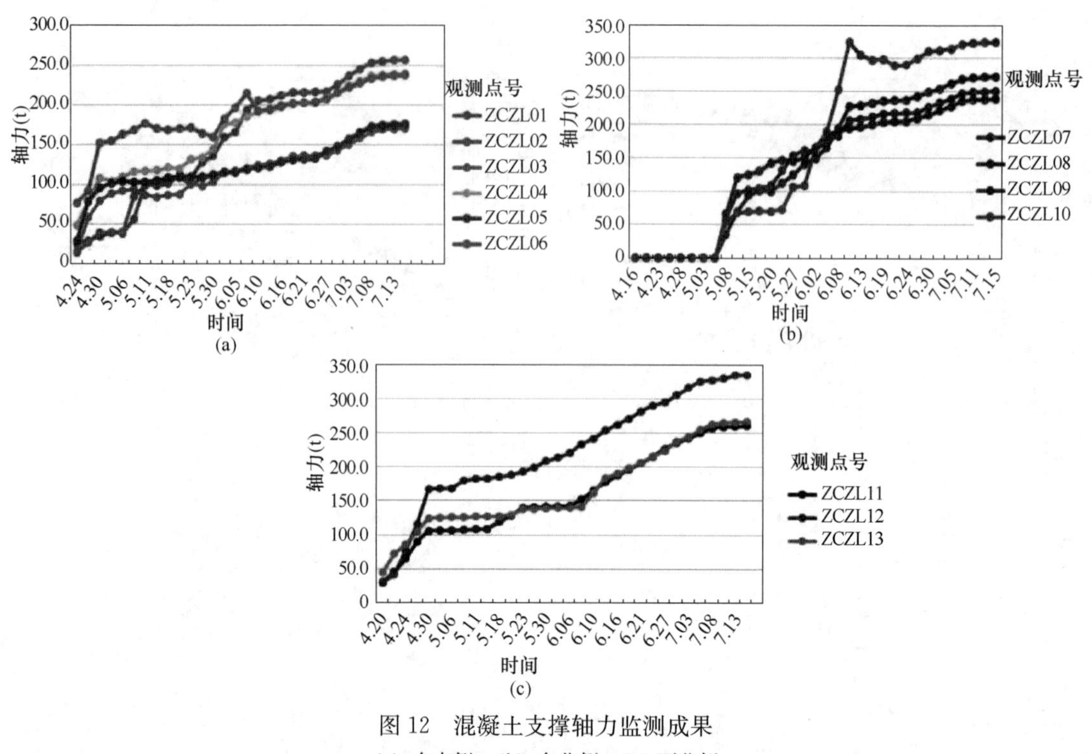

图 12　混凝土支撑轴力监测成果

(a) 东南侧；(b) 东北侧；(c) 西北侧

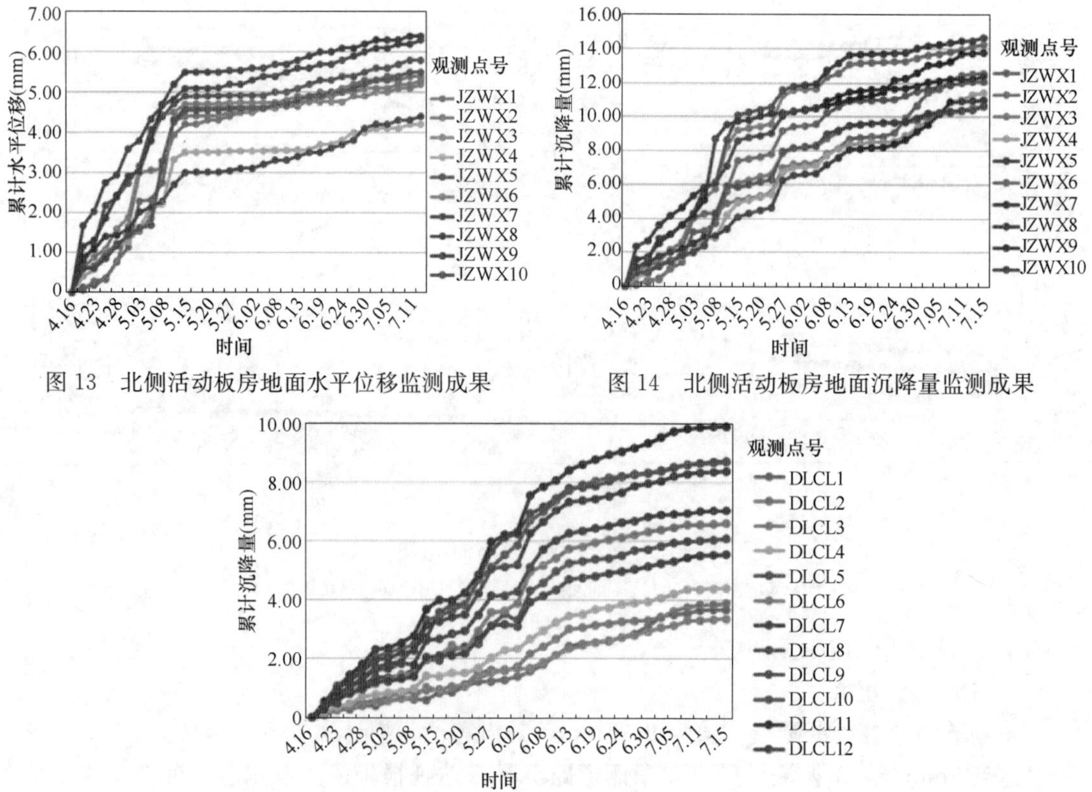

图 13　北侧活动板房地面水平位移监测成果

图 14　北侧活动板房地面沉降量监测成果

图 15　东侧道路沉降监测成果

5. 数值模拟与监测数据对比

在施工完成后一段时间内对支护结构及周边场地进行监测，监测数据与数值模拟结果对比如表3所示。

监测数据与数值模拟结果对比 **表3**

Y方向水平监测与模拟位移			沉降变形与模拟位移			角撑轴力与模拟角撑轴力		
序号	监测位移（cm）	模拟位移（cm）	序号	监测位移（cm）	模拟位移（cm）	序号	监测轴力（t）	模拟轴力（t）
1	14.2	15.25	1	9.91	6.35	1	324.3	347.43
2	13.6	12.21	2	6.10	5.36	2	257.2	321.07
3	13.7	13.35	3	3.70	4.94			

监测资料显示：基坑东侧变形最大点（ZD04）的水平位移为14.2mm，竖向位移为6.3mm，最近一次观测变化速率为0mm/d；基坑北侧变形最大点（ZD12）的水平位移为31.8mm，竖向位移为5.05mm，最近一次观测变化速率为0mm/d；基坑西侧变形最大点（ZD16）的水平位移为16.8mm，竖向位移为1.26mm，最近一次观测变化速率为0mm/d；基坑南侧变形最大点（ZD26）的水平位移为22.2mm，竖向位移为6.73mm，最近一次观测变化速率为0mm/d。

七、评述

（1）本基坑支护设计采用多种施工工法，各工法联合运用，基坑支护设计方案经济合理，基坑支护总费用约1500万元，比常规全部内支撑方案节省投资约35%；本基坑支护施工工期约60d，比传统方案施工节省工期约40d。

（2）可回收式预应力锚索在淤泥层的应用，极大地丰富了淤泥地层的支护形式；基坑东侧靠近地铁，设计采用坡顶搅拌桩插型钢（局部坡顶放坡）+大直径支护桩+角撑的支护形式，基坑顶部位移值控制小于20mm，基坑稳定可靠，未对地铁安全运营造成任何影响。

（3）模拟模型在Y方向上水平监测最大位移为15.25cm，道路系统Z方向上监测最大沉降位移为6.35cm，与实际监测过程中所得的位移量作对比，监测与预测位移量基本相符。模拟模型中的岩土体单元为完整连续介质，地层简化为均匀水平结构，支护结构理想化为结构单元，而实际岩土层具有不连续性及不均匀性，因此出现局部实际监测与模拟结果不一致的情况。因此在后续的防护中应持续监测岩土体的变形情况。

（4）数值模拟和现场检测结果表明，所采用的基坑支护方案，有效地保证基坑的稳定性，具有较好的支护效果，而且对于基坑东侧的道路系统影响较小。数值模拟分析对于基坑的设计及施工也具有良好的参考性。

（5）本基坑支护设计方案，上部采用了放坡、喷锚挂网，下部采用三轴搅拌桩、双轴搅拌桩、单轴搅拌桩、单排桩、双排桩、可回收式预应力锚索等多种工法，各工法联合运用，基坑支护设计方案经济合理，对基坑工程支护设计具有较好的指导意义。

武汉新长江香榭东沙项目基坑工程

张　峰　徐杨青　盛凤耀　汪子奇
（中煤科工集团武汉设计研究院有限公司，武汉　430064）

一、工程简介及特点

武汉新长江香榭东沙项目位于武汉市武昌区公正路与武九铁路交会处，由武汉新长江东沙地产开发有限公司投资兴建，总建筑面积约 12.6 万 m^2，由 8 栋 10～32 层住宅楼、酒店和 3 层配套商业裙楼组成，设 1～2 层地下室。地下室开挖基坑周长约 1464.5m，开挖深度 5.6～11.4m，开挖面积约 1.8 万 m^2。本项目的基坑工程特点如下：

（1）整个地下室和基坑被武汉市轨道交通 2 号线中山北路停车场及出入场线分割为东区、西区两个相对独立且又相互影响的地块，每个地块又按地下室层数不同分成两部分。基坑与出入场线隧道走向近乎平行，基坑底标高与隧道底标高基本持平，至中山北路停车场及出入场线结构外轮廓最近距离仅 2.19m。如此近接运营地铁隧道进行基坑支护及开挖作业，很可能引起出入场线隧道的变形过大，将影响整个轨道交通 2 号线的正常运营。

（2）场地周边环境非常严峻，东侧紧邻沙湖综合排水管涵，南侧紧邻公正路、天然气、光缆、电缆、给水排水管等管网分布，西侧紧邻武九铁路，北侧为地铁 2 号线一期工程中山北路停车场综合楼和沙湖公园，中部为运营中的武汉市轨道交通 2 号线中山北路停车场及出入场线。

（3）场地工程地质条件较差，且面临既有基坑地下支护结构的不利影响。场地中部中山北路停车场及出入场线在建设期间采用明挖顺作法施工，大部分采用放坡喷锚支护，主体结构建成后地下室外侧采用建筑垃圾和开挖后的黏性土进行回填，造成了基坑周边开挖深度范围大部分为回填土，临近沙湖侧还分布较厚的流～软塑状土，局部夹粉土，对基坑坑壁稳定性非常不利，基坑侧壁及底部土体自稳性能和抗剪性能均较差，处理不当，极有可能发生坑壁土体失稳、坑底隆起以及推挤工程桩等工程事故。场地位于沙湖南岸，赋存于表层填土层中的上层滞水及赋存于砂层中的孔隙承压水对基坑开挖变形有很大影响。

本项目基坑安全等级为一级，通过多种方案对比并运用三维有限元分析软件数值分析，最终支护设计方案采用坡顶卸土减载＋大直径钻孔灌注排桩＋钢筋混凝土内支撑综合支护体系，以及桩间落底式止水帷幕＋坑内局部中型井点降水的地下水处理方案。项目两层地下室区域基坑紧邻地铁出入场线隧道，隧道的变形风险很大，且在地铁运营期间隧道内禁止人员进入，为了及时发现隧道变形，指导信息化施工，地铁出入场线隧道内采用了自动化监测系统，更好地为施工项目提供及时、准确的信息，保证地铁隧道的安全运行。

通过最终监测结果，本项目基坑施工对停车场主体结构的变形和内力的影响满足停车场、武九铁路及沙湖综合排水管涵正常使用要求。

二、工程地质条件

1. 场地工程地质条件

本场地基本呈南北向布置，与长江大致平行，处于长江冲积一级阶地与三级阶地过渡地段，原为湖塘洼地，后因地铁 2 号线一期工程中山北路停车场开挖回填、场地西侧沙湖明渠改建回填以及场地东侧沙湖管涵开挖回填等一系列工程建设形成，平整后场地地面标高变化在 22.02～23.99m 之间。场地揭露的地层有：近代人工填土层（Q^{ml}）、第四系全新统冲积层（Q_4^{al}）、上更新统冲积层（Q_3^{al}）、冲洪积层（Q_3^{al+pl}），下伏基岩为志留系坟头组泥岩组成。根据勘察报告，与基坑支护工程有关的地层由新至老分述如下：

①$_1$ 杂填土（Q^{ml}）：杂色，湿～饱和，松散，主要表现为生活垃圾混少量碎石及黏性土，局部地段为建筑垃圾混少量生活垃圾，局部地表有 15～30cm 厚的混凝土地坪。该层土成分复杂，结构松散，极不均匀。主要为因修建武汉市轨道交通地铁 2 号线一期工程中山北路停车场、沙湖明渠改建等回填堆积而成。

②$_2$ 素填土（Q^{ml}）：褐黄色、灰黄色，稍密，局部松散，主要成分为黏性土，局部含少量植物根系及碎石。该层土均匀性差，属高压缩性土。为新近堆填。

③$_1$ 黏土（Q_4^{al}）：褐黄色，饱和，可塑状态。部分地段含腐殖质及贝类残骸，局部混含微薄层粉土。含铁锰氧化铁。无摇振反应，切面光滑，干强度高，韧性高。属中等偏高压缩性土。

③$_{2a}$黏土（Q_4^{al}）：褐灰色，饱和，可塑状态，局部含流塑状淤泥质黏土。含铁锰氧化铁。无摇振反应，切面光滑，干强度中等，中等韧性。属高压缩性土。

③$_{2b}$黏土（Q_4^{al}）：褐灰色，饱和，软塑～可塑状态，含灰白色高岭土条纹，无摇振反应，切面光滑，干强度中等，中等韧性。属高压缩性土。

③$_{2c}$黏土（Q_4^{al}）：褐灰～褐黄色，饱和，可塑状态，含铁锰氧化物及灰白色高岭土条纹。无摇振反应，切面光滑，干强度中等，中等韧性。属中等偏高压缩性土。

③$_{2d}$粉质黏土夹粉土（Q_4^{al}）：褐灰色，粉质黏土呈饱和、软塑状态为主，局部呈流塑状态。含铁、锰质氧化物及少量有机质，无摇振反应，切面光滑，干强度中等，中等韧性。粉土呈稍密状态。含有机质、腐殖物，局部夹淤泥质土。属高压缩性土。

③$_{2e}$粉质黏土夹粉土（Q_4^{al}）：灰～灰褐色，以粉质黏土为主，局部夹有粉土。粉质黏土呈饱和、可塑状态，无摇振反应，切面稍光滑，干强度中等，中等韧性。粉土呈中密状态，摇振反应中等，无光泽反应，干强度低，低韧性。属中等偏高压缩性土。

⑦$_1$ 粉质黏土（Q_3^{al}）：褐黄色，湿，可塑状态，含铁锰氧化物及高岭土。属中等压缩性土。

⑦$_2$ 粉质黏土（Q_3^{al}）：褐黄色，湿，可塑状态，含氧化铁，铁锰质结核及条带状高岭土。局部夹少量粉土，粉砂。属中等偏低压缩性土。

⑦$_{2a}$粉土（Q_3^{al}）：褐黄～灰褐色，湿，中密，夹软塑状薄层黏性土，含铁锰氧化物及灰白色高岭土。属中等偏低压缩性土。

⑦$_3$ 粉质黏土夹粉土（Q_3^{al}）：褐黄色～灰褐色，饱和。粉质黏土呈软塑～可塑状态，

局部夹流塑状淤泥质土。粉土呈稍密状态。属中等压缩性土。

⑦$_{3a}$粉质黏土、粉土、粉砂互层（Q_3^{al}）：褐黄色，饱和。粉质黏土呈软塑状态，局部夹流塑状淤泥质土。粉土、粉砂呈稍密～中密状态。属中等压缩性土。

⑧$_1$ 粉细砂（Q_3^{al}）：青灰色，饱和，稍密～中密状态。含云母片、长石、石英等矿物，局部夹薄层黏土。属中等压缩性土。

⑧$_{1a}$粉砂、粉土、粉质黏土互层（Q_3^{al}）：青灰色，饱和。粉质黏土呈可塑状态，粉砂、粉土呈中密状态。属中等偏低压缩性土。

⑧$_{1b}$粉细砂混砾卵石（Q_3^{al}）：青灰色，饱和，中密状态，层中含砾卵石，亚圆状，石英质为主。属中等偏低压缩性土。

⑨$_1$ 黏土（Q_3^{al}）：褐黄～绿灰色，湿，硬塑状态，含氧化铁斑点及少量灰白色条纹。属低压缩性土。

⑨$_2$ 黏土夹碎石（Q_3^{al}）：褐黄～褐灰色，湿，硬塑状态，含氧化铁斑点及少量高岭土，碎石母岩成分多为石英砂岩及砂岩。属低压缩性土。

⑬$_1$ 残积土（Q^{le}）：褐红色，饱和，可塑状态。以黏土为主，混少量中密状粗砾砂、碎石组成，颗粒组成不均。属中等压缩性土。

基坑典型工程地质剖面见图 1。基坑支护物理力学性质参数见表 1。

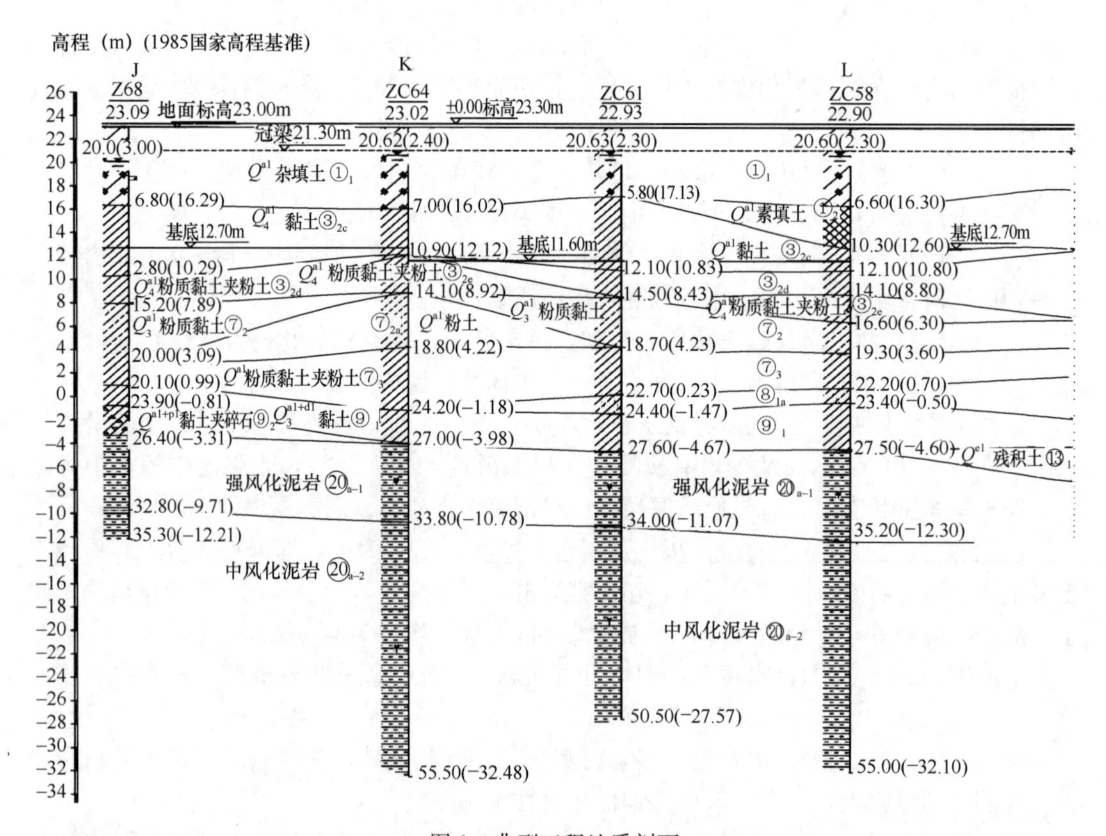

图 1　典型工程地质剖面

基坑支护物理力学性质参数 **表1**

地质年代与成因	地层编号	岩土名称	天然重度 γ（kN/m^3）	承载力特征 f_{ak}（kPa）	压缩模量 $E_{s(1\text{-}2)}$（MPa）	基坑支护设计参数		
						黏聚力 c（kPa）	摩擦角 φ（°）	承压含水层综合参数
Q^{ml}	①$_1$	杂填土	18.3	—	—	5	15	—
	①$_2$	素填土	18.0	—	—	8	7	—
Q_3^{al}	③$_1$	黏土	18.6	140	7.0	18	12	—
	③$_{2a}$	黏土	18.4	70	3.0	10	6	—
	③$_{2b}$	黏土	18.6	95	4.5	17	10	—
	③$_{2c}$	黏土	18.6	135	7.5	20	12	—
	③$_{2d}$	粉质黏土夹粉土	18.7	85	4.0	16	9	—
	③$_{2e}$	粉质黏土夹粉土	19.2	135	6.5	20	13	—
	⑦$_1$	粉质黏土	19.7	230	9.5	26	12	—
	⑦$_2$	粉质黏土	19.7	280	12.0	30	15	—
	⑦$_{2a}$	粉土	19.6	150	8.0	16	19	—
	⑦$_3$	粉质黏土夹粉土	19.2	145	8.0	20	14	—
	⑦$_{3a}$	粉质黏土、粉土、粉砂互层	19.5	150	8.5	22	18	—
	⑧$_1$	粉细砂	19.8	150	13.0	0	27	K=2.31m/d，R=129m
	⑧$_{1a}$	粉砂、粉土、粉质黏土互层	19.5	135	10.0	12	22	
	⑧$_{1b}$	粉细砂混砾卵石	20.0	170	14.0	0	30	
Q_3^{al+pl}	⑨$_1$	黏土	19.7	400	15.0	42	15	—
	⑨$_2$	黏土夹碎石	19.8	450	16.0	45	17	—
Q^{el}	⑬$_1$	残积土	19.3	180	13.0	26	12	—
S_{2f}	⑳$_{a\text{-}1}$	强风化泥岩	22.8	450	E_0=45.0	—	—	—
	⑳$_{a\text{-}2}$	中风化泥岩	23.8	fa =1600	—	—	—	—

2. 场地水文地质条件

场地内无地表水，暴雨季节地表偶有积水。沙湖与拟建场地最近距离约45.0m，勘察期间测得水面标高19.55m。场地内地下水主要为赋存于①填土中上层滞水、⑧$_1$粉细砂及⑧$_{1b}$粉细砂混砾卵石之中孔隙承压水以及⑳$_a$单元基岩裂隙带中基岩裂隙水。另外，场地内⑦$_{2a}$粉土、⑦$_3$粉质黏土夹粉土、⑦$_{3a}$粉质黏土、粉土、粉砂互层等土层中含层间水，水量有限，水位不稳定。

勘察期间，测得场地上层滞水稳定水位埋深1.90～3.50m，相当于绝对标高19.87～21.05m。孔隙承压水，水量较大，具承压性，与区域地下水有着紧密的联系。基岩裂隙水补给方式主要为上覆含水层下渗补给，与承压水呈连通关系。

三、基坑周边环境情况

项目东区基坑周边环境情况：东侧为已运营沙湖管涵，埋深约5.0m，管涵走向与基坑大致平行，其距拟建地下室基础外边线4.5～5.5m；南侧为城市主干道公正路及项目营销中心，其距拟建地下室基础外边线9.6～31.8m；西侧为中山北路停车场及出入场线，埋深约10m，其距拟建地下室基础外边线4.2～7.8m；北侧为项目临时施工便道及沙湖公园，其距拟建地下室基础外边线约37.0m。

项目西区基坑周边环境情况：东侧为中山北路停车场及出入场线，埋深约10m，其距拟建地下室基础外边线4.3～6.6m；南侧为城市主干道公正路及项目部办公区（2层活动板房），其距拟建地下室基础外边线18.6～21.4m；西侧仍在运营的武九铁路，铁路路肩为2m高的挡土墙，其距拟建地下室基础外边线7.4～8.2m；北侧为中山北路停车场综合办公楼（5层钢筋混凝土结构），其距拟建地下室基础外边线约26.0m。

基坑周边环境见图2。

图2　基坑周边环境

四、基坑围护平面

本基坑采用坡顶卸土减载＋大直径钻孔灌注排桩＋钢筋混凝土内支撑综合支护体系，以及桩间落底式止水帷幕＋坑内局部中型井点降水的地下水处理方案。

1）围护结构

基坑上部分段进行放坡卸载，以减少主动区土压力，坡面采用喷面网支护。本基坑周边全部采用大直径钻孔灌注桩作为支护主体，支护桩桩径为800～1200mm，间距1.1～1.5m，桩身混凝土强度等级为C30。

2）止水结构

本基坑采用落底式止水帷幕，止水结构为ϕ800@650高压旋喷桩。支护桩桩顶以下约5m杂填土部分用百米钻引孔，高压旋喷桩施工进入强风化基岩面0.5m。

3）支撑体系

本基坑内支撑设计为一层。其中支撑中心标高为20.90m，基坑支撑构件共分3种类型，均为钢筋混凝土结构，支撑混凝土强度等级为C30。

4）立柱体系

为了减少支撑的长细比，同时为了承受支撑的自重及施工误差引起的偏心而产生的弯矩，在支撑中部布设立柱桩，立柱桩有效桩长为15.0m，桩顶标高同基础底标高。开挖范围内采用4根L140×14mm等边角钢焊接成钢格构柱，角钢插入灌注桩3.0m。

5）基坑降水

在基坑开挖前，对已查明的废弃管道应进行封闭。在基坑开挖时，密切观察地下水渗漏情况，及时查清其来源并进行必要的封堵处理。为防止地表水从坡顶渗入边坡，坡顶以外2.0m内用水泥砂浆硬化，硬化面设计成倒坡，以便于地表水流入排水沟。为对上层滞水进行有效疏导，沿喷锚面设置多个泄水孔。

本基坑在开挖深度范围内支护桩间土为可塑～软塑状态的黏性土，为防止桩间土开挖后暴露、挤出流失，对桩间土应进行防护处理。在支护桩挖出后，立即组织施工人员对支护桩桩间土钉挂网喷射混凝土保护，并留置适量泄水孔。

根据勘察报告验算，基坑开挖后局部地段需要降水，以保证基坑不产生突涌。基坑降水设计目标为既要保证基坑的安全，又能最大限度地减少基坑降水对环境的影响。由于降水井主要抽取砂层中的地下水，根据该层颗粒特征、含水层渗透性能及经济分析，基坑内共布置4口降水井备用兼观测井。

基坑支护结构平面详见图3。

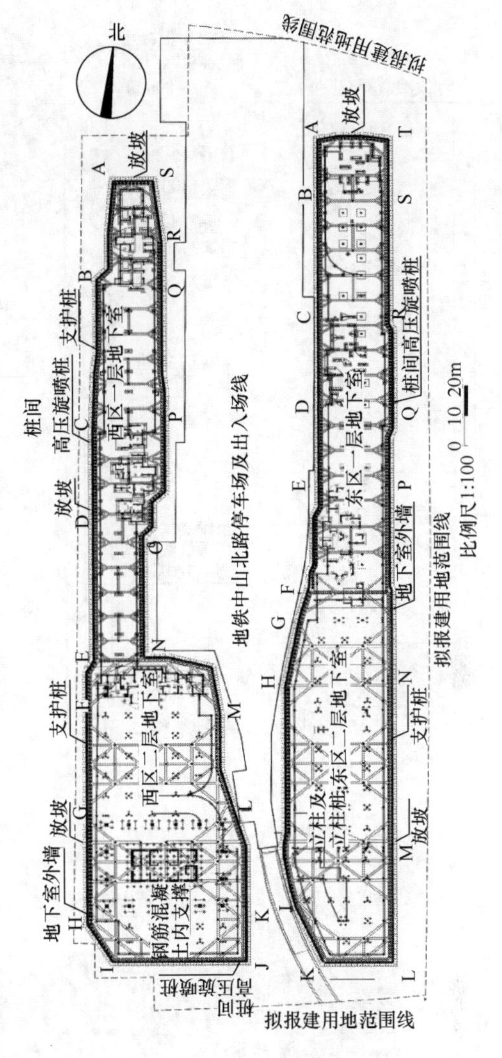

图3　基坑支护结构平面

五、基坑围护典型剖面

典型的坡顶卸土减载＋钻孔灌注桩＋一道钢筋混凝土支撑围护结构，落底式高压旋喷桩止水帷幕，支护剖面如图4所示。

六、基坑开挖对地铁停车场及出入场线影响数值分析

采用有限元软件PLAXIS建立有限元模型，对基坑开挖过程中，地铁停车场及出入场线沉降位移进行数值分析。本次数值分析采用HSS小应变本构模型，HSS模型能反映土体的硬化特征，区分加荷和卸荷的区别。

地铁停车场及出入场线结构平面计算共分2跨，变形以整体的竖向沉降为主，模拟基坑开挖过程中地铁停车场及出入场线结构沉降变化。数值模拟模型如图5所示，主要工况下地铁停车场及出入场线沉降值如表2所示，结构沉降最大值包络图如图6、图7所示。

模拟数据表明，地铁停车场及出入场线结构底板左侧墙附近垂直位移最大约11.5mm，满足轨道交通专业提供资料的保证路基后期沉降不大于－15mm的要求。

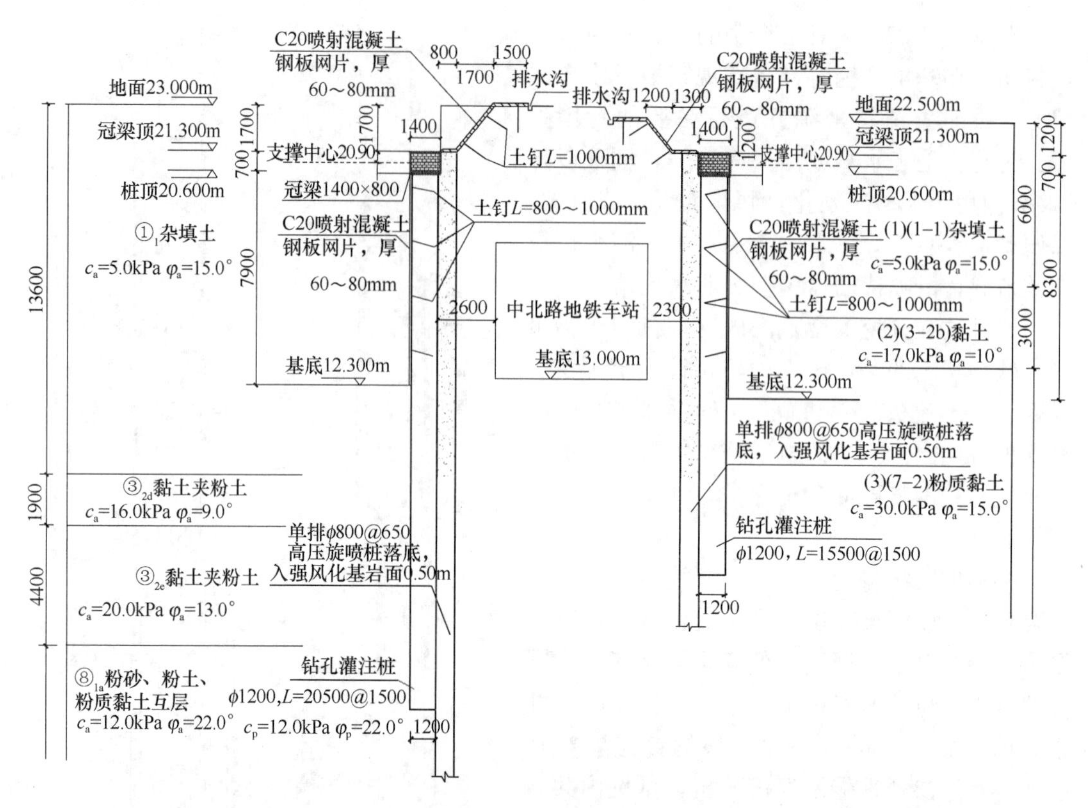

图 4　基坑支护典型剖面

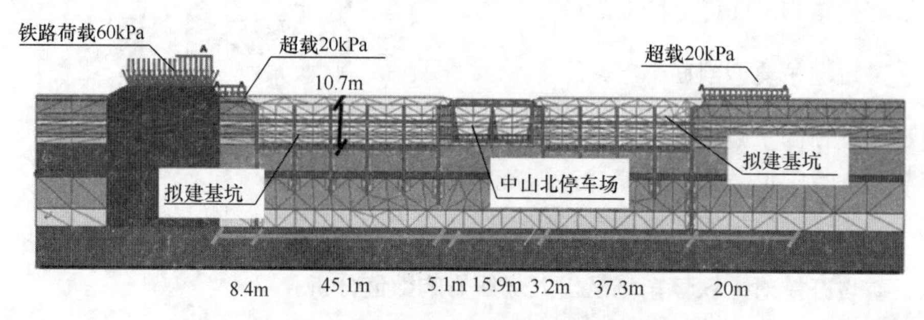

图 5　地铁停车场及出入场线数值模拟模型

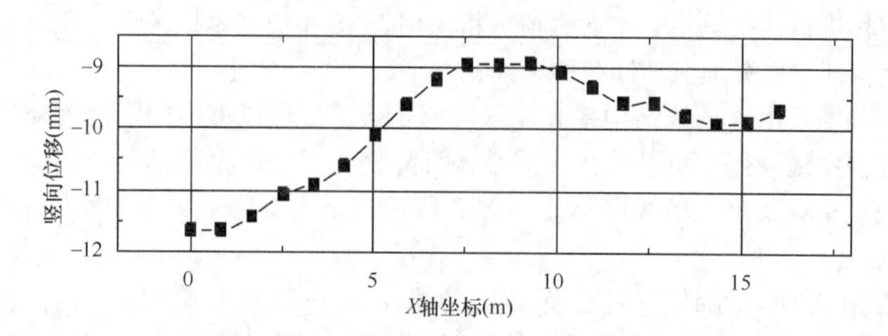

图 6　支撑拆除后地铁停车场及出入场线结构顶板垂直沉降

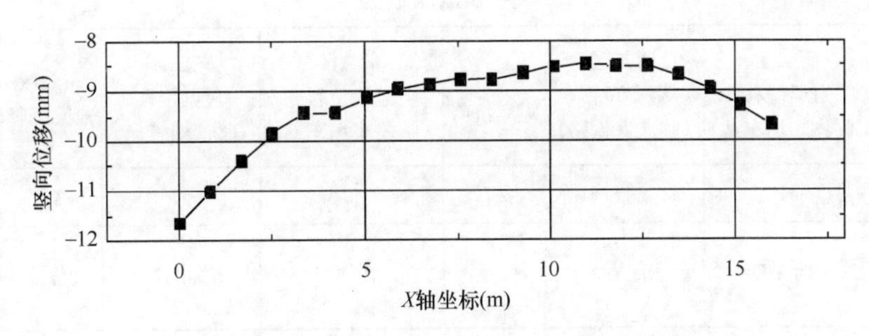

图7　支撑拆除后地铁停车场及出入场线结构底板垂直沉降

主要工况下地铁停车场及出入场线结构沉降　　表2

沉降变形＼施工工况	开挖至第一道支撑	支撑制作完成开挖至基底	楼板换撑拆除支撑
结构顶板（mm）	1.57	9.1	11.6
结构底板（mm）	1.58	9.1	11.5

七、简要实测资料

在基坑及地下室施工过程中必须进行监测，并制定合理周到的监测方案，实行动态设计和信息化施工，以确保基坑及周边建（构）筑物的安全和地下室施工的顺利进行。

基坑开挖过程和开挖后，对围护结构桩身的水平位移和周围既有建筑的沉降进行观测，观测结果表明：所采用的支护体系达到了预期效果，基坑无渗漏现象发生。

本文选取二层地下室区域基坑位移、中山北路停车场出入场线沉降作为代表予以说明，主要监测点平面布置见图8，主要监测数据见表3及图9～图15。

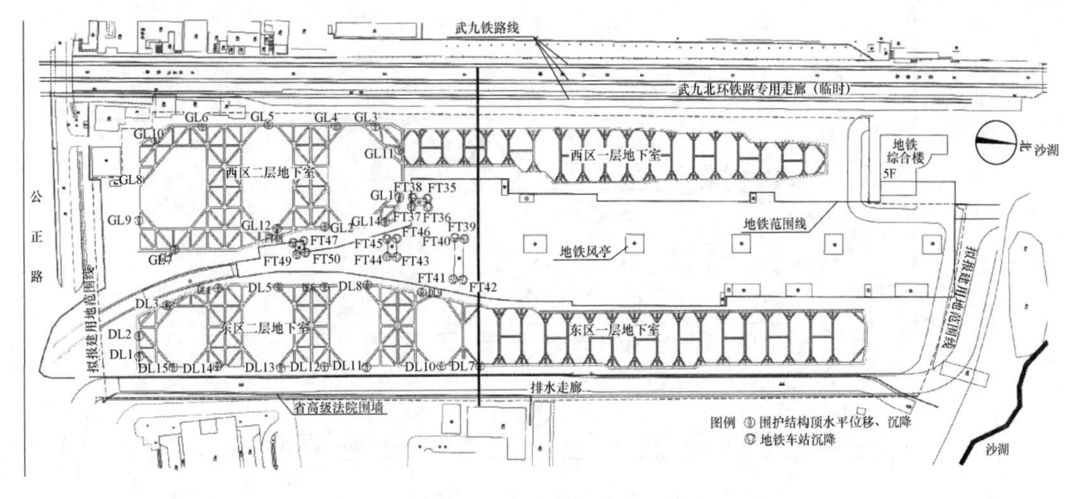

图8　主要监测点平面布置

主要监测数据　　　　**表 3**

监测项目 \ 监测项目	西二区冠梁位移（临停车场车站）	西二区冠梁位移（临武九铁路）	西二区冠梁沉降	东二区冠梁位移（临停车场车站）	东二区冠梁位移（临沙湖管涵）	东二区冠梁沉降	中山北路停车场出入场线沉降
监测次数	47	47	47	47	47	47	49
累计最大变化量（mm）	19.61	55.09	13.91	12.65	56.67	20.88	3.94

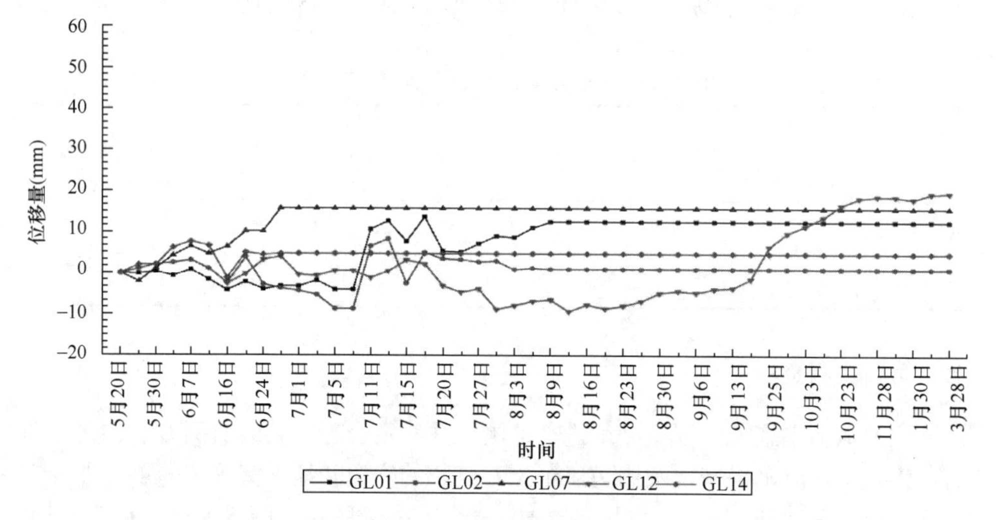

图 9　西二区冠梁位移曲线（临停车场车站）

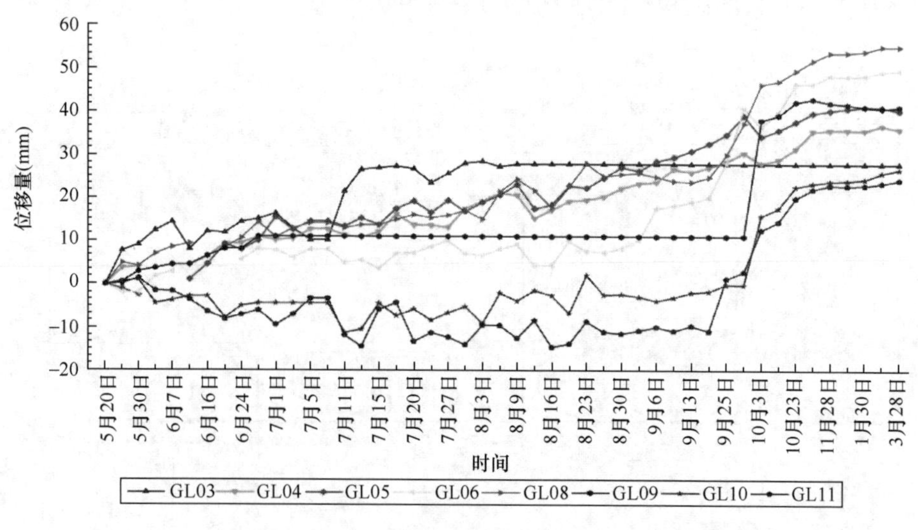

图 10　西二区冠梁位移曲线（临武九铁路）

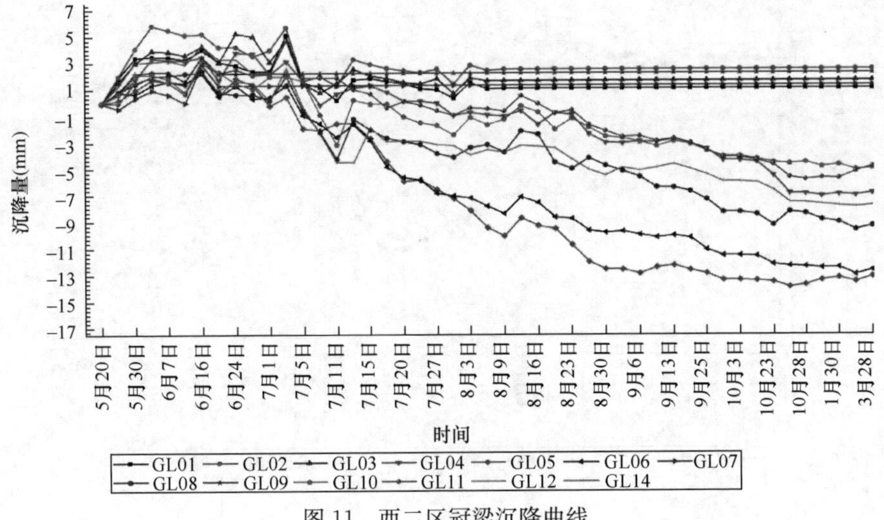

图 11　西二区冠梁沉降曲线

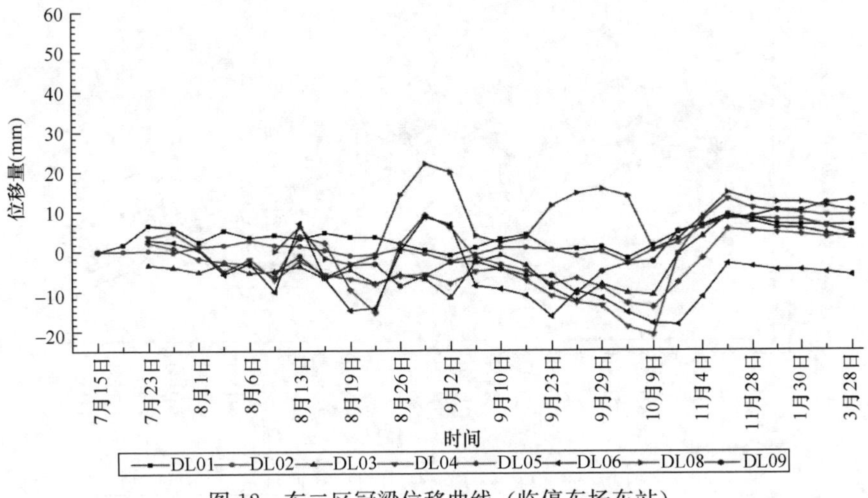

图 12　东二区冠梁位移曲线（临停车场车站）

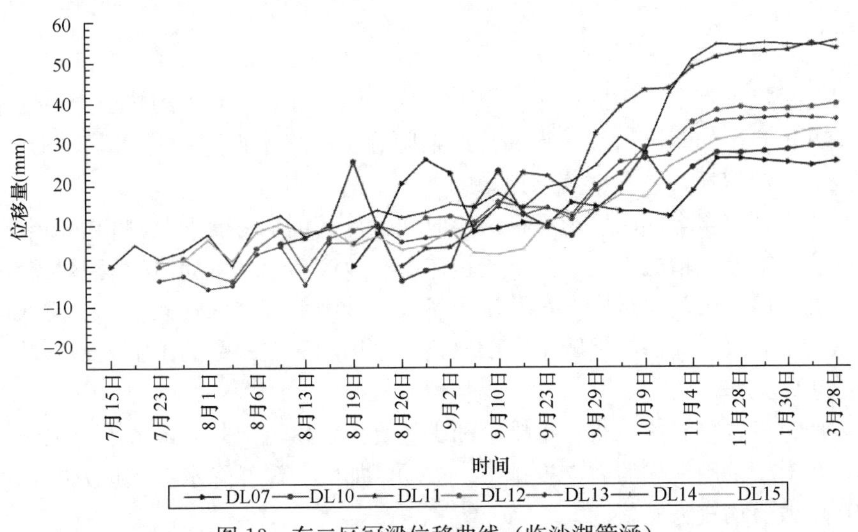

图 13　东二区冠梁位移曲线（临沙湖管涵）

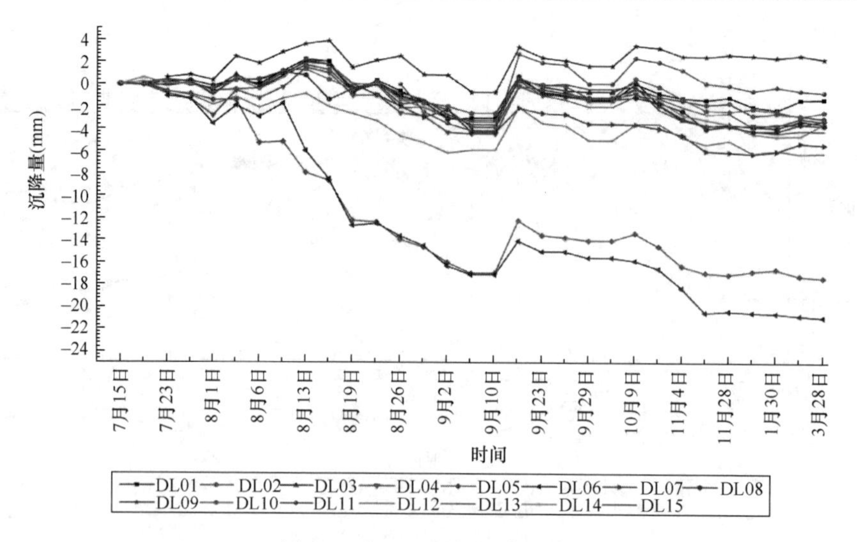

图 14　东二区冠梁沉降曲线

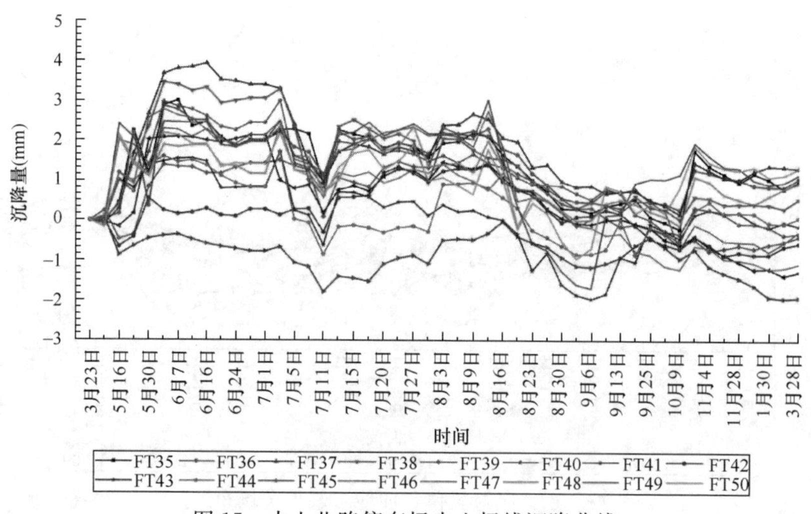

图 15　中山北路停车场出入场线沉降曲线

八、点评

本项目为武汉市首个在大面积深厚填土及软土地区近接运营中的轨道交通停车场及出入场线两侧开挖建设的基坑工程。基坑开挖期间施工严格遵循“信息法”原则，勤监测，勤巡视，及时反馈信息，并根据信息指导施工。

基坑从土方开挖至全部回填历经近两年时间，从基坑本身变形监测和中山北路停车场及出入线安全影响监测情况来看，基坑支护体系有效控制了基坑周边的变形及沉降，对紧邻基坑的武九铁路、中山北路停车场及出入场线、沙湖综合排水管涵等重要建（构）筑物及道路均得到了有效的保护，保障了中山北路停车场和武九铁路的正常运营以及沙湖综合排水管涵的正常工作。

同时，通过设置桩间落底式止水帷幕和少量坑内备用疏干井，最大限度地减少了地下水的抽排，相对于采用常规的“支护排桩＋被动区加固＋深井降水”支护方案，本项目经济效益和环境效益均较为显著。

武汉市堤角新干线基坑工程

刘艳敏　赵　渊　施木俊　张杰青　汪　彪
（武汉市勘察设计有限公司，武汉　430022）

一、工程简介及特点

武汉市堤角新干线项目位于江岸区解放大道和张公堤路交会处（图1）。总用地面积3.78万m^2，建筑设计1栋27层办公楼、5栋33层住宅楼，一层地下室。

项目设计±0.000＝23.080m，场地整平标高按22.20m考虑。基坑普挖深度6.57～9.67m，基坑周长约850m，面积约30000m^2。

图1　基坑施工

二、工程地质条件

1. 工程地质条件

拟建场区位于江岸区解放大道东侧，地形地貌属长江Ⅱ级阶地。本次勘察钻探揭露深度范围内，与基坑工程有关的场地地层自上而下依次为：①杂填土（Q^{ml}）；②黏土（Q_4^{al+pl}）；③$_1$粉质黏土（Q_4^{al+pl}）；③$_2$粉质黏土（Q_4^{al+pl}）；④黏土（Q_3^{al+pl}）；⑤$_1$粉质黏土、粉土粉砂互层（Q_4^{al+pl}）；⑤$_2$中粗砂混卵砾石（Q_4^{al+pl}）；⑥粉质黏土（Q^{el}）。基坑挖深影响范围内各土层主要力学参数见表1，典型工程地质剖面见图2。

场地土层主要力学参数　　　　表1

层号	地层名称	天然重度 γ（kN/m^3）	黏聚力 c（kPa）	内摩擦角 φ（°）	f_{ak}（kPa）	孔隙比	含水量（%）	渗透系数（cm/s）
①$_1$	杂填土	18.5	8.0	18.0	—			
②	黏土	18.4	23.0	12.0	120	0.949	33.2	2.5×10^{-3}

续表

层号	地层名称	天然重度 γ（kN/m³）	黏聚力 c（kPa）	内摩擦角 φ（°）	f_{ak} (kPa)	孔隙比	含水量 (%)	渗透系数 (cm/s)
③1	粉质黏土	18.0	14.0	7.0	85	1.032	35.7	1.2×10^{-6}
③2	粉质黏土	18.5	24.0	14.0	140	0.746	25.3	1.7×10^{-6}
④	黏土	19.4	42.0	16.5	420	0.739	25.5	
⑤1	粉质黏土、粉土粉砂互层	18.3	10.0	12.0	140	0.940	32.1	4.4×10^{-6}
⑥	粉质黏土	19.4	30.0	15.0	200	0.725	25	1.22×10^{-7}

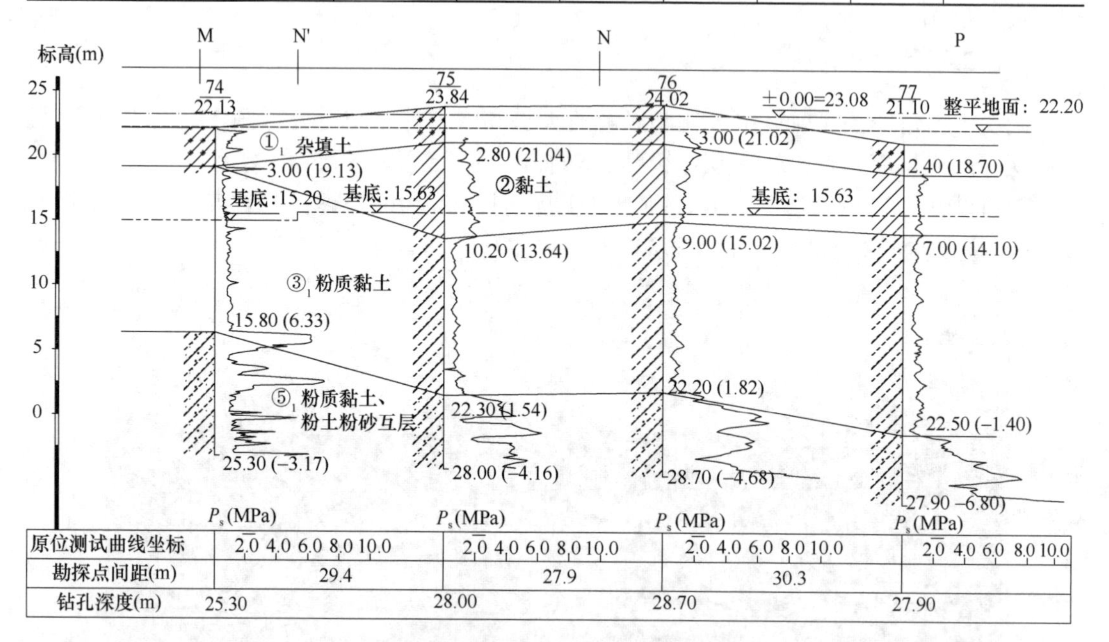

图 2　典型工程地质剖面

2. 水文地质条件

影响本场地的地下水主要为“上层滞水”与“孔隙承压水”。

“上层滞水”赋存于地表①杂填土层之中。“孔隙承压水”赋存于场地⑤1 粉质黏土、粉土粉砂互层、⑤2 中粗砂混砾卵石层中。

三、基坑周边环境情况

本项目基坑东侧居民楼密集，且为天然基础；西侧红线外为轨道交通 1 号线；南侧、北侧均临近道路，周边环境复杂。基坑周边环境情况见表 2、图 3。

基坑周边环境情况　　**表 2**

	用地红线	建构筑物	道路	管线
场地东侧	3.2～6.8m	1～6 层天然基础民房	—	—
场地南侧	5.1～11.8m	1～2 层民房	红线外 5.4～10.4m 为堤角南街	雨水、污水、电力、电信
场地西侧	6.8～17.6m	—	红线外 25.6m 为轨道交通 1 号线	雨水、污水、电力、电信
场地北侧	5.6～15.00m	—	红线外 2.0m 为张公堤路	雨水、污水、电力、电信

图3　基坑周边环境

四、基坑设计方案

1. 基坑的重难点分析

1）工程地质条件复杂

基坑侧壁及坑底普遍分布厚度大于15.0m的③$_1$层软土，对侧壁及整体稳定性威胁较大，传统设计为满足变形与稳定性的要求，竖向支护体系往往需穿过软土层进入承载力较高土层，导致支护桩桩长增大，长细比过大，经济效益较低。

2）周边环境严峻

基坑周边天然基础老建筑多，房屋质量保护难度较大；西侧红线外为轨道交通1号线，南侧、北侧均临近道路，车流量密集，对基坑支护位移要求高。场区需重点保护构筑物类型多，且用地空间有限，施工作业难度大、要求高。

3）基坑规模大、施工工期紧张及造价控制

基坑平面形状不规则，南北向跨度大，规模大。基坑周长约850m，面积约30000m^2。受建设方工期及造价限制，在深厚软土区需尝试采用新型及多种支护形式相结合的设计方法予以解决。

2. 基坑支护设计方案

根据湖北省地方标准《基坑工程技术规程》DB42/T 159—2012，结合本项目地质资料及周边环境状况，本基坑重要性等级为一级。

1）整体支护方案

本项目采用灌注桩排桩（长短桩相结合）+1道钢筋混凝土支撑结合被动区加固的支

护形式，局部采用钻孔灌注桩悬臂、双排桩支护结合被动区加固的支护形式。冠梁以上放坡挂网喷射混凝土防渗，侧壁设置搅拌桩帷幕挡淤。基坑支护平面布置见图4。

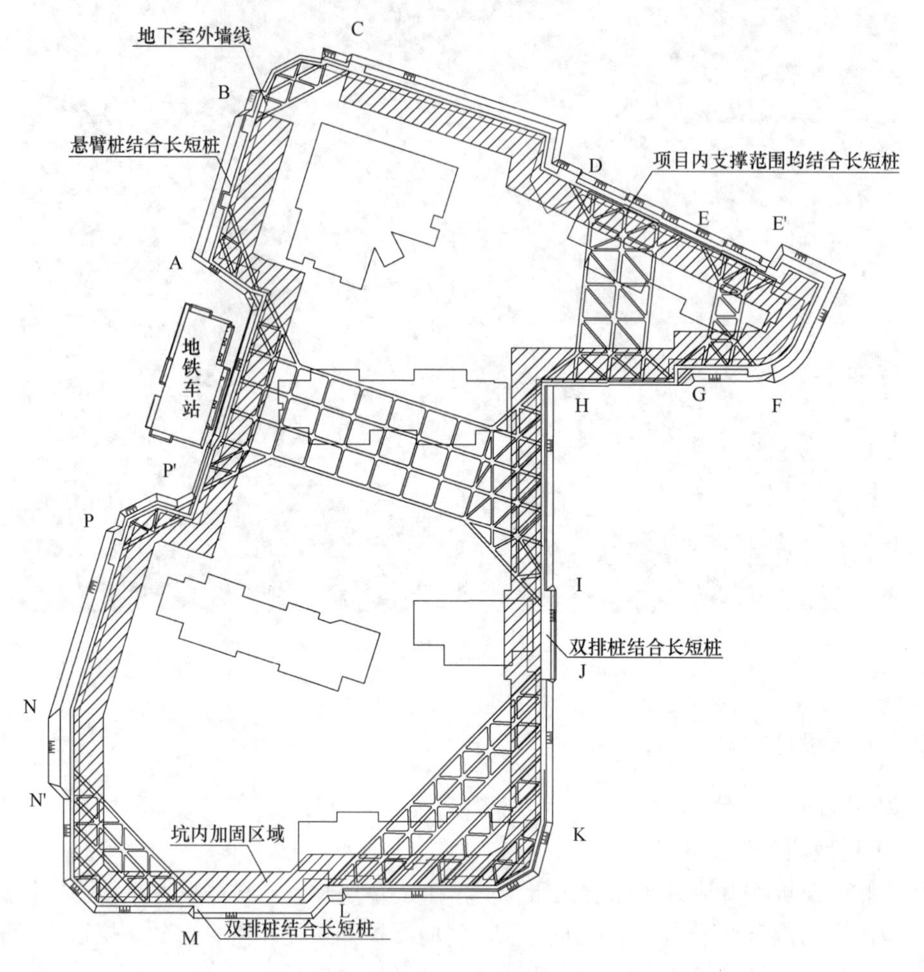

图4　基坑支护平面布置

2）长短桩结合

综合本工程的场地工程地质条件、周边环境、开挖深度等因素，从安全性、经济性、施工便捷性及工期要求等方面进行综合比选和优化，场区大范围采用长短桩相结合的新型支护形式，并将其应用于悬臂桩、支撑、双排桩等多种支护结构体系联合支护。

短桩满足被动抗力的要求，结合被动区加固提供桩底抗力，控制桩顶位移变形，按1倍桩间距设计计算；长桩满足整体稳定性的要求，抵抗深层滑移，按2倍桩间距进行计算。对比传统设计方法，克服了软土地区基坑支护桩普遍过长的不足，有效地缩短了一半数量的支护桩桩长，经济效益显著。典型长短桩支护剖面见图5。

支护桩采用ϕ900（800）灌注桩，桩间距为1300mm，桩身混凝土设计强度为C30。长桩桩长为16.5～25.5m，短桩桩长为9.5～12.5m。

3）局部对顶撑＋角撑

本项目基坑侧壁分布深厚软土，需重点保护构筑物类型多，西侧红线外临近轨道交通1号线，特别是地铁车站距基坑边线仅3～4m，基坑支护结构变形控制要求严格。

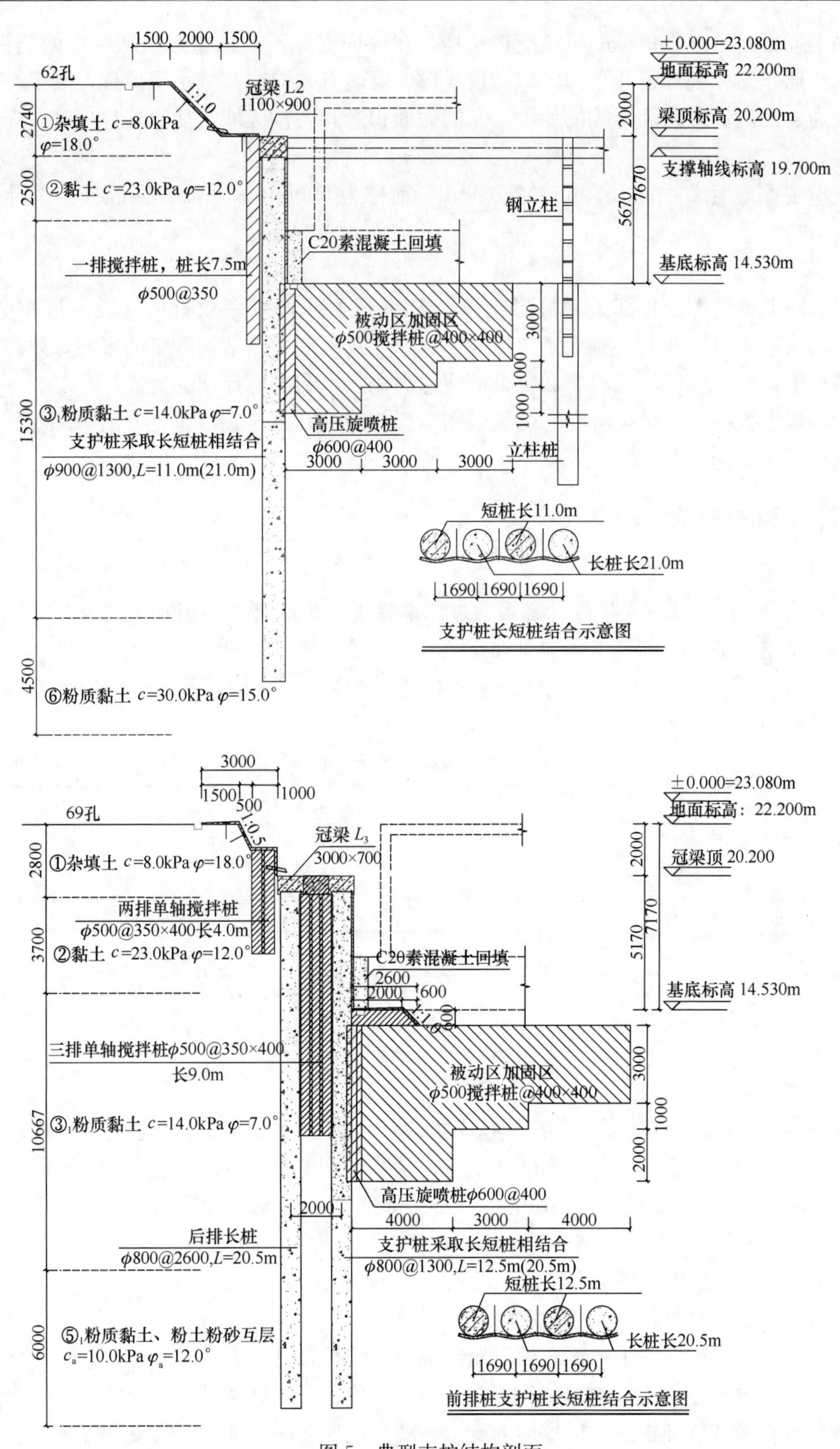

1500 2000 1500
62孔
1:1.0
冠梁 L2
1100×900
±0.000=23.080m
地面标高 22.200m
梁顶标高 20.200m
支撑轴线标高 19.700m
2740
①杂填土 c=8.0kPa φ=18.0°
2500
②黏土 c=23.0kPa φ=12.0°
钢立柱
2000
5670
7670
C20素混凝土回填
一排搅拌桩，桩长7.5m
φ500@350
基底标高 14.530m
被动区加固区
φ500搅拌桩@400×400
3000
1000
1000
15300
③1粉质黏土 c=14.0kPa φ=7.0°
支护桩采取长短桩相结合
φ900@1300,L=11.0m(21.0m)
高压旋喷桩
φ600@400
3000 3000 3000
立柱桩
短桩长11.0m
长桩长21.0m
1690 1690 1690
支护桩长短桩结合示意图
4500
⑥粉质黏土 c=30.0kPa φ=15.0°
3000
1500 500 1000
69孔
1:0.5
冠梁 L3
3000×700
±0.000=23.080m
地面标高：22.200m
冠梁顶 20.200
2800
①杂填土 c=8.0kPa φ=18.0°
两排单轴搅拌桩
φ500@350×400长4.0m
3700
②黏土 c=23.0kPa φ=12.0°
2000
5170
7170
C20素混凝土回填
2600
2000 600
基底标高 14.530m
1:1.0
三排单轴搅拌桩φ500@350×400
长9.0m
被动区加固区
φ500搅拌桩@400×400
3000
1000
2000
10667
③1粉质黏土 c=14.0kPa φ=7.0°
高压旋喷桩φ600@400
2000
4000 3000 4000
后排长桩
φ800@2600,L=20.5m
支护桩采取长短桩相结合
φ800@1300,L=12.5m(20.5m)
短桩长12.5m
6000
⑤1粉质黏土、粉土粉砂互层
ca=10.0kPa φa=12.0°
长桩长20.5m
1690 1690 1690
前排桩支护桩长短桩结合示意图

图5 典型支护结构剖面

采用局部对顶撑＋角撑的桩撑支护结构，在保证支撑不遮挡重点区域主楼的前提下，对轨道交通车站关键部位及角部区域布设支撑，既能有效控制基坑水平位移，利于对周边轨道交通、民房、道路及管线的保护，又能大面积避开主楼区域，加快工程进度，降低施工难度。

支撑主撑截面尺寸为 1000mm×800mm，辅撑为 600mm×700mm，混凝土设计强度等级为 C30。

4）其他支护

基坑南北侧局部及角部采用桩撑支护，中部 IJ/LM 段采用双排桩（长短桩相结合）支护，增大了土方作业面、减少了支撑对土方作业及后期主体结构施工的影响，并在南侧设置了施工通道、保证施工材料和机具的快速运输，以利工期计划的完成。

侧壁设置搅拌桩止淤，电梯井位置采用高压旋喷桩五面封底，避免采用中深管井降水对周边房屋沉降的影响。

五、监测数据分析

1. 施工概况

2014 年 12 月，基坑支护设计方案通过评审验收；2015 年 3 月开始施工支护桩；2017 年 1 月，基坑支护专项施工工程通过评审验收。各阶段施工情况见表 3。

2015 年 3 月～2017 年 1 月，配合施工进度，完成长、短桩监测，同时搜集监测、检测等相关资料。

各阶段施工情况　　表 3

日期	管线
2015 年 10 月 13 日	土方尚未开挖
2015 年 10 月 23 日	土方开挖至地面下约 3.0m
2015 年 10 月 28 日	土方开挖至基底
2015 年 11 月 28 日	主体结构向上施工，局部拆撑
2016 年 12 月 4 日	拆撑完成
2016 年 2 月 26 日	主体结构施工完成，尚未回填

2. 实测资料分析

选取西侧 AB 悬臂支护段、DE 桩撑支护段布设长、短桩监测点，悬臂 AB 段，监测从 2016 年 5 月至 2017 年 1 月，历时 9 个月，从基坑开挖至底板回填。桩撑 DE 段，监测从 2015 年 10 月至 2016 年 2 月，历时 5 个月。部分监测点布设过程见图 6，DE 段桩身测斜管平面位置见图 7。

以 DE 段为例分析，长桩监测情况见图 8，短桩监测见图 9。

从各阶段长、短桩实测桩身位移情况可以看出：

（1）长、短桩变形基本协调一致，短桩桩底位移较长桩偏大。

（2）受桩顶支撑作用，桩撑支护形式计算桩顶位移小于悬臂桩支护形式。

（3）桩身随基坑开挖发生向坑内的变形，随开挖深度的增加，桩身变形增大。

（4）基坑开挖后，土体变形存在滞后现象，随时间推移，变形发展由小变大再变小，

图 6　DE 桩撑支护段监测布设实景

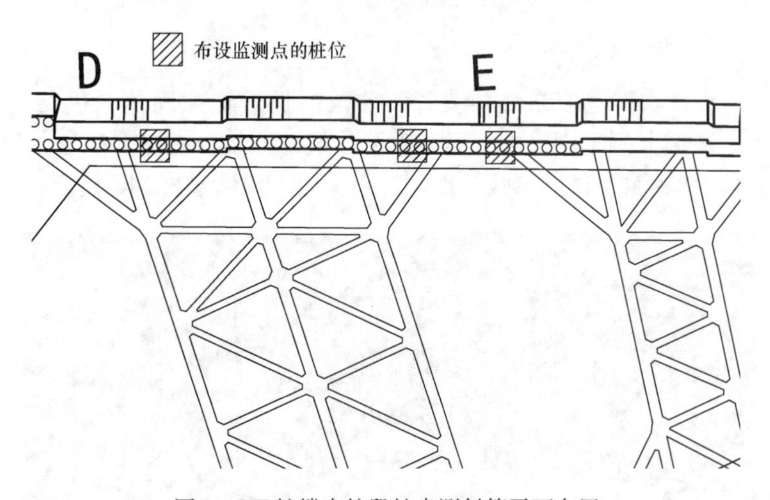

图 7　DE 桩撑支护段桩身测斜管平面布置

最后趋于稳定，稳定周期约 20d。

(5) 换撑工况，桩身变形加大。

基坑开挖后约 5～15d 变形发展较快，应加强观测。监测最大位移长桩为 21.58mm，短桩为 21.79mm。

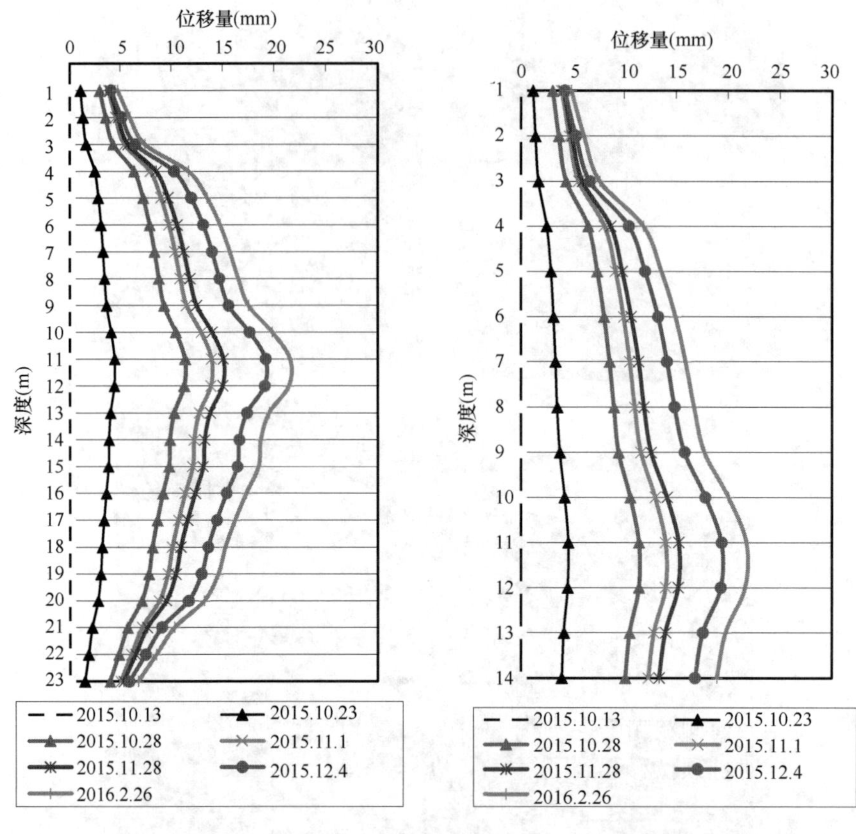

图 8　DE 段（悬臂）各施工阶段长桩桩身位移实测

图 9　DE 段（悬臂）各施工阶段短桩桩身位移实测

3. 数值分析

采用 PLAXIS3D 软件选取东北角支撑 DE 段的长短桩加固体系进行局部建模分析（图 10～图 12）。研究分别采用室内土工试验及数值模拟反分析综合确定土层参数。反分析模型依据土体本构关系及试验参数条件，分别采用 HS 模型与 MC 模型。

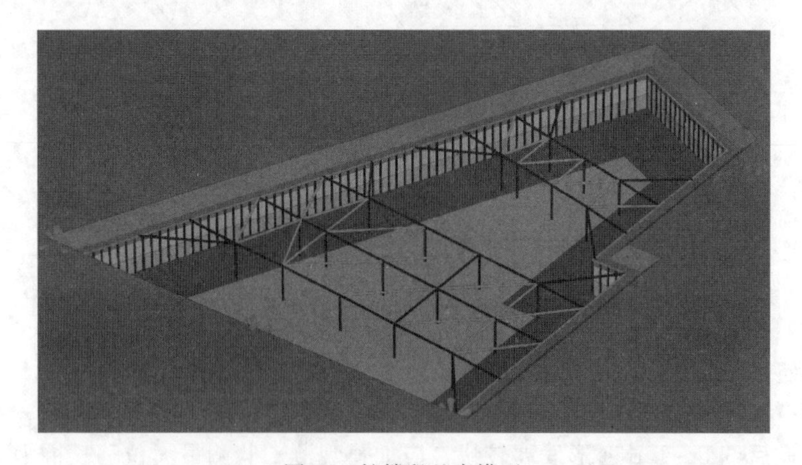

图 10　桩撑段基本模型

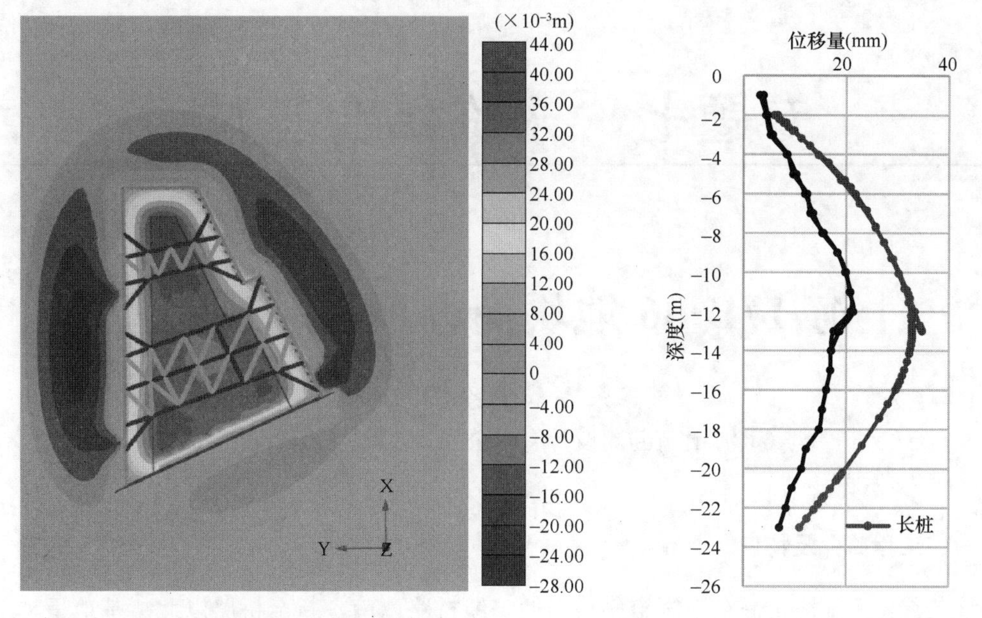

图 11　垂直剖切基坑沉降变形　　　　图 12　长短桩变形情况与实测数据对比

从变形位移计算结果可以看出：

（1）模拟数据与监测数据基本协调一致。

（2）水平支撑对桩顶位移起到了很好的限制作用，位移最大位置发生在短桩桩底。

（3）长、短桩变形基本协调一致，桩底均发生平移，短桩底平移大于长桩。

（4）受水平支撑影响，桩顶靠近坑边发生向上的反向位移，远离坑边发生向下的地面沉降，沉降范围为 3～5 倍开挖深度。

六、结语

武汉地区长江、汉水川流而过，江河湖泊发育，河、湖阶地特征显著，面积大，全新统湖积黏性土、淤泥质土以及淤泥层厚度大，工程性质差。在此区域开挖基坑工程，为了满足变形与稳定性的要求，竖向支护体系往往需要穿透淤泥质土层，进入下部承载力相对较高的好土层中，桩往往很长，桩体抗弯承载能力不能充分发挥，工程造价高，经济效益较低。

为了节省支护工程造价，提出采用长短桩相结合的支护方法，长短桩交替布设，同时部分区域结合水平向支护体系。在进行排桩围护结构设计时，往往将三维问题简化成二维断面进行计算分析，综合考虑岩土工程的不均匀性，一般选取最危险断面进行简化，简化范围内，其余位置均按此断面分析结果进行设计。而对于长短桩相结合支护设计方法，由于其纵断面上结构体系刚度不统一，为传统简化方法带来了难度。

本项目将钻孔灌注桩长短桩相结合支护设计方法首次大规模应用于悬臂桩、支撑、双排桩等多种支护结构体系。短桩满足被动区抗力的要求，长桩满足整体稳定性的要求，抵抗深层滑移。短桩结合被动区加固提供桩底抗力，控制桩顶位移变形，对比传统设计方法，仅需一半长桩穿透软土层，进入其他好土层中。实践证明，采用长短桩相结合支护方法，对深厚软土支护合理、可行。为该种方法在武汉地区的普及与应用奠定了实践基础与理论计算依据。

专题七　永临结合基坑

上海 17B-06 地块商办项目基坑工程

翁鑫荣　戴生良　李忠诚
（上海山南勘测设计有限公司，上海　201206）

一、工程简介及特点

该工程位于上海市浦东新区金科路以西，浙桥路以南，新金桥路以北。基地呈梯形，南北长约 136m，东西向最长约 175m，最短约 77m。用地面积 17114.2m^2，总建筑面积 165577.91m^2，地上总建筑面积 115810m^2，地下建筑面积 49767.91m^2。拟建建筑由 1 栋办公塔楼、1 栋裙楼及地下室组成。办公塔楼地上 47 层（250m）、裙楼地上 4 层（24m）、地下 3 层及局部 4 层地下室。塔楼采用混凝土柱钢梁框架-钢筋混凝土核心筒结构，裙楼采用混凝土柱钢梁框架结构；地下室采用钢筋混凝土框架结构。基础形式为桩-筏基础，桩基采用钻孔灌注桩。

本工程基坑存在“深、近、险”的特点：（1）不同地下室层数导致基坑深度不一致，地下三层区域普遍挖深 14.0～15.8m，地下四层区域普遍挖深 17.9～18.3m，根据上海市《基坑工程技术标准》DG/TJ 08—61—2018，基坑安全等级为一级；（2）基坑北侧青年公寓等天然地基重要建（构）筑物紧邻基坑边缘，根据上海市《基坑工程技术标准》DG/TJ 08—61—2018，基坑北侧环境保护等级为一级；（3）基坑开挖深度范围内主要为深厚的软弱淤泥质土，且坑底存在⑤$_2$层、⑦$_1$层和⑦$_2$层等多层承压含水层突涌风险。因此，本工程基坑较深、周边环境保护要求高、存在软弱土层和多层承压水，是典型的上海软土地区复杂环境和地质条件下的深基坑工程。

本工程基坑采用顺作法整体开挖施工。基坑支护结构采用地下连续墙“两墙合一”结合渠式切割水泥土连续墙（TRD 止水帷幕），竖向设置三道（局部四道）钢筋混凝土支撑的形式，地下室高差区域采用钻孔灌注桩排桩结合三轴水泥土搅拌桩止水帷幕。

二、工程地质条件

1. 场地工程地质及水文地质条件

拟建场地属于滨海平原地貌类型，在勘察深度范围内揭露的地基土为第四纪全新世～晚更新世（Q_4^3～Q_3^1）的沉积层，主要由黏性土、粉土、砂土组成。拟建场地位于古河道沉积区边缘区域：场地北侧为正常沉积区；场地南侧为古河道沉积区，缺失第⑥层暗绿色硬土层。场地土层的分布、构成与主要特征如下：

①杂色杂填土层，场地内遍布，顶部夹较多建筑垃圾，底部夹少量黏性土。

②灰黄色粉质黏土层，含氧化铁斑点及铁锰质结核，局部夹少量粉性土，土质从上往下逐渐变软，土质较均匀，可塑～软塑，中等压缩性。

③灰色淤泥质粉质黏土层，场地遍布，含云母、有机质等，局部夹薄层及团状粉性土，土质较均匀，流塑，高等压缩性。

④灰色淤泥质黏土层，场地遍布，分布稳定，含云母、有机质等，局部夹少量粉性土及贝壳碎屑，土质较均匀，流塑，高等压缩性。

⑤$_1$灰色黏土层，场地遍布，分布稳定，含云母、有机质等，偶夹贝壳碎屑，底部局部夹1～2cm粉性土，土质较均匀，流塑～软塑，高等压缩性。

⑤$_2$灰色砂质粉土夹粉质黏土层，场地遍布，含云母等，局部夹3～35cm粉质黏土，局部为粉质黏土夹砂质粉土，土质不均匀，稍密～中密，中等压缩性。

⑥暗绿色～草黄色粉质黏土层，场地遍布，分布稳定，含氧化铁斑点，偶夹钙质结核，土质较均匀，软塑，中等压缩性。

⑦$_1$草黄色黏质粉土层：含云母、有机质等，局部夹8～10cm黏性土，土质较均匀，中密，中等压缩性。

⑦$_{2-1}$灰色粉砂层，场地遍布，分布稳定，含长石、石英、云母等，土质较均匀，密实，中等压缩性。

⑦$_{2-2}$灰色粉砂层，场地遍布，分布稳定，含长石、石英、云母等，土质较均匀，密实，中等压缩性。

⑧灰色粉质黏土夹粉砂层，场地遍布，分布稳定，含云母、有机质，局部夹6～25cm粉砂，局部为砂质粉土，土质不均匀，可塑，中等压缩性。

⑨灰色粉砂层，含长石、石英、云母等，土质较均匀，密实，中等压缩性。

⑩蓝灰色粉质黏土层，含钙质、铁锰质结核，土质较均匀，可塑，中等压缩性。

⑪青灰色细砂层，含长石、石英、云母等，土质均匀，密实，中等压缩性。

基坑支护设计物理力学参数如表1所示。

基坑支护设计物理力学参数 **表1**

土层编号	土层名称	土层厚度（m）	重度 γ（kN/m^3）	直剪固快（峰值）		渗透系数 K（20℃，cm/s）
				黏聚力 c（kPa）	内摩擦角 φ（°）	
②	灰黄色粉质黏土	0.3～2.4	18.6	21	19.0	3.8×10^{-6}
③	灰色淤泥质粉质黏土	5.3～7.4	17.4	12	18.5	4.1×10^{-6}
④	灰色淤泥质黏土	7.8～10.0	16.4	11	13.0	3.6×10^{-6}
⑤$_1$	灰色黏土	5.7～11.7	17.7	14	15.5	3.0×10^{-6}
⑤$_2$	灰色砂质粉土夹粉质黏土	6.3～20.3	18.5	8	31.0	1.2×10^{-4}
⑥	暗绿～草黄色粉质黏土	2.0～3.8	19.4	45	19.0	1.9×10^{-6}
⑦$_1$	草黄色黏质粉土	1.8～8.2	18.7	5	35.0	2.6×10^{-4}
⑦$_{2-1}$	灰色粉砂	4.0～12.1	18.8	5	34.0	3.0×10^{-4}
⑦$_{2-2}$	灰色粉砂	19.6～24.1	18.8	2	35.5	4.4×10^{-4}

场地地下水主要为浅部地层中的潜水、第⑤$_2$层中的微承压水以及第⑦、⑨层中的承压水。

浅部土层中的潜水，年平均地下水水位埋深约0.5～1.0m。

第⑤$_2$层砂质粉土夹粉质黏土为微承压含水层，仅在拟建场地南侧的古河道区域分布，且与下部第⑦层承压含水层相连通。经验算，第⑤$_2$层微承压含水层对本工程基坑存在突涌风险。

第⑦层粉砂为上海地区第一承压含水层，第⑨层粉砂为上海地区第二承压含水层，第一承压含水层与第二承压含水层被第⑧层灰色粉质黏土夹粉砂分隔开。经验算，第⑦层微承压含水层对本工程基坑存在突涌风险。第⑨层承压含水层埋藏较深，对本工程基坑无突涌影响。

综上所述，本工程基坑在地下三层区域需对第⑤$_2$层微承压水进行降压，在地下四层区域需对第⑤$_2$层微承压水和第⑦层承压水进行降压。

2. 典型工程地质剖面

本工程场地南北向的典型工程地质剖面如图1所示。

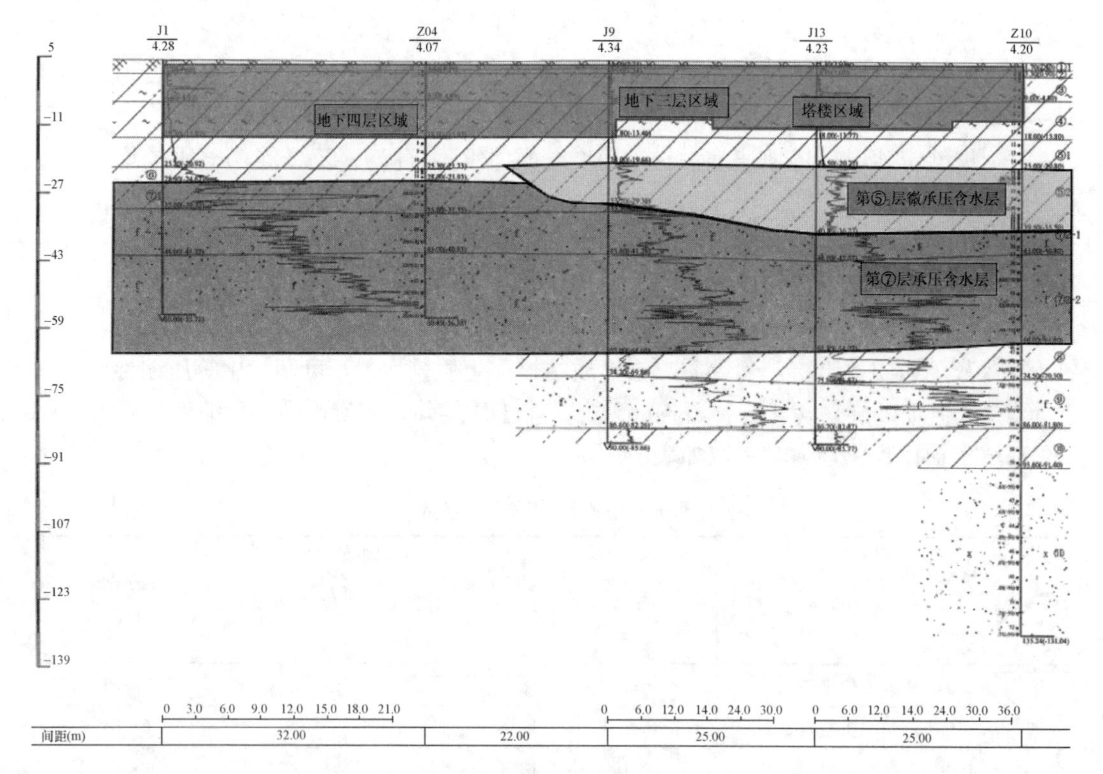

图1 典型工程地质剖面

三、基坑周边环境情况

本工程基坑位于上海市浦东新区金桥镇，基坑东邻金科路，南邻新金桥路，西邻碧云玖零商办建筑，北邻浙桥路。基坑周边环境平面如图2所示。

基坑北侧商办、青年汇碧云公寓和机械车库等天然地基建筑位于基坑一倍挖深范围内，北侧环境保护等级为一级；基坑东侧和南侧市政道路、市政管线位于基坑一倍挖深范围以外，基坑西侧碧云玖零商办建筑和极乐汤等桩基础建筑位于基坑一倍挖深范围以外，该三侧基坑环境保护等级为二级。基坑周边邻近建（构）筑物分布情况见表 2，基坑周边邻近道路主要管线分布情况见表 3。

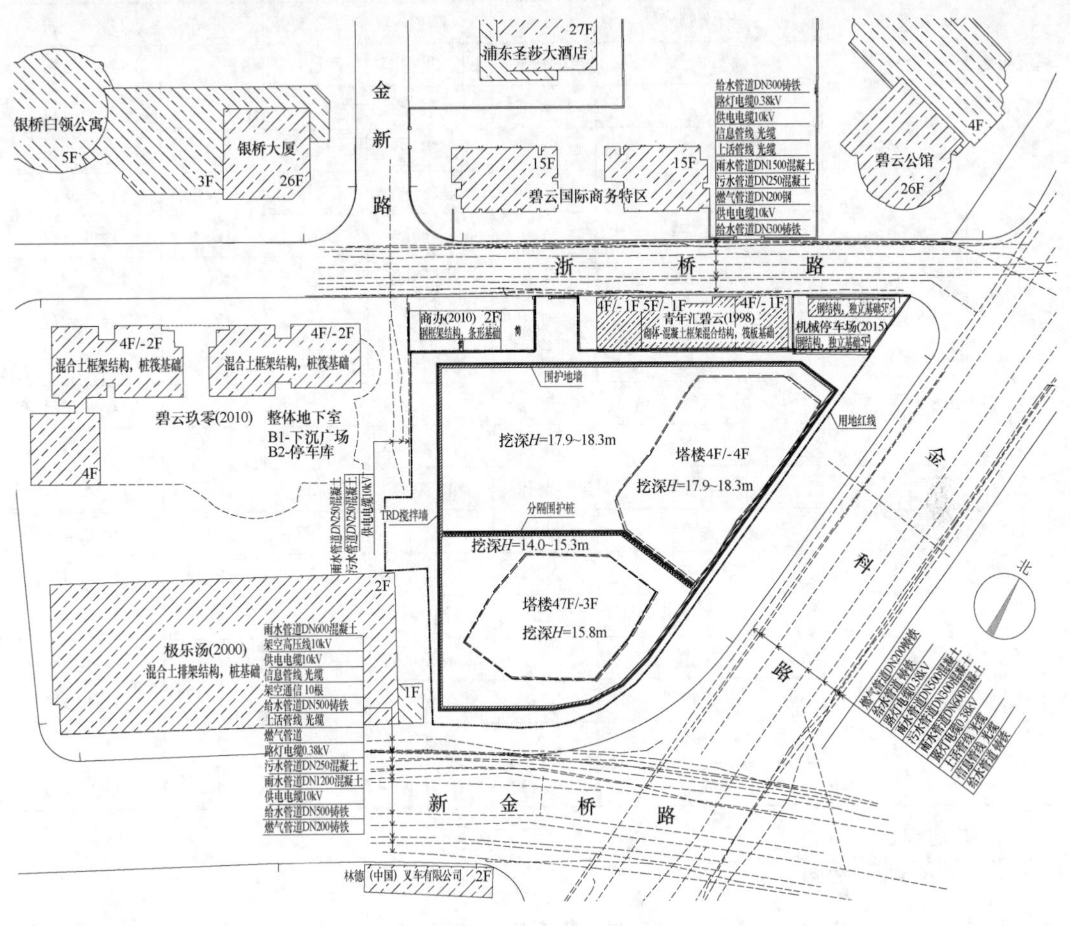

图 2　基坑周边环境平面

基坑周边邻近建（构）筑物分布情况　　表 2

基坑周边	建（构）筑物名称	结构基础概况	与基坑最近距离 D (m)	距离 D 与挖深 H 的关系
基坑北侧	商办建筑	2010 年建成，地上 2 层，钢框架结构，柱下条形基础	10.5	$D=0.6H$
	青年汇碧云公寓	1998 年建成，地上 4～5 层、地下 1 层，砌体-混凝土框架混合结构，筏板基础	5.9	$D=0.3H$
	机械停车库	2015 年建成，地上 5 层，门式钢架结构，柱下独立基础	5.0	$D=0.3H$
基坑西侧	碧云玖零商业中心	2010 年建成，地上 4 层、地下 2 层，框架结构，预制桩基础	22.9	$D=1.3H$
	极乐汤温泉馆	2000 年建成，为在原单层混凝土排架厂房结构上增加一层钢结构插层，独立桩承台基础	17.4	$D=1.2H$

基坑周边邻近道路主要管线分布情况（两倍挖深影响范围内） 表3

基坑周边	邻近道路	道路管线类型	管径（mm）	材质	埋深（m）	与基坑最近距离 D	距离 D 与挖深 H 的关系
基坑东侧	金科路	燃气管	DN200	铸铁	1.0	26.9	$D=1.5H$
		给水管	—	铸铁	1.5	29.8	$D=1.6H$
		路灯电缆	1/1孔	1根0.38kV	0.5	30.7	$D=1.7H$
		雨水管	DN500	混凝土	2.4	38.2	$D=2.1H$
		污水管	DN300	混凝土	2.8	52.5	$D=2.9H$
基坑南侧	新金桥路	雨水管	DN600	混凝土	2.5	12.2	$D=0.8H$
		架空高压线	—	3根10kV	—	16.4	$D=1.1H$
		供电电缆	1/1孔	1根10kV	0.8	17.1	$D=1.2H$
		信息（非开挖）	0/32孔	光缆	—	17.4	$D=1.2H$
		给水管	DN500	铸铁	1.2	22.8	$D=1.5H$
		燃气管	—	—	—	24.4	$D=1.6H$
		路灯电缆	1/1孔	1根0.38kV	0.6	28.8	$D=1.9H$
基坑西侧	碧云玖零内部道路	供电电缆	1/1孔	1根10kV	0.58	12.2	$D=0.7H$
		污水管	DN250	混凝土	1.58	14.8	$D=0.8H$
		雨水管	DN300	混凝土	1.53	18.0	$D=1.0H$
基坑北侧	浙桥路	给水管	DN300	铸铁	0.5	27.8	$D=1.5H$
		供电电缆	—	2根10kV	0.6	27.7	$D=1.5H$
		燃气管	DN200	钢	1.6	31.6	$D=1.7H$
		污水管	DN250	混凝土	3.0	32.9	$D=1.8H$
		雨水管	DN1500	混凝土	4.7	36.9	$D=2.0H$

四、基坑围护平面

本工程地下室基坑包括地下三层和地下四层，两个区域整体同步开挖施工。基坑围护结构采用地下连续墙“两墙合一”结合渠式切割水泥土连续墙（TRD止水帷幕），地下四层区域采用1000mm厚地墙，地下三层区域采用800mm厚地墙，TRD水泥土搅拌墙厚700mm。地下三层与地下四层高差区域采用钻孔灌注桩排桩 ϕ900@1100结合三轴水泥土搅拌桩 ϕ850@600止水帷幕。地墙内外两侧设槽壁加固，外侧TRD搅拌墙兼作槽壁加固，内侧槽壁加固采用三轴水泥土搅拌桩 ϕ850@600。坑内被动土体加固结合环境保护要求区别设置，北侧采用裙边加固，其余侧采用墩式加固。本工程基坑围护结构平面布置如图3所示。

基坑竖向整体设置三道（地下四层区域设置四道）钢筋混凝土支撑。支撑平面布置以对撑、角撑结合边桁架的形式，并结合现场行车路线布置挖土栈桥（图3中阴影区域）。支撑平面布置见图4和图5，基坑施工期间支撑如图6所示。

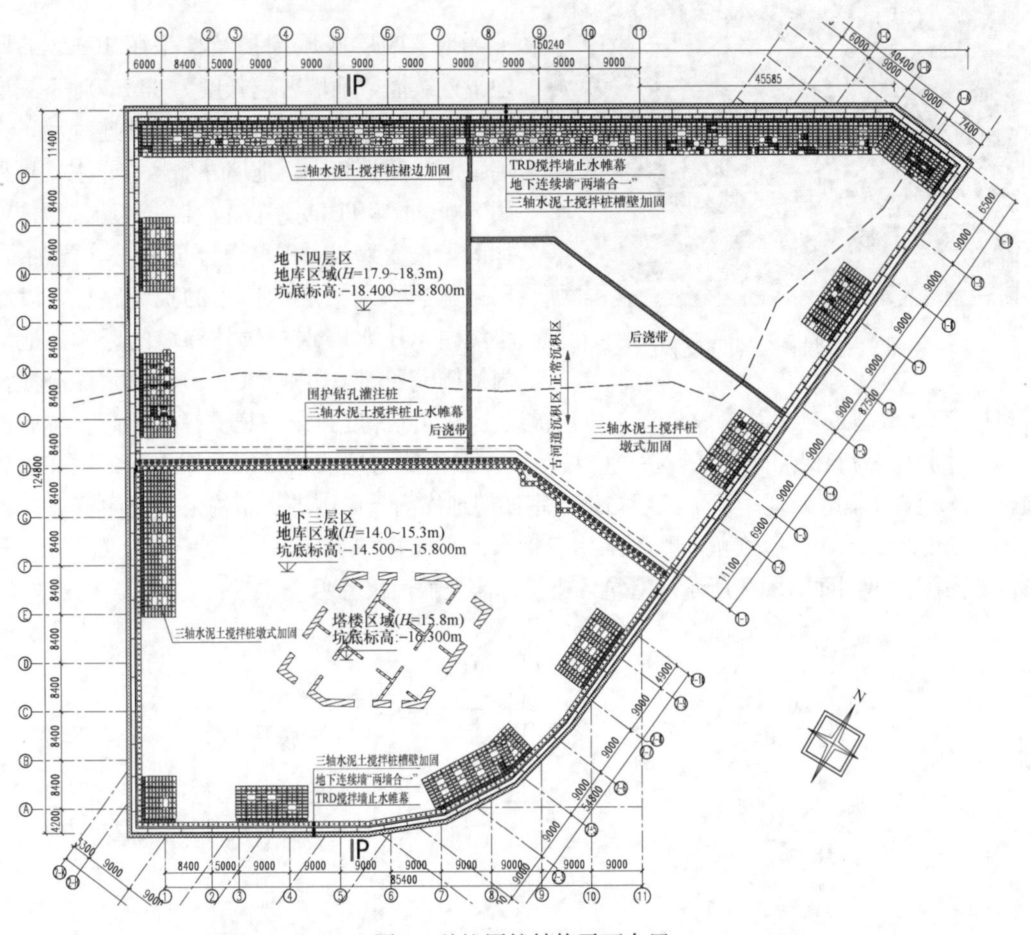

图 3　基坑围护结构平面布置

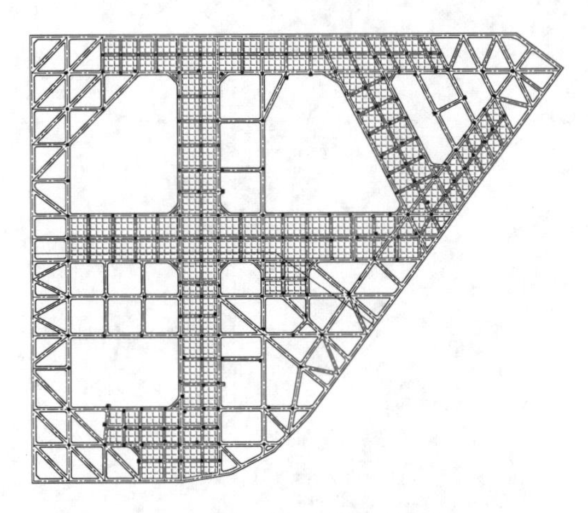

图 4　第一道支撑平面布置

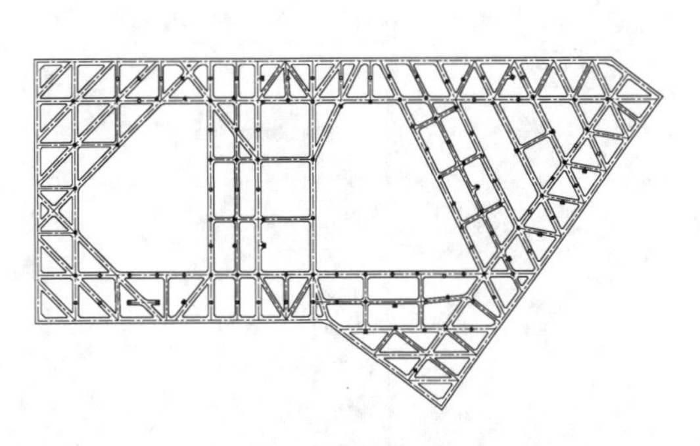

图 5　第四道支撑平面布置

图 6　基坑施工期间支撑

五、基坑围护典型剖面

地下四层区域围护结构采用 1000mm 厚地下连续墙，地墙普遍长度为 33m；地下三层区域围护结构采用 800mm 厚地下连续墙，地墙普遍长度为 28m。地墙外侧悬挂止水帷幕采用 700mm 厚 TRD 搅拌墙，兼作地墙外侧槽壁加固，长度为 52m，水泥掺量 25％，增加⑤$_2$层微承压水及⑦层承压水的扰流路径，以减小坑内承压水降水对坑外环境的影响。地墙内侧槽壁加固采用 ϕ850@600 三轴水泥土搅拌桩搭接 250mm 施工，水泥掺量 20％。坑内被动土体加固深度自第一道支撑底标高至坑底以下 5m。同时，为确保加固效果，在坑内被动土体加固体与地墙槽壁加固体之间采用高压旋喷桩 ϕ800@600 填缝处理。地下三层与地下室四层地库高差区域围护结构采用灌注桩 ϕ900@1100，长度为 12m，其后侧止水帷幕采用三轴水泥土搅拌桩 ϕ850@600，长度为 11.5m。基坑南北向围护纵剖面如图 7 所示。基坑内支撑标高及截面尺寸见表 4。

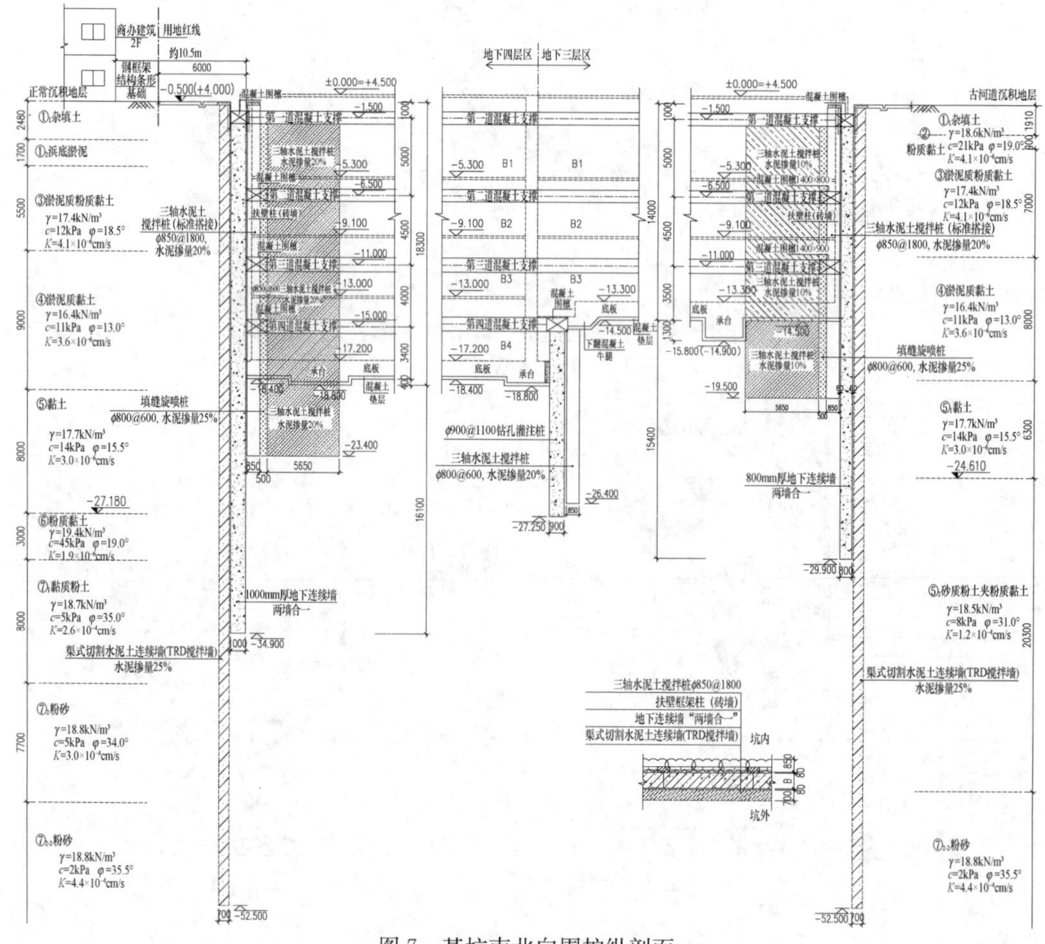

图 7　基坑南北向围护纵剖面

基坑内支撑标高及截面尺寸　　表4

水平支撑	支撑中心 相对标高（m）	钢筋混凝土围檩 （mm×mm）	钢筋混凝土支撑 （mm×mm）	钢筋混凝土连杆 （mm×mm）
第一道支撑	−1.500	1200×800	1000×800	800×800
第二道支撑	−6.500	1400×800	1200×800	800×800
第三道支撑	−11.000	1400×900	1200×900	800×900
第四道支撑	−15.000	1400×900	1200×900	800×900

六、简要实测资料

1. 监测点的布置

本次基坑施工期间对周边环境和支护体系进行了监测，监测项目主要包括：围护墙顶位移、深层水平位移（测斜）、钢筋混凝土支撑轴力、立柱隆沉、坑内外地下水位、地下管线位移、邻近建（构）物位移、坑外地表沉降等。基坑监测从工程桩及基坑支护结构施工开始至地下结构施工完成为止。基坑主要监测点布置如图8所示。

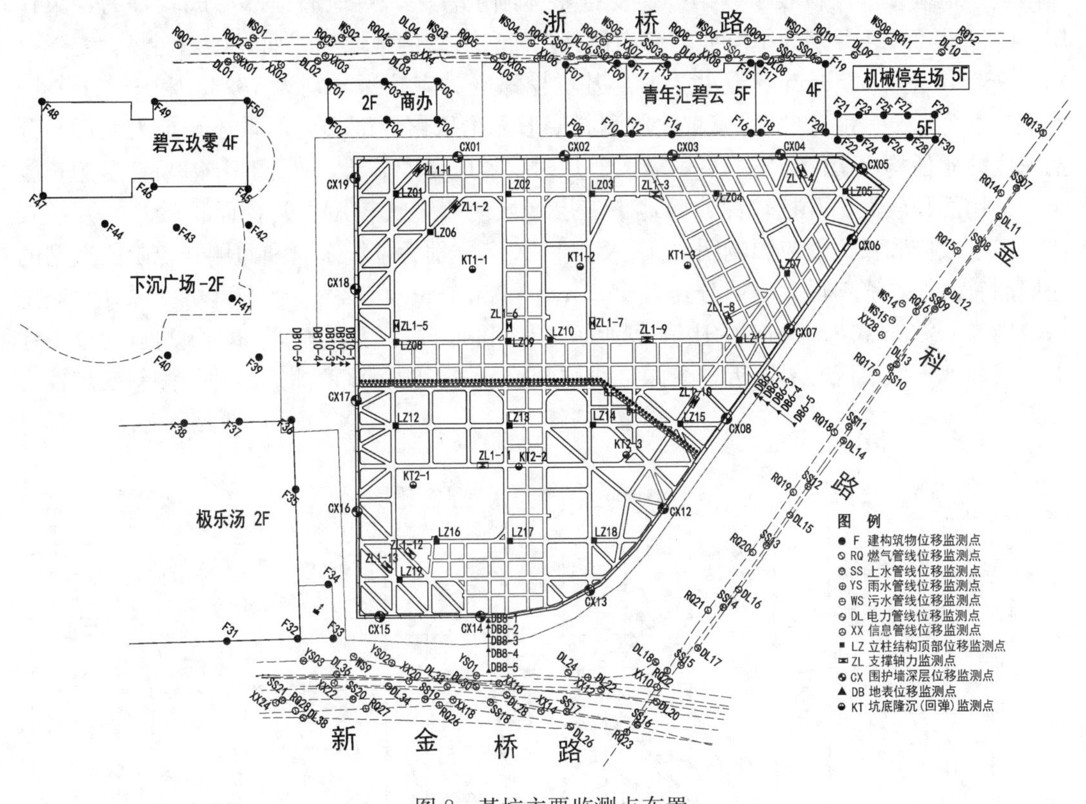

图8　基坑主要监测点布置

2. 典型监测成果分析

该项目工程桩施工自2020年11月24日开始，至2021年5月7日完成；立柱桩施工自2021年1月11日开始，至2021年6月30日完成；TRD搅拌墙施工自2021年3月17

日开始，至2021年6月6日完成；地下连续墙施工自2021年5月17日开始，至2021年7月4日完成。支撑施工随土方分层开挖依次进行，2021年8月31日完成首层土方开挖和第一道支撑施工，2021年10月10日完成第二层土方开挖和第二道支撑施工，2021年11月3日完成第三层土方开挖和第三道支撑施工，2021年12月4日完成第四层土方开挖和第四道支撑施工。地下三层区域底板于2021年12月12日浇筑完成，地下四层区域底板于2022年1月3日浇筑完成。

基坑土方开挖自2021年9月6日开始，至2022年1月3日大底板施工完成，历时近4个月。截至目前，基坑正处于地下结构回筑施工阶段，故本文主要分析基坑开挖至大底板完成阶段的主要监测成果。为便于分析，将基坑开挖分为五个工况阶段：S1-首层土方开挖及第一道支撑施工、S2-第二层土方开挖及第二道支撑施工、S3-第三层土方开挖及第三道支撑施工、S4-第四层土方开挖及地下三层区底板（地下四层区第四道支撑）施工、S5-地下四层区第五层土方开挖及底板施工。

1）地墙深层水平位移

土方开挖阶段各施工工况下地下连续墙深层水平位移（测斜）如图9所示。地墙沿深度的水平位移随着土方开挖深度增加而增大，各开挖工况下的地墙最大变形均出现在开挖面附近。地墙顶部位移较小，第一道支撑整体刚度较大，对地墙顶部形成较好的约束作用。CX2和CX14分别为基坑北侧和南侧开挖阶段典型的地墙测斜曲线，测斜最大变形分别为96.3mm和55.0mm，最大变形与基坑挖深（对应挖深分别为18.3m和15.3m）的比值分别为5.3‰和3.6‰。基坑北侧测斜变形无论从累计最大变形量还是最大变形与开挖深度的比值均比南侧地下三层区域大。从时空效应角度分析，地下四层基坑北侧边长较长、开挖面积较大、开挖较深，而地下三层区域南侧边长较短、开挖面积较小、开挖较浅，时空效应和长边效应影响明显。CX7和CX17分别为基坑东侧和西侧开挖阶段典型的地墙测斜曲线，测斜最大变形分别为95.1mm和86.4mm，最大变形与基坑挖深（对应挖深分别为18.3m和15.3m）的比值分别为5.2‰和5.6‰。基坑东侧和西侧测点均位于地下三层和地下四层区交界附近，受深、浅坑开挖叠加影响，该两测点的地墙测斜变形较为接近。

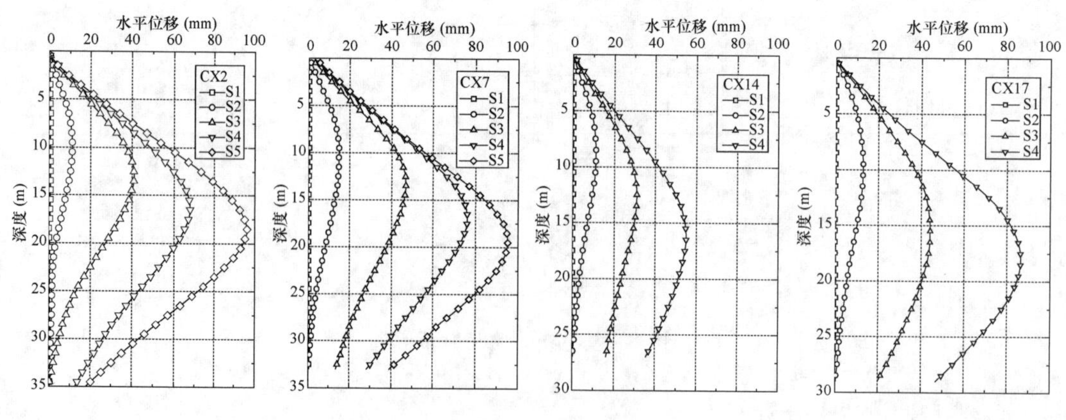

图9 地下连续墙深层水平位移

2）坑外地表沉降

图 10 是基坑周边典型地表沉降沿坑边垂线方向实测曲线。地表沉降变形随开挖阶段工况总体呈逐渐增大趋势；地表沉降随远离基坑距离先增大后减小，近似呈倒三角形分布；地表最大沉降值距离基坑边约 5m。DB6 为基坑东侧金科路道路绿化带内地表沉降测点，该侧地表沉降最大值约 140mm，主要由于该侧为基坑长边中点，且道路绿化带内覆土松散，导致地表沉降相对较大。DB8 为基坑内南侧新金桥路地表沉降测点，该侧地表沉降最大值约 57mm，该侧为施工主要出入口，重车反复碾压导致地表沉降相对较大。

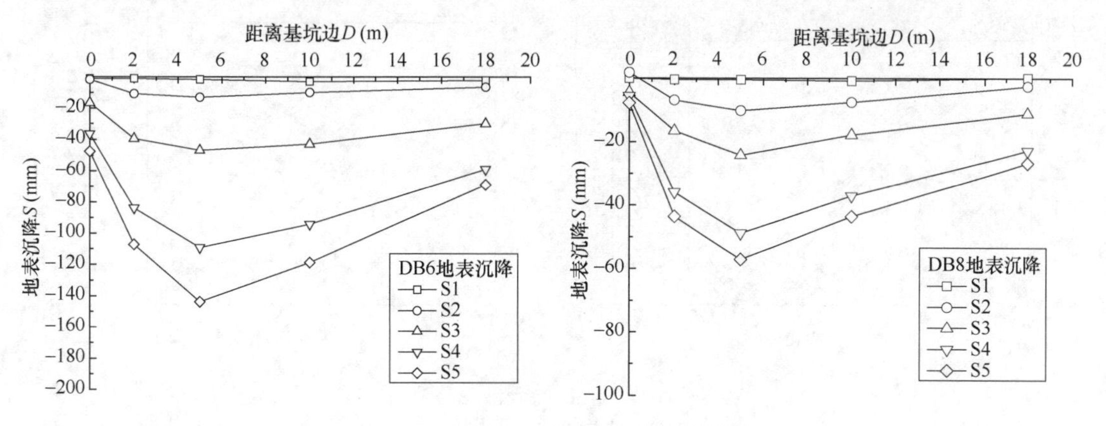

图 10　基坑周边典型地表沉降实测曲线

3）道路地下管线沉降

基坑周边燃气和上水管线从桩基施工开始的沉降历时曲线见图 11。可见，桩基施工及首层土 S1 开挖阶段管线沉降发展较慢，该阶段燃气管和上水管的最大沉降分别为 4.7mm 和 6.6mm。S2 开挖阶段管线沉降发展速率加快，直至 S5 开挖至坑底沉降发展速率达到最大，底板浇筑后沉降速率显著减小。S5 阶段金科路燃气管沉降较大，最大值为 64.6mm；浙桥路上水管沉降较大，最大值为 90.9mm。地下管线沿长度方向沉降较均匀，经管线权属单位巡查，管线状态良好。

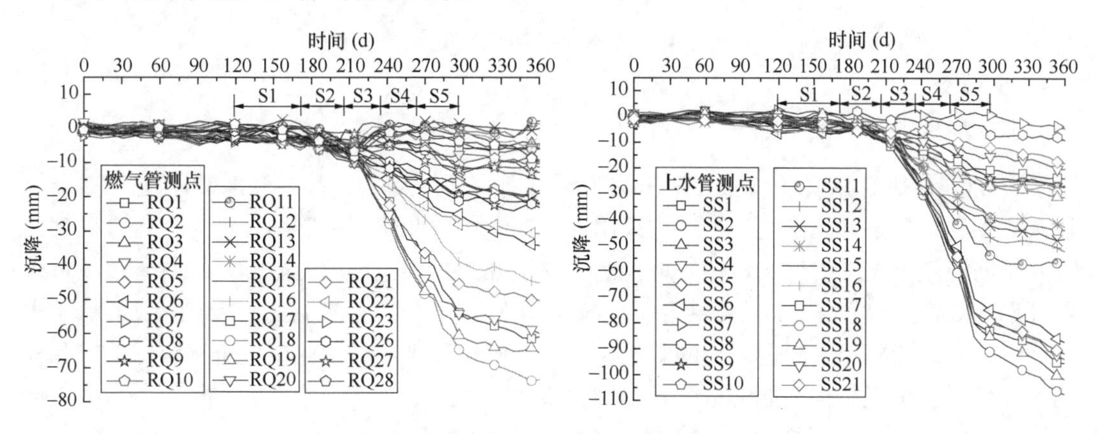

图 11　基坑周边主要管线沉降历时曲线

4）支撑轴力

图 12 为开挖阶段各道支撑轴力随时间的变化曲线。各道支撑轴力随下一层土方开挖

迅速增长至峰值后趋于平稳。第一道支撑轴力在 S2 阶段增长迅速，在 S3 阶段趋于平稳，在 S4 和 S5 阶段略有下降，Z1-12 的轴力最大为 6270kN。第二道支撑轴力在 S3 阶段增长迅速，在 S4 和 S5 阶段增长缓慢，Z2-7 的轴力最大为 11900kN。第三道支撑轴力在 S4 阶段增长迅速，在 S5 趋于平稳，Z3-12 的轴力最大为 11100kN。第四道支撑轴力在 S5 阶段迅速增长后趋于平稳，Z4-7 的轴力最大为 8500kN。第一道支撑轴力最小，第四道支撑轴力较第一道支撑大，第二、三道支撑轴力较为接近且最大。

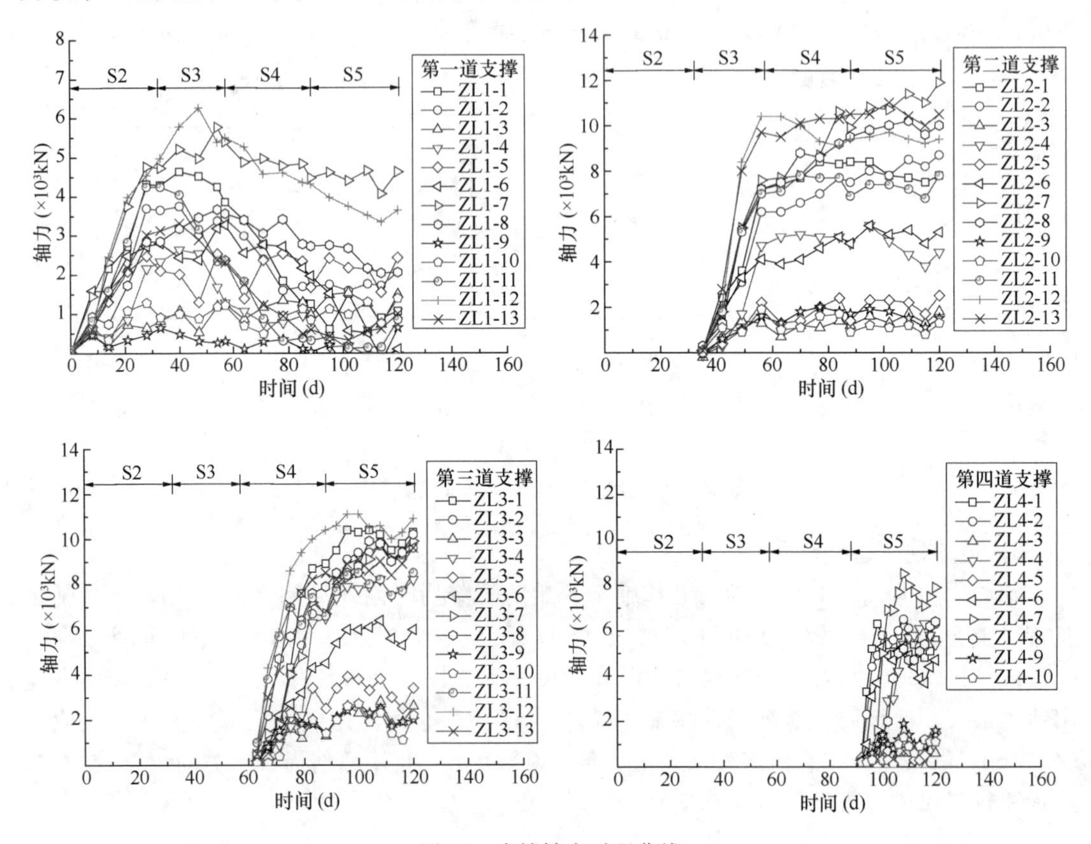

图 12 支撑轴力时程曲线

七、点评

17B-06 地块商办项目基坑工程开挖较深，周边环境复杂，存在深厚软土层和多层承压水等不利地质条件。基坑支护结构采用地下连续墙“两墙合一”结合竖向三道（局部四道）钢筋混凝土支撑的形式，较好地控制了基坑开挖对周边环境的影响。同时，该项目采用 TRD 水泥土连续墙止水帷幕结合坑内减压降水、坑外回灌的方法，有效控制了承压水突涌风险和减压降水对周边环境的影响。基坑实施过程中，经专业单位全程跟踪巡查和检测，基坑周边房屋结构、地下市政管线的健康状况均良好。

广州地铁番禺广场站基坑工程

张旭东[1]　程　康[1,2]　王正一[1]　许　丹[1]

（1. 中铁十一局集团有限公司，武汉　430061；

2. 浙江大学滨海和城市岩土工程研究中心，杭州　310058）

一、工程简介及特点

1. 工程简介

广州地铁番禺广场站是亚洲规模最大地铁站，也是湾区最美车站，斜置于番禺广场及南侧公园地块内，位于番禺区清河东路南侧和盛兴大街北侧，中间横跨兴泰路。番禺广场站为市域快线广州地铁18号线和22号线的换乘站，其中，广州地铁18号线、22号线最高时速达160km，为目前在建时速最快的地铁线路。此外，番禺广场站同时与地铁3号线以及规划的17号线换乘（图1、图2）。

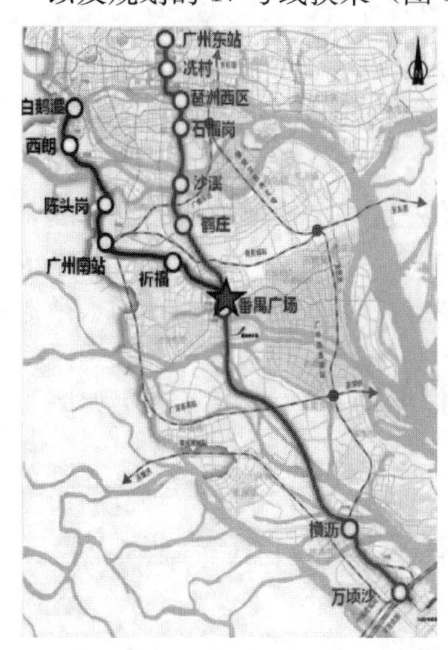

图1　番禺广场地铁站线路图及开挖后地面俯瞰景象

车站为地下5层站（图3），主体基坑全长540m，标准段宽为50m，基坑底板开挖深度为40～43m。车站基坑整体围护结构采用1200mm厚地下连续墙+2道混凝土支撑（局部为5道混凝土支撑支护）+锚索，地下连续墙施工期间作为基坑围护结构，运营期间作为主体结构的一部分，与后期地下室主体结构外墙一起形成复合墙永临结合受力。基坑内设置1.5m直径格构柱桩作为支撑结构。地下连续墙与后期地下室主体结构外墙一起形成复合墙，车站主体采用明挖+局部盖挖顺作法施工。

2. 工程技术重难点

作为亚洲规模最大、湾区最美车站，番禺广场站有 4 大施工特点：

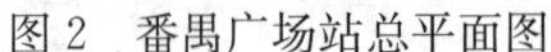

图 2　番禺广场站总平面图

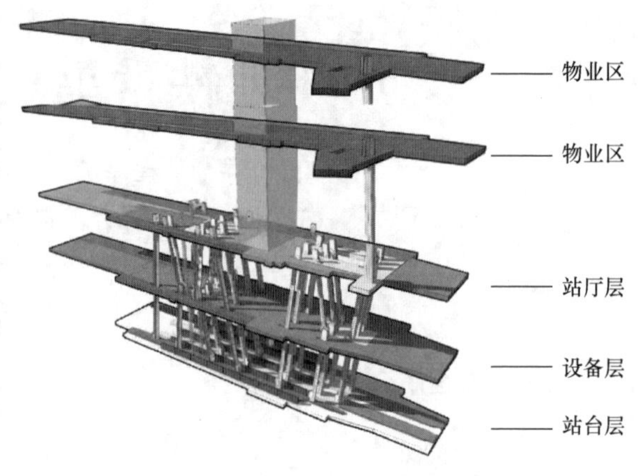

图 3　番禺广场地铁站地下空间结构

(1) 一是规模大，大致相当于 12 个标准地铁站规模。总建筑面积近 20 万 m^2。基坑平面尺寸为 540m×50m，开挖深度在 40～43m，是国内地铁超深基坑之一，基坑开挖总方量近 108 万 m^3，其中石方开挖达 50 万 m^3；基坑存在变形、坍塌风险，因此确保基坑安全是重点；

(2) 地下连续墙为工字钢接头，基坑两端为落底式地下连续墙，中间段为吊脚墙，地下土层积水含量较大（透水性强，土内积水及外界补给），基岩裂隙水及承压水较丰富，基坑存在涌水等风险，因此控制地下连续墙渗漏是重难点；

(3) 本基坑开挖宽度大，分层分段开挖量大，石方开挖速度慢，快速完成腰梁、支撑、锚索施工，减少基坑暴露时间是难点；

(4) 基岩裂隙水较丰富，锚索施工时存在涌水风险，因此控制好锚索施工钻孔涌水是重难点；

(5) 广州处于多雨地区，基坑开挖期间跨两个雨期，因此控制土方边坡滑塌及做好防淹措施是重点；

(6) 基坑土石方开挖量大，岩石抗压强度标准值为 62.9MPa，石方硬度高，节理裂隙不发育，地下连续墙成槽及基坑石方开挖难度大，因此确保基坑开挖工期是难点；

(7) 做好基坑监测，信息化指导施工是本工程的关键点；

(8) 基坑周边环境复杂，东北角邻近既有地铁 3 号线，东、西、南、北方向邻近广场东路、广场西路、盛行大街、清河东路等交通量较大既有公路，同时邻近中国银行（左侧）、科尔海悦酒店（右侧）、盛泰花园小区北区、盛泰花园南区和北区、番禺区中心血站（右侧）等建筑物，南端头邻近新迁改污水、燃气等管线，因此控制基坑安全，是本工程的重点。

二、工程地质条件

根据勘察结果，各地层岩性及特征按地层层序分述如下：

①人工填土层（Q_4^{ml}），地层代号〈1〉

成分为中粗砂及砖块、碎石、混凝土块等建筑垃圾，顶部 0.10～0.30m 多为混凝土，松散～欠压实，为近5～10年人工填土，未完成自重固结，平均层厚3.42m。

②冲积～洪积土层（Q_3^{4al+pl}），地层代号〈4-2B〉

河湖相淤泥质土层，呈灰色、灰黑色，组成物主要为黏粒，含少量有机质，局部含腐殖质或粉细砂，饱和，软塑状，压缩性高，平均层厚1.40m。

③残积土层（Q^{el}）

根据塑性状态，本层分为两个亚层，现分述如下：

$③_1$ 可塑状砂质黏性土层，地层代号〈5H-1〉

红褐、棕褐、灰黄等色，可塑，土质较均匀，含较多石英，干强度韧性低，遇水易软化崩解，压缩性中等，平均层厚4.17m。

$③_2$ 硬塑状砂质黏性土层，地层代号〈5H-2〉

红褐、棕褐、灰黄等色，硬塑，土质较均匀，含较多石英，干强度韧性低，遇水易软化崩解，压缩性中等，平均层厚10.80m。

④岩石全风化带（$S_3^{\eta\gamma}$），地层代号〈6H〉

岩芯呈褐红色、褐黄色，原岩结构基本破坏，但尚可辨认，岩芯完全风化呈坚硬土状，土芯遇水易软化崩解，压缩性中等～低，平均层厚7.64m。

⑤岩石强风化带（$S_3^{\eta\gamma}$），地层代号〈7H〉

岩芯呈紫红夹褐黄色、紫灰色，原岩风化强烈，裂隙很发育，岩芯呈半岩半土状或岩块状，岩质极软～软，岩块用手捏易碎，遇水易软化崩解，压缩性低，平均层厚3.74m。

⑥岩石中等风化带（$S_3^{\eta\gamma}$），地层代号〈8H〉

岩芯呈花斑色，暗红色，褐黄色，中粗粒结构，块状构造，成分主要为石英、长石、角闪石、黑云母，裂隙较发育，岩芯呈短柱、碎块状，岩质稍硬，近似RQD约为20%，平均层厚6.20m。

⑦岩石微风化带（$S_3^{\eta\gamma}$），地层代号〈9H〉

岩芯呈花斑色，暗红色，褐黄色，中粗粒结构，块状构造，成分主要为石英、长石、角闪石、黑云母，裂隙稍发育，岩体较完整，岩芯多呈长短柱，少量呈碎块状，岩质坚硬，近似RQD约为60%，平均层厚16.46m。

土层参数见表1。典型工程地质剖面见图4。

土层参数 **表1**

土层	时代成因	天然重度γ（kN/m^3）	天然含水量w（%）	孔隙比e	压缩模量$E_{s(1-2)}$（MPa）	渗透系数k（m/d）	抗剪强度指标		岩石地基承载力特征值f_{ak}（kPa）
							黏聚力c（kPa）	内摩擦角φ（°）	
〈1〉人工填土层	Q_4^{ml}	18.5	28.9	0.88	—	0.1～2	12.0	7.0	—
〈4-2B〉冲积～洪积土层	Q_3^{4al+pl}	17.4	43.5	1.623	3.00	0.001	6.0	5.3	—
〈5H-1〉可塑状砂质黏性土层	Q^{el}	19.1	26.5	0.804	4.17	0.3	20.0	18.0	—
〈5H-2〉硬塑状砂质黏性土层	Q^{el}	19.3	27.3	0.788	4.65	0.3	24.0	19.6	—

续表

土层	时代成因	天然重度 γ (kN/m^3)	天然含水量 w%	孔隙比 e	压缩模量 $E_{s(1-2)}$ (MPa)	渗透系数 k (m/d)	抗剪强度指标		岩石地基承载力特征值 f_{ak} (kPa)
							黏聚力 c (kPa)	摩擦角 φ (°)	
〈6H〉岩石全风化带	$S_3^{\eta\gamma}$	19.4	24.8	0.766	4.74	0.3	30.0	21.2	—
〈7H〉岩石强风化带	$S_3^{\eta\gamma}$	23.0	24.7	0.709	10	0.9	40.0	25.0	600
〈8H〉岩石中等风化带	$S_3^{\eta\gamma}$	25.0	—	—	—	1.0	400	35.0	3000
〈9H〉岩石微风化带	$S_3^{\eta\gamma}$	26.0	—	—	—	0.5	1000	42.0	5000

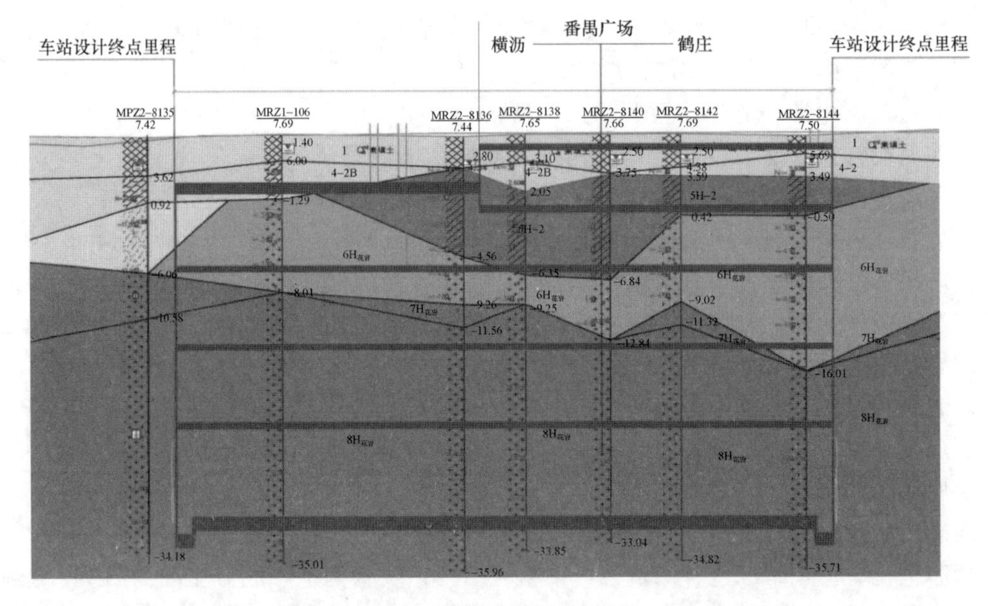

图 4 典型工程地质剖面

三、基坑周边环境情况

番禺广场两侧主要建筑物如图 5 所示。

图 5 番禺广场两侧主要建筑物

1）车站周边现状建（构）筑物（表2）

车站影响范围内建（构）筑物　　表2

序号	名称	层数	基础形式	使用年代	与车站的制约关系
1	广场东路东侧中银大厦（番禺商贸展览中心）A4、5、35	地面35层	桩基础	1997	距主体最近处为77m，地下室距换乘通道最近处为11m
2	广场西路西侧盛泰花园（北区）科尔海悦酒店A2、8、9、12	地面8～12层	预应力管桩	—	距主体最近处为71m
3	广场西路西侧盛泰花园（北区）白云机场番禺候机楼A3、7～8	地上7～8层	预应力管桩	—	距主体最近处为76m，距出入口最近处约3m。
4	广场西路西侧盛泰花园（北区）松佳商务中心A5～6	地面5～6层	预应力管桩	—	距主体最近处为88m，距出入口最近处约35m
5	广场东路东侧基盛总部经济商贸中心A区1栋	地上18层	桩基础	2015	距主体基坑最近处为18m

2）周边既有线路（表3）

周边既有线路统计　　表3

序号	路名	现状道路宽度	红线宽度	现状道路标高	规划道路标高	与车站的制约关系
1	清河东路	60	60	8.0～8.2	8.0～8.2	车站主体在道路南，车站换乘通道进入清河东路
2	兴泰路	35	35	7.6～7.7	7.6～7.7	车站主体斜穿兴泰路
3	盛兴大街	25	25	7.6～7.7	7.6～7.7	车站南端头斜跨盛兴大街与广场东路路口
4	广场东路	8、18	30	7.6～7.8	无	车站换乘通道、出入口横跨广场东路，车站南端头斜跨盛兴大街与广场东路路口
5	广场西路	8、18	30	7.6～7.8	无	车站出入口横跨广场西路

3）车站与大型市政设施的关系（表4）

车站与大型市政设施的关系　　表4

名称	与市政设施平面关系	与市政设施空间关系	处理方案及涉及范围
地铁3号线番禺广场站	车站位于3号线地铁车站南侧，通过新作换乘通道与3号线连接	区间下穿3号线市番区间	换乘通道实施需改造既有3号线出入口，并对3号线站厅层进行改造

4）周边管线情况（表5）

基坑外周边地下管线情况　　表5

序号	所在位置		类别	材质	管径（mm）	埋深（m）
	位置描述	与基坑关系				
1	车站南端头	平行	污水	混凝土	2000	5.0
2	车站南端头	平行	雨水	混凝土	1000	2.5
3	车站南端头	平行	燃气	PE管	200	1.5
4	车站南端头	平行	通信	PVC	110	1.5
5	车站南端头	平行	自来水	球墨铸铁管	300	1.5

四、基坑围护平面

光谷圆盘基坑南北区支护平面如图 6 所示。

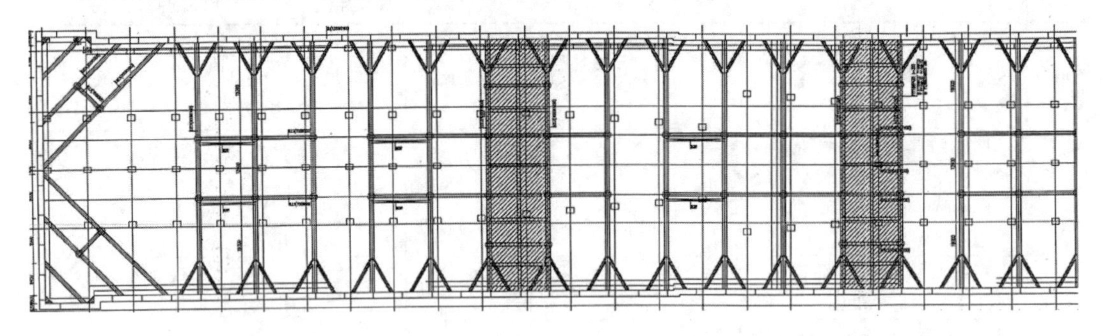

图 6　光谷圆盘基坑南北区支护平面

五、基坑围护典型剖面

基坑典型断面及开挖示意如图 7 所示。

六、简要实测资料

随着基坑施工进度，对基坑周边影响范围（100m）建筑沉降和管线沉降、地下连续墙最大测斜、地下连续墙墙顶最大水平位移、轴力、锚索拉力等进行了持续监测，主要监测结果见表 6。

主要监测结果　　**表 6**

监测项目	实测值	预警值
基坑周边影响范围（100m）建筑沉降	小于 6mm	30mm
基坑周边影响范围（100m）管线沉降	小于 7mm	30mm
地下连续墙最大测斜	27mm	30mm
地下连续墙墙顶最大水平位移	小于 15mm	20mm
轴力	未超标，且大部分均小于 5000kN	7500kN
锚索拉力	小于 60kN	90kN

七、点评

番禺广场站工程基坑深度大，基岩硬度大，周边环境敏感复杂，地面交通疏解道路多、范围广、难度大；地下迁改管线类型多、数量多，布置关系复杂。

工程建设中通过应用 BIM 技术，解决综合体下方复杂管线迁移难题，同时实现了基坑开挖的可视化交底；针对地下连续墙数量多，岩层强度高，成槽难度大的特点，提出了“重锤配合、冲击钻和潜孔锤引孔”的组合施工工艺，总结了灰岩地层、红层、断裂带、淤泥质土、花岗岩地层成槽施工技术，拓展了创新施工新工艺。根据地层特点，因地制宜

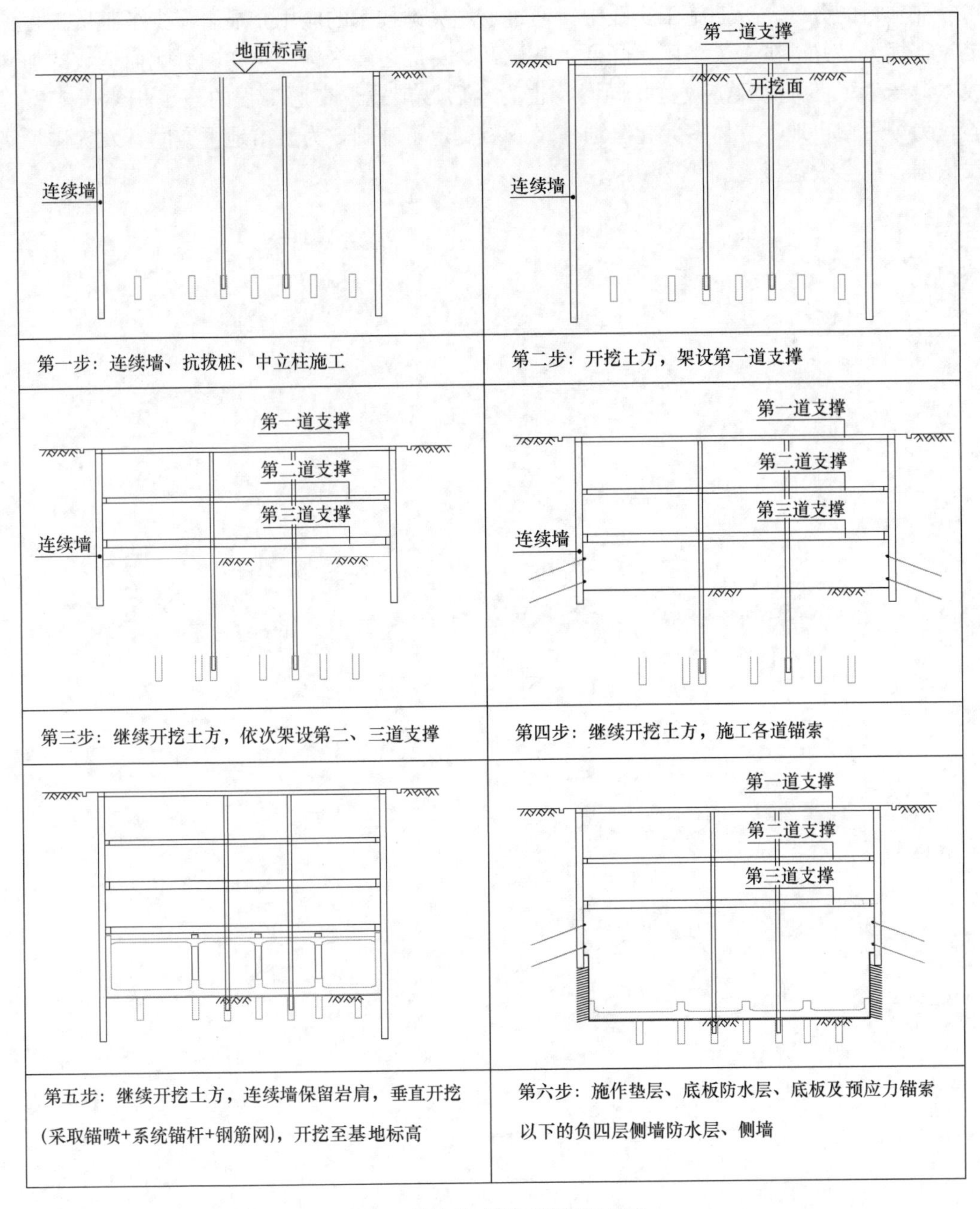

图7　基坑典型断面及开挖示意

地采用“上桩下锚”的围护方案。同时，基坑开挖采用土石方开挖及静态爆破相结合的方法，攻克了基坑超硬岩石开挖的难题。针对土石方量大，出土任务重的难点，成功推行采用皮带运输机进行出土，做到土石方的高效外运。研发施工装备及安全施工技术，提出新型支护结构一体化设计形式，形成城市地下大空间支护结构一体化安全建造系列技术。研发了大型地下综合体多维拓展、通道式连通接驳施工、新建换乘通道与既有车站主体结构零距离近接等城市大空间网络化拓建技术，最终完成了该大型综合体工程的建设。

在项目的分区、分期施工实践中，通过上述关键技术的应用，显著减少了基坑工程施工灾害损失，并减少施工工序，降低了基坑开挖对周边建（构）筑物的影响而造成的加固成本，产生了良好的经济效益。同时，也为今后城市地下交通工程的施工积累了丰富经验，为今后城市地下立体多元化交通建设发展奠定了基础，为城市地下空间开发提供了实践依据，社会效益显著。

武汉太子汉府基坑工程

张真弼　汪　彪　施木俊　张杰青
（武汉市勘察设计有限公司，武汉　430060）

一、工程简介及特点

太子汉府项目位于汉口建设大道与新华路交汇处，临近西北湖，该工程主要包括1栋35层办公楼和1栋28层住宅楼及附属商业裙房，采用框架剪力墙结构，桩筏基础，设3层整体地下室，为江汉区重点工程。

本项目基坑开挖深度14.4～16.4m，周长460m，开挖面积12000m²，采用落底式地下连续墙（两墙合一）＋两道混凝土支撑的支护形式，地下水控制措施为落底式止水帷幕（地下连续墙）＋中深管井降水。本项目特点及难点如下：

（1）周边环境复杂：北侧存在3层楼住宅，为天然基础，地下室外墙距住宅楼最近处11.6m；西侧为1栋7层住宅楼，为预制管桩基础，地下室外墙距住宅楼最近处4.7m；南侧为黄孝西路，用地红线外4.8m处埋设DN600雨水管，埋深约0.8m；东侧为新华路，用地红线外10m处埋设DN600雨水管，埋深约0.8m。

（2）场地地质条件较差：本项目位于长江一级阶地深厚软土区，基坑侧壁土层为：杂填土、淤泥质粉质黏土、粉土与粉砂互层，坑底以下为粉细砂层。淤泥质土层最厚处约10m。

（3）现有老旧基础需拔除：建设场地内存在旧的工程桩和支护桩，影响新建地下连续墙的施工，需考虑对老桩基础进行拔除。

综上所述，本基坑周边环境复杂且保护要求高，西侧和北侧住宅楼建成年代较远，是本工程的重点保护对象，需严格控制基坑开挖及降水对周边环境的影响；其次，对老桩基础的处理是本工程设计施工的难点。项目效果图及基坑周边环境见图1、图2。

图1　太子汉府项目效果图

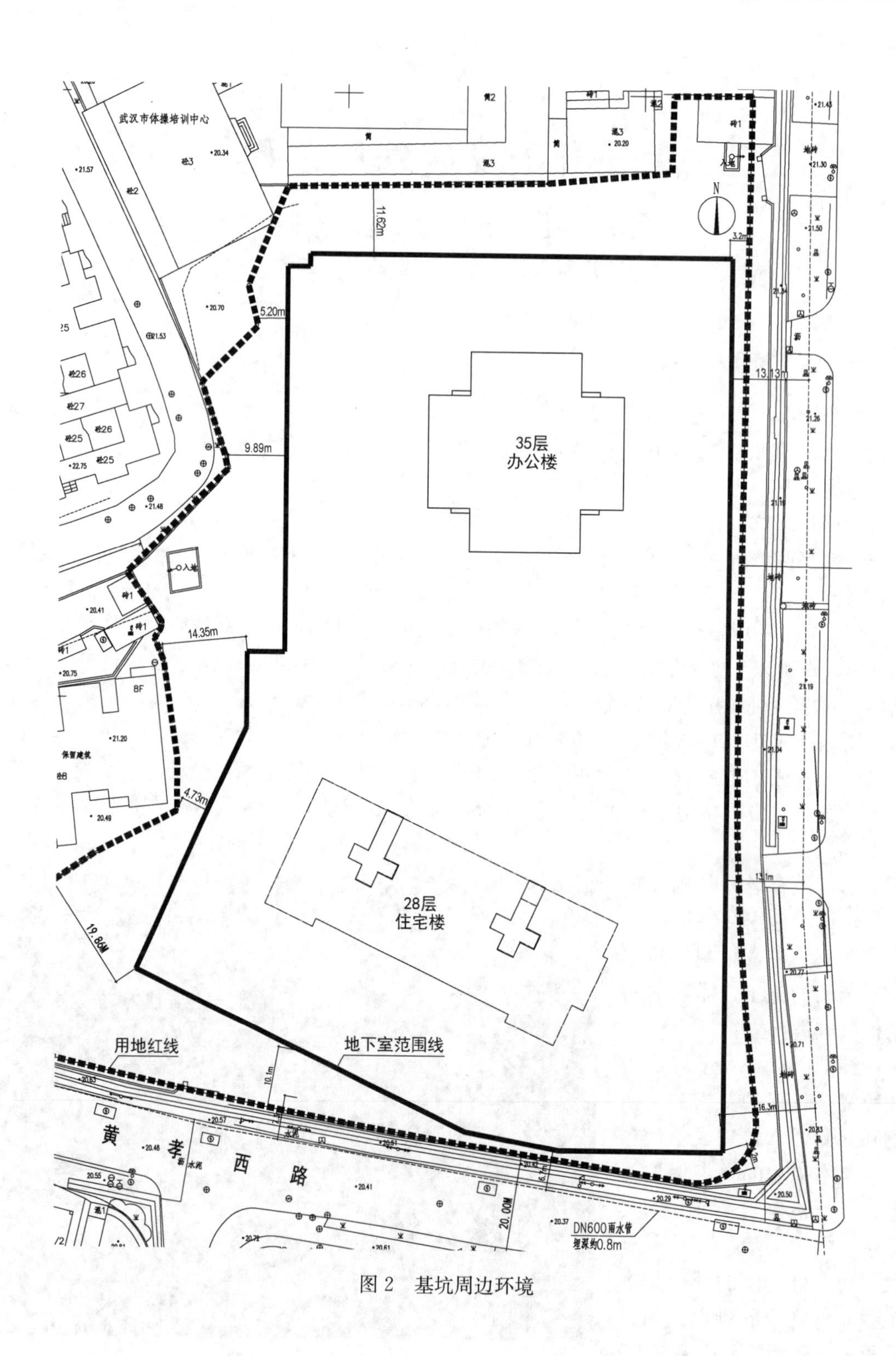
武汉市体操培训中心
35层
办公楼
28层
住宅楼
用地红线
地下室范围线
黄
孝
西
路
11.62m
5.20m
9.89m
14.35m
4.73m
19.86M
10.1m
20.00M
3.2m
13.13m
13.1m
16.3m
DN600雨水管
埋深约0.8m
保留建筑
8F
N

图 2　基坑周边环境

二、工程地质条件

场地地貌单元属长江冲洪积一级阶地，勘察期间场地堆积有较多因房屋拆迁残留的混凝土块、碎砖等建筑垃圾。场地地面标高在 21.200～21.900m，本次勘察揭露深度范围内，拟建场地地层依据成因及岩性差异自上而下共划分为 5 个单元层：第（1）单元层为人工填土（Q^{ml}）及淤泥（Q^{l}）；第（2）单元层为第四系全新统冲积（Q_4^{al}）一般黏性土及淤泥质土；第（3）单元层为第四系全新统冲积（Q_4^{al}）粉质黏土、粉土、粉砂互层；第（4）单元层为第四系全新统冲积（Q_4^{al}）砂土类；第（5）单元层为志留系（S）泥岩、砂岩。

地下水根据埋藏条件、水理性质判定分为“上层滞水”与“孔隙承压水”两种类型。“上层滞水”赋存于地表（1）杂填土层中，主要接受大气降水和地表散水垂直下渗的补给，无统一自由水面，水位及水量随季节性大气降水及周边生活用水排放的影响而波动。测得场地上层滞水静止水位在地面下 0.90～2.40m 之间，相当于标高 17.72～19.70m。

“孔隙承压水”赋存于场地（4）单元砂层与（5）单元中粗砂夹砾卵石层中，水量丰富，因与所在地质区域内的地下水及长江等地表水体有着密切的水力联系，其水位及水量随之变化，水位年变化幅度在 3.0～4.0m，相应的水头高程 18.0～20.0m。赋存于基岩中的裂隙水，主要赋存于底部（5）单元岩层裂隙之中，水量贫乏，对拟建工程影响不大。

基坑支护设计土层参数见表 1，典型地质剖面见图 3。

基坑支护设计土层参数 **表 1**

层号	地层名称	天然重度 γ (kN/m³)	黏聚力 c (kPa)	内摩擦角 φ (°)	f_{ak} (kPa)
①	杂填土	18.5	5	15	—
②	素填土	17.5	10	8	
③	淤泥	17	8	4	40
④	黏土	17.5	14	8	85
⑤	淤泥质黏土	17.6	12	6	70
⑥	黏土	18.0	15	8	90
⑦	粉质黏土夹粉土	18.2	15	12	90
⑧	粉土、粉砂互层	17.8	6	22	110
⑨	粉砂	18.5	0	30	160
⑩	粉砂夹粉土	20.0	4	26	140
⑪	粉细砂	18.8	0	33	210
⑫	粉细砂	19	0	35	260

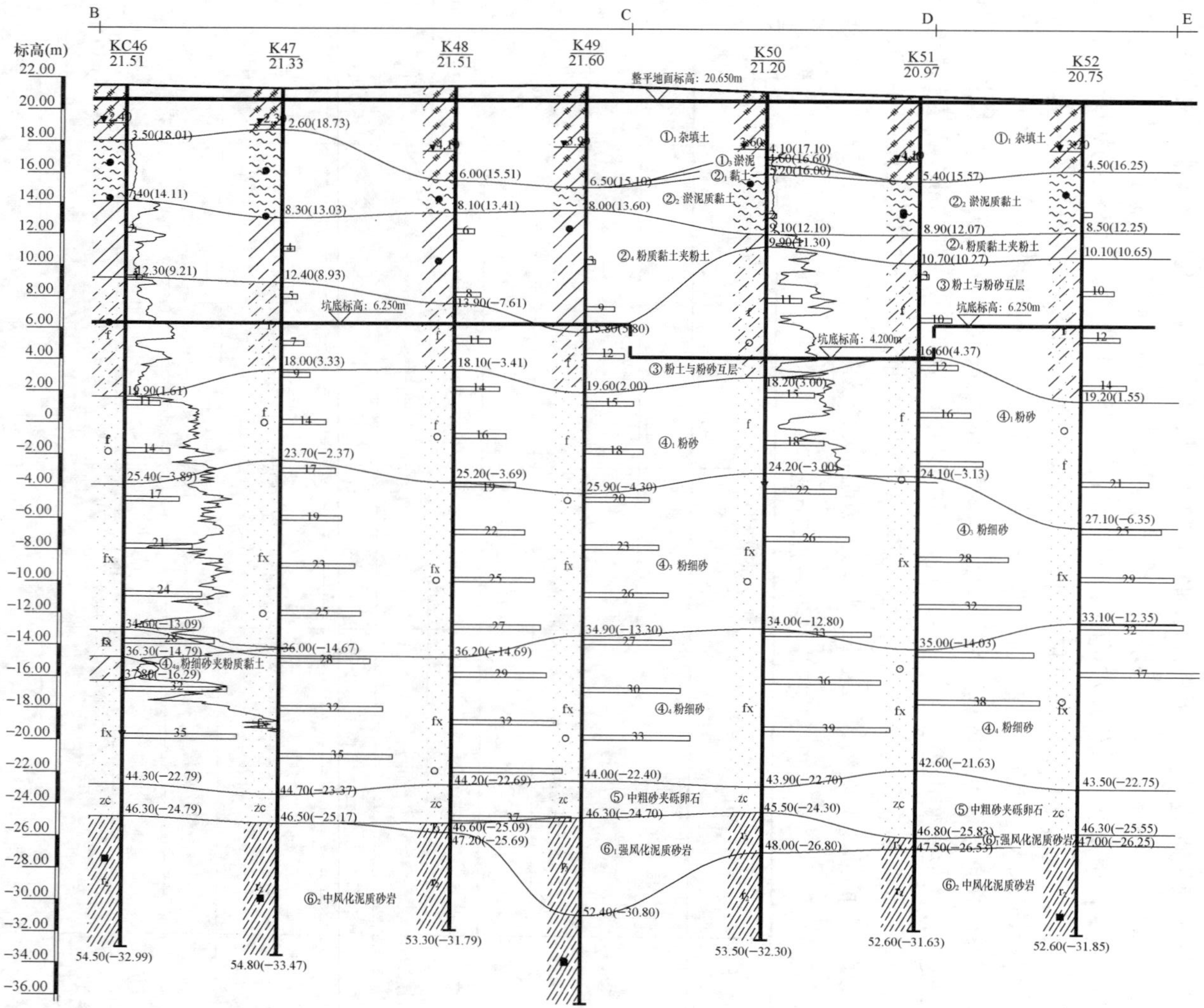

地层编号、岩土名称及成因年代		综合建议值 f_{ak}(kPa)	综合建议值 E_s(MPa)
①₃ 淤泥Q_4^l		40	2.0
②₁ 黏土Q_4^{al}		85	4.0
②₂ 淤泥质黏土Q_4^{al}		70	3.5
②₃ 黏土Q_4^{al}		90	4.5
②₄ 粉质黏土夹粉土Q_4^{al}	粉质黏土	90	5.5
	粉土		
③ 粉土、粉砂互层Q_4^{al}	粉土	110	9.0
	粉砂		
④₁ 粉砂Q_4^{al}		160	14.0
④₂ 粉砂夹粉土Q_4^{al}		140	12.0
④₃ 粉细砂Q_4^{a}		210	19.0
④₄ 粉细砂Q_4^{al}		260	24.0
④₄ₐ 粉细砂夹粉质黏土Q_4^{a}		108	7.8
⑤ 中粗砂夹砾卵石Q_4^{4al+pl}		320	(21.0)
⑥₁ 强风化泥质砂岩S		(400)	(44.0)
⑥₂ 中风化泥质砂岩S		(2000)	

图 3　典型地质剖面

三、基坑周边环境情况

本项目周边环境复杂，地下室与周边环境关系如表 2 所示。

地下室与周边环境关系　　表 2

	距用地红线（m）	建构筑物	道路	管线
场地东侧	3.2	—	新华路	用地红线外 10m 处埋设 DN600 雨水管，埋深约 0.8m
场地南侧	1.6～10.1	—	黄孝西路	用地红线外 4.8m 处埋设 DN600 雨水管，埋深约 0.8m
场地西侧	4.2～19.9	距红线 1.2m 处，分布 1 栋 7 层住宅楼	—	—
场地北侧	11.6	距红线 2.6m 处，分布 2～3 层民房	—	—

四、基坑围护平面

1. 基坑支护总体设计方案

本基坑具有开挖面积大、开挖深度大、周边环境复杂、地质条件差等特点。

一般情况下，在三层地下室及以上超深基坑支护工程中，竖向支护体系常采用钻孔灌注桩或地下连续墙。本项目为三层地下室，且位于深厚软土区，根据《武汉市深厚软土区域市政与建筑工程地面沉降防控技术导则》第 4.4 条规定：一级阶地防控区内或邻近一级阶地防控区的建筑工程设置三层及以上地下室或基坑开挖深度大于等于 16m，且需进行疏干降水时，应采用落底式止水帷幕或落底式地下连续墙。本项目符合规定要求，应设置落底式地下连续墙或落底式止水帷幕。

地下连续墙具有刚度大、控制变形能力强、在基坑支护中兼具止水挡土双重作用，还可作为地下室外墙。本项目采用两墙合一落底式地下连续墙＋两道钢筋混凝土支撑＋管井降水的支护形式。基坑内竖向设置两道钢筋混凝土支撑，采用角撑、对撑结合边桁架形成整体支撑体系，受力明确，方便分区拆换支撑。

地下连续墙设计：基坑开挖深度 14.4～16.4m，东侧靠新华路开挖深度 16.4m 区段采用 1000mm 厚地下连续墙，其他区段采用 800mm 厚地下连续墙，同时作为地下结构外墙，即“两墙合一”。地下连续墙混凝土强度等级为 C35，墙深 45m，墙底进入基岩不小于 1m。为保证地下连续墙施工质量，采用 ϕ850@600 三轴搅拌桩进行槽壁加固，地下连续墙槽段接头处采用 H872×500×10 工字钢接头。同时地下连续墙兼作地下室外墙，在相应底板和楼板标高处预埋钢筋接驳器和预留钢筋。

内支撑设计：本项目采用两道钢筋混凝土支撑，第一道支撑中心标高 18.200m，第二道支撑中心标高 13.000m，混凝土强度等级为 C35。

支撑系统杆件尺寸见表 3。基坑支撑系统见图 4。

支撑系统杆件尺寸（mm×mm）　　表 3

	围檩截面	角撑截面	对顶撑截面	连杆截面
第一道支撑	1200×800	700×800	800×800	600×700
第二道支撑	1200×900	800×900	900×900	700×800

图4　支撑系统

2. 地下水控制方案选择

本工程场地主要地下水为上层滞水和孔隙承压水：上部上层滞水水位埋藏浅，下部承压水水头高；基底揭露承压含水层，切互层土厚度大。因此，必须对地下水进行处理，以保障基坑开挖和地下室施工的顺利进行，防止由于坑壁流水（砂）、坑底突涌等地下水水患而造成周边地面和建（构）筑物破坏。

上层滞水主要赋存于（1）杂填土层中，主要接受大气降水和地表排水的渗透补给，无统一自由水面，水量受季节、周边排泄条件直接影响。对上层滞水，可采用喷射混凝土或搅拌桩止水。

"孔隙承压水"赋存于场地（4）单元砂层与（5）单元中粗砂夹砾卵石层中，地下水标高11.86～13.18m，采用落底式地下连续墙兼作隔渗帷幕。

基坑坑底已揭露$④_1$粉砂层，需考虑采用中深管井进行疏干降水。本项目共设置23口降水井，其中坑内布置15口降水井，坑外沿基坑周边布置8口观测井，作为连通试验用。降水井直径600mm，降水管径300mm，井深40m。降水井平面布置见图5。

五、基坑围护典型剖面

采用落底式地下连续墙＋两道钢筋混凝土支撑的支护形式，地下连续墙墙厚800mm/1000mm，墙底进入$⑥_1$强风化泥质砂岩不小于1m。第一道支撑中心标高18.200m，第二道支撑中心标高13.000m。基坑支护剖面见图6。

建设场地存在大量的老桩基础，大部分为原有建筑物的工程桩，均为直径800mm的嵌岩桩，影响地下连续墙的成槽施工，如何破除老桩是本项目施工难点之一，由于本项目

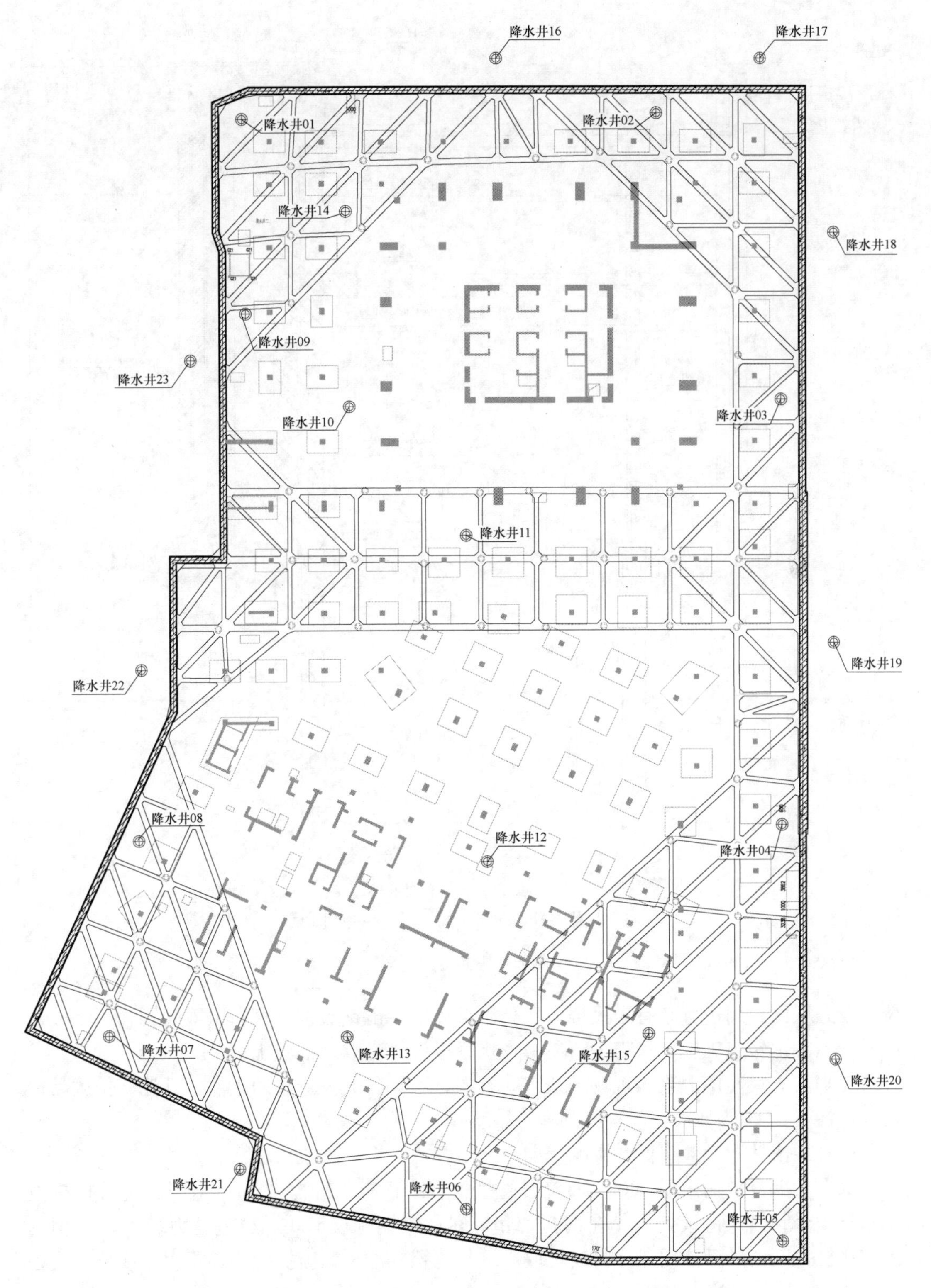
降水井16
降水井17
降水井01
降水井02
降水井14
降水井18
降水井09
降水井23
降水井10
降水井03
降水井11
降水井19
降水井22
降水井08
降水井12
降水井04
降水井07
降水井13
降水井15
降水井20
降水井21
降水井06
降水井05

图5 降水井平面布置

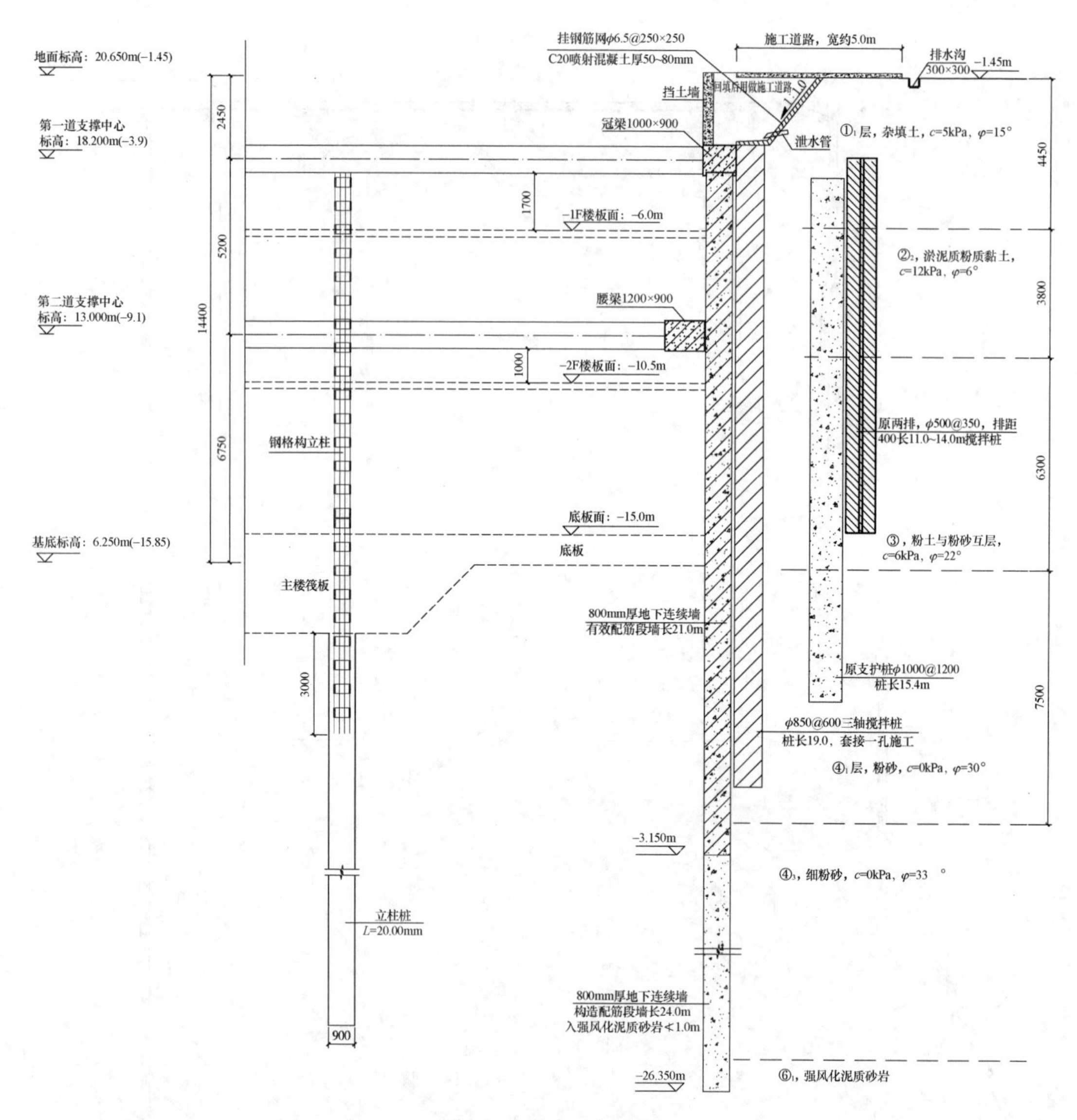

图 6　基坑支护剖面

位于中心城区，周边分布有居民楼，如采用常规的冲击钻破桩，存在以下问题：

（1）冲击钻施工施工噪声大，易引发扰民投诉，影响现场施工；

（2）需大量使用泥浆，现场场地空间有限，不具备大量造浆的条件，且泥浆排放易造成环境污染；

（3）冲击钻施工效率低，影响工期。

综合考虑，现场采用 360°全回旋套管拔桩技术进行处理（图 7）。全回旋套管拔桩技术是将钢套管插入待拔桩内，在钢套管和桩间插入钢制楔形块，通过动力装置转动钢套管，将桩拧断，最后使用抓斗将断桩取出。与传统的冲击钻破桩的方式相比，该技术具备如下优点：

（1）施工噪声小，不扰民；

（2）全套管施工，不需使用泥浆，绿色、环保；

（3）施工效率高，能有效节省工期。

图 7　全回旋套管钻机拔桩

六、简要实测资料

1. 施工情况：

2016 年 10 月至 2017 年 1 月进行旧桩拔除，三轴搅拌桩、地下连续墙、降水井、立柱桩、钢格构柱施工；

2017 年 2 月至 2017 年 3 月进行冠梁及第一道内支撑施工；

2017 年 3 月至 2017 年 6 月进行第二道内支撑施工、土方开挖至基底；

2017 年 6 月至 2017 年 11 月进行地下室结构施工和第二道内支撑拆除。

2. 监测情况

基坑监测主要内容包括支护结构水平位移，周边沉降量、周边建筑物沉降、立柱桩沉降及支护结构应力监测。图 8 为监测点平面布置。本工程基坑开挖深度较大，周边环境复杂，为确保基坑自身及周边环境的安全，在基坑开挖和主体结构施工期间基坑监测配合工作，根据监测数据及时调整施工方案和施工进度，对施工全过程进行动态控制。

根据《监测总结报告》提供的数据显示：

周边道路沉降监测：累计沉降最大监测点为 D12，累计沉降为 16mm（报警值为：累计 30mm，3mm/d）。

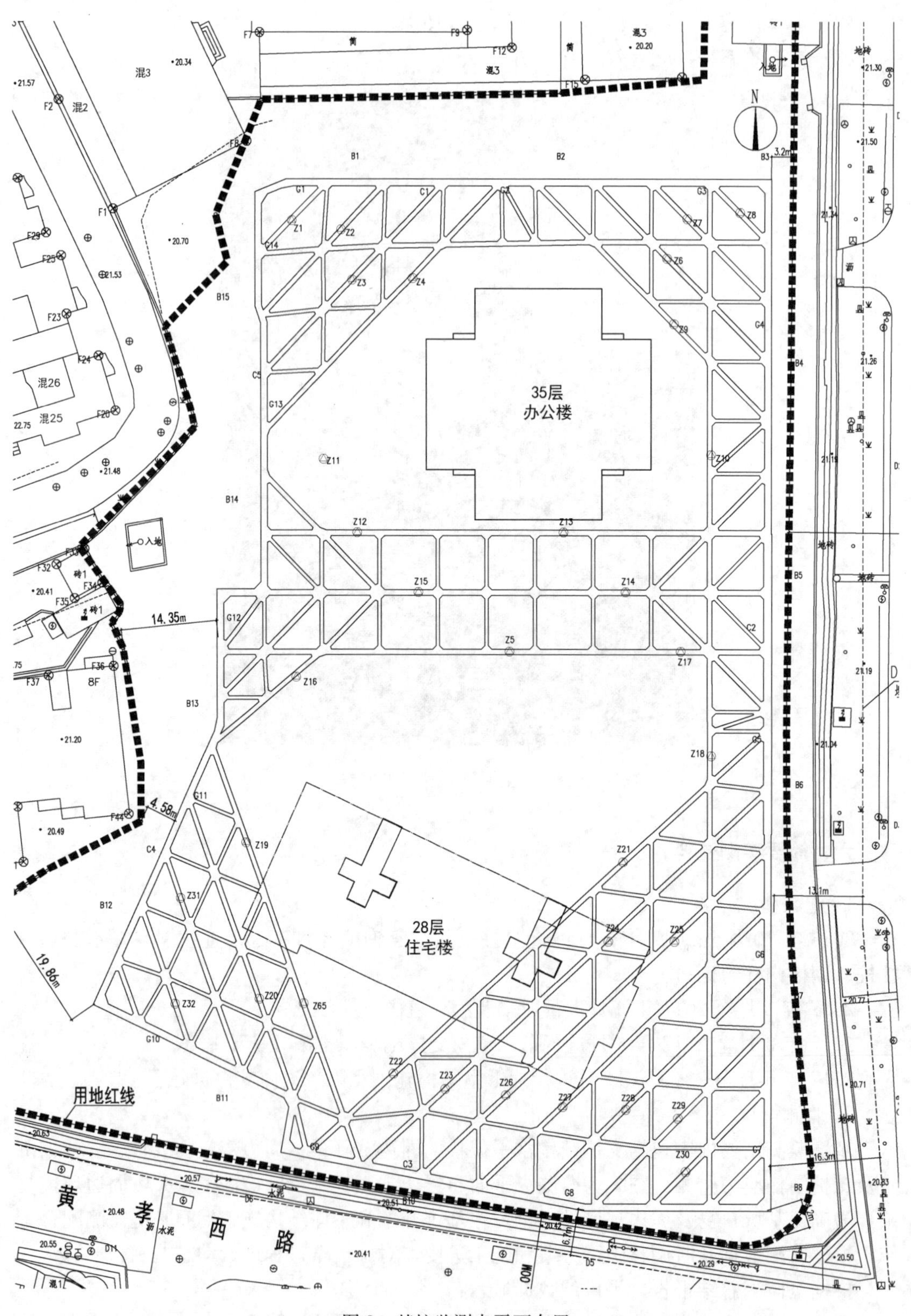

图 8　基坑监测点平面布置

周边建筑房屋沉降监测：累计沉降最大监测点为 F44，累计沉降为 18.5mm（报警值为：累计 40mm，2mm/d）。

支护桩顶水平位移监测：累计位移最大的监测点为 G3、G13，如图 9 所示，累计位移为 23mm（报警值为：累计 24mm，连续 3d 变形速率超过 2.0mm/d）。

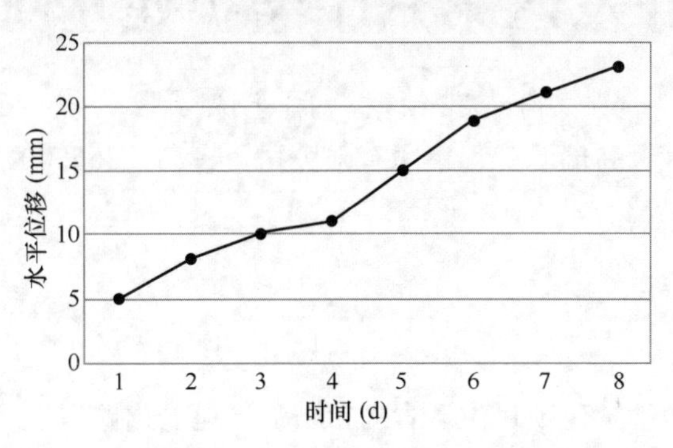

图 9　G13 点水平位移变化曲线

七、点评

本项目采用两墙合一落底式地下连续墙＋多道混凝土支撑的支护形式，地下连续墙刚度大，能有效控制基坑变形，墙底进入基岩，有效隔断坑外承压水，最大限度地降低了基坑降水对周边建筑物的影响；同时，地下连续墙兼作地下室结构外墙，扩大了地下室的使用面积，产生了一定的经济效益。

对地下连续墙与支护桩冲突的区域，满足施工作业面要求的采用 360°全回旋套管钻机拔桩，缺乏施工作业面的区域则采用冲击钻破桩。360°全回旋套管钻机拔桩具有无污染，对周边环境影响小，拔桩效率较高等优点，但该工法对场地空间要求较高。同时采用这两种工艺，既提高了施工效率，又降低了破桩过程中的噪声污染，符合绿色、环保的工程理念。

青岛开发区第六中学扩建基坑工程

董庆勇　吴　腾　孔锁财　闫守谦　张　虎　谢江峰
（青岛瑞源工程集团有限公司，青岛　266500）

一、工程简介及特点

1. 工程简介

青岛开发区第六中学扩建项目位于青岛市黄岛区昆仑山路以东、香江路以北，包括综合楼、门卫、换热站，项目总建筑面积 14600m²，其中综合楼建筑面积 12150m²，上部风雨操场建筑面积 1850m²，地上二层、地下一层，工程总体实景见图 1。

图 1　工程总体实景

2. 工程特点

（1）周边环境复杂，基坑西侧临近三栋 20 世纪 90 年代教学楼，至教学楼外墙最小距离 4.0m，北侧红线外为青岛拓扑产业园挡土墙，支护设计变形控制严格。

（2）本项目西高东低、东侧临空，为青岛市典型坡地建筑，基坑肥槽部分回填，为永临结合基坑，支护结构按两种工况进行包络设计。

（3）基坑采用永临结合设计，有效降低抗浮设防水位。

（4）南侧化粪池部位由于第一道锚杆无法实施，采用锚桩方案替代。

（5）在支护桩预定标高预留 PVC 套管，方便后期管线施工。

(6) 北侧挡墙紧邻建筑外消防坡道，坡道施工影响挡墙安全，采取排桩锚杆对挡墙进行加固处理。

二、工程地质及水文地质条件

1. 工程地质条件

拟建场区地貌类型为剥蚀残丘地貌，地形起伏较大，整体地势西高东低，钻孔孔口标高 35.10～39.80m，地面最大高差 4.70m，现为开发区六中校园内操场。

根据地表调查和钻探揭露，场地地层主要有第四系全新统填土层、燕山晚期侵入岩层。岩土特征自上而下分述如下：

①压实填土（Q_4^{ml}）：灰黄色～黄褐色，稍湿，稍密，主要以风化砂、黏性土为主，该层经压实处理。

①$_1$素填土（Q_4^{ml}）：灰黄色～黄褐色，稍湿，稍密，主要以风化砂、黏性土为主，该层经压实处理，经调查本层回填年限小于 10 年。

②全风化花岗岩（γ_5^3）：黄褐色，组织结构基本破坏，但尚可辨认，有残余结构强度。岩芯呈砂土状，干钻易进，岩体完整程度为极破碎，岩石坚硬程度为极软岩，岩体基本质量等级为Ⅴ级。

③强风化花岗岩（γ_5^3）：褐黄～灰绿色，中粗粒结构，块状构造，结构大部分破坏，矿物成分显著变化，风化裂隙很发育。矿物成分主要为石英、长石，含云母。岩芯呈砂状、角砾状、块状，局部短柱状，干钻不易钻进，岩芯采取率 74%。岩石坚硬程度等级为较软岩，岩体完整程度为极破碎，岩体基本质量等级为Ⅴ级。

④中风化花岗岩（γ_5^3）：黄褐色，中粗粒结构，块状构造，结构大部分破坏，矿物成分显著变化，风化裂隙很发育。矿物成分主要为石英、长石、黑云母。岩芯呈块状、柱状，岩芯采取率 85%。岩石坚硬程度等级为较硬岩，岩体完整程度为较破碎，岩体基本质量等级为Ⅳ级。

本项目场地土层主要物理力学指标见表 1。

场地土层主要物理力学指标 **表 1**

地层名称	重度 (kN/m³)	承载力 f_{ak} (kPa)	含水量 (%)	孔隙比 e_0	渗透系数 (cm/s)	变形模量 (MPa)	弹性模量 (MPa)	黏聚力 (kPa)	内摩擦角 (°)
①压实填土	18.5	—	—	—	—	—	—	4.0	18.0
①$_1$素填土	18.0	—	—	—	—	—	—	2.0	17.0
②全风化花岗岩	21.0	350	—	—	1.0×10^{-2}	25.0	—	—	42.0
③强风化花岗岩	22.0	700	—	—	4.0×10^{-4}	35.0	—	—	46.0
④中风化花岗岩	23.0	2500	—	—	5.0×10^{-5}	—	2500	—	55.0

2. 典型工程地质剖面

典型工程地质剖面见图 2。

3. 水文地质条件

地下水按赋存方式分为第四系松散堆积层的孔隙水和基岩风化裂隙水，两水体相互连通，具自由水面，为潜水。孔隙水与基岩风化裂隙水水力连通，强风化基岩为主要含水

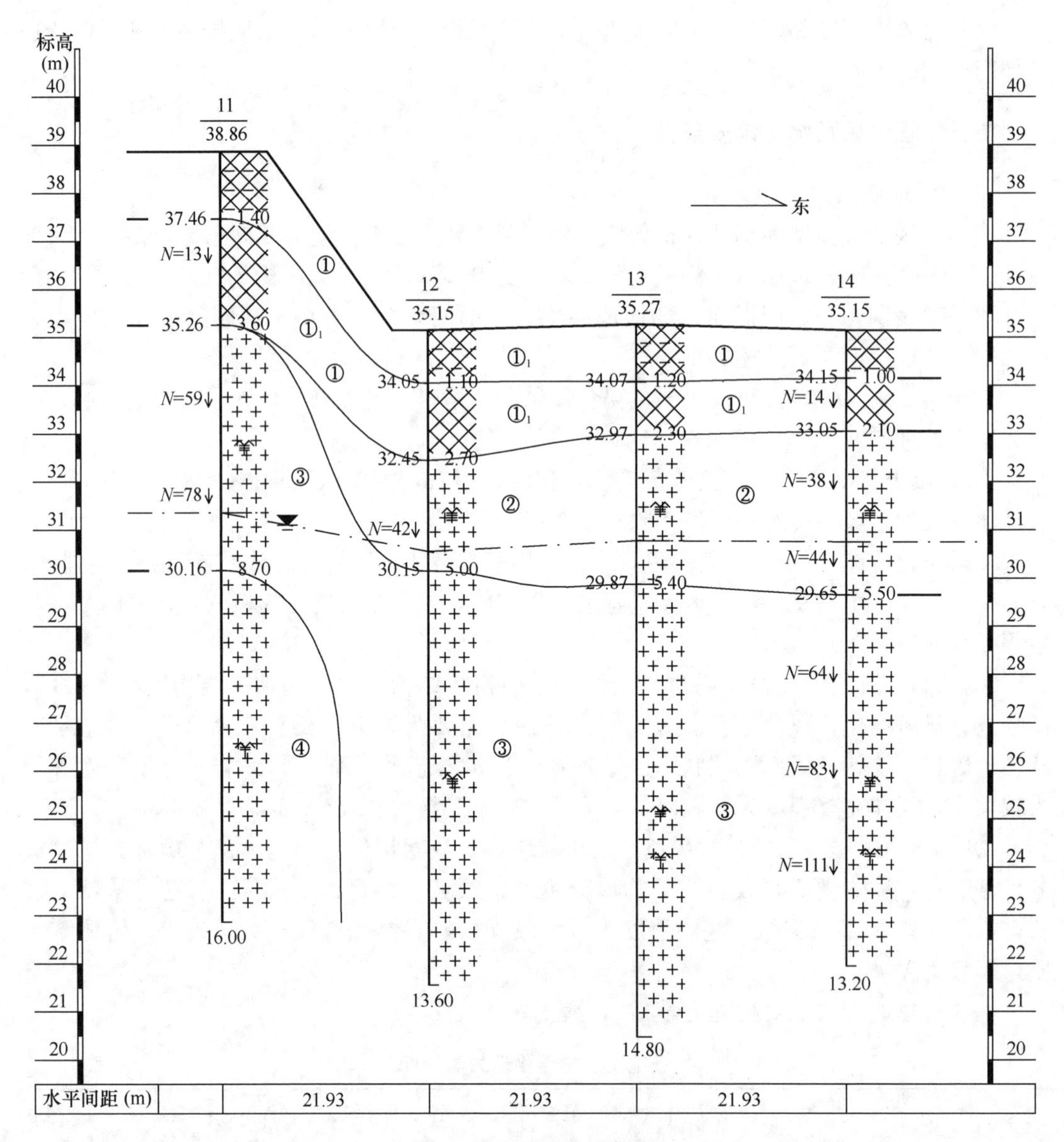

图 2　典型工程地质剖面

层。大气降水及侧向径流为主要补给源，以侧向径流和蒸发方式排泄。勘察期间为本地区平水期，野外实测的水位埋深 4.40～7.80m；水位标高 30.60～32.80m，据初步调查历年最高水位标高约为 36.00m。根据区域水文地质资料，地下水位年变幅为 1.5m。

三、基坑周边环境情况

拟建项目周边环境条件如下：西侧现为学校内道路及教学楼，教学楼建成于 20 世纪 90 年代末，框架结构、独立基础，至拟建建筑最近距离约 5.5m；南侧现为学校内广场，外侧存在一化粪池，距基坑边 0.9m，化粪池截面尺寸 7.5m×3m，埋深 4.5m；东侧拟建建筑距红线约 11.0m，红线外为现状同宝山路；北侧拟建建筑距红线约 12.3～13.5m，红线处为青岛拓扑产业园挡土墙，最大高差约 3m；基坑周边环境见图 3。

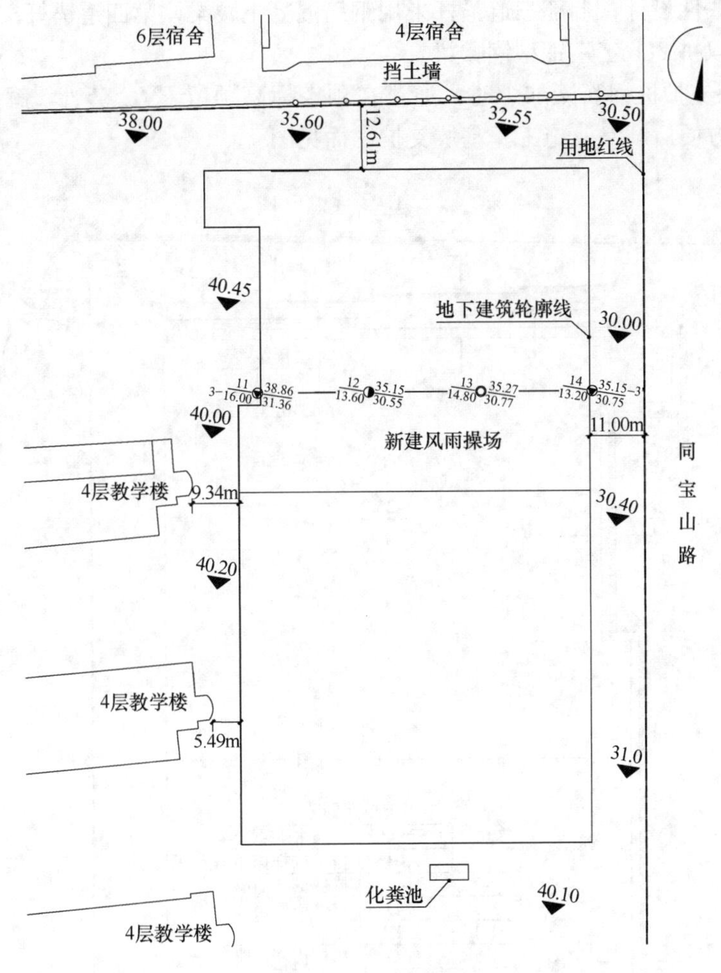

图3　基坑周边环境

四、基坑围护平面

结构设计要求如下：室外地坪标高 30.4m 以上按永久性支护设计且肥槽不回填，支护结构顶与主体结构之间设混凝土预制盖板以满足上部建筑使用要求；结构嵌固端(30.4m) 以上支护结构与主体结构脱离。

本项目西高东低，西侧室外地坪标高 40.2～40.4m，东侧室外地坪标高 30.0～31.0m，西侧与东侧最大高差 10.4m。基坑深度约 5.0～14.5m，支护长度约 280m。其中，南侧、西侧为永临结合支护，北侧及东侧为临时性支护，属于青岛市典型坡地建筑基坑。北侧建筑外消防坡道施工影响挡墙安全，采取护坡桩对挡墙进行加固，为永久性支护。

本项目永临结合支护部分、永久性支护部分设计安全等级为一级，设计使用期限 50 年；临时性支护部分设计安全等级为二级，设计使用期限 1 年。

永临结合部分存在两种工况：一是基坑开挖到基底，为临时工况；二是基坑回填至设计地坪标高 30.4m，为永久工况。支护结构按两种工况进行包络设计，其中支护桩、上部三道锚杆按永久性设计，上部三道锚杆采用钢筋混凝土腰梁，第四道锚杆按临时性锚杆进行设计，采用双拼 22b 工字钢型钢腰梁。

2-2 单元在支护桩钢筋笼加工时，通过在预定标高预留 PVC 套管，解决了后期管线穿桩的难题，方便后续专业施工。基坑支护平面见图 4。

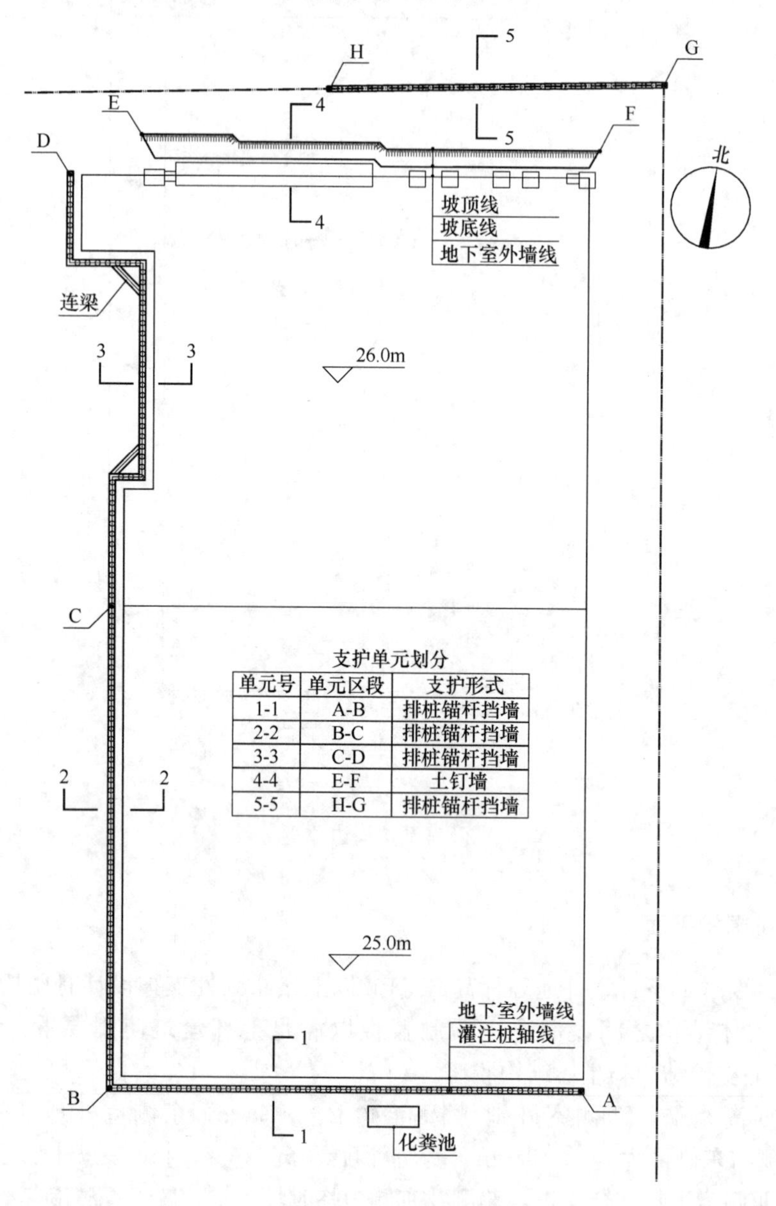

单元号	单元区段	支护形式
1-1	A-B	排桩锚杆挡墙
2-2	B-C	排桩锚杆挡墙
3-3	C-D	排桩锚杆挡墙
4-4	E-F	土钉墙
5-5	H-G	排桩锚杆挡墙

图 4　基坑支护平面

五、基坑围护典型剖面

1-1、2-2、3-3 单元均为永临结合基坑，采用排桩锚杆挡墙支护方案，基坑深度 13.5～14.5m，灌注桩桩径 800mm，桩间距 1500mm，一桩一锚，设置 3 道预应力锚杆，30.4m 以上设置 C30 现浇混凝土面板，厚 150mm，每隔 20m 设置一道变形缝，缝内沿墙的内、外、顶三边填塞沥青麻筋或沥青木板，塞入深度不小于150mm，变形缝设于灌注桩位置，变形缝两侧面板植筋与灌注桩连接，30.4m以下设置C20喷射混凝土面层，厚80mm。

1-1单元化粪池部位由于第一道锚杆无法施工，采用锚桩等强替代，锚桩按抗水平承载力桩设计，并对水平锚索采取混凝土包封保护。

2-2单元已建教学楼位于边坡滑塌区范围，属于坡顶有重要建筑的边坡工程，根据距离关系确定侧向土压力按静止土压力取值。

冠梁与主体结构设置200mm厚预制混凝土盖板，盖板与主体结构接触部位设置50mm橡胶垫，以保证盖板仅传递竖向荷载，不传递水平荷载，确保支护结构与主体结构水平隔离。

基坑围护结构典型剖面见图5～图8。

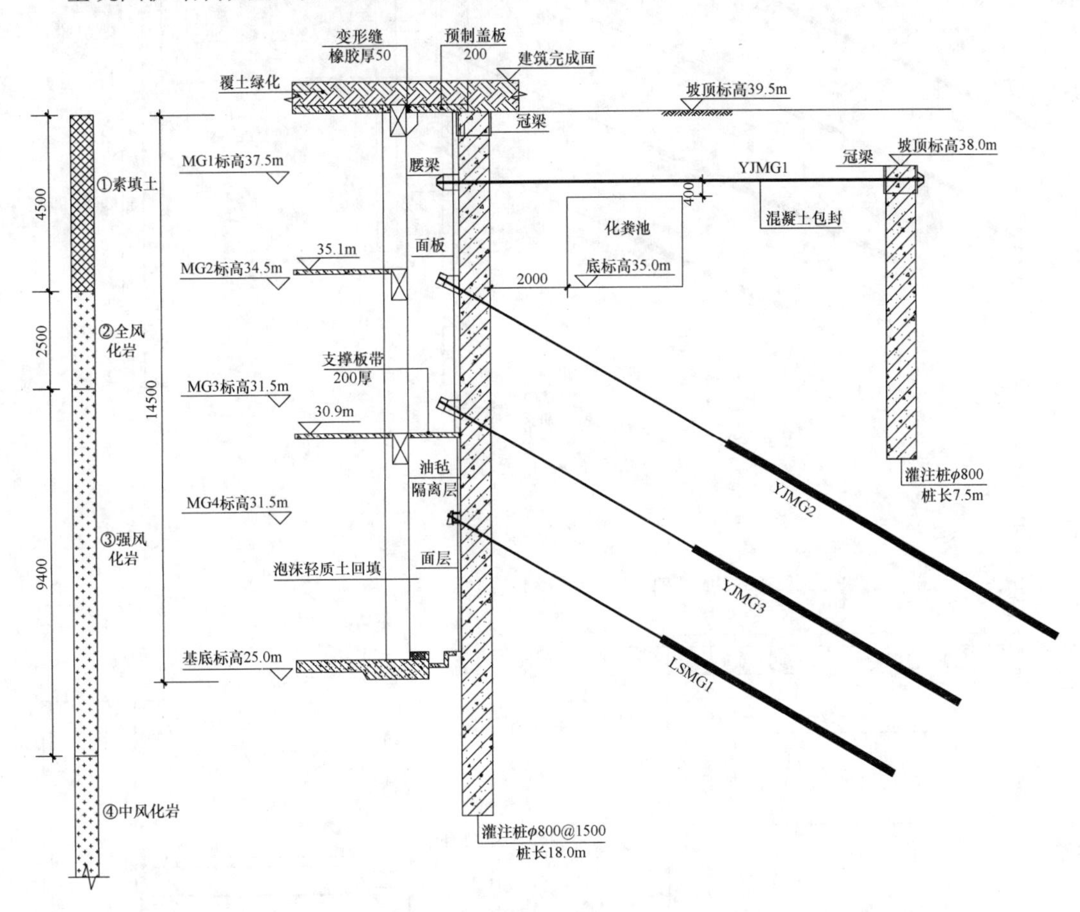

图5　1-1单元化粪池部位剖面

经结构设计同意，在结构嵌固端设置支撑板（200mm厚）形成刚性铰，以提高永久工况支护桩的反弯点，减小永久工况支护桩内力及变形，满足30.4m以上永久性支护要求。支撑板带一侧与主体结构浇筑，支撑板钢筋锚入结构外墙采用铰接，以削弱换撑板带与主体结构的连接刚度，支撑板带另一侧与支护结构之间设油毡隔离层，以保证支护结构与主体结构水平方向传递荷载、竖向隔离。

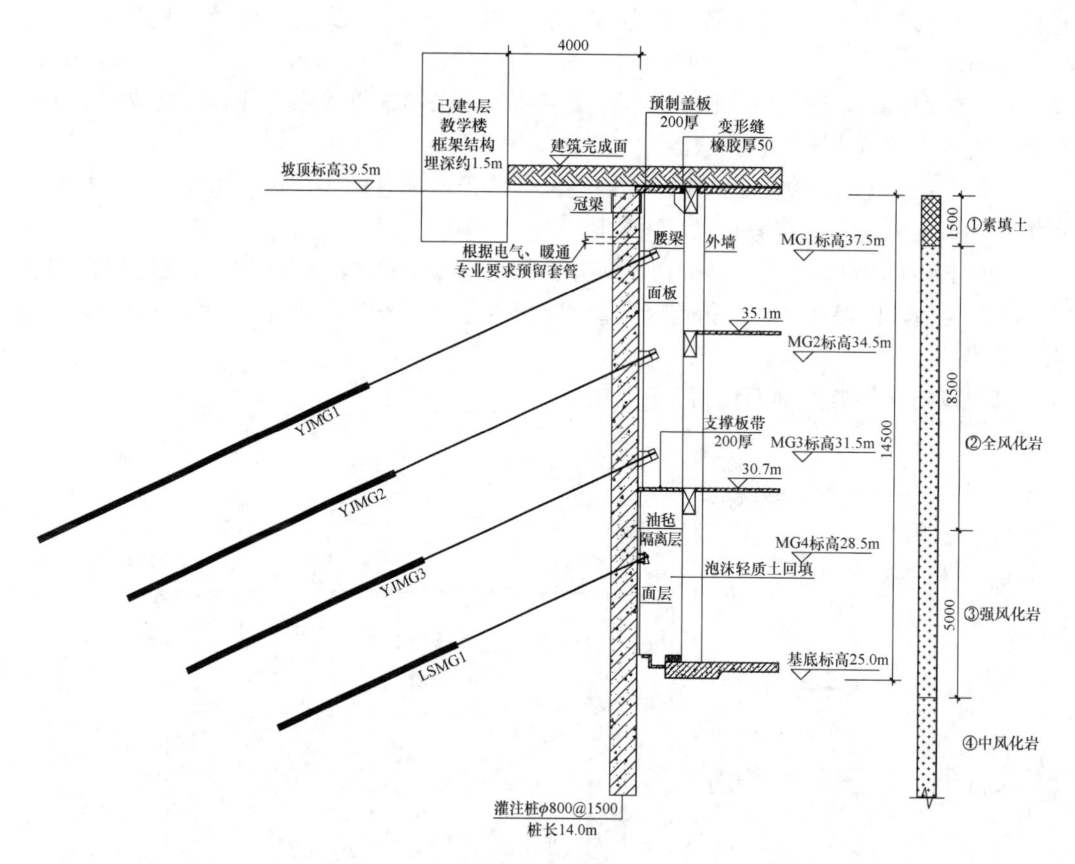

图 6　2-2 单元剖面

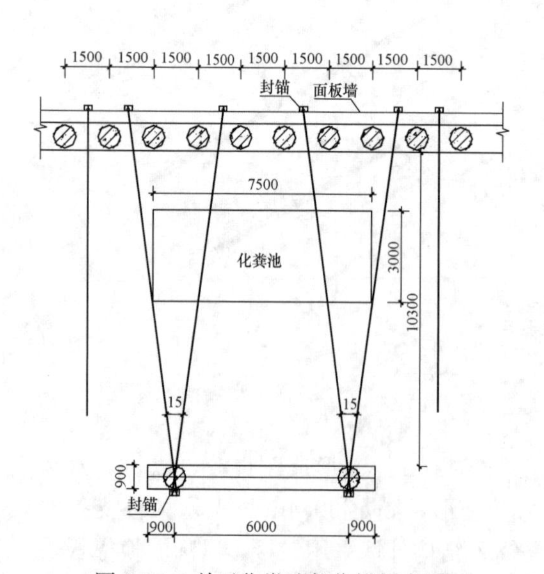

图 7　1-1 单元化粪池部位锚杆布置

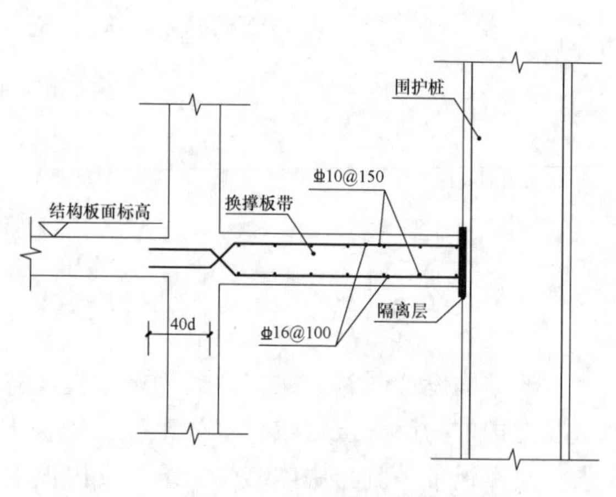

图 8　支撑板带配筋

采取永临结合设计，降低了地下水抗浮设防水位，靠结构自重能解决抗浮问题，取消了原结构中的抗浮锚杆。

为保证肥槽回填质量，肥槽采用泡沫轻质土回填，泡沫轻质土质量轻、强度高、施工速度快，相对于混凝土造价节省约50%，保证了工程质量，降低了工程造价。

由于采用泡沫轻质土回填，虽第四道锚杆按临时工况设计，未封锚，但也满足耐久性要求，能起到永久性支护的作用，通过增设支撑板带进一步减小支护桩的内力和变形，确保了支护结构和主体结构的安全。部分施工实景如图9、图10所示。

图9　1-1单元化粪池部位施工

图10　护坡桩加固挡墙

六、简要实测资料

根据基坑监测数据：西侧临近教学楼最大沉降1.4mm，冠梁最大水平位移3.5mm，CX3点最大深层水平位移5.0mm；南侧冠梁最大水平位移17.3mm，CX1监测点深层水平位移3.9mm，北侧冠梁最大水平位移3.9mm，CX5监测点深层水平位移2.1mm，现场巡视未发现基坑周边有明显的裂缝和下沉，由此判断本基坑选用的围护结构能够满足周边环境的安全及基坑使用要求，支护设计及施工较为成功（图11～图17）。

七、点评

（1）鉴于边坡距已建教学楼仅4.0m，本基坑工程在满足整体安全稳定性要求的情况下，变形控制显得极为重要，故2-2单元严格按坡顶有重要建筑的边坡工程进行设计。

（2）本项目基坑采用永临结合设计，采取有效措施保证支护结构与主体结构水平或竖向隔离，符合结构模型假定，保证了主体结构安全。

（3）本项目为坡地建筑，基坑采用永临结合设计，有效降低抗浮设防水位，节省工程造价，为类似工程提供借鉴和参考。

（4）南侧化粪池部位由于第一道锚杆无法实施，采用锚桩方案替代，保证了化粪池部位支护结构的安全。

（5）通过监测数据表明，本次基坑支护所采取的支护形式安全合理、经济可靠，可为今后类似基坑工程提供借鉴和参考。

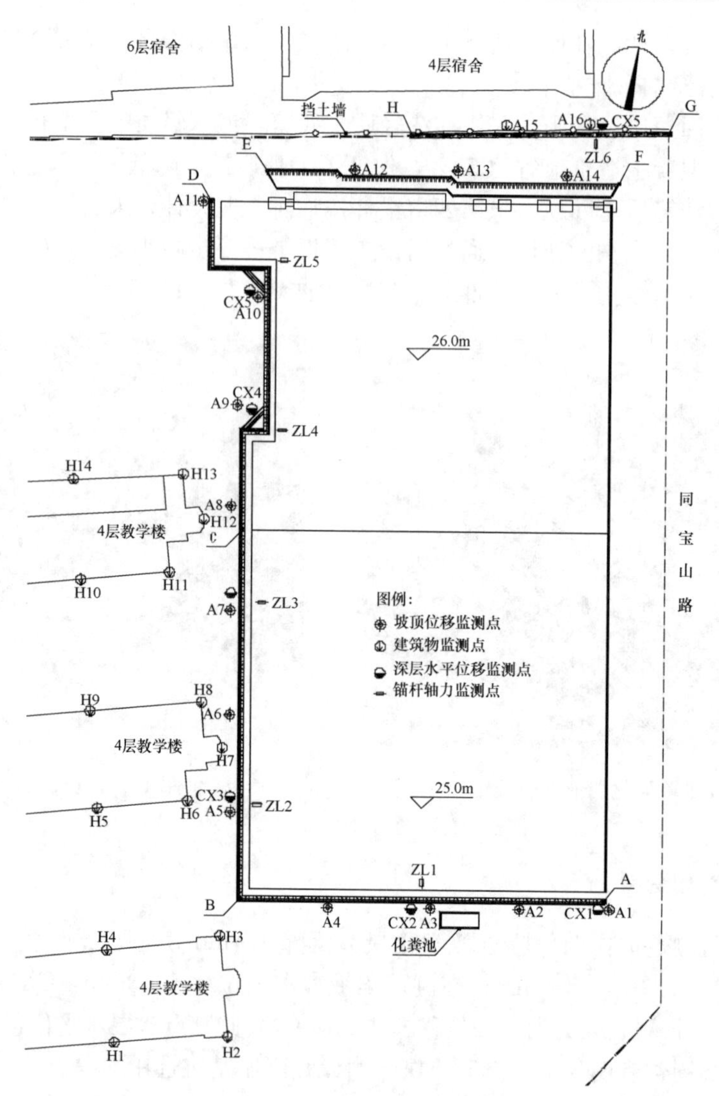

图 11　基坑监测平面

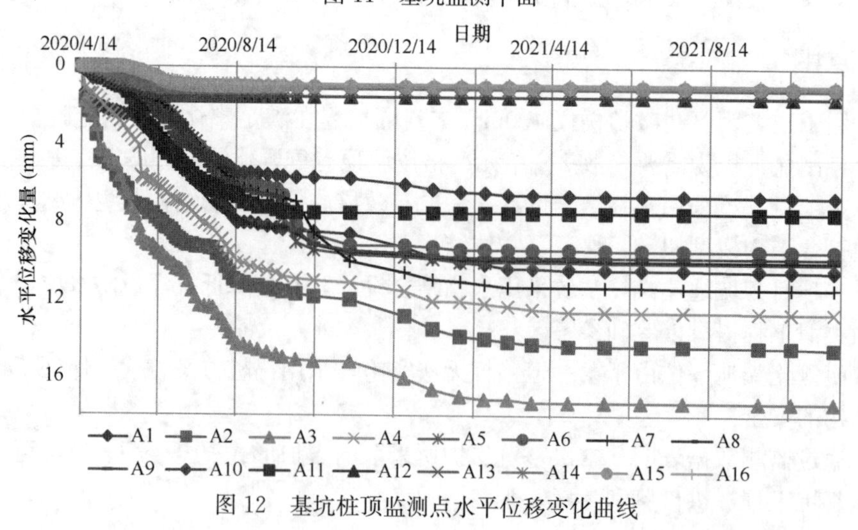

图 12　基坑桩顶监测点水平位移变化曲线

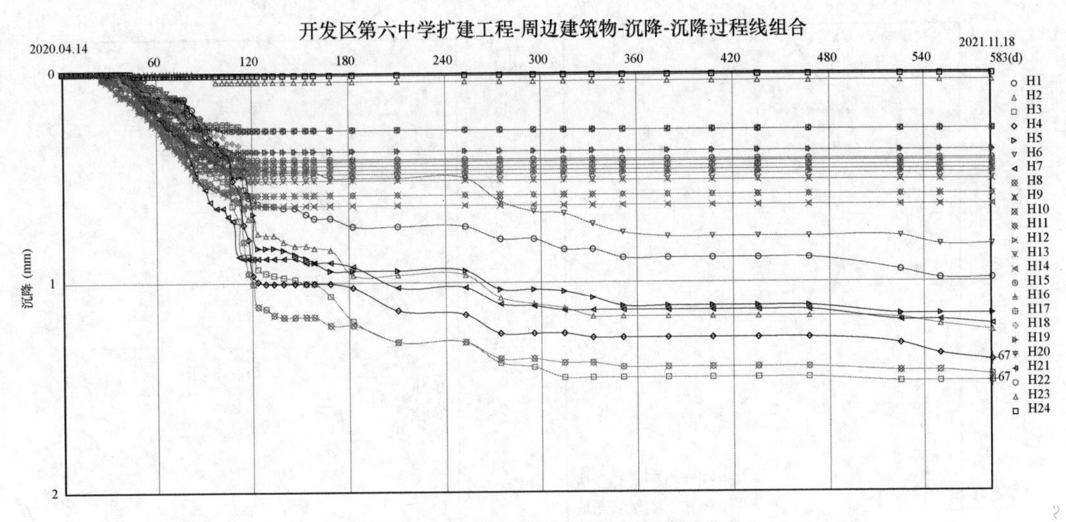

图 13　临近教学楼沉降变化曲线

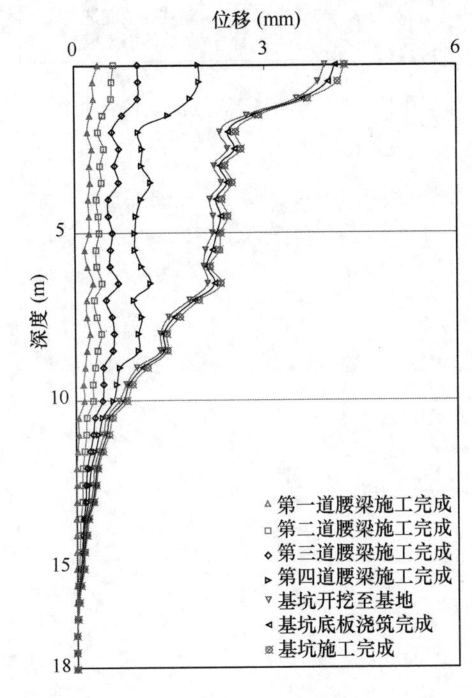

图 14　1-1 单元 CX1 点深层位移曲线

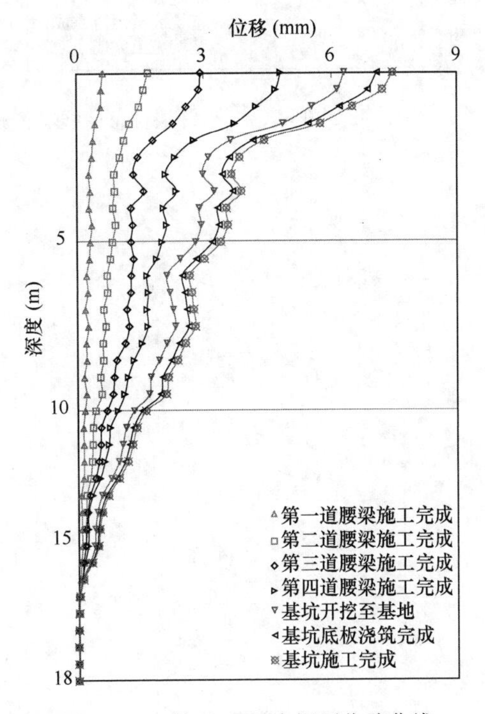

图 15　1-1 单元 CX2 点深层位移曲线

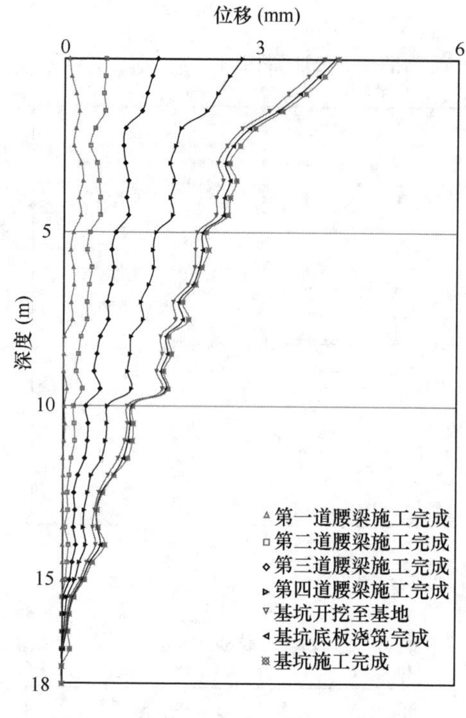

图 16　2-2 单元 CX3 点深层位移曲线

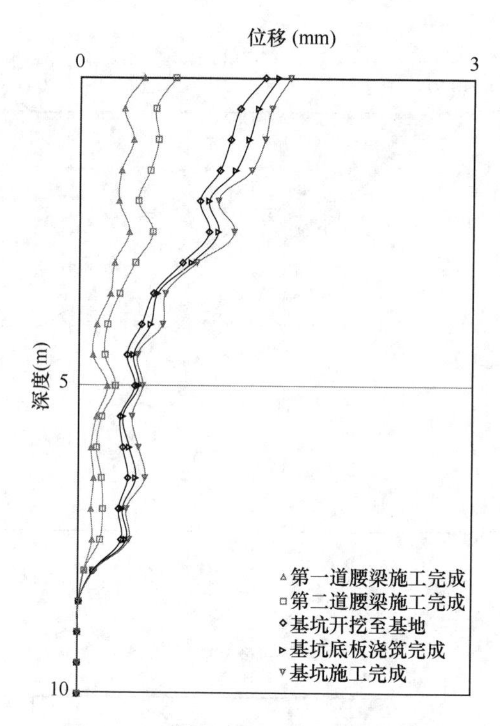

图 17　5-5 单元 CX5 点深层位移曲线

专题八　加深或超役加固基坑

上海安康苑一期项目基坑工程

陈思奇　冯翠霞　刘　江　冯　香
（上海申元岩土工程有限公司，上海　200011）

一、工程简介及特点

1. 基坑概况

上海安康苑一期项目位于上海市静安区，本工程地上拟建3栋150m超高层住宅及由5栋历史保留风貌建筑改造而成的联排别墅组成。原项目整体设置三层地下室，基坑普遍设计深度为13.3m。部分地下三层围护结构施工完毕后，因控规等外部条件改变，地下室整体需加深至地下四层。最终项目需在确保历史保留建筑及周边复杂环境安全的前提下，同时部分三层地下室围护结构已施工的条件下，完成地下四层的基坑开挖。本基坑工程最终的投影面积约20500m^2，外周长约644m，基坑普遍区域开挖深度为18.15m，局部落深坑1.5～4.75m，局部贴边深坑区域最大挖深达22.9m。

2. 施工特点及难点

1）既有基坑围护加深加固

项目于2018年施工完成大部分原地下三层的基坑围护结构，包括平面290延米地下连续墙、897根钻孔灌注桩、1622根高压旋喷桩以及653根三轴搅拌桩。已施工的地下桩基围护结构如图1所示。于2018年9月完成上述桩基围护结构后，项目暂停并重新进行设计调整。待主体设计及新的基坑方案论证并完成施工图后，于2019年12月按照地下四层基坑重新施工。由于基地存在大量的老旧桩基围护，对后续设计及施工造成巨大影响。为尽量减少项目损失，需考虑在基坑安全的前提下尽可能地对原围护结构予以利用。

2）保留历史建筑条件下的地下空间开发

由于本项目位于历史文物保护区域，场地内存有5栋历史保留建筑需在地下空间开发过程中迁出保护，并在地下室完成后予以复位。因此设计结合本项目超高层的进度需求对基坑进行分坑处理，基坑最终分为A、B、C共3个分区依次开挖。在A区开挖过程中需对临近C区中的5栋历史保留建筑进行大规模平移工作，总累计平移距离达2088m，创造当期上海建筑平移距离之最。该历史保留建筑建于20世纪30年代，结构完整性较差，基坑开挖确保历史建筑安全的同时，也需要考虑大规模建筑群平移对超深基坑及其他周边环境的不利影响。

3）基坑体量大，周边环境复杂

基坑面积大，深度大，开挖深度达 18.15～22.9m，基坑安全等级为一级，东侧紧邻多栋 4～5 层浅基础教学楼，其余区域临近多条市政道路及其下设管线，一般区域环境保护等级为二级，东侧临近学校区域环境保护等级为一级，周边环境保护要求十分严格。

4）地质、水文条件复杂

场地表层存有较厚的杂填土及早期拆迁遗留的大量建筑垃圾，而基坑开挖范围分布有 13.1～18.5m 厚的粉性土层，勘察报告显示其具有明显的摇振反应，该土层对围护结构施工、基坑开挖及建筑群平移所产生扰动十分敏感。同时基坑存在⑦层承压水突涌风险，因周边环境条件极为苛刻，须隔断承压水与外界的水力联系以降低抽取承压水对周边环境的影响，而大量的地下障碍物又对止水帷幕的施工质量控制提出了更高的要求。

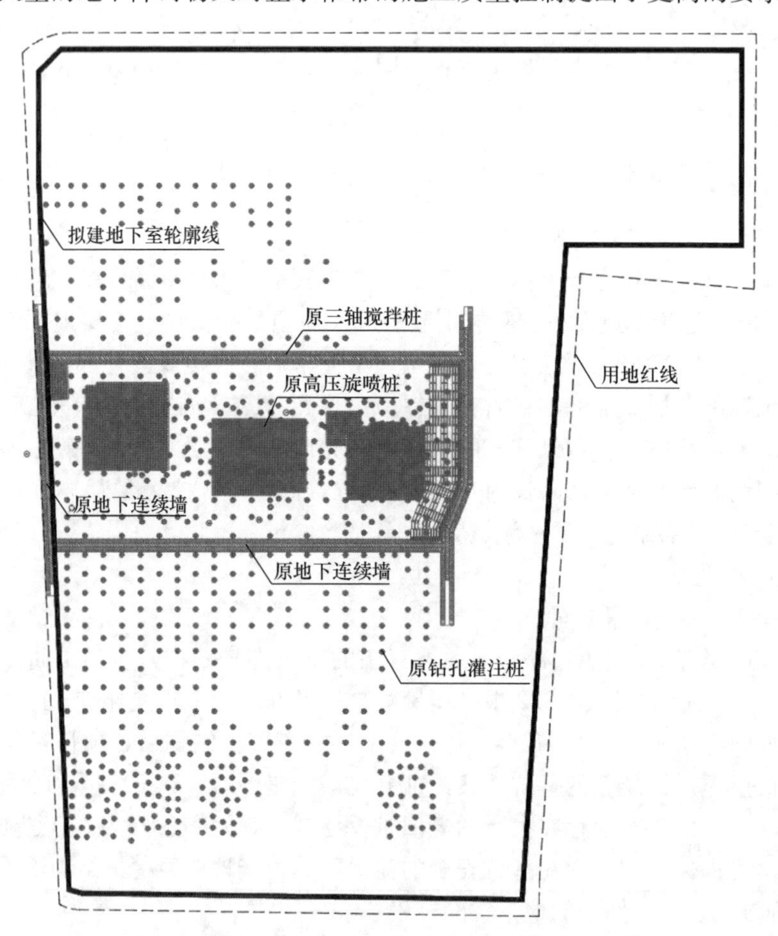

图 1　先期已施工地下三层围护结构

二、工程地质条件

1. 场地工程地质及水文地质条件

根据本次勘察，拟建场地在所揭露的 120.0m 深度范围内的地层均属第四纪全新世（Q_4）及上更新世（Q_3）沉积物，主要由黏性土、粉性土及砂土组成。拟建场地为古河道切割区，根据地基土沉积时代、成因及物理力学性质差异共分为 9 层，其中第②层、第⑤

层、第⑦层、第⑧层可分为多个亚层。与基坑围护结构有关的土层物理力学设计参数见表1。

土层物理力学设计参数 **表1**

层序	土层名称	厚度 (m)	重度 (kN/m³)	孔隙比 e	含水量 w (%)	渗透系数 (cm/s)	固结快剪（峰值）	
							c (kPa)	φ (°)
②$_1$	粉质黏土	0.4～2.2	18.8	0.825	28.8	7.24×10^{-5}	19	21.5
②$_3$	黏质粉土	13.1～18.5	18.6	0.836	28.6	5.89×10^{-5}	7	29.0
⑤$_{1-1}$	黏土	1.5～6.5	17.6	1.147	40.6	4.40×10^{-5}	16	13.5
⑤$_{1-2}$	粉质黏土	1.3～8.5	18.1	1.014	35.7	3.06×10^{-5}	17	17.5
⑤$_3$	粉质黏土	1.2～8.5	18.2	0.969	34.0	3.75×10^{-6}	17	18.0
⑤$_4$	粉质黏土	1.8～7.5	19.8	0.669	23.2	2.56×10^{-7}	44	18.5
⑥	粉质黏土	1.5～4.5	19.8	0.667	23.2	1.92×10^{-7}	41	18.5
⑦$_1$	砂质粉土	1.8～8.5	19.0	0.763	26.2	4.87×10^{-4}	5	31.5
⑦$_2$	粉砂	3.0～12.0	19.1	0.729	25.2	8.38×10^{-4}	4	33.5
⑧$_{1-1}$	粉质黏土	12.5～18.0	18.2	0.977	34.5	3.38×10^{-6}	20	18.0

本场地内存在潜水及承压水两种类型。

本场区浅部地下水属潜水类型，地下水补给来源主要为大气降水及地表径流，地面蒸发为主要排泄方式。勘察期间测得各钻孔内地下水静止水位埋深一般在0.80～1.50m，相应标高1.62～2.57m。上海市年平均地下水位埋深为0.50～0.70m，围护设计时水位埋深按相对不利的埋深0.5m考虑。

拟建场地内的承压含水层为第⑦层土，最小埋深为28.9m，根据抽水试验结果，承压水水头埋深为地面以下4.05m。经计算，项目普遍区域开挖至基坑底时均无法满足承压水抗突涌稳定性要求，需对其进行针对性的降压处理。

2. 典型工程地质剖面

本项目场地恰好位于古河道与正常沉积切割区，地层起伏及土质物理力学性质差异较大，西侧为正常沉积区，东侧为古河道区。基坑设计过程中需要根据地层条件因地制宜，根据不同地层的力学性质进行相应区域的围护结构设计，各典型工程地质剖面见图2、图3。

三、基坑周边环境情况

项目周边环境较复杂，距基坑东侧约3m处有多栋浅基础4～5层小学教学楼，且基坑2倍范围内含多栋居民楼。考虑基坑较深且面积较大，同时施工过程中临近建筑群的大规模平移均会对学校产生一定程度的影响，为确保在学校的安全及教学活动正常进行，于临近C分区开挖前的暑假窗口期对教学楼进行了锚杆静压桩基础加固，加固深度不小于32.5m，确保桩端进入第⑦层土。周边市政道路管线密集，基坑北侧约3m为天目东路，道路下设信息、煤气、给水、雨水、污水等管线。基坑西侧约18m为宽约14m的浙江北路，道路下设煤气、雨水、信息、给水等管线。基坑南侧为宽约8m的安庆路，道路下设给水、雨水、污水、煤气等管线。周边环境如图4所示。

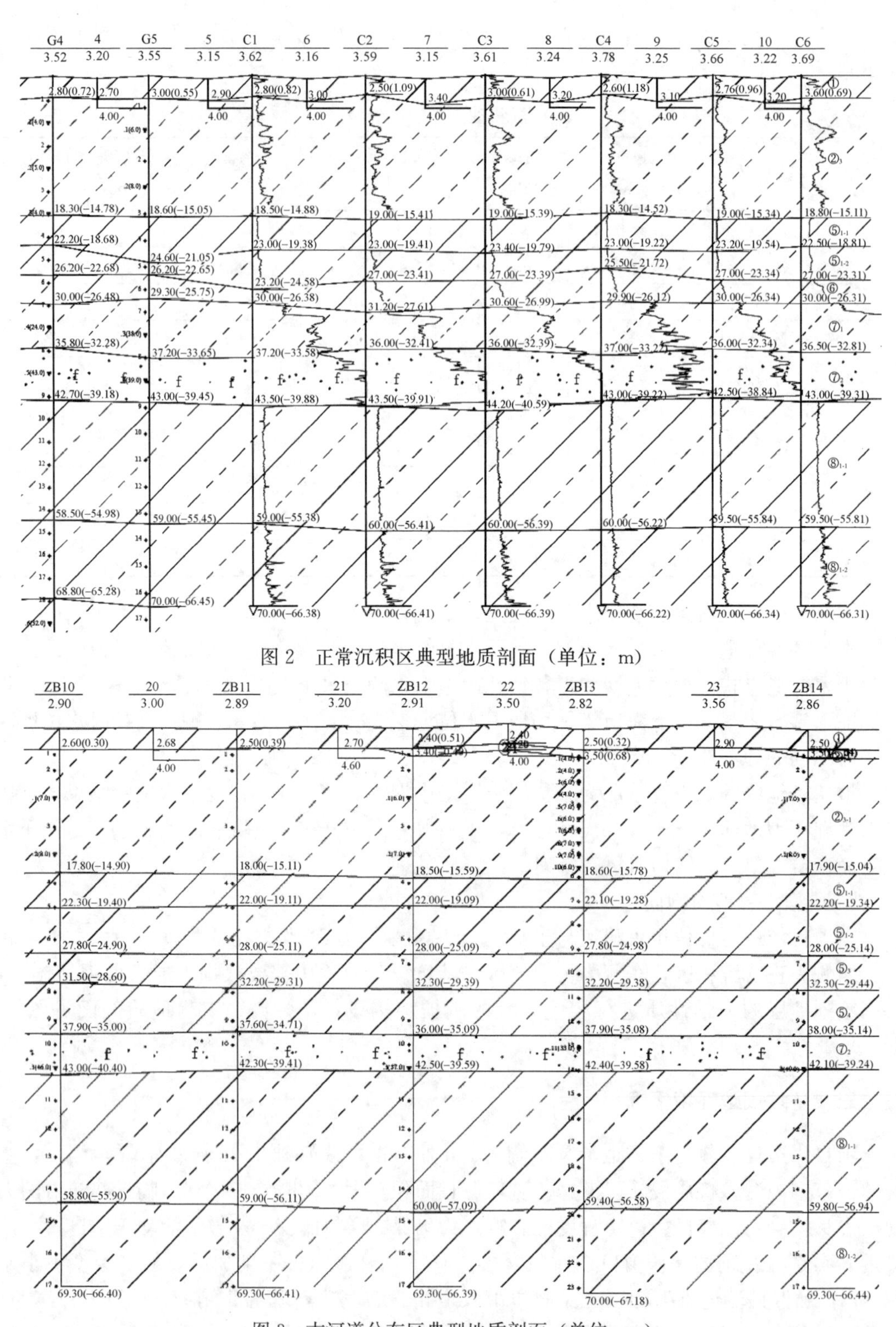

图 2　正常沉积区典型地质剖面（单位：m）

图 3　古河道分布区典型地质剖面（单位：m）

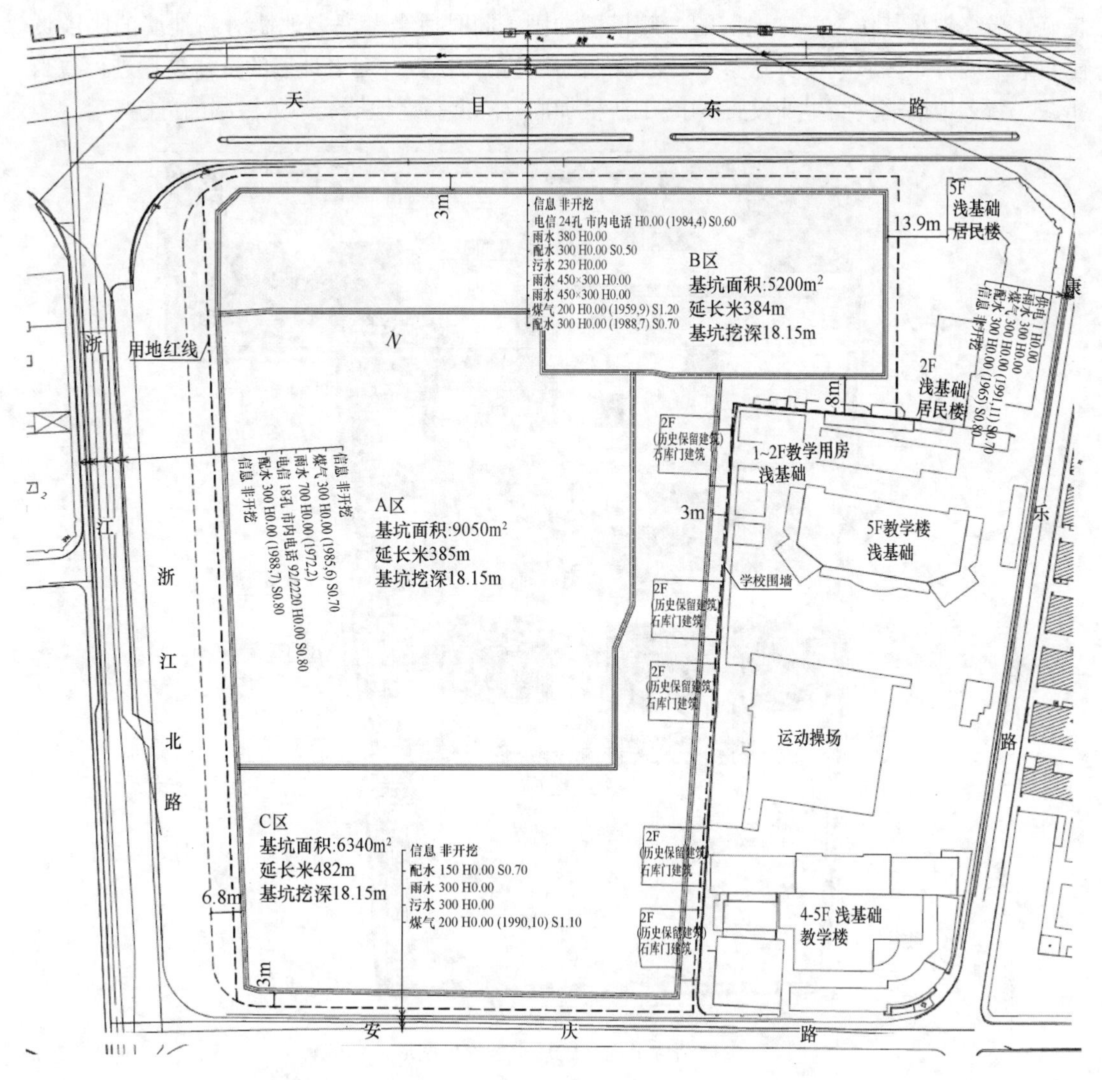

图 4　基坑周边环境

四、基坑围护平面

1. 基坑围护结构平面布置

本工程总体设计方案为：地下连续墙（两墙合一）结合四道钢筋混凝土水平支撑。地下连续墙两侧均设置三轴搅拌桩作为槽壁加固，坑内被动区采用三轴搅拌桩墩式加固，临近学校区域采用三轴搅拌桩裙边加固；坑中坑采用高压旋喷桩封底。局部临边 4.75m 电梯集水井区域坑下额外增设钻孔灌注桩及一道钢支撑。围护结构平面布置如图 5 所示。

2. 老围护处理及利用方式

场地内早期地下三层的围护结构中，对影响新地墙施工的老三轴搅拌桩均采用全套管全回转钻机进行初步清障，后对新地墙施工区域采用铣槽机成槽。老地下连续墙厚度为 800mm，有效长度为 27.9m，强度为 C35（水下）。经试清障，发现老地墙的清障效率极低且费用高昂，因此综合决定老地墙均不予清除。经原始资料及复检，老墙体完整性及垂直度良好，最终拟将其作为新打地墙的一侧槽壁加固；同时适当考虑老地墙对新地墙的刚度贡献，老地墙分布区域刚度贡献参照复合墙的刚度分配方法，并对老地墙的抗弯模量进行适当折减。新老地墙端头交界处设置 MJS 工法桩加固，降低新老地墙交界处渗漏的可能。

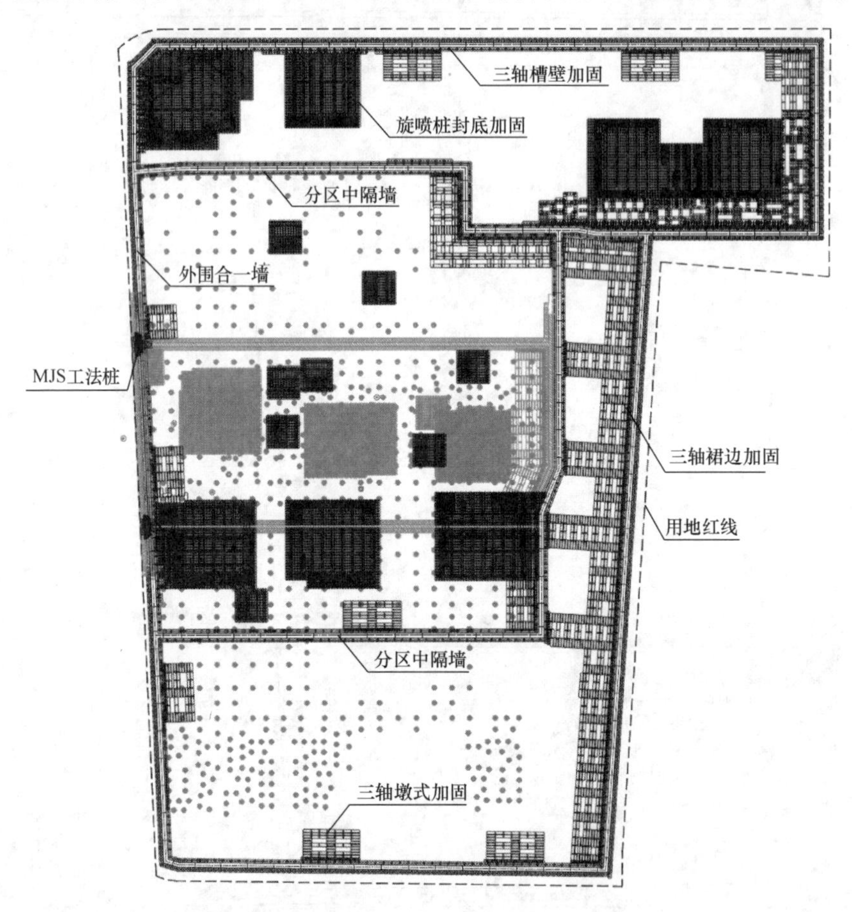

图 5　围护结构平面布置（浅色为早期地下结构）

3. 历史建筑平移的影响分析

场地内的 5 栋 2 层历史建筑，总建筑面积为 1950m²。因工期需要，建筑平移需在临近的 A 区基坑开挖至基底阶段进行，因此设计中需考虑建筑平移过程中的施工荷载对临近深基坑的影响。平移建筑前需对历史建筑进行钢结构加固、托盘基础等施工；加固后的单栋历史建筑自重经测量为 619～714t。每栋建筑均采用 3 辆 SPMT 液压平板车进行平移，平板车自重 162t，折合平移阶段的施工总超载为 24.7～25.4kPa。此次地墙的东侧设计超载按照 30kPa 考虑，确保了施工过程中 A 区基坑的安全性。

4. 坑内降水平面布置

本工程浅层疏干降水及⑦层承压水泄压均采用真空深井，疏干井按照约 220m²/口布置，考虑地下连续墙已隔断承压水层，因此⑦层泄压井按照 1000m²/口布置。坑外保护要求较高的区域设置承压水观测井兼备用回灌井，进一步保证了坑外水位的稳定。

5. 支撑体系

基坑采用四道 C35 钢筋混凝土支撑，主要采用“角撑＋对称＋边桁架”的支撑形式，临近学校的 C 区要使用对撑方式。于第一道支撑同时设置施工栈桥（图 6 中阴影部分），确保基坑的出土效率及地下室回筑施工。立柱均为 Q345 角钢格构柱下设 ϕ800 钻孔灌注桩，一般区域格构柱采用 4L160×16，截面尺寸为 460mm×460mm，缀板采用 440×300×12@700 钢板，立柱桩长 35m；栈桥区域格构柱采用 4L180×18，截面尺寸为 480mm×480mm，缀板采用 480×300×14@600 钢板，立柱桩长 44m。格构柱的钢材牌号为 Q345b，立柱桩采用混凝土强度等级为水下 C35。各支撑尺寸如表 2 所示，首道支撑及监测平面布置如图 6 所示。

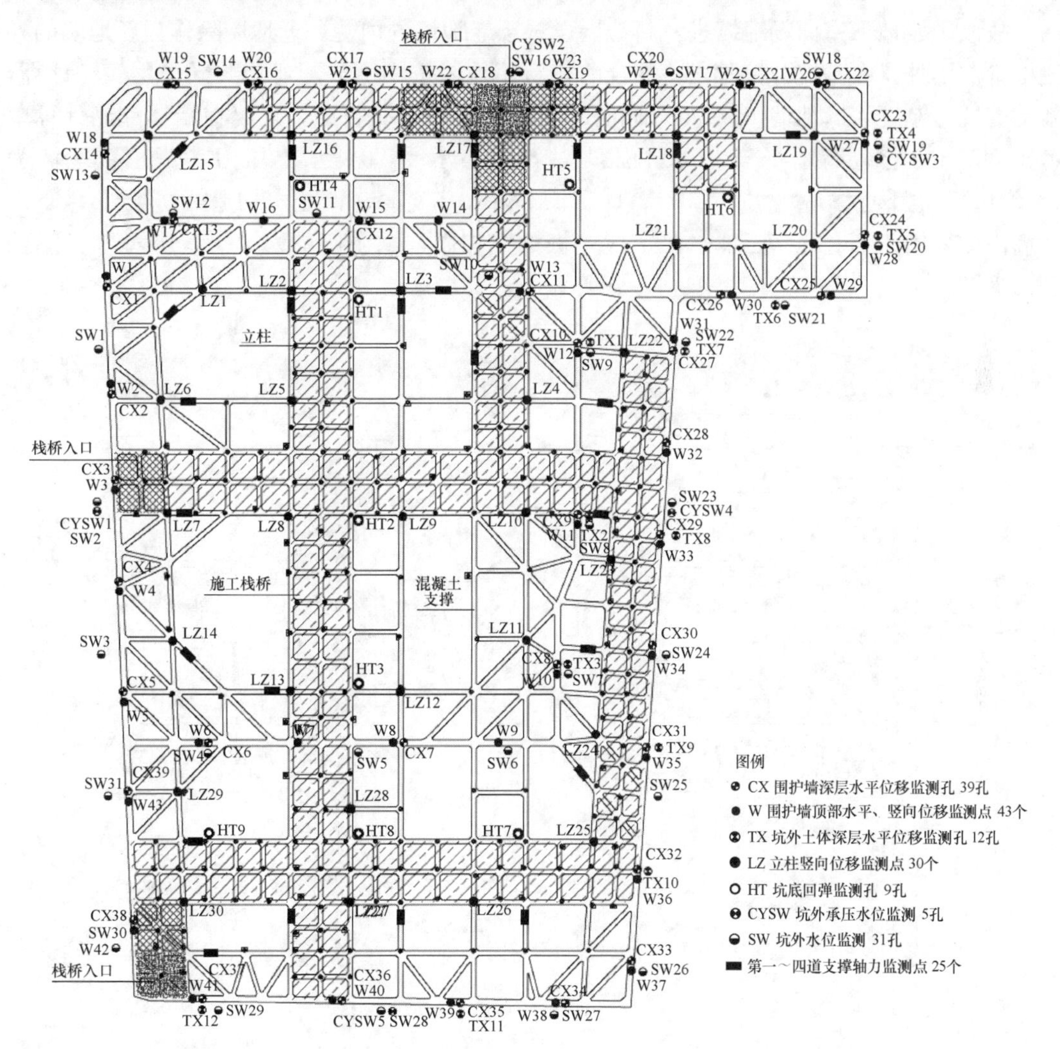

图 6 首道支撑及监测平面布置（阴影区为栈桥）

支撑尺寸 **表 2**

列项	中心标高（m）	围檩（mm×mm）	主撑（mm×mm）	连杆（mm×mm）
第一道支撑	−2.500	1200×800	900×800	800×800
第二/四道支撑	−7.350/−15.450	1400×800	1000×800	900×800
第三道支撑	−11.650	1400×900	1100×900	900×900

五、基坑围护典型剖面

围护结构典型剖面分析如下：

（1）基坑普遍区域挖深 18.15m，设计采用 1000mm 厚地下连续墙（水下 C35），长 47.0m（含 14.0m 止水构造配筋段）。地下连续墙两侧采用 ϕ850@600 三轴水泥土搅拌桩槽壁加固，有效长度 24.0m，水泥掺量为 20%。

（2）临近老地墙区域：由于用地红线紧邻已施工围护结构，已无多余空间施工新地墙，故该区域地下室向场地缩进，新地墙设置于老地墙的内侧。老地墙除作为新地墙的外侧槽壁加固外，在基坑开挖阶段，复合墙与新建地墙按刚度分配弯矩共同作用。经计算，新地墙抗弯刚度为旧地墙 1.95 倍，同时适当对老地墙进行折减，最终在墙体配筋计算中考虑 800mm 老地墙承受 30% 水土压力，新地墙承受 70% 水土压力考虑。新地墙为 1000mm 厚地下连续墙（水下 C35），地墙长 47.0m（含 14.0m 止水构造配筋段）。地下连续墙内侧采用 ϕ850@600 三轴水泥土搅拌桩槽壁加固，水泥掺量为 20%。典型围护结构剖面见图 7。

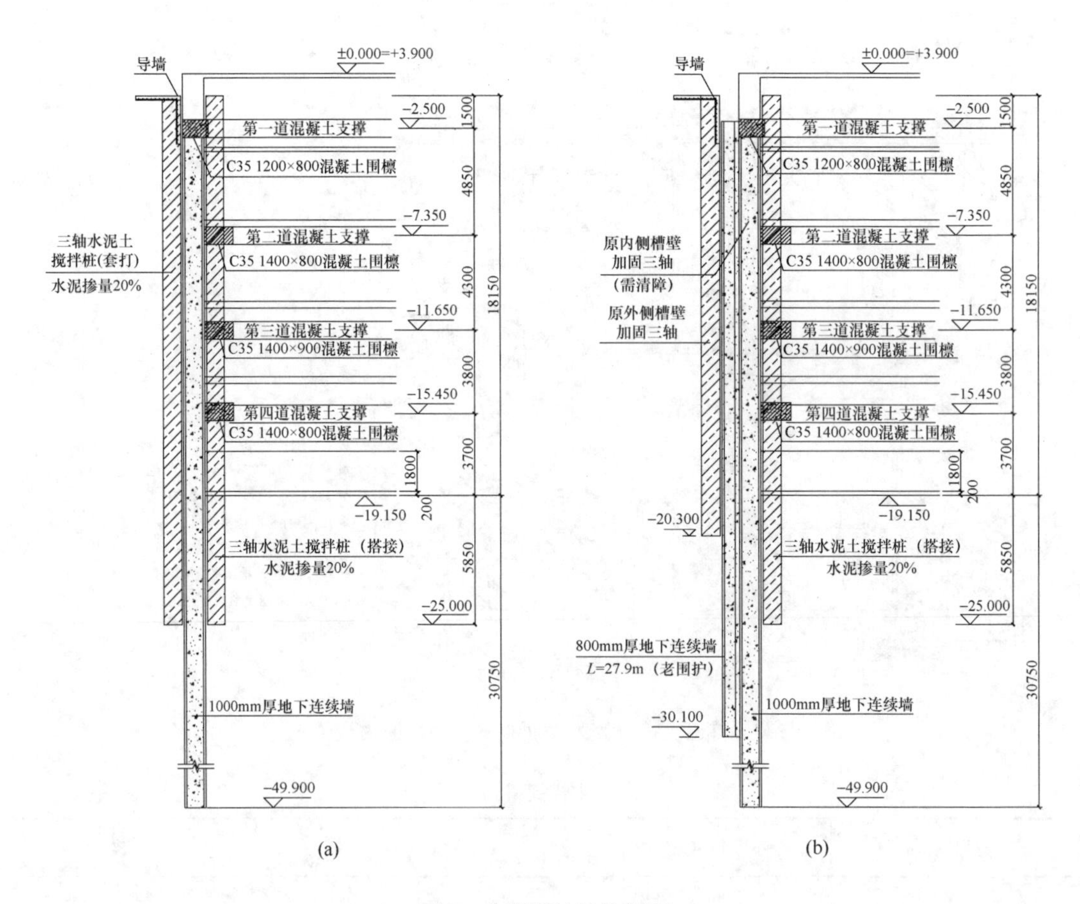

图 7 典型围护结构剖面

（a）普遍区域；（b）临近旧地墙区域

六、实测资料

本工程位于上海市静安区繁华地段，东侧临近小学浅基础教学楼，其余三侧均为市政道路及大量管线，总体保护要求很高，必须在施工中进行严格的现场监测，及时全面了解围护结构及周边环境的情况，根据监测结果动态调整优化施工参数、指导施工。根据本工程的特点、周边环境及规范的相关要求，本项目的主要监测内容如下。

1）围护结构体监测

①地下连续墙顶部水平位移及竖向位移；②地下连续墙侧向变形（测斜）；③支撑内力；④立柱竖向位移；⑤围护结构裂缝。

2）周边环境监测

①建筑物沉降及倾斜；②周边地面沉降；③坑外潜水及承压水位；④周边管线沉降；⑤周边地表及建筑裂缝；⑥深层土体位移。

监测平面布置如图 6 所示，基坑围护及周边环境监测报警控制值如表 3 所示。

基坑围护及周边环境监测报警控制值 **表 3**

监测项目	速率（mm/d）	累计值（mm）
围护墙顶竖向、水平位移（道路侧/小学侧）	3	45/27
围护墙侧向变形（道路侧/小学侧）	3	54/32
支撑内力	设计控制值的 80%	
坑外地面沉降（道路侧/小学侧）	3	45/27
坑内、外地下水位	300	1000
立柱竖向位移	3	25
坑底隆起（回弹）	3	45
地下管线水平及竖向沉降	3	20 或按相关管理部门规定
建筑物倾斜率	0.5‰	累计增量 4‰
邻近建筑水平及竖向位移	2	20

因本项目存在大量建筑群平移，同时需考虑各区超高层的进度需求，因此共分为 A、B、C 三个分区，三个分区依次开挖，待前一分区开挖至 B1 结构并完成换撑后开挖下一分区。各分区基坑施工阶段如图 8 所示。

各工况下：基坑一般区域、老地墙增层加固区域、临近学校区域的各工况下的地下连续墙深层水平位移见图 9，各测点的平面位置见图 6。

由监测数据可见，随基坑开挖，围护结构侧向变形逐渐增大并始终接近开挖面。其中一般区域的地墙测斜约 53mm（CX21），临近老旧围护区域的地墙测斜约 55mm（CX4）。东侧临近小学因采取了大量的裙边加固，因此基坑变形相对最小，地墙测斜约 45mm（CX27）。根据 A/B 分区开挖的监测数据，实时动态对小学进行必要的防护措施。考虑到 A 区开挖阶段，临近小学区域进行了大规模建筑群平移，平移过程中发现教学楼对周边扰动十分敏感，因此于 C 坑开挖前的暑假期间结合监测数据对小学浅基础教学楼进行了锚杆静压桩加固，最大程度减小基坑开挖对小学教学楼的影响。最终基坑及周边环境变形总体均处于安全可控范围内，确保了学校的正常教学及道路管线的正常运作。

(a)　(b)　(c)　(d)　(e)　(f)

图8　各分区基坑施工阶段

(a) A区开挖同步平移建筑；(b) A区底板及建筑平移完成；
(c) B区开挖；(d) C区开挖；(e) 施工前地面清障；(f) 开挖阶段废弃地墙凿除

七、点评

本项目基坑开挖面积20500m^2，基坑开挖深度18.15～22.9m，基坑安全等级为一级，北、西、南三侧周边环境保护等级为二级，东侧临近小学区域环境保护等级为一级。场地原址设计并施工有地下三层的基坑围护结构，但并未开挖；后由于地下室增加至地下四层，基坑普遍开挖深度由原13.3m增加至18.15m，最大开挖深度达到22.9m。需要对基坑进行重新加深加固设计。考虑到本项目极为复杂的周边条件、地质条件及项目状况，在确保基坑安全及周边环境变形可控的前提下，适当利用增层前的围护结构，节约了大量工程造价及清障工期，可为今后类似工程提供类似参考：

(1) 普遍区域的地墙测斜变形基本满足环境保护等级0.3%H（H为开挖深度）的要

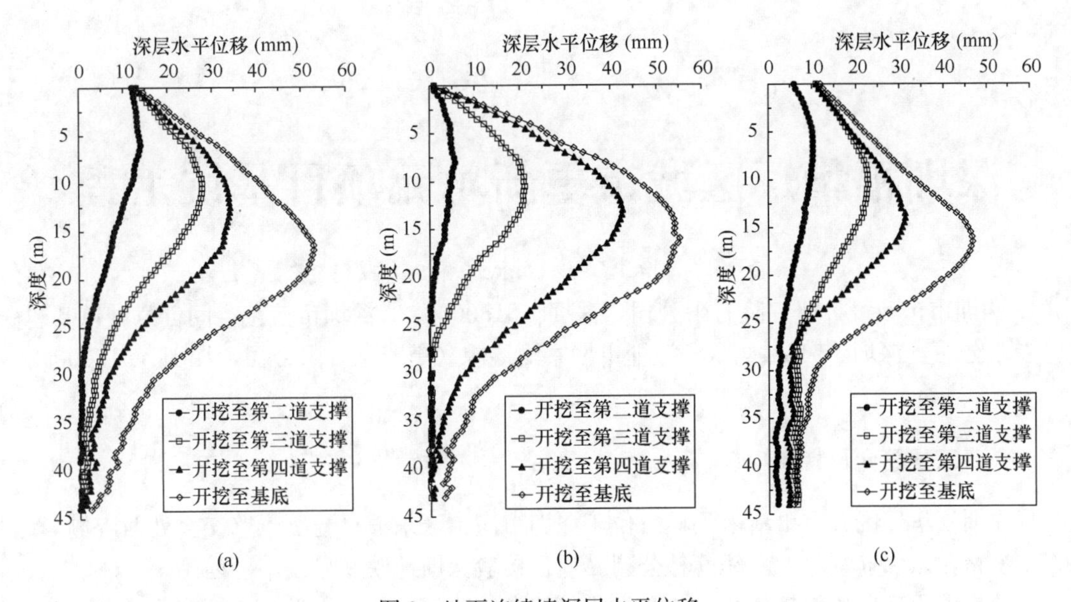

图 9　地下连续墙深层水平位移

（a）普遍区域 CX21；（b）临近老地墙区域 CX4；（c）近学校区域 CX27

求，虽局部近小学区域超过设计报警值 0.18%H，由于教学楼已采用锚杆静压桩基础加固，因此保护对象的沉降变形均在可控范围以内。项目整体采用地下连续墙（两墙合一）结合四道钢筋混凝土支撑的围护结构形式，地下连续墙墙长控制隔断层压水层，采用真空管井对潜水及承压水按需进行抽降工作，总体方案可以满足软土地区该规模深基坑的安全及复杂条件下的环境保护要求。

（2）因地下室增层，原地墙长度已无法满足加深基坑的各项稳定性要求，因此必须重新确定嵌固深度。从经济性角度，将原地墙作为新地墙的槽壁加固并适当考虑其对水土压力的分摊作用。实施效果证明，老地墙经充分检测并论证后具备一定的利用价值。

（3）本项目为典型的城市更新项目，涉及大规模历史保留建筑平移。由于在平移前无法施工其正下方的围护结构，平移前基础托换施工及平移过程中的振动难免导致临近周边微量地面沉降，须结合监测结果对周边重点保护对象进行实时动态的安全性评估，并根据需要及时采取被动或主动加固措施，同时设计阶段需考虑其施工荷载对基坑的影响。

（4）结合试成槽经验，上海软土类似存在巨厚粉性土层的场地，地下连续墙设置槽壁加固是十分有必要的。同时，应考虑围护结构自身施工的扰动对该土层及周边环境的影响。

（5）软土地区周边环境保护要求较高区域，采用裙边加固可在一定程度上控制基坑变形，减小基坑开挖对保护对象的影响。同时搅拌桩施工过程中也应合理控制搅拌提钻及下沉速度，降低围护结构本身施工对周边的影响。

（6）因地下室增层加深，项目存在大量老旧桩基围护需在开挖阶段凿除，且桩基顶标高普遍远高于基底标高，对土方开挖造成了一定程度的影响。因此，地下室增层项目的开挖周期较长，基坑暴露时间相较于常规基坑更长，需充分把控“时空效应”对基坑变形的影响。

本项目属于软土地区深大基坑工程且项目条件极为特殊，对软土地区复杂条件下的加深加固基坑、永临结合基坑都具备较好的参考价值。

深圳福华厂区城市更新单元项目基坑工程

王志人[1]　陈增新[1]　陈亚春[2]　孟祥村[3]

（1. 深圳市市政设计研究院有限公司，深圳　518000；2. 深圳市蓝色空间创意城市基建有限公司，深圳　518000；3. 深圳市勘察测绘院（集团）有限公司，深圳　518000）

一、工程简介及特点

深圳福华厂区城市更新单元项目位于深圳市南山区东滨路与荔景路交会处西南侧，北邻东滨路，东邻荔景路，南邻荔林公园。项目接驳深圳地铁 9 号线南油西站。

项目周边环境条件较复杂，北侧红线紧邻东滨路，道路下方设有市政管线，东滨路下为深圳地铁 9 号线南油站—南油西站的区间隧道，项目红线距区间隧道最近仅 14m；东侧为荔景路，道路下分布有市政管线，道路东侧紧邻 9 层居民楼，开挖边线距居民楼约 23m；南侧红线紧邻苏福原路，道路下分布有市政管线，道路南侧紧邻 8 层居民住宅楼（福园小区），项目开挖边线距居民住宅楼约 22m。

本基坑原已经进行了支护设计，原设计北、东、南三侧采用桩排桩＋锚索支护方案，桩间旋喷桩止水，西侧放坡。原来的支护结构已经部分施工完成并开挖了第一层土，项目停滞后，基坑又回填至现状标高。由于建设单位更换，项目重新启动，基坑开挖深度比原计划开挖深度增加了 6.8m。根据最新结构开挖调整，项目±0.000＝5.700m，项目暂定开挖底标高－20.200m，即相当于绝对标高－14.50m，基坑开挖深度 19.9～26.1m，开挖面积约 23111m^2，支护周长约 626m。基坑总平面及监测点布置如图 1 所示。

本项目基坑工程主要有以下几个特点：

（1）基坑平面布置回避塔楼。内支撑体系布设尽量减少对主体结构影响，采用受力相对独立的对撑、角撑体系，各塔楼施工进度相互不影响。

（2）周边环境施工空间受限。采用首道支撑封板形成环形车行路，便于施工材料、出土运输，部分封板区域可作为钢筋材料临时堆放场地。

（3）项目建设条件变化。项目变更，基坑开挖深度调整，原支护桩部分已施作，现项目基坑开挖深度增加，鉴于基坑北侧有浅基础房屋变形控制要求高，最终采用新做支护桩，原已施工支护桩作为安全储备。

（4）考虑建设工期条件，在基坑北侧、南侧增设两处出土栈桥。

（5）场地地势西南高东北低，东南侧转角位置周边道路与场地存在 6.6m 高差，局部位置增加角撑。

二、工程地质条件

根据场地勘察报告，场地原始地貌单元属剥蚀低丘～冲洪积阶地，后经人工改造，原

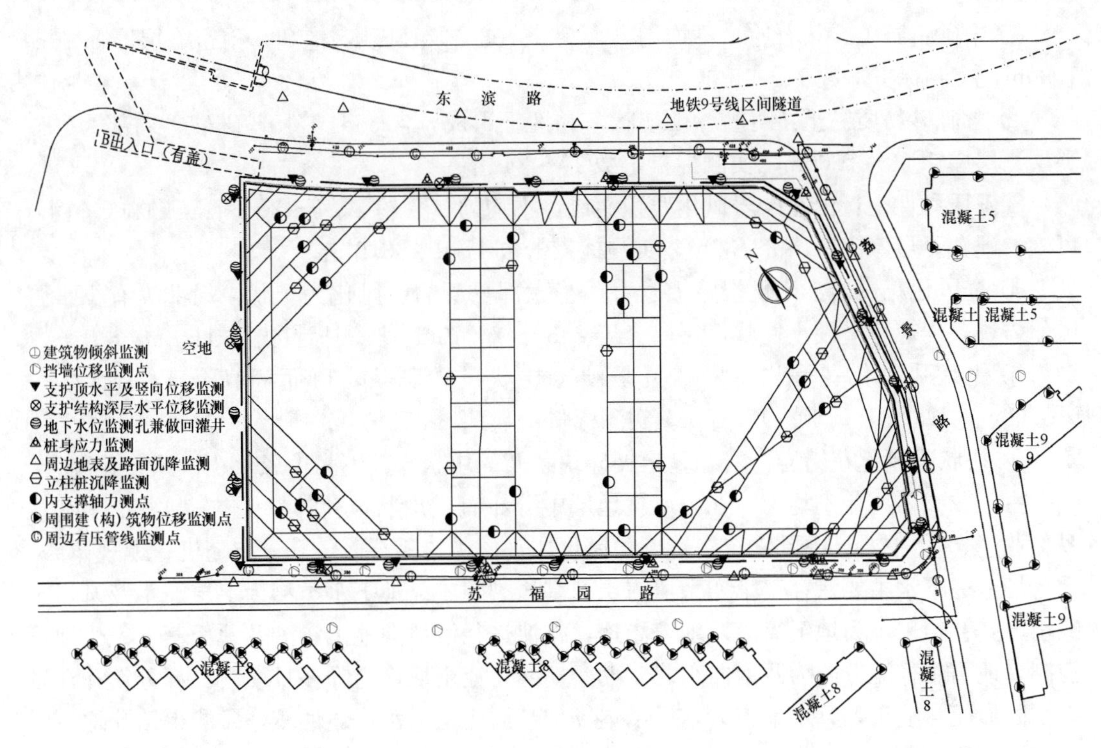

图1　基坑总平面及监测点布置

始地形已改变，勘察时测得各钻孔孔口标高介于5.37～8.03m，场地地势整体较平坦。场地内分布的地层主要有人工填土层、第四系冲洪积层、第四系残积层，下伏基岩为燕山四期花岗岩。典型地质剖面见图2。

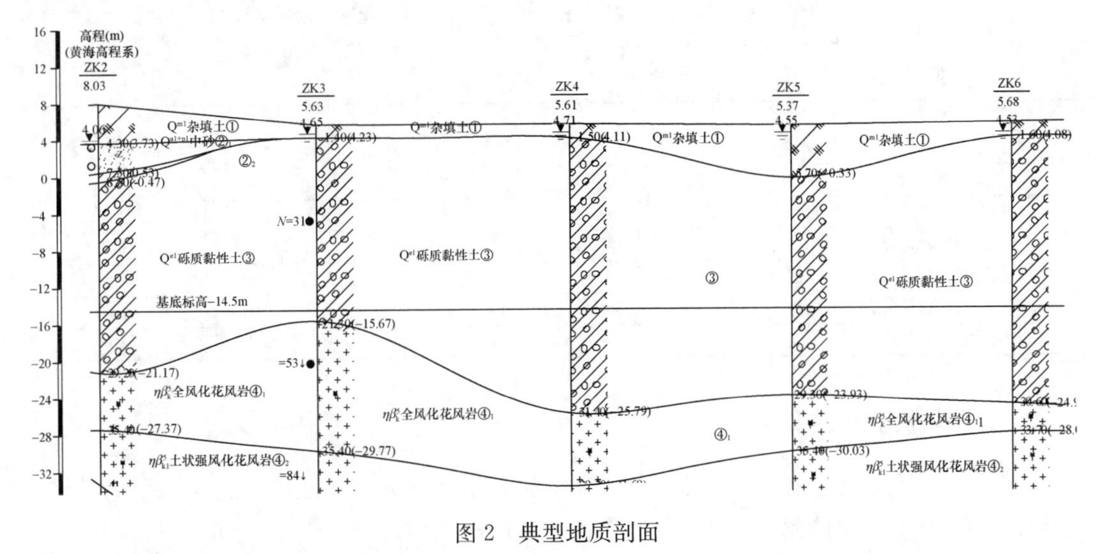

图2　典型地质剖面

基坑开挖范围涉及的地层主要有：

①人工填土：杂填土，主要为黏性土，含超过30%的砖块、混凝土块及碎石等建筑垃圾，堆填时间超过5年，均匀性较差。

②$_1$中砂：石英、长石质，不均匀，含10%～30%粗砾砂，饱和，稍密，层厚3.20～7.20m，实测标贯击数11～15击。

②$_2$含砾砂粉质黏土：可塑～硬塑状，黏性土组成，含35%～45%砾砂，局部为砾砂夹层。层厚1.00～7.60m，实测标贯击数17～24击。

③砾质黏性土：由花岗岩风化残积而成，不均匀，含约20%～35%石英颗粒，稍湿，可塑～硬塑。层厚1.90～32.30m。实测标贯击数17.0～33.0击。

④$_1$全风化花岗岩：风化裂隙极发育，绝大部分矿物已风化为土状，局部夹有少量强风化岩块，岩芯呈坚硬土柱状，层厚介于2.30～22.10m。实测标贯击数41～58击。

④$_2$土状强风化花岗岩：岩芯呈坚硬土柱状及砂砾状，顶面标高介于－35.40～－3.99m，层厚介于0.80～19.10m。实测标贯击数72～85击。

④$_3$块状强风化花岗岩：岩芯呈土夹碎块状及碎块状。其下为中风化、微风化花岗岩。

由于花岗岩风化不均匀，在强风化地层中分布有“球状风化体”。本次勘察在土状强风化花岗岩④$_2$中遇见中风化花岗岩球状风化体（俗称“孤石”），其分布随机、无规律性。

场地地下水主要赋存于第四系覆盖层及基岩裂隙中。地下水类型为上层滞水及基岩裂隙水，其补给来源为地下径流及地表渗透，排泄途径沿坡向地下渗流及地面蒸发。受地形控制，地下水径流方向为西南向东北。勘察期间正逢雨期，连降多日暴雨。部分钻孔在暴雨期间形成自喷泉，且水量较大，显示本场地与周边地下水连通性较好。测得钻孔地下混合稳定水位埋深在0.40～1.40m，高程介于4.89～6.17m。各地层主要物理力学参数见表1。

各地层主要物理力学参数　　　　**表1**

岩土层名称	天然重度（kN/m^3）	含水率 w（%）	孔隙比 e	黏聚力 c（kPa）	内摩擦角 φ（°）	渗透系数 k（cm/s）	岩土体与锚固段注浆体之间粘结强度特征值 q_{sk}（kPa）
①杂填土	18	—	—	8	15	8.0×10^{-3}	20
②$_1$中砂	20	—	—	0	30	9.0×10^{-2}	60
②$_2$含砾砂粉质黏土	18.5	29.8	0.829	22	15	4.0×10^{-6}	60
③砾质黏性土	18.5	28.3	0.922	25	22	4.0×10^{-5}	65
④$_1$全风化花岗岩	20	22.0	0.700	30	25	6.0×10^{-5}	100
④$_2$土状强风化花岗岩	21.5	—	—	35	30	1.0×10^{-4}	180
④$_3$块状强风化花岗岩	22	—	—	40	35	2.0×10^{-4}	240
④$_4$中风化花岗岩	25	—	—	—	—	—	800

三、基坑周边环境情况

基坑周边环境较复杂。基坑北侧紧邻东滨路，道路下方有市政管线，再往下为地铁9号线区间隧道，区间隧道与项目红线平面上最近距离仅14m，区间隧道轨行区标高为－10.0m，位于基坑第三道支撑底附近；基坑西北侧紧邻地铁9号线南油西车站主体及附属结构；基坑西侧为其他项目建设用地，目前为空地；基坑南侧紧邻苏福园路，苏福园路自西向东道路标高逐渐抬升，道路南侧为福园小区，为多层居民住宅楼，建筑物基础为坐落于砾质黏性土的浅基础；基坑东侧为荔景路，荔景路自南向北，道路标高逐渐降低，荔景路与项目场地有 0.8～5.0m 高差，主要为毛石挡墙，道路下方有市政管线，道路东侧距项目红线 23m 开外有两栋高层建筑。图 3 为项目周边环境。

图 3　项目周边环境

四、基坑围护平面

根据地勘报告，场地地层上部特殊土层有杂填土、局部位置有淤泥质土等，基坑深度为 19.9～26.1m，基坑开挖对周边环境影响范围较大，且周边环境条件对基坑开挖变形控制要求较高。综合项目地质条件、周边环境保护要求、项目特点等情况，本项目基坑支护安全等级按一级控制。基坑支护采用咬合桩＋三道钢筋混凝土内支撑支护体系，止水帷幕以咬合桩素桩止水。对于基坑东南侧现状道路与场地存在较大高差位置，局部增加角撑。

鉴于项目地下室边界退线范围小、原有支护桩已占据红线内用地范围等情况，原来局部已施工支护桩的位置采用桩径 1.0m、桩间距 1.5m 咬合桩，新旧支护桩共同发挥作用；其余未有旧支护桩范围采用桩径 1.2m、桩间距 1.9m 咬合桩。荤素桩相互搭接 250mm，地铁安保区范围内咬合桩采用软咬合，安保区范围外咬合桩采用硬咬合。

根据项目主体塔楼位置，基坑支护内支撑平面布设需尽量回避塔楼剪力墙结构。为避免东南侧塔楼受基坑内支撑影响，该处内支撑采用边桁架结合支撑封板的异形结构方式，有效解决了内支撑对塔楼结构的影响问题。图 4 为基坑支撑平面布置。基坑东南侧转角位置因局部高差较大，在该位置增设局部角撑控制基坑变形。

根据支撑梁受力特点，第一道支撑、第二道支撑主梁截面 1.2m×1.0m，第三道支撑主梁截面 1.3m×1.1m；第一道支撑、第二道支撑次梁截面 1.0m×1.0m，第三道支撑次梁截面 1.1m×1.1m；连系梁截面 0.8m×0.8m；局部角撑主梁 1.0m×1.0m。

根据第一道支撑上需堆载材料以及形成需求，沿基坑四周设置 8m 宽边封板桁架形成环形车道。通过支撑封板确保汽车塔式起重机等重型机械在首道支撑板上的使用。结合第一道内支撑设置施工栈桥，形成土方开挖通道、堆场、施工环路等平台，确保土方开挖满

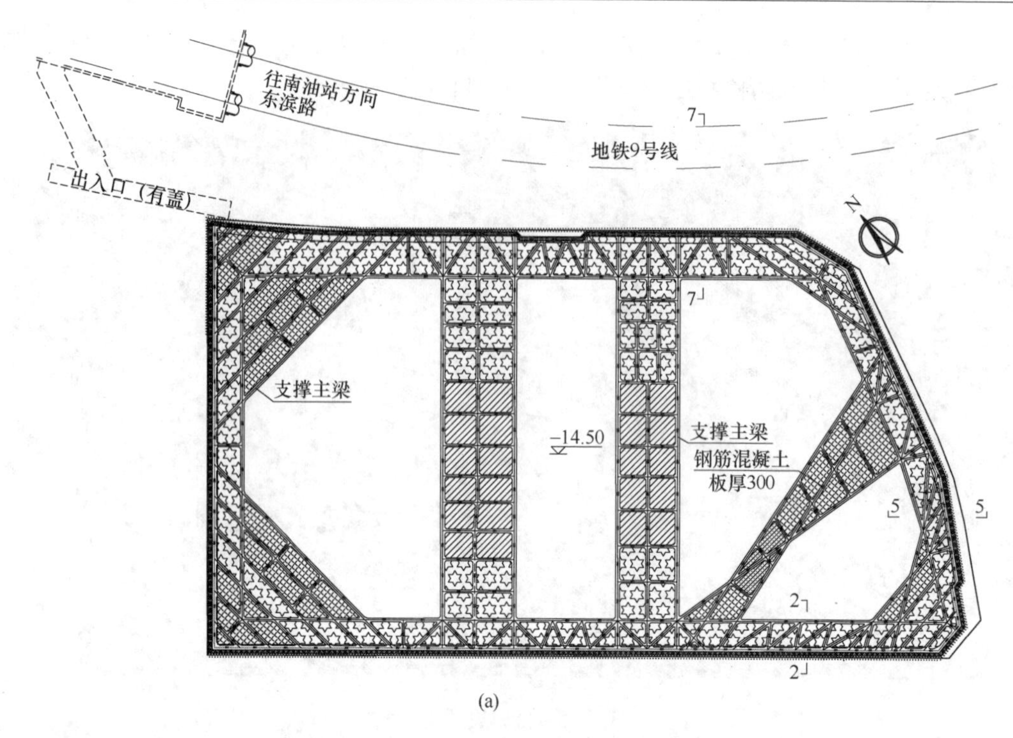

(a)

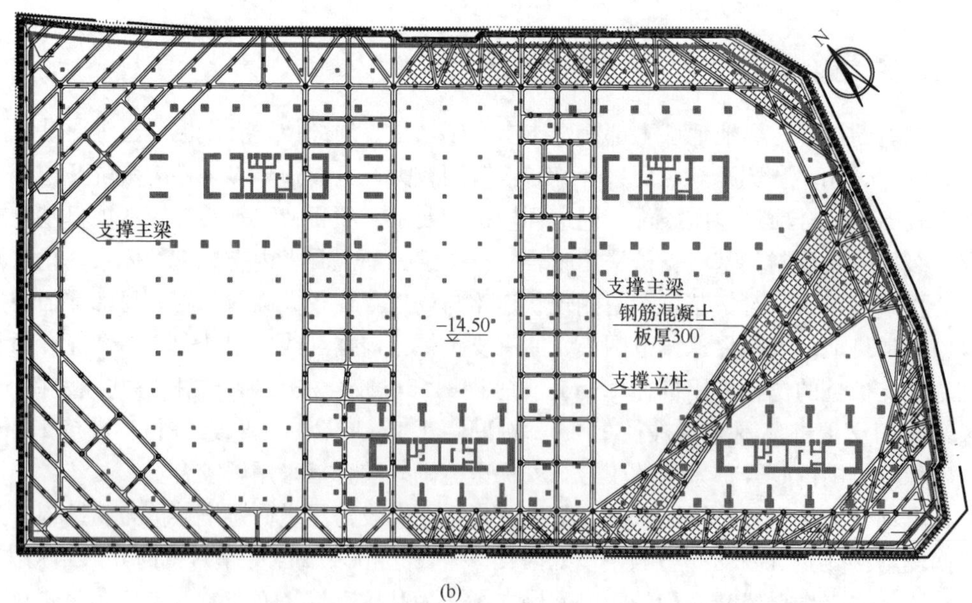

(b)

图 4　基坑支撑平面布置

（a）基坑首道支撑；（b）基坑第二、三道支撑

足进度要求，确保主体结构封顶工期。这也是本项目基坑支撑布设特点。

五、基坑围护典型剖面

根据项目特点提供基坑支护典型剖面如图 5 所示。基坑支护采用咬合桩＋三道钢筋混凝土支撑方式。

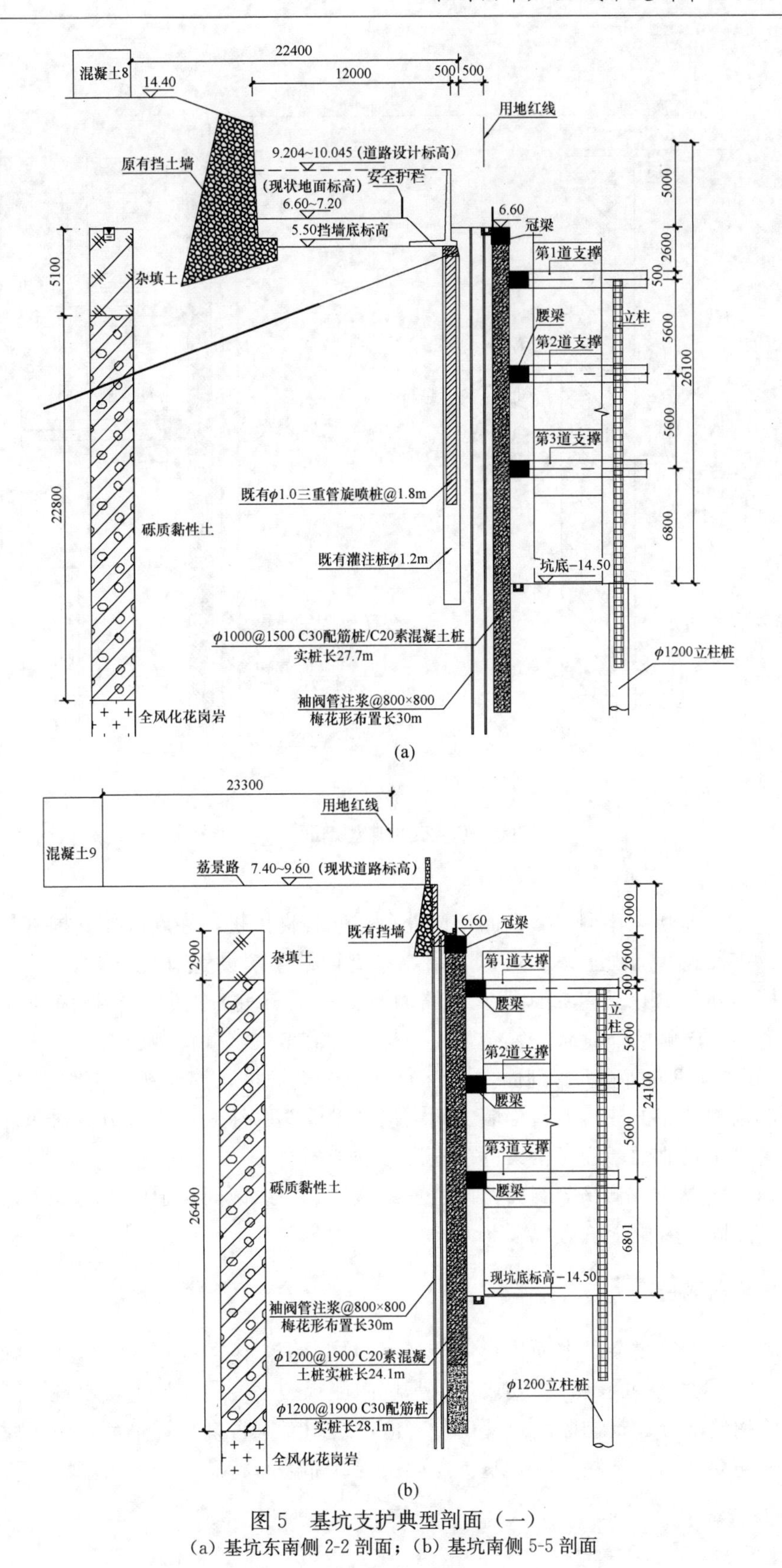

图5　基坑支护典型剖面（一）

(a) 基坑东南侧 2-2 剖面；(b) 基坑南侧 5-5 剖面

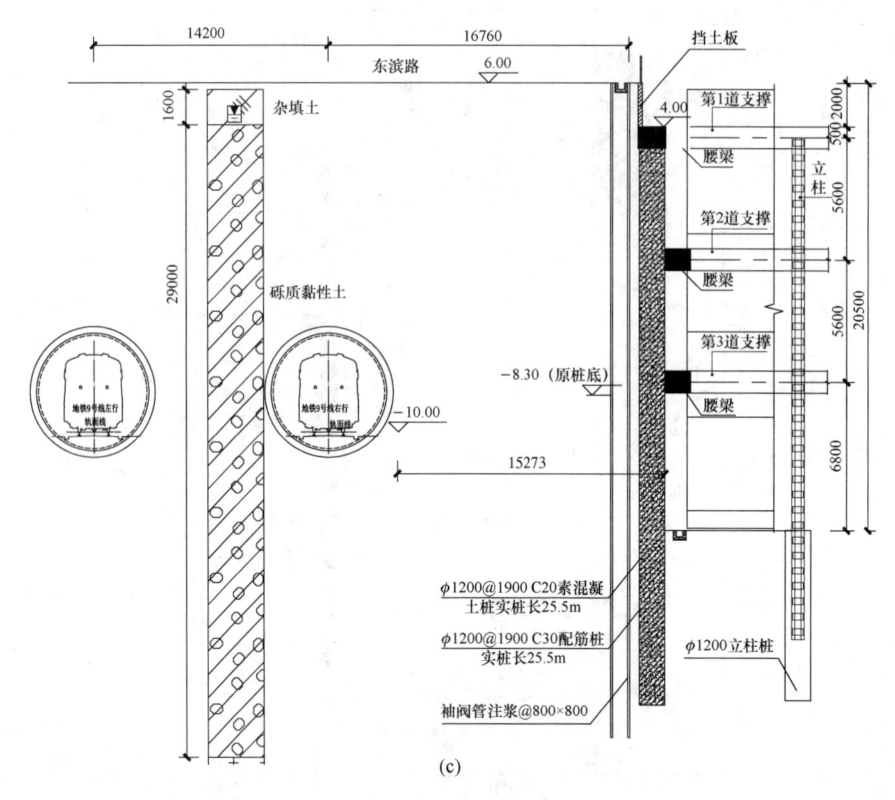

(c)

图 5　基坑支护典型剖面（二）

(c) 基坑北侧 7-7 剖面

图 5（a）为基坑东南侧 2-2 剖面，该处存在原有支护桩，在新施作支护桩与原支护桩之间设置 2 排袖阀管加固土体。可以看出，原支护桩顶部设置有高度 3.5～4.5m 扶壁式挡土墙，挡墙外侧 12m 为苏福园路，道路南侧为一毛石重力挡墙，再往南为 8 层福园小区居民住宅楼。该侧坑外荷载较复杂，支护桩设计需考虑坑外荷载影响。

图 5（b）为基坑南侧 5-5 剖面，该处为新施作支护桩，鉴于桩顶外侧为荔景路的旧毛石挡墙，该侧在支护桩与毛石挡墙之间增设 2 排袖阀管注浆。设计方案对东侧道路毛石挡墙通过增设墙底地梁、墙身腰梁等措施进行预加固。

图 5（c）为基坑北侧 7-7 剖面，该位置距地铁 9 号线区间隧道约 15.3m。该侧咬合桩荤素同长，嵌固深度位于坑底以下 8m。

六、简要实测资料

由于周边环境较复杂，本项目自 2020 年 5 月开始施工至 2021 年 12 月基坑回填，施工过程中也出现了一些问题，主要表现为基坑南侧福园小区居民住宅楼出现不同程度整体沉降。基坑南侧部分建筑物监测点超出预警值，组织专家咨询会评估后，对房屋沉降预警值进行调整。期间因为某些原因，基坑建设出现局部停滞状态。表 2 为基坑工程施工关键节点。

基坑工程施工关键节点　　表 2

序号	起始时间	施工工况
1	2020 年 5～8 月	施工支护桩及工程桩
2	2020 年 8 月～2021 年 1 月	施工第一道支撑梁，开挖第一层土方
3	2021 年 1～5 月	施工第二道支撑梁，开挖第二层土方
4	2021 年 5～8 月	施工第三道支撑梁，开挖第三层土方
5	2021 年 9～12 月	施工各层地下室结构并拆除支撑至回填完成

本项目基坑支护结构与周边建（构）筑物监测点布置见图 1。

根据现场实际监测结果，除基坑南侧地下水位、建筑物变形指标超预警值，进行评估调整，其余各项基坑监测指标均在设计要求范围内，基坑周边环境变形控制相对较好。图 6～图 8 列举了基坑支护桩桩顶水平位移、基坑周边挡墙、基坑周边建筑物沉降等几个关键指标的监测数据曲线。

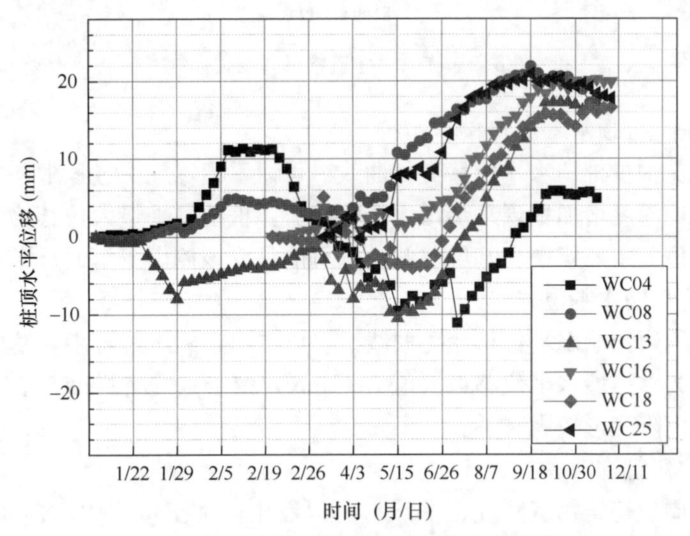

图 6　基坑支护桩桩顶水平位移变化曲线

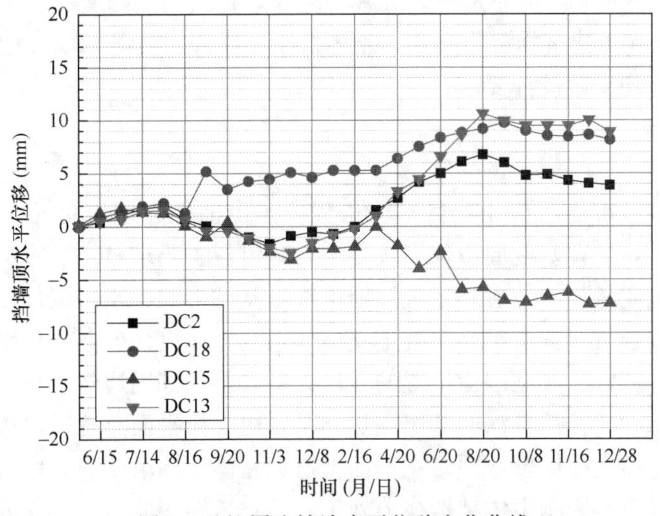

图 7　基坑周边挡墙水平位移变化曲线

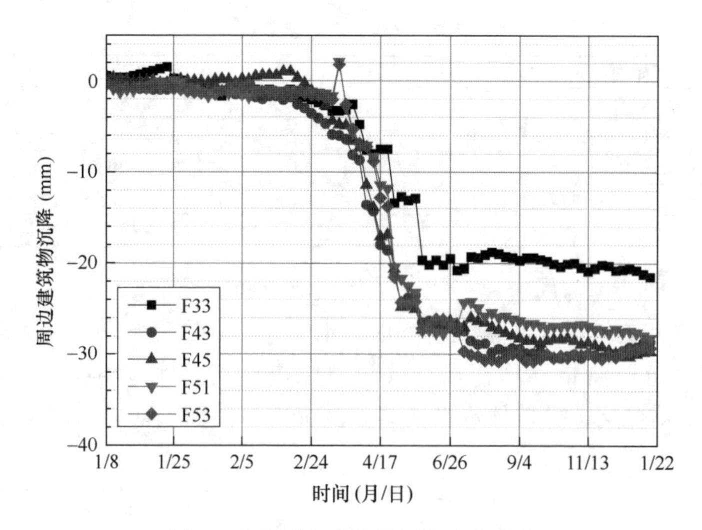

图 8　基坑周边建筑物沉降变化曲线

1）基坑支护桩桩顶水平位移

图 6 为基坑支护桩桩顶水平位移变化曲线。可以看出，施工过程中，基坑支护桩桩顶水平位移随着开挖深度增加呈现逐步增大变化趋势，桩顶水平最大位移为 22mm，桩顶水平位移变化较大位置主要集中在基坑北侧，这可能是受该侧出土车通行影响。

2）基坑周边挡墙水平位移

图 7 为基坑周边挡墙水平位移变化曲线。可以看出，施工过程中，基坑周边挡墙水平位移变化幅度不大，挡墙水平位移最大值为 11mm，位于基坑南侧福园小区挡墙上，这主要与该侧建筑物沉降变形较大有关。

3）基坑周边建筑物沉降

图 8 为基坑周边建筑物沉降变化曲线。可以看出，施工过程中，自 2021 年 4 月至 6 月，基坑周边建筑物沉降变化速率较大，对应表 2 施工节点时间的第三层土方开挖期间，此时建筑物沉降约 30mm。随着地下室底板的施作，建筑物沉降变化趋于平缓，最终建筑物最大沉降约 32mm。建筑物沉降表现为整体沉降，受降水沉降影响，但差异沉降变化量与建筑物倾斜指标均未超设计要求。

七、点评

深圳福华厂区城市更新单元项目基坑工程位于山前平原地貌单元，场地地势变化较大，地层起伏较不均匀，基坑周边环境较复杂，环境保护要求较高。本文首先介绍了该工程的概况和工程地质条件，考虑到基坑开挖深度、基坑形状、土层条件及周边环境保护要求，最后采用了咬合桩＋三道钢筋混凝土支撑体系的总体设计方案，详细介绍了支护体系在平面支撑布设的特点、典型剖面位置的设计方案以及局部周边建筑物沉降监测情况。

对于开口面积大、开挖较深的基坑支护体系，内支撑平面布置以对撑、角撑、八字撑结合边桁架形成整体支撑体系，同时在平面上避让主体结构塔楼剪力墙等竖向构件，在不拆除内支撑的前提下不影响主体结构往上施工，节省工期。同时需要充分考虑出土口与土方挖运栈桥的结合，设计过程中充分考虑栈桥设计，保证土方挖运便捷，缩短基坑土方挖运时间，减小基坑暴露时间，保证基坑安全。

对基坑工程施工进行全过程监测，监测结果表明，基坑工程施工对周边环境的影响均在可控范围内，基坑周边建（构）筑物的正常使用没有受到影响。本工程的设计和实施可作为同类基坑工程的参考。

武汉市某基坑变更加固工程

赵小龙　徐国兴　张春燕　郭叶武

（湖北楚程岩土工程有限公司，武汉　430000）

一、工程简介及特点

武汉市某基坑变更加固工程位于武汉市江汉区，西侧为常腾街，东侧为常飞街，北侧为砖混结构多层房屋，南侧为规划道路，道路中间有浅基础板房，周边交通较为便利。规划总用地面积 15383.44m²，总建筑面积 41749m²，地下室建筑面积 15345.83m²。规划设计为 1 栋 19 层办公楼、3～4 层裙楼，普设 2 层地下室，拟建建筑物基础形式为桩基础。基坑周长约 460m，基坑面积约 10700m²，基坑开挖深度约 10.2～11.6m。

本项目基坑周边环境复杂，建筑密集对不均匀沉降敏感，地下水较为丰富，场地施工作业面狭窄。场地和周边环境如图 1 所示。

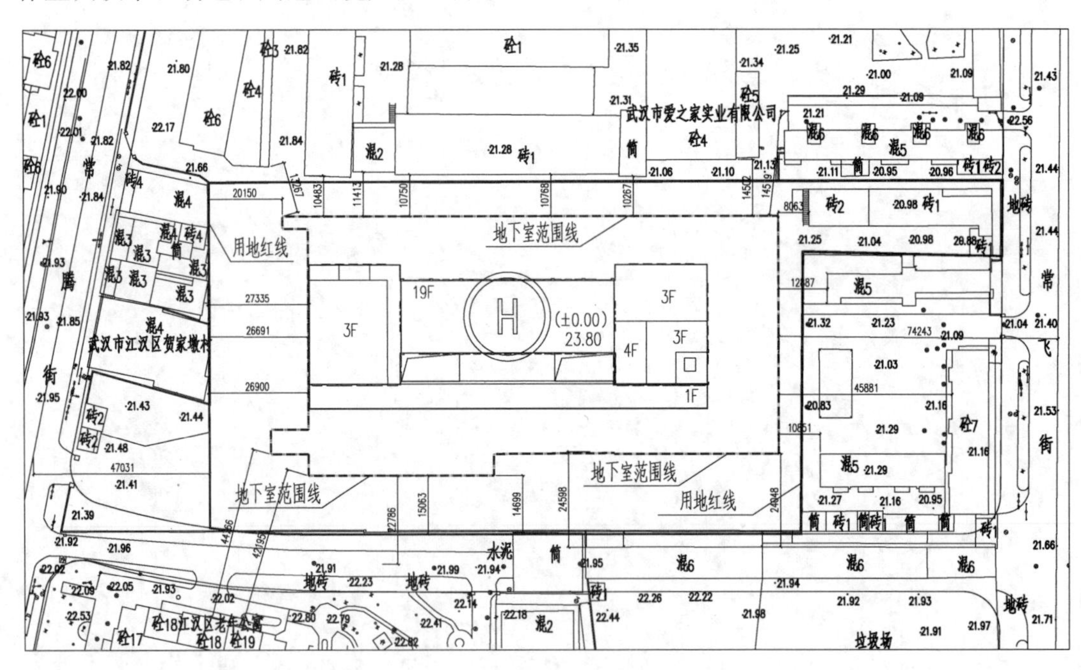

图 1　场地和周边环境

二、工程及水文地质条件

1. 工程地质条件

拟建场地岩土层主要有素填土（Q^{ml}）层、第四系上更新统冲积（Q_4^{al}）层、第四系上更新统冲洪积（Q_4^{al+pl}）层。各岩土层分布情况及主要特征见表1。场地土层主要力学参数见表2。

岩土层分布及主要特征 **表1**

时代成因	层号	岩土层名称	平均层厚（m）	颜色	湿度	状态、密度、风化程度	包含物及其他特征
Q^{ml}	①	素填土	2.03	黄褐色	稍湿	松散	黄褐色，松散，稍湿，以粉质黏土为主，夹有少量碎石，偶见砂砾、植物根茎
Q_4^{al}	②	黏土	1.33	黄褐色	湿	可塑	黄褐色，可塑状态，湿，以黏土为主，刀切面较光滑，黏性强，无明显摇振反应
Q_4^{al}	③$_1$	黏土	1.61	灰褐色	湿	软塑	灰褐色，软塑状态，湿，以黏土为主，刀切面较光滑，黏性强，无明显摇振反应
	③$_2$	淤泥质粉质黏土	1.92	灰褐色	湿	软塑～流塑	灰褐色，软塑～流塑状态，湿，刀切面较光滑，无明显摇振反应
Q_4^{al}	④	黏土	1.52	灰褐色	湿	可塑	灰褐色，可塑状态，湿，以黏土为主，刀切面较光滑，黏性强，无明显摇振反应
Q_4^{al}	⑤$_1$	黏土	3.67	灰褐色	湿	软塑	灰褐色，软塑状态，湿，以黏土为主，刀切面较光滑，黏性强，无明显摇振反应
	⑤$_2$	淤泥质粉质黏土	1.32	灰褐色	湿	软塑～流塑	灰褐色，软塑～流塑状态，湿，刀切面较光滑，无明显摇振反应
Q_4^{al+pl}	⑥$_1$	粉砂、粉土互层	4.40	灰色	饱和	稍密	灰色，饱和，粉砂、粉土呈稍密状态，粉细砂成分主要为石英、长石夹云母片，可见粉砂、粉土互层
	⑥$_2$	粉细砂夹粉土	5.74	灰色	饱和	稍密～中密	灰色，饱和，粉细砂呈稍密～中密状态，粉细砂成分主要为石英、长石夹云母片，夹薄层粉土
Q_4^{al+pl}	⑦	粉细砂	26.10	灰色	饱和	中密～密实	灰色，饱和，呈中密～密实状态，主要成分为石英、长石夹云母片，下部1～2m范围内夹有少量的卵石，含量约5%～10%，粒径为1.5～3.0cm
Q_4^{al}	⑧$_1$	强风化泥岩	1.49	灰色	干	强风化	灰色，强风化，岩芯多呈碎块状，少量呈柱状，泥质结构，层状构造，泥质胶结，有手指可划出划痕；属极软岩、破碎，岩体基本质量等级为Ⅴ级
	⑧$_2$	中风化泥岩	10.32	灰色	干	中风化	灰色，中风化，岩芯多呈短柱状，少量呈碎块状，取芯率约为70%～75%，属极软岩、岩体基本质量等级为Ⅴ级

场地土层主要力学参数　　**表 2**

层序	岩土层名称	重度 (kN/m³)	孔隙比	含水率 (%)	不排水综合取值		渗透系数 K (m/d)
					c (kPa)	φ (°)	
①	素填土	18.5			10	8	2.0×10^{-2}
②	黏土	18.2	1.019	36.3	25	11.5	$(1.0\sim2.0)\times10^{-3}$
③$_1$	黏土	17.6	1.150	41.3	9.1	5	$(1.0\sim2.0)\times10^{-3}$
③$_2$	淤泥质粉质黏土	18.2	1.245	45.8	3.9	1.8	$(1.0\sim2.0)\times10^{-3}$
④	黏土	19.0	1.025	36.4	21	10.1	$(1.0\sim2.0)\times10^{-3}$
⑤$_1$	黏土	17.8	1.120	40.4	10	5	$(1.0\sim2.0)\times10^{-3}$
⑤$_2$	淤泥质粉质黏土	17.5	1.138	42.1	6.9	4	$(1.0\sim2.0)\times10^{-3}$
⑥$_1$	粉砂、粉土互层	19.0			0	25	2～3
⑥$_2$	粉细砂夹粉土	19.0			0	30	5～8
⑦	粉细砂	19.0			0	34	10～18

2. 水文地质条件

勘察场地内地下水类型主要为上层滞水及孔隙承压水。

上层滞水赋存于①层素填土中，无统一的地下水面，主要接受大气降水和地表散水的补给。

孔隙承压水主要赋存于下部⑥$_1$ 粉砂、粉土互层，⑥$_2$ 粉细砂夹粉土，⑦粉细砂中，孔隙承压水水位及水量与汉江、长江有密切的水力联系，对基础施工有很大的影响。勘察期间测得承压水水位埋深 2.40～3.10m，即水位标高 18.21～18.81m。据武汉市水文资料，此次承压水位基本为较高水位，水位年变幅在 3～5m 左右。根据地勘报告场地承压含水层平均渗透系数取 K=12.0m/d，影响半径 R=250m。

3. 典型工程地质剖面

本基坑范围内地层较为均匀，工程典型地质剖面如图 2 所示。

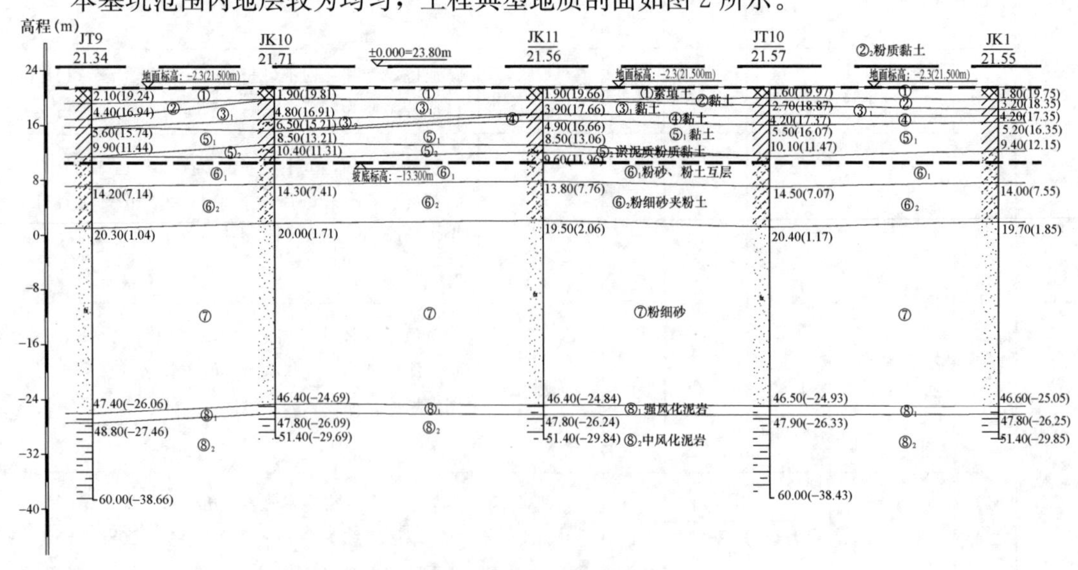

图 2　工程典型地质剖面

三、基坑周边环境情况

拟建地下室周边环境复杂，具体如下：

北侧：基坑坡底线距用地红线约 7.6m，红线外为 1～2 层住宅楼，局部 4 层，基础形式为天然基础。

东侧：基坑坡底线距用地红线约 4.8m，红线外为 5 层住宅楼，基础形式为天然基础。

南侧：基坑坡底线距用地红线约 13.5～19.5m，红线外为 1～6 层住宅楼，基础形式为天然基础。

西侧：基坑坡底线距用地红线约 12.5～24.5m，红线外为 3～4 层住宅楼，基础形式为天然基础。

四、基坑围护平面

本项目周边环境较为复杂，对基坑变形要求严格。依据现有主体结构图纸，支护方案采用钻孔灌注桩＋一层钢筋混凝土支撑结构，在出口处设置栈桥板，止水帷幕采用三轴搅拌桩，地下水处理采用坑内井管降水＋明排，共计布设降水井 14 口。基坑围护第一道支撑平面布置如图 3 所示。

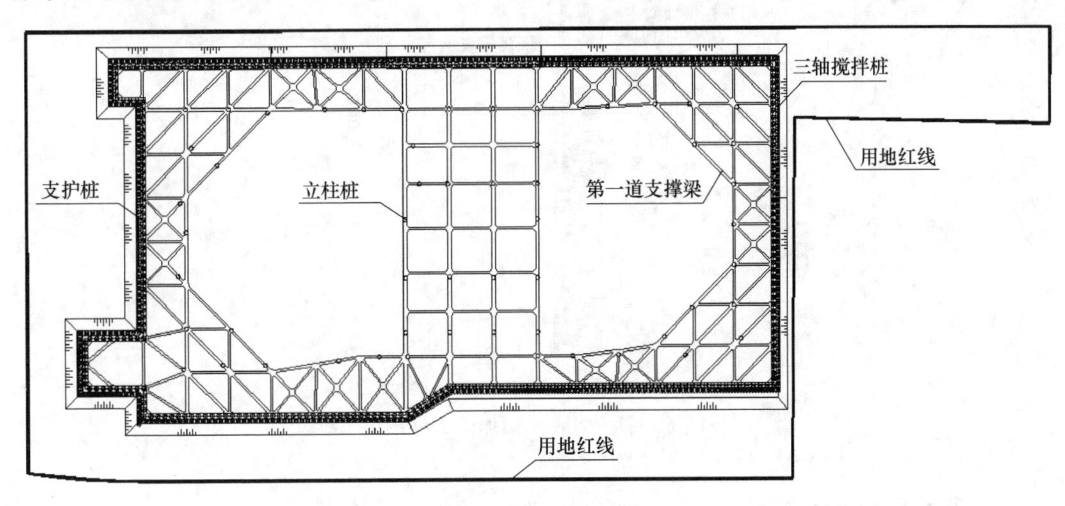

图 3　基坑围护第一道支撑平面布置

基坑支护施工单位按照基坑支护设计图纸进行施工。当支护桩、三轴搅拌桩和第一道支撑施工完成后，基于一些原因，主体结构设计院对局部底板结构进行变更调整，导致东北角和西北角基坑支护计算深度加深 1.4m，基坑支护设计方案需进行调整。经方案论证，局部加深位置采用增加第二道角撑进行加固处理。经过复核，已经施工完成的支护桩和支撑满足设计要求，第二道支撑平面布置如图 4 所示。

由于承台或筏板厚度加大，导致部分钢格构柱插入立柱桩长度减少 1.4m，基坑支护设计变更专家论证时，专家提出由于基坑开挖到底时，立柱桩主要发挥抗拔作用，可采用增加立柱桩主筋和钢格构柱的连接来增加抗拔力，最终采用立柱设计变更，如图 5 所示。

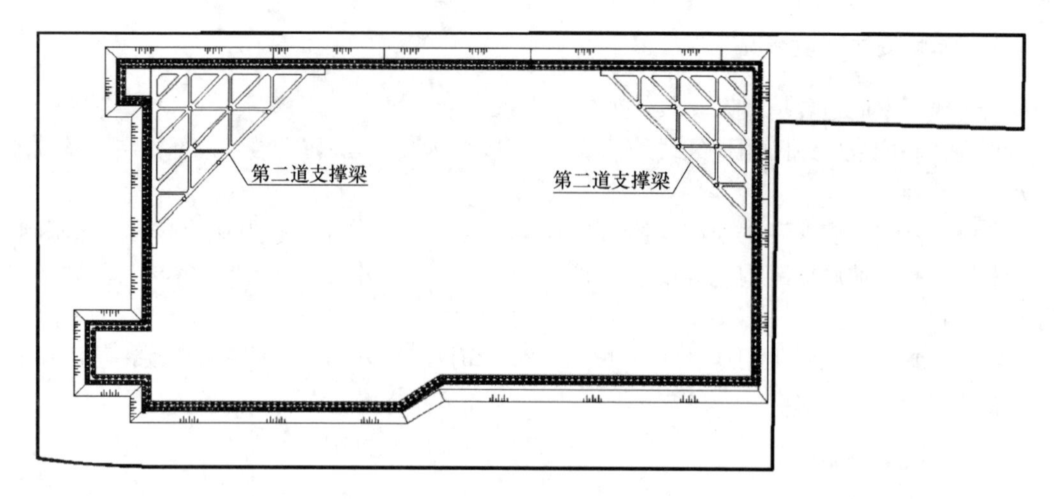

图 4　基坑围护第二道支撑平面布置

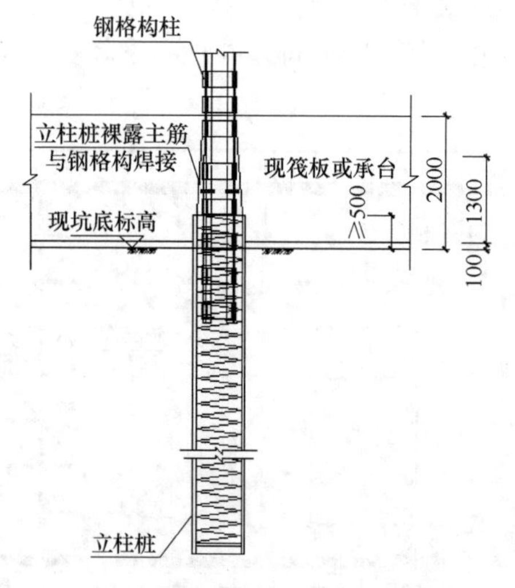

图 5　钢格构嵌固端加固大样图

五、基坑围护典型剖面

支护桩采用桩径 900m/1100m、桩长为 18.0～18.5m 的钻孔灌注桩，ϕ850@600 三轴搅拌桩作为止水帷幕，立柱桩采用桩径 850mm 钻孔灌注桩，格构柱采用 Q235B 钢，格构柱选用 4-L160×12 等肢角钢，缀板为 4-420×200×10，采用一桩一撑在负二层地下室结构顶板处换撑。基坑围护剖面及施工现场如图 6、图 7 所示。

六、简要实测资料

本基坑四边均存在房屋，环境复杂，必须严格控制因基坑开挖、地下水降低对周边环境变形的影响，按照信息化施工，主要的监测内容为：支护结构竖向和水平向位移（N）、桩身侧向深层水平位移（CX）、立柱水平位移及竖向位移（LZ）、内支撑轴力（YL）、周边地面沉降（S）、建筑物水平及竖向位移（F），基坑监测点平面布置见图 8。

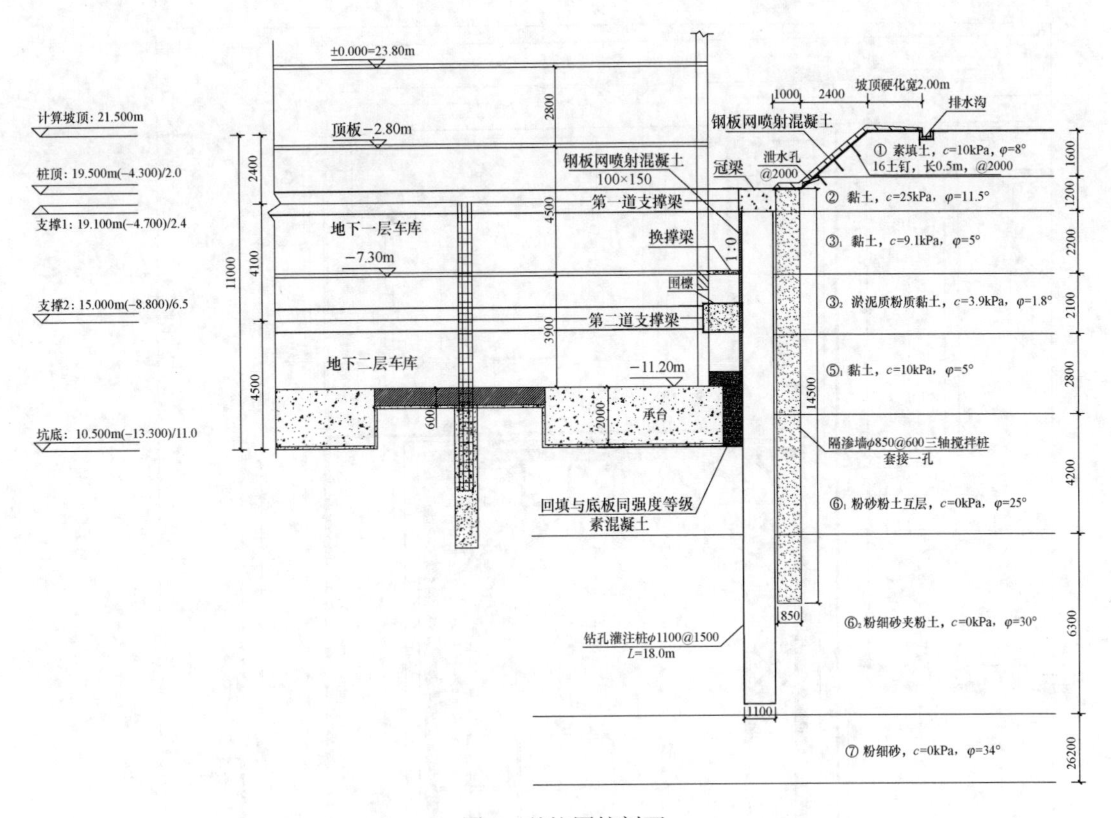

图 6 基坑围护剖面

图 7 基坑施工现场鸟瞰图

1）支护桩身深层水平位移（图 9）

2）周边地面沉降（图 10）

由于基坑支护第一道支撑梁施工完成后才进行基坑支护设计变更，在局部第一道支撑下方设置第二道支撑梁，变更区段支护桩顶设计变形量减小约 1mm。

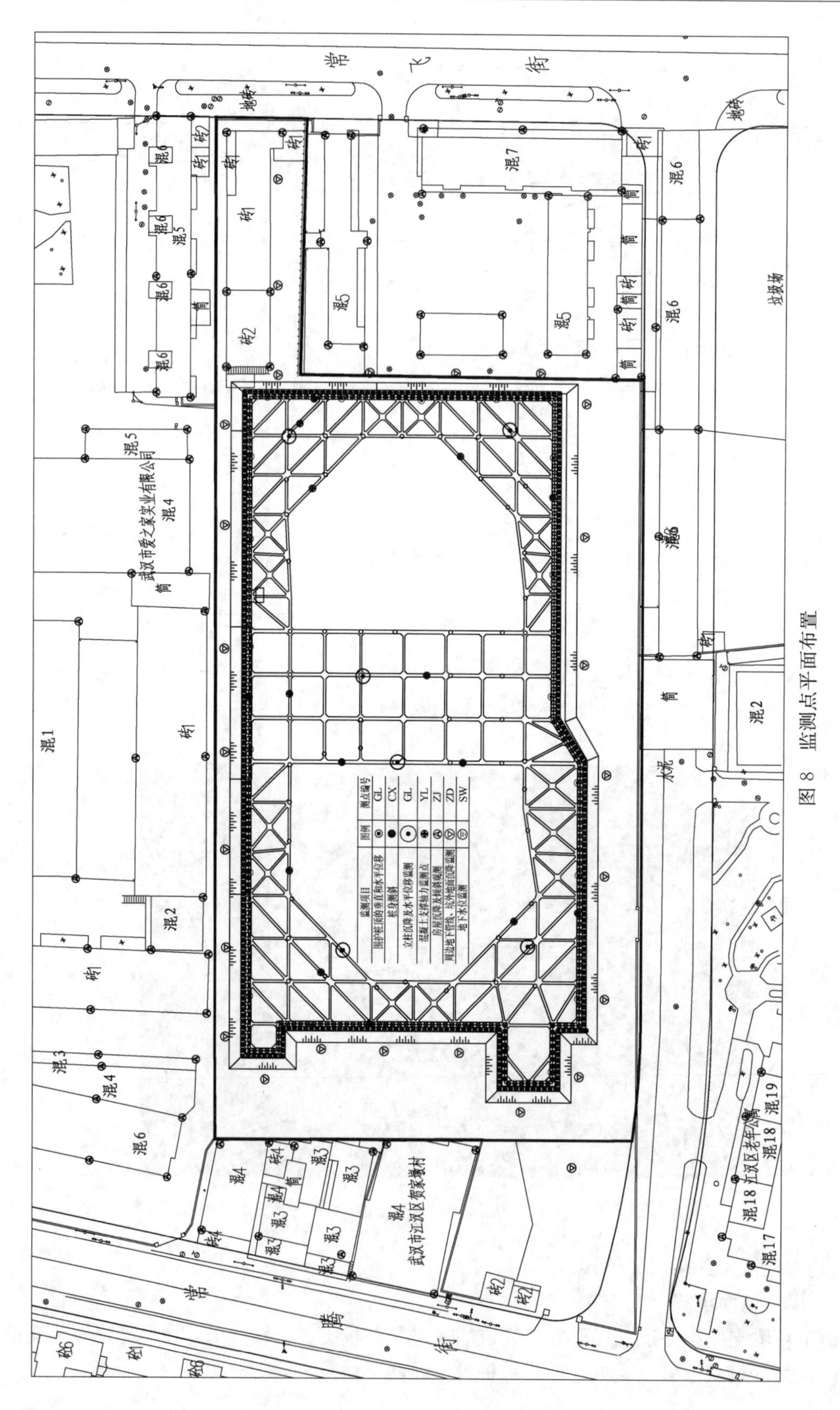

图 8　监测点平面布置

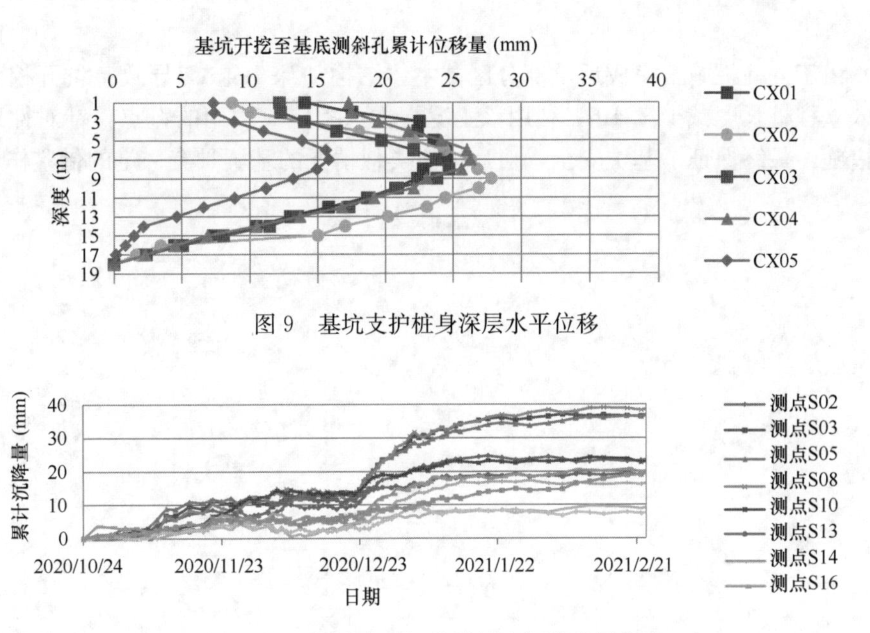

图 9　基坑支护桩身深层水平位移

图 10　基坑周边典型沉降监测点沉降发展曲线

如图 9 支护桩身深层水平位移所示，支护桩变形最大位置位于支护桩顶以下约 7～9m，变形最大的测斜孔编号为 CX02，最大变形量为 27.82mm，测点位于基坑东北角（基坑加深变更区域）；从图 10 可以看出，基坑周边地面沉降量随着基坑开挖深度的增加而增大，在 2020 年 12 月 23 日左右基坑开挖到底，降水井也全部开启抽降水，可以看到从这个时间节点开始的 10d 内，地面沉降速率较大。之后趋于稳定，测点 S02、S03 和 S05 累计位移较大，最大沉降量为 38.99mm，测点位于基坑北侧（基坑加深变更区域）；根据现场全过程基坑监测资料反映的支护桩顶水平位移最大值为 14.90mm，立柱沉降最大值为 5.01mm，周边地面未出现裂缝。以上变形均满足规范要求。

七、点评

作为武汉市重点项目，武汉市某基坑变更加固支护工程基坑开挖深度为 10.2～11.6m，基于一些原因，在支护结构施工期间基坑支护设计方案进行了变更，局部增加了第二道支撑。基坑的全过程监测结果显示，该基坑支护选型对控制周边变形较好，满足基坑支护的各方面要求。本基坑在设计和施工过程中有以下经验可供参考。

（1）本基坑土质较差，地处中心城区，周边环境复杂，支护桩+混凝土支撑支护结构对控制坡顶及建筑物水平位移有很好的效果，能够较好满足工程安全需要。

（2）三轴搅拌桩止水帷幕穿过互层土，进入粉细砂，三轴搅拌桩底位于底板以下约 5m，基坑开挖至底及后续施工期间，桩间和基底均未出现渗水和漏水现象，井管降水配合此止水帷幕深度可以满足类似基坑地下水处理的需求。

（3）在基坑开挖过程中，同时开启降水井进行降水，井内水位均低于基底以下 1m，部分区域在坑内土方开挖至基底以上约 3m 时，发现互层土内的水量较大，降水井难以降排此地层内的地下水，利用该土层水平渗透系数大的特点，最终采取开挖多个集水井汇集该土层内的地下水，集中抽排再进行开挖的方式，解决了井管无法抽排的互层土内的地下水问题。

（4）由于立柱桩施工完成后，部分区域主体结构加深 1.4m，导致基坑开挖到底钢格构柱插入立柱桩长度减少 1.4m，利用该工况立柱承担抗拔作用的特点，针对性地采取加固处理措施，最终保证了基坑安全，对后期有类似情况的基坑具有一定的借鉴作用。

成都恒大中央广场项目基坑工程

李　明　闫北京　岳大昌　王显兵
（成都四海岩土工程有限公司，成都　610094）

一、工程简介及特点

1. 工程概况

该工程项目位于成都市成华区二环路东三段西侧、成华大道南侧。基坑长度 76m，宽 102m，面积 17100m²，设 4 层地下室，基坑开挖底标高为 489.3～484.1m，场地标高为 502.1～504.0m，基坑开挖深度 18.20～24.40m，基坑地下水降深超过 10m，属于开挖深、降深大的深大基坑工程。项目位置信息如图 1 所示。

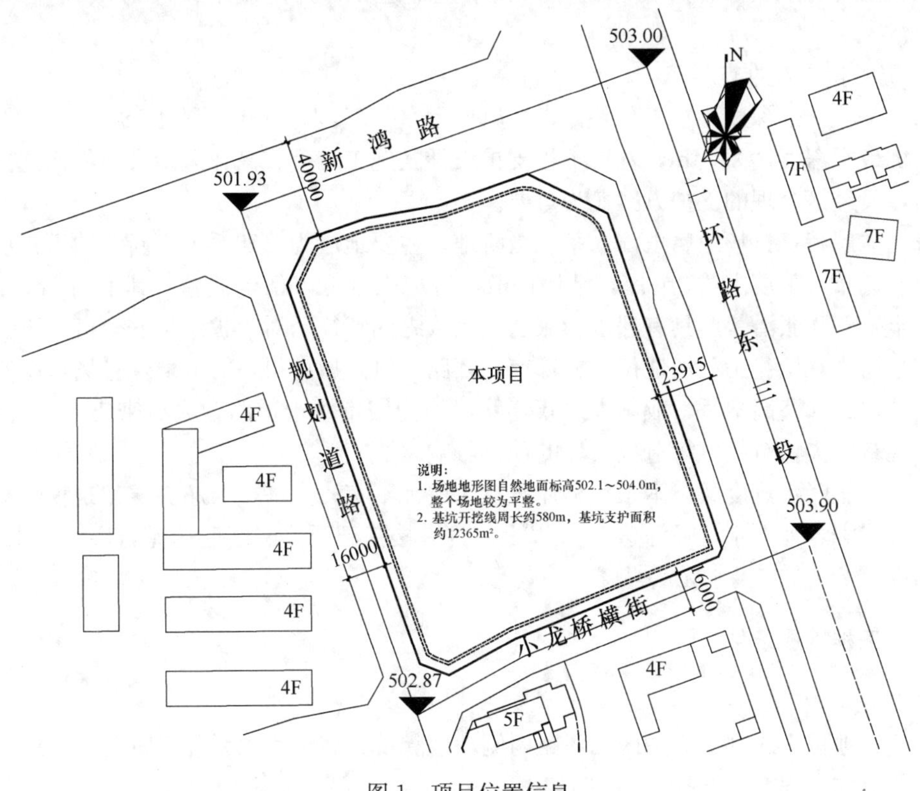

图 1　项目位置信息

本工程于 2015 年 4 月底开始施工，2015 年 7 月初开挖，至 10 月底基坑开挖基本完成。由于建设单位项目方案反复调整，本基坑 2015 年 10 月开挖到大面标高后，一直处于停工状态。设计文件中明确基坑合理使用期限为 12 个月，2016 年 10 月以后，基坑全面进入超期服役状态。

2018 年 1 月，建设单位拆除了基坑东侧原售楼部及样板房，基坑向东侧扩建了 23～30m，开挖深度及支护形式与原基坑相同，于 2018 年 3 月开始实施，2018 年 11 月施工至设计标高。2019 年 11 月以后，扩建部分基坑支护结构也处于超期服役状态。

2019 年 5 月，由于该基坑工程已严重超期使用，基坑使用结束时间无法确定，且安全性鉴定报告显示，继续使用存在一定风险，建设单位组织对 2015 年施工的基坑支护结构部分进行了补强加固，以保证基坑安全。

2. 周边环境条件

工程场地位于成都市新鸿路南侧、二环路东三段西侧。场地周边条件如下：

（1）基坑东侧：成都市二环路东三段市政主干道路，基坑开挖线距用地红线 3.7m，距二环路高架桥桥墩 24.5m，桥墩为两桩墩台，桩基础埋深 30m。第一次施工时，该区域红线内为项目临时样板房、售楼中心等，售楼中心采用 4m 高钢结构形式，独立柱基，基础埋深约为 2m，距基坑开挖线约为 2m。

（2）基坑南侧：红线外侧为规划道路，开挖线距红线约 3.5m，规划道路宽约 16m。

（3）基坑西侧：红线外侧为规划道路，开挖线距红线约 3.5m，规划道路宽约 16m。

（4）基坑北侧：红线外为新鸿路，城市主干道路，开挖线距红线约 5m，新鸿路宽约 40m。

3. 施工特点及难点

（1）基坑开挖深度：本工程整体设 4 层地下室，基坑普遍开挖深度 18～19m，局部主楼坑中坑最大深度达 24.4m，基坑工程支护设计及施工难度较高，风险大，如何选择既安全可靠，又经济合理的支护方案尤为重要。

（2）地层特点：场地属岷江水系二级阶地，主要地层为第四系上更新统冲洪积层，场地内普遍分布人工填土约 3m 厚，结构松散，抗剪强度低，稳定性差；其下为 5m 左右厚度的黏土，弱膨胀潜势，具有遇水膨胀、失水收缩的特征，对支护结构安全极为不利。

（3）周边环境：工程场地位于成都市二环路内侧，属城市核心区域，且场地东侧及北侧分别紧邻二环路高架桥、成华大道新鸿路，均为城市主干道路，人员密集，车流量大，一旦出现基坑失稳事故，将造成极坏的社会影响。

（4）工程降水难度大：本工程整体设置 4 层地下室，主塔楼为超高层建筑物，基础厚度大，埋置深，地下水位降深达 15m 以上，且塔楼基础开挖深度已达泥岩层，透水性差，岩层面以上 2m 左右潜水无法靠降水井疏干。

二、工程地质条件

1. 地层岩性

拟建场地位于成都市成华区二环路内侧，地貌单元属岷江水系Ⅱ级阶地，场地总体地形平坦，平均高程 504.03m，高差 1.56m。

根据钻探揭露，场地上覆第四系全新统人工填土（Q_4^{ml}），其下由第四系上更新统河流冲洪积（Q_3^{al+pl}）成因的黏土、粉质黏土、粉土、砂、卵石及下伏白垩系灌口组泥岩（K_{2g}）组成。

1）人工填土（Q_4^{ml}）

杂填土：褐灰、褐黑色等；松散；稍湿。以黏性土为主，夹大量砖瓦块、混凝土等建筑及生活垃圾。为近期回填，堆填年代在1年之内。该层在整个场地普遍分布，层厚0.5～5.0m。

素填土：褐灰色；稍密；稍湿；以黏土为主，上部杂质含量较多，下段土质较纯，力学性质较上部有所改善。堆填年代3年以上。该层在场地大部分地段分布，层厚0.5～0.9m。

2）冲洪积层（Q_3^{al+pl}）

黏土：褐黄色；硬塑为主，局部坚硬、可塑，含较多铁锰质结核及钙质结核，含白色伊利石，切面光滑，韧性及干强度高，该层在场地地段连续分布，厚度约3.1～7.6m。

粉质黏土：褐黄、黄灰色；硬塑为主，局部可塑，切面稍有光泽，干强度及韧性中等，含氧化铁、铁锰质及少许钙质结核。该层场地局部地段分布，层厚0.5～3.5m。

粉土：黄褐、褐灰色；中密为主，局部稍密；稍湿～湿。含铁锰质、氧化铁和云母碎片，局部夹薄层粉砂。该层在场地局部地段分布，厚度0.5～3.6m。

细砂：褐黄、褐灰色；松散；稍湿～湿。主要由长石、石英颗粒组成，含云母片及少量卵石颗粒。该层在场地局部地段分布于卵石层上，层厚约0.6～1.2m。

中砂：褐灰色，松散，湿～饱和。以长石、石英及暗色矿物颗粒组成，含少量卵石、砾石等。该层呈透镜体状分布于卵石层中，层厚0.5～5.2m。

卵石：上部卵石以褐灰色为主，中下部卵石层多以褐黄色为主，稍湿～饱和。主要以花岗岩、砂岩、灰岩及石英岩等组成，微～中等风化，一般粒径2～10cm，大者可达15cm以上。

3）白垩系灌口组（K_{2g}）

泥岩：紫红、砖红色，泥质胶结，泥质结构，厚层状构造，岩层产状近水平。上部为强风化泥岩，裂隙较发育，岩芯呈块状或碎石状，层厚0.5～3.3m；下部为中等风化泥岩，岩芯多呈短柱状或柱状，岩芯较完整，局部节理较发育。

地基土物理力学指标见表1，场地典型地质剖面见图2。

地基土物理力学指标 **表1**

土名＼指标	重度 γ（kN/m³）	承载力特征值 f_{ak}（kPa）	压缩模量 E_s（MPa）	变形模量 E_o（MPa）	含水量 w（%）	粘结强度标准值 q_{sik}（kPa）	黏聚力标准值 c_k（kPa）	内摩擦角标准值 φ_k（°）
杂填土	18.5					20		5
素填土	19.0	80				30	10	10
黏土	20.0	210	8.5	10.0	23.6	40	50	16
粉质黏土	20.0	170	7.5	9.0	22.6	55	35	15
粉土	19.5	135	6.0	6.0	23.3	65	20	17
细砂	18.5	120	7	7.5		80	0	18
中砂	19.0	140	8.5	7.5		85	0	25
卵石	22.0	600	35	29		200	0	37
强风化泥岩	23.0	350	12			70	50	25
中风化泥岩	24.0	1000				270	150	35

注：黏性土、粉土为快剪试验强度；杂填土、素填土、砂土、碎石土为地区经验参数；强风化、中风化泥岩为快剪试验强度；砂卵石渗透系数为综合经验值。

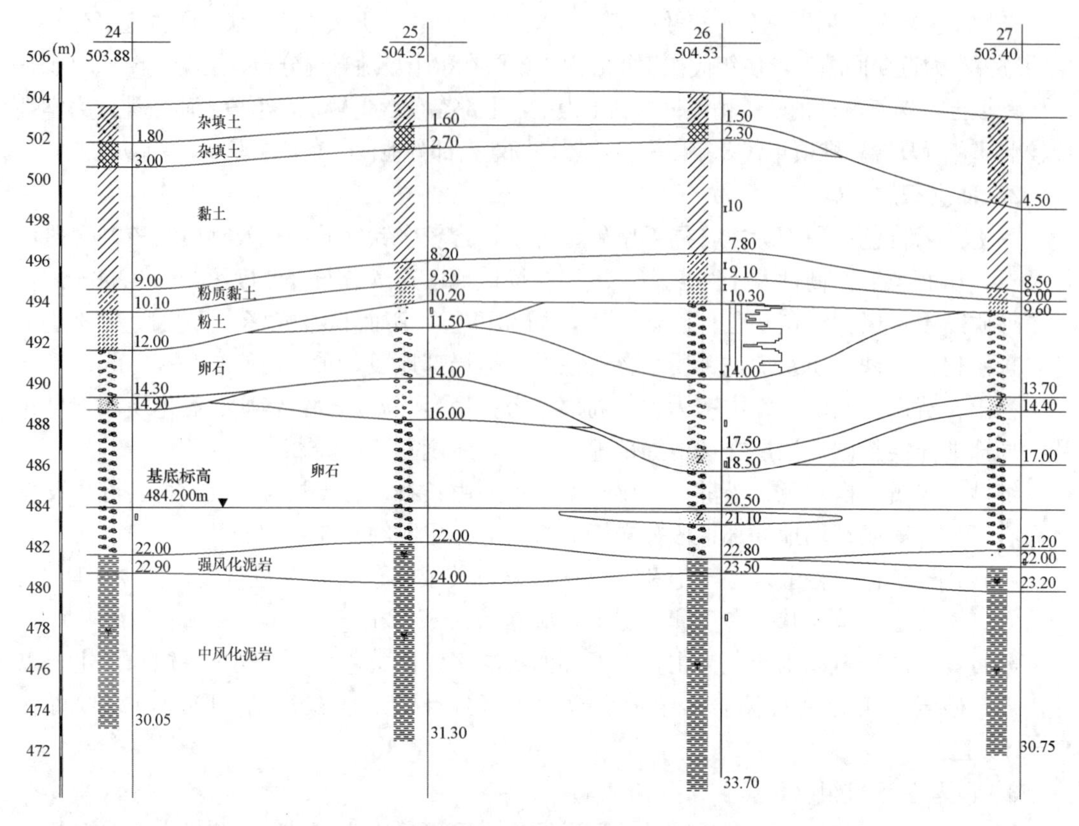

图 2　场地典型地质剖面

2. 水文地质

场地附近地表水源主要为场地北部外侧约 200m 的沙河，自东向西方向流过。主要由大气降水补给，地表径流排泄。

场地地下水主要为赋存于第四系砂卵石层中的孔隙型潜水，其次为填土裂隙中的上层滞水及基岩裂隙水，主要受大气降水及地表水渗透补给，水量丰富，以蒸发、地下径流方式排泄。上层滞水与基岩裂隙水水量较小，无统一稳定水位。受场地内及周边施工降水影响，场地地下水位变化较大，钻孔内测得地下水稳定水位在 10.6～11.0m 之间，标高为 493.17～494.03m，根据成都地区水文地质资料，年变化幅度 2.0m 左右。该场地卵石层渗透系数 K 值为 25m/d 左右，可在降水施工前，进行抽水试验确定该场地卵石层渗透系数。

三、基坑支护设计方案

1. 基坑安全等级

根据《建筑基坑支护技术规程》JGJ 120—2012 及《成都地区基坑工程安全技术规范》DB51/T 5072—2011 规定，本基坑工程安全等级为一级。

2. 基坑支护方案的选择

本基坑周边环境条件较为复杂，施工条件差异较大，根据地质条件、开挖深度、周边建（构）筑物的分布情况、临边道路的行车荷载等因素，选择既能保证基坑安全、经济，又能便于施工的支护设计方案，设计时主要采用以下几点思路。

1）售楼部及样板房分布区

基坑东侧坡顶为本项目售楼部及样板房，外侧为成都市二环路东段高架桥，基坑开挖期间要保证售楼部的正常开放，人员活动密集，必须保证安全。设计通过从安全、经济、施工难易程度、工期等因素分析内支撑、锚拉桩、多排桩等多种支护方式的优缺点，并结合施工手段及措施对设计进行优化，最终确定在此段采用造价相对较为经济的锚拉桩支护结构。设计时依据开挖深度及环境条件的不同，共分为三个不同的区段，体现了针对性的分区设计原则。

2）基坑北侧

基坑北侧为市政主干道路新鸿路，车流量大，本项目又位于成都市二环路内，属城市核心城区，一旦基坑支护结构出现失稳破坏，危及道路行车安全，将会造成极坏的社会影响。设计时通过多方案的技术经济对比，选择相对较为安全可靠的锚拉桩方案。

3）基坑南侧及西侧

基坑南侧及西侧均为规划道路，基坑设计期间道路尚未修建，但考虑道路修建时期的不确定性，且基坑开挖深度较大，无法采取大开挖方案，仍采取较为常规的锚拉桩支护方案。

4）腰梁优化方案

在保证基坑支护结构稳定性要求的前提下，为了节约工程造价，仅在必要位置设置锚索腰梁，并针对性地分设混凝土腰梁和型钢腰梁，大幅度节约了基坑施工工期。

3. 基坑支护方案

根据以上设计原则，按周边环境条件及土层性状的不同最终采用了六种类型的锚拉桩支护结构。针对不同的开挖深度及使用条件要求，设置不同的桩长、锚索排数及长度，但尽量保证冠梁、腰梁在同一高度，既便于后期施工，又能提高支护结构的整体刚度。北侧邻新鸿路段及东侧邻二环路段，详细调查了管线分布状况，保证锚索施打于管线下部，以确保锚索施工安全。具体支护结构参数如表 2 所示。

支护结构参数 **表 2**

分段号	基坑深度（m）	桩径（m）	桩间距（m）	桩长/嵌固（m）	锚索（m）
AB	18.2	1.2	2.2	23.0/5.3	21.0/15.0/12.0
BC	24.4	1.2	2.0	31.0/6.6	25.0/21.0/18.0/15.0
CD	20.1	1.2	2.1	26.0/5.9	23.0/15.0/12.0
DE	23.7	1.2	2.0	30.0/6.3	25.0/23.0/18.0/13.0
EF	19.4	1.2	2.1	24.5/5.6	23.0/16.0/12.0
FA	19.0	1.2	2.2	24.0/5.5	20.0/12.0

4. 基坑降水设计

基坑开挖深度为 18.2～24.4m，降深约 14.0m。降水设计时，需确保降水效果能够满足施工要求，同时还要尽可能地降低基坑降水对相邻建筑物及道路的影响。设计采用深井（管井）降水，地下水位降至基底下 0.5m，保证基础施工。基坑周边布置降水井 16 口，井深 27.5m，井间距 30m。降水井布置时井位靠近基坑上口线，尽量远离现有建筑物和围墙。为控制降水时间和降水速率，基坑开挖前 7～14d 开始降水，并分区分阶段启动降水井。

5. 基坑扩建方案

本工程自 2015 年 4 月底开始施工护壁桩，施工周期约 2 个月，6 月底开始土石方开挖，并分层施工预应力锚索，施工过程较为顺利。2015 年 10 月底，基坑大面开挖基本完成，并暂停施工。2017 年 11 月，建设单位拆除了原基坑东侧的售楼部及样板房，本基坑向东侧扩建了 23～30m，结合现场条件及地方经验，并考虑支护结构的连续性，基坑东侧扩建部分仍采取排桩＋锚索的支护方式，锚索为桩间锚索，腰梁采用钢筋混凝土现浇梁，以增强其整体稳定。基坑扩建部分于 2018 年 2 月开始施工，拆除了原基坑东侧的护壁桩及锚索，至 2018 年 11 月底完成，历时约 300d。

6. 基坑加固方案

2019 年 3 月，鉴定报告显示，基坑南侧及西侧道路出现多处裂缝，且裂缝呈增加和扩大趋势；西侧局部钢腰梁弯曲变形；基坑监测报告中反映变形监测点 W22、W26、W27，W2、W4，W14 的累计位移量均已超过报警值（30mm）。基坑现已数次超期使用，现场主体工程并未开始施工，基坑使用结束时间无法确定；加上雨期将至，根据表观检查及数据分析，如基坑继续长时间超期使用，呈现为不安全状态。

鉴于以上状况，建设单位委托原支护设计施工单位对西侧基坑支护结构进行了加固设计。加固设计延续原方案原则，采用增加锚索的方式，对原支护结构进行补强设计，增加支护结构的安全稳定性。经方案论证及评审，最终拟定在原第一排和第二排锚索间增设一排锚索，长度 25m，在原第二排及第三排间增设一排锚索，长度 18m。加固方案于 2019 年 7 月开始实施，至 2019 年 11 月施工完成。根据监测结果看，通过加固方案的实施，基坑安全风险得到了有效控制。

四、基坑围护平面

原基坑及扩建后基坑围护平面见图 3、图 4。

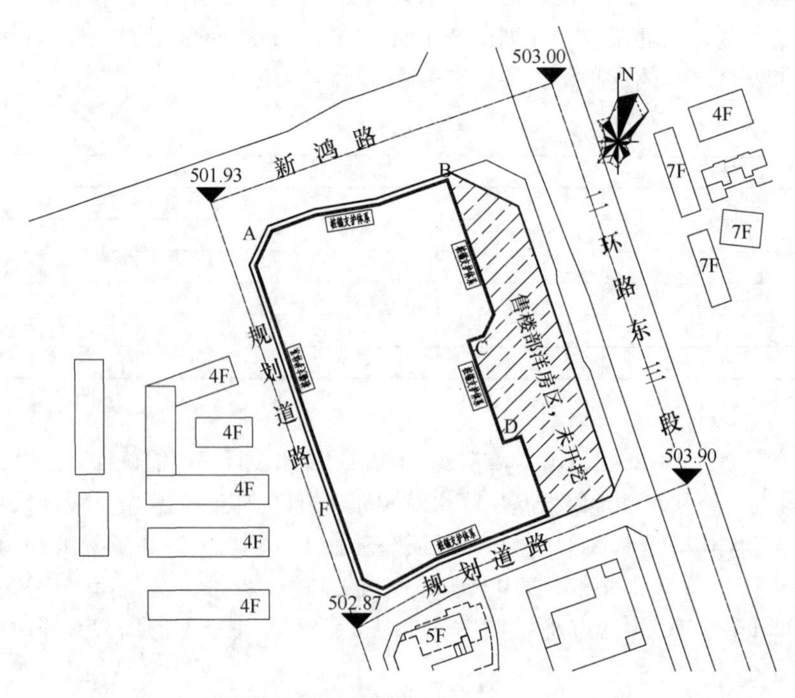

图 3　原基坑围护平面

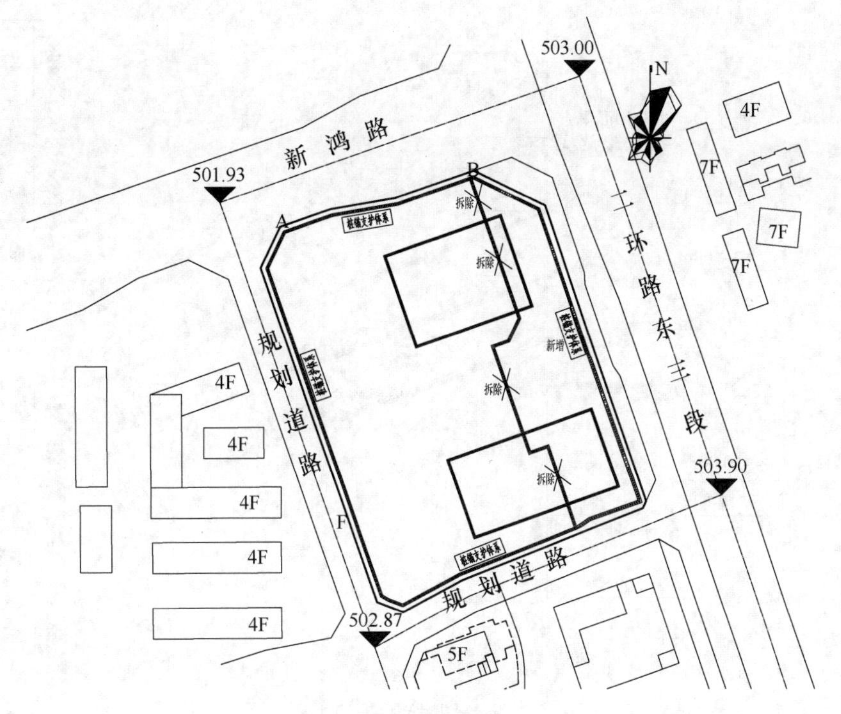

图 4　扩建后基坑围护平面

五、基坑围护典型剖面

原基坑及扩建后基坑围护典型剖面见图 5、图 6。

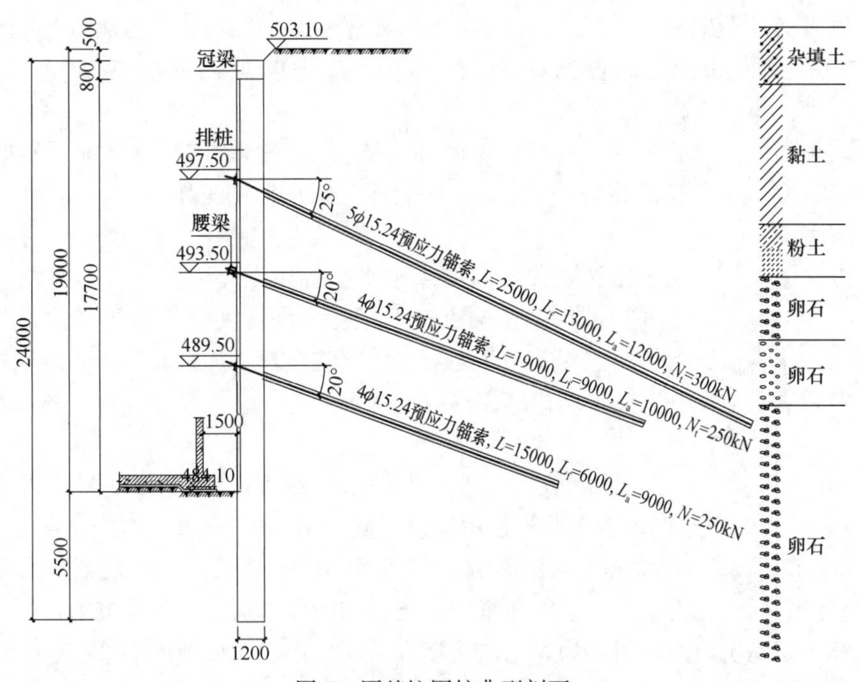

图 5　原基坑围护典型剖面

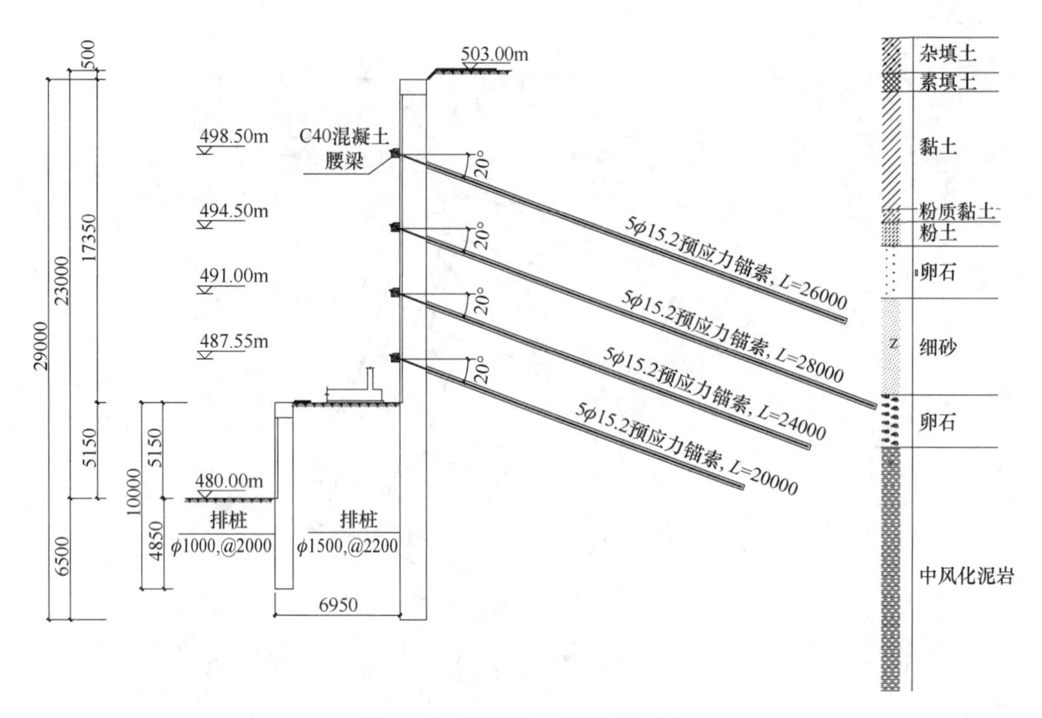

图 6　扩建后基坑围护典型剖面

六、基坑监测

1. 监测方案

依据基坑监测方案，沿基坑走向在支护结构冠梁顶部间隔 20m 设置一个变形监测点，并保证每侧监测点不少于 3 个。监测方案共布置水平位移、竖向位移监测点 27 个（W01～W27），周边建筑及市政道路监测点 24 个（C01～C24），监测基准点 12 个（BM01～BM24），基准点每月进行至少 1 次校准。

基坑改扩建后，原监测点部分被开挖破坏，依据新支护结构及时增加了新的监测点 10 个（X01～X10），并按照相关技术要求，进行了连续的监测工作。

2. 监测结果

监测点水平位移采用小角法观测，监测点水平坐标中误差≤1.5mm，监测点测站高差中误差≤0.3mm。基坑开挖前每个监测点初始坐标及高程测值不少于 2 次，基坑开挖及施工期间，正常情况下每周监测 2 次，遇异常状况均进行了加密监测，并定期提供了监测成果资料，真实地反映了支护结构的位移变化状态，与信息化设计、施工的基本思路保持一致。

根据 2015 年 11 月 19 日监测数据反映，支护结构最大位移为 W11 号点，水平位移 18.062mm，位于基坑东侧售楼部及样板房地段，支护结构最小位移为 W18 号点，水平位移 8.902mm，位于基坑北侧施工马道附近。2016 年 6 月～9 月间，受雨期降水影响，支护结构位移量有一定程度增大，但整体来说，支护结构变形均处于正常范围，未超越报警值，基坑整体是稳定的。分析认为，东侧售楼部及样板房段，按销售形象打造要求，有大量绿化草皮及树木，经常需要浇水灌溉，造成桩背后土层含水量长期处于较高值，土压力增大，对支护结构位移有一定影响，但尚属可控范围，加强监测即可。

根据图 7、图 8 监测数据可以看出，加固方案实施后，基坑变形稳定，加固后最大监测点位移绝对值小于 10mm，满足加固设计方案允许值 15mm 的要求。通过近 1 年半的连续监测，各监测点变形趋于平稳，支护结构整体稳定。

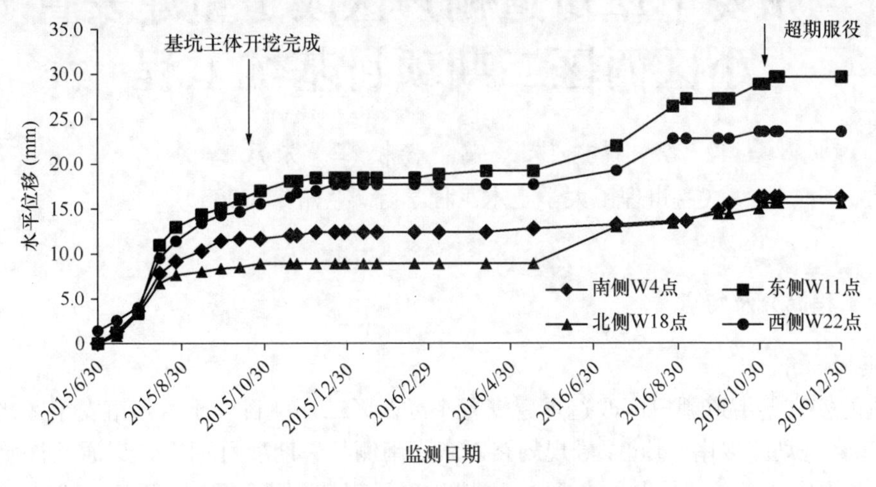

图 7 支护结构水平位移-时间曲线

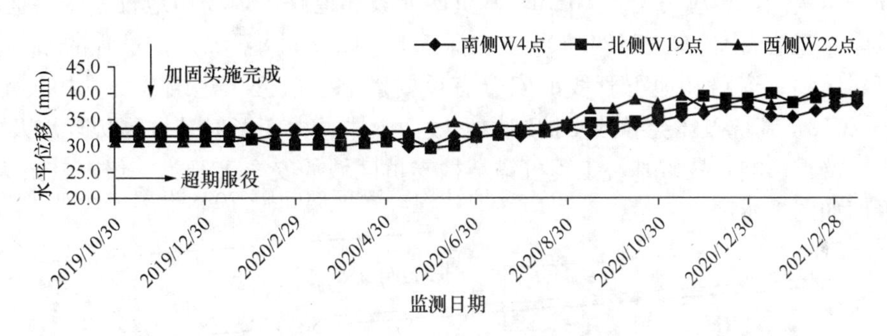

图 8 支护结构水平位移-时间曲线（加固）

七、综合点评

（1）依据住建部文件（建办质〔2018〕31 号），深基坑工程属于危险性较大的分部分项工程，施工和使用期间会对作业人员及周边环境造成极大的安全隐患，一旦出现失稳破坏，后果不堪设想。所以，施工前结合基坑开挖深度、周边环境条件、地质状况等，选择既安全可靠又经济合理的支护方案至关重要，良好的设计方案、可靠的施工质量，是基坑安全的前提。

（2）本工程针对不同的周边环境及地质条件，基坑四周采用“桩锚”支护，结合具体条件设计不同的排桩与锚索的参数，整体支护体系是能够满足基坑安全的。

（3）基坑工程一般作为临时工程，其支护结构的设计使用期限不超过两年。但工程推进中，建设进度受多种因素影响，往往达到设计使用期限时仍不具备回填条件，需要超期服役。本工程以实例证明，基坑超期服役期间，加强维护管理、施工监测等安全管控手段，必要时采取适当的加固措施，能够保证基坑的超期使用安全。

兰州安宁堡街道棚户区改造重建安置小区西区二期项目基坑工程

郭　楠　朱　鹏　杨校辉　朱彦鹏

（兰州理工大学土木工程学院，兰州　730050）

一、工程简介及特点

1. 工程简介

拟建的安宁堡街道棚户区改造重建安置小区西区二期项目位于兰州市安宁区北滨河西路、T511号规划路以南，B534号规划路以东，南侧与一期项目相接，交通条件便利。拟建场地东西长约385m，南北宽约240m，拟建项目规划用地面积约75754.58m^2，地势总体西北高，东南低，相对高差10.55m。基坑四周紧邻道路，现场用地较紧张，整个场地粉砂层较厚，基坑±0.000＝1534.50m，坑深5.5～12.7m。基坑开挖过程的安全稳定对周边既有建筑物、道路和地下管线的安全有重要影响，依据《建筑基坑支护技术规程》JGJ 120—2012，基坑破坏会导致支护结构失效，土体过大变形对基坑周边环境及主体结构施工产生严重影响，故该基坑工程桩锚结构支护区域的安全等级为一级，其余为二级，基坑总平面如图1所示。

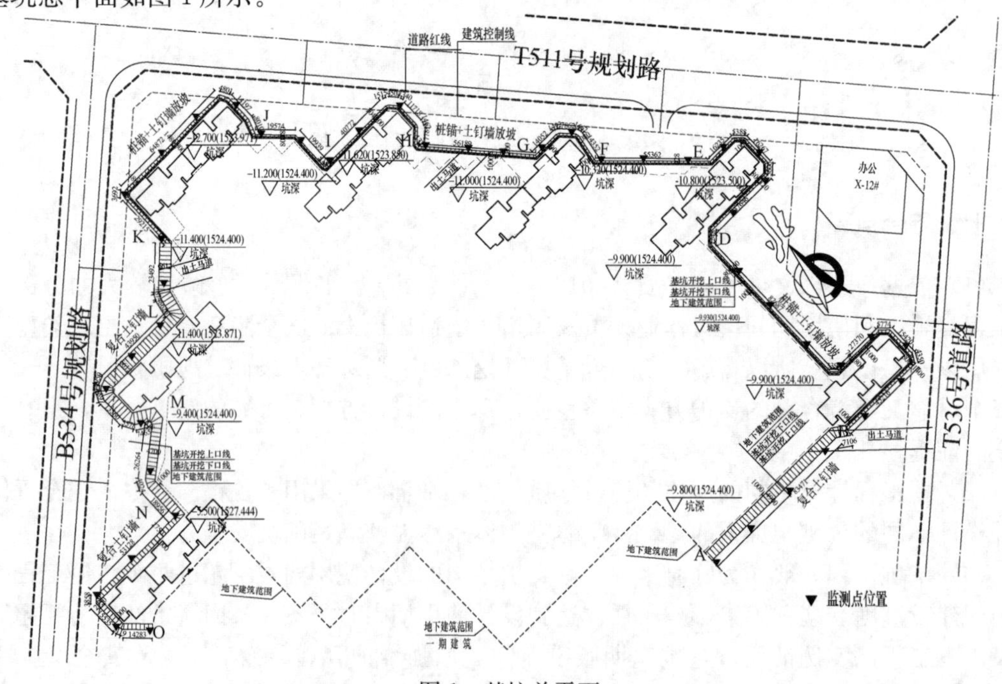

图1　基坑总平面

2. 施工特点及难点

(1) 基坑位于兰州市安宁区北滨河西路，基坑东、西以及北侧邻近道路，地下室结构边线距道路红线仅 10～12m，基坑南侧与一期项目相接，需考虑一、二期项目的衔接问题；此外，场地地下水水位埋深为 3.4～13.4m，水位标高为 1522.83～1526.15m，地下水位基本处于坑底上方，需选择合理的降水措施。

(2) 拟建项目规划用地面积约 75754.58m^2，拟建 12 栋商住楼，基坑规模较大；依据基坑工程实际情况，划分多个基坑支护标段，需同时协调各标段之间的基坑支护结构、降水方案设计，以及商讨相邻标段间的施工衔接工作，导致本基坑工程施工难度较大。

(3) 本工程的工程量大、工期紧张。本工程有土方开挖、土钉墙施工、排桩预应力锚索施工等多个工序，必须合理安排各工序，流水作业，加大人力、设备的投入量，并采取先进的施工工艺、性能良好的专用大型设备和完善的技术保证措施。

(4) 在土方开挖运输过程中，施工方对设计文件不够重视，忽略设计文件中提出的严禁坑边堆载，将开挖后的土方回填在基坑周边，部分区域回填高度达 3m，加深了基坑支护深度，原有设计方案已不能满足基坑稳定性的安全要求，导致设计变更，拖慢施工进度并增加了项目投资预算。

二、工程地质条件

1. 场地地层岩性特征

根据钻孔资料表明，在钻探深度内，自上而下依次为①层杂填土、①$_{-1}$层素填土、②层粉砂、③层卵石、③$_{-1}$层细砂组成。各层的岩土特征分别描述如下：

①层杂填土（Q_4^{ml}）：杂色，主要由粉土组成，夹有少量卵砾石、混凝土块、砖块、三合土、煤渣等，见零星生活、建筑垃圾，稍湿，松散。层厚 0.50～4.20m。

①$_1$ 层素填土（Q_4^{ml}）：浅黄色，主要由粉土组成，夹有少量细砂、圆砾等，见零星植物根系，稍湿，松散。层厚 0.50～3.50m。

②层粉砂（Q_4^{al+pl}）：灰黄色，主要成分以石英、长石为主，粒径不均，砂质不纯，局部夹有薄层粉土，稍湿，松散。层顶埋深 0.00～4.20m，层面标高 1531.30～1535.70m，层厚 0.50～6.50m。

③层卵石（Q_4^{al+pl}）：拟建场地内均有分布。青灰色，骨架颗粒成分主要由砂岩、石英岩、花岗岩等硬质岩石组成，磨圆度较好，呈次圆状，一般粒径 20～80mm，最大粒径 180mm，粒径大于 20mm 的颗粒占全重的 50%～60%，颗粒之间呈接触式排列，砂砾充填，偶见漂石，局部夹有薄层细砂，密实。层顶埋深 0.00～9.00m，层面标高 1525.58～1532.63m，最大揭露厚度 27.40m（未揭穿）。

③$_1$ 层细砂（Q_4^{al+pl}）：青灰色，主要成分以石英、长石为主，粒径不均，砂质不纯，局部夹有薄层粉土，稍湿，稍密。层顶埋深 5.30～16.90m，层面标高 1510.56～1529.41m，层厚 0.50～2.60m。

场地土层主要力学参数见表 1，其中强度参数采用直剪快剪法测定，工程典型地质剖面见图 2。

场地土层主要力学参数　　表 1

地基土名称	重度 γ (kN/m³)	黏聚力 c (kPa)	内摩擦角 φ (°)	界面粘结强度 τ (kPa)	含水量 w (%)	孔隙比 e
①层杂填土	14	8	15	30	15	0.92
①$_1$层素填土	13	6	17	30	15	0.92
②层粉砂	17	2	18	45	—	—
③层卵石	21	2	38	160	—	—
③$_1$细砂	19	0	22	—	—	—

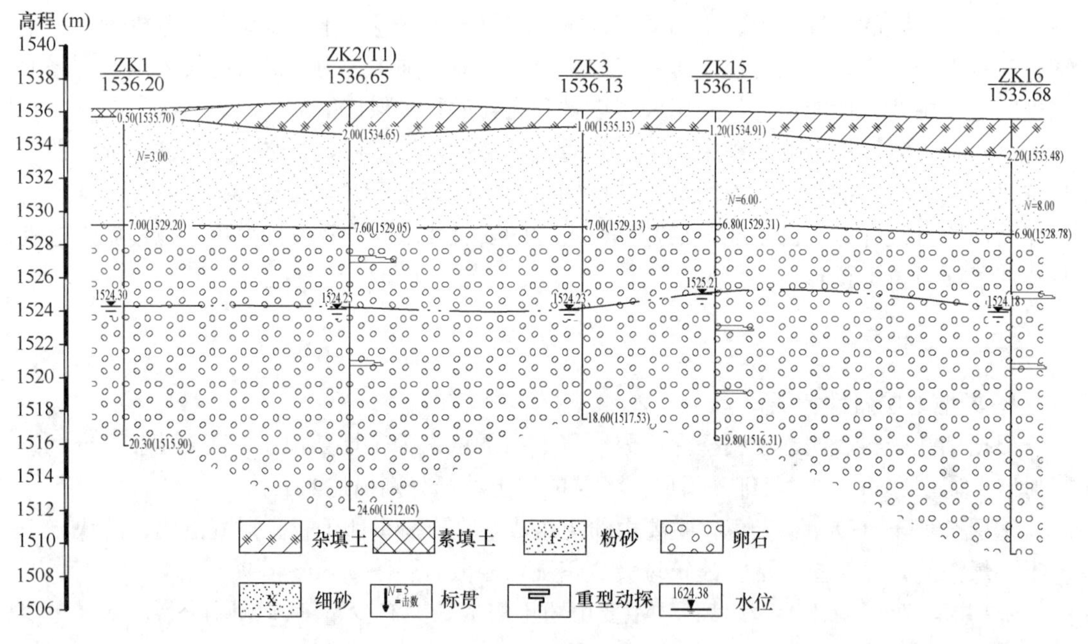

图 2　工程典型地质剖面

2. 水文地质条件

根据区域水文地质资料，该区域内地下水属第四系松散岩类孔隙水，赋存于卵石层中，富水性强。地下水水位埋深 3.4～13.4m，水位标高为 1522.83～1526.15m。主要接受大气降水的入渗及地下径流补给，由西北向东南径流，最终排泄于黄河。区内降雨少，多集中在 7、8、9 三个月，分布极不均匀，造成了大气降水补给地下水过程的间歇性，其相对于雨期较为滞后。地下水水位年变幅为 1.0～1.5m。

三、基坑周边环境情况

拟建的安宁堡街道棚户区改造重建安置小区西区二期项目位于兰州市安宁区北滨河西路、T511 号规划路以南，B534 号规划路以东，南侧与一期项目相接，基坑四周紧邻道路，现场用地较紧张。地貌形态为黄河北岸Ⅱ级阶地前缘。地形开阔、平坦，地势总体西北高，东南低，地面标高约为 1526.46～1537.01m，相对高差 10.55m。

四、基坑围护平面

基坑开挖深度为5.5～12.7m，在建筑物基坑开挖深度内，杂填土层、素填土层、粉砂层为基坑受力变形层。拟建建筑场地周围分布有已建建筑物及道路，为保证基坑边坡、坡顶临时建筑及坡顶道路的安全，基坑开挖时不能采用自然放坡，因此，综合考虑现场实际，对于粉砂层不厚的区段采用土钉墙或复合土钉墙进行支护，当粉砂层较厚区段，采用桩锚＋桩顶土钉墙放坡进行支护，详见图1。

原设计方案的基坑开挖深度为5.5～12.7m，在土方开挖运输过程中，施工方将开挖后的土方回填在基坑周边，部分区域回填高度达3m，加深了基坑支护深度，基坑支护深度最大达16m。原有设计方案已不能满足基坑稳定性的安全要求，导致设计变更，基坑现场平面如图3所示。

图3　基坑现场平面

五、基坑围护典型剖面

1. 原支护结构设计方案

土钉墙喷射混凝土面层厚度60～80mm，喷射混凝土强度等级C20，喷射混凝土骨料最大粒径不大于16mm。混凝土护面钢筋网为单层双向设置，网片钢筋采用Φ6.5（HPB300）@250×250，采用绑扎固定，钢筋接头宜搭接绑扎，搭接长度不小于250mm，钢筋网伸至坑底。土钉与网筋外的加强钢筋焊接连接，加强钢筋采用1Φ16钢筋水平通长设置一道，与土钉端头焊接，使土钉与钢筋网片连接为整体，焊接形式为单面搭接满焊，焊缝长度不小于8*D*。典型剖面设计参数见图4。

土钉采用机械成孔，孔径不小于130mm，注浆材料采用水泥浆，水灰比为1∶(0.50～

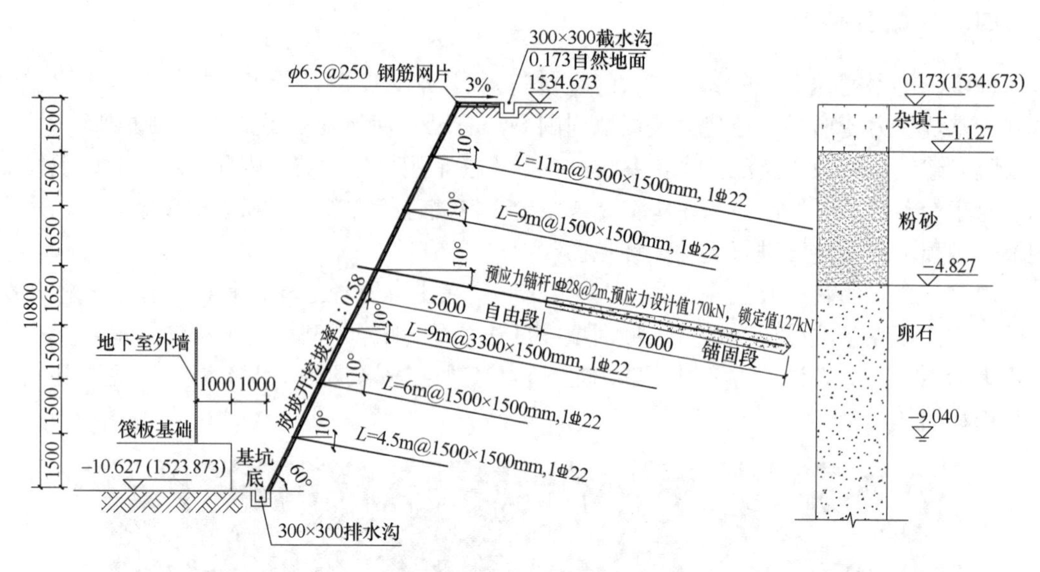

图 4　基坑 DE 段支护剖面

0.55)。水泥强度等级不低于 P·C32.5，注浆管端部距孔底宜为 25～50cm，注浆可采用重力式注浆或压力注浆，压力不小于 0.4MPa。孔内浆体必须饱满。若孔内浆体发生失水收缩，应进行二次补浆。

施工中应按设计坡度进行人工修面，保证喷射细石混凝土厚度一致，表面平整美观，喷射细石混凝土墙面时，应对网面筋支垫，保证网面筋内侧保护层厚度不小于 30mm。土钉杆筋节点处应适当加厚混凝土的喷射厚度。土钉墙喷射混凝土面层厚度 60～80mm，喷射混凝土强度等级 C20，喷射混凝土骨料最大粒径不大于 16mm。混凝土护面钢筋网为单层双向设置，网片钢筋采用Φ 6.5（HPB300）@250×250，采用绑扎固定，钢筋接头宜搭接绑扎，搭接长度不小于 250mm，钢筋网伸至坑底。土钉与网筋外的加强钢筋焊接连接，加强钢筋采用 1Φ14 钢筋水平通长设置一道，与土钉端头焊接，使土钉与钢筋网片连接为整体，焊接形式为单面搭接满焊。

支护桩桩径均为 800mm，桩间距为 2.0m；支护桩施工采用机械成孔，桩身混凝土强度等级为 C30，钢筋保护层 50mm；桩身主筋采用通长配筋，主筋型号为 HRB400；桩身箍筋采用通长、等间距配筋，在弯矩最大处加密，箍筋型号为 HPB300；桩身每隔 2m 设置一道内箍加强箍筋，钢筋型号为 HRB335，桩顶起吊位置应加强。桩顶通长设置 800mm×600mm 冠梁，使各支护桩连接在一起，形成整体。混凝土强度等级为 C30，钢筋保护层 50mm，冠梁主筋采用 HRB400，箍筋等间距设置，型号为 HPB300。支护桩主筋应插入冠梁不小于 500mm。冠梁顶部设置护栏，护坡桩中 1 个主筋应伸出冠梁长度不小于 0.10m。典型剖面设计参数见图 5。

桩间锚索采用高压注浆锚索，锚索采用 3 束的钢绞线，开孔直径 130～150mm。锚索孔内注浆采用水灰比为 1∶(0.5～0.55）的水泥浆，注浆压力 1MPa。锚索自由段应涂抹黄油或套波纹管，严禁自由段钢绞线与浆液接触。在注浆体强度达到设计强度的 80%后，严格按照规范对锚索进行分级张拉锁定。

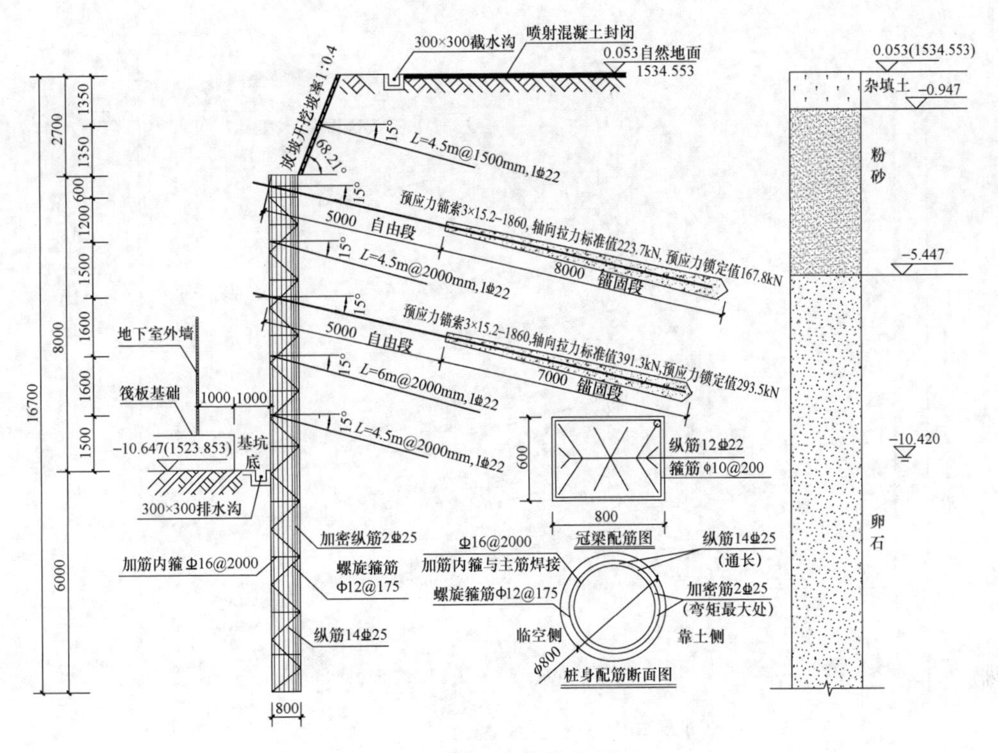

图5　基坑FG段支护剖面

2. 变更后支护结构设计方案

变更后典型剖面设计如图6、图7所示。

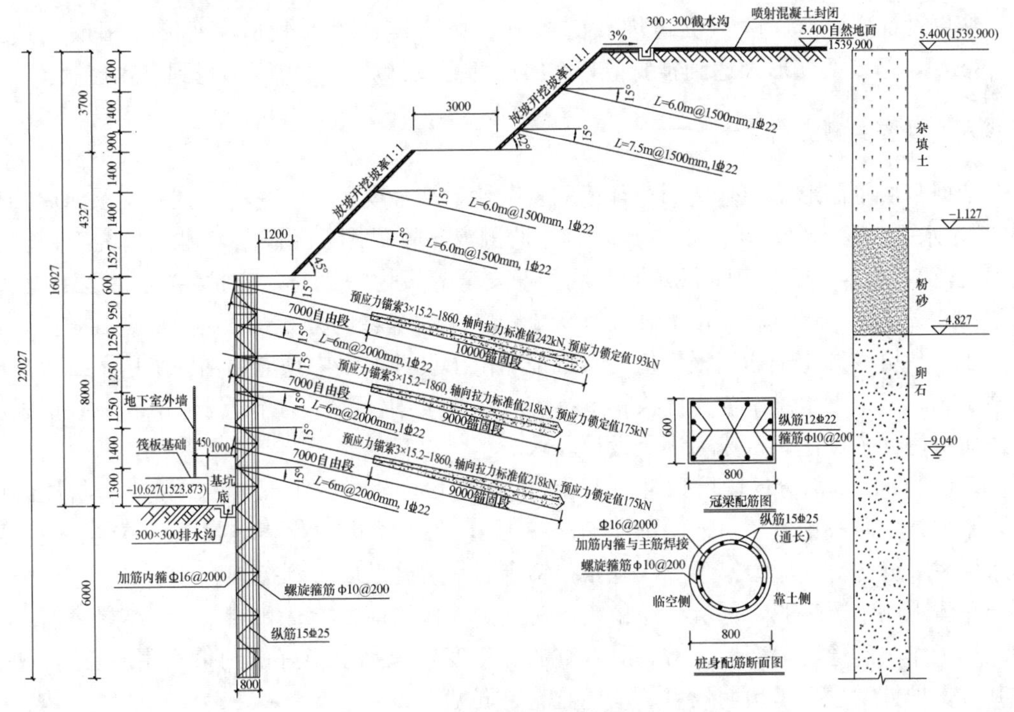

图6　基坑DE段支护剖面

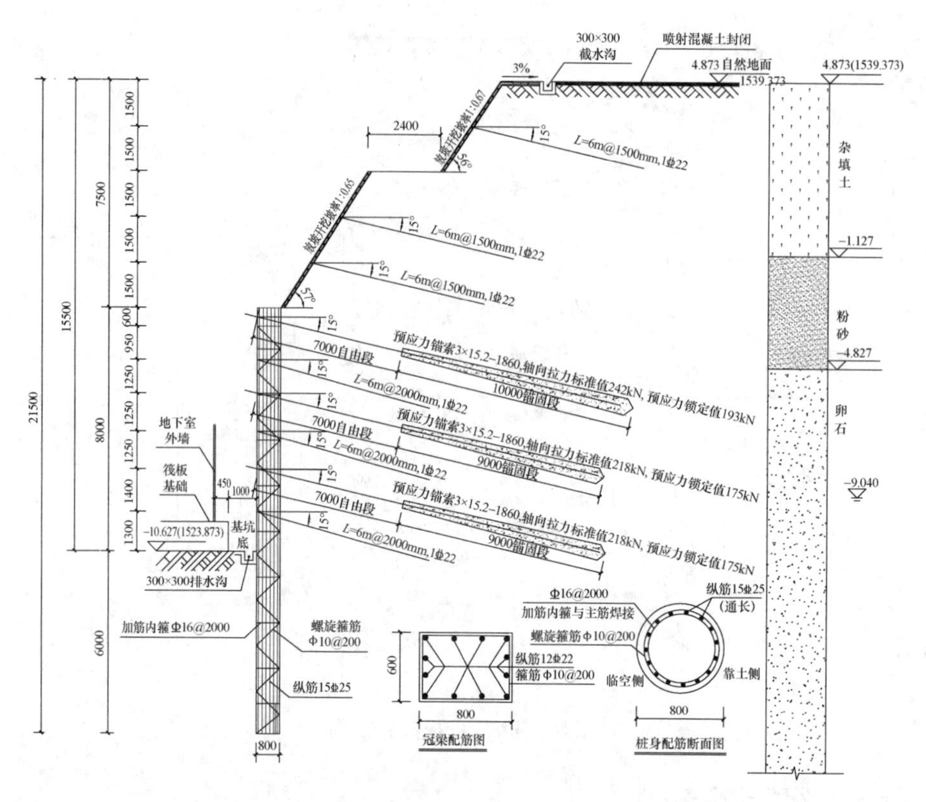

图7　基坑FG段支护剖面

变更设计实施前，由于坑边堆载的影响，基坑具有较大变形，变形速率最大达到0.8mm/d，但基坑变形未达到报警值，在实施变更设计后，基坑变形得到有效控制。

六、简要实测资料

依据基坑平面形状和基坑周边环境的复杂性，结合现场实际情况，在基坑顶四周共布置45个水平位移、竖向沉降监测点，具体监测点布置见图1。根据《建筑基坑工程监测技术规范》GB 50497—2019规定，基坑侧壁安全等级为一级时，支护结构最大水平位移限值为0.25%h、最大累计沉降限值为0.2%h（h为基坑的开挖深度），支护工程自开工到完工，基坑变形均未达到报警值，实践证明由于设计方案中预应力锚索采用了二次高压注浆工艺和高地下水位中锚索注浆构造措施，且施工中注浆压力不低于2MPa，故锚索注浆体质量得到了保证，抗拔力满足设计要求。

基坑DE段（部分区段坑顶翻边末端）开挖阶段产生了约14mm的裂缝，分析原因认为，基坑开挖阶段正值兰州地区雨期（7～9月），另外坑边动载和堆载也有一定影响，采用水泥浆喂缝并对预应力锚索二次补张拉锁定后，裂缝发展得到控制。

总体观测情况表明，基坑状态稳定。对支护结构的巡视检查和测点观测结果表明，支护结构工作状态稳定，变形正常，对基坑的位移变形起到了很好的约束作用。实践证明，本基坑支护方案达到了预期效果。基坑监测数据见表2。

基坑监测数据 表2

监测项目	坡顶		桩顶		建筑物	道路
	沉降（mm）	位移（mm）	沉降（mm）	位移（mm）	沉降（mm）	沉降（mm）
最大值	12	14	8	12	10	4

七、点评

(1) 本工程基坑四周紧邻道路，现场用地较紧张，基坑的规模大、标段多，土方开挖量大，工期紧张，为保质保量完成任务，对基坑支护结构设计以及施工作业过程来说是极大的困难与挑战。因此，基坑工程要秉着“动态设计、信息化施工”的技术原则，基坑的设计与施工要紧密结合。

(2) 在施工过程中，施工方要严格按照设计文件要求进行作业，不然轻则拖慢施工进度、增加项目投资，重则引发基坑事故；例如，本工程设计方案中明确指出严禁坑边堆载，而施工方对设计文件不够重视，将开挖后的土方回填在基坑周边，部分区域回填高度达 3m，加深了基坑支护深度，原有设计方案已不能满足基坑稳定性的安全要求，导致设计变更，拖慢施工进度并增加了项目投资预算。

(3)《建筑基坑支护技术规程》JGJ 120—2012 尚未给出上部土钉＋下部桩锚联合支护的稳定性计算方法，故尽管采用“理正深基坑结构设计软件（V7.0)”计算合适的支护断面，坑顶也会产生一定裂缝，因此亟待研究给出这种联合支护体系的稳定性计算方法。

专题九　郑州“7·20”特大暴雨中的基坑

郑州某超期服役基坑工程水灾修复

乔承杰[1]　钟士国[1]　宋建学[2]

（1. 河南省建筑设计研究院有限公司，郑州　450000；

2. 郑州大学土木工程学院，郑州　450000）

一、工程简介及特点

在建场地位于郑州市西郊，南侧为安置区，相邻的 4 号、5 号已经封顶。主楼采用 CFG 桩复合地基，地库采用天然地基独立基础，地下 3 层。基坑东西长约 120m，南北宽约 70m。场地±0.000 标高为 130.30m，场地整平标高 130.70～131.00m，地库基底标高 109.35m（－20.95m），基坑开挖深度为 21.35～21.65m。设计使用年限为 12 个月。

基坑支护开工时间为 2018 年 7 月，至 2018 年 10 月停工。截至停工，四周土钉墙、支护桩、南侧支护桩之间的土钉全部施工完毕，西侧开挖深度约 11.7m，东侧开挖深度约 7.5m。随后基坑一直处于停工状态，从 2018 年 10 月至 2021 年 7 月，基坑已经运行 33 个月，早已超过基坑设计使用年限。

二、工程及水文地质条件

1. 工程地质条件

本场地地貌单元为黄河冲积二级阶地。根据外业钻探、静力触探、标准贯入试验结果，结合室内土工试验资料，对地基土按岩性及力学特征进行分层，从上到下分层描述如下：

①$_3$层耕植土（Q_{4-3}^{ml}），褐黄～黄褐色，稍湿，稍密，干强度低，摇振反应中等，无光泽反应，韧性低，土质不均匀。土中含云母、铁质氧化物、虫孔、植物根须等。该层土受人类活动影响较明显。

②层粉土（Q_3^{al}），褐黄色，稍湿，稍密～中密，干强度低，摇振反应中等，无光泽反应，韧性低，土质不均匀。土中含云母、铁质氧化物、少量小姜石、蜗牛屑、虫孔、植物根系等。该层局部变相为粉砂，局部缺失。

③层粉土（Q_3^{al}），褐黄色，稍湿，中密，干强度低，摇振反应中等，无光泽反应，韧性低，土质不均匀。土中含云母、铁质氧化物、少量小姜石、蜗牛屑、虫孔等。该层局部缺失，局部夹粉质黏土薄层。

④层粉质黏土（Q_3^{al}），黄褐色，硬塑～坚硬，干强度中等，无摇振反应，韧性中等，

稍有光泽，土质不均匀，土中含铁质氧化物、钙质条纹、少量姜石。局部夹粉土薄层。

⑤层粉土（Q_3^{al}），褐黄色，稍湿，中密～密实，干强度低，摇振反应中等，无光泽反应，韧性低，土质不均匀。土中含云母、铁质氧化物、少量小姜石、蜗牛屑等。该层分布稳定。

⑥层粉质黏土（Q_3^{al}），黄褐色～红褐色，硬塑～坚硬，干强度中等，无摇振反应，韧性中等，稍有光泽，土质不均匀，土中含铁质氧化物、锰质斑点、少量姜石等。局部夹有薄层粉土。

⑦层粉质黏土（Q_3^{al}），红褐色，可塑～硬塑，干强度中等，无摇振反应，稍有光泽，韧性中等，土质不均匀。土中含云母、铁质氧化物、少量小姜石等。该层夹有粉土薄层。

$⑧_1$层粉质黏土（Q_2^{al+pl}），黄褐色～棕红色，可塑，干强度中等～高，无摇振反应，韧性中等，稍有光泽，土质不均匀，土中含铁质氧化物、少量姜石。

⑧层粉质黏土（Q_2^{al+pl}），黄褐色～棕红色，硬塑～坚硬，干强度中等～高，无摇振反应，韧性中等，稍有光泽，土质不均匀，土中含铁质氧化物、少量姜石。

⑨层粉质黏土（Q_2^{al+pl}），黄褐色～棕红色，硬塑～坚硬，干强度中等～高，无摇振反应，韧性中等，稍有光泽，土质不均匀，土中含铁质氧化物、少量姜石。

2. 抗剪强度指标的调整

场地地貌单元为黄河冲积二级阶地，揭露土层上部填土层为Q_4地层，开挖范围内第2～7层为Q_3地层，支护桩嵌固段第8、9层及以下为Q_2地层。据了解，在南侧柳沟安置区土方开挖施工过程中，自然地面5m以下，姜石开始出现，8m以下开始增多。由于姜石的增加，采取土样进行室内试验，室内试验结果不能准确反映姜石的存在对土层抗剪强度的影响。根据工程地质手册中标贯击数与抗剪强度指标的关系，还有湿陷性黄土中不同干密度不同含水量下的抗剪强度指标，再结合周边项目基坑设计施工资料进行反演分析，综合提出各土层主要物理力学参数见表1。第1层采用经验值，其余采用综合调整后的抗剪强度指标。

各土层主要物理力学参数 **表1**

层号	岩土类别	重度（kN/m^3）	含水率（%）	孔隙比（e_0）	黏聚力c（kPa）	内摩擦角φ（°）	压缩模量（MPa）	层厚（m）
①	杂填土	16.0	—	—	10	10	—	0.5
②	粉土	15.9	12.7	0.880	15	25	10.2	1.8
③	粉土	16.7	12.2	0.769	15	27	12.5	3.5
④	粉质黏土	18.3	16.1	0.697	28	21	9.1	3.0
⑤	粉土	17.0	13.1	0.754	20	32	15	3.6
⑥	粉质黏土	17.0	17.9	0.823	32	25	9.7	8.9
⑦	粉质黏土	18.5	22.4	0.767	32	25	8.9	5.0
$⑧_1$	粉质黏土	18.3	24.8	0.817	32	25	9.1	2.1
⑧	粉质黏土	18.5	20.1	0.729	32	25	11.1	9.3
⑨	粉质黏土	19.4	20.2	0.655	32	25	11.7	10.7

3. 水文地质条件

根据含水层的埋藏条件和水理特征，场地内勘探深度范围内地下水类型为潜水。

勘测期间（2017 年 8 月）实测初见水位埋深约为整平地面下 42.20～43.0m，稳定水位埋深为地面下 42.70～43.50m 左右，标高介于 87.48～88.19m 之间。潜水水位主要受季节性降水影响，从 7 月中旬至 10 月上旬是每年地下水位丰水期，每年 12 月至来年 2 月为枯水期，水位年变化幅度约 1.5m。根据附近场地近年来水位资料了解，本场地近 3～5 年最高水位绝对高程约为 95.0m。

在建建筑基底标高为 109.35m，因此，本工程基础施工可不考虑地下水的影响。

典型工程地质剖面如图 1 所示。

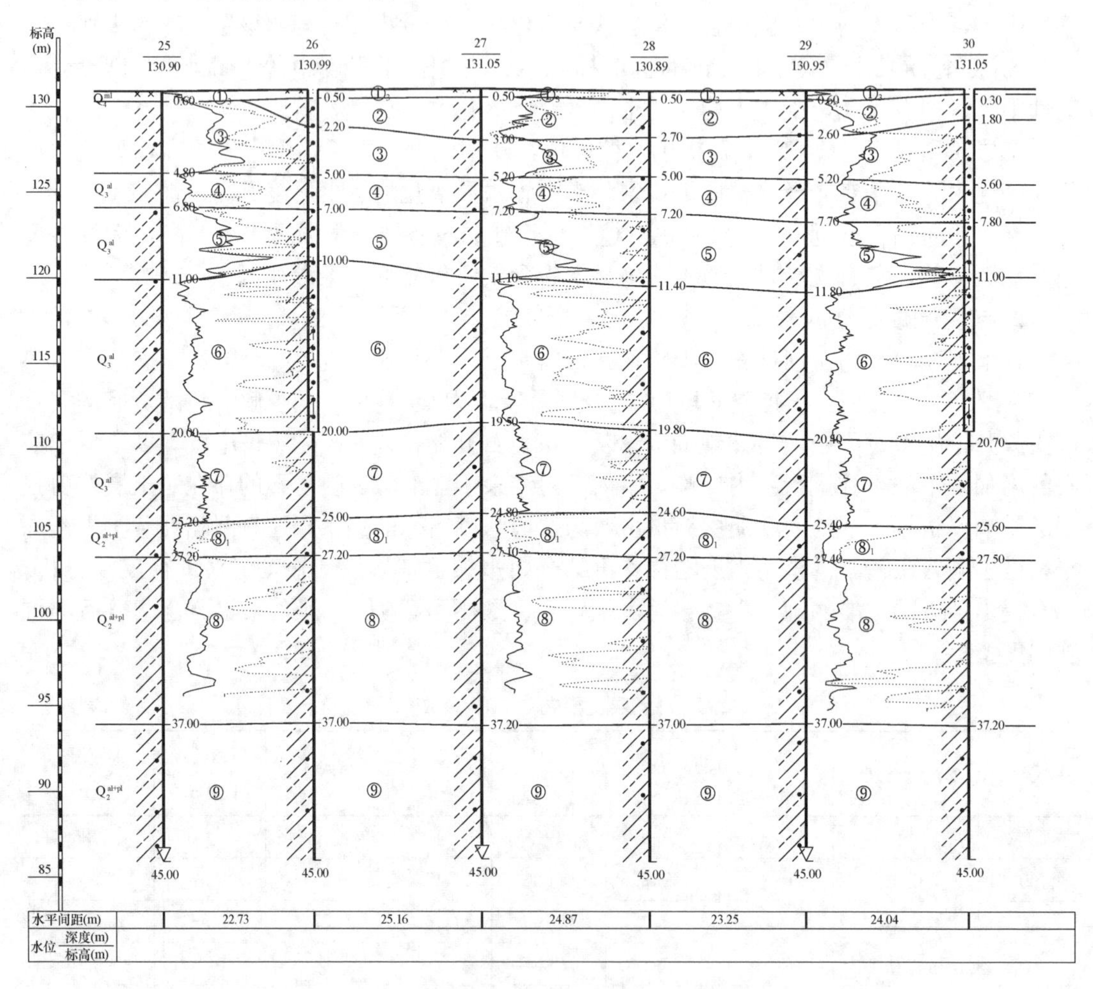

图 1　典型工程地质剖面

三、基坑周边环境情况

根据甲方提供的图纸结合现场调查的结果：场地出入口设置在东侧。四周比较空阔。

东侧：坡顶线距用地红线最近约 1.1m，红线外为市政道路。

南侧：红线外为安置区，4 号楼、5 号楼已经封顶，基底标高为 119.47m，采用 CFG 桩复合地基。

西侧：坡顶线距用地红线最近约 0.9m，红线外为市政道路。

北侧：坡顶线距用地红线最近约 1.1m，红线外为规划绿地，部分用作施工临建。

场地出入口设置在东侧。材料堆放和加工场地设置在基坑内。

基坑周边环境见图 2。

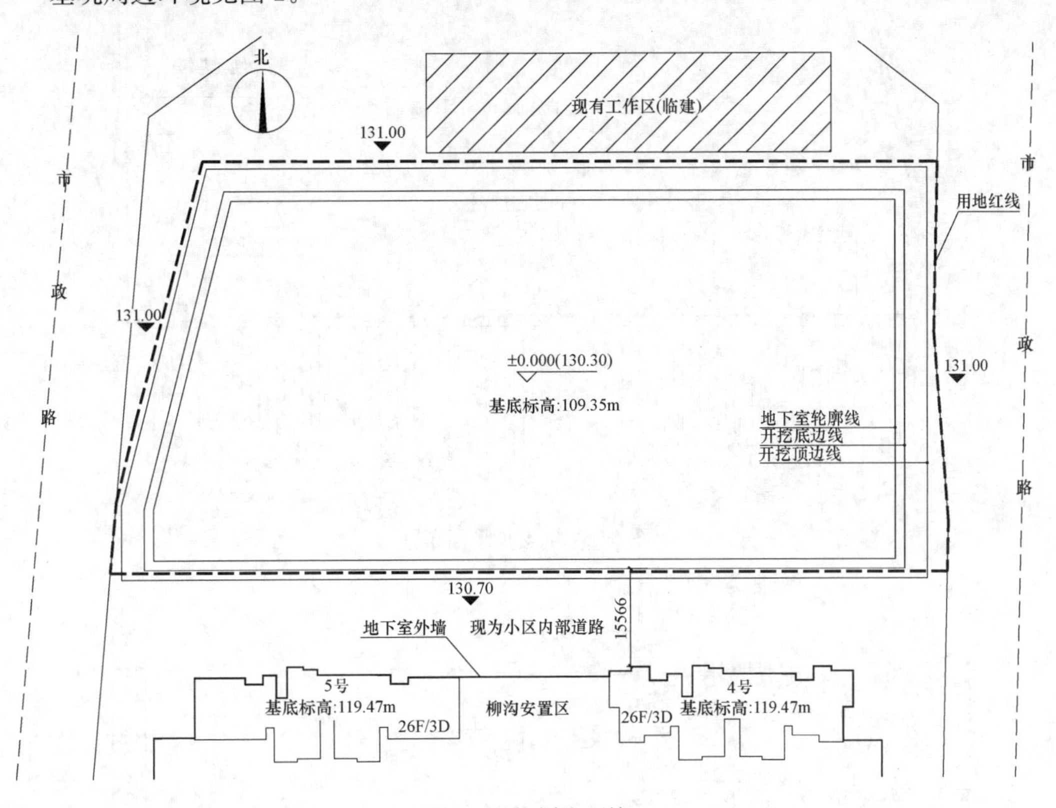

图 2　基坑周边环境

四、基坑支护体系

根据周边环境、开挖深度、工程地质条件，结合本地区较成熟的施工方式，从技术经济角度考虑，各剖面支护结构安全等级为一级，采用上部土钉墙＋下部桩锚支护，设计使用年限为 12 个月。

(1) 1-1 剖面：采用上部土钉墙＋下部桩锚支护，土钉墙放坡坡率 1∶0.3，设 5 排土钉，桩直径 800mm，桩长 24.0m，桩间距 1.5m，设 4 道预应力锚索，锚索水平间距 1.5m。

(2) 2-2 剖面：采用上部桩＋土钉墙、下部桩锚支护，上部设 4 排土钉，桩直径 800mm，桩长 29.0m，桩间距 1.5m，下部设 4 道预应力锚索，锚索水平间距 1.5m。

(3) 3-3 剖面：采用上部桩＋土钉墙、下部桩锚支护，上部设 4 排土钉，桩直径 800mm，桩长 29.0m，桩间距 1.4m，下部设 4 道预应力锚索，锚索水平间距 1.4m。

基坑支护平面见图 3、典型剖面见图 4、图 5。

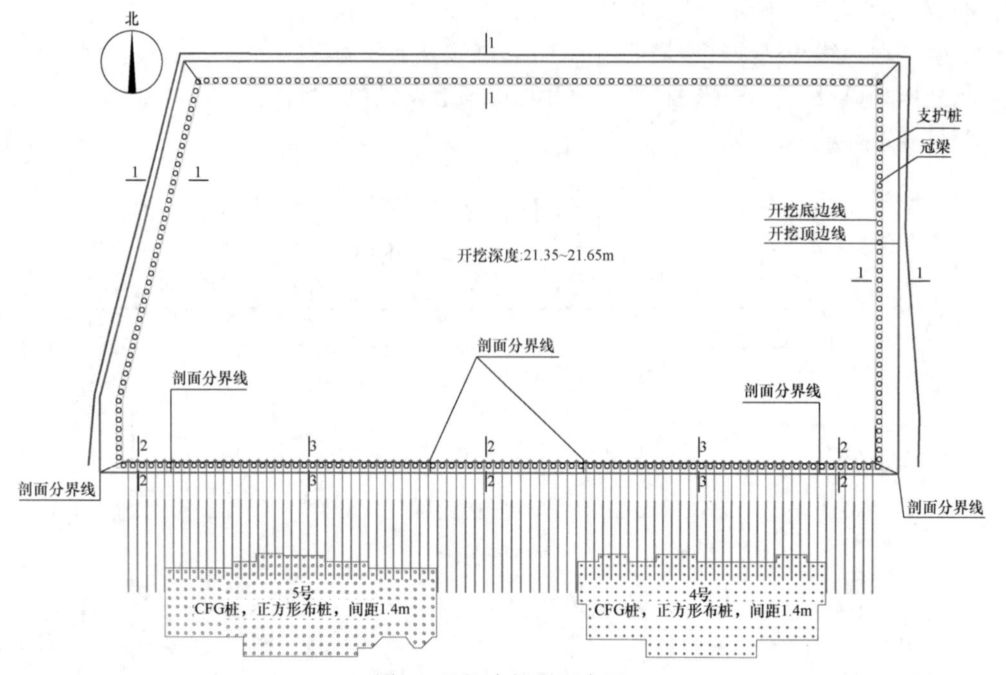

图 3　基坑支护平面布置

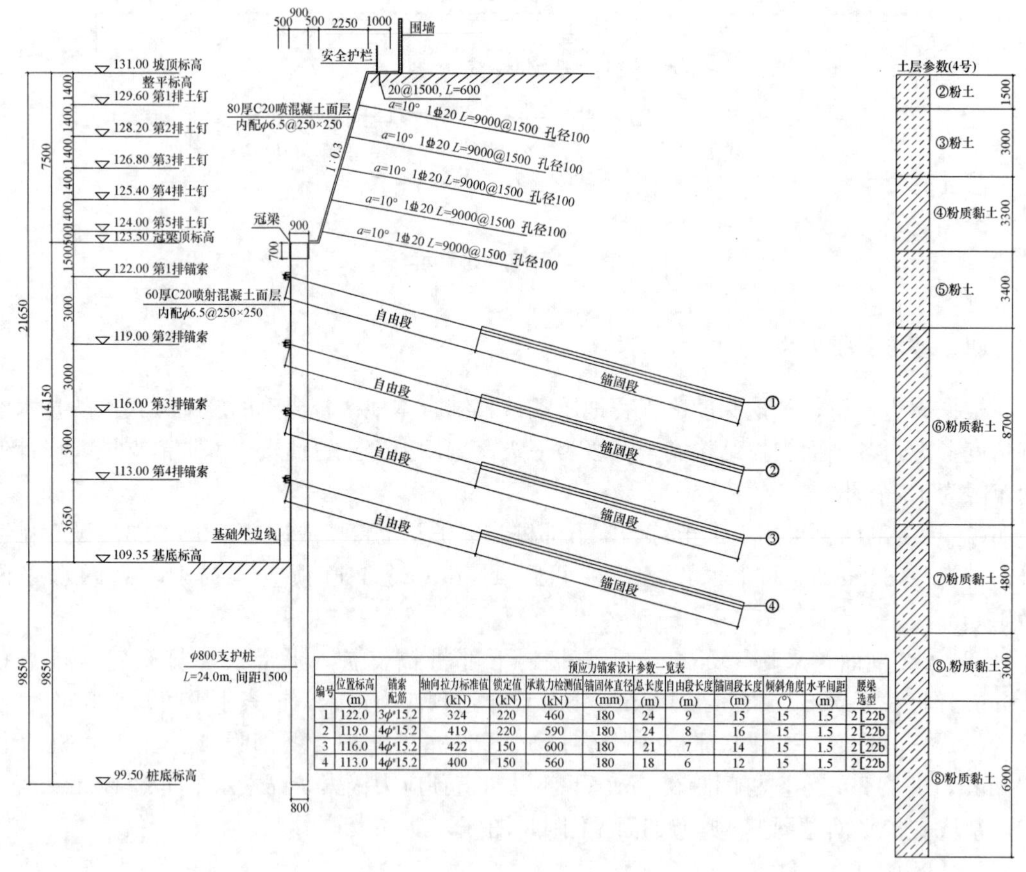

预应力锚索设计参数一览表

编号	位置标高 (m)	锚索配筋	轴向拉力标准值 (kN)	锁定值 (kN)	承载力检测值 (kN)	锚固体直径 (mm)	总长度 (m)	自由段长度 (m)	锚固段长度 (m)	倾斜角度 (°)	水平间距 (m)	腰梁选型
1	122.0	3φ^s15.2	324	220	460	180	24	9	15	15	1.5	2[22b
2	119.0	4φ^s15.2	419	220	590	180	24	8	16	15	1.5	2[22b
3	116.0	4φ^s15.2	422	150	600	180	21	7	14	15	1.5	2[22b
4	113.0	4φ^s15.2	400	150	560	180	18	6	12	15	1.5	2[22b

图 4　1-1 剖面

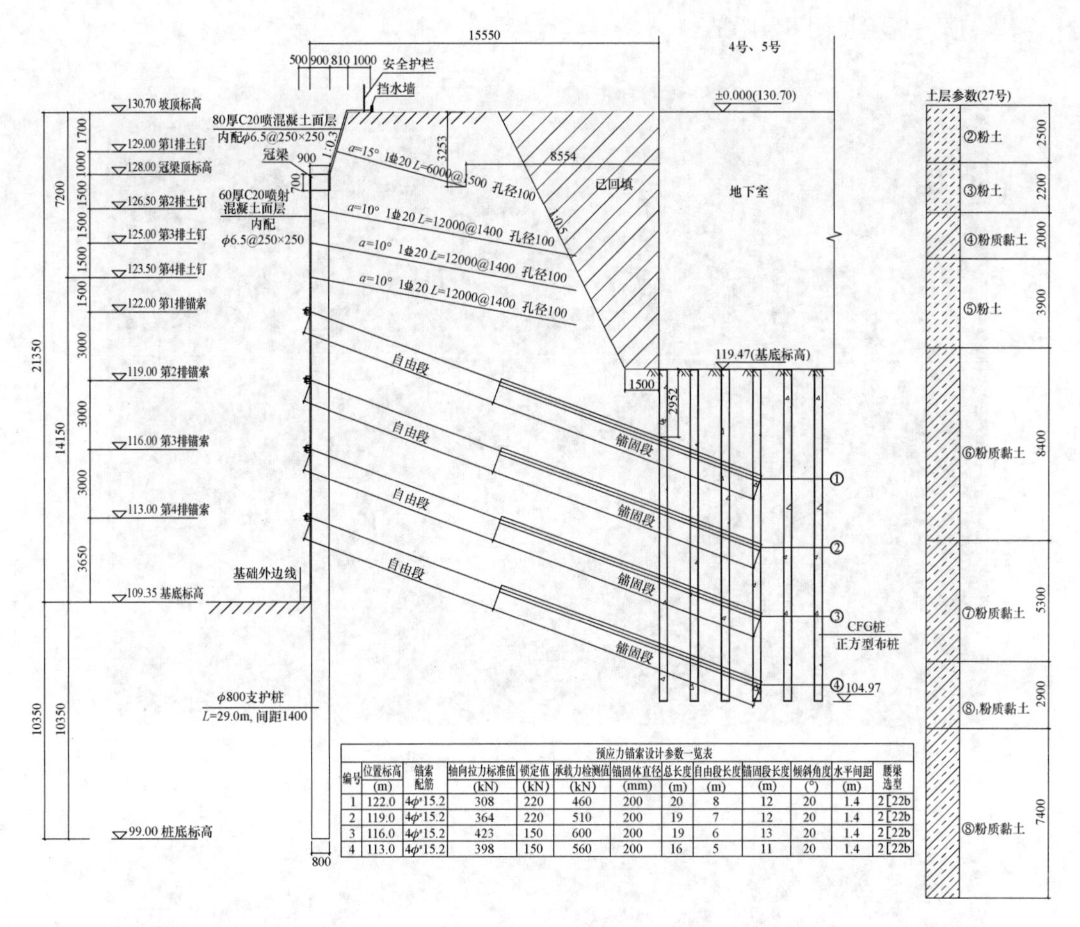

预应力锚索设计参数一览表

编号	位置标高 (m)	锚索配筋	轴向拉力标准值 (kN)	锁定值 (kN)	承载力检测值 (kN)	锚固体直径 (mm)	总长度 (m)	自由段长度 (m)	锚固段长度 (m)	倾斜角度 (°)	水平间距 (m)	腰梁选型
1	122.0	$4\phi^s15.2$	308	220	460	200	20	8	12	20	1.4	2[22b
2	119.0	$4\phi^s15.2$	364	220	510	200	19	7	12	20	1.4	2[22b
3	116.0	$4\phi^s15.2$	423	150	600	200	19	6	13	20	1.4	2[22b
4	113.0	$4\phi^s15.2$	398	150	560	200	16	5	11	20	1.4	2[22b

图5　3-3剖面

五、基坑受水灾影响现状及应急处理

受2021年7月20日特大暴雨影响，基坑内有7处出现明显的支护结构土体垮塌、流失、面层坍塌等问题，较严重位置在基坑的东南角，基坑南侧（5号楼北侧）。其中，东南角基坑塌方导致东侧的市政道路和进入基坑南侧小区的各种管线损坏而无法使用；南侧中部基坑上部土钉墙垮塌，可能会对南侧建筑物安全造成影响。基坑支护结构超期服役，加上此次暴雨导致基坑损毁严重，对周边环境产生严重影响，基坑修复迫在眉睫。

2021年7月24日，建设单位组织专家对本项目的基坑安全进行了咨询。咨询意见如下：

（1）现场情况和监测结果分析表明，基坑南侧临近的4号、5号楼目前处于安全状态。

（2）建议对基坑现状进行安全评估，尽快确定下部施工安排，并采取可靠措施，制定专项方案，保证基坑安全。

（3）建议对已损毁东南角部位，结合管线产权单位制定修复方案，其他损毁部位进行排查修复。

（4）继续加强邻近建筑物沉降及基坑变形监测，有针对性地完善应急处置预案。

基坑损毁现状见图 6、图 7。

图 6　基坑东侧和北侧损毁现状

图 7　基坑南侧和西侧损毁现状

为了尽快恢复居民生活秩序，保障南侧建筑物及居民出行安全，建设单位随之组织各相关单位进行坑内抽水和边坡应急处理，两者同时进行。具体应急处理措施如下：

(1) 立即对4号、5号楼进行沉降观测，观测频率2次/d。观测周期至变形稳定满足规范要求。

(2) 立即对上部垮塌部位进行堆袋填实，由于当时基坑处于满水状态，桩间土无法填土，只能选择石子装袋进行充填。

(3) 立即进行坑内抽水，防止雨水长时间浸泡基坑。

由于4号、5号楼采用CFG桩复合地基，本基坑开挖深度也没有超过4号、5号楼的基础埋深，加上该区域的土质条件比较好，从抢险期间连续监测数据来看，4号、5号楼沉降量1～3mm，未发生明显的附加沉降。

基坑应急施工效果如图8所示。

(a)

(b)

图8　基坑应急处理效果

(a) 东南角应急处理；(b) 南侧应急处理

六、修复方案及施工

基坑内积水疏干后，发现约七处损毁程度比较严重的部位，针对这七处，采取的主要修复手段有：

(1) 空洞塌陷部位进行密实充填，补打土钉、补做面层。

(2) 坡顶排水沟、挡水墙、围挡若损坏或不能使用，立即修复。

(3) 坡顶至围墙的地面全部硬化。

同时建议如下：

(1) 修复时施工单位应对基坑现状全面排查，如遇重大隐患应及时同相关单位会商解决。

(2) 建议本次修复和后续复工结合起来进行。修复完成后，建议对本基坑及周边环境进行一次全面的评估，为后续基坑施工和继续使用期限提供建议和意见。在复工前，建设单位应组织人员对本基坑进行不间断监测和巡视。

(3) 坑内其他未发现问题和隐患的地方均可按照剖面的做法进行修复，原则是：材料不限，密实回填，注浆处理。

基坑修复加固平面布置见图 9、南侧修复 A-A 剖面见图 10。

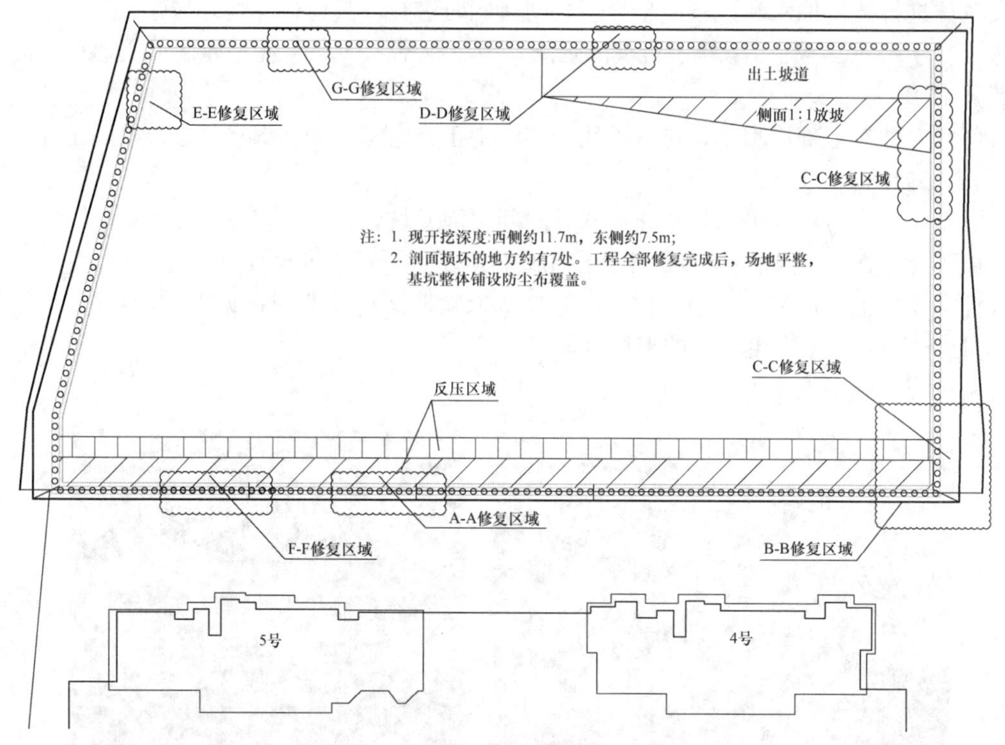

图 9　基坑修复加固平面布置图

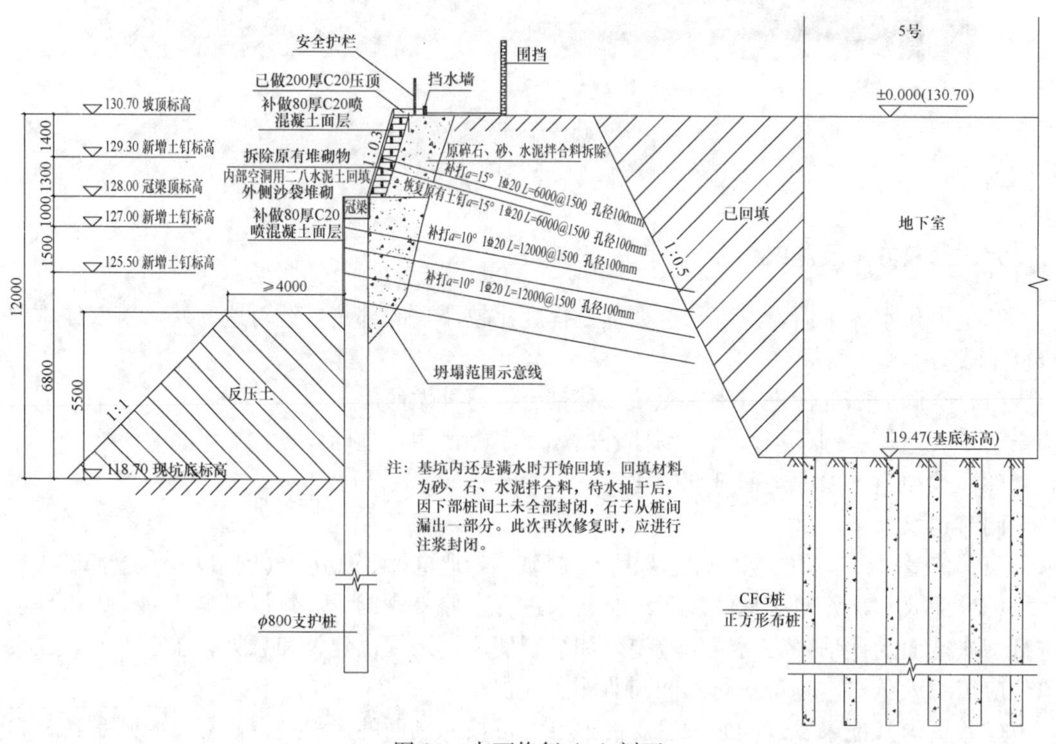

图 10　南面修复 A-A 剖面

修复完成后，只对土钉进行了拉拔试验，结果满足设计要求。基坑修复施工过程见图 11，修复后的效果见图 12、图 13。

(a)

(b)

图 11 基坑修复施工过程

(a) 东南角修复；(b) 南侧修复

图 12 基坑东侧和南侧修复完成

七、点评

各种原因导致基坑长期超期服役的现象越来越多，使基坑临时支护结构面临更多、更复杂的工况条件，而这些问题无法在设计之初加以考虑，基坑的安全如何保证？如果没有此次暴雨影响，很多基坑仍然不会进行安全评估和修复。建设单位尚不确定项目后续复工时间，无法投入太多的资金进行处理，因此只要求设计施工单位对问题比较严重的部位进

图 13　基坑西侧和北侧修复完成

行修复和简单的加固，也没有再进行全面安全性评估，无法确认基坑其他部位的安全现状，也只能要求建设单位后期组织人员对本基坑进行不间断监测和巡视。然而超期服役的基坑，第三方监测单位往往因资金问题已终止监测工作。这一问题全面解决有待基坑工程界共同努力。

郑州金水区某基坑灾情及抢险

石纪伟[1]　冯文龙[1]　李向阳[1]　高　伟[2]　宋建学[3]

（1. 河南华丰岩土工程有限公司，郑州　450008；
2. 郑州大学综合设计研究院有限公司，郑州　450008；
3. 郑州大学土木工程学院，郑州　450008）

一、引言

受全球气候变化的影响，极端天气频发；同时，随着我国城市规模不断扩大，城市内涝问题已成为影响工程建设安全的重要原因。郑州市平均年降雨量 640.8mm，而 2021 年 7 月 20 日郑州地区出现罕见持续特大暴雨，7 月 20 日 2：00 至 7 月 21 日 2：00 间 24h 降雨量达 622.7mm；其中 7 月 20 日 16：00～17：00 小时降雨量达 201.9mm。期间全市几乎所有基坑被水浸泡，大量基坑发生了整体或局部坍塌事故，给郑州工程建设带来巨大损失。

郑州金水区某基坑工程，在郑州"7・20"特大暴雨期间，基坑被水冲刷浸泡。由于制定了切实的应急预案，采取了合理的设计、施工措施，该基坑未发生坍塌事故，基坑安全监测显示各项变形指标均未超标。

二、工程简介及特点

本工程位于郑州市区东北部，拟建建筑为多栋高层、多层商业、连通 3 层地下车库，基坑开挖周长 541.69m，基坑开挖深度自然地面下 14.92～15.80m，自然地面高程为 91.60m，设计正负零高程为 92.80m。土方开挖采用明挖顺作法施工。基坑总平面布置见图 1。

2021 年 7 月 20 日特大暴雨袭击，基坑当时现状：除出土坡道、支撑预留土外，已全部开挖至基底，桩基础桩头破除，基槽清理阶段，因雨量较大市政管道满足不了雨水的排泄，基坑周边道路及空旷区域的雨水全部倒灌进基坑，基坑内积水深度达到 4.0m，基坑周边整体地下水位上升 2.0～3.0m，受灾期间各部门高度重视，加密基坑的监测频率。灾后委托相关机构进行基坑安全性鉴定，经过基坑检测及相关鉴定，基坑受灾后处于安全使用状态。

三、工程及水文地质条件

1. 工程地质条件

拟建场地所在地貌单元为黄河冲积平原。按岩性及力学特征分层从上到下描述如下：

① 杂填土（Q_{4-3}^{ml}）：杂色，松散～稍密，成分以粉土、碎砖块、混凝土块等建筑垃圾为主，该层在场地内普遍分布。

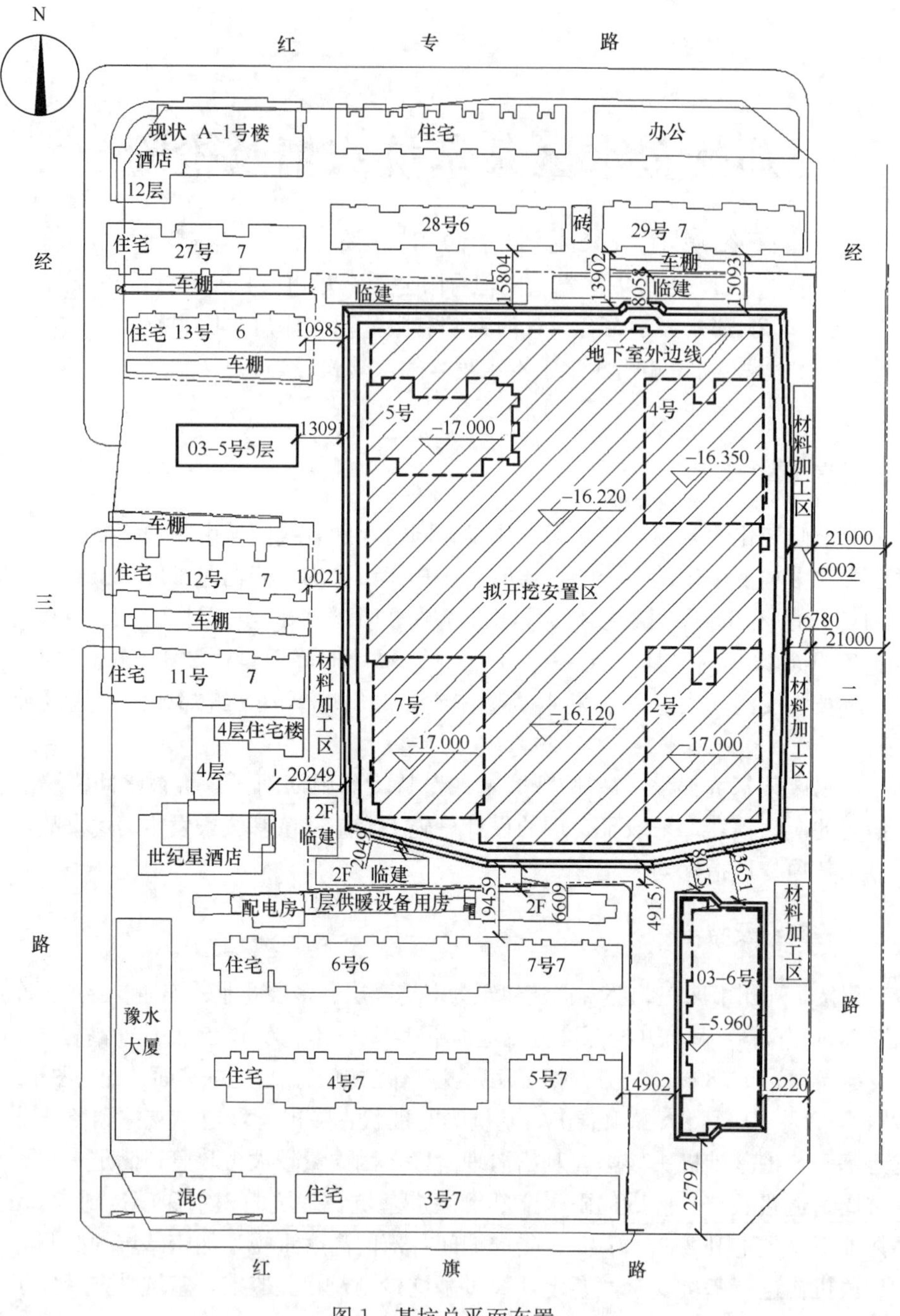

图 1　基坑总平面布置

② 粉土（Q_{4-3}^{al}）：黄褐色，稍湿～湿，稍密～中密，摇振反应中等，无光泽反应，干强度低，韧性低。含锈黄色铁质浸染、云母片，砂感强，局部夹粉砂薄层，局部夹粉质黏土薄层。该层在场地内普遍分布。

③ 粉质黏土（Q_{4-2}^{l}）：黄褐～灰褐色，软塑～可塑，摇振反应无，稍有光泽，干强度、韧性中等。含铁质氧化物及云母片等，偶见小粒结核及蜗牛壳碎片，局部夹粉土薄层。该层在场地内普遍分布。

④ 粉土（Q_{4-2}^{l}）：黄褐～灰褐色，湿，中密，摇振反应中等，无光泽反应，干强度低、韧性低，夹灰色条纹，含少量铁质氧化物、云母片等，偶见姜石。该层在场地内局部缺失。

④₁ 粉质黏土（Q_{4-2}^{l}）：黄褐～灰褐色，软塑～可塑，无摇振反应，稍光泽，干强度中等、韧性中等。夹灰色条纹，含少量铁锰质氧化物等，偶见姜石。该层在场地内局部缺失。

⑤ 粉土夹粉质黏土（Q_{4-2}^{l}）：粉土，灰～灰褐色，湿，中密～密实，摇振反应中等，无光泽反应，干强度低、韧性低。粉质黏土，灰～灰褐色，软塑～可塑，无摇振反应，稍光泽，干强度中等、韧性中等。含少量云母片、铁质氧化物等，偶见小姜石。该层在场地内普遍分布。

⑥ 有机质粉质黏土（Q_{4-2}^{l}），灰褐～灰黑色，流塑～软塑，无摇振反应，稍光泽，干强度中等、韧性中等。局部地段为淤泥质土，含较多蜗牛壳碎片。该层土的有机质含量平均值为 5.8%。该层在场地内普遍分布。

⑥₁ 粉土（Q_{4-2}^{l}）：灰褐～灰黑色，湿，中密～密实，摇振反应中等，无光泽反应，干强度低、韧性低。含少量云母片、铁质氧化物等，偶见小姜石。该层在场地内局部缺失。

⑦ 粉砂夹粉土（Q_{4-1}^{al+pl}）：粉砂，褐灰～灰褐色，饱和，中密，颗粒级配一般，分选中等，成分主要为长石、石英、云母等，局部地段为细砂；粉土，褐灰，湿，密实，摇振反应中等，无光泽反应，干强度低，韧性低。含少量云母片、铁质氧化物等，偶见小姜石。该层场地内局部缺失。

⑧₁ 细砂（Q_{4-1}^{al+pl}）：灰褐～黄褐色，饱和，密实，颗粒级配一般，分选中等，成分主要为长石、石英、云母等。局部夹粉砂或中砂薄层。该层在场的内普遍分布。

⑧ 细砂（Q_{4-1}^{al+pl}）：褐～黄褐色，饱和，密实，颗粒级配一般，分选中等，成分主要为长石、石英、云母等。局部夹粉砂或中砂薄层。该层含大量砾石，直径为 0.5～0.8cm，厚度约为 0.3～0.5m。该层在场地内普遍分布。

⑧₂ 粉土（Q_{4-1}^{al+pl}）：灰褐～黄褐色，湿，密实，摇振反应中等，无光泽反应，干强度低，韧性低。含少量云母片、铁质氧化物，偶见小姜石。该层在场地内局部揭露，呈透镜体分布。场地各土层主要物理力学参数见表 1。

各土层主要物理力学参数　　表 1

土层编号	岩土类别	重度 (kN/m³)	c_{uu} (kPa)	φ_{uu} (°)	孔隙比	含水率 (%)	渗透系数 K (cm/s)	压缩模量 (MPa)
①	杂填土	18.0	—	—	—	—	—	—
②	粉土	18.2	15.0	20.0	0.831	21.6	8.0×10^{-4}	9.1
③	粉质黏土	18.1	18.0	15.0	0.882	26.0	9.0×10^{-6}	3.9
④	粉土	18.3	15.0	21.0	0.810	23.7	3.5×10^{-4}	10.2
④₁	粉质黏土	18.1	19.0	13.0	0.913	27.1	9.5×10^{-5}	4.2
⑤	粉土夹粉质黏土	18.3	14.0	22.0	0.797	23.9	9.5×10^{-4}	11.2
⑥	有机质粉质黏土	17.1	12.0	9.0	0.961	29.7	8.0×10^{-6}	4.2

续表

土层编号	岩土类别	重度 (kN/m³)	c_{uu} (kPa)	φ_{uu} (°)	孔隙比	含水率 (%)	渗透系数 K (cm/s)	压缩模量 (MPa)
⑥₁	粉土	18.1	15.0	20.0	0.782	22.4	8.5×10^{-4}	8.1
⑦	粉砂夹粉土	18.0	5.0	26.0	0.697	19.5	4.0×10^{-3}	16.5
⑧₁	细砂	19.0	1.0	28.0	—	—	8.5×10^{-3}	22.0
⑧	细砂	19.0	1.0	29.0	—	—	9.0×10^{-3}	28.0

2. 水文地质条件

勘察期间 17.4m 以上为潜水，主要赋存于粉土层中，土层为弱透水层；17.4～34.5m 之间为承压水，赋存于 Q_{4-1} 的粉、细砂层中，该土层富水性好，水量丰富，属强透水层。潜水层与承压水被第⑥层有机质粉质黏土相对隔水层隔开。潜水初见地下水位埋深在现地面下 7.0～8.5m，实测稳定地下水位埋深在现地面下 8.2～9.4m，承压水稳定水位埋深约在现地面下 17.4m 左右。

四、基坑周边环境情况

基坑周边环境复杂，东侧为经二路，基坑上口距用地红线约 6.2m，距开发区基坑约 31.4m；南侧东段为拟开挖 1 号楼基坑，地下一层，基底标高－5.960m，东韩佳苑基坑上口与 1 号楼基础边距离 13.6m；南侧西段为多栋 6～7 层建筑及 2 层民房、1 层暖气控制室，基坑上口与建筑距离 4.9～6.6m；西侧南部为 10 层世纪星酒店，基坑上口与建筑最近距离 20.2m，西侧北部为多栋 6～7 层建筑，砖混结构，基坑上口与建筑最近距离 10.2m；北侧为多栋 6～7 层建筑，砖混结构，基坑上口与建筑最近距离 13.9m（与车棚最近距离 8.0m）。周边 6～7 层砖混结构为搅拌桩复合地基。基坑北边距红专路南边缘 64.0m，基坑西边距经三路东边缘 74.0m，主基坑南边距红旗路北边缘 105.0m。

经二路上目前无地下管线，红专路上有深约 2.0m 的雨水涵洞、污水管道、路边有通信电缆管道；经三路上有燃气管道、消防供水管道、雨水和污水管道、进入小区的供水管道；红旗路有污水管道。具体情况如下：进入 29 号楼的直径 20cm 刚性热力管道，进入 28 号楼的直径 20cm 和 10cm 刚性供水管道，A-1 号楼西北角直径 30cm 刚性热力管道，西南东北走向，穿过红专路向北而去，距基坑边缘约 80.0m；经三路进入 27 号楼直径 10cm 刚性供水管，经三路进入 13 号楼直径 5cm 刚性供水管，经三路进入世纪星酒店直径 10cm 刚性供水管；基坑南侧 7 号楼北侧东西走向直径 10cm 柔性供水管，进入 6 号和 7 号楼的直径 5cm 柔性供水管。进入各个小区的天然气没有找到检查井，各个小区楼栋污水都注入主路污水管网（表 2）。

基坑与周边建（构）筑物距离　　**表 2**

基坑方向	相邻建（构）筑物	至基坑距离（m）	备注
东侧	经二路	6.2	无市政管网
	临近基坑	31.4	开挖深度 12.6m
南侧	1 号楼基坑	13.6	
	2 层民房、1 层暖气控制室	4.9	20 世纪 70 年代老旧建筑

续表

基坑方向	相邻建（构）筑物	至基坑距离（m）	备注
西南侧	世纪星酒店	20.2	
西侧	6～7层建筑	10.2	
北侧	6～7层建筑	13.9	

五、基坑围护设计结构体系

根据地质条件及周边环境，本基坑共设计6个剖面，1-1、2-2、2a-2a剖面上部采用土钉墙支护结构，下部采用排桩＋锚杆＋斜抛撑支护结构；4-4、5-5剖面上部采用土钉墙支护结构，下部采用排桩＋锚杆＋角撑支护结构。同时基坑开挖较深，水位较高，基坑内采用管井降水。

斜抛撑、角撑全部采用型钢支撑，斜抛撑每道设置活络端，角撑端部交替设置活络端，支撑安装完成后需施加预应力，控制基坑变形。因斜抛撑下部支承于结构筏板上，结构筏板与支座需先施工，开挖筏板施工区域采用盆式开挖，斜抛撑下部采用预留土方提供反力作用。

基坑支护平面布置见图2。

1. 土钉墙

基坑1-1、2-2、2a-2a、3-3、4-4、5-5剖面上部5.2m采用土钉墙支护结构，采用放坡开挖，坡比1：0.3。土钉分为3层，垂直间距1.5m，水平间距1.5m，孔径为120mm，5-5剖面土钉孔径为150mm，1-1、2-2、2a-2a、3-3、4-4土钉长度分别为12m、12m、12m，5-5剖面土钉长度分别为9m、9m、9m。土钉喷护采用ϕ6钢筋网片，间距200mm×200mm，喷射C20混凝土，厚度80mm。

2. 支护桩

基坑整体开挖深度14.92～15.80m，上部采用土钉墙支护结构外，下部1-1、2-2、2a-2a剖面均采用ϕ1200@1500钻孔灌注桩，桩长为20.95m，冠梁设计尺寸为1000mm×600mm。3-3、4-4、5-5剖面均采用ϕ900@1500钻孔灌注桩，桩长为20.05m，冠梁设计尺寸为1200mm×700mm。灌注桩及冠梁混凝土强度等级为C30。

3. 锚杆

1-1、2-2、2a-2a剖面冠梁及以下位置共设置两道锚固段扩大孔径锚杆，垂直间距2.50m，水平间距1.50m，锚杆长度分别为3S15.2，L=27.00m、27.50m，腰梁采用双拼（Q345）H298×149×5.5×8型钢制作；3-3剖面冠梁及以下位置共设置五道锚固段扩大孔径锚杆，垂直间距2.00m，水平间距1.50m，锚杆长度分别为2S15.2，L=22.00m、22.00m、21.00m，3S15.2，L=20.50m、17.50m，腰梁采用单道（Q235B）25C槽钢制作；4-4剖面冠梁及以下位置共设置三道锚固段扩大孔径锚杆，垂直间距2.00m，水平间距1.50m，锚杆长度分别为2S15.2，L=19.00m、18.50m、17.50m，腰梁采用单道（Q235B）25C槽钢制作；5-5剖面冠梁及以下位置共设置三道锚固段扩大孔径锚杆，垂直间距1.70m，水平间距1.50m，锚杆长度分别为2S15.2，L=18.00m、18.00m、18.00m，腰梁采用单道（Q235B）25C槽钢制作。

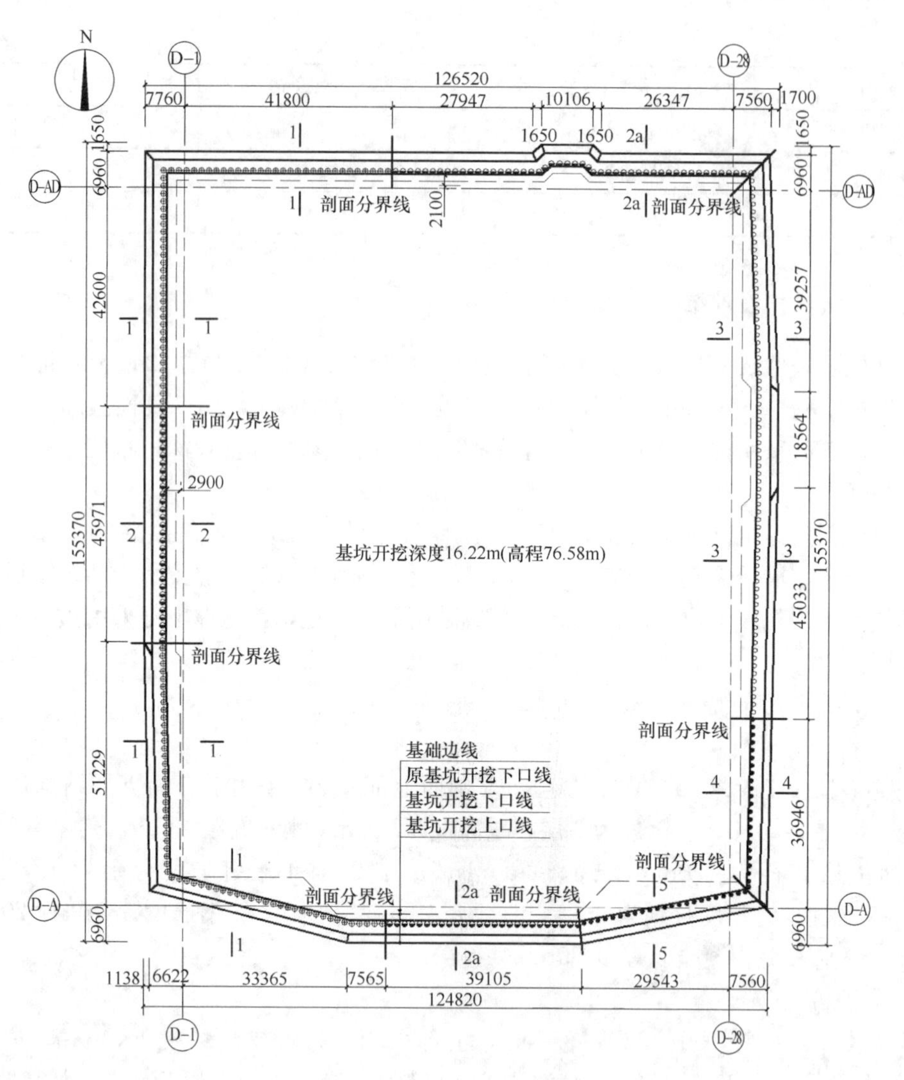

图 2　基坑支护平面布置

4. 内支撑

2-2、2a-2a 剖面锚杆下部采用斜抛撑支护结构形式，斜抛撑上部受力于围檩并安装活络端，斜抛撑下部受力于结构筏板，围檩设置标高在−12.60m位置，围檩尺寸 1400mm×1200mm，与支护桩连接，根据斜抛撑的角度及位置设置混凝土局部支座。斜抛撑支撑梁采用双拼（Q345）H400×400×13×21 型钢制作。1-1、4-4、5-5 剖面锚杆下部采用水平角撑支护结构形式，角撑两端全部受力于围檩并交替安装活络端，围檩设置标高在−12.60m位置，围檩尺寸 1400mm×1200mm，与支护桩连接，根据水平角撑的角度及位置设置混凝土局部支座。斜抛撑支撑梁采用双拼（Q345）H400×400×13×21 型钢制作。围檩混凝土强度等级为 C30。

5. 降水

支护桩中间设置止水帷幕，止水帷幕自冠梁顶标高施工至基底以下 10.00m 位置，采用管井降水，管井施工孔径为 650mm，管径 300mm，共设置 51 口管井，井深 30.00m，管井间距约 20m。

六、基坑围护典型剖面

根据基坑周边环境不同，基坑共分为 6 个剖面，由于篇幅所限，本文只列出 1-1、2-2 典型剖面，见图 3、图 4。

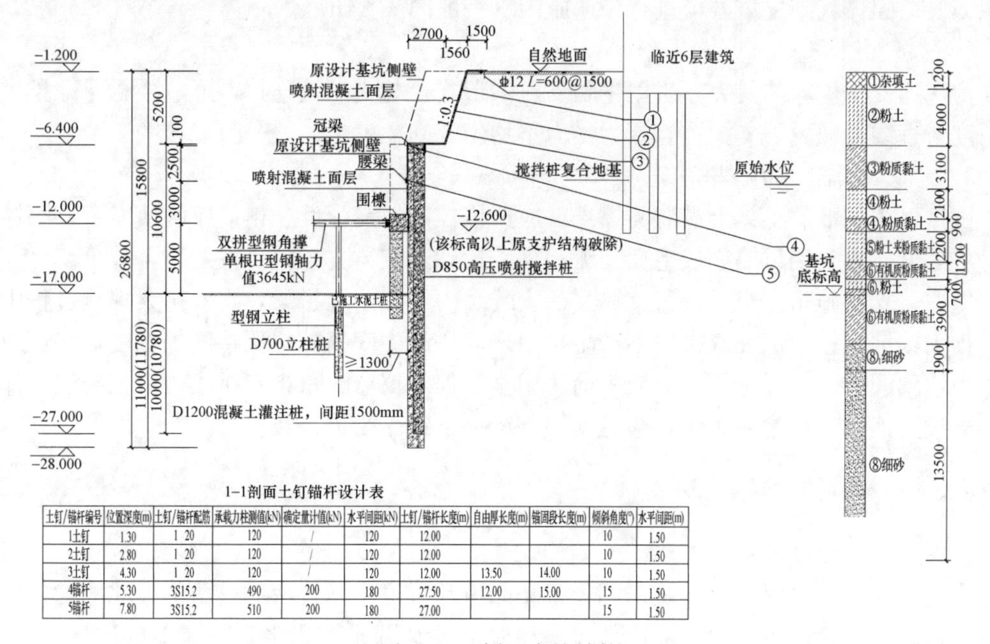

1-1剖面土钉锚杆设计表

土钉/锚杆编号	位置深度(m)	土钉/锚杆配筋	承载力柱测值(kN)	确定量计值(kN)	水平间距(kN)	土钉/锚杆长度(m)	自由厚长度(m)	锚固段长度(m)	倾斜角度(°)	水平间距(m)
1土钉	1.30	1 20	120	/	120	12.00			10	1.50
2土钉	2.80	1 20	120	/	120	12.00			10	1.50
3土钉	4.30	1 20	120	/	120	12.00	13.50	14.00	10	1.50
4锚杆	5.30	3S15.2	490	200	180	27.50	12.00	15.00	15	1.50
5锚杆	7.80	3S15.2	510	200	180	27.00			15	1.50

图 3　1-1 剖面支护结构

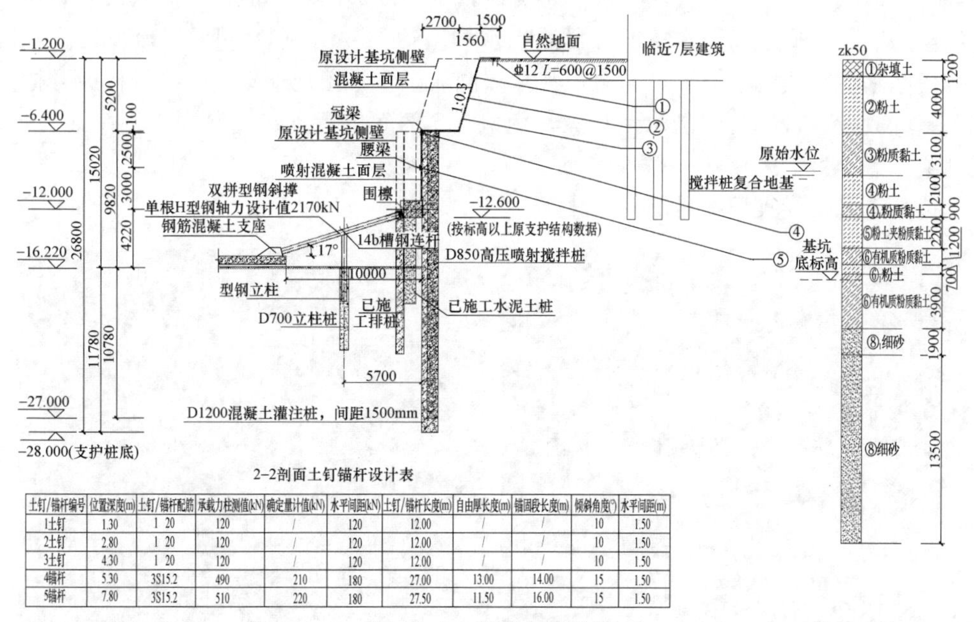

2-2剖面土钉锚杆设计表

土钉/锚杆编号	位置深度(m)	土钉/锚杆配筋	承载力柱测值(kN)	确定量计值(kN)	水平间距(kN)	土钉/锚杆长度(m)	自由厚长度(m)	锚固段长度(m)	倾斜角度(°)	水平间距(m)
1土钉	1.30	1 20	120	/	120	12.00	/	/	10	1.50
2土钉	2.80	1 20	120	/	120	12.00	/	/	10	1.50
3土钉	4.30	1 20	120	/	120	12.00	/	/	10	1.50
4锚杆	5.30	3S15.2	490	210	180	27.00	13.00	14.00	15	1.50
5锚杆	7.80	3S15.2	510	220	180	27.50	11.50	16.00	15	1.50

图 4　2-2 剖面支护结构

七、基坑施工主要控制措施

基坑于 2020 年 4 月开始施工，2021 年 6 月基坑（除坡道外）全部施工完成。

除常规的土钉墙、支护桩、止水帷幕施工外，本工程重点控制锚杆及内支撑体系施工质量。

1. 锚杆施工

锚杆施工采用压力分散型旋喷扩大头施工工艺，隔三打一的跳打形式施工，待第一遍施工完成锚固体凝结之后方可进行二遍施工（一般间隔 24h）。

2. 锚杆腰梁安装

为达到支护桩均匀受力，采用牛腿支座的形式，与支护桩连接，通过牛腿保证排桩受力角度与直线，减少因支护桩、腰梁受力不均匀等问题发生。

3. 支撑（围檩、立柱桩）施工

围檩坐落在下部土体上没有支撑点，应严格控制植筋深度，植筋胶的填充量，围檩与支护桩贴合位置采用风镐剔成毛面、无污染，达到围檩与支护桩良好的结合效果。

围檩、立柱施工完成后进行支撑梁的安装。内支撑为双拼梁，在双拼梁焊接过程中应保证加工场地平整，保证双拼梁不产生扭曲，双拼梁中间缝隙应保持同等宽度，保证双拼梁受力达到同心，支撑梁安装时应提前采用全站仪等仪器测量出双拼梁边缘控制线，保证两道支撑梁连接过程中一条线，整道支撑钢梁一条线，受力一致。

八、“7.20”基坑受灾情况

1. 现场受灾情况

受此次超强暴雨影响，基坑东侧经二路无市政管道，基坑南侧、西侧、北侧为居民建筑，无市政管道，基坑周边依靠内部管道连接市政管网排放积水。因降雨量过急、过大，强降雨导致市政雨污水排水管网排水量超负荷，基坑周边雨水不能正常流入市政管网，全部倒灌至基坑。根据现场积水情况，目测积水深度达到 4m，积水量约 60000m^3。基坑南侧 1 号楼原基坑回填肥槽坍塌，周边积水全部倒灌至 1 号楼地下室，因 1 号楼原开挖基坑距北侧基坑较近，且倒灌肥槽水量较大，南侧 5-5 剖面位置土钉墙底部出现串通、流水、流泥现象。

基坑受灾前及受灾情况见图 5～图 7。

图 5　基坑受灾前现场

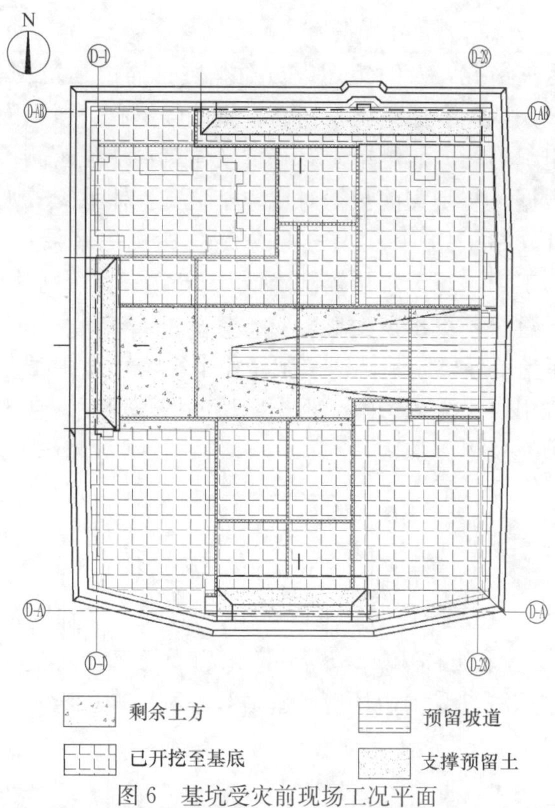

图 6　基坑受灾前现场工况平面

图 7　基坑受灾情况

2. 抢险措施

根据现场积水及受灾情况，及时组织人员对基坑、周边建筑物、地面，8h轮班巡视检查，每班巡视人员2人，保证通信设备畅通，佩戴救生衣、救生圈等防溺水措施，出现任何异常及时上报，组织第三方监测单位对基坑及建筑物加强监测。

根据第三方监测数据，与受灾前数据对比，基坑支护体系无较大变化，且基坑变形稳定。2020年7月23日开始采用10台型号80WQ40-15-4污水泵，单泵排水量$40m^3$/时，对基坑内积水进行抽排工作，每天水位控制降低0.6m左右，积水抽排过程中及时关注监测数据变化，防止抽排过快基坑出现变形。

基坑南侧5-5剖面受1号楼原基坑回填肥槽积水影响，存在泥水渗漏，为防止渗漏通道发生坍塌以及后续降雨再次受到影响，根据肥槽的回填深度，在土钉墙上部引孔，采用压浆的方式进行空洞填充及土体加固。

九、监测数据分析

暴雨后组织相关专家、鉴定机构判定基坑当前风险状态。基坑监测平面布置见图8。

图9～图12为基坑监测累计数据。可以看出，7月21日基坑及建筑物沉降稳定，最大水平位移4mm，深层水平位移7mm，随后变化趋于稳定，截至报告日基坑及建筑物沉降处于稳定状态。图中监测点受周边环境、管道等不利因素影响均为现场最典型不稳定监测点。

十、点评

本基坑场地土条件较差，特别是浅层有机质粉质黏土，承载力低，透水性差。基坑周边环境复杂，周边道路尚未形成完善的雨、污水排泄系统，且基坑与周边老旧民房间距较小，环境变形控制要求严格。基于上述多方面考虑，基坑支护设计采用了排桩＋型钢内支撑（斜抛撑）的支护体系，对控制基坑变形较为有利。实践证明，这种支护体系在极端天气基坑积水时，仍保有正常承载能力。

暴雨季节基坑泡水条件下，抽排地下水的时机及抽排速度是保证基坑工程安全的重要条件。本工程选择基坑处于稳定状态以10台型号80WQ40-15-4污水泵，每天水位下降不超过0.6m，控制基坑积水抽排。实测结果表明，该抽排水措施能够保证基坑安全。

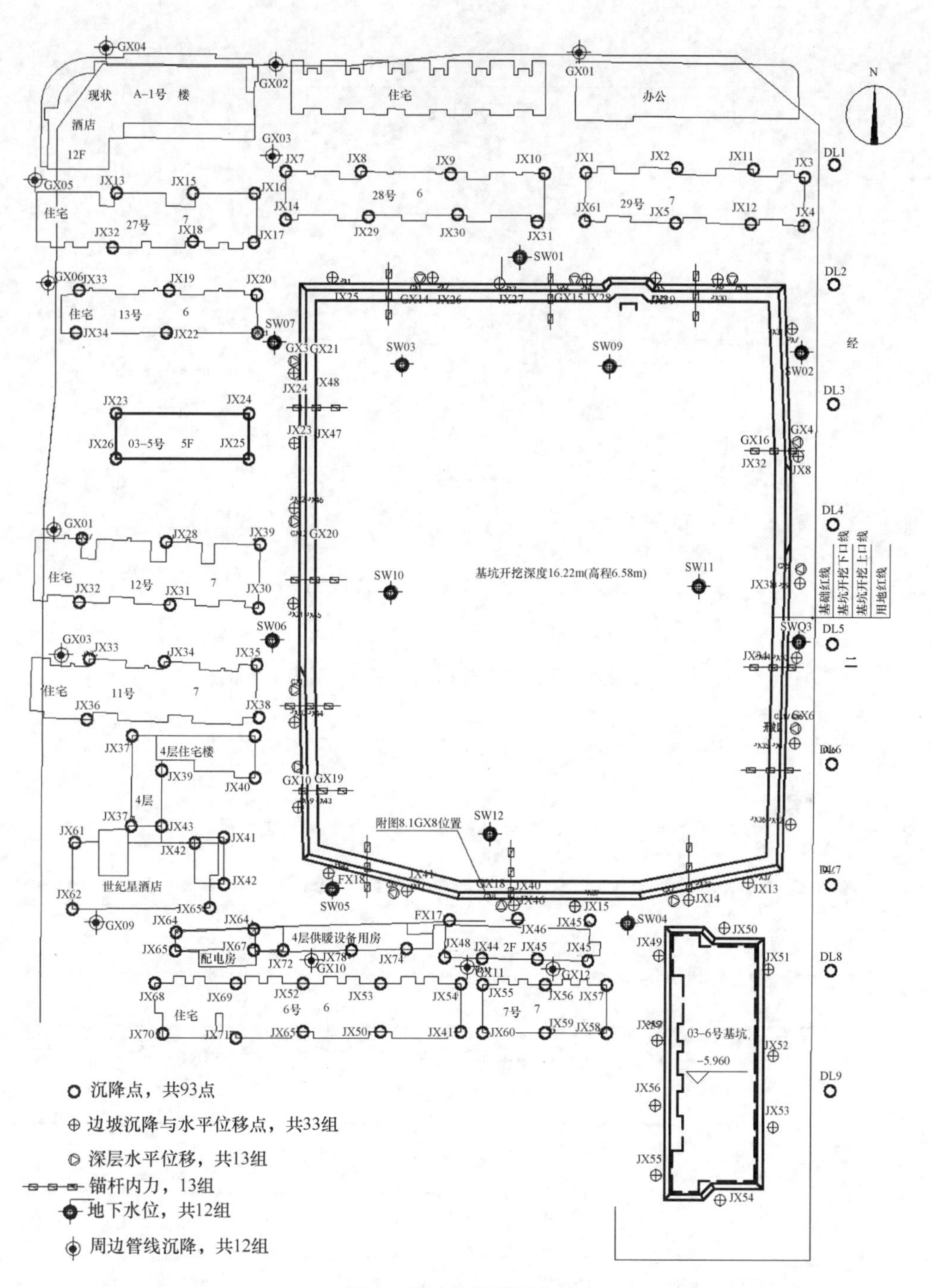

沉降点，共93点
边坡沉降与水平位移点，共33组
深层水平位移，共13组
锚杆内力，13组
地下水位，共12组
周边管线沉降，共12组
基坑开挖深度16.22m(高程6.58m)
附图8.1GX8位置
03-6号基坑
−5.960
基础红线
基坑开挖下口线
基坑开挖上口线
用地红线
现状 A-1号 楼
酒店
12F
住宅
办公
28号
29号
27号
13号
03-5号 5F
12号
11号
4层住宅楼
4层
世纪星酒店
4层供暖设备用房
配电房
6号
7号
N

图 8　基坑监测平面布置

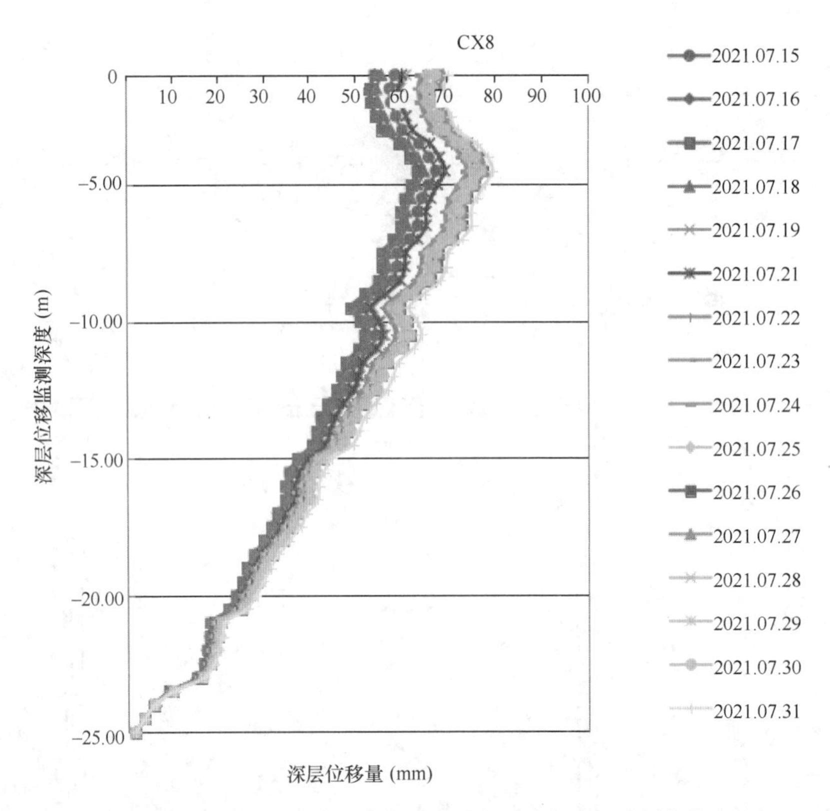

图 9　基坑深层水平位移典型监测点累计位移及时间曲线

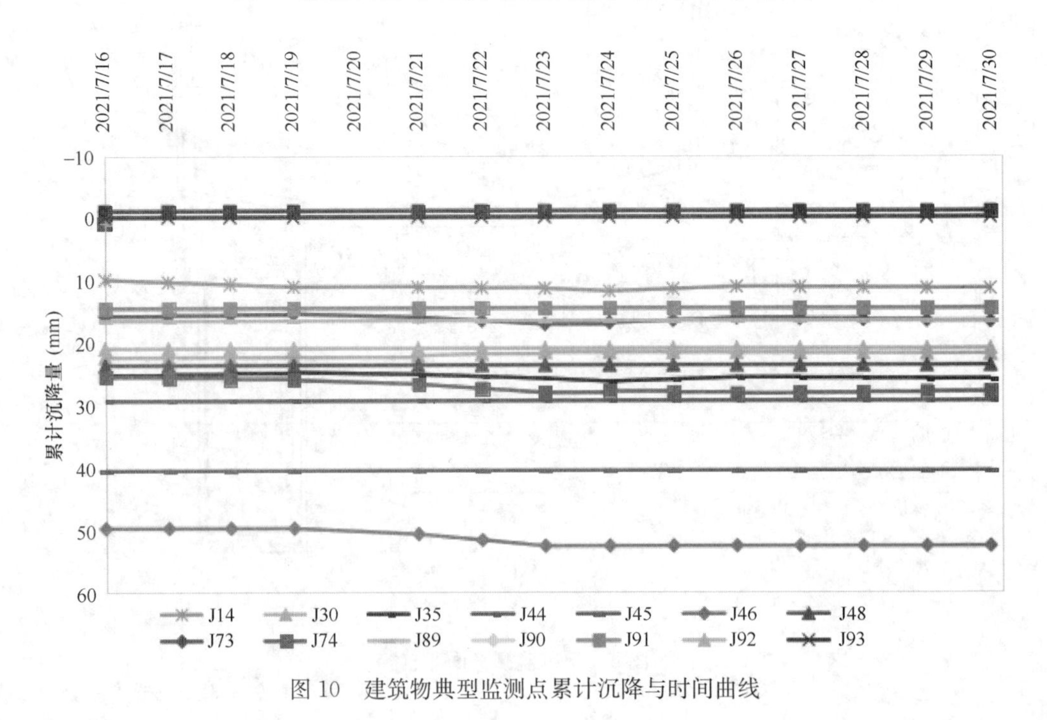

图 10　建筑物典型监测点累计沉降与时间曲线

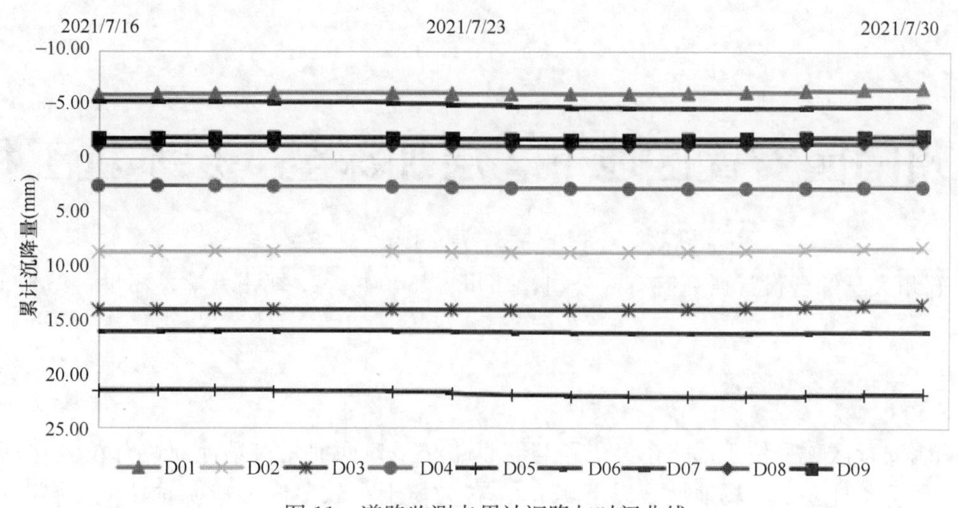

图 11　道路监测点累计沉降与时间曲线

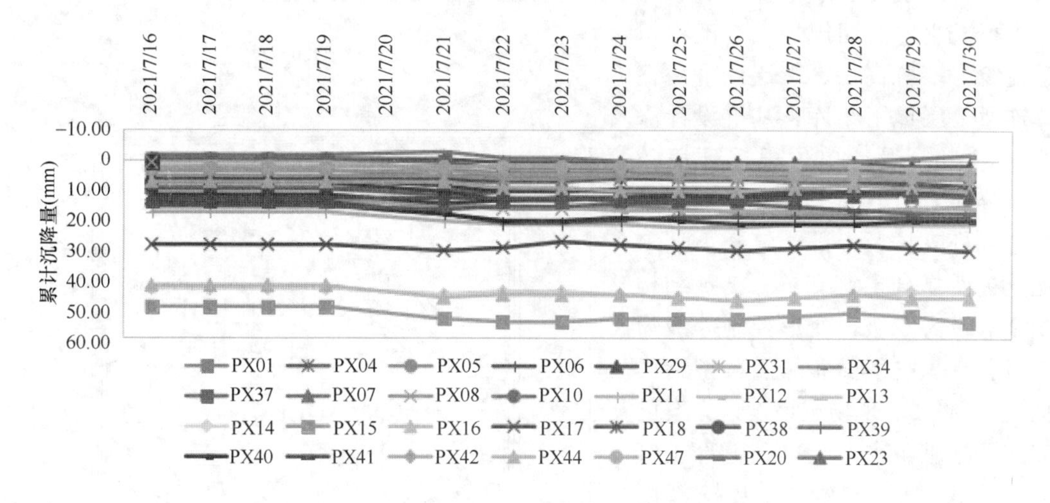

图 12　基坑典型监测点水平位移与时间曲线

郑州阑园安置区地下2层加深至3层基坑工程

宋进京[1]　高　伟[1]　周同和[2]　宋建学[2]

（1. 郑州大学综合设计研究院有限公司，郑州　450002；2. 郑州大学，郑州　450000）

一、工程简介及特点

阑园安置区项目位于郑州市经二路与红旗路交叉口西北角，场地周边有较多6～7层民房，环境条件复杂。场地地表以下15m左右为粉土和软塑～可塑粉质黏土互层，15～19m左右存在较厚的流塑～软塑有机质粉质黏土，土的工程性质较差。

根据业主前期规划，本工程拟建建筑为多栋高层、多层商业、整体连通2层地下车库，基坑设计深度11.11m。设计单位根据环境条件，分别采用上部土钉＋下部排桩复合锚杆支护及上部土钉＋下部水泥土桩墙复合土钉支护。支护结构安全等级为二级，变形控制等级为二级。原基坑平面布置、典型剖面见图1、图2。现场按该设计方案已完成了排桩、水泥土桩及上部土钉墙的施工，已完成土方开挖深度约4m。

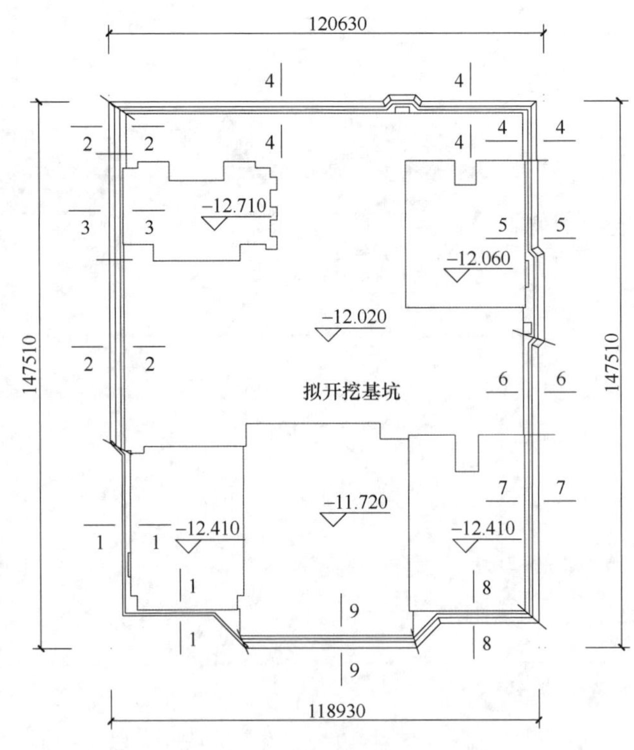

图1　原基坑平面布置

因建筑规划调整，地库由地下2层修改为地下3层。根据重新设计的结构施工图，基底标高为－16.220～－17.000m，基坑开挖深度调整为14.92～15.8m。局部需要将开挖边界外扩，由于基坑外扩且基坑深度加大，原支护形式已不满足结构安全及对周边环境保护要求。按原设计施工的部分支护结构占位需拆除后才能进行新支护结构施工。

该基坑工程具有以下特点：

（1）本工程基坑为既有已部分开挖基坑改造加深、加大，原支护结构已部分施工，新支护结构设计及施工需考虑原支护结构的影响。

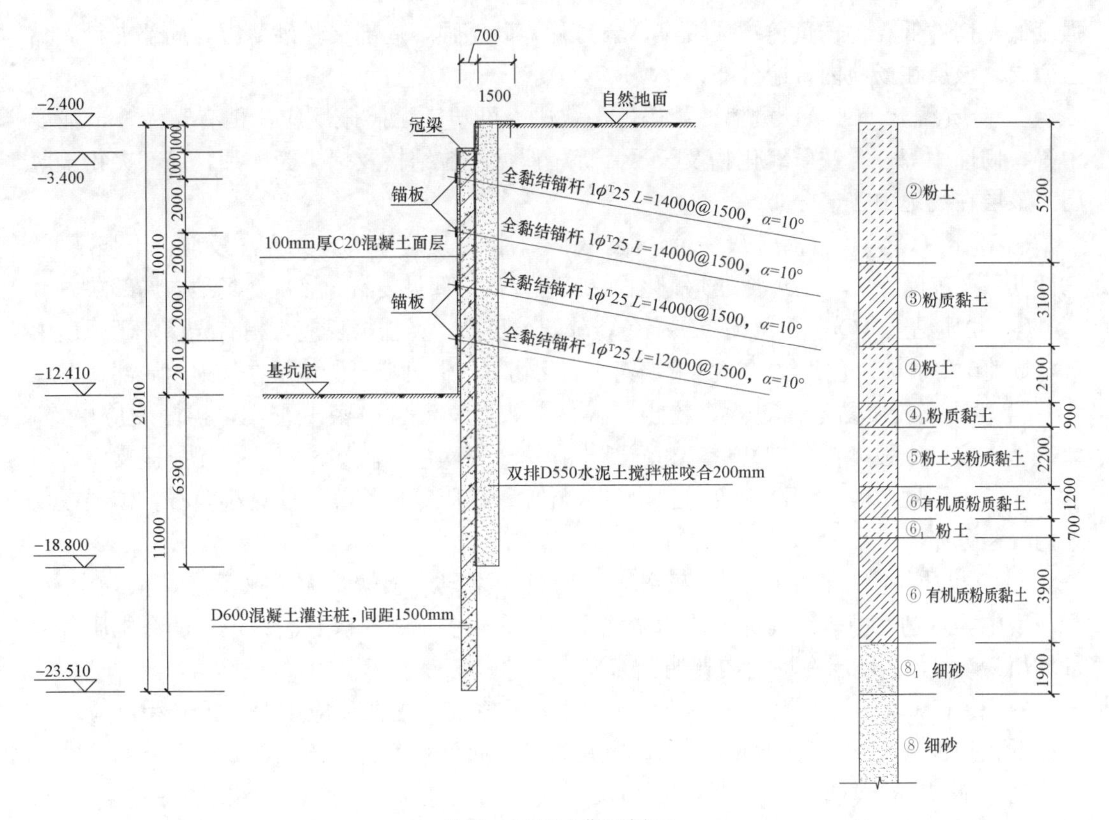

图2　原基坑典型剖面

（2）本工程地质条件复杂，属于郑州市区域内典型软土地层。地面下19m范围内存在多层软塑及流塑状粉质黏土。特别是第⑥层软塑～流塑状有机质粉质黏土，工程性质极差，具有高灵敏性，该层全部位于地下水水位以下，锚杆结构在该层施工时扰动较大，且无法提供足够的侧阻力。

（3）本工程周边环境复杂，既有建筑物部位变形控制要求高，根据土层竖向分布采用了锚杆与内支撑联合支护形式，在上部土层相对较好部位采用锚杆支护，下部土层较差部位采用内支撑结构，在保证安全的前提下，节省工程造价及工期，降低施工难度。

（4）本工程采用了排桩复合全粘结锚杆支护技术，充分发挥锚杆和支护桩相互作用，节省了工程造价，为该施工技术进一步推广取得工程实例经验。

（5）本工程潜水水位在自然地面下8.2～9.4m，水位降深较大，含水层间有较厚的有机质粉质黏土隔水层，降水难度高，降水对环境的扰动较大。

二、工程及水文地质条件

1．场地工程地质条件

场地所在地貌单元为黄河冲积平原。按岩性及力学特征分层从上到下描述如下：

① 杂填土（Q_{4-3}^{ml}），杂色，松散～稍密，成分以粉土、碎砖块、混凝土块等建筑垃圾为主，该层在场地内普遍分布。

② 粉土（Q_{4-3}^{al}），黄褐色，稍湿～湿，稍密～中密，摇振反应中等，无光泽反应，干

强度低，韧性低。含锈黄色铁质浸染、云母片，砂感强，局部夹粉砂薄层，局部夹粉质黏土薄层。该层在场地内普遍分布。

③ 粉质黏土（Q_{4-2}^{l}），黄褐～灰褐色，软塑～可塑，无摇振反应，稍有光泽，干强度中等，韧性中等。含铁质氧化物及云母片等，偶见小粒结核及蜗牛壳碎片，局部夹粉土薄层。该层在场地内普遍分布。

④ 粉土（Q_{4-2}^{l}），黄褐～灰褐色，湿，中密，摇振反应中等，无光泽反应，干强度低，韧性低。夹灰色条纹，含少量铁质氧化物、云母片等，偶见姜石。该层在场地内局部缺失。

④$_1$ 粉质黏土（Q_{4-2}^{l}），黄褐～灰褐色，软塑～可塑，无摇振反应，稍有光泽，干强度中等，韧性中等。夹灰色条纹，含少量铁锰质氧化物等，偶见姜石。该层在场地内局部缺失。

⑤ 粉土夹粉质黏土（Q_{4-2}^{l}），粉土：灰～灰褐色，湿，中密～密实，摇振反应中等，无光泽反应，干强度低，韧性低。粉质黏土：灰～灰褐色，软塑～可塑，无摇振反应，稍有光泽，干强度中等，韧性中等。含少量云母片、铁质氧化物等，偶见小姜石。该层在场地内普遍分布。

⑥ 有机质粉质黏土（Q_{4-2}^{l}），灰褐～灰黑色，流塑～软塑，无摇振反应，稍有光泽，干强度中等，韧性中等。局部地段为淤泥质土，含较多蜗牛壳碎片。该层土的有机质含量平均值为 5.8%。该层在场地内普遍分布。

⑥$_1$ 粉土（Q_{4-2}^{l}），灰褐～灰黑色，湿，中密～密实，摇振反应中等，无光泽反应，干强度低，韧性低。含少量云母片、铁质氧化物等，偶见小姜石。该层在场地内局部缺失。

⑦ 粉砂夹粉土（Q_{4-1}^{al+pl}），粉砂，褐灰～灰褐色，饱和，中密，颗粒级配一般，分选中等，成分主要为长石、石英、云母等，局部地段为细砂；粉土，褐灰，湿，密实，摇振反应中等，无光泽反应，干强度低，韧性低。含少量云母片、铁质氧化物等，偶见小姜石。该层在场地内局部缺失。

⑧$_1$ 细砂（Q_{4-1}^{al+pl}），灰褐～黄褐色，饱和，密实，颗粒级配一般，分选中等，成分主要为长石、石英、云母等。局部夹粉砂或中砂薄层。该层在场地内普遍分布。

⑧ 细砂（Q_{4-1}^{al+pl}），灰褐～黄褐色，饱和，密实，颗粒级配一般，分选中等，成分主要为长石、石英、云母等。局部夹粉砂或中砂薄层。该层层底含大量砾石，直径为 0.5～8.0cm，厚度约为 0.3～0.5m。该层在场地内普遍分布。

⑧$_2$ 粉土（Q_{4-1}^{al+pl}），灰褐～黄褐色，湿，密实，摇振反应中等，无光泽反应，干强度低，韧性低。含少量云母片、铁质氧化物等，偶见小姜石。该层在场地内局部揭露，呈透镜体分布。

场地各土层主要物理力学参数见表 1。

各土层主要物理力学参数 **表 1**

土层编号	岩土类别	重度 (kN/m³)	c_{uu} (kPa)	φ_{uu} (°)	e	含水率 w (%)	渗透系数 K (cm/s)	f_{ak} (kPa)	压缩模量 (MPa)
①	杂填土	18.0	—	—	—	—	—	—	—
②	粉土	18.2	15.0	20.0	0.831	21.6	8.0×10^{-4}	140	9.1
③	粉质黏土	18.1	18.0	15.0	0.882	26	9.0×10^{-4}	100	3.9
④	粉土	18.3	15.0	21.0	0.810	23.7	3.5×10^{-4}	150	10.2

续表

土层编号	岩土类别	重度 (kN/m³)	c_{uu} (kPa)	φ_{uu} (°)	e	含水率 w (%)	渗透系数 K (cm/s)	f_{ak} (kPa)	压缩模量 (MPa)
④1	粉质黏土	18.1	19.0	13.0	0.913	27.1	9.5×10^{-6}	110	4.2
⑤	粉土夹粉质黏土	18.3	14.0	22.0	0.797	23.9	9.5×10^{-4}	160	11.2
⑥	有机质粉质黏土	17.1	12.0	9.0	0.961	29.7	8.0×10^{-6}	110	4.2
⑥1	粉土	18.1	15.0	20.0	0.782	22.4	8.5×10^{-4}	130	8.1
⑦	粉砂夹粉土	18.0	5.0	26.0	0.697	19.5	4.0×10^{-3}	180	16.5
⑧1	细砂	19.0	1.0	28.0	—	—	8.5×10^{-3}	240	22.0
⑧	细砂	19.0	1.0	29.0	—	—	9×10^{-3}	300	28.0

2. 水文地质条件

场地17.4m以上为潜水，主要赋存于粉土层中，土层为弱透水层；17.4～34.5m之间为承压水，赋存于Q_{4-1}的粉、细砂层中，该土层富水性好，水量丰富，属强透水层。潜水层与承压水层被第⑥层有机质粉质黏土相对隔水层隔开。潜水初见地下水位埋深在现地面下7.0～8.5m，实测稳定地下水位埋深在现地面下8.2～9.4m，承压水稳定水位埋深约在现地面下17.4m左右，本场地承压水不具承压性。

3. 典型工程地质剖面

典型工程地质剖面见图3。

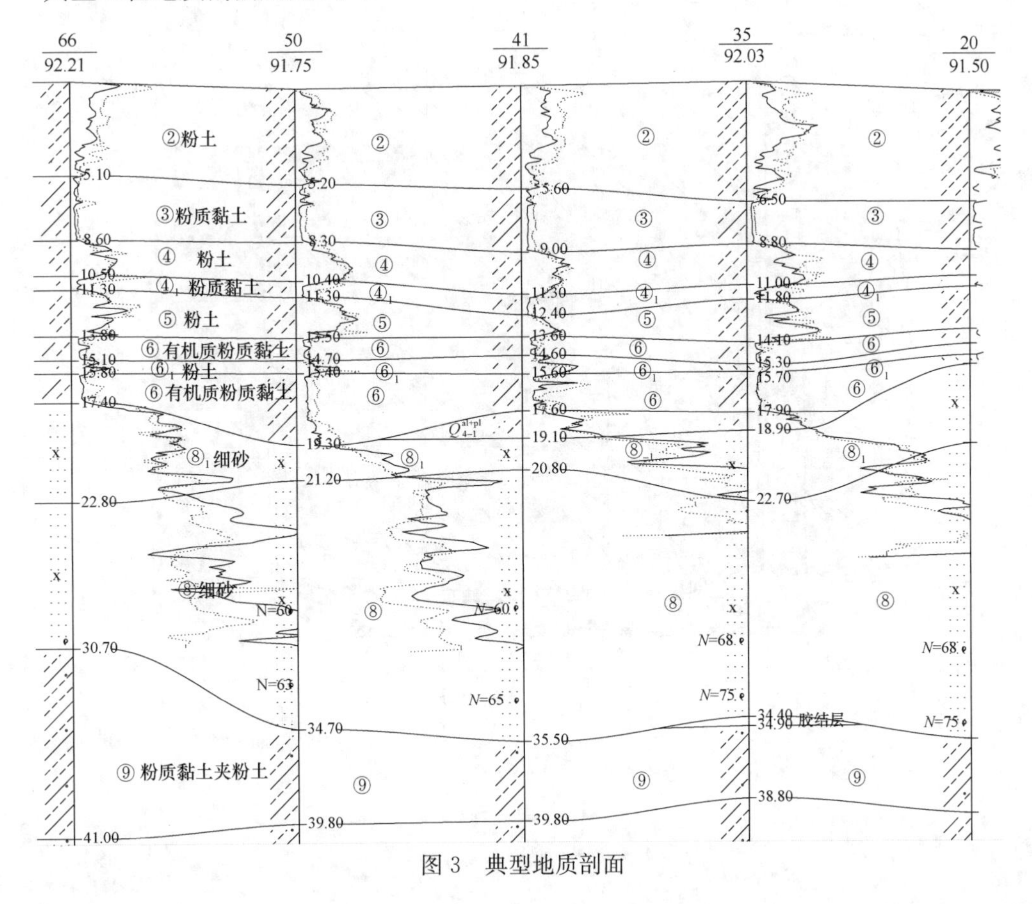

图3　典型地质剖面

三、基坑周边环境情况

基坑周边环境复杂，东侧为经二路，基坑上口距用地红线约 6.2m，经二路为临时道路，目前道路无市政管线；南侧东段为拟开挖 1 号楼基坑，地下一层，基底标高 −5.960m，本基坑上口与 1 号楼基础边距离为 13.6m；南侧西段为多栋 6～7 层建筑及 2 层民房、1 层暖气控制室，基坑上口距建筑距离为 4.9～6.6m；西侧南部为 10 层酒店建筑，基坑上口与建筑最近距离为 20.2m，西侧北部为多栋 6～7 层建筑，砖混结构，基坑上口与建筑最近距离为 10.2m；北侧为多栋 6～7 层建筑，砖混结构，基坑上口与建筑最近距离为 13.9m（与车棚最近距离为 8m）。周边 6～7 层砖混结构多为搅拌桩复合地基，基础埋深约为 1.5m。

基坑周边环境见图 4。

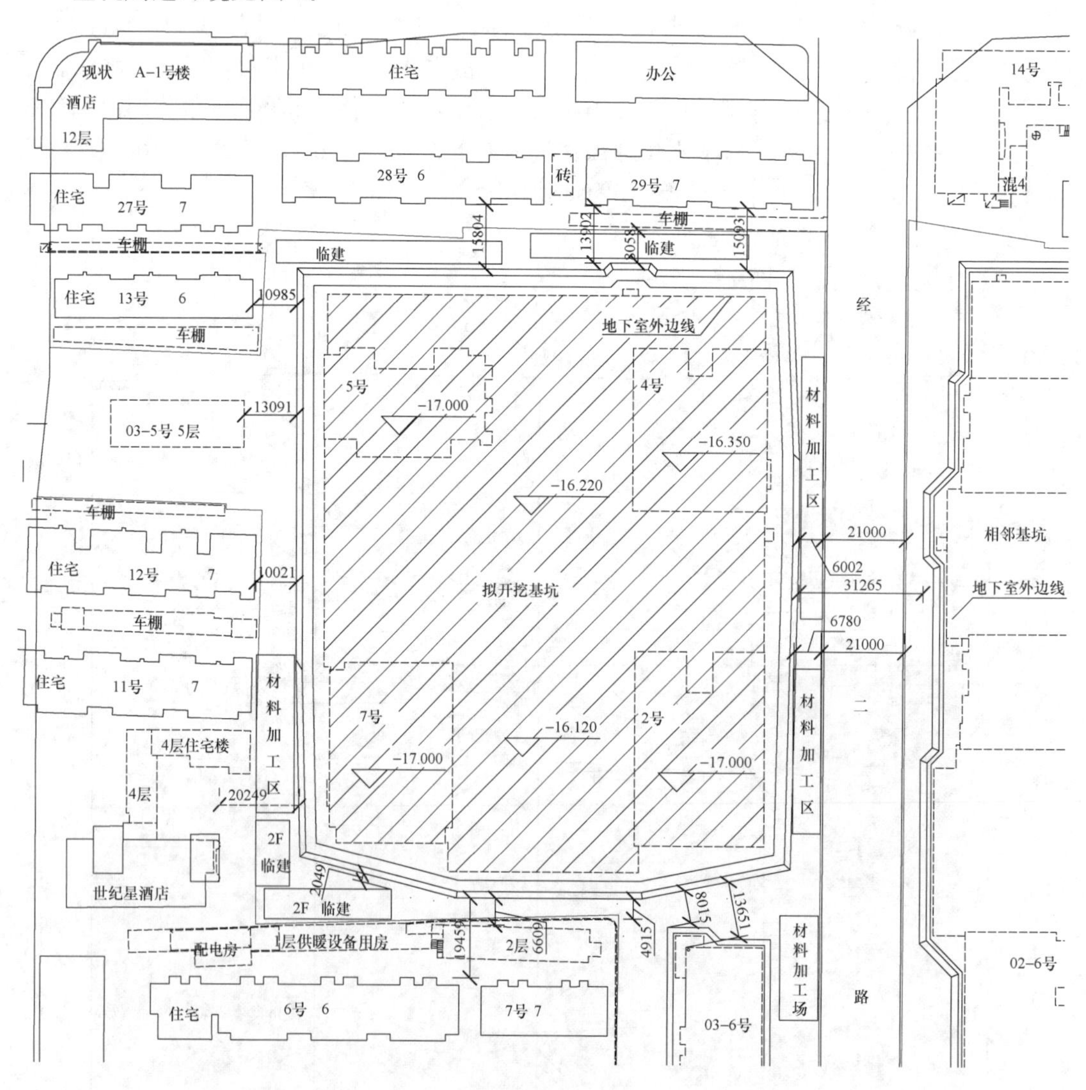

图 4　周边环境

四、基坑围护平面

基坑围护平面布置见图5。

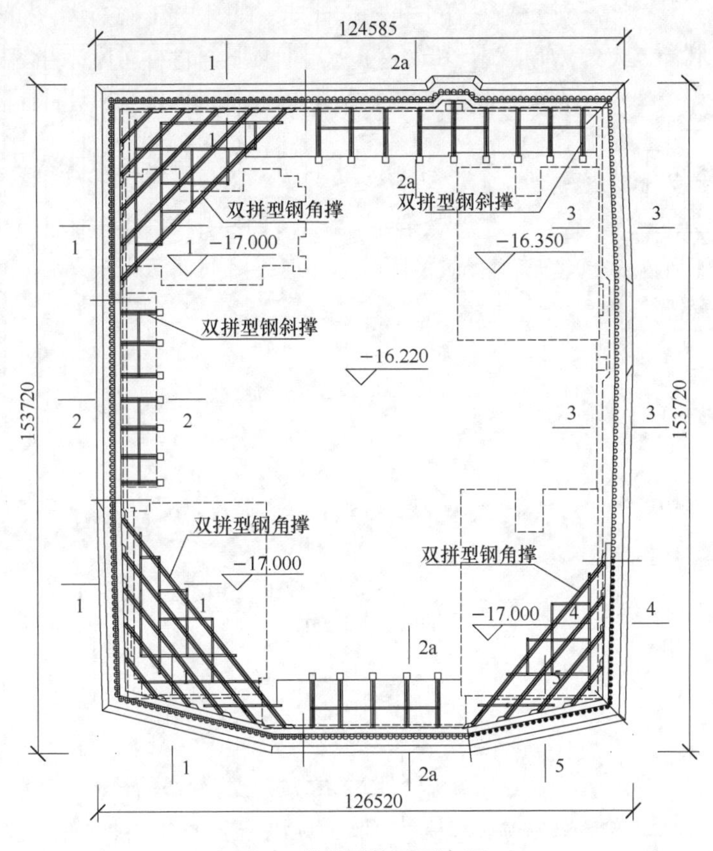

图5 基坑围护平面布置

五、基坑围护典型剖面

基坑西南角、西北角深度15.02～15.80m，支护设计采用排桩＋预应力锚杆＋H型钢组合角撑支护，典型剖面见图6。

基坑西侧中部、南侧中部，北侧东部深度15.02m，支护设计采用排桩＋预应力锚杆＋H型钢组合斜抛撑支护，典型剖面见图7。

基坑东侧深度15.02～15.80m，支护设计采用排桩复合全粘结锚杆支护，典型剖面见图8。

六、简要实测资料

1. 施工工序

2018年7月，施工单位开始进场施工，设计基坑深度11.11m。设计根据环境条件不同分别采用上部土钉＋下部排桩复核锚杆支护及上部土钉＋下部水泥土桩墙复合土钉支护；

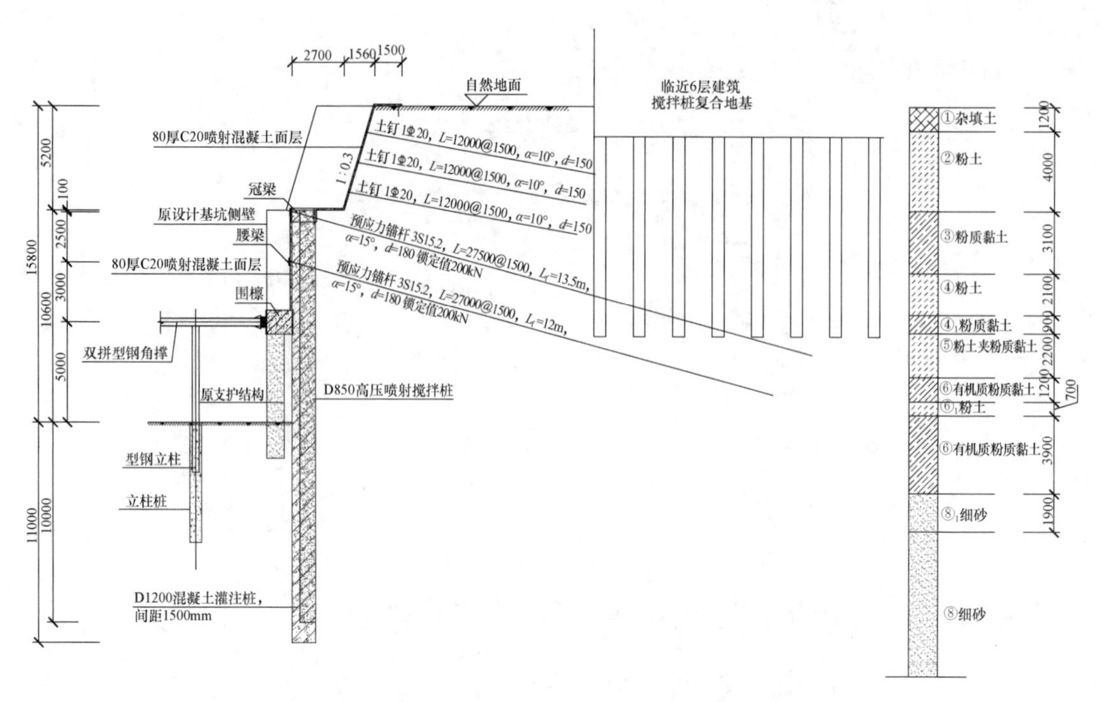

图 6　1-1 剖面

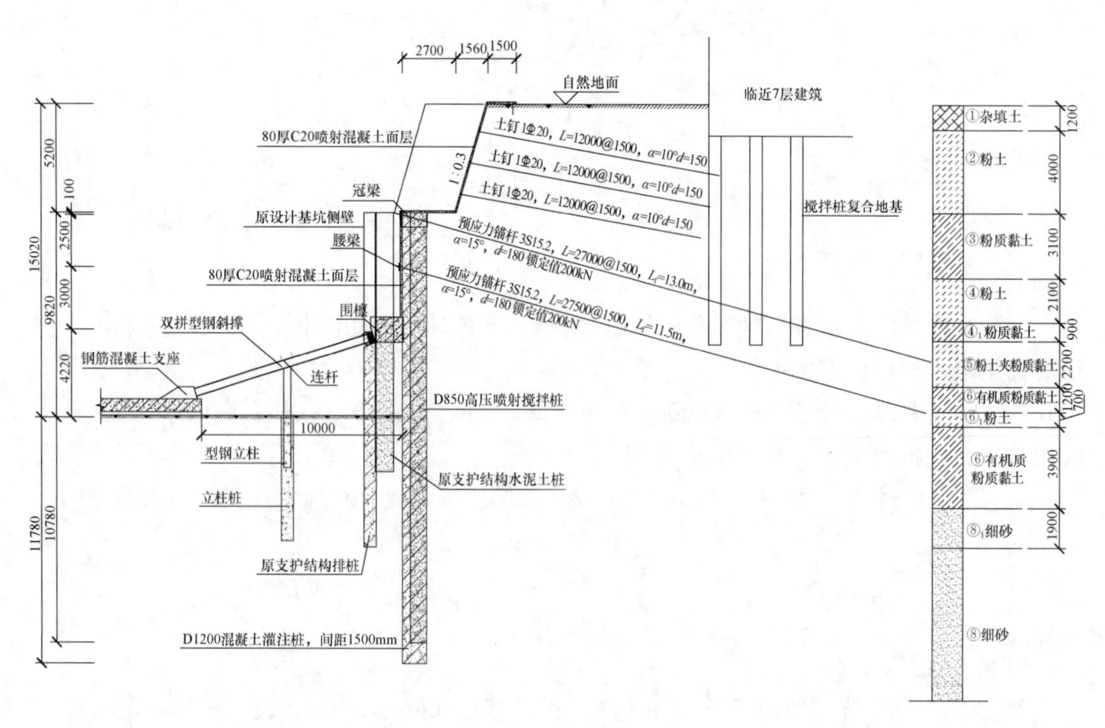

图 7　2-2 剖面

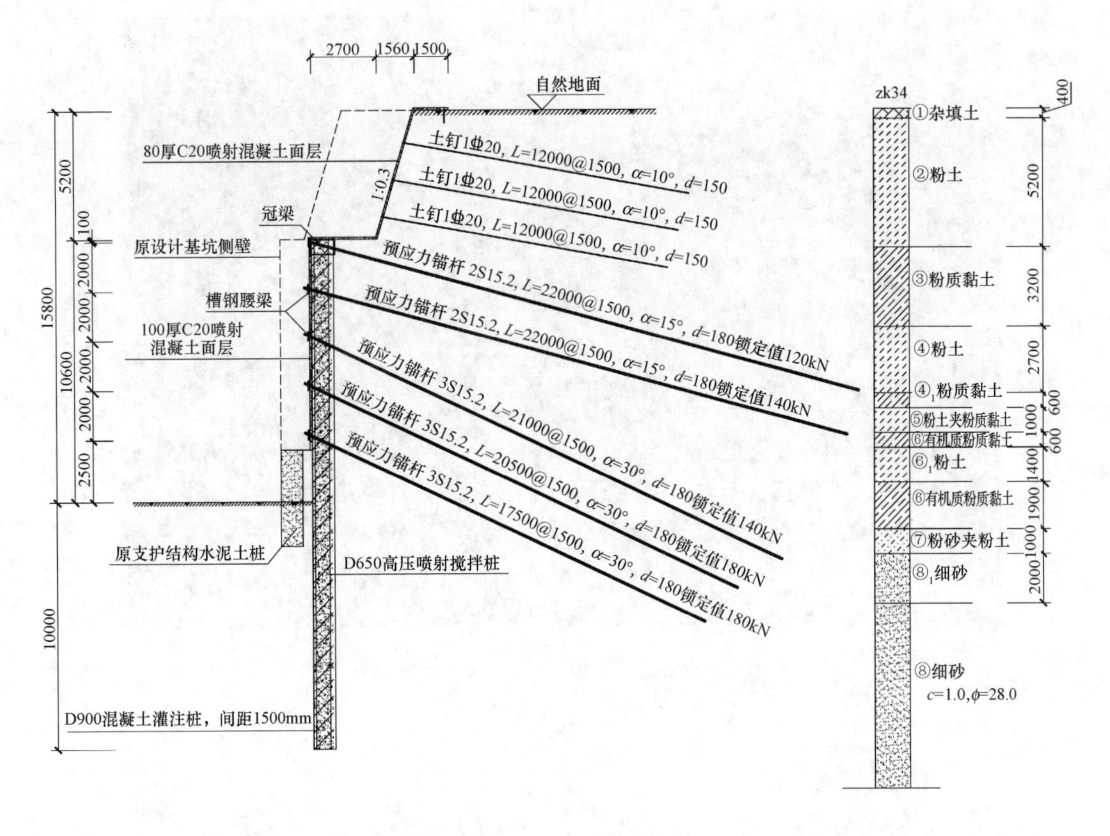

图8　3-3剖面

2018年10月，基坑开挖深度4m，完成上部土钉墙及下部水泥土桩和排桩施工后停工；

2020年1月，因建筑规划调整，基坑深度变更为14.92～15.8m，基坑范围局部增大，原设计围护结构无法满足该支护深度的要求，设计单位重新进行了基坑设计；

2020年2月，施工单位拆除影响基坑的支护结构，基坑外扩，重新施工上部土钉墙；

2020年6月，开挖深度5m，施工完成支护桩；

2020年10月，开挖深度6m，施工完成工程桩；

2021年3月，锚杆施工完成，施工立柱、围檩、安装支撑，开挖深度10m；

2021年7月，角撑安装完成，斜撑局部安装，土方除支撑部位外，剩余基本开挖至基底；

2022年1月，土方开挖完成、筏板浇筑完成。

基坑开挖完成见图9、图10。

2. 基坑监测

基坑施工期间对支护结构和周边环境进行了监测。监测项目主要有支护结构竖向位移、水平位移、支护结构深层水平位移、立柱沉降、支撑轴力、锚杆轴力、地下水位、周边建（构）筑物变形、周边地表沉降、周边管线变形。基坑监测点平面布置见图11。

图 9　基坑开挖完成（东侧及土方坡道）

图 10　基坑开挖完成（西侧、南侧）

3. 实测结果

（1）基坑周边地面最大沉降 67.29mm，最大沉降观测点 PX15 位于基坑南侧，该部位因场地外 20 世纪 70 年代污水管线老化，长期渗漏，基坑开挖后施工措施不力，基坑上

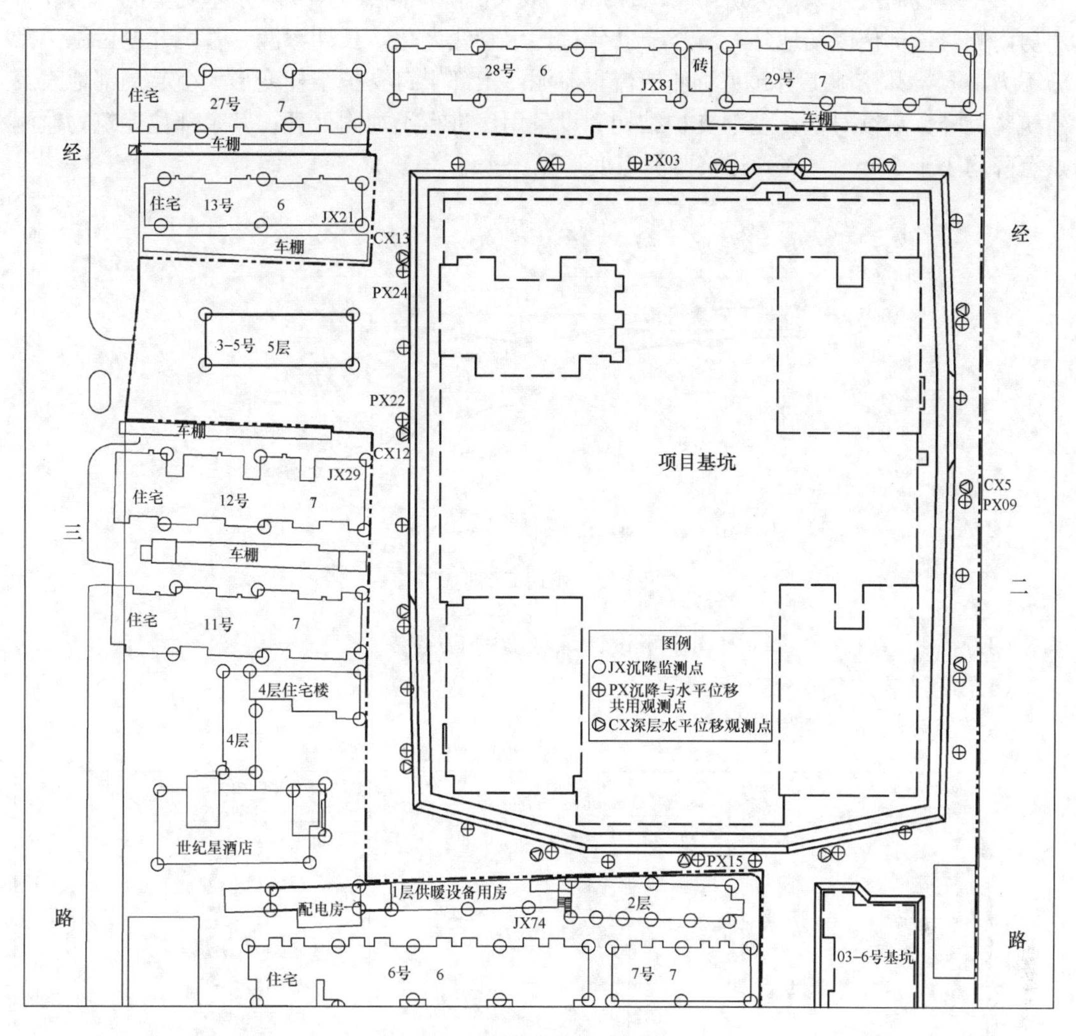

图11 监测点平面布置

部变形大引起局部地表沉降，后续采取了堵漏和维修措施。其余各地面监测点沉降均小于30mm。部分地面监测点变形见图12。

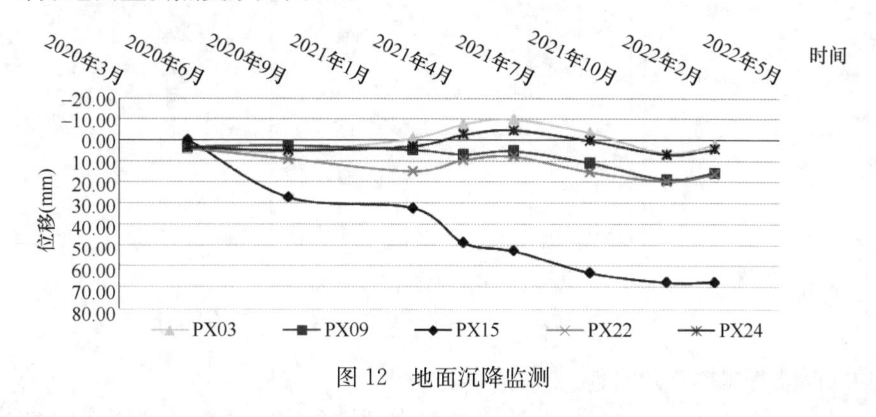

图12 地面沉降监测

（2）基坑周边建筑最大沉降 41.25mm，最大沉降观测点 JX74 位于基坑南侧一层设备用房南侧，该部位因场地外 20 世纪 70 年代污水管线老化，长期渗漏，基坑开挖后施工措施不力，冠梁开挖施工引起基坑侧壁流土流泥，上部土钉支护结构变形大引起局部地表及建筑物沉降，后续对基坑上部支护结构和设备用房进行了加固处理。其余部位建筑物监测点沉降均小于 20mm。部分建筑监测点变形见图 13。

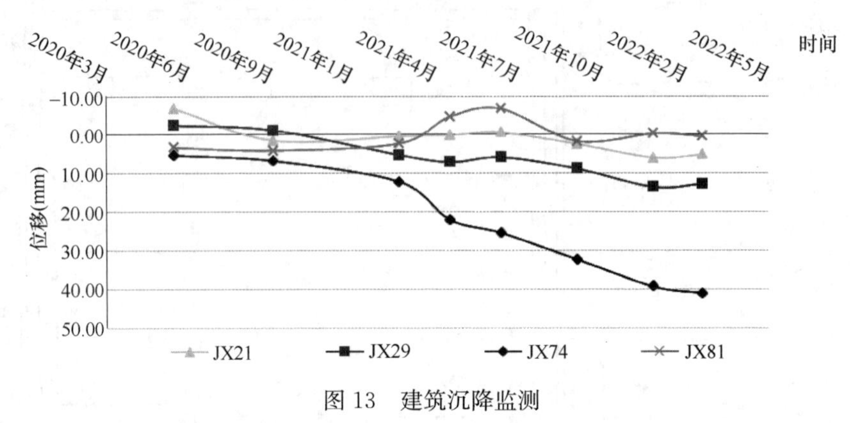

图 13　建筑沉降监测

（3）锚杆轴力、支撑轴力均小于设计承载力的 60%。

（4）冠梁最大沉降 9.5mm。

（5）部分深层水平位移见图 14。

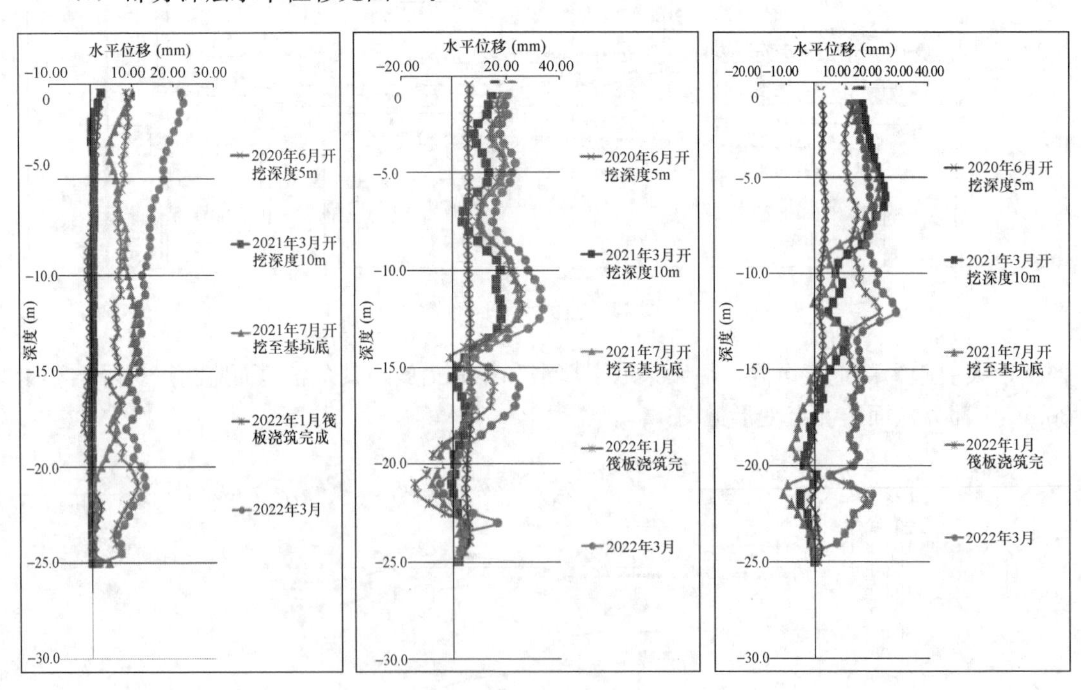

图 14　深层水平位移监测

(a) 1-1 剖面（CX13）；(b) 2-2 剖面（CX12）；(c) 3-3 剖面（CX5）

4. 基坑局部监测项目超限处理

2021 年 5 月施工单位在基坑南部准备进行支护桩顶冠梁施工，基坑开挖深层约 6m，开挖后南侧壁发现不明水源，侧壁渗水严重、流土流泥，引起地面沉降监测点及南侧一层设备用房监测点单日最大竖向变形超过10mm，且变形持续增加。地面沉降监测点累计沉降超过30mm报警值，建筑物累计沉降超过20mm报警值。建设单位紧急组织相关参建单位现场协商，启动应急措施，增加了变形监测频率，局部采取反压回填。排查周边水源时发现基坑南侧用地红线外污水管网多处破损，且存在与污水管相连的废弃管道。建设单位会同施工单位对基坑南侧管线进行了多次维修、改造，但效果不显著。

2021年7月下旬，郑州遭遇有气象资料以来最强降雨，基坑积水深度超过4m，积水清理完成后，建设单位组织相关参建单位和有关专家对基坑现状进行会诊，专家组建议对侧壁采取堵漏措施，对基坑上口地表沉降采取注浆加固措施，对建筑物基础和结构采取加固措施，加快施工进度。经建设单位协调，对南侧相邻业主进行补偿、赔偿，撤离建筑内人员。变形超过报警值，暂不进行建筑地基基础及结构加固，基坑完成后再进行加固和修复。采取堵漏措施，对沉降区域注浆处理，加强变形监测，控制变形速率，加快施工进度，继续进行基坑施工。

2022年1月基坑开挖至基坑底，筏板浇筑完成，支撑安装完成，变形收敛。计划基坑回填后对南侧建筑地基基础及结构加固和修复。

七、点评

（1）在2021年“7·20”特大暴雨期间，郑州市发生严重内涝，大量基坑发生坍塌。此时本工程除预留土外均开挖至基底，大量雨水倒灌入基坑，坑内积水深度超过4m。暴雨过后，本基坑未出现垮塌现象，支护结构处于安全状态。

（2）项目基坑西侧、北侧、南侧分布有大量6～7层砖混结构民房，为满足民房变形控制要求，根据土层分布情况采用了排桩＋锚杆与内支撑联合支护方案。内支撑采用竖向斜撑和水平角撑，利用结构底板作为传力体系，减少了内支撑排数和影响范围，相比传统全支撑体系可大大节省材料、缩短工期及拆、换撑工作量，节省工程造价。为该类似环境条件下基坑工程的设计、施工提供参考。

（3）变形控制要求较低部位采用排桩复合全粘结锚杆支护，监测结果表明在郑州市区软土区采用此种支护方案安全、经济，便于施工，满足设计预期，为今后类似工程提供了一定的依据。

（4）帷幕采用了排桩与高压喷射搅拌桩咬合形成的悬挂式帷幕，坑内采用管井逐级降水措施，保证了软土层的疏干效果，既减少了降水对软土层的扰动，也节省了工程造价。

（5）通过现场实测，除南侧个别部位受特殊因素影响外，其余各项目变形数据均接近设计预估值，说明设计采用的支护体系应用于该项目地质条件安全度适当。

（6）本工程基坑开挖深度大、开挖面积大，且场地分布有郑州市区典型的软土层。本工程的成功实施为类似条件下深基坑加大、加深支护设计和施工提供了经验。

郑州郑东新区某深基坑灾情及抢险

王 坤[1] 位俊俊[1] 唐双慧[1] 周文秀[2]

（1. 昊鼎地基基础工程有限公司，郑州 450008；

2. 海马（郑州）房地产有限公司，郑州 450016）

一、工程简介及特点

工程场地位于郑州市郑东新区，该工程由5栋32～33层住宅楼、2层配套、3层幼儿园及2层地下车库组成。主楼采用CFG复合地基，地下车库区域采用天然地基。

基坑呈不规则多边形，东西最长约219m，南北最长约162m，周长805m。本工程±0.00标高为89.50m，自然地面标高为89.50m左右，最高89.91m，基坑深度为11.77～12.66m。

基坑支护形式：综合考虑基坑开挖深度、工程地质条件及周边环境要求，本工程采用上部复合土钉墙+下部桩锚支护形式。基坑全景、基坑支护平面（坍塌前）见图1、图2。

图1 基坑全景

工程特点：①基坑北侧、东侧管线分布复杂，分布有热力管、燃气管、电力管、通信管、污水管等，距基坑最近处约2.7m。②该基坑工程规模大，工期长，历经汛期。③基坑开挖深度范围内以粉土为主，土体渗透性较强。

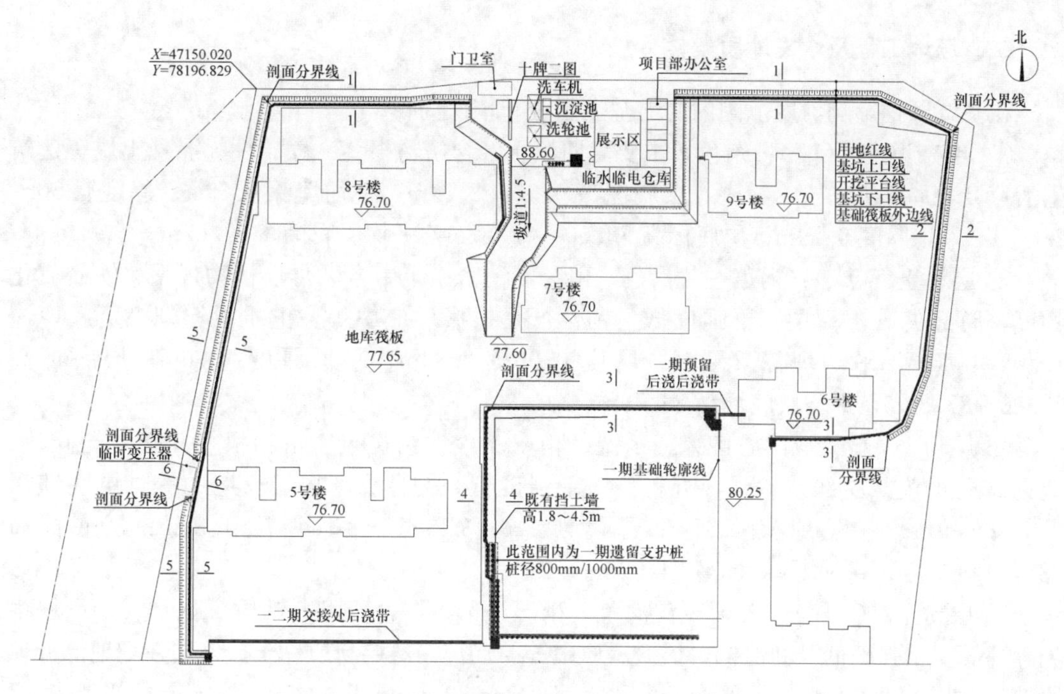

图 2　基坑支护平面（坍塌前）

2021 年 6 月 23 日，该项目基坑已经开挖至设计标高，基坑监测数据无异常。河南郑州“7・20”特大暴雨前，该项目正在进行主楼区域地下室施工。河南郑州“7・20”特大暴雨期间，基坑北侧距出土坡道约 2m 处的支护结构上部复合土钉墙出现局部坍塌，下部桩锚支护未受明显影响。基坑支护平面（坍塌后）见图 3。

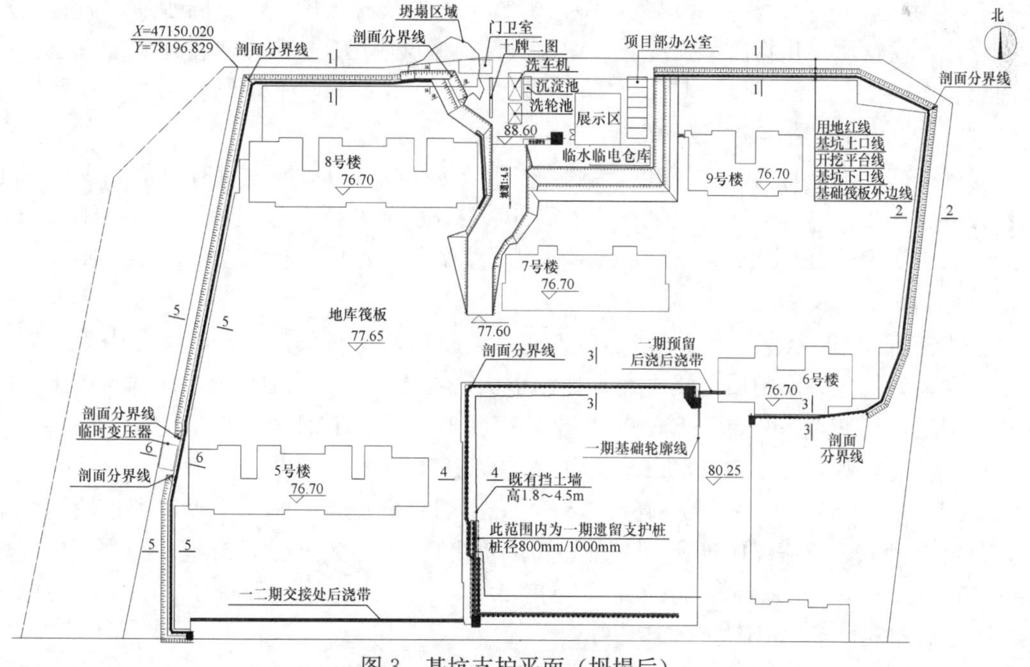

图 3　基坑支护平面（坍塌后）

二、场地工程及水文地质条件

在基坑开挖影响深度范围内的地基土层分布依次为：

①$_1$ 层杂填土（Q_{4-3}^{ml}）：杂色，主要为回填土，含植物根茎、碎砖块、混凝土块等建筑生活垃圾，局部夹粉土、粉砂。层底埋深0.50～2.00m，平均埋深0.79m；厚度0.50～2.00m，平均厚度0.79m；层底标高83.00～88.80m，平均层底标高87.62m。

① 层粉土（Q_{4-3}^{al}）：褐黄～黄褐色，稍湿，稍密。土中含云母、植物根系、铁质氧化物等，局部夹砂土薄层。干强度低，韧性低，摇振反应中等，土质不均匀。层底埋深1.40～4.00m，平均埋深2.50m；厚度0.90～2.80m，平均厚度1.66m；层底标高85.60～87.80m，平均层底标高86.79m。

② 层粉土（Q_{4-3}^{al+pl}）：褐黄色，稍湿，稍密。含铁锈斑点、植物根茎、蜗牛壳碎片，偶见黏土团块。局部砂感强，近粉砂。干强度低，韧性低，摇振反应中等。层底埋深3.00～6.40m，平均埋深4.37m；厚度1.00～3.20m，平均厚度1.87m；层底标高83.40～86.00m，平均层底标高84.92m。

③ 层粉土（Q_{4-3}^{al+pl}）：褐黄～灰褐色，稍湿，稍密，含云母、铁质氧化物、少量蜗牛壳碎片等。干强度低，韧性低，摇振反应中等。局部夹薄层粉质黏土。该层在场地部分地段缺失。层底埋深4.00～8.50m，平均埋深5.89m；厚度0.50～3.50m，平均厚度1.51m；层底标高81.30～85.00m，平均层底标高83.41m。

④ 层粉土（Q_{4-3}^{al+pl}）：灰褐～褐灰色，湿，中密，含蜗牛壳碎片和铁锈斑点，含小块钙质结核，土质不均匀，偶见粉质黏土团块，局部砂感强。干强度低，韧性低，摇振反应中等。层底埋深1.50～10.50m，平均埋深6.52m；厚度0.70～3.50m，平均厚度1.49m；层底标高79.30～83.60m，平均层底标高81.89m。

⑤ 层粉土（Q_{4-2}^{l}）：灰～灰褐色，湿，中密。含少量有机质、少量腐殖质、云母、蜗牛壳碎片、铁锰质氧化物。干强度低，韧性低，摇振反应迅速。局部夹薄层粉质黏土。层底埋深2.50～12.00m，平均埋深8.34m；厚度0.90～3.90m，平均厚度1.82m；层底标高77.80～82.00m，平均层底标高80.07m。

⑥ 层粉土（Q_{4-2}^{l}）：灰～黑灰色，湿，中密。土质不均匀，含少量有机质、少量腐殖质、云母、蜗牛壳碎片、铁锰质氧化物，局部砂感强，近粉砂。层底埋深4.00～14.30m，平均埋深10.38m；厚度0.50～5.00m，平均厚度2.04m；层底标高75.51～80.10m，平均层底标高78.02m。

⑦ 层粉质黏土（Q_{4-2}^{l}）：灰～灰黑色，饱和，软塑，切面稍光滑，干强度中等，韧性中等。含铁锈斑点、腐殖质、蜗牛壳碎片、小块钙质结核。土质不均匀，局部夹粉土、淤泥质土薄层。层底埋深9.50～17.00m，平均埋深14.84m；厚度1.50～6.10m，平均厚度3.45m；层底标高72.01～75.30m，平均层底标高73.56m。

⑦$_1$ 层粉土（Q_{4-2}^{l}）：灰～黑灰色，湿，中密，含铁锈斑点、蜗牛壳碎片和小块钙质结核，局部有砂感。摇振反应迅速，干强度低，韧性低。该层在场地部分地段缺失。层底埋深6.50～15.20m，平均埋深12.10m；厚度0.50～2.70m，平均厚度1.42m；层底标高74.00～77.56m，平均层底标高75.89m。

⑧ 层粉土（Q_{4-2}^{l}）：灰色，湿，中密，干强度低，摇振反应中等，无光泽反应，韧性

低，含少量腐殖质、云母、蜗牛屑等。偶见粉质黏土团块，局部砂感强，近粉砂。该层在场地部分地段缺失。层底埋深 11.00～18.50m，平均埋深 16.04m；厚度 0.50～2.70m，平均厚度 1.32m；层底标高 71.01～74.30m，平均层底标高 72.36m。

⑨ 层粉砂（Q_{4-1}^{al+pl}）：褐黄色，饱和，中密～密实。主要成分为石英、长石、云母，含蜗牛壳碎片、小块钙质结核，土质分布不均匀，偶夹粉土、细砂薄层。磨圆度中等，分选性一般。该层在局部地段缺失。层底埋深 12.50～20.60m，平均埋深 18.29m；厚度 1.00～4.50m，平均厚度 2.57m；层底标高 68.61～71.85m，平均层底标高 70.10m。

⑩ 层细砂（Q_{4-1}^{al+pl}）：褐～褐黄色，饱和，密实。主要成分为石英、长石、云母，含蜗牛壳碎片。局部为中砂、粉砂，局部夹粉土薄层。磨圆度中等，分选性一般。层底埋深 24.00～32.50m，平均埋深 29.44m；厚度 8.40～13.50m，平均厚度 11.15m；层底标高 56.72～60.80m，平均层底标高 58.96m。

本场地地下水：上部属潜水，主要赋存于 16.0m 以上的粉土、粉质黏土地层中，勘察时稳定水位约 8.0～15.7m（绝对高程 73.5～76.55m），年水位变幅 1.5～2.0m；下部有一层承压水，主要赋存于粉砂、细砂地层中，承压含水层顶板埋深为 11.0～18.5m，承压水水头按 2.0m 考虑。

各土层主要物理力学指标见表 1。

各土层主要物理力学指标 **表 1**

层号	土层名称	含水量 ω（%）	重度 γ（kN/m^3）	孔隙比 e	黏聚力 c	内摩擦角 φ	渗透系数 k_v（cm/s）	地基承载力标准值 f_k(kPa)
①	粉土	21.0	18.3	0.702	11	20	1.3×10^{-4}	110
②	粉土	22.5	18.0	0.813	12	20		100
③	粉土	24.5	18.6	0.756	10	18	3.5×10^{-5}	90
④	粉土	21.7	19.1	0.669	12	20	3.4×10^{-4}	120
⑤	粉土	24.0	18.6	0.710	10	18	2.7×10^{-4}	90
⑥	粉土	23.3	19.5	0.670	11	21	3.0×10^{-4}	140
⑦	粉质黏土	32.3	18.1	0.978	20	10	4.9×10^{-5}	90
$⑦_1$	粉土	26.5	18.6	0.912	11	21		140
⑧	粉土	21.5	20.0	0.602	11	21		140
⑨	粉砂				0	25		180
⑩	细砂				0	28		250

根据岩土工程勘察报告，场地典型地质剖面如图 4 所示。

三、基坑周边环境及基坑受灾情况

基坑北侧、东侧、西侧邻市政道路，基坑周边环境情况见表 2。基坑东南侧临一期（2013 年建成）景观区，景观区有素堆土、园艺小品建筑及约 500mm 高绿植，景观区无灌溉系统。基坑西南侧与地块一期地库相接，地库外墙外露，无需另行支护。

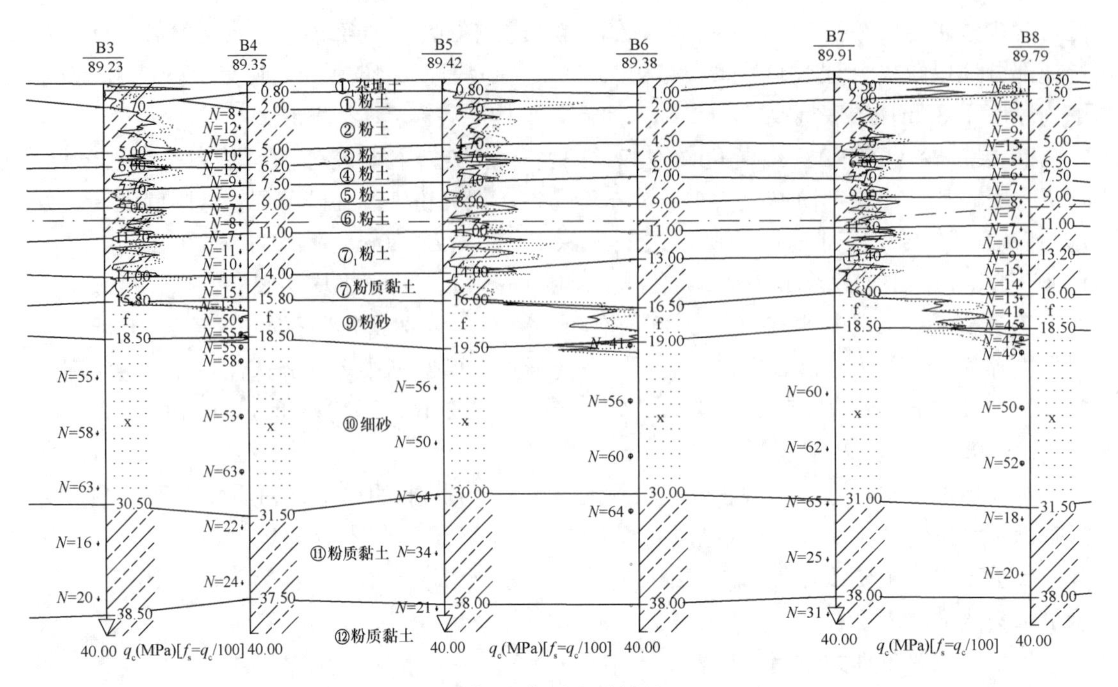

图 4　典型地质剖面

基坑周边环境情况　　**表 2**

位置	周边环境		尺寸	至基坑外边线最近处距离（m）	埋深（m）
基坑北侧	道路	××街	38m 宽	8.8	—
	管线	Q235 热力管	—	2.7	1.61
		通信管	PVC110	7.8	2.5～3.8
		中密度聚乙烯燃气管	Dw110	48	1.05
		波纹电力管	D60/D65	11	0.7
		污水管	—	7.7	3.1
	构筑物	施工围挡（独基）	800×1000@4m	1.44	1.0
基坑东侧	道路	××路	13m 宽	8.2	—
	管线	聚氨酯供热管	DN300	2.7	1.7
		通信管	PVC110	7.8	2.5～3.8
		中密度聚乙烯燃气管	Dw110	25	1.0
		波纹电力管	D60/D65	9	0.7
		雨污管	—	15	4.0
	构筑物	施工围挡（独基）	800×1000@4m	2.1	1.0
基坑东南侧	构筑物	一期景观区扶壁式挡墙	高 1.8～4.5m	2.7	—
基坑西南侧	建筑物	一期地库外墙	—	0	—
基坑西侧	道路	××路	宽 48m	>30.0	—
	构筑物	施工围挡（独基）	800×1000@4m	2.5	1.0

2021年7月17日后，郑州地区出现持续强降雨，基坑支护施工单位加强了对基坑的巡查并积极开展基坑防排水工作。受极端天气影响，市政排水压力不断加大，给基坑排水作业也带来较大压力。7月20日6时，基坑支护施工单位巡查时发现基坑北侧1-1剖面（图5）距出土坡道约2m处的支护结构上部复合土钉墙坡面有渗水现象，立即上报监理单位，并会同建设单位、支护结构设计单位、主体结构施工单位一起对边坡渗水情况进行调查。

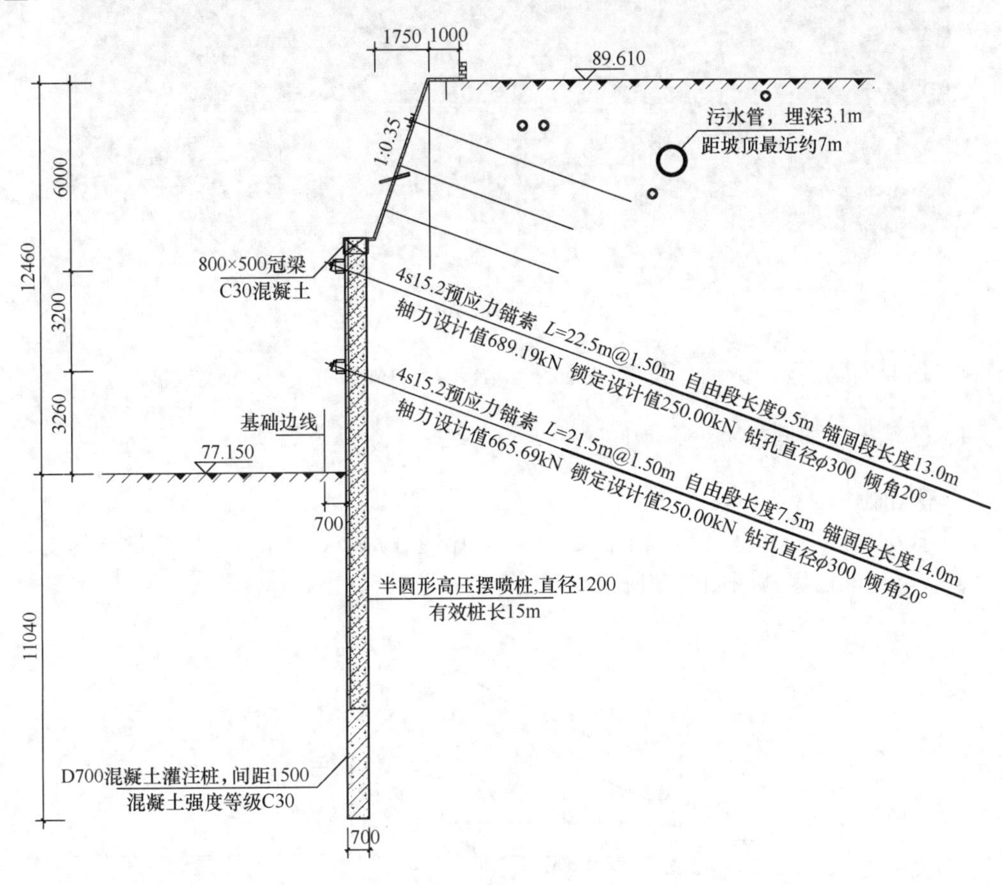

图5　基坑北侧1-1剖面

调查发现：距基坑上口线约7.7m分布有市政主污水管，距基坑上口线3m处有一污水管道检查井（市政管理部门为本工程污水排放管道接入市政污水管网预留的检查井），检查井通过支管与市政主污水管道相连，前期施工单位已对支管进行了封堵。随着降雨量增加，大量地表水汇入污水管，污水管排水压力剧增，检查井部位不断有水渗出。初步判断，检查井与污水管连接处出现了渗漏，污水管内水体不断渗入上部复合土钉墙土体内。随后，基坑支护施工单位迅速组织力量封堵检查井，但由于污水管内水体流速过大，污水管渗漏急剧发展，大量水体从边坡渗出，边坡土体流失加剧，检查井亦与污水管脱离，雨污水直接从污水管涌入基坑，基坑上部边坡出现局部坍塌（下部桩锚支护未受明显影响）。上部土钉墙土体受雨水直接冲刷后，土体流失范围进一步扩大，最终导致基坑外侧部分人行道路及门卫室塌陷，基坑局部坍塌后场景见图6。

河南郑州“7·20”特大暴雨灾害后，基坑加固、人行道路及门卫室恢复成为当务之

图 6　基坑局部坍塌

急。施工作业面限制及抢险加固时效性要求，给基坑加固带来一定的挑战。

四、基坑抢险加固方案

1. 基坑加固的特点和难点

（1）基坑局部坍塌面积较大，约 $218m^2$；坍塌区较深，约 5m（至原支护结构支护桩顶面）。基坑局部坍塌范围如图 7 所示。

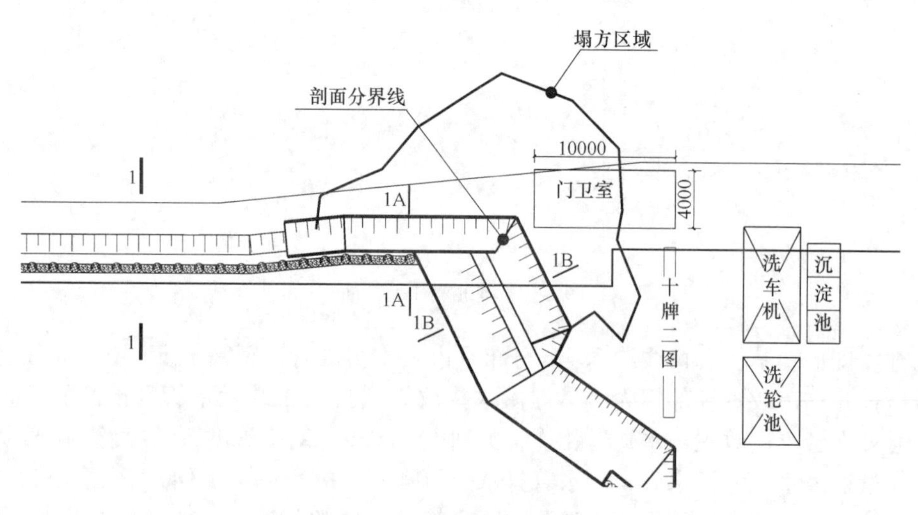

图 7　基坑局部坍塌范围

（2）坍塌区的污水管、人行道、门卫室等急需恢复。

（3）主体结构地下室已经施工至负二层，基坑加固施工作业面受限。

（4）方案的易操作性及实施过程的安全性是本方案重点考虑内容。

2. 基坑加固方案

基坑塌方区域加固最安全的做法是从基坑底一定宽度范围内进行回填至自然地面，然后再分层开挖进行土钉墙施工。但由于地下结构已施工，不具备回填条件且坑内无法提供足够作业面，因此本工程采用土工格栅＋水泥砂浆袋＋回填土＋土钉墙的加固方案对坍塌区进行恢复，在保证不占用外部人行道路的情况下适当减小坡比，由原来的 1∶0.35 调整至 1∶0.5，调整后支护剖面如图 8 所示。

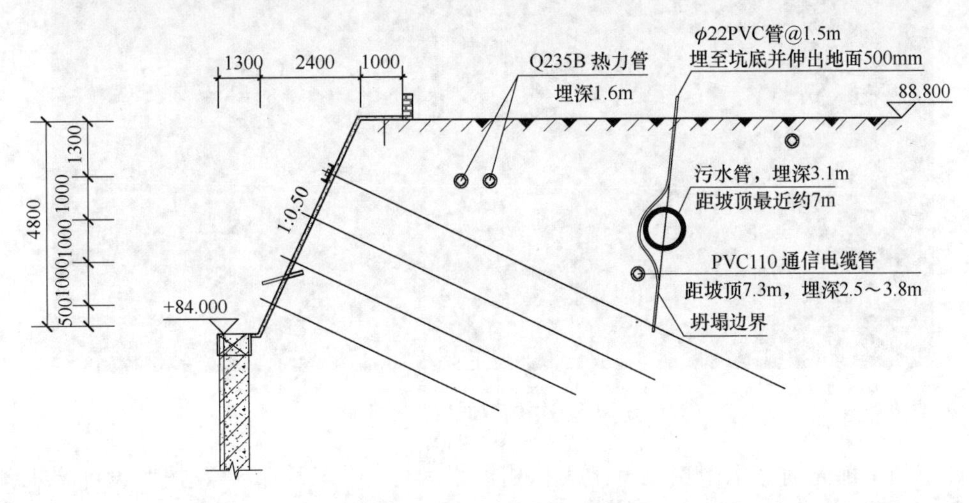

图 8　坍塌区域 1A-1A 支护剖面

1）塌方区域回填

从坍塌区底部进行回填，具体施工流程：清理坍塌区散落的垃圾、修复管线→分层铺设土工格栅、码放水泥砂浆袋、在土钉成孔位置埋设 PVC 管、沿坍塌面布设注浆管、回填并夯（压）实回填料。坍塌区域回填剖面及回填后实际效果如图 9、图 10 所示。

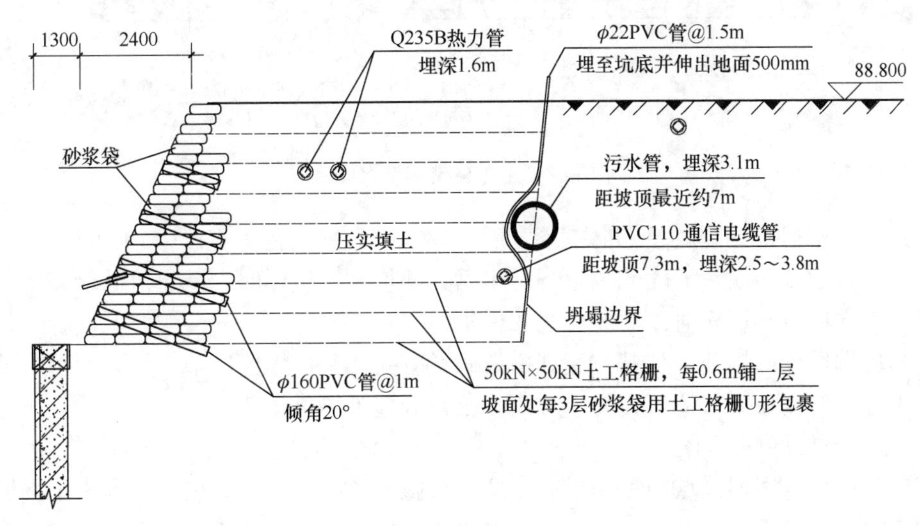

图 9　坍塌区域回填剖面

具体施工要求如下：

（1）填土采用水泥土，水泥掺量 5%，填土分层人工夯实，分层厚度 600mm。回填前应清理干净坍塌区域杂物、垃圾等，并对坍塌区域底部夯实处理，确保砂浆袋基底稳固。

图 10　坍塌区域回填实际效果

（2）铺土前先铺好土工格栅（土工格栅铺设大样如图 11 所示），按照设计要求预埋 ϕ160PVC管，为土钉成孔预留孔道；沿坍塌面布设 ϕ22PVC 注浆管，注浆管间距 1.5m，埋至坑底并伸出地面 0.5m，回填完毕后进行注浆，注浆应充满新老土体结合面（地表翻浆为宜），防止地表水从该结合面渗入边坡。

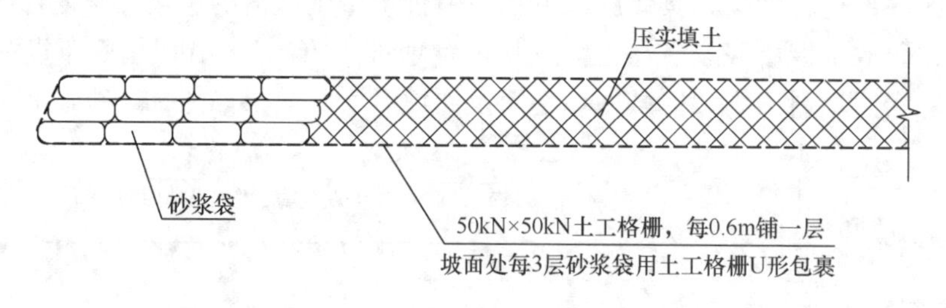

图 11　土工格栅铺设大样

（3）土工格栅搭接宽度：纵向搭接宽度≥150mm，横向搭接宽度≥1000mm。

（4）砂浆袋按照设计坡比码放整齐、牢固，回填夯实土体时，减小对砂浆袋的扰动。

（5）土方回填和压实时注意对管线的保护。

（6）坍塌区域回填前，从基坑底部搭设满堂脚手架至坍塌区底部，一方面可有效防止土方回填施工时作业人员坠落，另一方面为土钉墙施工提供作业面。

2）土钉及面层施工

土钉及面层待坍塌区域回填完毕后立即进行施工。综前所述，填土区为土工格栅重力式水泥土挡墙，具有较好的稳定能力，为加快施工进度，土钉墙不再分层施工（不具备分层施工条件）。土钉成孔采用洛阳铲经预留 PVC 孔道人工掏孔，土钉注浆、面层施工工艺与方法同普通土钉墙。坍塌区域加固后效果如图 12 所示。

3. 坍塌区域回填安全措施

为防止基坑进一步坍塌对坑内作业人员及周边环境带来危害，土方回填作业时采取以

图 12　坍塌区域加固效果

下措施：

（1）封闭施工现场，并在人行道上设置醒目的施工绕行提醒标志；

（2）对坍塌面进行修整，使修整后的坍塌面在土方回填过程中能够保持稳定；

（3）限制坑边超载，坑边 2m 范围内严禁堆载；

（4）做好防排水工作，坡顶设置挡水墙或截水沟，雨天用防水篷布对坍塌区域进行覆盖。

五、实测资料

本加固方案于 2021 年 7 月 26 日开始实施，2021 年 7 月 28 日完成坍塌区域清理及受损管线恢复工作，2021 年 7 月 30 日完成坍塌区域回填工作，2021 年 7 月 31 日完成土钉及面层施工。加固区域施工完毕之后监测单位在该区域增设了坡顶水平位移、坡顶竖向位移和管线竖向位移监测点，于 2021 年 8 月 1 日起开始监测，至该区域基坑回填前，监测曲线见图 13～图 15。

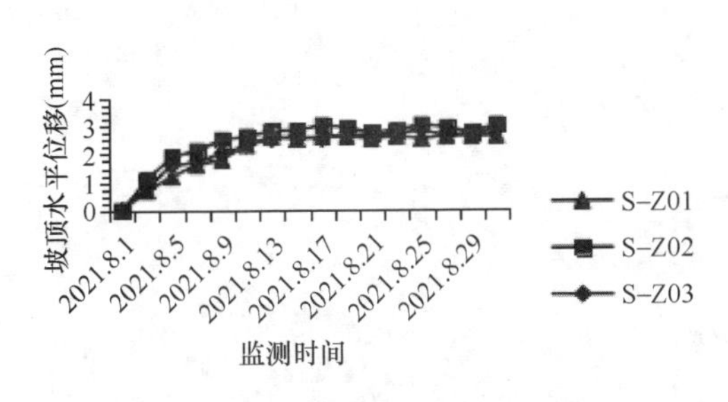

图 13　坡顶水平位移随时间变化曲线

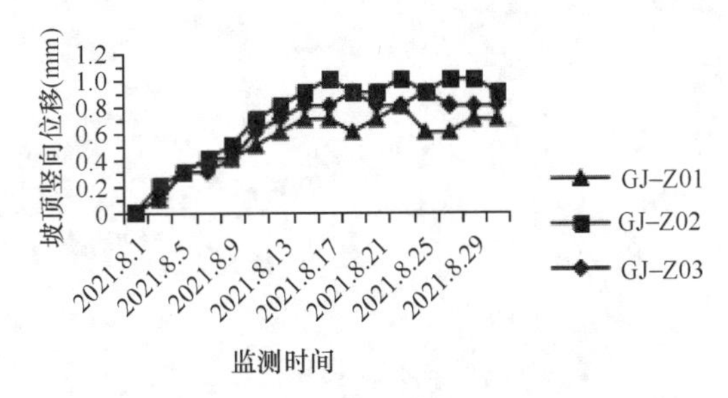

图 14　坡顶竖向位移随时间变化曲线

监测期间支护结构变形非常小，至基坑回填前，坡顶竖向位移累计 1mm，坡顶水平位移累计 3mm，管线竖向位移累计 1mm。由于坍塌区采用水泥土夯填，回填过程中又水平铺设土工格栅，能够很好地控制基坑的变形。

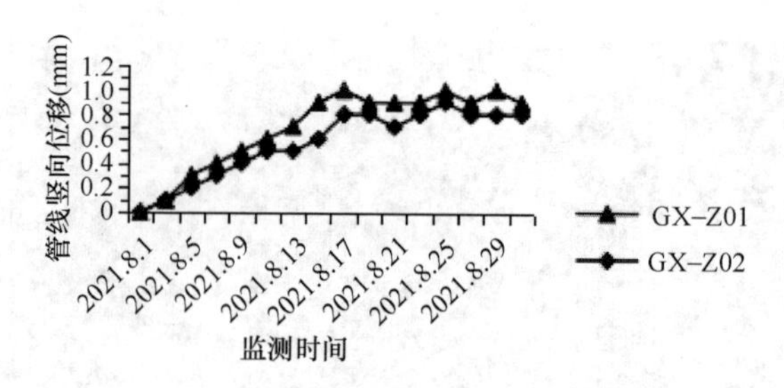

图15　管线竖向位移随时间变化曲线

六、点评

（1）基坑工程不仅要注重地下水的影响，也应注重地表水及周边市政管道来水的影响。面对极端天气，加强监测及巡视、做出有效的应急预案、快速反应、及时处理，是保证基坑安全、避免损失扩大的制胜法宝。

（2）抢险工程贵在快，重在安全有效。因本工程加固范围不大、工程量小，采用土工格栅＋水泥砂浆袋＋回填土的加固方案，可操作性强，取材方便，经济性好，对类似基坑抢险加固工程具有一定参考价值。

（3）成品袋装水泥砂浆与人工装填土相比，在基坑抢险加固应用方面具有以下优势：

① 节约人工装填时间，加快抢险加固进度；

② 成品袋装水泥砂浆尺寸统一，有利于控制堆砌质量；

③ 水泥砂浆遇水后硬化，具有较高的自稳能力和较高的强度。

（4）土工格栅在本加固方案中的应用

① 土工格栅能够大幅度提高回填土的自稳能力，保证土钉施工前回填边坡的安全。

② 土工格栅价格便宜，经济性好，可以用于边坡安全储备。

专题十　其他基坑

上海北横通道新建工程Ⅷ标段杨树浦港井基坑工程

滕政伟　李志义　王洪新

（上海城建市政工程（集团）有限公司，上海　200065）

一、工程简介及特点

北横通道新建工程Ⅷ标段项目位于上海市杨浦区周家嘴路（兰州路—黄兴路），主要工作内容包括明挖段（杨树浦港井及黄兴路匝道）、隧道、地面道路、排水、桥梁改建等土建工程，是以超大直径盾构为主体的土建项目。杨树浦港井是盾构过站井，盾构从黄兴路井始发，杨树浦港井过站，安国路井接收。其概况示意见图1。

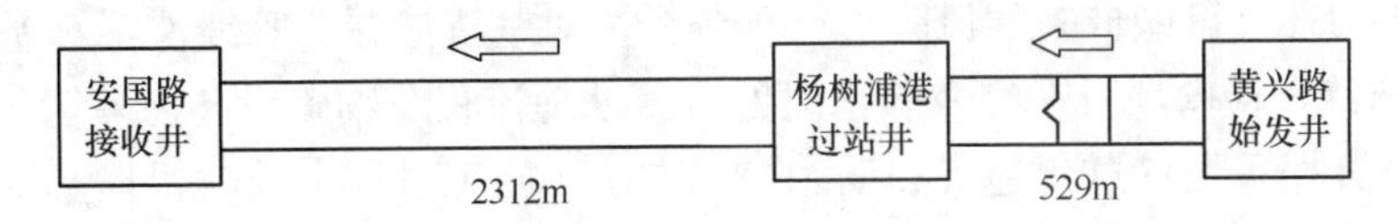

图1　北横通道新建工程Ⅷ标段概况示意

杨树浦港井是一个异形基坑，其平面尺寸为74.8m×（24.4～34.8)m，基坑面积2000m^2，基坑开挖深度30.5m，围护结构为1.2m厚、70m深的地下连续墙，工字钢接头，支撑体系为6道钢筋混凝土支撑。杨树浦港井基坑及周边环境平面见图2。

该基坑北侧紧邻周家嘴路快车道和杨浦区中小型企业园区，周家嘴路快车道距基坑仅2.5m，杨浦区中小型企业园区距基坑仅9.73m。且北侧距基坑8m范围内有DN700燃气管、DN300燃气管、DN500上水管各一根。

基坑周边环境保护要求高，一旦发生管线泄漏或房屋开裂、坍塌事故将造成极大的社会影响，对设计与施工都提出了很多新的挑战，其相应对策为：

（1）为减少周家嘴路快车道上的行车荷载对地墙成槽造成的不利影响，防止地墙成槽过程中出现土体坍塌、缩颈等不良现象，提高成槽质量，施工地墙成槽前预先对基坑南北两侧地墙进行三轴搅拌桩槽壁加固。

（2）基坑降水期间通过坑内外的观测井对降水情况进行不间断的监测，避免过度降水造成坑外地面沉降。

（3）为了减少基坑暴露时间，控制变形，基坑开挖严格按照“分区、分块、对称、平衡、限时”原则指导确定开挖顺序，基坑开挖前，保证围护结构、基坑土体加固、降水达

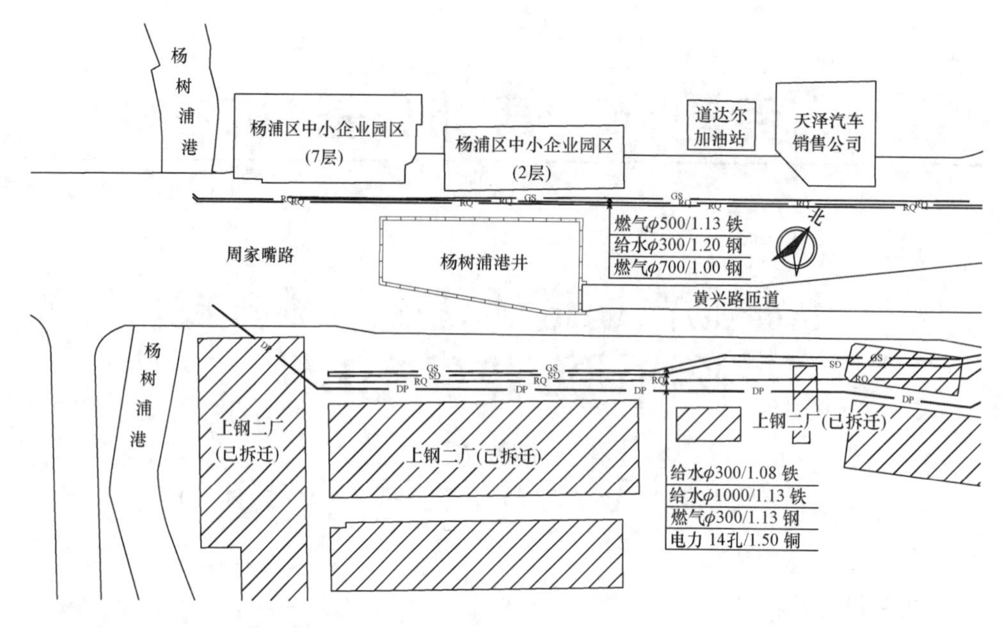

图 2　杨树浦港井基坑及周边环境平面

到设计和施工要求。

(4) 除加强基坑施工监测外，该项目采用智慧杆监测系统，对深层土体位移、坑底隆起数据进行实时监测。

(5) 对周边环境可能带来的风险进行预分析，对基坑渗漏、管线泄漏和基坑突涌等风险进行应急演练，检验项目在突发险情时的应急处理流程及物资设备保障情况。

(6) 基坑开挖采用信息化施工和动态控制方法，施工过程中及时根据基坑支护体系和周边环境的监测数据适时调整基坑开挖的施工顺序和施工方法。

二、工程及水文地质条件

1. 工程地质条件

地基土自上而下为①$_1$ 填土、②$_1$ 褐黄～灰黄色粉质黏土、③$_t$ 黏质粉土夹淤泥质粉质黏土、③淤泥质粉质黏土、④淤泥质黏土、⑤$_1$ 黏土、⑤$_{3-1}$ 粉质黏土、⑤$_{3t}$ 灰色黏质粉土夹粉质黏土、⑧$_1$ 粉质黏土、⑧$_{2t}$ 粉砂夹粉质黏土、⑧$_2$ 粉质黏土与粉砂互层、⑨$_1$ 灰色粉砂，基坑坑底位于⑤$_{3-1}$ 粉质黏土，杨树浦港井场地范围内⑥暗绿色硬土层、⑦$_2$ 层缺失。杨树浦港井各土层主要物理力学指标综合建议值见表 1。

各土层主要物理力学指标综合建议值　　表 1

土层代号及名称	重度 γ (kN/m³)	直剪（固快）		含水量 w (%)	孔隙比 e	渗透系数 K（cm/s）
		c（kPa）	φ（°）			
②$_1$ 粉质黏土	18.5	20	17.0	32.9	0.925	1.30×10^{-7}
③淤泥质粉质黏土	17.4	13	15.0	43.4	1.207	4.96×10^{-7}
③$_t$ 黏质粉土夹淤泥质粉质黏土	18.5	9	26.0	32.0	0.900	6.16×10^{-5}
④淤泥质黏土	16.8	13	11.5	50.6	1.413	1.08×10^{-7}

续表

土层代号及名称	重度 γ (kN/m³)	直剪（固快）		含水量 w (%)	孔隙比 e	渗透系数 K (cm/s)
		c (kPa)	φ (°)			
⑤$_1$ 黏土	17.8	17	15.5	38.1	1.086	3.14×10^{-7}
⑤$_{3\text{-}1}$粉质黏土	18.1	17	21.0	34.1	0.979	1.35×10^{-6}
⑤$_{3t}$灰色黏质粉土夹粉质黏土	18.2	19	21.5	33.6	0.958	2.34×10^{-5}
⑧$_1$ 粉质黏土	17.9	22	18.5	36.8	1.049	7.43×10^{-6}
⑧$_{2t}$粉砂夹粉质黏土	19.3	3	34.0	24.9	0.708	2.20×10^{-4}
⑧$_2$ 粉质黏土与粉砂互层	18.6	21	22.0	31.1	1.049	2.20×10^{-4}
⑨$_1$ 灰色粉砂	19.6	4	35.0	23.0	0.651	1.41×10^{-5}

2. 水文地质条件

1）地表水

距基坑西侧约65m有杨树浦港（宽度约21.3m），与黄浦江相连通，属黄浦江水系，水系特征为平原河网感潮区，水位受潮汐和下游水闸的影响，水位有一定起伏。

2）地下水

工程场地浅部地下水属潜水类型，常年平均地下水位埋深为0.5～0.7m。据地质勘察资料，⑤$_{3t}$层为微承压水层，⑧$_2$、⑧$_{2t}$、⑨层为承压水含水层并呈连通状态。据上海地区工程经验，⑤$_{3t}$层微承压含水层水位埋深在3～11m，⑧$_2$、⑨层承压含水层水位埋深在3～12m。基坑坑底位于⑤$_{3\text{-}1}$灰色粉质黏土层。

三、基坑周边环境情况

杨树浦港井南侧为已拆迁的上钢二厂，场地较为开阔；北侧有杨浦区中小企业园区、中化道达尔加油站、天泽汽车销售公司等建筑物。中小企业园区（7层）结构形式为框架结构，与基坑最近距离为12.33m，其基础为柱下独立基础；中小企业园区（2层）结构形式为框架结构，与基坑最近距离为9.73m，其基础为条形基础；中化道达尔加油站结构形式为框架结构，与基坑最近距离为48.97m，其基础为筏板基础。基坑周边环境平面见图2，基坑周边建（构）筑物见图3。

基坑南北侧沿周家嘴路方向地下管线较多，主要有给水、信息、燃气、电力等管线，其中基坑北侧DN700燃气管、DN300燃气管及DN500给水管与基坑距离分别为5.26m、6.18m、7.22m。基坑周边主要管线平面见图2，基坑周边管线情况分布见表2。

基坑周边管线情况分布 **表2**

序号	类型	规格	材料	埋深（m）	与基坑距离（m）
1	燃气	DN700	钢	1.50	5.26
2	燃气	DN300	钢	1.00	6.18
3	给水	DN300	铁	1.58	7.22
4	雨水	DN1000	混凝土	1.50	4.23
5	信息	28孔	塑料	4.76	16.28

续表

序号	类型	规格	材料	埋深（m）	与基坑距离（m）
6	给水	DN1000	铁	1.58	20.27
7	给水	DN300	铁	0.90	21.73
8	燃气	DN300	钢	0.90	23.90
9	电力	14孔	塑料	1.50	27.26

图3　基坑周边建（构）筑物

四、基坑围护及支撑体系设计

杨树浦港井基坑围护结构采用1.2m厚、70m深的地下连续墙，地下连续墙接头原设计为铣接头，后变更设计为工字钢接头。南北两侧地下连续墙靠近周家嘴路快车道，考虑到行车荷载引起的振动对地下连续墙成槽的不利影响，南北两侧地下连续墙采用ϕ850@600三轴搅拌桩进行槽壁加固，加固有效深度为15m。

坑内加固采用ϕ850@600三轴搅拌桩，加固深度为第二道支撑底至第六道支撑顶（−6.5～−25.2m），加固方式为抽条加固＋墩式加固。坑内加固范围平面见图4。

杨树浦港井采用6道钢筋混凝土支撑，南北向直撑间距约7m，各道支撑及围檩施工参数见表3，杨树浦港井基坑支护平面见图5。支撑立柱采用角钢格构柱，立柱桩采用ϕ1000钻孔灌注桩。栈桥平台板板厚300mm，混凝土强度等级为C35。

杨树浦港井钢筋混凝土支撑及围檩施工参数（mm×mm）　　**表3**

钢筋混凝土支撑	围檩	直撑	斜撑	系梁	混凝土强度等级
第一道	1200×1000	1000×1000	800×800	600×600	C35
第二道	1400×1000	1000×1000	1000×800	600×600	C35

续表

钢筋混凝土支撑	围檩	直撑	斜撑	系梁	混凝土强度等级
第三道	1400×1000	1000×1000	1000×1000	800×600	C40
第四道	1700×1000	1200×1000	1200×1000	800×800	C40
第五道	1800×1000	1300×1000	1300×1000	800×800	C45
第六道	1800×1000	1300×1000	1300×1000	800×800	C45

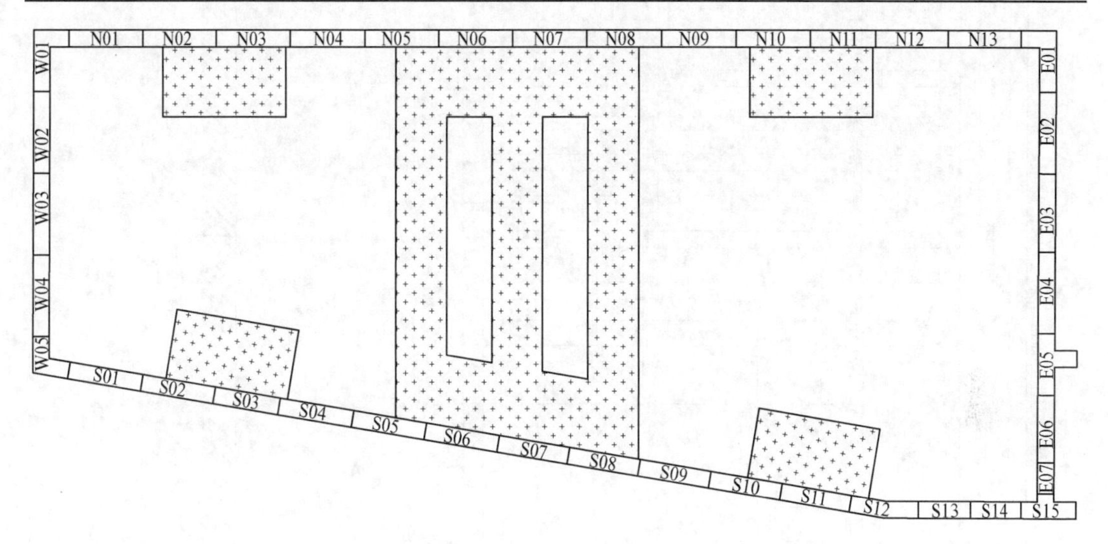

图 4 杨树浦港井坑内加固范围平面

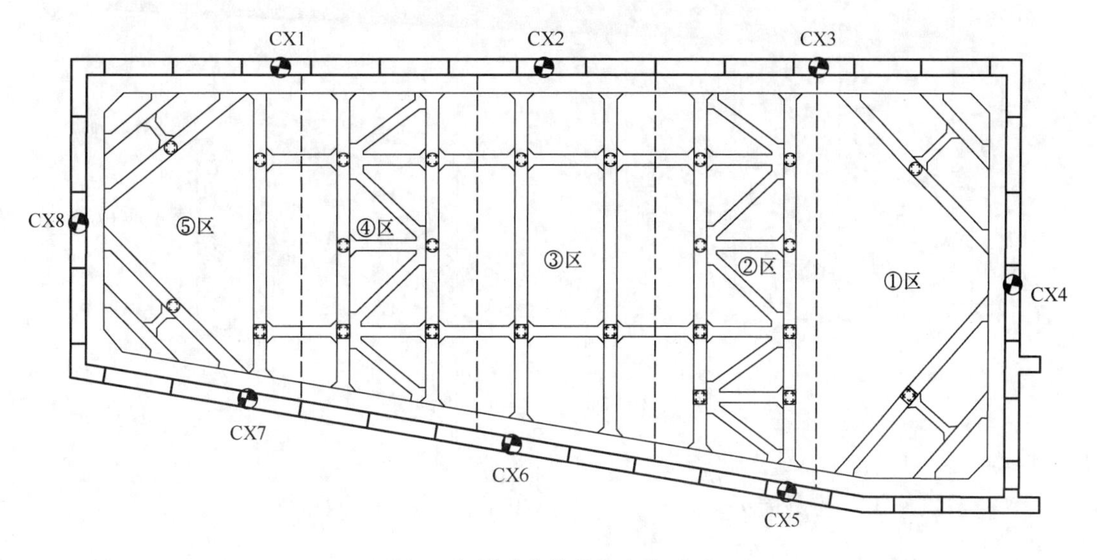

图 5 杨树浦港井基坑支护平面

五、基坑围护典型剖面

杨树浦港井基坑支护剖面见图 6。

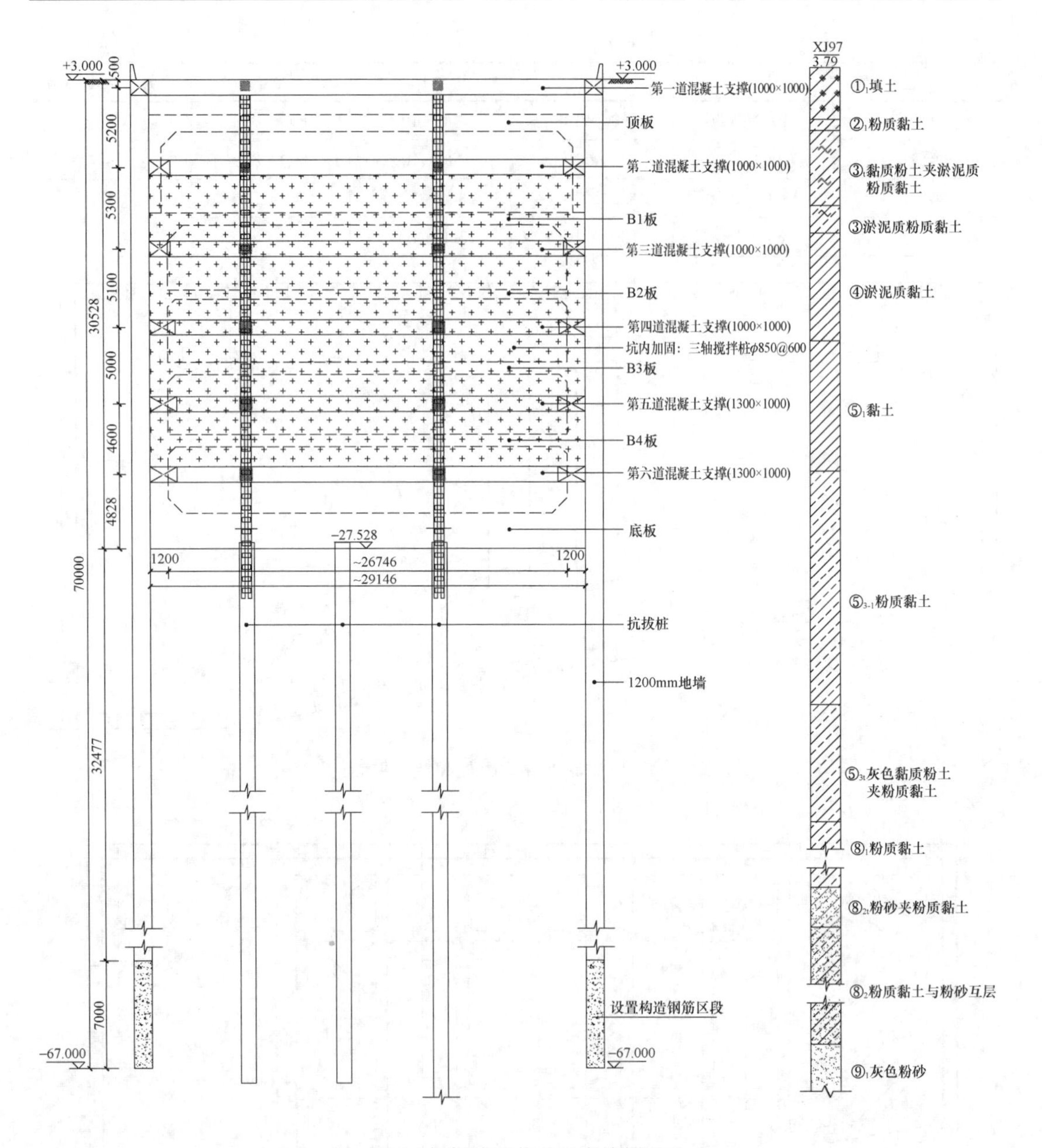

图 6　杨树浦港井基坑支护剖面

六、基坑施工及监测情况

1. 施工工序

杨树浦港井基坑围护结构采用 1.2m 厚、70m 深地下连续墙，地下连续墙钢筋笼长度 69.5m，分上下 2 节进行吊装，采用钢筋接驳器进行连接。下节长度约 20m，最重约 11t，采用 200t 和 400t 履带式起重机吊装入槽；上节长度约 50m，最重约 96t，采用 400t 和 500t 履带式起重机双机抬吊入槽。吊装前钢筋笼先按整幅进行制作，吊装前再将其切割为 2 节，以保证钢筋笼入槽后连接的可靠性和准确性。

为保证土方开挖作业有一个干燥的作业环境，基坑内共设置有 7 口疏干井，井深 38m。同时为防止承压水突涌、验证基坑围护的可靠性，基坑内设置 2 口⑤$_{3t}$层泄压井，井深 48m；4 口⑧$_{2t}$层泄压井，井深 65m。坑外设置 3 口⑤$_{3t}$层观测井，2 口⑧$_{2t}$层观测井，井深与坑内泄压井相同。基坑北侧受场地条件限制，未布置观测井。基坑降水平面布置见图 7。

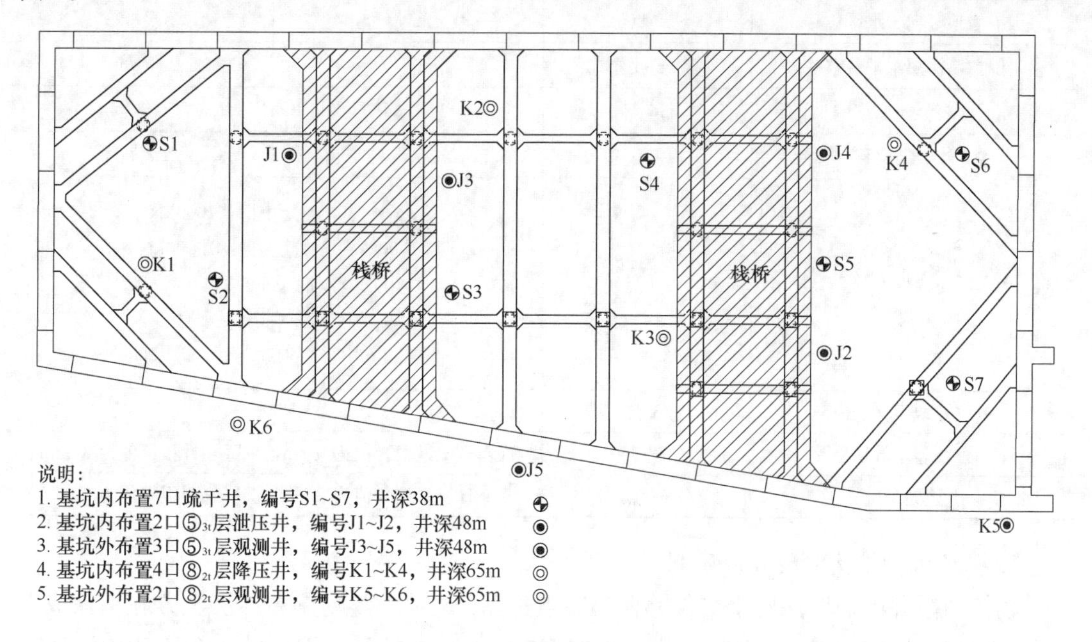

图 7　基坑降水平面布置

杨树浦港井基坑面积约 2000m^2，基坑面积较大，土方开挖与支撑施工自东向西分 5 个区依次进行，土方开挖分区见图 5。上一区域土方开挖完成并将支撑混凝土浇筑完成后再进行下一区域土方开挖，减少基坑无支撑的暴露时间。各分区之间采用临时放坡（坡比 1∶1.5）防止土方坍塌。按支撑分布情况，首道支撑下土方共分为 6 层，上一层土方开挖完成，钢筋混凝土支撑养护达到设计要求强度后方可进行下一层土方的开挖工作。

深基坑主要工序施工日期见表 4。

深基坑主要工序施工日期　　**表 4**

施工工序	工期（d）	开始时间	结束时间
槽壁加固及坑内加固	30	2020 年 6 月 22 日	2020 年 7 月 21 日
钻孔灌注桩	24	2020 年 7 月 4 日	2020 年 7 月 27 日
地下连续墙	93	2020 年 8 月 14 日	2020 年 11 月 14 日
降水井	12	2020 年 12 月 9 日	2020 年 12 月 20 日
基坑开挖与支撑	123	2021 年 1 月 17 日	2021 年 5 月 19 日
底板施工	11	2021 年 5 月 15 日	2021 年 5 月 25 日

2. 监测内容及控制值

根据设计及相关施工技术规范要求，本基坑围护体系及周边环境监测报警值见表 5。

基坑围护体系及周边环境监测要求数据 **表 5**

<table>
<tr><th>监测项目</th><th>测点数量</th><th>速率报警值（mm/d）</th><th>累计报警值（mm）</th></tr>
<tr><td>围护墙顶竖向、水平位移</td><td>8 点</td><td>±3</td><td>±20.0</td></tr>
<tr><td>围护墙深层水平位移</td><td>8 孔</td><td>±3</td><td>±54.9</td></tr>
<tr><td>地表竖向位移</td><td>36 点</td><td>±3</td><td>±48.5</td></tr>
<tr><td>立柱竖向位移</td><td>4 点</td><td>±3</td><td>±20.0</td></tr>
<tr><td>支撑内力</td><td>24 点</td><td colspan="2">800×800 混凝土撑：7000kN
1000×800 混凝土撑：10000kN
1000×1000 混凝土撑：11000kN
1200×1000 混凝土撑：12000kN
1300×1000 混凝土撑：18000kN</td></tr>
<tr><td>基坑外地下水水位</td><td>6 点</td><td colspan="2">±500</td></tr>
<tr><td>管线竖向位移</td><td>77 点</td><td colspan="2">沉降日变量报警值为 3mm，沉降累计报警值为 30mm</td></tr>
<tr><td>建筑物</td><td>19 点</td><td colspan="2">沉降日变量报警值为 2mm，沉降累计报警值为 20mm</td></tr>
</table>

3. 基坑围护结构简要实测资料

杨树浦港井围护墙深层水平位移监测布点见图 5。对应监测点在各层土方施工完成时的监测数据见图 8，此处仅对具有代表性的 CX2、CX4、CX6、CX8 共 4 个监测点进行了位移曲线绘制。其中需要说明的是，CX4、CX8 所在位置坑外已施工三轴搅拌桩作为盾构进出洞加固，故变形数据比其他位置小。CX4 在 50m 以下测斜管损坏，因此数据缺失。基坑北侧杨浦区中小企业园区（2 层）房屋沉降监测曲线见图 9。

另外，第 1 层土方开挖、第 2 道支撑施工完成后恰临春节。春节期间项目在仅进行疏干井降水时，基坑围护墙测斜数据每日又有 1～2mm 左右的变化。春节后项目组织公司及业内专家进行了分析，判断变形原因为持续疏干降水。项目在分析会后停抽疏干井，基坑每日变形随即得到控制。疏干井停抽前后 CX2 单日及累计最大变化量曲线见图 10。

4. 基坑监测数据分析

从上述实测数据可以看出，基坑南北侧围护墙深层水平位移监测数据均超过了设计要求的报警值，其原因有以下几点：

（1）基坑较其他同类型基坑跨度大，跨中弯矩较大导致其变形超限；

（2）基坑范围内⑥、⑦号土缺失，同时坑内加固偏弱，坑内土体对地墙的内支撑作用较小；

（3）基坑南北侧快车道机动车带来的振动及基坑北侧建筑物的附加静荷载使得基坑变形较大；

（4）春节期间疏干井持续降水导致坑内土体体积减小，坑内被动区土压力变小。

东西两侧围护墙由于跨度小，且坑外有三轴搅拌桩进出洞加固，深层水平位移监测数据远小于南北侧监测变形数据，也小于累计变形报警值。

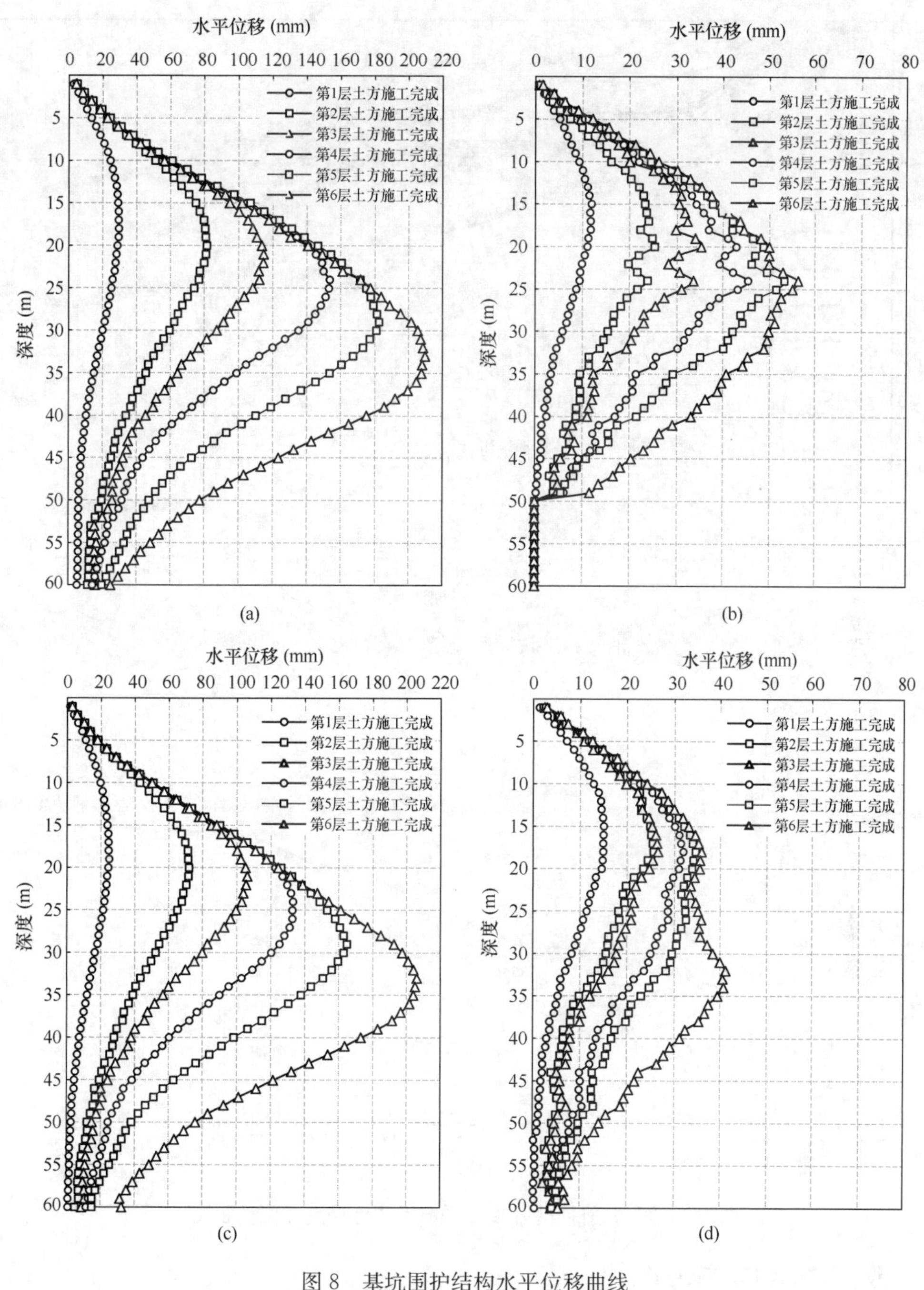

图 8　基坑围护结构水平位移曲线

(a) CX2；(b) CX4；(c) CX6；(d) CX8

5. 变形控制措施

在基坑开挖过程中，项目部采取了加快支撑施工速度、提高混凝土支撑强度等级以及架设临时钢支撑的措施来控制基坑变形。临时钢支撑架设如图 11 所示。在基坑收底时，底板分 2 块进行浇筑，以便尽早形成有效支撑来控制变形。对于基坑北侧建筑物，项目部在基坑与建筑物之间采取劈裂注浆的措施，加快受扰动土体的固结，控制建筑物的不均匀

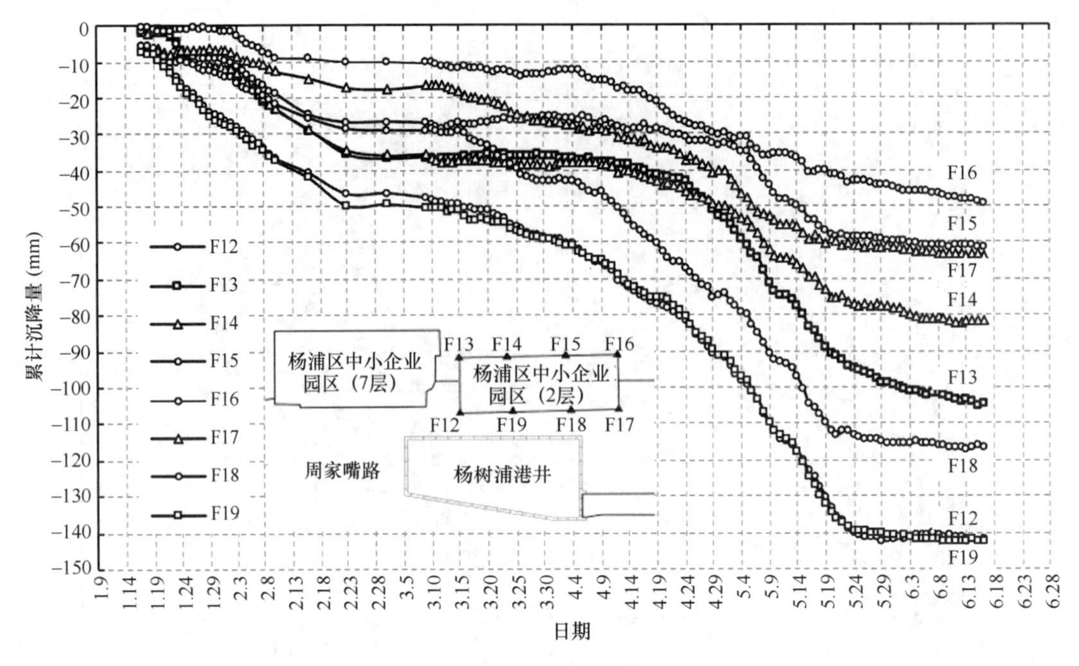

图 9　基坑北侧建筑物沉降曲线

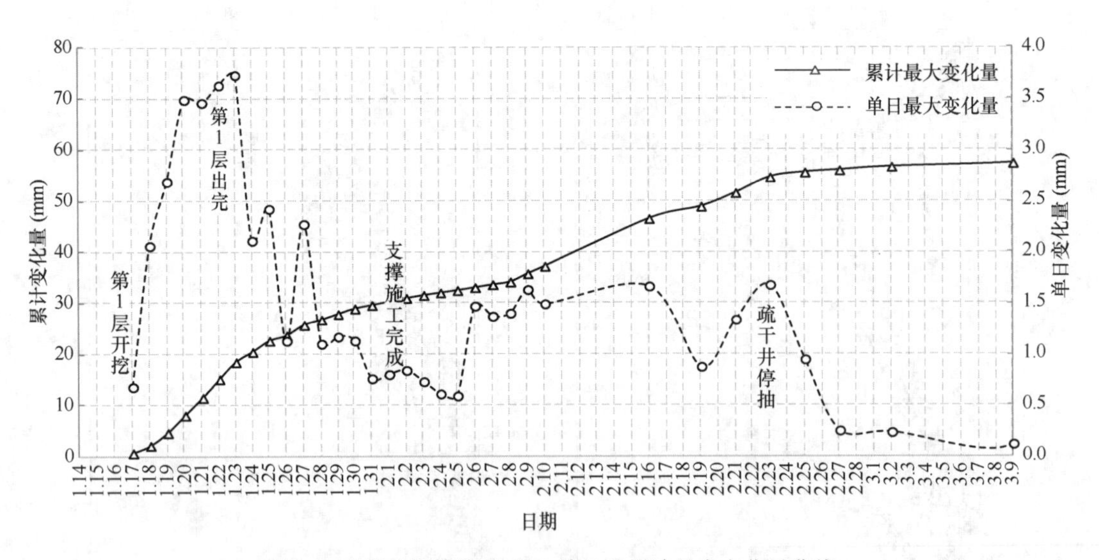

图 10　疏干井停抽前后 CX2 单日及累计最大变化量曲线

沉降。劈裂注浆现场施工见图 12。

本基坑在开挖至第 3 层土方时，基坑累计变形数据就出现了报警情况。出现以上异常情况后，本项目建设单位、围护设计单位、监理单位和施工单位等高度重视，立即组织了基坑安全风险分析会，并邀请深基坑专家进行指导。专家建议先开挖基坑中部，在南北侧围护墙体的跨中形成支撑，然后再开挖基坑东西两侧。但由于基坑中部支撑较密，难以为土方开挖机械提供作业空间，故无法实施。最终项目部在专家建议下采取了在土方开挖结束后、混凝土支撑施工前先架设临时钢支撑的方案，用以提高混凝土支撑未达到有效强度时的内支撑作用。虽然基坑变形数据已超出报警值，但好在基坑最终顺利封底，周边管线及建筑物也未出现严重损坏或发生安全事故。

图 11　临时钢支撑架设

图 12　劈裂注浆现场施工

七、小结

上海北横通道新建工程Ⅷ标段项目为上海市重点工程，该项目杨树浦港井基坑施工时充分考虑了周边车辆荷载和建筑物附加静荷载的不利影响，同时对周边燃气、上水等重要管线和建（构）筑物采取了保护措施。在基坑开挖及结构回筑过程中，项目通过分层分块开挖、及时支撑和信息化施工等手段，科学合理施工，同时在基坑变形报警时，邀请行业内专家进行指导，并采取了相应的控制措施，使基坑变形得到了有效控制。在参建各方的通力协作下，目前基坑工程已顺利完成。

兰州市沙井驿棚户区改造安置小区基坑工程

杨校辉　陈鹏山　郭　楠　朱彦鹏

（兰州理工大学土木工程学院，兰州　730050）

一、工程简介及特点

1. 工程简介

拟建的兰州市沙井驿棚户区改造安置小区建设项目，位于安宁区沙井驿南坡坪河湾村，基坑北邻505号路，南接北滨河路及华中师范大学安宁附属实验学校，东至525号路。拟建场地总体东西长约680m，南北宽约150m，用地面积约101727.8m^2，地势总体北高南低，因基坑面积大，故将该基坑划分为四个标段。本次拟建建筑物主要为8栋（1号～8号）商住楼，为25～31层以及2～4层商业裙楼，以及南侧大地下车库为地下2层，框架结构，1～8号商住楼采用桩筏基础，大地下车库采用筏板基础。拟建工程1～6号楼及南侧大地下车库地下部分采用大开挖形式，因7号、8号楼为独立基坑（Ⅰ标）、开挖深度为－4.39～－8.39m，限于篇幅，7号、8号楼所在Ⅰ标段基坑不再介绍，Ⅱ、Ⅲ、Ⅳ标段基坑见基坑总平面示意图（图1）。拟建场地周边已开发为既有建（构）筑物、道路，现场用地较紧张，基坑开挖深度大，整个场地地层较复杂，而且由于该基坑规模较大，施工标段多，故使得基坑设计与施工相互的衔接变得困难，因此，依据《建筑基坑支护技术规程》JGJ 120—2012，基坑破坏会导致支护结构失效，土体过大变形对基坑周边环境及主体结构施工产生严重影响，故将该基坑安全等级按标段划分，Ⅱ标段EF、FG、GH、HI段为一级，MN段为二级；Ⅲ标段IJ、JK、KL段为一级，LM段为二级；Ⅳ标段全段为一级。

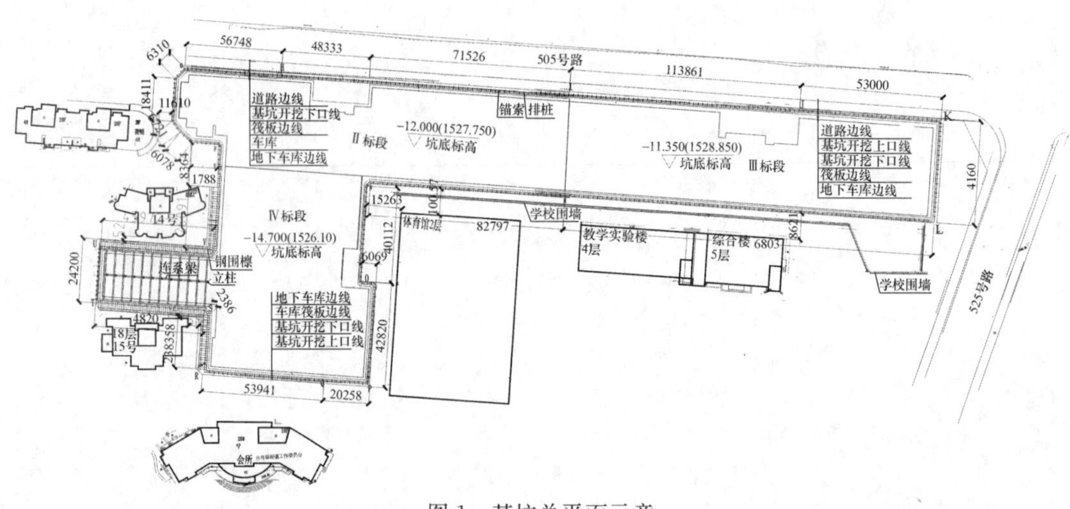

图1　基坑总平面示意

2. 基坑工程特点

（1）本工程场地总体东西长约680m，南北宽约150m，基坑面积大，基坑开挖最大深度为15.05m，现场自然标高不一，地势总体北高南低，相对高差12.7m，基坑开挖深度大，整个场地地层较复杂，而且周边环境条件非常复杂。具体如下：

① 基坑北侧（Ⅱ标段与Ⅲ标段）为支护S505号路基的毛石挡墙，挡墙坡率为1∶0.25，挡墙自西向东高约5～10m，S505号路基为回填土，毛石挡墙基础与基坑边线大多区段几乎重合，使得基坑北侧构成了上坡下坑的特殊支挡结构，基坑开挖要确保永久性边坡和临时开挖基坑稳定，如何利用现有毛石挡墙，同时对毛石挡墙进行加固，使得毛石挡墙和道路不发生开裂和沉降，这是本基坑支护设计的重点与难点之一。②基坑南侧（Ⅱ标段与Ⅲ标段）有教学楼和体育馆两个重要建筑，基坑支护也应确保建筑物安全稳定。③基坑西侧（Ⅳ标段）位于14号、15号楼之间，14号楼为筏板基础，15号楼为桩基础，基坑西侧北段距14号楼约2m、南段距15号楼约1.5m，支护条件十分紧张，采用何种支护方式确保14号、15号楼安全，这是本基坑工程中重点与难点之二。因此，合理处理好基坑周边环境关系，确保坑周建（构）筑物安全、严格控制基坑变形是本基坑支护设计成败的核心。

（2）工程地质水文条件复杂，基坑距黄河较近，基坑开挖深度范围内粗砂、卵石层为主要含水层，富水性强。据地勘报告，卵石层为强透水层，不利于支护桩、预应力锚索的施工；泥岩、砂岩层遇水极易软化，为极软岩层；由于14号、15号楼地层中存在不均匀夹砂层，砂子会在降水时排出，使得14号、15号楼有发生沉降的危险。地下水水位埋深为0.8～14.4m，由西北向东南径流，最终排泄于黄河。由于基坑开挖面积大、止水帷幕成本高，采用降水能否达到预期目的，这是本基坑工程中重点与难点之三。

（3）本项目基坑面积较大，属于深大基坑，且标段较多、工程量较大、工序繁多。本工程有土方开挖、基坑支护、排桩预应力锚索施工、内支撑施工等多个工序，如何确保基坑设计与施工的有效衔接，也是对本基坑工程的考验。同时必须合理安排各工序，流水作业，加大人力、设备的投入量，并采取先进的施工工艺、性能良好的专用大型设备和完善的技术保证措施，才能保质保量完成本次施工任务。

二、工程及水文地质条件

1. 工程地质条件

根据2016年11月甘肃水文地质工程地质勘察院所提供的本项目《岩土工程勘察报告》（详细勘察），项目场地地势总体北高南低，海拔1534.16～1546.88m，相对高差12.7m。场地地貌单元划属黄河北岸侵蚀堆积河谷平原地貌。场地地层分布顺序自上而下分述如下。

① 杂填土层（Q_4^{ml}）：拟建场地内均有揭示。杂色，主要由粉土组成，夹有少量卵砾石、砖块、煤渣、混凝土块、生活垃圾等，稍湿，松散。层厚1.00～12.20m。

$①_1$ 素填土层（Q_4^{ml}）：本次勘察仅在钻孔ZK4、ZK5中揭示。浅黄色，主要由粉土、卵砾石组成，夹有少量细砂、黏土、圆砾等，稍湿，松散。层厚0.80～1.30m。

② 粉土层（Q_4^{al+pl}）：本次勘察仅在钻孔中揭示。黄褐色，土质不均，局部夹有薄层细砂，干强度低，韧性低。层顶埋深1.00～3.40m，层面标高1533.10～1535.21m，层厚

0.60～2.90m。

②₁ 细砂层（Q_4^{al+pl}）：本次勘察仅在钻孔中揭示。灰黄色，主要成分以石英、长石为主，粒径不均，砂质不纯，局部夹有薄层粉土，稍湿，稍密。层顶埋深 1.60～2.10m，层面标高 1534.18～1534.61m，层厚 0.50～0.80m。

③ 卵石层（Q_4^{al+pl}）：本次勘察除钻孔 ZK30-ZK33 外均有揭示。青灰色，骨架颗粒成分主要由砂岩、石英岩、花岗岩等硬质岩石组成，磨圆度较好，呈次圆状，一般粒径20～70mm，最大粒径 180mm，粒径大于 20mm 的颗粒占全重的 50%～60%，颗粒之间呈接触式排列，砂砾充填，密实。层顶埋深 1.50～12.20m，层面标高 1526.96～1534.97m，层厚 0.50～8.00m。

③₁ 粗砂层（Q_4^{al+pl}）：本次勘察仅在钻孔 ZK1～ZK12 中揭示。青灰色，主要成分以石英、长石为主，粒径不均，砂质不纯，局部含少量圆砾、湿，中密。层顶埋深 4.50～6.80m，层面标高 1529.28～1532.32m，层厚 0.70～2.70m。

④ 泥岩层（N）：拟建场地内均有揭示。棕红色，泥质结构，层状构造，泥质胶结，局部夹有薄层砂岩，遇水易软化，为极软岩，成分以黏土矿物为主。层顶埋深 4.80～22.90m，层面标高 1514.60～1530.92m，最大揭露厚度 18.00m（未揭穿）。

④₁ 砂岩层（N）：拟建场地内均有揭示。砖红色，细粒结构，局部夹灰白色粗粒结构，层状构造。成岩作用差，锤击声哑、无回弹、手可捏碎，遇水极易软化，暴露地表极易风化，经扰动后强度极低。层顶埋深 5.00～19.80m，层面标高 1519.97～1530.77m，最大揭露厚度 12.00m（未揭穿）。

2. 水文地质条件

分布于场地内的①杂填土层和②粉土层属弱透水层，③卵石层属强透水层。④泥岩层属隔水底板。该区域内地下水属第四系松散岩类孔隙水，赋存于粗砂、卵石、泥岩、砂岩层中，地下水水位埋深 0.8～14.4m，水位标高为 1532.26～1533.70m。区内降雨少，多集中在 7、8、9 三个月，分布极不均匀，造成了大气降水补给地下水过程的间歇性，其相对于雨期较为滞后。地下水水位年变幅为 1.0～1.5m。

在基坑支护设计深度范围内，场地土层主要力学参数见表 1，其中强度参数采用直剪快剪法测定，地质典型剖面见图 2。

场地土层主要力学参数　　**表 1**

地层及编号	平均层厚(m)	含水率 w(%)	重度 γ(kN/m³)	黏聚力 c(kPa)	内摩擦角 φ(°)
① 杂填土	10	20.35	14	5	15
①₁ 素填土	1	19.78	13	6	17
② 粉土	2	19.82	17	12	25
②₁ 细砂	0.75		17	0	22
③ 卵石	7		21	0	38
③₁ 粗砂	2.5		17	0	22
④ 泥岩	>18	18.47	23	40	20
④₁ 砂岩	>12	13.35	25	30	20

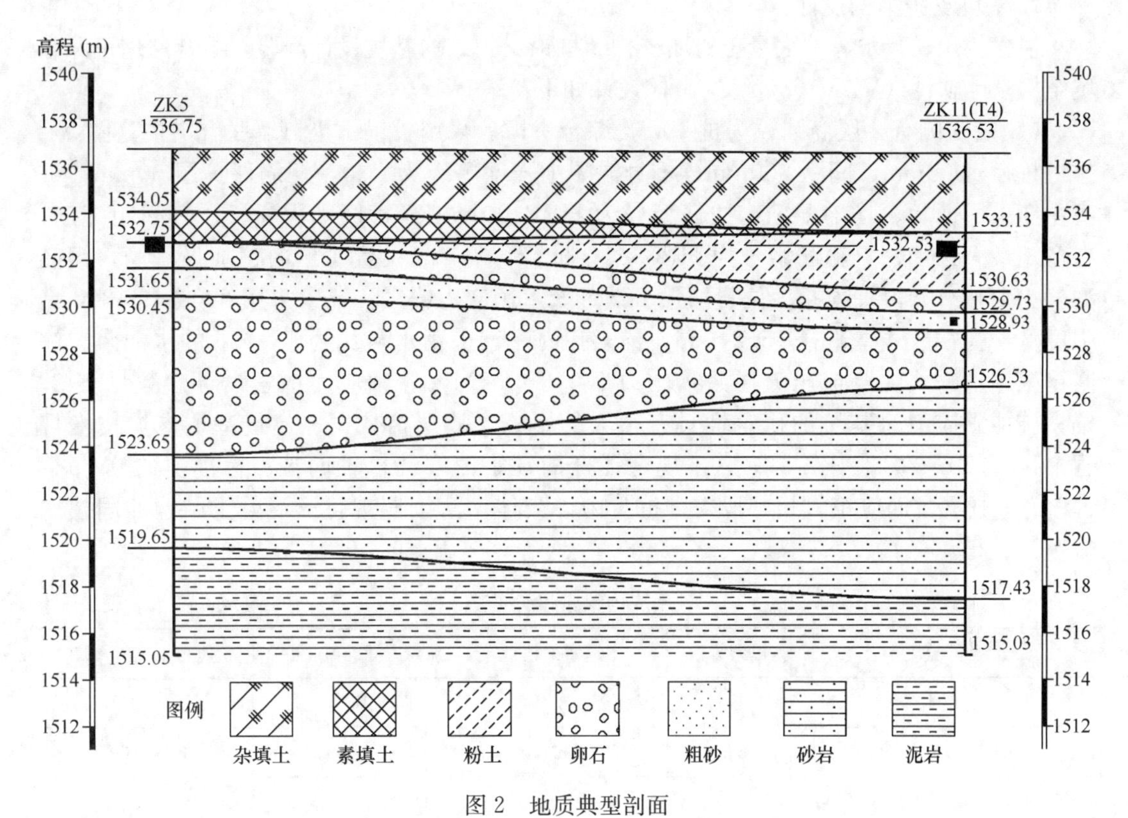

图 2　地质典型剖面

三、基坑支护结构设计

1. 基坑支护设计总体思路

西北地区基坑支护结构与东南沿海一带相比较简单，常用土钉墙、复合土钉墙和排桩预应力锚杆等结构形式，其有效克服了传统刚性支挡结构施工速度慢、施工难度大、造价高，不利于位移控制和结构稳定性差等缺点。但是本地区基坑开挖层内工程地质、水文地质条件及周边环境日趋复杂，加之深基坑支护工程具有典型的区域性特点、设计与施工经验不能生搬硬套。

本工程基坑面积较大，基坑Ⅱ～Ⅳ标段基坑实际开挖深度为 7.15～15.05m，Ⅱ、Ⅲ标段基坑北侧为支护 S505 号路基的毛石挡墙，且道路下方有雨水管道与污水管道、南侧临近教学楼和已建体育馆。基坑西侧（Ⅳ标段）紧邻 14 号、15 号楼，14 号楼为筏板基础，15 号楼为桩基础，基坑西侧北段距 14 号楼约 2m、南段距 15 号楼约 1.5m，开挖支护条件十分紧张。因此，在这样复杂的工程环境条件下进行深基坑开挖，设计与施工将面临较大的难度。本着“安全经济、合理有效”的原则，结合西北地区深大复杂基坑实践经验，并且考虑到建筑物基坑开挖深度内基坑受力变形层局部变化较大，拟建建筑场地周围分布有已建建筑物及道路，为保证基坑边坡、坡顶临时建筑及坡顶道路的安全，基坑开挖时不能采用自然放坡，因此，综合考虑现场实际，对于开挖条件特别紧张的区段采用桩锚或桩撑支护，其余采用桩锚＋土钉墙联合支护。

2. 基坑支护结构设计

根据兰州、天水等地大量土钉墙支护、桩锚支护结构基坑设计经验，结合“理正深基坑结构设计软件（V7.0）”计算，具体设计如下：

FG段西侧有2层商铺，为桩基础，综合考虑后采用桩锚＋土钉墙联合支护（图3）。排桩桩径1000mm，间距800mm，桩身混凝土强度等级为C30，钢筋保护层50mm；桩身主筋采用通长、均匀配筋，主筋型号为HRB400；桩身箍筋采用通长、等间距配筋，在弯矩最大处加密，箍筋型号为HPB300；桩身每隔2m设置一道内箍加强箍筋，钢筋型号为HRB400，桩顶起吊位置加强。设置3道预应力锚索，锚索采用3s或4s-1860高强度低松弛钢绞线，直径15.24mm，锚索孔内注浆采用水灰比为1∶0.5的水泥浆。注浆可采用重力式注浆或压力注浆，压力不小于0.5MPa。预应力锚索设计参数见表2。锚索施加预应力对基坑的稳定性具有很大的影响，故严格依据《建筑基坑支护技术规程》JGJ 120—2012中第4.7.7条规定锚杆的锁定值取锚杆轴向拉力标准值的0.75～0.9倍。冠梁主筋应植入相邻段支护桩身内，具体做法按照现行《混凝土结构加固技术规范》进行。

预应力锚索设计参数　　表2

支护分段	锚索排数	锚索束数	预应力标准值（kN）	预应力锁定值（kN）
LM	1	3	147	140
CD、DA、NO	2	3、3、3	460、418	368、355
EF、FG、KL、OP、PQ、WE	3	3、4、4、3、3、3	150、222、300	135、200、270
GH、HI、IJ、JK、RS、TU、VW	4	4、4、4、4、3、3、4	158、189、333、300	150、180、300、270

KL、OP、PQ、WE段基坑环境大体相同，故采用桩锚＋土钉墙联合支护，设置3道预应力锚索；GH、HI和JK段基坑北侧为支护S505号路基的毛石挡墙，坡率1∶0.25，挡墙高约为10m，毛石挡墙基础与基坑结构边线非常贴近，大多区段几乎重合，且挡墙坡率为1∶0.25，挡墙自西向东高约为5～10m，使得基坑北侧构成了上坡下坑的特殊支挡结构，在施工时需要将毛石挡墙底部挖除后再做支护桩，并且要对排桩与毛石挡墙之间空余部分进行加固（图4），QR段基坑南侧与TU段基坑西侧有教学楼和体育馆，故都采用桩锚＋土钉墙联合支护，并且设置4道预应力锚索；LM与MN段基坑采用桩锚＋土钉墙联合支护，前者设置1道预应力锚索，后者由于环境较好则不使用预应力锚索；以上标段排桩设计同FG段，预应力锚索设计参数见表2。土钉墙钢筋网在基坑顶部要向上翻过坡顶，翻弯长度大于1200mm。混凝土面层在顶部基坑边向上翻浇，其宽度大于1200mm（钢筋网的翻弯长度及基坑顶部混凝土面层的宽度，如不能达到设计尺寸，可依据场地条件进行调整），并设3%倒坡，以保证地面排水畅通，水不流入基坑。RS、ST段基坑位于14号、15号楼之间，14号楼为筏板基础，15号楼为桩基础，基坑北侧距14号楼约2m、南侧距15号楼约1.5m，开挖支护条件十分紧张，基坑周围环境极其复杂，因此采用双排桩与预应力锚索组合结构（图5），并且在ST与UV段用内支撑加固（图6）。预应力锚索设计参数见表2。

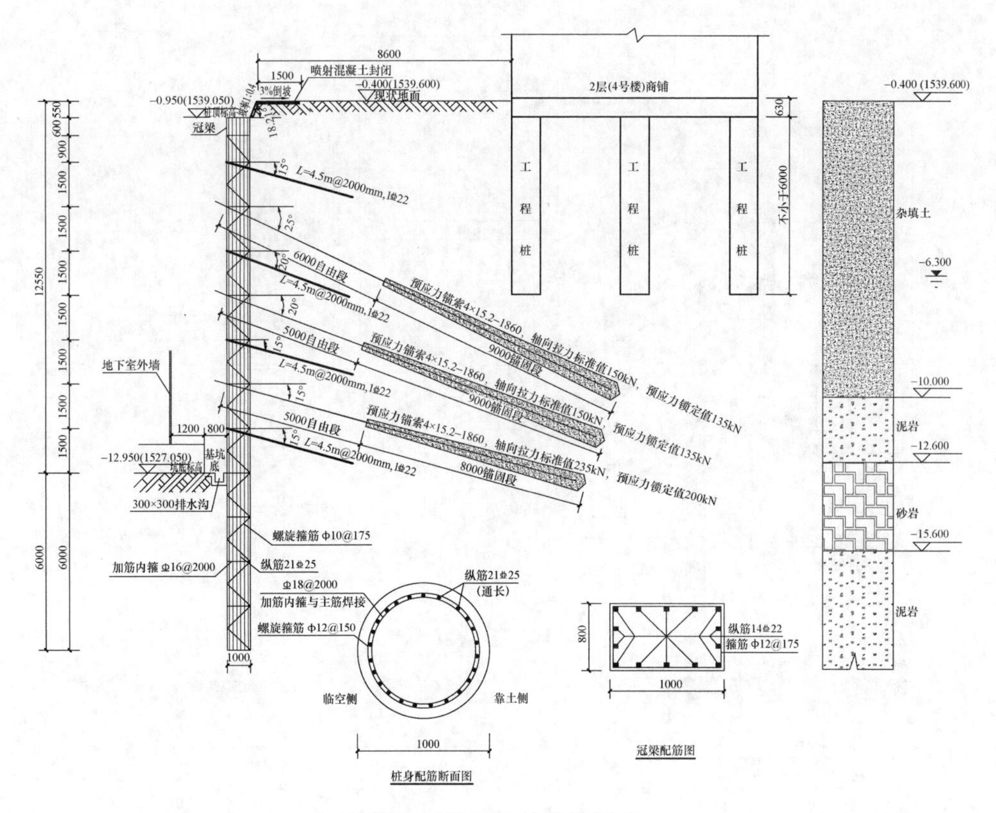

图3　FG段支护结构剖面

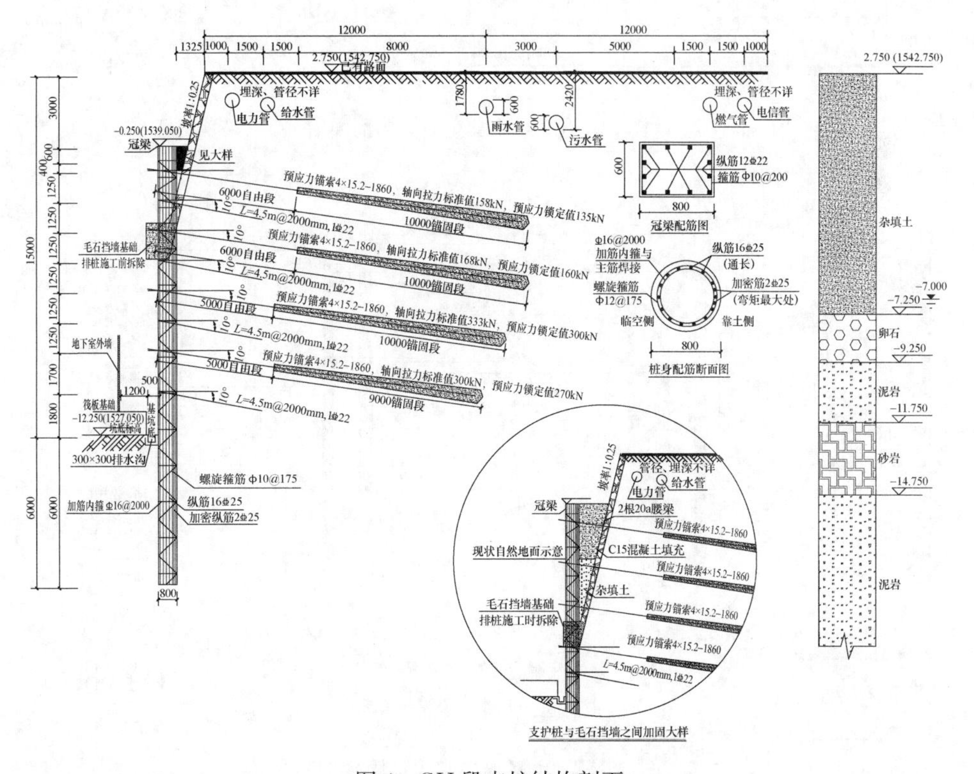

图4　GH段支护结构剖面

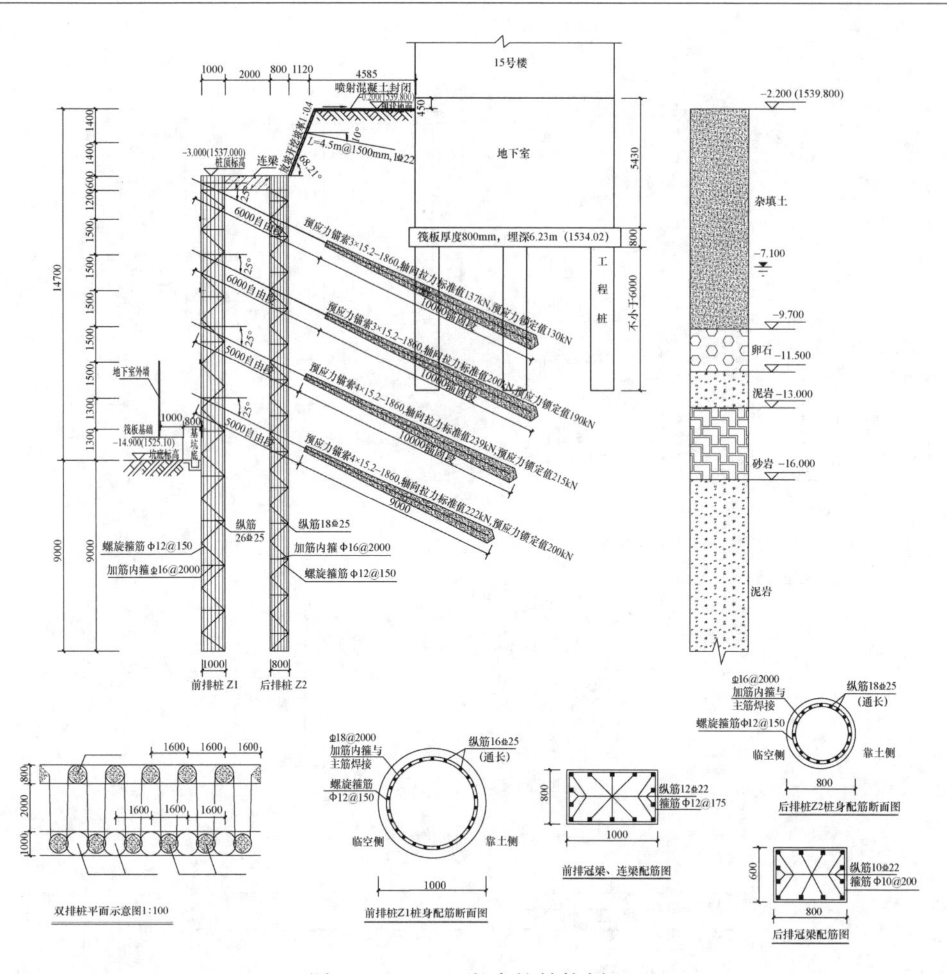

图5　ST、UV段支护结构剖面

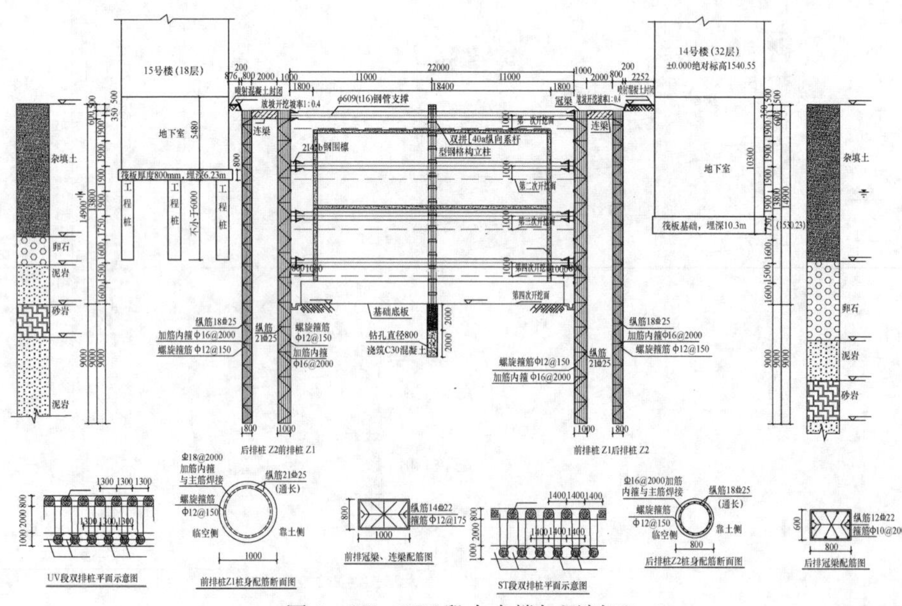

图6　ST、UV段内支撑加固剖面

四、基坑监测情况

依据基坑平面形状和基坑周边环境的复杂性，结合现场实际情况，在基坑顶四周共布置58个水平位移、竖向沉降监测点，基坑边坡顶部的水平位移应沿坑顶布置，冠梁顶部、基坑周边中部、阳角处应布置监测点，监测点间距宜为20m，每边监测点数目不应少于3个，边坡中部、土层薄弱区域及邻近建筑物区域须设置检测点并加强观测。根据《建筑基坑工程监测技术标准》GB 50497—2019规定，基坑侧壁安全等级为一级时，支护结构最大水平位移限值为0.25%h、最大累计沉降限值为0.2%h（h为基坑的开挖深度），因此该基坑水平位移和累计沉降极限值分别为37.63mm和30.1mm。工程自开工至12月10日完工，截至地下一层施工完毕，基坑变形均未达到报警值，实践证明本基坑支护方案达到了预期效果。基坑支护现场施工见图7。

(a)

(b)

图7　基坑支护现场施工

(a) 基坑东南方向（Ⅳ标段）；(b) 基坑北侧（Ⅱ、Ⅲ标段）

实践证明由于设计方案中预应力锚索采用了二次高压注浆工艺和高地下水位中锚索注浆构造措施，且施工中注浆压力不低于2MPa，故锚索注浆体质量得到了保证，抗拔力满足设计要求；同时在ST、UV段采用的双排桩与预应力锚索组合结构，并用钢支撑加固，使得距离最近的14号、15号楼主体结构安全得到了保证，双排桩的桩顶位移也仅仅产生了8mm左右的变形，截至挖到坑底也未达到报警值；但是在GH、HI、JK段，由于第一道预应力未锁定前，外坑边动载也有一定影响，基坑北侧的S505号路基累计产生了1～3mm的裂缝，基坑北侧支护桩与毛石挡墙填充的混凝土加固平台上累计产生了5～10mm的裂缝（图8），采用水泥浆喂缝，同时加强本区域施工（特别是预应力锚索注浆与张拉锁定）后，位移明显收敛。

五、点评

（1）基坑北侧（Ⅱ标段与Ⅲ标段）的支护S505号路基的毛石挡墙基础与基坑边线几乎重合，在施工时需将毛石挡墙底部挖除后再做支护桩，形成了上坡下坑特殊永临结合支护结构，确保了北侧基坑的安全。

（2）基坑西侧（Ⅳ标段）紧邻14号、15号楼，14号楼为筏板基础，15号楼为桩基础，基坑北段距离14号楼约2m、南段距离15号楼约1.5m，开挖支护条件十分紧张，因

(a)

(b)

图 8　基坑北侧支护桩与毛石挡墙加固平台变形
(a) Ⅲ标段基坑北侧变形；(b) Ⅱ标段基坑北侧变形

此采用双排桩与预应力锚索组合支护结构，并用内支撑加固，确保了基坑、建筑物的安全。

(3) 本工程基坑周边环境复杂，基坑面积较大且开挖深度较大，标段较多、土方开挖量大、工序繁多。在本基坑工程中，多标段、多工序交叉施工作业的水平得到了提高；加强了基坑设计与施工的衔接；提高了土方开挖、降水与支护之间的协同作业能力。

(4) 在深基坑的施工中，应当严格执行先撑后挖的原则，尽量减少支护桩悬臂阶段持续时间；预应力锚索采用二次高压注浆工艺比以往二次注浆工艺可以获得更大的抗拔力，水平位移可得到较好的控制；在开挖环境特别紧张的区段采用内支撑来加强支护结构可以保证附近既有建筑物的安全，但内支撑的施工和拆除需按照专项方案进行。

汕尾市东部水质净化厂一期基坑工程

孙　安　陈位洪　赖德贤　何远威
（广东省建筑设计研究院有限公司，广州　510010）

一、工程简介及特点

汕尾市东部水质净化厂位于红海湾经济开发区，总占地 110076m^2，采用全地埋方式，建设规模为 10 万 m^3/d，含粗格栅及进水泵房、细格栅沉砂池、MBBR 反应池等单体，联合池体平面尺寸 220.5m×152.5m，呈倒“凸”字形。上部分宽 220.5m，长 95.0m，深度 10.8～11.6m（场平绝对标高 2.0m 算起，余同），下部分宽 144.0m，长 57.5m，深度 8.1～9.1m。

拟建场地（图 1）位于海滨滩涂和剥蚀残丘地貌过渡区域，大部分为盐田、林地、耕地，地形规整、平坦开阔，局部稍起伏，钻孔孔口高程在 1.30～2.50m 之间。

图 1　场地原始照片

本基坑工程具有如下特点：

（1）基坑平面尺寸 224.5m×158.1m，深 8.1～11.6m，为超大深基坑范畴；

（2）现地表为水塘或盐田，场地地下水位高。场地距海边约 1.2km，为中等腐蚀环境；

（3）地质相对复杂，地表以下粉细砂及中砂层厚 4.5～9.3m，砂层下为遇水易崩解软化的砂质黏性土及全、强风化花岗岩，不宜长时间暴露；

（4）工期较紧，有严格施工节点要求；

（5）池体采用天然地基＋抗浮锚杆。考虑地基遇水易崩解软化特点，因此需严格控制水进入基坑。

二、工程及水文地质条件

1. 工程地质条件

根据钻孔揭露的土岩层，按其成因及工程特性由上而下综合描述如下：

（1）第四系全新统冲、洪积层（Q_4^{al+pl}）

①$_1$ 人工填土：灰褐、褐红，松散～稍压实，由黏性土、砂粒和碎石回填而成，土质不均匀；

②$_1$ 淤泥质土：灰黑色，饱和，流塑，含腐殖质和砂粒，夹有较多腐木屑，平均层厚 3.20m；

②$_2$ 粉质黏土：黄褐、灰褐、红褐，可塑，含较多砂粒，平均层厚 3.87m；

②$_3$ 粉细砂：灰白、灰黄、灰黑色，饱和，松散为主，含黏粒，局部夹淤泥质土和贝壳薄层，平均层厚 5.08m；

②$_4$ 中粗砂：灰褐、灰黄、灰黑色，饱和，稍密为主，平均层厚 3.27m；

②$_5$ 砾砂：灰白、灰黄色，主要成分石英，级配好，饱和，稍密为主，平均层厚 4.18m。

（2）残积层（Q^{el}）

③$_1$ 砂质黏性土：灰黄、灰白色，为花岗岩风化残积土，可塑，遇水易软化、崩解，平均层厚 4.13m；

③$_2$ 砂质黏性土：灰黄、灰白色，为花岗岩风化残积土，硬塑，遇水易软化、崩解，平均层厚 6.87m。

（3）基岩（γ、T）

④$_1$ 花岗岩全风化层：灰黄、灰褐、灰白色，风化强烈，裂隙发育，岩体基本质量等级为Ⅴ类，平均层厚 6.06m；

④$_2$ 花岗岩强风化层：灰黄、灰褐、灰白色，风化强烈，裂隙发育，遇水易软化、崩解。极软岩，平均层厚 5.23m。

场地岩土层主要物理、力学参数见表 1。

场地岩土层主要物理、力学参数　　**表 1**

土层名称	ρ(g/cm^3)	c(kPa)	φ(°)	q_s(kPa)	孔隙比	含水率(%)	渗透系数(m/d)
①$_1$ 素填土	1.91	12.0	10.0	25	0.793	27.6	2.00
②$_1$ 淤泥质土	1.73	7.0	5.3	18	1.247	47.1	0.01
②$_2$ 粉质黏土	1.91	22.2	16.1	40	0.802	28.0	0.01
②$_3$ 粉细砂	1.85	0	23.0	35	—	—	5.00
②$_4$ 中粗砂	1.90	0	28.0	55	—	—	12.00
②$_5$ 砾砂	2.00	0	35.0	90	—	—	25.00
③$_1$ 砂质黏性土	1.90	22.0	21.5	30	0.718	22.4	0.01
③$_2$ 砂质黏性土	1.95	28.0	22.0	40	0.748	21.9	0.01
④$_1$ 全风化花岗岩	2.00	32.0	24.0	60	0.707	18.8	0.10
④$_2$ 强风化花岗岩	2.10	45.0	26.0	75	0.695	17.3	1.00

2. 水文地质条件

在钻探深度范围内揭示的地下水有上层滞水、孔隙水及基岩裂隙水，具体如下：

(1) 上层滞水

主要分布在素填土层，主要由大气降水、生活污水补给，排泄方式为大气蒸发，水量较小。

(2) 孔隙水

主要赋存于粉细砂、中粗砂、砾砂，连通性较好，含水量中等～丰富，主要为大气降水及附近河涌地表水侧向补给，通过地下径流排泄。

(3) 基岩裂隙水

与基岩裂隙发育及连通性有关，主要为相邻含水层侧向补给，受岩体破碎程度及范围的影响明显，具有承压性。

3. 典型工程地质剖面

选取结构主体中部的地质剖面，如图 2 所示。

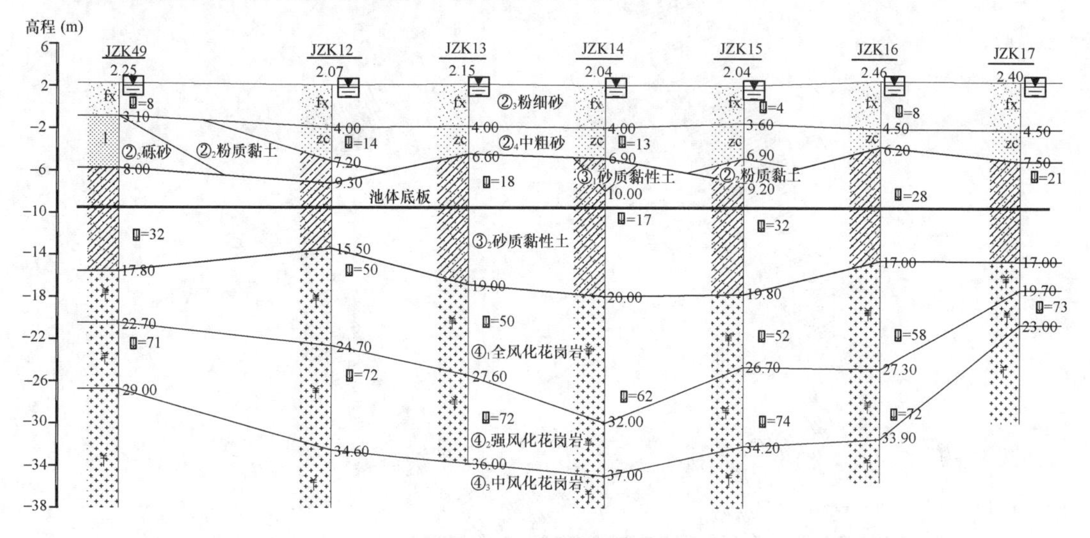

图 2　典型工程地质剖面

三、基坑周边环境情况

场地现有地面标高 1.30～2.54m。基坑东边为现有盐田，南边地势稍高，为现有排洪沟及盐田，排洪沟水深 1.0～2.0m，西侧 30m 外为现有红海湾污水处理厂，已建 20 余年，采用管桩基础，北侧为现有鱼塘及盐田。场地周边管线较少，2 倍基坑深度范围内建(构) 筑物较少。东北侧外 50m 有高压电线通过。场地附近道路为现有进出污水处理厂道路。

四、基坑围护平面

本工程场地平整标高取 2.00m，设计场地标高 6.50m。基坑安全等级为二级，环境等级为二级。由于场地地表砂层较厚，地表水位高，且场区地处沿海，夏秋季降雨量大，坑内地基土遇水易软化崩解，故需选用防水性能较好的支护方式。考虑本工程工期较紧，同时为应对可能出现台风等不利情况，故采用安全性能较好、施工快捷的地下连续墙＋锚索支护形式。基坑内坑中坑深 3.3m，采用旋喷桩插钢管支护。

基坑平面存在 2 处阴角区域。考虑阴角处锚索存在平面交叉情况，即便设计能空间错开，但锚索与土体之间产生的摩擦应力场相互影响形成群锚效应，将会降低锚索的抗拔力并增加锚索位移量。为避免群锚效应，在此 2 处阴角区域采用地下连续墙＋钢筋混凝土内支撑方案（图 3）。

鉴于锚索张拉为主动受力，钢筋混凝土内支撑为被动受力，两者受力机理不同，为协调两者之间受力及变形，与混凝土内支撑同属一幅地下连续墙的锚索采用不张拉处理。

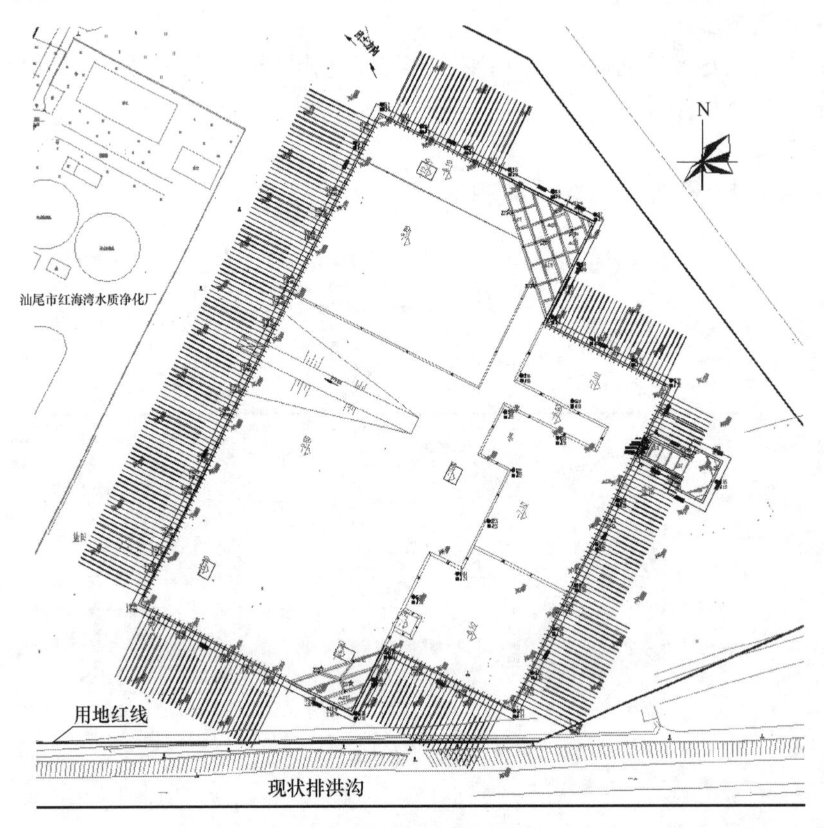

图 3　基坑围护平面

五、基坑围护典型剖面

粉细砂层因颗粒之间松散、自立能力差，在灌注桩或地下连续墙施工过程中常发生塌孔现象。为避免塌孔情况，施工前在地下连续墙两侧各施工一排 ϕ500@350 单轴搅拌桩，桩底穿透粉细砂层入下部地层不小于 1m。这样通过固化后的水泥土搅拌桩维持地下连续墙槽孔的稳定性。为综合利用搅拌桩，控制施工成本，地下连续墙冠梁顶标高取 1.0m，冠梁以上 1m 部分则采用每根搅拌桩内插 1 Φ 32 钢筋进行挡土支护。

根据基坑底标高及支护形式不同，将基坑划分为 6 个剖面区域。以 11.6m 深基坑区域为例，锚索孔径 150mm，倾角 23°，采用 ϕ^s15.2 钢绞线，二次注浆工艺，在砂层中采用钢套管护壁。经计算锚索水平间距取 2.0m，竖向间距取 3.5m。其地下连续墙-锚索支护的剖面如图 4 所示。

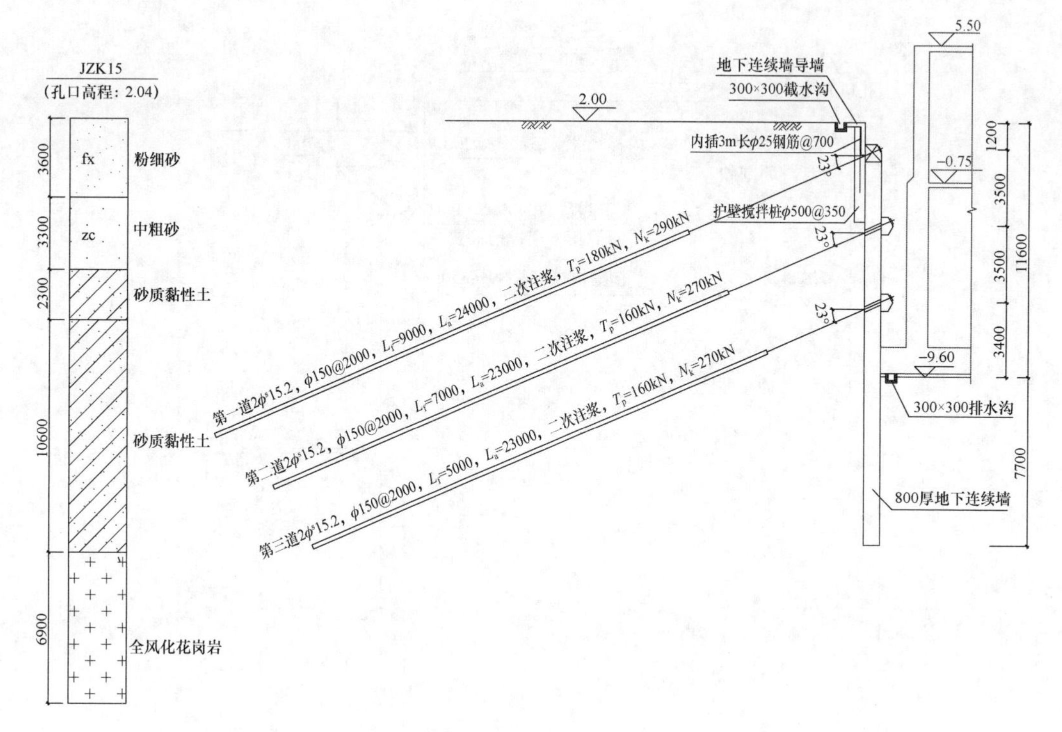

图 4　11.6m 深基坑地下连续墙-锚索支护剖面图

阴角区域，钢筋混凝土内支撑主梁截面 1000mm×800mm，连系梁截面 800mm×800mm。支撑梁采用钢立柱作为中间支撑点，立柱间距不大于 15m，立柱桩为 1000mm 旋挖灌注桩，桩底入强风化岩不小于 2.0m。为加快施工工期，采用顶部设置一道钢筋混凝土内支撑。在池体浇筑至中间板时，采用池体侧壁外一同浇筑 300mm 厚的换撑板，待换撑板达到强度后即可拆除顶部钢筋混凝土内支撑，再施工池体上部结构（图 5）。

为避免锚索成孔时地下水通过锚索孔涌水涌砂，在场地外围先施做一排 ϕ500@350 搅拌桩隔水帷幕，桩底入不（弱）透水层不小于 1m。同时，在地下连续墙与隔水帷幕间均匀布设 10 口降水井，将其间的地下水降至第二道锚索孔口以下，这样有效避免施工时地下水通过锚索孔涌水涌砂造成塌孔现象（图 6）。

搅拌桩隔水帷幕同时兼作后期扶壁式挡土墙复合地基一部分，这样可避免挡土墙背后地下水通过底部砂层绕渗，造成挡土墙基底水土流失风险。考虑隔水帷幕较其他排搅拌桩桩体的刚度大，为避免复合地基受力不均，隔水帷幕部分桩顶下压 300mm，中间回填粗砂碎石褥垫层，这样可最大程度保证隔水帷幕与其他搅拌桩体协同受力。

六、简要实测资料

为实时跟踪基坑整体情况，在基坑周边做了相应监测，部分监测点平面布置如图 7 所示。本工程于 2021 年 1 月 7 日完成地下连续墙的施工，1 月 8 日开始开挖，2 月 28 日施工完第一道锚索及混凝土内支撑施工，3 月 20 日施工完第二道锚索，4 月 7 日施工完第三道锚索施工，4 月 21 日开挖至设计底标高，后浇筑垫层及施工抗浮锚杆，并于 5 月 28 日浇

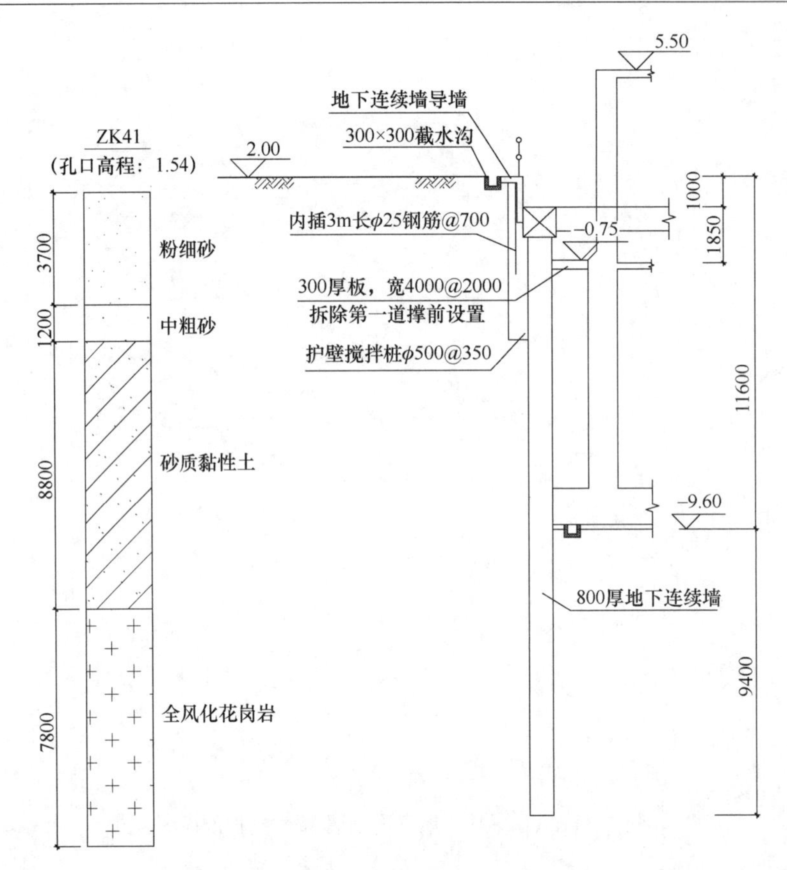

图 5　地下连续墙-混凝土内支撑支护剖面

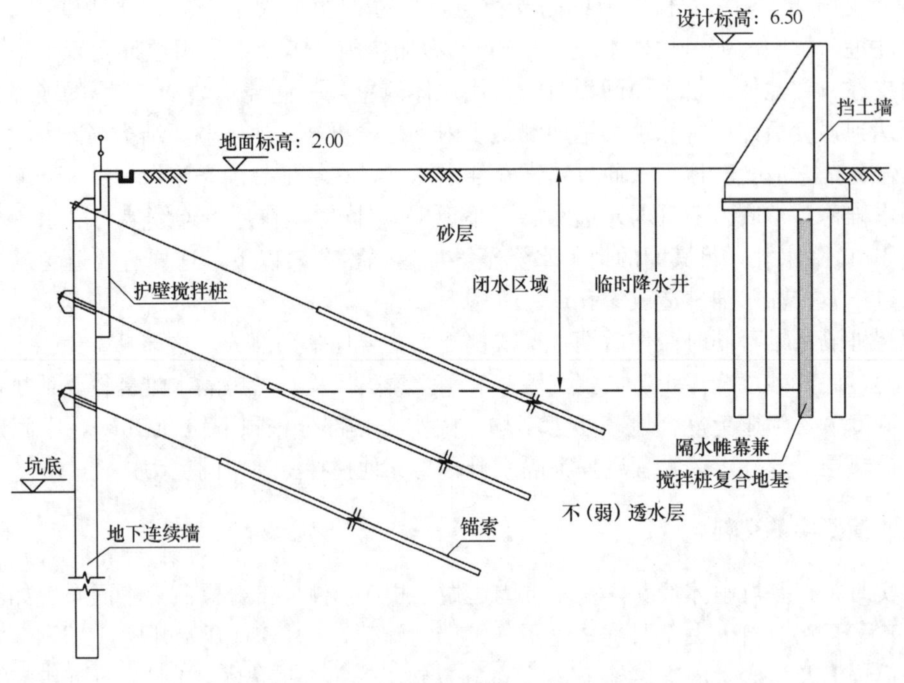

图 6　闭水区域降水示意图

筑第一块底板，8 月 30 日所有底板浇筑完成。

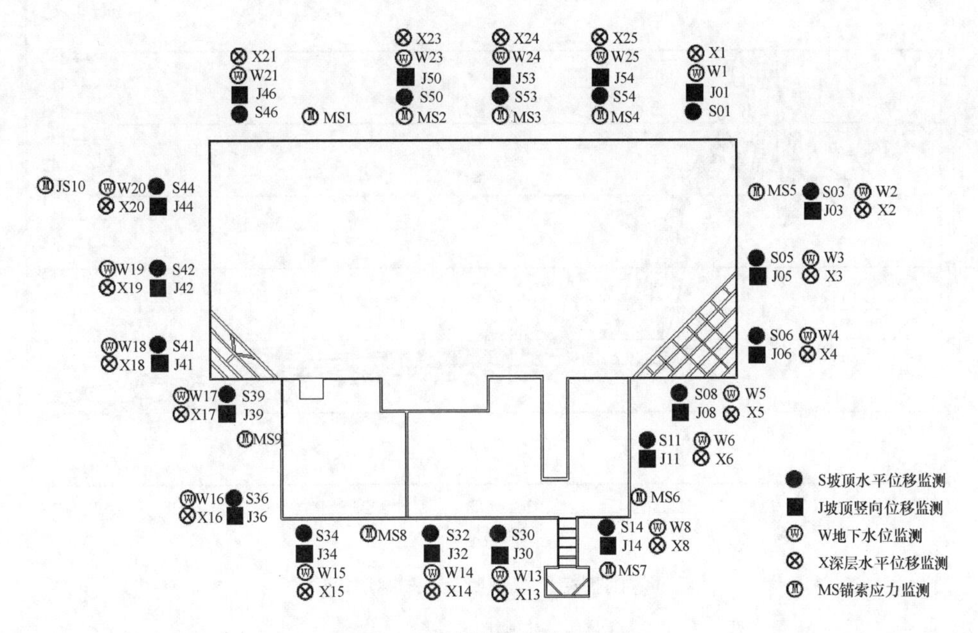

图 7　基坑监测点平面布置

选取基坑各侧边重要部位监测点进行分析。其间，坑底局部地基检测的承载力特征值未达到设计要求，特别是地下连续墙与坑底交接处，因地下连续墙施工过程中与泥浆接触及受施工扰动，地基出现相当程度的软化现象。鉴于工期紧张，故对上述承载力未达设计要求的地基进行换填处理。采用 6%水泥砂石分段换填，换填深度 1.0～2.0m，换填期间基坑深度加深，监测结果显示加深区域各变形指标均在预警范围内。

坡顶水平位移、坡顶竖向位移、地下水位监测结果如图 8～图 10 所示。

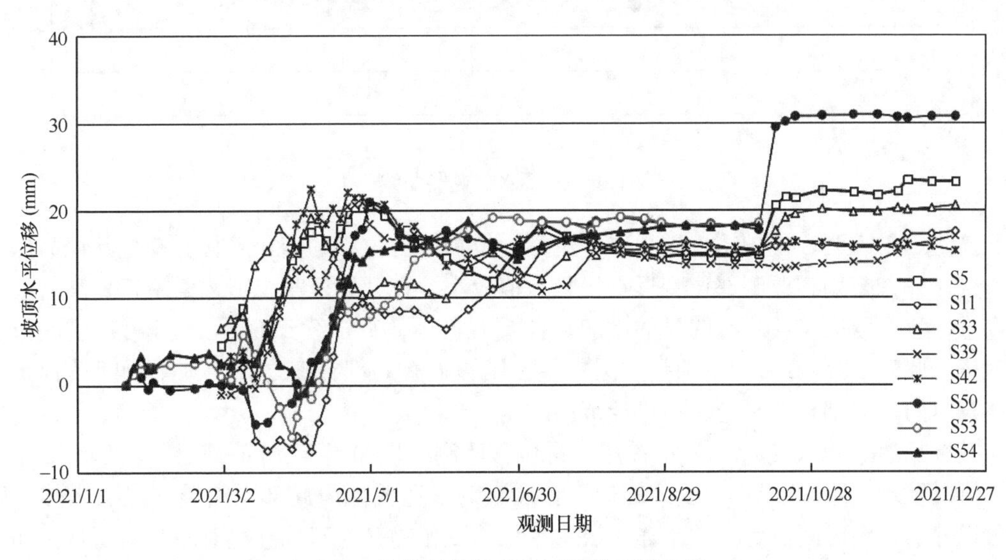

图 8　围护结构坡顶水平位移监测曲线

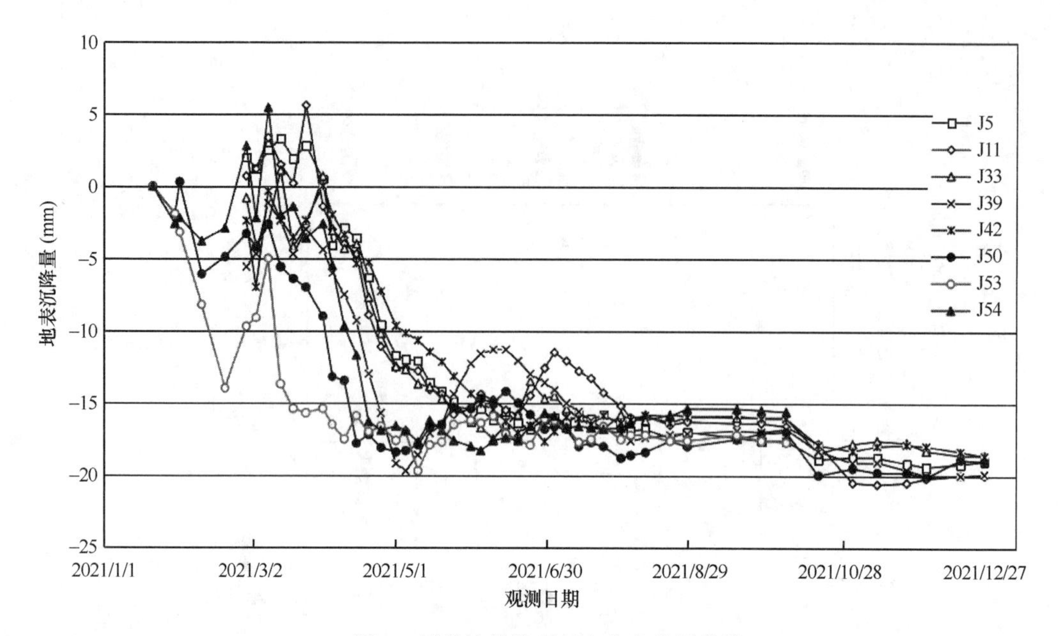

图 9　围护结构坡顶竖向位移监测曲线

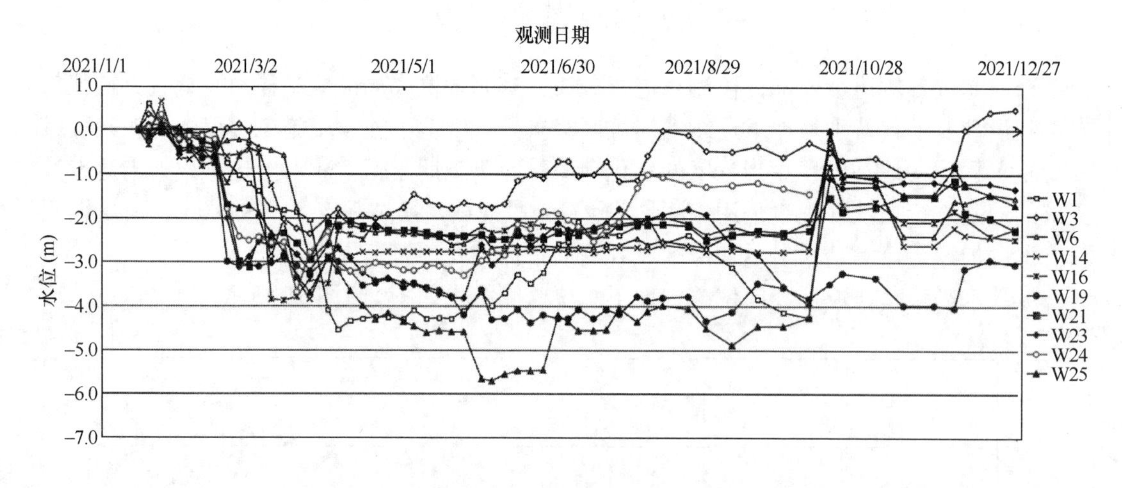

图 10　地下水位监测曲线

监测结果表明，围护结构坡顶水平位移、坡顶竖向位移的变化趋势与基坑开挖时序大致吻合。开挖初期各监测部位变形平稳且数值较小，在开挖至第二道锚索附近标高时，坡顶水平位移及竖向位移均有明显的增加，且增大趋势一直持续到 5 月 28 日第一块底板浇筑完毕。此后，除 10 月中下旬受“圆规”台风影响有局部突变之外，其余时间坡顶水平位移及竖向位移都相对平稳，在可控范围之内。

基坑长边中间点（CX24）的深层水平位移监测结果如图 11 所示。

可以发现，除 10 月下旬受“圆规”台风影响后造成地面局部塌陷导致浅层土体位移较大以外，其余时间段此处的土体深层水平位移变化趋势与基坑开挖时序基本吻合。即在施工完第一道锚索往下开挖过程中，位移开始增大，在开挖至基坑底附近时变形最大，此后略有减小并逐步稳定。

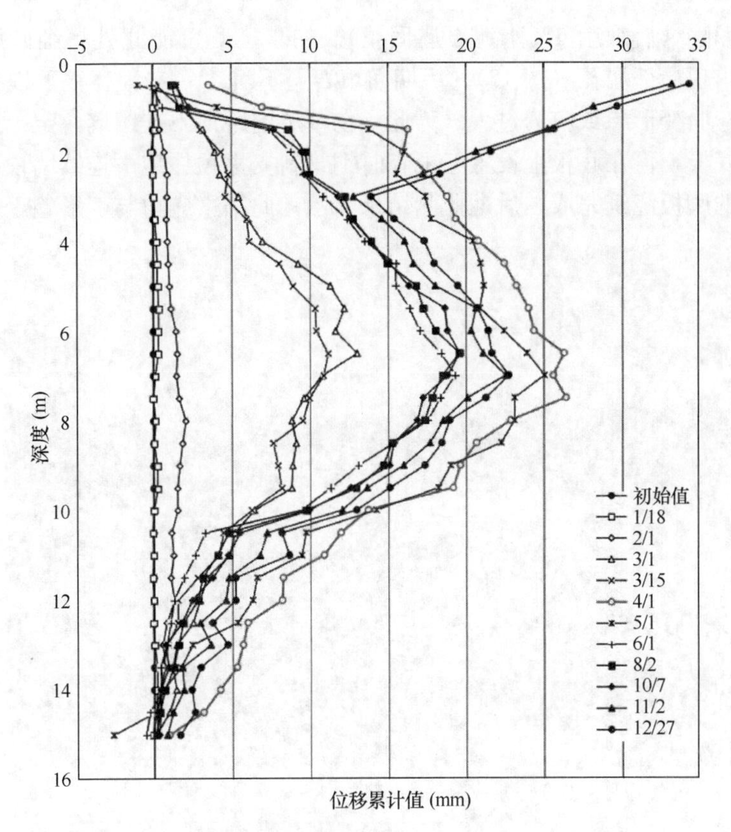

图 11　围护结构深层水平位移（CX24）监测曲线

基坑长边锚索应力监测点的监测结果如图 12 所示。

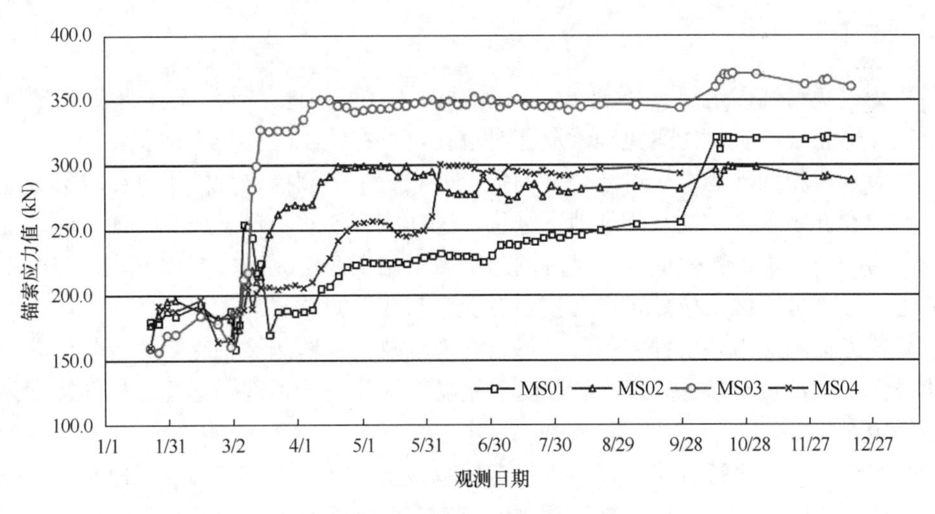

图 12　锚索应力-时间变化曲线

监测过程发现，此侧边中间附近第一道锚索监测点 MS3 在施工第二道锚索前应力变大并超过报警值（320kN），其附近的坡顶水平位移监测点（S53）与竖向位移监测点（J53）监测结果并未出现较大异常，同时坑内土体也未发生隆起，但基坑外侧 1m 处地面出现一定程度塌陷（后采用6%水泥石屑回填）。初步推测可能此处粉细砂层较厚，地下连续墙成槽时出现局部塌孔（图13）。后期回填石屑下沉，一定程度往下拽拉锚索，使锚索自由段出现弯曲变形导致应力过大。为此，在基坑内距地下连续墙一定范围外先开挖至坑底浇筑部分底板，再在底板上设置三根临时钢管斜支撑顶住地下连续墙顶部，直至此处地下连续墙底的底板浇筑完成。后期监测结果显示，此锚索应力与变形趋于稳定。

图13　MS3监测点附近路面局部塌陷

七、点评

（1）为避免粉细砂地层地下连续墙成槽时塌孔，可在地下连续墙两侧施工护壁搅拌桩，桩底穿透粉细砂层；为避免锚索成孔时塌孔，可在施工时同步下钢套管。

（2）对深厚粉细砂场地，可结合外围挡土墙先施工一圈搅拌桩隔水帷幕以形成地下水封闭区域。在此闭水区域抽水降低地下水位，这样能有效避免锚索成孔时涌水涌砂现象。

（3）为减小锚索群锚效应，在基坑阴角区域采用钢筋混凝土内支撑方式。与内支撑衔接处附近的锚索可不做张拉处理以便使两者受力与变形协调。

（4）锚索监测应力超出预警值时，可结合现场及其他监测结果综合分析其原因。为避免应力较大锚索被拉断情况，可设置临时斜钢支撑顶住支护顶部，必要时松开锚索再重新做张拉锁定。

（5）咬合桩隔水帷幕可阻挡地下水带走地基砂土，其作为挡土墙复合地基一部分十分必要。为使隔水帷幕与其他搅拌桩桩顶刚度接近，可将隔水帷幕部分桩头下压，以确保隔水帷幕桩与其他搅拌桩受力与变形协调，共同形成复合地基。

某变形过大先隧后站地铁车站基坑工程

刘庭金　梁嘉明　周书扬　郑月昱　麦胜文
（华南理工大学地铁保护研究所，广州　510650）

一、工程概况及周边环境

1. 工程简介

本基坑工程为某地铁车站主体基坑工程，车站为地下4层岛式站台车站，大致呈南北向布置。基坑采用“先隧后站”明挖法施工，基坑全长237.0m，标准段宽度30.10m，南端扩大头宽度48.5m，开挖深度约为35.0～37.0m，支护采用“1000mm/1200mm厚地下连续墙＋五道混凝土内支撑＋临时立柱”的结构形式。盾构隧道左右线间距为26.0m，轨面埋深约33.5m，隧道与地下连续墙最小净距为0.3m。

2. 基坑周边环境情况

本工程基坑周边环境复杂，建构筑物基础形式多样，基坑北侧的A1高速高架桥、东侧的A2立交桥为重点保护对象。其中，A2立交桥大部分桥桩桩端浅于基坑底，部分为摩擦桩，摩擦桩桩端主要为角砾状断裂破碎带、强风化变质石英砂岩，桩端持力层及基础形式不利于对桥梁的保护。表1为场地周边建（构）筑物信息统计，图1为基坑周边环境情况。

场地周边建（构）筑物信息统计　　**表1**

编号	建筑类型	基础类型	桩长(m)	桩径(m)	与基坑最小水平净距(m)
A1	高速高架桥	群桩基础/局部灌注桩	8.4/22.2～26.7	0.3×0.3方桩/1.2～1.5	18.5
A2	立交桥	桩基础	21.7～40.0	1.2	33.4
B1	商铺	天然基础	—	—	14.8
B2	6层住宅	天然基础	—	—	29.5
C1	14层住宅	人工挖孔桩	7.0～12.8	1.2～1.8	57.4
C2	10层住宅	人工挖孔桩	16.0～20.0	1.6	58.9
D1	8层学生楼	灌注桩基础	14.0	0.5	12.7
D2	8层学生楼	灌注桩基础	14.0	0.5	38.0
E1	3层酒店	条形基础	—	—	61.0
E3	2层商铺	条形基础	—	—	65.2
F1	9层住宅	预应力管桩	6.6～14.8	0.4	32.8
F2	宿舍楼	预应力管桩	12.0	0.5	52.5

截至2021年12月5日，该基坑部分轴段已开挖至第三道撑处，根据监测数据，基坑

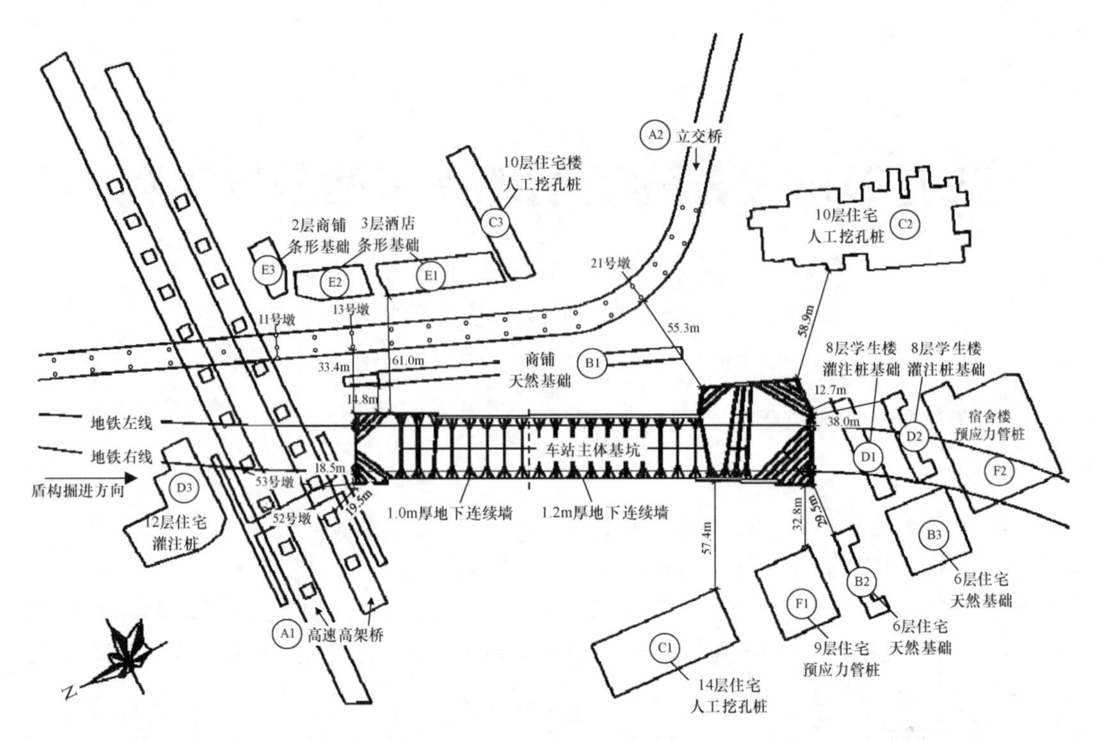

图 1　基坑周边环境情况

已出现两处黄色预警，一处橙色预警：其中地下连续墙变形最大处（基坑东侧 ZQT05 测点），地下连续墙变形累计变化值已达到 94.23mm（2021 年 5 月 4 日～2021 年 11 月 9 日）；A2 立交桥部分测点超预警值，桥墩累计最大沉降量为 73.20mm，桥墩沿横向累计最大倾斜量为－1.98‰（2021 年 3 月 13 日～2021 年 12 月 7 日）；A1 高速高架桥桥墩累计最大沉降量为－2.02mm，累计最大隆起量为 3.35mm（2021 年 3 月 13 日～2022 年 1 月 4 日）。

为防止险情进一步发展，车站基坑①轴至⑬轴区段暂停施工。本文针对该深基坑工程进行了简单概述，并针对基坑变形及桥梁位移较大的原因进行初步分析，提出了后续施工的建议。

二、工程及水文地质条件

1. 场地工程地质条件

本地铁车站地貌为丘间冲洪积谷地地貌，地形较平坦，高程 13.00～18.20m。

根据本次钻探揭露，本场地各岩土分层及其特征如下：

②人工填土：主要为黏性土，含碎砖等建筑垃圾。

$②_1$ 粉细砂：饱和，稍密～中密，局部松散，主要为粉细砂，主要成分为石英。

$②_2$ 中粗砂：饱和，稍密，局部松散，局部含较多粉细砂，主要成分为石英。

③ 可塑状粉质黏土：湿，可塑，成分以黏粒为主，干强度中等，局部含较多粉细砂。

④ 粉土：很湿，密实状，主要为粉黏粒组成，干强度中等，黏性较好，压缩性中等。

⑤ 粉质黏土：可塑状，干强度中等，为粉砂岩风化残积土，含少量风化残留碎屑。

⑥₁ 全风化炭质页岩：原岩风化剧烈，岩石结构基本破坏，岩芯呈硬土状，遇水易软化。

⑥₂ 全风化粉砂岩：风化强烈，岩石结构基本破坏，岩芯呈坚硬土状，遇水易软化崩解。

⑦₁ 强风化炭质页岩：原岩风化强烈，岩芯呈碎块状，手掰易断，局部夹中风化岩块。岩质极软，岩体极破碎，岩石基本质量等级为Ⅴ级。

⑦₂ 强风化粉砂岩：遇水易软化崩解。岩质极软，岩体极破碎，岩石质量等级为Ⅴ级。

⑧ 中风化灰岩：局部有溶蚀现象，节理裂隙发育。岩质软～较软，岩体较破碎，岩石基本质量等级为Ⅴ～Ⅳ级。岩石饱和单轴抗压强度值为13.2～21.0MPa，平均值为17.2MPa。

⑨ 微风化灰岩：节理裂隙稍发育。岩质较硬～坚硬，岩体较完整，岩石基本质量等级为Ⅲ～Ⅱ级。岩石饱和单轴抗压强度值为32.0～93.3MPa，平均值为61.6MPa。

场地土层主要物理力学参数见表2。

场地土层主要物理力学参数 **表2**

土层代号及名称	重度 γ (kN/m³)	直接剪切		含水量 w (%)	孔隙比 e	压缩模量 E_s (MPa)	渗透系数 k(cm/s)	透水性
		c(kPa)	φ(°)					
①人工填土	19.0	10.0	10.0	—	—	$E_0=5.0$	2.3×10^{-3}	弱～中等透水
②₁ 粉细砂	18.5	0.0	25.0	—	—	$E_0=10.0$	5.8×10^{-3}	中等透水
②₂ 中粗砂	19.0	0.0	30.0	—	—	$E_0=9.0$	1.4×10^{-2}	强透水
③粉质黏土	19.2	21.0	15.0	30.2	0.84	5.3	1.2×10^{-5}	弱透水
④粉土	21.9	24.0	16.8	13.2	0.37	$E_0=12.0$	5.8×10^{-5}	弱透水
⑤粉质黏土	18.9	25.0	17.5	29.1	0.84	5.8	1.2×10^{-5}	弱透水
⑥₁ 全风化炭质页岩	19.6	30.0	18.0	25.3	0.73	6.5	4.6×10^{-5}	弱透水
⑥₂ 全风化粉砂岩	19.0	33.0	20.0	27.3	0.81	7.1	4.6×10^{-5}	弱透水
⑦₁ 强风化炭质页岩	21.3	35.0	25.0	18.5	0.51	$E_0=110.0$	2.9×10^{-3}	中等透水
⑦₂ 强风化粉砂岩	19.0	45.0	23.0	28.4	0.82	$E_0=100.0$	2.9×10^{-3}	中等透水
⑧中风化灰岩	25.6	500.0	29.0	—	—	$f_r=17.2$MPa	1.7×10^{-3}	中等透水
⑨微风化灰岩	26.8	1000.0	35.0	—	—	$f_r=61.6$MPa	2.3×10^{-4}	弱透水

2. 水文地质条件

场地勘察范围内所有钻孔均遇见地下水，勘察期间测得各钻孔地下水初见水位埋深为0.63～3.00m，平均1.63m。勘察期间在场地南边B29～B33号钻孔孔口呈泉状涌出，为承压水，承压水水位高出地面0.60～2.00m。场区内地下水类型主要可分为：

(1) 上层滞水。主要赋存于①填土层中，水量一般不大，透水性弱～中等。

（2）第四系松散层孔隙水。主要赋存于②$_1$ 粉细砂层、②$_2$ 中粗砂层孔隙中，厚度 0.80～4.40m，富水性一般，透水性中等～强。

（3）基岩裂隙水。一般为承压水，主要存储于裂隙发育并呈开放状态的⑦$_1$ 强风化炭质页岩、⑦$_2$ 强风化粉砂岩、⑧中风化灰岩等岩层中。基岩裂隙水水位普遍在现地面以下。地下水在 B30、B32、B33 号钻孔孔口呈泉状涌出，水位高出地面 0.60～0.64m。局部裂隙发育地段水量较大，可能引发基坑突涌。

（4）碳酸盐岩类岩溶水。大部分岩溶水为承压水，主要赋存在⑧中风化灰岩等岩层中。钻孔资料显示，部分地段炭质灰岩和灰岩强风化带、中等风化带受断裂挤压影响，岩体破碎，富水性中等。

（5）构造裂隙水。构造裂隙水主要赋存于强、中风化构造角砾岩中，为承压水。破碎带富水性差异较大。局部构造裂隙发育地段水量较大。车站主体结构部分底板落在断裂破碎带上，该断裂破碎带透水性好，易发生透水、底涌现象。

三、基坑支护设计

1. 基坑支护平面

基坑①～⑨轴地面场平标高 15.1m，该段基坑开挖深度约 37.0m，基坑长度 93.0m，围护结构采用 1000mm 厚地下连续墙＋5 道混凝土支撑；⑨～㉑轴地面场平标高 12.9m，该段基坑开挖深度约 35.0m，基坑长度 144.0m，围护结构采用 1200mm 厚地下连续墙＋5 道混凝土支撑。地下连续墙嵌固深度：中风化 3.0m，微风化 2.0m，全风化、强风化岩 12.0～18.0m。基坑支护平面布置（第一道撑）见图 2。

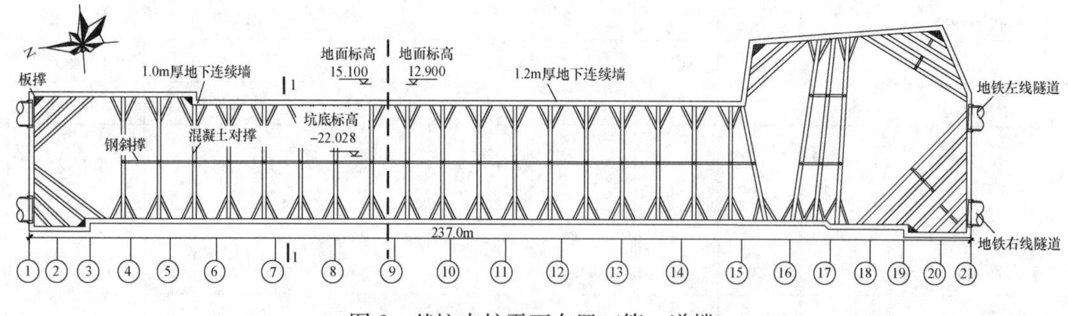

图 2　基坑支护平面布置（第一道撑）

2. 基坑围护典型剖面

基坑采用五道混凝土支撑，局部采用混凝土板撑，厚度 300mm。支撑立柱采用混凝土钢管结构柱。基坑支护 1-1 剖面见图 3。

3. 基坑典型工程地质剖面

项目基坑东西两侧岩面、岩性相差甚大，东侧岩面低、岩性较差，东侧地下连续墙墙底主要嵌入强风化粉砂岩，墙趾被动区提供的嵌固反力相对较弱。北侧地下连续墙主要嵌入中风化灰岩，且基坑北侧一个钻孔揭露有断裂带。基坑底主要位于全风化及强风化粉砂岩，局部中风化灰岩。

基坑东侧地质剖面见图 4。

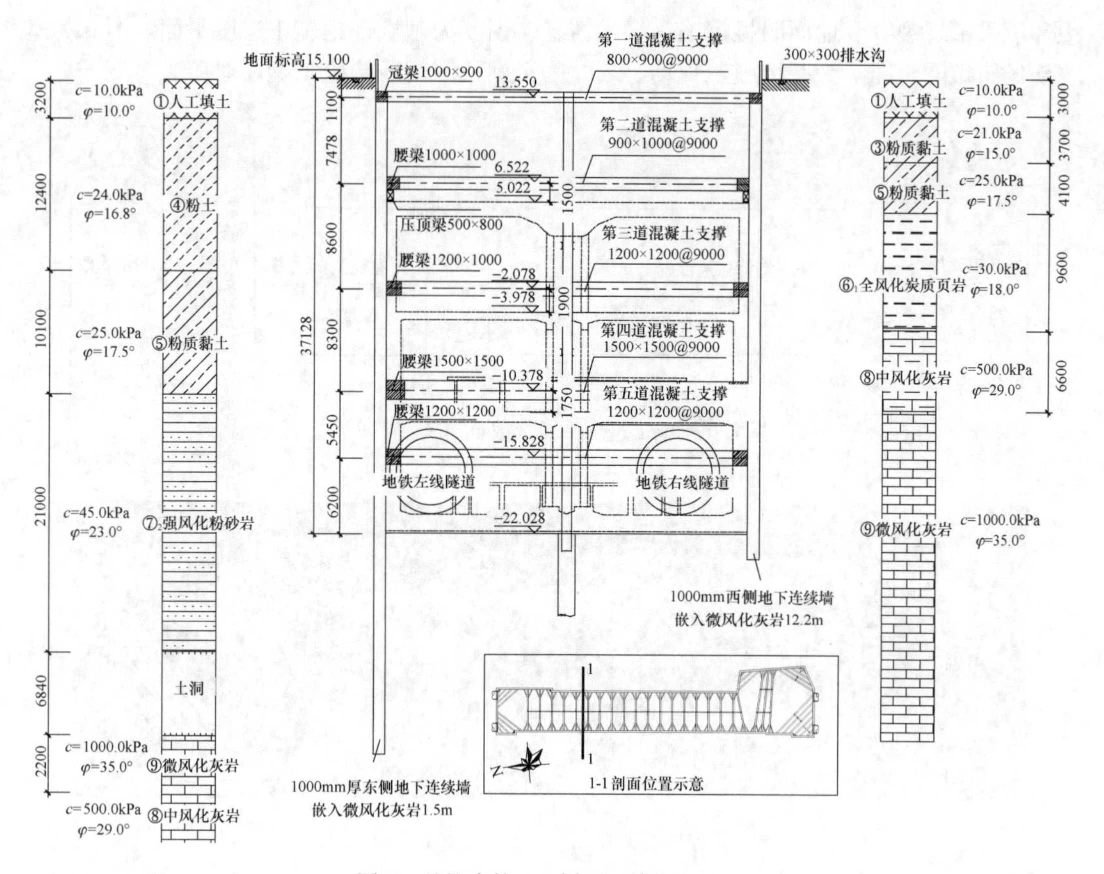

图 3　基坑支护 1-1 剖面（单位：mm）

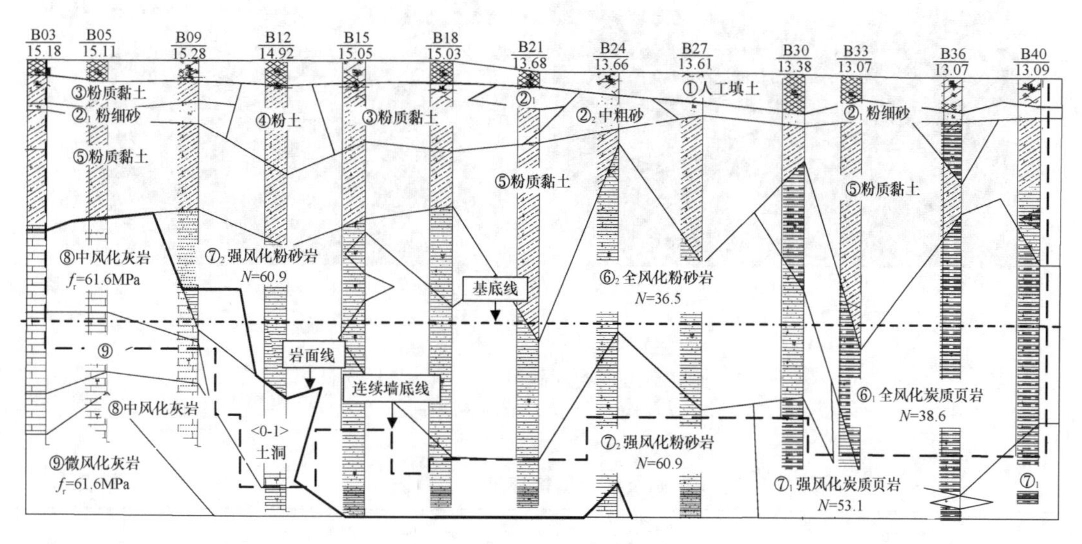

图 4　基坑东侧地质剖面

四、基坑施工进展情况

截至 2021 年 12 月 5 日，车站基坑①轴至⑬轴区段处于停工状态，基坑围护结构及周边环境未出现裂缝及地面明显沉陷等异常情况。图 5 为基坑开挖施工进度平面，图 6 为基坑现场俯瞰图，图 7 为基坑施工现场。表 3 为车站及区间盾构施工顺序对照。

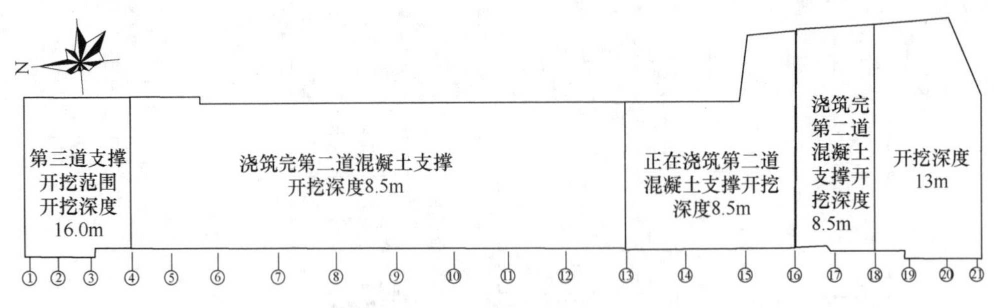

图 5　基坑开挖施工进度平面（截至 2021 年 12 月 5 日）

图 6　基坑现场俯瞰图（截至 2021 年 12 月 5 日）

(a)

(b)

图 7　基坑施工现场（截至 2021 年 12 月 5 日）

（a）基坑北面；（b）基坑南面

车站及区间盾构施工顺序对照　　**表 3**

时间段	施工阶段	
	地铁车站	地铁车站站先隧后站盾构区间
2021 年 3 月 31 日至 5 月 2 日（33d）	3 月 31 日冠梁及第一道支撑施工至⑧轴；3 月 31 日开挖至第二道支撑④轴（开挖深度 8.5m，开挖长度 25m）	—

续表

<table>
<tr><th rowspan="2">时间段</th><th colspan="2">施工阶段</th></tr>
<tr><th>地铁车站</th><th>地铁车站站先隧后站盾构区间</th></tr>
<tr><td>2021年3月31日至5月2日（33d）</td><td>4月14日开挖至第二道支撑⑥～⑦轴（开挖长度55m）；
4月27日开挖至第一道支撑⑫轴，第三道支撑③轴；
5月2日开挖至第二道支撑⑦轴（开挖长度65m）</td><td>左线4月14日进站，4月16日进站至10.5m，4月27日进站至15m</td></tr>
<tr><td>2021年5月2日至5月8日（6d）</td><td>开挖至第二道支撑⑦～⑧轴（开挖深度8.5m，开挖长度70m）</td><td>左线5月2日进站22m；5月4日进站48m；
5月6日进站69m；5月7日进站76.5m；
右线5月6日到达车站</td></tr>
<tr><td>2021年5月8日至5月21日（13d）</td><td rowspan="2">5月21日开挖至第一道支撑⑬轴（开挖深度1.1m，开挖长度136m）；
5月21日开挖至第二道支撑⑪轴（开挖深度8.5m，开挖长度115m）；
4月22日～5月18日第三道支撑开挖完成①～③轴（开挖深度15.7m，开挖长度22m）</td><td>5月9日，左线进站96m，右线进站21m。
5月21日，左线进站222m，右线进站66m</td></tr>
<tr><td>2021年5月22日</td><td>5月22日，左线进站228m，右线进站70.5m</td></tr>
</table>

五、基坑监测结果分析

1. 监测平面布置

基坑监测平面布置如图6所示。

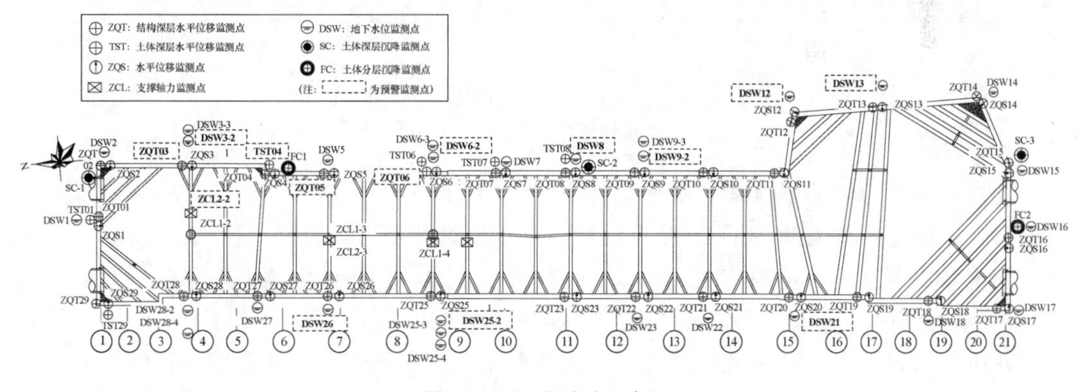

图8 基坑监测平面布置

2. 监测结果分析

1）地下连续墙深层水平位移

图9为截至2021年9月30日的基坑东侧靠近桥墩沉降较大的A2立交桥一侧监测点ZQT03和ZQT05处地下连续墙结构深层水平变形曲线。其中，地下连续墙变形最大区域为ZQT05测点区域，地层为＜5N-1＞粉质黏土，地下连续墙变形累计变化值94.23mm

(深度约 16.5m)，变化速率 0.13mm/d，超橙色预警。

可以看出，由于基坑 3－11 轴开挖到第二道支撑底尚未及时施作第二道支撑时，下方左线盾构开始进站，且盾构隧道外壁紧贴地下连续墙边缘，掘进过程中出现了针对盾尾空隙“欠注浆”的情况，此时基坑存在较大的临空面，且盾构掘进对土层的扰动较大，两者叠加作用下，导致了 ZQT05 地下连续墙水平位移最大值出现在开挖面下方，地下连续墙发生较大变形。

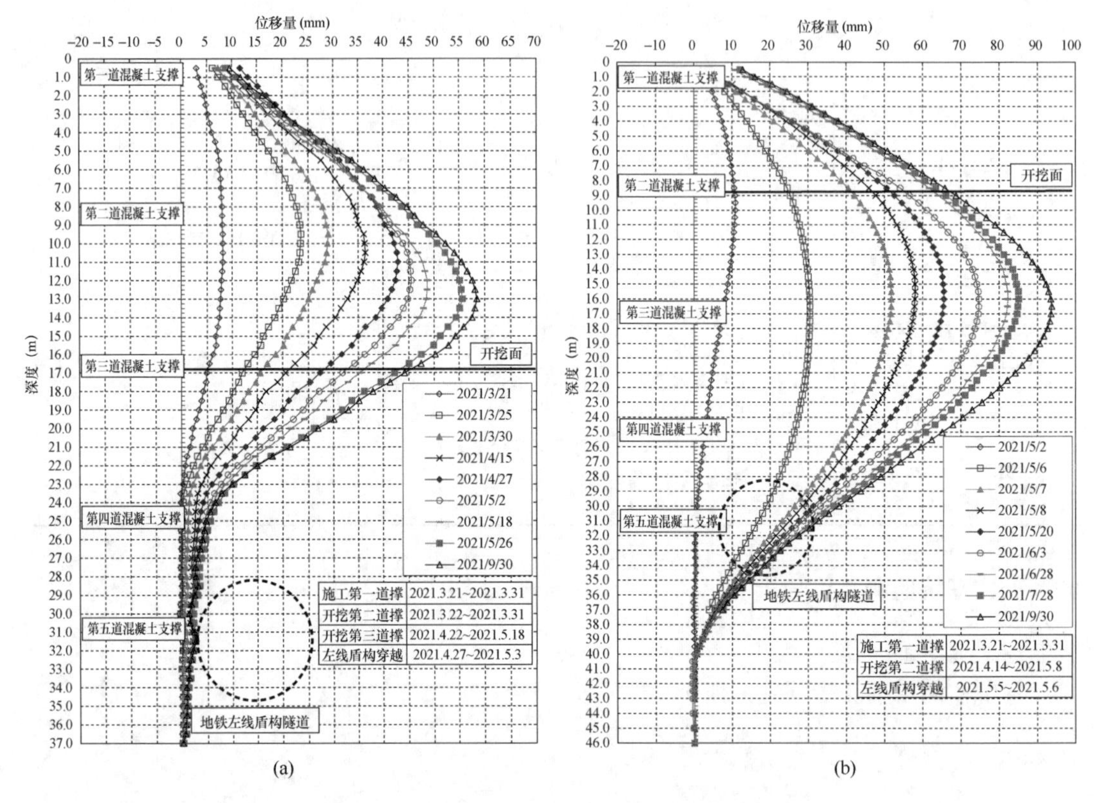

图 9　地下连续墙深层水平位移发展曲线

(a) ZQT03 测斜孔；(b) ZQT05 测斜孔

此外，基坑西侧地下连续墙水平变形与东侧相比均较小，截至 2021 年 9 月 30 日，西侧地下连续墙变形较大的 ZQT26 测点区域，地下连续墙变形累计变化值 22.61mm（深度约 0.5m)，以及 ZQT26 测点区域，地下连续墙变形累计变化值 12.73mm（深度约 0.5m)。两个测点区域变形最大处均表现为向基坑外侧方向的变形，且地下连续墙“鼓肚子”效应不明显。可见，基坑东侧地下连续墙向基坑内侧的变形对西侧地下连续墙变形有一定影响，同时基坑西侧较好的地质条件有利于抑制该处地下连续墙的变形。

2）混凝土支撑轴力

图 10 为截至 2021 年 12 月 5 日部分监测点处混凝土支撑轴力随时间发展曲线。可以看出，混凝土支撑轴力监测点 ZCL2-2 的累计轴力值为 12792.2kN，超黄色预警（累计变化值超控制值 80%，即 11600kN)，测点 ZCL2-2 数据自 2021 年 5 月 2 日开始有所增长，也侧面印证了下方盾构掘进对 ZQT03 地下连续墙向基坑内侧变形有一定影响。

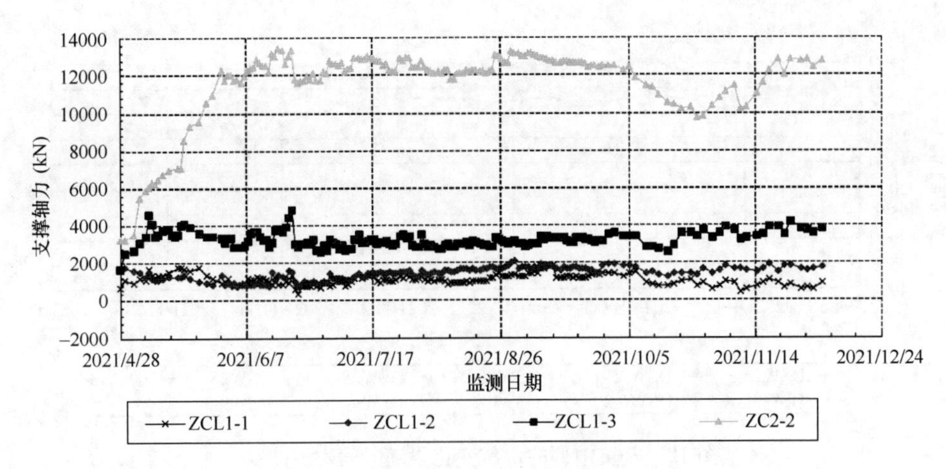

图 10　混凝土支撑轴力随时间发展曲线

3）地下水位

本项目有 9 个监测点地下水位累计变化值超预警值。图 11、图 12 分别为截至 2021 年 12 月 5 日基坑北侧端头及中部的水位变化量随时间发展曲线。图中可以看出，基坑东侧靠近 A2 立交桥一侧的点位 DSW9-2 累计变化值最大，为－3598mm，变化速率－96 mm/d，超Ⅲ级红色预警。结合基坑底位于强风化粉砂岩和全风化粉砂岩，这两种岩层均遇水易软化崩解，且强风化岩块夹砂土特性，渗透性中等，因此，在坑内抽水、裂隙水以及盾构穿越扰动下，强风化岩体沿发育裂隙逐渐被搬移掏空，导致地下连续墙提供的被动区土压力的嵌固作用逐步降低，产生了较大的地下连续墙侧向位移。

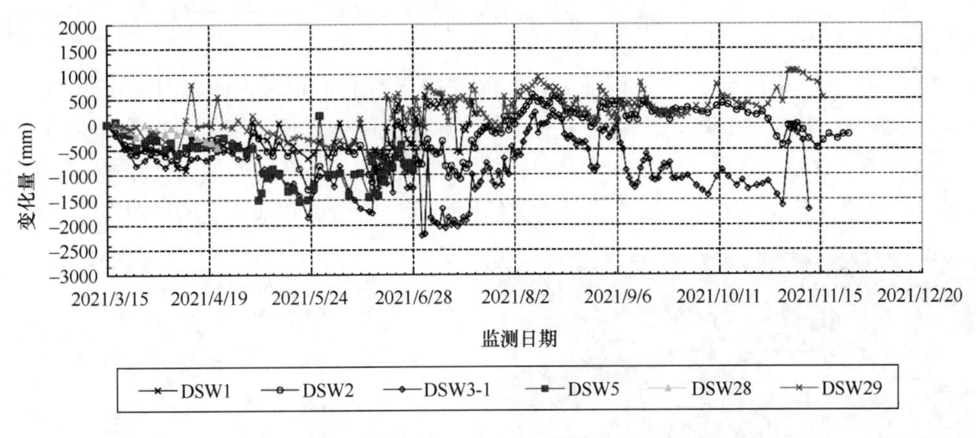

图 11　基坑北侧端头的水位变化量随时间发展曲线

3. 桥梁沉降监测及处理措施

图 13 为截至 2021 年 6 月 10 日 A2 立交桥桥墩沉降随时间发展曲线。可以看出，2021 年 5 月 22 日基坑东侧 A2 立交桥出现异常的不均匀沉降，19-2 号桥墩监测点：当日变化量为－30.60mm，累计变化量为－47.08mm，达到红色预警，超过设计预警值 24mm，其他桥墩监测点累计变化量在－13.74～33.53mm 之间。

为保证后续施工安全，A2 立交桥对桥梁采用临时支撑托换的方式进行加固，沿纵桥向在 19～23 号桥墩两侧各设置一排临时支撑，临时支撑按承担全部上部荷载设计，临时钢支

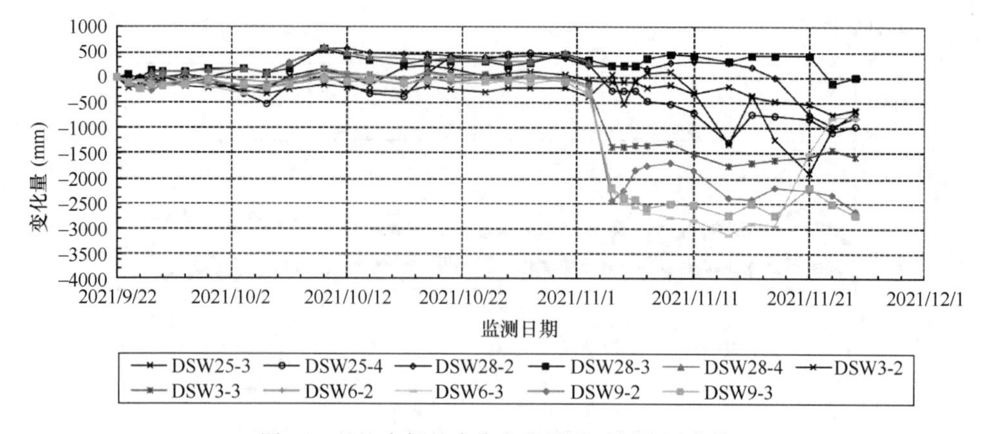

图 12　基坑中部的水位变化量随时间发展曲线

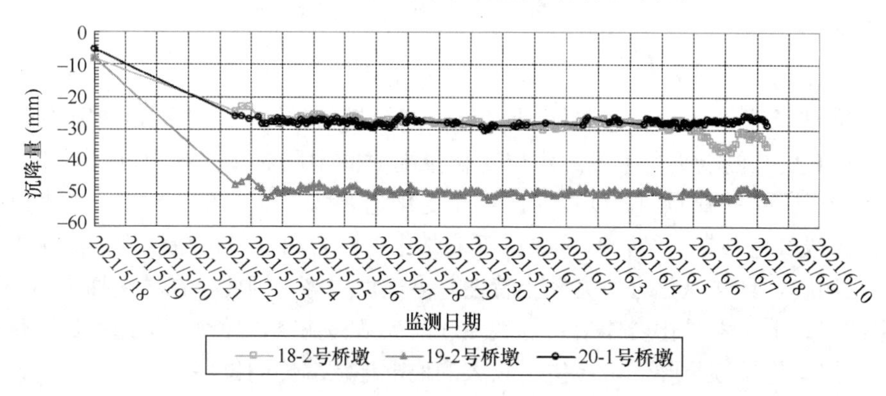

图 13　桥墩沉降随时间发展曲线

撑施工完成后，立即用千斤顶顶起钢横梁将临时支撑与空心板顶紧，由临时支撑承担 10%～50%的上部荷载。若桥墩沉降等病害进一步发展，则再次用千斤顶顶起主梁，使临时支撑承担 100%上部荷载。2021 年 5～6 月针对桥梁 19～23 号桥墩加固已完成，加固效果较好，桥梁沉降稳定，部分测点已经低于原本红色预警或黄色预警值。桥墩加固施工现场见图 14（a）。

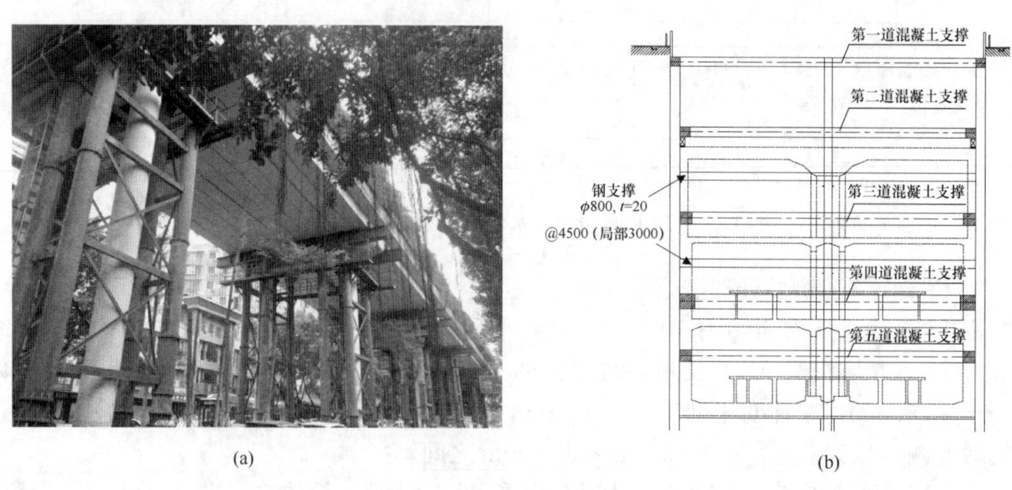

图 14　加固施工措施

（a）桥墩加固施工现场；（b）基坑增加钢支撑方案

针对基坑东侧地下连续墙测斜位移报警，将在基坑③～⑪轴范围内的第二道混凝土支撑与第三道混凝土支撑、第三道混凝土支撑与第四道混凝土支撑之间各增设一道钢支撑桥墩加固，基坑增加钢支撑方案见图 14（b）；由于基底岩层具有中等透水性，将利用袖阀管对本地铁车站基底进行注浆堵水。

六、点评

本地铁车站在主体基坑施工过程中，出现了地下连续墙变形较大及桥梁沉降预警的情况，根据工程地质资料及监测数据分析结果，初步分析原因如下：

（1）场地的岩面起伏较大，且不同岩性的土层交替出现。东侧岩面、岩性相比西侧降低很多，故东侧地下连续墙墙趾被动区提供的嵌固反力相对较弱。

（2）基坑采用“先隧后站”工法，由于盾构隧道外壁紧贴地下连续墙内边缘，掘进过程中出现了盾尾空隙“欠注浆”的情况，盾构掘进扰动土层，对地下连续墙变形有一定叠加影响。

（3）由于地下连续墙墙趾处土层具有中等透水性，且遇水易软化，在坑内抽水、裂隙水以及盾构穿越扰动下，地下连续墙被动区的嵌固作用逐步降低，诱发了较大的地下连续墙侧向位移。

（4）基坑北侧及东侧地下连续墙墙底嵌入的强风化粉砂岩及中风化灰岩具有中等透水性，基岩裂隙水水量较丰富且渗流机理及水力联系复杂，坑内降水易诱发远处桥梁结构的沉降。

为保证该深基坑工程自身施工安全及周边桥梁的运营安全，建议：

（1）对于场地工程与水文地质复杂的基坑，地下连续墙的隔水效果存在一定的不确定性，应当结合具体地质情况对基坑止水及隔水进行有针对性的设计；同时，在基坑内降水开挖的过程中，需加强对周边地下水水位的监测和管控工作。

（2）当基坑地下连续墙墙趾处岩层具有遇水易软化的工程特性时，应针对基坑渗水通道及时封堵，严格控制水土流失，使地下连续墙的被动区抗力有一定安全储备。

（3）根据监测数据分析结果，基坑采用“先隧后站”工法时，应重点关注开挖面下盾构施工影响范围内地下连续墙的变形，在开挖过程中加强注浆质量控制，以确保连续墙墙体结构的安全。

（4）当该类基坑邻近桥梁时，应制定工前桥梁结构检测、桥梁专项监测方案；当桥梁预警发生时，应针对桥桩的桩端持力层特性，及时制定合理、有效的桥梁支顶加固处理方案，确保极端不利情况下桥梁的结构和运营安全。

鉴于本地铁车站深基坑尚未完工，后续将结合监测数据和施工进展情况对深基坑变形及桥梁沉降原因做更深入的分析及研究。

斯里兰卡 ODEL 商场扩建项目一期基坑工程

王洲亚[1]　贾瑞华[1]　郭　枫[2]　童　念[1]　陈浩然[3]　郭红仙[3]

（1. 中建国际建设有限公司，北京，100029；

2. 中建三局基础设施建设投资有限公司，武汉，430074；

3. 清华大学土木工程系，北京　100084）

一、工程简介及特点

斯里兰卡 ODEL 商场扩建项目一期工程位于科伦坡七区，占地面积约 5500m^2，建筑高度 40.05m。地下 5 层为停车场及设备用房，地上 8 层为商场、电影院、餐厅及公寓。扩建后的 ODEL 商场将成为斯里兰卡顶级的商业中心和科伦坡地区的地标性建筑，同时也是斯里兰卡首个实现 5 层地下停车功能的商业建筑。

该工程基坑周长约 310m，基坑面积约 4800m^2，最大开挖深度 17.55m，基坑周边紧邻居民建筑，平均距离 2～3m，最小距离 1.4m。一期工程地下结构为 5 层地下室，土方总开挖量约为 76800m^3。

项目所在地地势较为平坦，自然地面的相对海拔高度为±0.000，但基坑周边环境较为复杂，周边涵盖市政厅、古建筑、医院、公园、清真寺等建筑设施。如图 1 所示，项目北侧为现存的 ODEL 商场，南侧为加油站，西侧为城市主路，东侧为 2～5 层的砖混结构建筑区。因此，该项目施工过程中可能面临较大的交通压力，基坑开挖过程应当严格监测，避免周围建筑出现大幅度沉降或开裂。此外，斯里兰卡对环境保护的要求很高，噪声、灰尘、水污染和建筑垃圾均有相应的控制标准。

图 1　基坑周边环境示意

二、工程地质条件

1. 场地工程地质及水文地质条件

场地土层从上到下均为砂层，局部分布有机质黏土和淤泥，有机质黏土淤泥层埋深有差异，岩层埋深 25～29m，地下水位平均埋深 1.6m。以地勘点 04 为例，土层参数见表 1。

地勘点 04 土层参数 **表 1**

土层	深度	土层名称	SPT 锤击数 N	c' (kPa)	φ' (°)	c_u (kPa)
②$_2$	1.30	松砂	9	28		
②$_3$	2.30	中密砂	24	32		
②$_5$	3.30	高密黏质砂土	>50	38	5	
②$_5$	4.30	含泥炭黏质砂土	>50	36	5	
②$_5$	5.30	高密黏质砂土	>50	38	5	
	6.30		>50	38	5	
③$_6$	7.80	砂质硬黏土	>50			200
③$_4$	9.30	硬黏土	14			75
②$_5$	10.80	高密黏质砂土	>50	38	5	
	12.30		>50	38	5	
	13.80		>50	38	5	
	15.30		>50	38	5	
	16.80		>50	38	5	
	18.30		>50	38	5	
④$_5$	19.80	高密黏质砂土	>50	40	10	
	21.00		>50	40	10	

2. 基坑代表性钻孔地质剖面（图 2）

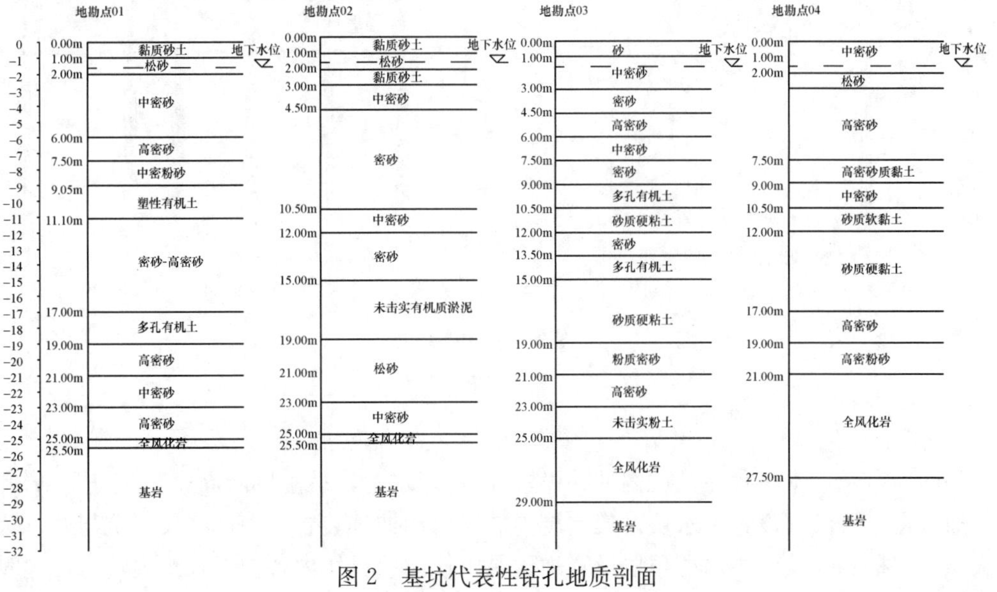

图 2　基坑代表性钻孔地质剖面

三、支护结构及地下水控制设计

1. 支护结构方案

基坑竖向围护结构采用地下连续墙，其长度、厚度和嵌固深度分别为 27m、0.6m 和 11.3m；水平支撑采用混凝土内支撑方案（角撑＋对撑＋连杆），共设置三道支撑，层间距为：第一层 4.8m，第二层 5.6m，第三层 4.45m。

支护系统设计时，考虑到基坑面积较大，基坑形状不规则，将整个支护结构设计为相对独立的两个支护系统，如图 3 所示。同时在出土口位置设置独立于支护系统外的混凝土栈桥，以改善运土环境，提高土方开挖及外运效率，缩短土方开挖工期。

图 3　基坑支护系统划分

2. 栈桥及平台设计

施工阶段在基坑东北角设置一处栈桥板，栈桥板平面尺寸为 9.5m×50m，厚度为 250mm，配筋为Φ 16@150 双层双向，栈桥板混凝土强度等级为 C30；栈桥设置格构柱桩 16 根，其中与支撑共用格构柱 9 根，栈桥坡度为 1∶7，栈桥示意如图 4 所示。

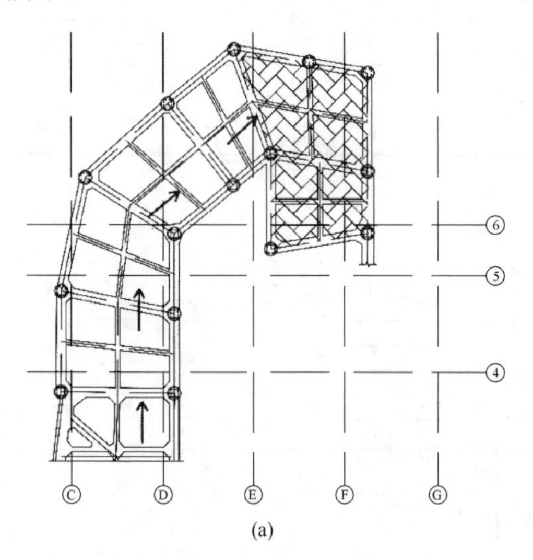

(a)

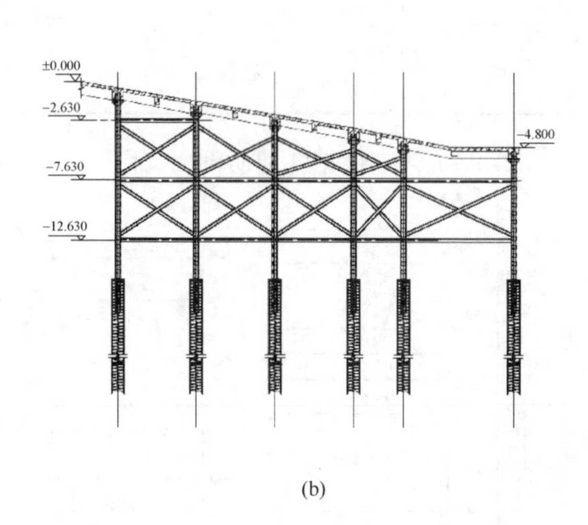

(b)

图 4　栈桥示意

(a) 平面图；(b) 立面图

3. 降水

如图 5 所示，本工程在基坑内部共设置 23 口降水井，沿基坑四周设置 8 口监测井。

通过在基坑底部设置集水坑，集水坑内放置自动抽排装置，而后将集水坑与基坑顶部的大型蓄水桶相连接，蓄水桶位置设置加压泵以便向项目场内各位置长距离输水，同时蓄

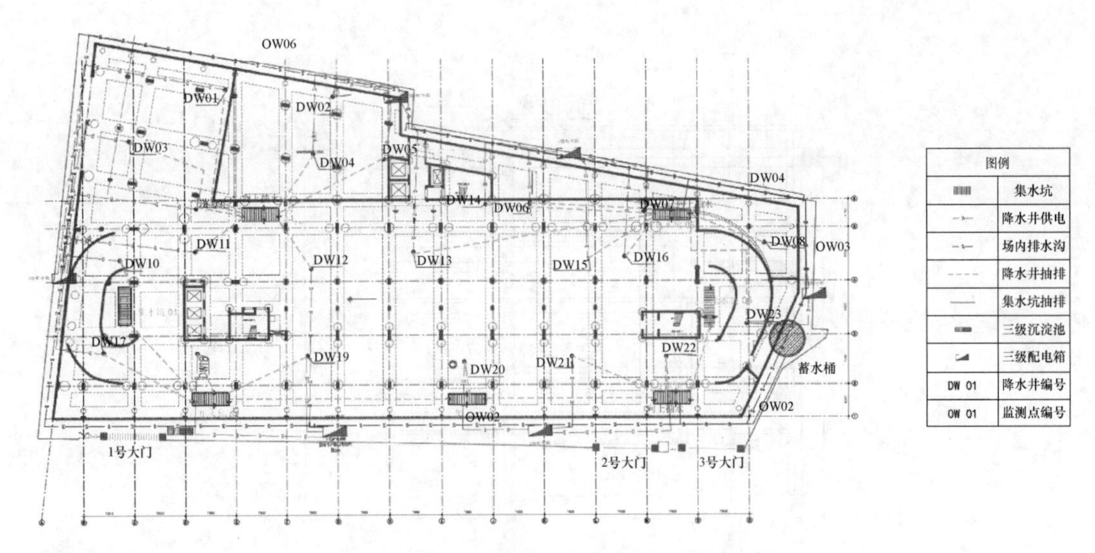

图 5　降水井平面布置及降水循环利用示意

水桶设置满溢口，多余溢出水通过基坑周边的排水沟排入三级沉淀池，而后排入市政雨水管网。开工以来的场内冲洗、喷淋、养护、支撑拆除用水全部由降水井提供，极大地节约了临水使用成本。

四、基坑支护典型平面及剖面

基坑支护典型平面和剖面分别如图 6 和图 7 所示。

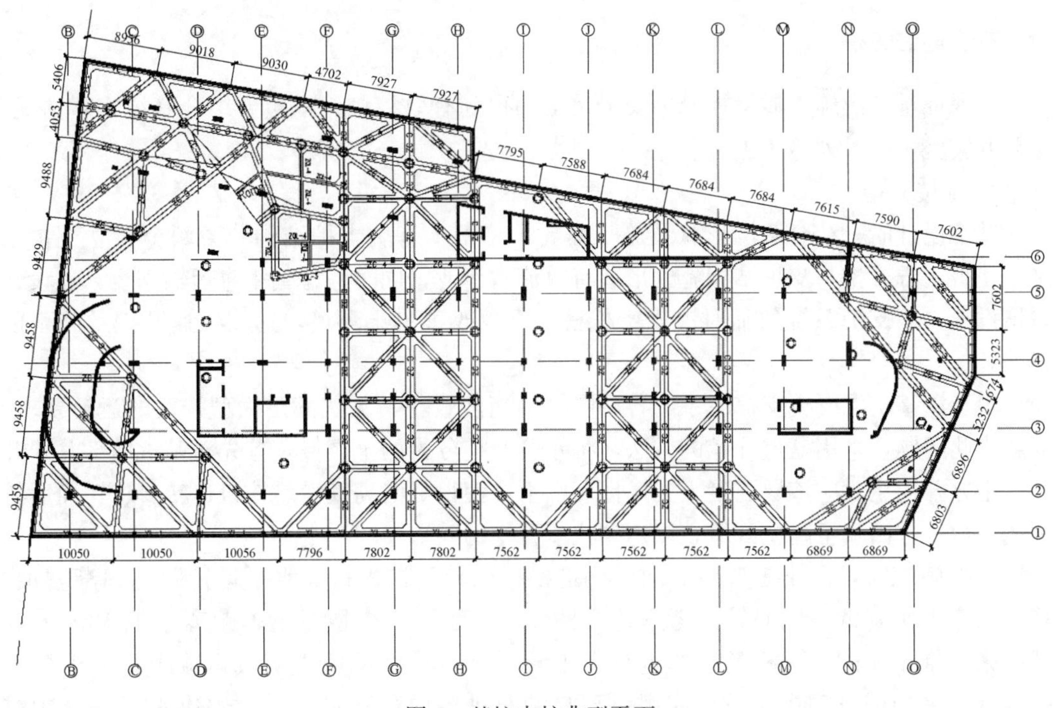

图 6　基坑支护典型平面

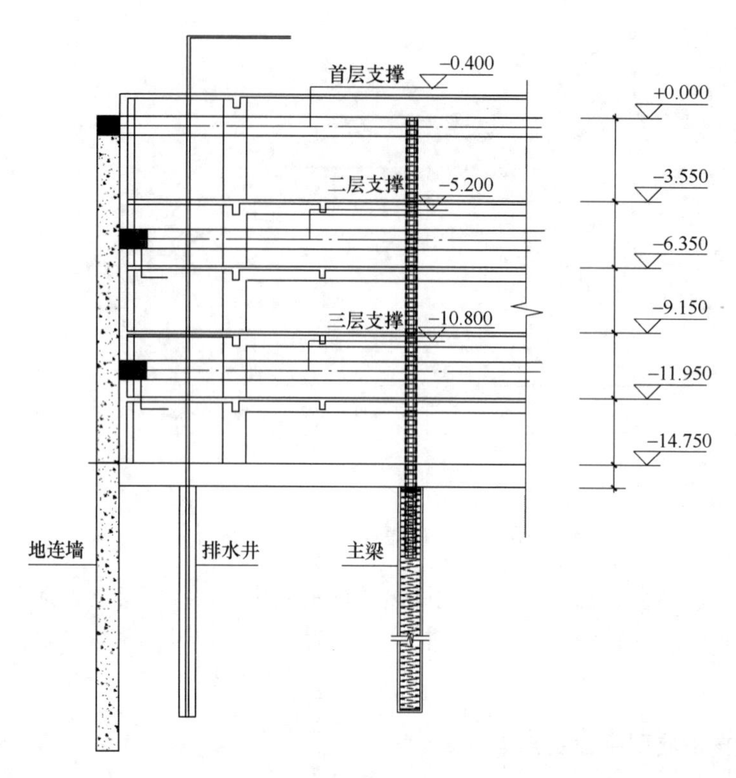

图 7　基坑支护典型剖面

五、施工工法

为保证基坑的施工质量控制、安全及工期得到有效控制，承包方结合基坑实际情况，编制并实施了一系列施工工法。

1. 基坑开挖

基坑设计时，结合基坑形状及施工需要，将整个基坑支护结构分为两个独立支护系统，使得土方开挖与支护结构施工形成有效流水作业，同时考虑到垂直运输需要，在设计时增设独立于支护系统的临时混凝土栈桥，有效改善出土环境，达到快速开挖及施工的目的。

由于深基坑混凝土支撑体系的各层支撑间高度较小，无法满足大型挖机的运转要求。为解决此问题，采用盆式开挖的方法，将基坑开挖分为两个区域，首先对基坑内部盆式开挖，土方开挖至对应该层混凝土支撑标高以下，使得竖向高度满足挖机运转要求，而后将两侧预留土方回填至超挖区域，以达到快速开挖的效果。

盖挖施工时，由出土口位置向内侧进挖，随着开挖进行，水平运输距离逐渐增加，转运效率逐渐降低，同时综合考虑地质特性，对于致密砂层及运输距离小于 50m 的区域，采用推土机配合挖机的方式进行水平转运；对于淤泥质土层或运输距离多于 50m 的区域，采用铺设钢板通道，使用小型自卸车进行内部运输，有效解决水平运输困难的问题。

土方开挖施工工法工艺流程如图8所示。

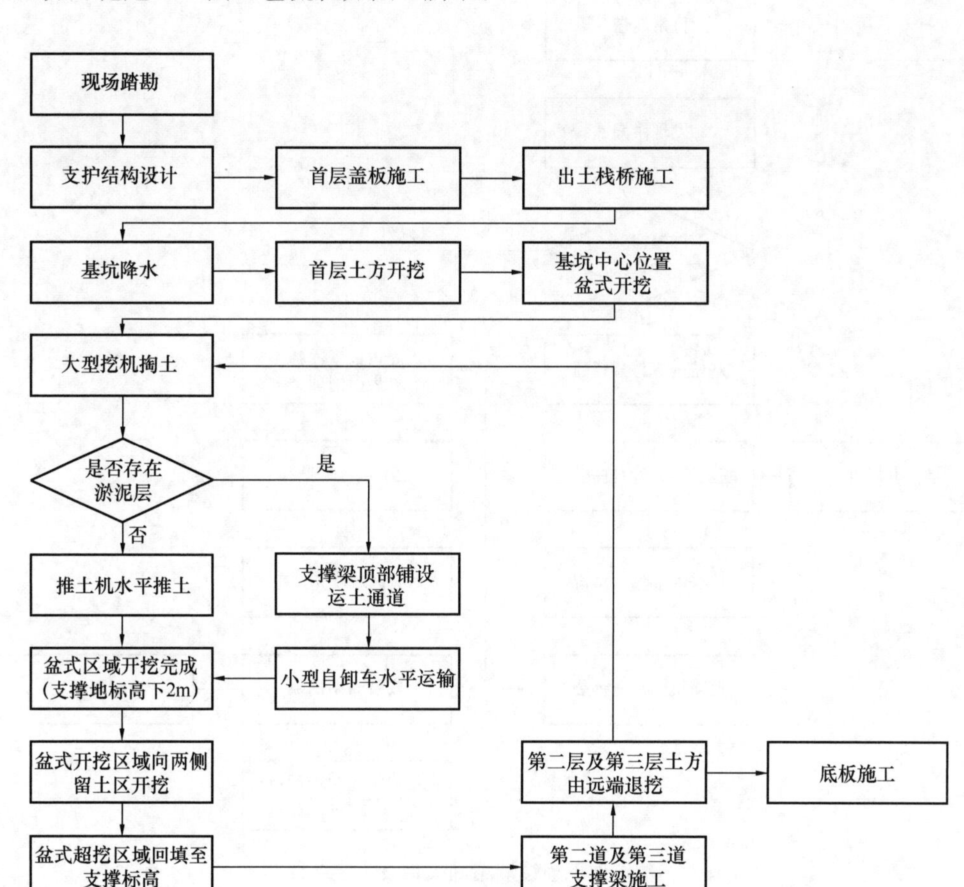

图8　土方开挖施工工法工艺流程

2. 防渗堵漏处理

ODEL商场基坑外侧地下水水位较高，常年位于地表以下1m左右。地下连续墙由业主指定斯里兰卡当地单位进行施工，由于斯里兰卡地区地下连续墙施工工艺不成熟，以及施工单位经验不足，造成地下连续墙施工缝夹泥、止水钢板变形、地下连续墙成孔过程中缩孔等问题。为防止土方卸载后基坑内外平衡破坏引起地下连续墙渗漏，中方公司针对不同的渗漏情况制定了以下堵漏方案，有效解决了地下连续墙渗漏问题（图9）。

（1）渗漏较轻时，可根据渗漏情况进行止水钢板设计及加工，在钢板上焊接注浆管及阀门的泄水孔，对渗漏点周边地下连续墙进行清理及抹平处理后，用膨胀螺栓安装固定止水钢板，并逐步关闭泄水阀，之后使用堵漏王对钢板与地下连续墙缝隙进行封堵，最后紧固膨胀螺栓完成封漏。

（2）渗漏较严重时，首先由人工配合挖机采用沙袋在基坑内部回填反压，然后在外侧打设150mm微型桩，形成止水帷幕，逐步挖除内侧反压沙袋，最后按照（1）中方法使用止水钢板完成封漏。

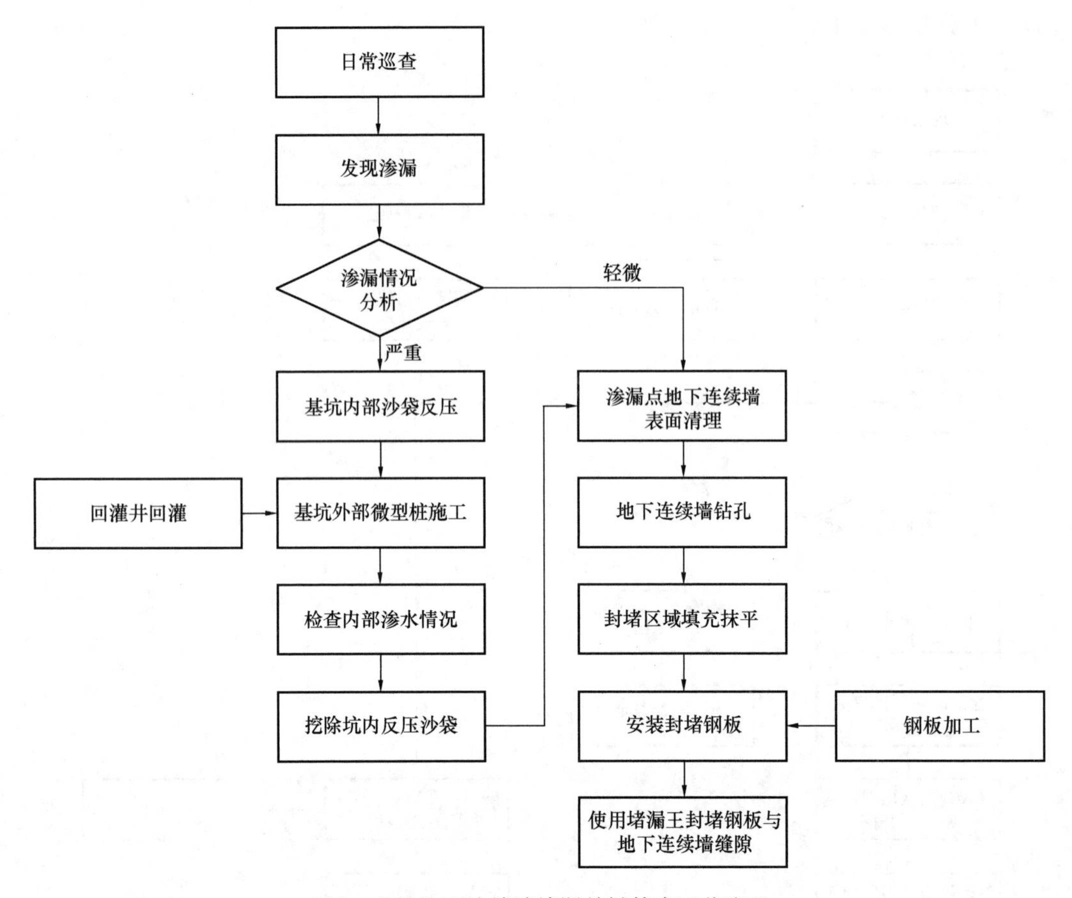

图 9　基坑地下连续墙堵漏关键技术工艺流程

六、基坑监测及简要实测资料

1. 监测项目及要求

在施工期间进行的施工监测项目共 8 项，如表 2 所示。

监测项目　　**表 2**

序号	监测项目	位置或监测对象	仪器	监测精度
1	支护结构顶水平位移和竖向位移	冠梁顶	全站仪	1.0mm
2	地下水位	基坑周边	水位管、水位计	5.0mm
3	建筑物的沉降、倾斜	基坑周边须保护的建筑物	水准仪	1.0mm
4	地表沉降	基坑周围地面	水准仪	1.0mm
5	土体深层侧向位移	靠近围护结构的周边土体	测斜管、测斜仪	1.0mm
6	支撑梁轴力	第二、三道支撑	钢筋应力计	≤1/100（F. S.）
7	孔隙水压力	周围土体	孔隙水压力计	≤1Pa
8	坑底隆起	基底开挖面中部	水准仪	1.0mm

部分监测项目要求如表 3 所示。

部分监测项目控制值及监测频率 **表 3**

项目名称	日变量控制值（mm）	累计变量控制值	监测频率（d/次）
支护结构顶部水平位移	6	最大值 25mm 警戒值 20mm	2
支护结构顶部竖向位移	6	最大值 30mm 警戒值 25mm	2
地下水位	—	500mm	1
地表沉降	5	取 0.2%开挖高度和 50mm 中的较小值	3
土体深层侧向位移	4	最大值 30mm 警戒值 24mm	7
坑底隆起	浇筑底板前稳定，无较大波动		7

2. 监测点平面布置

基坑监测点平面布置如图 10 所示。

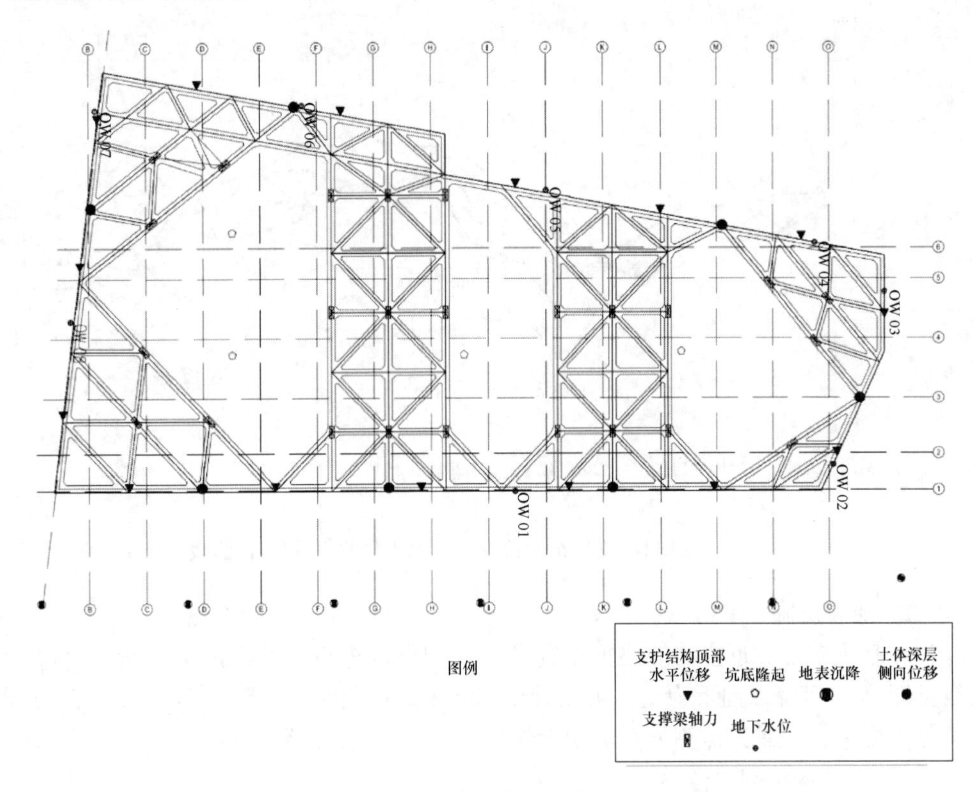

图 10　基坑监测点平面布置

3. 实测资料

基坑施工节点统计如表 4 所示，本节实测资料来自 2019 年 1～9 月的测量数据，1 月时基坑首层盖板施工和首层土方开挖均已完成，9 月中旬基坑底板封底完成。

基坑施工节点统计　　表 4

分部分项工程	开始时间	完成时间	工期（d）
首层盖板施工	2018 年 4 月 26 日	2018 年 12 月 10 日	228
首层土方开挖	2018 年 11 月 27 日	2018 年 12 月 26 日	29
第二道支撑施工	2019 年 1 月 1 日	2019 年 2 月 2 日	32
第二层土方开挖	2019 年 1 月 22 日	2019 年 3 月 22 日	59
第三道支撑施工	2019 年 2 月 11 日	2019 年 4 月 12 日	60
第三层土方开挖	2019 年 3 月 31 日	2019 年 8 月 20 日	142
底板封底	2019 年 6 月 15 日	2019 年 9 月 12 日	89

1）支护结构顶部水平位移

共布置了 16 个测量支护结构顶部水平位移的点位，图 11 给出 7 个具有代表性测量点水平位移量测结果随时间的变化曲线。可见在基坑开挖到底板封底的过程中，该数据未超过警戒值。

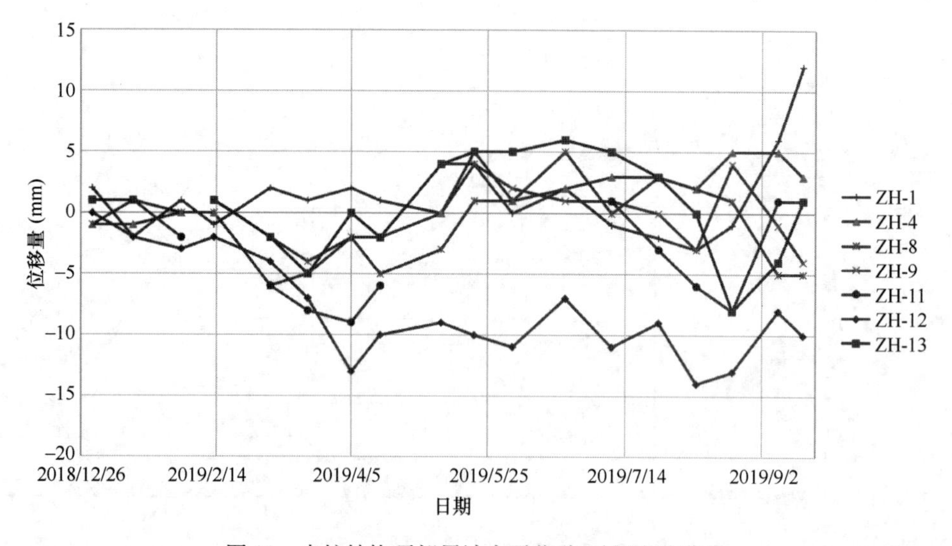

图 11　支护结构顶部累计水平位移-时间变化曲线

2）地表沉降

在基坑东部靠近主路的位置布置了 7 个测点以进行地基沉降的测量，沉降量-时间曲线见图 12，沉降以向下为正。可以看出基坑中部偏北的两个测点 DB3 和 DB4 沉降量比其他测点要大，但累计监测最大值均不超过 20mm，在合理范围内。

3）土体深层侧向位移

基坑南部监测点位 TT-5 处土体深层侧向位移比其他点位的监测数据大，如图 13 所示，位移为正代表土体向基坑内侧移动。基坑开挖期间，该点位上累计监测位移一直增大，但至封底时最大值仍不超过 20mm，满足警戒值 24mm 的要求。

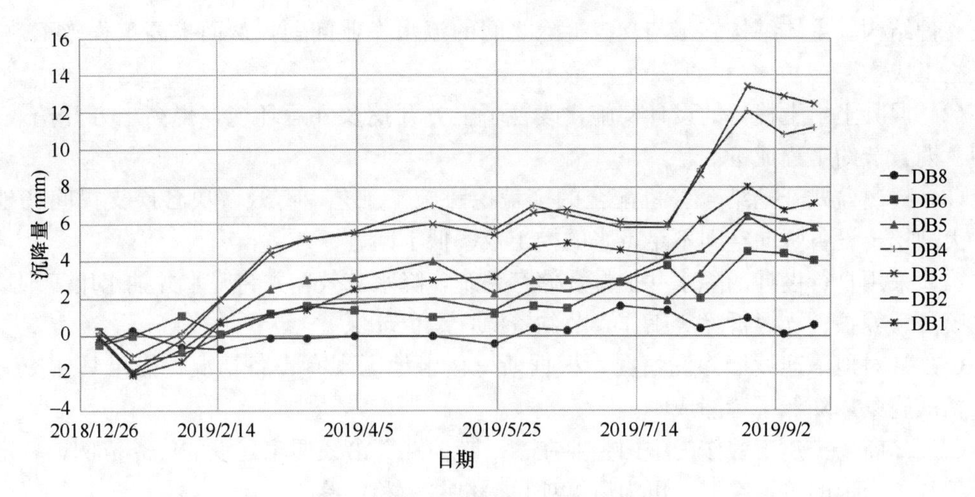

图 12　地表沉降量-时间变化曲线

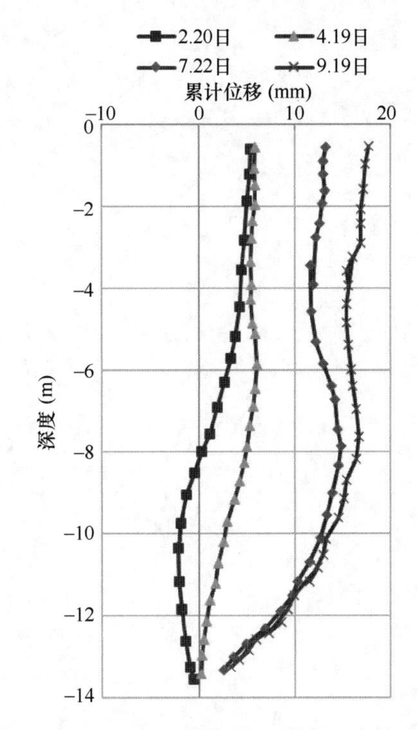

图 13　TT-5 点位不同时期土体深层侧向位移

七、结语

ODEL商场扩建项目基坑是斯里兰卡首次采用中国施工技术进行建设的地下5层深基坑工程，也是当地最深的基坑之一。面对周边环境复杂、当地使用规范不统一、缺乏专业设备人员及无直接经验可循等实际情况，中国承建方在支护设计与施工，尤其是在基坑降水、土方开挖及地下连续墙堵漏等方面采取了一系列技术措施并取得成功。

(1) 根据基坑形状特点，将整个支护体系划分为两个独立支护系统，有效解决盖挖施工及支护结构、主体结构施工与支撑拆除之间的流水作业问题，从而提高工程施工效率，降低施工成本。

（2）混凝土出土栈桥的设计实施，改善了土方开挖及外运环境，提高土方开挖效率，缩短工期，节约工程成本。

（3）提出盆式开挖结合多机配合的全盖挖法施工工艺，有效解决各层支撑间场地狭小，大型挖土设备竖向空间不足带来的挖土效率低下问题。

（4）采用自行设计的降水井抽排及储存系统，降水有效，并将降水井抽水用于现场冲洗、喷淋、养护、支撑拆除等工作，节约资源，绿色环保。

（5）针对地下连续墙渗漏情况，根据斯里兰卡地区现有设备情况，提出具体应对措施，精准施策，降低了堵漏成本。

ODEL 商场扩建工程作为中国企业在“一带一路”沿线国家建设的优秀范例，一定程度上填补了当地的技术空白，可为后续项目提供参考和借鉴。